中国海洋发展研究文集
（2018）

王 飞 主 编
高 艳 执行主编

海洋出版社

2018年·北京

图书在版编目（CIP）数据

中国海洋发展研究文集. 2018/王飞主编. —北京：海洋出版社，2018. 9
ISBN 978-7-5210-0195-2

Ⅰ. ①中… Ⅱ. ①王… Ⅲ. ①海洋战略-中国-文集 Ⅳ. ①P74-53

中国版本图书馆 CIP 数据核字（2018）第 212874 号

责任编辑：白　燕
责任印制：赵麟苏

海洋出版社　出版发行

http：//www. oceanpress. com. cn
北京市海淀区大慧寺路 8 号　邮编：100081
北京文昌阁彩色印刷有限责任公司印刷　新华书店北京发行所经销
2018 年 10 月第 1 版　2018 年 10 月第 1 次印刷
开本：787 mm×1092 mm　1/16　印张：24. 75
字数：605 千字　定价：90. 00 元
发行部：62132549　邮购部：68038093　总编室：62114335
海洋版图书印、装错误可随时退换

序

  党的十九大报告指出，要"坚持陆海统筹，加快建设海洋强国"，要"以'一带一路'建设为重点，形成陆海内外联动、东西双向互济的开放格局"，进一步深化了海洋强国战略目标的原则、重点和方向。习近平海洋强国战略思想为新时期加快建设海洋强国指明了前进方向，提供了科学指南。2018年习近平总书记在参加十三届全国人大一次会议山东代表团审议时指出，"海洋是高质量发展战略要地"，"要加快建设世界一流的海洋港口、完善的现代海洋产业体系、绿色可持续的海洋生态环境"，随后在海南和山东考察工作时强调，"我国是一个海洋大国，海域面积十分辽阔。一定要向海洋进军，加快建设海洋强国"，"要坚持腾笼换鸟、凤凰涅槃的思路，推动产业优化升级，推动创新驱动发展，推动基础设施提升，推动海洋强省建设，推动深化改革开放，推动高质量发展取得有效进展"，进一步为新时代海洋事业发展指明了方向。中国海洋发展研究会和中国海洋发展研究中心深刻领会新时代新形势下海洋强国建设的新要求，愿与各位同仁共同承担服务海洋强国建设的光荣而艰巨的使命。

  中国海洋发展研究会和中国海洋发展研究中心自成立以来，坚持以"打造中国海洋智库平台"为目标，以"为国家海洋重大问题决策提供咨询服务、为涉海政府部门（企事业单位和院校）提供工作服务、为海洋科学技术人员提供平台服务和为海洋科技队伍建设提供条件服务"为宗旨，全面筹划研究课题、搭建研究平台和组织研究工作，充分发挥海洋智库的优势和职能，对我国海洋领域重大问题开展了卓有成效的研究，取得了一批重要的研究成果，为海洋事业发展提供了有力的智力支撑。

  为使研究成果发挥更大作用，中国海洋发展研究会和中国海洋发展研究中心从近年来资助的项目的研究成果中选录了部分已发表的研究论文，又特约了部分会员的优秀成果，汇编成《中国海洋发展研究文集（2018）》，献给关注、关心和热爱海洋的每一位读者。错误和不当之处，敬请批评指正。

中国海洋发展研究会理事长 王飞

2018年8月

目 录

1

第一篇　海洋战略

探索打造军民融合特色智库新路，开展"冰上丝绸之路"中俄合作研究

朱显平[①]　张毅夫[②]

2017 年 5 月，在参加中国举办的"一带一路"国际合作高峰论坛期间，俄罗斯总统普京提出了"希望中国能利用北极航道，把北极航道同'一带一路'连接起来"的建议。2017 年 7 月 4 日，习近平主席在莫斯科会见俄罗斯总理梅德韦杰夫时，确定了两国"要开展北极航道合作，共同打造'冰上丝绸之路'"的概念。2017 年 11 月 1 日，习近平主席与到访的俄罗斯总理梅德韦杰夫正式公布了中俄合作开展"冰上丝绸之路"建设的构想。这一构想成为党的十九大之后"一带一路"建设发展的重要里程碑。

一、北极航道开发利用合作的现状及发展

中俄两国元首提出合作开发和利用北极航道是"冰上丝绸之路"建设的基础和重要内容。两国元首提到的北极航道是指北极东北航道。北极理事会对该航道的地理定义为：西起挪威北角附近的欧洲西北部，经欧亚大陆和西伯利亚的北部沿岸，穿过白令海峡到达太平洋的航线集合。俄罗斯在官方文件中称其为俄北方海航道，这与北极理事会的定义有所不同，俄北方海航道未包括航道中巴伦支海航段不属于俄罗斯的部分。北极东北航道是连接北美、东亚和西欧三大经济中心的最便捷的海运航道，可以大大缩短我国经苏伊士运河到达西北欧的航程，意味着航运成本和时间成本的降低。经中国极地研究中心极地战略研究室测算给出了一个翔实的数据：利用北极东北航道，我国沿海诸港到北美东岸的航程，比经巴拿马运河传统航线缩短了 2 000~3 500 海里；上海以北港口到欧洲西部、北海、波罗的海等港口，比传统航线航程少 25%~55%，每年可节省 533 亿~1 274 亿美元的国际贸易海运成本，且航道可以在更大程度上避免海盗和国际突发事件的侵扰。

专家广为引用这些数据来证实"冰上丝绸之路"的优越性，既然北极航道有如此优越的条件，为什么至今未广为利用？对随即产生的这个问题专家给出的解释是：该航道自然

---

① 朱显平，中国海洋发展研究会理事，中国海洋发展研究中心研究员，吉林省人文社会科学重点研究基地——吉林大学中俄区域合作研究中心主任，教授，博士生导师。

② 张毅夫，吉林大学博士。

环境过于恶劣、冰区常年存在，以及因此而产生的高额破冰引航费用。但实际情况并非完全如此，在20世纪80年代的苏联时期，北方海航道的年货运规模达到700万吨，苏联解体后这一规模迅速下降，20世纪90年代末最少，只有1.5万吨。目前影响航道开通的不仅仅是自然环境，即使在夏季无海冰季节全线通航、无须使用破冰船的情况下，由于货运品种分散难以集约运输、规模效应低、使用抗冰货船、单位运输燃油消耗大等因素，北极东北航道的运输成本仍然高于传统运输线路。我们热衷于乐观地提及2015年、2016年中俄总理在政府会晤时强调的两国要合作"开展北极航运研究"和"对联合开发北方海航道运输潜力的前景进行研究"，却不能给出乐观的研究成果，原因就在于此。2017年俄北方海航道的运输量已近1 000万吨，已经高于苏联时期的最高运输量，但其中国际航运的过境运输货物只有20万吨，原因也在于此。

目前，俄北方海航道的货源短缺状况进一步好转。一方面，俄资源开发导致北方海航道的货运量不断增加、俄欧洲地区运往俄远东地区的"北方货品"等由铁路改为海运的货运量日益增加及其他货源增加；另一方面，利用集装箱装运的利基类货物经俄北方海航道的过境运输可以降低运输成本，此类货物的货运量有望增长。因此，为提高俄北方海航道的使用效率、降低运输成本，俄国际交通研究院同俄北方海航道管理局已经提出建立"北极集装箱运输线"的方案，即在俄北方海航道摩尔曼斯克与堪察加彼得巴甫洛夫斯克之间建立常年通航的集装箱货运航线。这段航道是俄北方海航道的主要航段和最为严重的冰区，堪察加彼得巴甫洛夫斯克到符拉迪沃斯托克乃至太平洋地区的航段已经实现了常年通航。试航后，将开通由3艘总装载3 000标准集装箱的船队进行每两周往返一个航次的常年固定的集装箱运输线。通过改善运输和服务条件有效降低货物运输成本，扩大航运运输量，并形成良性循环，以此推动俄北方海航道货运状况的整体改观。

中俄"冰上丝绸之路"合作，无疑将给北极航道的开发利用注入新的动力。

二、"冰上丝绸之路"合作具有十分广阔的发展前景

"冰上丝绸之路"合作并不仅仅是北极航道的开发利用，"冰上丝绸之路"是中俄之间更加广阔的多方位合作。习近平主席对此表述得很清楚，他指出"共同开展北极航道开发和利用合作，打造'冰上丝绸之路'"。即通过共同开展北极航道开发和利用合作来实现共同打造"冰上丝绸之路"的目的。因而，将"冰上丝绸之路"简单理解为北极航道开发利用的合作，是片面的。作为"一带一路"的重要构成，"冰上丝绸之路"合作要带动沿线区域经济的发展，发掘区域内市场潜力，促进投资和消费，实现中俄区域发展战略的对接，并通过"冰上丝绸之路"合作促进中俄之间的人文交流，巩固和发展两国人民的友好感情，打造中俄利益共同体、命运共同体和安全共同体。2017年12月5—6日，吉林大学和俄罗斯军事科学院共建的中俄中心召开了中俄打造"冰上丝绸之路"研讨会，来自俄罗斯该领域的各研究院所的领军人物在发言中，均从通过北极航道开发利用来促进北极地区经济、社会发展以及战略安全的角度提出和考虑问题，反映出俄方业内专家对"冰上丝绸之路"的立场和诉求。

"冰上丝绸之路"构想公布不久，中俄两国就共同打造"冰上丝绸之路"，进行了深

入协商，就开发与合作交换了意见，达成了新的共识。2017年11月9日，商务部发言人表示，两国交通部门正在商谈中俄极地水域海事合作谅解备忘录，以不断完善北极开发合作的政策和法律基础。两国企业积极开展北极地区的油气勘探开发合作，正在商谈北极航道沿线的交通基础设施建设项目。商务部和俄经济发展部正在牵头探讨建立专项工作机制，统筹推进北极航道开发利用、北极地区资源的开发和基础设施的建设，以及旅游、科考等全方位的合作。

"冰上丝绸之路"将中俄合作直接扩展到了北极地区。北极是世界上尚未充分开发的、具有巨大潜在经济价值和地缘政治价值的地区，将成为21世纪各国利益的交汇点，对我国未来的全球战略利益、经济利益和政治利益，具有不可估量的潜力。其中道理广为人知，毋庸赘述。长期以来，俄罗斯对北极的开放开发存有戒心，对中俄在北极航道等涉及主权利益的合作持保守态度。2015年俄罗斯公布了新制定的国家战略——《2015—2030年俄罗斯北方海航道的综合发展规划》，对中国的态度发生了重大转变，将中国视为北极航道建设的主要合作国家。"冰上丝绸之路"合作将为北极地区的发展带来强大动力，也为中俄在北极地区的战略对接奠定了基础、提供了保证。两国需要共同推进"冰上丝绸之路"建设和北极的发展，解决合作中的问题，为各类合作项目的实施提供政策支持。2017年7月4日，习近平主席与梅德韦杰夫总理在会谈中正式提出"冰上丝绸之路"的合作构想，同日，习近平主席同普京总统会见时双方明确了两国要加强在北极的合作。

"冰上丝绸之路"合作已经在开发北极中得以展现。2017年12月8日，位于俄罗斯北极地区的中俄亚马尔液化天然气合作项目正式投产。这是"一带一路"倡议提出后实施的首个海外特大型项目，也是目前北极地区的最大型液化天然气工程和世界特大型天然气勘探、开发、液化、运输、销售的全产业链合作项目，被誉为"北极明珠"。中国持有该项目的29.5%的股份，系第二大股东。项目投产后每年生产液化天然气1 650万吨，其中至少400万吨的液化气直接运往中国。项目有力地带动了北极地区经济的发展，同时建设了众多的基础设施：两个年运输量1 700万~1 800万吨的液化天然气和凝析油码头；年卸货量1 400万吨的物料码头以及道路、机场、学校、技校、医院等。俄罗斯能源部长诺瓦克称："项目的另一个成就是开辟了面向亚太地区和欧洲地区的北极新航道。在不需要破冰船的情况下仅用17天就能将液化天然气运至挪威，这将改变全球能源运输格局。"项目建设所需要的超过60%的工程模块和零部件是中方通过北极东北航道运送的，平均用时16天，比通过苏伊士运河运送节省时间近20天。

亚马尔项目为中俄"冰上丝绸之路"合作提供了经验和范例，并将对未来的中俄相关领域的合作产生积极影响。俄罗斯政府对亚马尔项目给予积极支持和高度重视，打破了俄国家天然气工业公司对天然气出口的垄断格局，并通过立法向项目提供了税收优惠。普京总统亲自参加了项目的开工仪式并对该项目给予高度赞誉。俄罗斯能源部长诺瓦克表示，"一带一路"倡议得到了充分的支持和实施。

"冰上丝绸之路"合作的内涵深邃而丰富，前景美好且广阔，给中俄两国带来的利益远远大于每年节省500亿~1 200亿美元的运输成本。

三、"冰上丝绸之路"的合作基础是北极航道的开发利用

"冰上丝绸之路"是一项宏伟的事业，也是中俄合作战略的一个重要工程。相关工作已经启动，亟待推进。北极航道的开发利用是"冰上丝绸之路"合作的重要基础和依托，舍此难以实现战略扩展。北极的油气资源大部分位于俄罗斯西北部和北极航道西端的巴伦支海、喀拉海，开发的资源需要利用。在吉林大学举办的中俄"冰上丝绸之路"研讨会上，中俄专家对北极航道开发利用合作提出了切实可行的建议。

1. 合作开展基础设施建设

结合"冰上丝绸之路"，充分考虑北极东北航道的全线建设布局，确定北极航线的海上运输和物流体系并评估基础设施建设所需成本，在此基础上对基础设施项目的筹资机制进行论证，制定合理的成本分担机制，与企业和政府进行联合投资，通过国际合作开展基础设施建设。此外，俄罗斯沿北极航道的港口需要进行全面的现代化改造，完善深水通道、改进救助服务设施、货物装卸设施、建设旅客和船组人员服务设施等。特别需要改进北极航道的导航和通信系统。

2. 合作开展北极航道运输业务

破冰船和引航服务是北极航道通航的必要保证。2014年以来，俄罗斯有限的破冰能力基本用于北极开采的石油和天然气的运输。破冰能力成为制约提高北极航道运输能力的瓶颈。一方面，亟须合作实现破冰船在整条北极航道的优化部署，最大程度地利用现有资源；另一方面，要购置和完善破冰及导航设备。在亚马尔项目中，中国运用现代科技手段建造了7艘运输船，并管理14艘液化天然气运输船的运营，为合作开展北极航道运输业务积累了经验。

中俄合作开展或承包或以合资公司的形式经营管理航运业务，包括监管北极航线的航运活动、服务和市场，对优化路径、协调运输和企业商业活动提供有效服务，提供翔实可靠的水文测量和航运环境的实时信息和不断更新的导航指南，规划未来的北极航道线路、货运量、破冰援助需求并改进语音传输系统，以及其他业务。

中俄学者还提出了今后对北极航道的开发利用进行合作研究的课题。

（1）北极航道开发和利用，必须运用现代化的运输管理创新技术。首先，中俄合作利用格洛纳斯导航和北斗卫星导航系统等现代化手段实施应用集成和流程整合；其次，针对中俄跨境运输的导航和信息支持保障体系，设立试验区并开展前期试点工作；再次，中俄合作开展北极航道的勘测工作，并在北极地区部署监控系统。

（2）在统一的国际物流体系中考虑欧亚大陆新的运输体系配置，并对使用该运输体系的潜力开展研究。

（3）在保证北极航道航行安全的基础上，研究并制定国际运输通道的系列规划。

（4）推进海洋人文交流并提出相关的可行方案。

俄专家预测，未来10年北极航道将进入物流快速增长期，根据目前的在建项目和生产计划，预计到2030年以液化天然气和原油为主的货运量有望达到5 000万吨以上，包括

来自萨别塔港的亚马尔液化天然气 1 650 万吨，奥勃湾新港的液化天然气 1 650 万吨，泰米尔迪克森南港的原油 500 万吨，奥勃湾新港的原油 800 万吨，以及叶尼塞河杜金卡港诺里尔斯克镍业公司的镍和其他有色金属 170 万~200 万吨，北方货品（日用品、燃料、建材）500 万吨，摩尔曼斯克—堪察加彼得巴甫洛夫斯克的集装箱运输 300 万吨。如果加上泰梅尔半岛的迪克森港口的"东方"工程每年的煤炭运输量 500 万~1 000 万吨，可以有更多的运输量。同时，俄罗斯向北流入北冰洋的国内主要河流——鄂毕河、叶尼塞河和勒拿河将成为连接北极航线的交通运输通道，进一步推动俄罗斯的地区产业发展，进而产生新的商品运输。

"冰上丝绸之路"充分体现了党的十九大坚持对外开放和开展国际合作的精神，是中俄关系和政治互信达到了一个全新高度的标志性成果。正是由于两国之间的高度互信，实现了北极航线的合作开发和"冰上丝绸之路"的共同建设。这无疑将引起一些国家的担心和阻挠，国内外也难免再现唱衰俄罗斯发展和中俄合作的声音。正如王毅外长谈及中俄"冰上丝绸之路"等合作时所言："中俄拥有高度一致的利益契合点。不论国际形势如何变化，中俄合作只会加强，不会削弱，只会向前，不会后退。任何唱衰中俄关系的论调在事实面前都是苍白的，任何分化中俄关系的企图在中俄团结面前都是徒劳的。"只要我们秉承习近平主席倡导的与周边国家以邻为伴、友好相处、休戚与共、共同发展的精神，珍视和巩固发展两国人民之间的友谊互信，中俄合作就会不断取得新成就。

四、结语

吉林大学和俄罗斯军事科学院共建的中俄"二战"抗战及战后国际和平研究中心积极落实两国元首的指示精神，助推中俄合作，并取得了显著成绩，得到两国元首的支持和全社会的一致肯定。今后，该中心将努力推进"冰上丝绸之路"建设，打造中国特色的军民融合新型智库。

论文来源：本文原刊于《东北亚论坛》2018 年第 2 期，第 4-7 页。
项目资助：中国海洋发展研究会重点项目（CAMAZD201612）。

"中国-东盟命运共同体" 构想下南海问题的前景展望

葛红亮①　鞠海龙②

摘要：2013 年 10 月，中国国家主席习近平在到访印度尼西亚时提出了"中国-东盟命运共同体"战略构想。这一战略构想为中国和东盟的战略伙伴关系的发展，特别是双方政治互信和安全合作关系的增进提供了新理念、新指南，同时还可为南海问题和南海局势的发展带来新环境、新框架。中国不仅要持续推进中国-东盟战略伙伴关系和为双方在南海问题上展开互动营造更为良好的政治氛围，而且还应积极与东盟就南海议题保持沟通渠道的畅通和正面应对东盟在南海问题上的考虑，增强互动的实效性和共同维护南海地区的稳定与和平，促使南海由争端的焦点变为中国-东盟合作关系的纽带。

关键词：南海问题；共同体；中国-东盟命运共同体；前景展望

2013 年 10 月 3 日，中国国家主席习近平到访印度尼西亚国会，作为首位受邀在此演讲的外国元首，发表了题为《携手建设中国-东盟命运共同体》的演讲。在演讲中，习近平主席强调，中国"愿同印尼和其他东盟国家共同努力，使双方成为兴衰相伴、安危与共、同舟共济的好邻居、好朋友、好伙伴，携手建设更为紧密的中国-东盟命运共同体，为双方和本地区人民带来更多福祉"。③"中国-东盟命运共同体"的概念由此而来。"中国-东盟命运共同体"是中国政府以"命运共同体"理念审视中国-东盟关系的结果，在为中国-东盟双方关系的发展提供新理念、新指南的同时，或将为南海问题的发展带来新契机。

---

①　葛红亮，博士，副研究员，硕士生导师，广西民族大学中国-东盟海上安全研究中心主任，研究方向涉及海洋问题、安全问题、亚太国际关系等。

②　鞠海龙，博士，教授、博士生导师，暨南大学国际关系学院/华侨华人研究院副院长，中国海洋发展研究会海洋外交与战略专业委员会秘书长，中国海洋发展研究中心南海研究室主任，研究方向为南海问题、海权与中国海洋战略研究等。

③　习近平：《携手建设中国-东盟命运共同体——在印度尼西亚国会的演讲》（2013 年 10 月 3 日，雅加达），新华每日电讯，2013 年 10 月 4 日，第 2 版。

一、何谓"中国-东盟命运共同体"

"中国-东盟命运共同体"概念是中国新一届政府在中国-东盟关系的发展层面对"命运共同体"理念的演绎和实践，体现了中国新任领导人对中国-东盟关系发展进程中的成绩和问题的战略思考。从理论上来分析，"中国-东盟命运共同体"的概念以"共同体"和"命运共同体"这两个概念及相关理论为基础。因此，对"共同体"理论与"命运共同体"理念的分析和梳理将有助于理解"中国-东盟命运共同体"。

"共同体"是一个社会性的概念。从释义来看，"共同体"在中文语境中一般有两个解释：一是人们在共同条件下结成的集体；二是由若干国家在某一方面组成的集体组织。[①]在英文语境中，"共同体"对应的词汇是"community"，其解释主要有社区、团体、群落、共同性与国家间的经济、政治共同体等。[②]由此看来，"共同体"产生于人类或国家间的互动过程中。在这一过程中，人类或者国家产生了身份、角色认同。虽然这种认同有整体上的，也有局部的，但只要身份或角色认同确立，人类或国家就不会那么随意、那么值得怀疑或危险的；相反，人类或国家如若在"自我"和"他者"互动中难以建立身份或角色认同，将会"失去这种用确定性来鼓舞人心的稳固性"。[③]德国知名社会学家斐迪南·滕尼斯（Ferdinand Tonnies）是"共同体"理论的主要贡献者，他将"共同体"界定为"组成一定关系的人们"，从而抓住了"共同体"的本质。在著作中，滕尼斯认为人的意志在很多方面都处于相互关系中；任何这种关系都是一种相互的作用，这种作用或者倾向于保持另一种意志，或者破坏另一种意志，也即肯定或者否定的作用，通过这种积极关系而形成的族群，只要被理解为统一地对内和对外发挥作用的人或物，它就是一种结合，一种关系的结合，或者被理解为现实的和有机的生命。依据"共同体"的这个本质，滕尼斯由此认为人们的意志以有机的方式相互结合和相互肯定的地方总会有这种或那种方式的共同体。[④]

滕尼斯在著作中，将"共同体"的发展进程分为血缘共同体、地缘共同体和精神共同体三个阶段。血缘共同体是最早、最基础的共同体，作为行为的统一体发展和分离为地缘共同体，构成了包括人类在内的所有动物在生活中的相互关系。尔后，血缘共同体和地缘共同体又发展为精神共同体，作为心灵生活的相互关系。其中，精神共同体在同从前各种共同体的结合中，可被视为真正的人的、最高形式的共同体。[⑤]南京大学张康之、张乾友两位学者在《共同体的进化》一书中则着重分析了人类社会"共同体"的发展历程。他

①　中国社会科学院语言研究所词典编辑室：《现代汉语词典》（第六版），北京：商务印书馆，2012 年版，第 457 页。

②　Philip Babcock Gove and the Merriam-Webster Inc. Webster's Seventh New Collegiate Dictionary, Springfield, Mass., U. S. A., Merriam-Webster, 1966, p. 165。

③　[英] 齐格蒙特·鲍曼：《共同体》（欧阳景根译），南京：江苏人民出版社，2003 年版，第 77 页。

④　[德] 斐迪南·滕尼斯：《共同体与社会：纯粹社会学的基本概念》（林荣远译），北京：北京大学出版社，2010 年版，第 43 页。

⑤　[德] 斐迪南·滕尼斯：《共同体与社会：纯粹社会学的基本概念》（林荣远译），北京：北京大学出版社，第 53 页。

们认为人类"共同体"先后经历了农耕时代的"家元共同体"、工业化与全球化发展下的"族阈共同体"及后工业化、全球化持续发展下的"合作共同体"三个阶段。① 在"家元共同体"时期，国家并非现代意义上的民族国家，而是家、族群与特定地域相联系的、由"权威"或王权发挥主导作用的"共同体"。"族阈共同体"是"家元共同体"自然秩序终结和反封建过程中秩序重新创制的结果。在这一时期，现代意义上的民族国家随着全球化起步、发展与工业化的起步诞生，而"族阈共同体"构成了早期"全球共同体"的基础组成部分。"合作共同体"则是后工业化和全球化持续发展的结果。在这一过程中，人类或者国家由于面临共同的挑战和风险更乐意寻求互惠合作，而多极化、多元化和互惠合作将是"合作共同体"的主要特征。

"命运共同体"是近年来中国政府反复强调的关于人类社会的新理念。② 从发展的角度来看，"命运共同体"概念强调在心灵层面建立精神共同体，在实践途径上则依赖于"合作共同体"的建立。关于"命运共同体"的概念，中国2011年对外公布的《中国的和平发展》白皮书曾做过专门的论述。白皮书认为，"命运共同体"是一种新的理念，它的核心特征是"同舟共济""合作共赢"，同时它是一种审视国际问题、国际形势的新视角，以寻求多元文明交流与互相借鉴的新局面、寻求人类共同利益和共同价值的新内涵、寻求各国合作应对多样化挑战和实现包容性发展的新道路为目标。③ 这一理念产生的时代背景是和平、发展仍然主导着时代的脉搏，合作是世界各国间寻求发展的潮流。具体来看有两个方面：一方面，不同制度、不同类型、不同发展阶段的国家均随着经济全球化的发展在互动过程中建立了相互依存和利益交融的关系，构成了"你中有我、我中有你"的"命运共同体"；另一方面，粮食安全、恐怖主义、金融危机、气候变化等全球性的问题日益严重，构成了国际社会秩序稳定和人类生存的重大挑战，需要世界各国和全人类共同合作应对。④在这一情形下，国际社会虽然在经济全球化的发展中已经实现相互依存，但在共同应对这些全球性问题的同时，又必须顺从世界多极化的发展趋势和克服传统全球政治权力结构的惯性问题。那么，透过合作共赢的路径将新兴国家的崛起、多极化的发展与全球政治权力格局的稳定转变密切联系起来或能使各国能够在共同应对全球性挑战的同时，实现维持全球"命运共同体"稳定的目标。

"合作共赢"路径在党的十八大报告中再度得到了强调。其后，"命运共同体"则成为习近平等中国国家领导人及中国政府反复强调的新理念和发展对外关系、周边关系的新指针。在此一背景下，"中国–东盟命运共同体"提法应运而生。从本质上来看，"中国–东盟命运共同体"是中国政府以"命运共同体"视角看待和审视中国–东盟关系的结果，强调中国–东盟的关系应是兴衰相伴、安危与共、同舟共济的好邻居、好朋友、好伙伴。从发展的角度来看，"中国–东盟命运共同体"的概念旨在将中国–东盟的双方关系建设成为精神上的"共同体"和实践中的"合作共同体"。

---

① 张康之，张乾友：《共同体的进化》，北京：中国社会科学出版社，2012年版，第3-17页。
② 曲星：《人类命运共同体的价值基础》，《求是》，2013年第4期，第53页。
③④ 中华人民共和国人民政府门户网站：《中国的和平发展》，2011年9月6日，http：//www.gov.cn/zwgk/2011-09/06/content_ 1941258.htm。

二、"中国-东盟命运共同体"构想下的政治互信与合作安全关系

中国政府以"命运共同体"理念审视和看待中国-东盟关系，希望与东盟国家携手建设中国-东盟命运共同体。在政治层面，-希望继续推动中国-东盟国家间战略互信关系的增进；在安全方面，则希望中国-东盟国家合作安全关系得到有效落实。

政治与战略互信关系的增进是中国-东盟命运共同体的基础，构成了中国和东盟建设"命运共同体"的基本内容之一。冷战结束以来20余年的地区历史表明，只有中国和东盟成员国共同维护地区的稳定与和平，南海地区国家才能在经济上获得快速发展，在社会发展方面获得显著的成就。① 中国和东盟能共同维护地区稳定与和平的关键在于过往20余年双方对话进程中中国-东盟双方政治与战略互信关系的不断增进。

1993 年中国-东盟磋商关系的建立标志着中国-东盟关系正式实现正常化。在双方关系正常化的过程中，东盟开始向中国不断释放善意，并总体上认可中国在国际与地区事务中的角色，但是东盟部分成员国仍对华持有观望态度，甚至持有冷战思维，将中国视为地区的一个威胁。确实，与东盟相似，中国最初对加入东盟主导下的地区多边机制存在着一定的矛盾心理。就此，甚而有学者以传统的眼光审视中国的东盟政策，认为当时中国应丝毫没有理由接受东盟规范和丝毫没有热情参与到东盟主导下的多边进程中。② 然而，事实表明中国对东盟及其主导下的多边进程在政治上持有的是认可、信任和积极的态度，因为在国际舞台和地区层面境遇实现改善后，中国依然是东盟主导下多边进程的积极支持者。③ 1996 年中国-东盟全面对话伙伴关系的建立意味着双方在政治互信方面有了新的提升。1997 年亚洲金融危机及中国-东盟在"南海地区行为准则"（下述简称"行为准则"，COC）初次磋商过程中的交流与互动为中国-东盟全面对话关系建立后双方政治互信的增进提供了契机。进入21世纪后，特别是中国与东盟签署《南海各方行为宣言》（下述简称《行为宣言》，DOC）和签署加入《东南亚友好合作条约》（TAC）后，中国-东盟政治互信关系再度上升到新的高度，中国-东盟战略伙伴关系应运而出。中国-东盟战略伙伴关系，既是东盟将中国的发展视为机遇和确保地区安全平衡的一支建设性力量的产物，④ 也是中国更加视东盟为地区合作的"驾驶员"和"10+3"机制的组织者和协调者，⑤对东盟

---

① 中国国务院总理李克强 2013 年 10 月 9 日在出席中国-东盟第 16 次领导人会议时发表了讲话，他在讲话中将"东亚能赢得快速发展的机遇期"的关键归结为"我们共同维护了地区和平与稳定"。参阅中华人民共和国外交部网站：《李克强在第 16 次中国-东盟（10+1）领导人会议上的讲话（全文）》，2013 年 10 月 10 日，http://www.fmprc.gov.cn/mfa_ chn/gjhdq_ 603914/gjhdqzz_ 609676/lhg_ 610158/zyjh_ 610168/t1086491.shtml。

② Alice D. Ba, Who's Socializing Whom? Complex Engagement in Sino-ASEAN Relations, the Pacific Review, Vol. 19, No. 2, 2006, p. 167。

③ Egberink Fenna & and Frans-Paul van der Putten, ASEAN and Strategic Rivalry among the Great Powers in Asia, Journal of Current Southeast Asian Affairs, vol. 29, No. 3, 2010, p. 133。

④ Rodolfo C. Severino, Southeast Asia in search of an ASEAN community: Insights from the former ASEAN Secretary-General, Institute of Southeast Asian Studies, 2006, p. 278。

⑤ 阮宗泽：《中国崛起与东亚国际秩序的转型：共有利益的塑造与拓展》，北京：北京大学出版社，2007 年版，第 311 页。

及其主导地区的地区多边主义持有日益浓厚兴趣的结果。①恰逢 2013 年中国-东盟战略伙伴关系建立 10 周年之际，中国和东盟领导人共同发表了《纪念中国-东盟建立战略伙伴关系 10 周年联合声明》。在声明中，中国重申，"一个团结、繁荣、充满活力的东盟符合中国的战略利益""继续支持东盟共同体建设、东盟互联互通、东盟团结和东盟在演变中的区域架构中发挥主导作用"；而东盟则强调，"中国的发展对本地区是重要机遇，东盟支持中国和平发展"。②

以政治与战略互信关系的增进为基础，合作安全关系的落实则是中国-东盟命运共同体的关键和体现，同样构成了中国和东盟共同推进"命运共同体"建设的基本内容。在谈到中国-东盟命运共同体建设时，中国国家主席习近平提出中国和东盟应在维护本地区安全方面"坚持守望相助"。③"守望相助"投射在地区安全方面则是中国历来主张的"合作安全""共同安全"的体现，也包括了东盟强调的"合作安全"。事实上，东盟和中国在安全观方面并无显著差异。冷战结束后，东盟的"安全观"在内容上强调的是一种"综合安全"，这种综合安全观既强调内外的安全，又强调横向传统安全与非传统安全，在实现途径方面则倾向于"合作安全"，认为所有国家均应该共同参与和寻求和平解决国际争端，反对一方倚仗实力压制另一方。④ 中国几乎在同时提出了"新安全观"，强调安全的综合性，以共同安全作为目标，将合作视为实现安全的手段。⑤ 可见，中国和东盟在安全观方面存在着显著的重叠和相似性。这虽然为中国-东盟在维护地区安全与稳定方面提供了认知基础，但并未在实践中促进中国-东盟合作安全关系的全面落实，其关键原因在于东盟部分成员国仍程度不一地以冷战思维看待中国在地区安全中的角色。冷战思维及由其引致的集团政治、军事结盟与中国和东盟的安全观存在着根本上的矛盾。就此，中国国务院总理李克强 2013 年 10 月访问东南亚时首倡建立满足各方需要的区域性安全框架，⑥ 希望各方在摒弃冷战思维的基础上，实现地区国家间的合作安全与共同安全。中国-东盟合作安全关系的全面落实和稳步发展无疑将是未来区域安全新架构下的关键组成部分，同时也势必是中国-东盟命运共同体在安全层面的体现。

如果说中国和东盟互为"经""纬"，互信就是"梭"，经纬紧密交织，才能织就未来合作的壮丽锦绣。⑦ 政治与战略互信关系的持续增进是中国-东盟合作安全关系能够全面落实的认知基础。从发展角度来看，中国-东盟命运共同体应是精神共同体，要求中国和

---

① Alice D. Ba, Who's Socializing Whom? Complex Engagement in Sino-ASEAN Relations, p. 167。

② 中华人民共和国外交部网站：《中国-东盟发表建立战略伙伴关系 10 周年联合声明》，2013 年 10 月 10 日，http://www.fmprc.gov.cn/mfa_chn/gjhdq_603914/gjhdqzz_609676/lhg_610158/zywj_610170/t1086485.shtml。

③ 习近平：《携手建设中国-东盟命运共同体——在印度尼西亚国会的演讲》（2013 年 10 月 3 日，雅加达），新华每日电讯，2013 年 10 月 4 日，第 2 版。

④ 赵晨：《东盟的新安全观》，《国际问题研究》，1998 年第 3 期，第 21 页。

⑤ 刘国新：《论中国新安全观的特点及其在周边关系中的运用》，《当代中国史研究》，2006 年第 1 期，第 6-9 页。

⑥ 新华网：《经济外交转安全外交，李克强倡亚太安全架构》，2013 年 10 月 11 日，http://news.xinhuanet.com/world/2013-10/11/c_117670103.htm。

⑦ 中华人民共和国外交部网站：《李克强在第 16 次中国-东盟（10+1）领导人会议上的讲话（全文）》，2013 年 10 月 10 日。

东盟国家在高度政治与战略互信氛围中形成相互间的、共同的、有约束力的思想信念，而这种信念则往往被理解为"默认一致"（Consensus）。[①] 同样，中国–东盟命运共同体也是合作共同体，合作安全关系的全面落实则构成了其中的关键体现。那么，在中国–东盟命运共同体框架下，政治与战略互信关系的增进和合作安全关系的落实在双方未来持续对话和互动过程中势必处于显要地位。南海问题作为影响双方政治和安全关系的重要因素，在中国–东盟对话关系和互动中一直有着特殊的地位，也势必将成为中国–东盟命运共同体框架下双方增进政治互信关系与落实合作安全关系的关键环节。

三、"中国–东盟命运共同体"构想传导出关于南海问题的信号

南海问题自 20 世纪 90 年代初以来一直是中国–东盟对话关系的重要议题之一。在政治层面影响着中国和部分东盟国家双边关系的稳定性；在安全方面则由于涉及主权权益引致中国和菲律宾、越南等东盟国家时而发生海上摩擦或舰船对峙，由此被视为"亚洲的火药桶"。[②] 显然，南海问题构成了影响中国和东盟国家增进政治与战略互信关系和全面落实合作安全关系的阻碍。但从另一个角度来看，中国和东盟，特别是东南亚有关南海争端方，如若能共同处理好这一争端，中国和有关方就南海问题和南海地区稳定展开协商的过程或将为切实推进中国和东盟国家的政治与安全关系提供助力。中国–东盟命运共同体在政治上强调中国和东盟政治与战略互信关系的持续增进，在安全上则主张中国和东盟合作安全关系的全面落实和实现地区国家间的共同安全，在为中国–东盟双方关系的发展提供指南的同时，也从政治、安全与经济方面传导出关于南海问题的一系列信号。

首先，中国–东盟命运共同体在政治层面向东盟国家传递了这样的信号，也即南海问题不会也不应当影响中国和东盟国家关系的大局，强调各方应从维护双边关系稳定和地区和平的高度坚持以和平的方式，通过平等政治协商妥善处理南海争端。诚然，20 世纪 90 年代以来东盟并没有以单一行为体和争端方介入南海问题，[③] 也"没有对中国和亚细安成员国纠纷的是非曲直采取立场"，对其成员国在南海问题上的主权主张持有不支持也不反对的态度。[④] 但在菲律宾、越南等南海争端方的推动下，东盟在南海问题上往往采取先行内部"协商一致"、尔后与中国进行政治博弈的模式，竭力对外展示东盟在南海议题上的"集团方式"。不仅如此，菲律宾等成员国对中国主张的双边协商机制持有相当冷淡的态度，[⑤] 一直竭力倡导多边的解决方式和推动南海问题成为东盟主导下多边会议的正式议题。虽然菲律宾、越南等争端方并未能够完全达成"挟持"东盟的意愿，但这无疑给中国–东

①　［德］斐迪南·滕尼斯：《共同体与社会：纯粹社会学的基本概念》（林荣远译），北京：北京大学出版社，2010 年版，第 58 页。

②　Park Hee Kwon, Maritime Issues and Disputes in Northeast Asia: A Challenge for Cooperation, Kluwer Law International, The Hague, 2000, p. 89。

③　Ralf Emmers, Cooperative Security and the Balance of Power in ASEAN and the ARF, Routledge, 2012, p. 145。

④　许通美：《南中国海的主权纷争》（叶琦保译），2011 年 9 月 15 日，http://www.zaobao.com/special/china/southchinasea/pages/southchinasea110915a.shtml。

⑤　Liselotte Odgaard, The South China Sea: ASEAN's Security Concerns about China, Security Dialogue, Vol. 34, No. 1, March 2003, p. 17。

盟双方关系及中国与菲律宾、越南等争端方的双边关系蒙上了阴影。鉴于此，中国国家主席习近平在提出中国-东盟命运共同体的同时，也就南海议题提出特别希望，他强调"对中国和一些东南亚国家在领土主权和海洋权益方面存在的分歧和争议，双方要始终坚持以和平方式，通过平等对话和友好协商妥善处理，维护双方关系和地区稳定大局"。① 随后，李克强总理也在中国-东盟第16届峰会上就此谈到，"南海形势总体是稳定的，南海存在的一些分歧不会也不应当影响中国与东盟关系大局"，"宁静的南海是各国之福，南海起波澜对谁都不利"。②

其次，中国-东盟命运共同体则向东盟国家表明了中国对和东盟国家一道实现南海地区的稳定与和平持有的积极意愿，由此传导出关于在南海地区全面落实中国-东盟合作安全关系的积极信号。中国-东盟命运共同体强调双方合作安全关系的全面落实，而南海问题一直以来被视为地区形成多边海上安全合作管理机制的最大障碍，③为此克服这一障碍和借由南海议题磋商渠道促进相关方共同合作以维护南海地区稳定、和平成为中国-东盟一直以来努力的方向。步入21世纪，中国和东盟国家签署了《行为宣言》，就有关国家间在南海开展有关海上安全合作提出了原则性的规定。④其后，中国和东盟国家虽然在非传统安全层面的合作取得了一定的进展，但总体来看并未在海上安全合作方面全面有效落实《行为宣言》，而东盟菲律宾、越南等成员国屡屡采取有违《行为宣言》的单边举措甚至引致了中国与这些国家在南海海域的摩擦和舰船对峙，南海地区安全形势因此在总体稳定之余时而出现骤然紧张的局面。⑤ 为进一步消减能够引起南海地区局势紧张的不利因素，中国通过积极努力在2013年和东盟就全面有效落实《行为宣言》达成共识，希望在全面有效落实《行为宣言》进程中，大力推进中国和东盟国家间双边、多边的海上务实合作。

再次，中国-东盟命运共同体则向东盟国家传递出中国持续推动中国-东盟国家"共同开发"南海的信号，意味着中国寻求和东盟国家将南海建成双方在经济合作方面实现互利共赢的纽带。为避免主权争议阻碍问题的解决，中国提出了"搁置争议，共同开发"，从海洋权益层面入手解决南海问题的主张。⑥ 然则，由于南海局势的影响及南海油气开发的实际技术限制，中国的这一主张遭到了菲律宾等东南亚国家的冷遇。受此影响，南海海域油气勘探、开采国际化的态势不断升温，西方发达国家大型油气公司往往成为南海周边国家寻求"共同开发"的合作对象。南海问题的复杂性由此加剧，而中国和东南亚国家在南海海域的油气勘探、开采"共同合作"也长期被"搁置"。在现实性的和潜在性的巨大经济利益诱惑下，东南亚部分南海争端方不惜破坏与中国的双边关系和地区的稳定、和

---

① 习近平：《携手建设中国-东盟命运共同体——在印度尼西亚国会的演讲》（2013年10月3日，雅加达），新华每日电讯，2013年10月4日，第2版。

② 中华人民共和国外交部网站：《李克强在第16次中国-东盟（10+1）领导人会议上的讲话（全文）》，2013年10月10日。

③ See Mark J. Valencia, Regional Maritime Regime Building: Prospects in Northeast and Southeast Asia, Ocean Development & International Law, Vol. 31, No. 3, 2000, p. 240。

④ 《行为宣言》第5、第6条。详阅中华人民共和国外交部网站：《南海各方行为宣言》，http：//www.fmprc.gov.cn/mfa_ chn/wjb_ 602314/zzjg_ 602420/yzs_ 602430/dqzz_ 602434/nanhai_ 602576/t848051.shtml。

⑤ 葛红亮：《南中国海地区安全形势研究》，《太平洋学报》，2012年第2期，第83-90页。

⑥ 鞠海龙：《和平解决南海问题的现实思考》，《东南亚研究》，2006年第5期，第59页。

平，竭力采取单边举措扩大和巩固在南海的既得权益，南海主权争议一时间再度成为热点问题。为摆脱这一困境，中国在油气勘探、开采技术取得显著进步的情况下，提出了和东盟国家携手建设"中国−东盟命运共同体"的愿望，强调以自身的发展惠及东盟国家，希望加强与东南亚国家在南海的海上合作关系，将南海建设成为中国−东盟国家实现互利共赢经济关系的纽带。为此，中国在已设立 30 亿元中国−东盟海上合作基金的情况下，强调各方"应积极行动起来，发展好海洋合作伙伴关系，共同建设 21 世纪'海上丝绸之路'"。① 不仅如此，中国还持续性地表明了在不影响关于海洋权益立场的前提下支持中国的油气公司和东南亚国家（比如文莱）油气公司开展海上共同开发、勘探和开采海上油气资源的立场，② 在政策和实践层面持续推行"共同开发"政策的继续落实。

最后，中国−东盟命运共同体还就南海问题国际化传递出了信号，希望区域外美国等大国在南海议题发展过程中发挥建设性作用和在南海地区稳定方面做出有利影响。南海问题虽然在本质上是中国与东盟部分国家之间涉及领土主权和海洋权益的双边争端，但由于南海特殊的地理海洋环境和地理位置及由此形成的高度地缘战略价值，以及地区复杂的政治安全形势，引起了区域外美国、日本和印度等大国程度不一的关注和介入，由此呈现出明显的国际化趋势。这不仅为南海问题的尽早和平解决注入了更为复杂的因素，而且还给南海地区的稳定、和平带来了诸多的挑战。因此，南海问题国际化不利于中国和东盟国家实现尽早和平解决争端及共同维护南海地区稳定、和平愿望的实现，而如何应对南海问题中的区域外大国因素则成为中国处理南海议题所必须面对的重大课题。在"中国−东盟命运共同体"的建设过程中，克服南海国际化难题和降低区域外大国因素对南海问题的不利影响也就构成了中国和东盟的共同努力目标，具有明显的紧迫性。

四、中国−东盟在南海问题上对话关系的现状与发展趋势

"中国−东盟命运共同体"战略构想在为中国和东盟双方战略伙伴关系的发展提供新指南的同时，也就南海问题在政治、安全、经济与南海问题国际化等方面表达了中国的立场和向有关方传递了一系列信号，给争端各方妥善处理南海争议提供了新框架，绘就了南海局势发展的新图景。中国−东盟对话关系虽然并不以南海问题为探讨的最重要内容，在南海局势发展进程中也并非发挥着最关键的决定性作用，但随着东盟对南海问题持有的兴趣日渐浓厚及其在南海问题、南海局势的演变中扮演着越来越重要的角色，③ 对南海问题、南海局势演变产生的作用呈现出明显的上升态势，因此也势必成为判断中国−东盟命运共同体框架内南海问题发展前景的突出因素。

---

① 中华人民共和国外交部网站：《李克强在第 16 次中国−东盟（10+1）领导人会议上的讲话（全文）》，2013 年 10 月 10 日。

② 2013 年 4 月 2 日，中海油与文莱国家石油公司在北京签署了有关油气勘探、开采的合作协议。其后，中国和文莱两国领导人在双方的会谈中多次予以肯定。参阅中华人民共和国外交部网站：《中华人民共和国和文莱达鲁萨兰国联合声明（全文）》，2013 年 4 月 6 日，http：//www.fmprc.gov.cn/mfa_ chn/gjhdq_ 603914/gj_ 603916/yz_ 603918/1206_ 604714/1207_ 604726/t1028639.shtml；《中华人民共和国和文莱达鲁萨兰国联合声明》，2013 年 10 月 11 日，http：//www.fmprc.gov.cn/mfa_ chn/gjhdq_ 603914/gj_ 603916/yz_ 603918/1206_ 604714/1207_ 604726/t1087458.shtml。

③ 葛红亮：《东盟在南海问题上的政策评析》，《外交评论》，2012 年第 4 期，第 66 页。

2013 年，中国和东盟在就南海问题的高官磋商进程中取得了实质性的进步，这则集中体现在中国和东盟——在全面有效落实《行为宣言》的框架下就"行为准则"展开平等磋商达成一致。由此，也可以认为，2013 年东盟在"行为准则"磋商事宜上的态度转向更为务实。不可否认，这与中国的努力和坚持有着密切的关系，但根本上是东盟组织内部多种因素变化的产物。对于东盟内部的深刻变化，澳大利亚国防大学亚洲国际问题知名学者卡莱尔·塞耶（Carlyle A. Thayer）评论时认为，2013 年东盟内部多种因素及在相关事务上的动力源发生了显著的改变，具体来说包括 4 个方面：第一，文莱于 2013 年 1 月取代柬埔寨成为东盟新的轮值主席国；第二，来自越南的外交官黎良明（Le Luong Minh）成为东盟新一任秘书长；第三，泰国作为中国-东盟关系的协调国，希望继续将南海问题列入中国-东盟对话的非正式议题；第四，也是最重要的一点，柬埔寨不再是东盟轮值主席国，其对东盟在南海问题上"协商一致"和保持团结产生的"阻碍"（obstruction）作用随着文莱成为轮值主席国暂时终止了。[①] 这些变化在促使东盟更为务实地处理与中国磋商"行为准则"事宜的同时，也使东盟更多地为越南、菲律宾等南海争端方的诉求考虑，对东盟成员国在南海问题上的"协调一致"有着明显的促进效果。2013 年 4 月 23 日，菲律宾总统阿基诺三世（Benigno Aquino III）在前往出席东盟第 22 届峰会前透过其发言人对外宣称，对文莱将南海问题置于优先关注的位置也充满信心。[②] 6 月 28 日，越南国家主席张晋创（Truong Tan Sang）在东盟秘书处发表主题演讲。在演讲中，他对东盟在南海议题上扮演重要角色表达了特别的期待，希望在东盟的推动下，尽早达成"行为准则"。[③]为尽量满足相关成员国的要求和增强内部凝聚力，东盟 2013 年在南海问题上政策与态度表现出显著的"协商一致"色彩和务实特点，而这两个特点也或将在未来中国-东盟就南海问题展开高官对话与磋商进程中得到延续。

随着 2015 年东盟构建"共同体"日期的日趋临近，东盟对于增强内部凝聚力和透过中国-东盟对话关系渠道商讨南海问题及就"行为准则"展开磋商有着强烈的迫切感。2013 年 1 月 9 日，东盟新任秘书长黎良明在交接仪式上发表的职演讲中有关南海问题的讲话深刻地反映了东盟的这一心态。在演讲中，他将塑造和共享规范与准则、信任关系建设、冲突的预防和解决则被视为在政治安全部分特别就有效、按时落实"东盟政治安全蓝图"的重点，而南海问题被视为东盟"塑造和共享规范与准则"与构建"政治安全共同体"的重要一环，在演讲中得到了篇幅不小的阐述。就南海问题，他谈到："鉴于南海局势发展的复杂性，东盟应在推进东盟-中国'落实《行为宣言》指导方针'进程的同时，根据东盟在南海问题上的'六点原则'和东盟-中国为庆祝《行为宣言》签署 10 周年发表的联合声明，尽早和中国开启'行为准则'的谈判与磋商。"[④]

---

① Carlyle A. Thayer, New Commitment to a Code of Conduct in the South China Sea?, the National Bureau of Asian Research, Oct. 9, 2013, p. 2。

② GMA News, Aquino "optimistic" ASEAN summit will yield West PHL Sea code of conduct, April 23, 2013。

③ The ASEAN Secretariat, Remarks by H. E. Mr. Truong Tan Sang, President of the Socialist Republic of Viet-Nam at the ASEAN Secretariat, Jakarta, June 28, 2013, pp. 9-10。

④ The ASEAN Secretariat, Inaugural Speech by H. E. Le Luong Minh, Secretary-General of ASEAN at the Transfer of Office Ceremony, Jan. 9, 2013, pp. 2-3。

在组织内部，东盟的迫切感表现在两个层面：一是有关成员国对利用东盟机制在南海议题上发挥实质性作用持有日益强烈的兴趣；二是东盟对增强内部凝聚力和加强成员国在南海议题上"协商一致"也越显重视。在东盟-中国对话关系中，东盟的迫切感则要面对中国对全面有效落实《行为宣言》的坚持和务实态度。面对中国的态度，甚而有部分东盟成员国对中国关于就"行为准则"展开磋商的态度持有怀疑心理。关于这一心理，学者巴里·韦恩（Barry Wain）曾在新加坡《海峡时报》（The Strait Time）撰文谈到：虽然中国对"行为准则"持有开放态度，但东盟国家内部却认为中国"在标榜自己合作的同时，却在制定行为准则过程中采取拖延战术"。① 与东盟国家相比，中国在建立"行为准则"方面并无太强的迫切感。即便如此，中国也确实对就"行为准则"展开平等磋商持有开放态度，只是这一态度相比东盟（特别是菲律宾、越南等成员国）在"行为准则"上的急切心理显得更加务实。2013 年 6 月 30 日，中国外长王毅在出席中国-东盟外长会议时明确向东盟国家阐述了中国的这一务实态度：从《行为宣言》到"行为准则"，应是一个连续不断、循序渐进的过程，二者不能割裂，也不能只要"行为准则"，不要《行为宣言》。② 虽然中国和东盟双方 2013 年 9 月中旬在中国苏州已就"行为准则"的磋商迈出了实质性的第一步，但是东盟部分领导人在 10 月东盟第 23 届峰会期间仍然表达了内心的不满足，认为"东盟必须着手制定启动中国南海行为准则正式谈判的路线图。"③ 可见，东盟因构建"共同体"日期的日益临近在订立"行为准则"方面的迫切感和中国的务实态度将继续构成接下来中国-东盟对话和磋商过程中一对互动激烈的博弈关系。

中国和东盟在诸如"南海问题国际化"等议题上持有的立场也并不完全一致。虽然 2012 年东盟与中国达成了认同"南海问题不应国际化"观点的共识，④ 但据国外学者的考察，柬埔寨作为轮值主席国针对"南海问题不应国际化"拟定的相关条款因菲律宾的强烈反对被搁置。⑤ 作为东盟在南海问题的政策支柱之一，在南海问题上推行"大国平衡"政策和推动南海问题国际化是东盟国家的惯性做法。⑥ 在中国-东盟对话关系中，双方高官在就南海问题展开磋商过程中能否克服这一难题将不仅直接影响着中国和东盟在南海议题上达成的成果或取得的实质性进展，而且也将成为"中国-东盟命运共同体"构想能否得到东盟国家积极响应的试金石。

---

① Barry Wain, China Faces New Wave of Dispute, The Strait Times, Oct. 17, 2011。

② 中华人民共和国外交部网站：《王毅谈南海问题时指出中国愿与东盟共同努力排除干扰 维护南海和平稳定》，2013 年 6 月 30 日，http：//www. fmprc. gov. cn/mfa＿ chn/wjb＿ 602314/zzjg＿ 602420/yzs＿ 602430/dqzz＿ 602434/dnygjlm＿ 602436/xgxw＿ 602442/t1054534. shtml。

③ ［新加坡］联合早报：《李总理呼吁尽快制定启动〈南中国海行为准则〉正式谈判路线图》，2013 年 10 月 10 日，http：//www. zaobao. com/special/report/politic/southchinasea/story20131010-262729。

④ 中华人民共和国外交部网站：《杨洁篪外长谈温家宝总理出席东亚领导人系列会议并访问柬埔寨、泰国》，2012 年 11 月 22 日，http：//www. fmprc. gov. cn/chn/gxh/tyb/zyxw/t991633. htm。

⑤ Carlyle A. Thayer, New Commitment to a Code of Conduct in the South China Sea?, p. 1。

⑥ 东盟在南海问题上的政策内容大体有三点：一是以"集团方式"介入南海问题；二是以多边机制掌控南海形势；三是以"大国平衡"政策推动南海问题国际化。更深入地来讲，东盟在南海问题上的政策有两大支柱：第一，强调"内部一致"；第二，推行"大国平衡"，而这两个支柱则具体表现为参与南海问题上的"集团方式"、掌控南海形势的多边机制和以"大国平衡"推动南海问题国际化。关于东盟在南海问题上的政策内容，可参阅葛红亮：《东盟在南海问题上的政策评析》，第 70-73 页。

五、结论

中国政府提出"中国-东盟命运共同体"战略构想，在为中国-东盟战略伙伴关系的发展提供了新框架的同时，向东盟国家和区域大国传递了一系列积极信号，更为中国和东盟双方关系的发展带来了商讨和签署"睦邻友好合作条约"、打造"中国-东盟自贸区"升级版和构建"21世纪海上丝绸之路"等契机。若东盟和中国能抓住这些契机，沿着"中国-东盟命运共同体"的方向，共同推动东盟-中国战略伙伴关系的发展，南海问题在中国-东盟命运共同体框架内势必受到越来越多积极因素的影响。随着中国和东盟国家为全面有效落实《行为宣言》展开功能性合作的增多及由此带来双方政治安全互信关系的增进，南海安全局势届时势必会更加稳定。然则，透过对中国和东盟在南海问题上对话和磋商现状和发展趋势的分析，双方还须克服一系列挑战和不利因素的影响。实质上，东盟在南海问题上的政策举措在根本上由东盟成员国在这一争端上的政治、经济与安全利益决定，而南海问题及再磋商中的"行为准则"在东盟构建"共同体"计划中的重要性和东盟所表现出的迫切感无疑构成了东盟在接下来的两年中在南海问题上采取何种政策举措的直接决定因素。

由此来看，虽然"中国-东盟命运共同体"为中国和东盟在南海问题对话和互动提供了新框架，但东盟在南海问题上的政策举措发展走向仍深受多种因素的影响，在总体积极转向务实方向的同时，仍不排除受到有关消极事项影响的可能。鉴于此，中国不仅要持续推进中国-东盟战略伙伴关系和为双方在南海问题上展开互动营造更为良好的政治氛围，而且还应积极与东盟就南海议题保持沟通渠道的顺畅和正面应对东盟在南海问题上的考虑，增强互动的实效性和共同在全面有效落实《行为宣言》中维护南海地区的稳定与和平，促使南海由争端的焦点转变为中国-东盟合作关系的纽带。

论文来源：本文原刊于《东北亚论坛》2014年第4期，第25-34页。
项目资助：中国海洋发展研究中心重大项目（AOCZDA20120）。

国际海洋政治发展趋势与中国的战略抉择

胡　波[①]

摘要：纵观世界历史，国际海洋政治大致经历了：权力政治至上；权力与利益政治均衡分布；权力、利益和责任政治全面发展三个阶段。在技术进步和国际政治文化变迁两大因素的作用下，未来国际海洋政治将呈现三大发展趋势：内涵多元化、博弈和平化、格局多极化。任何海洋强国的成功之路都是基于自身先天禀赋和相关情况，适应当时海洋政治发展趋势的理性选择，中国的海上崛起也不会例外，需要在目标、路径和方式方法等方面做出相应的主动调适。

关键词：国际海洋政治；海权；海洋战略；海洋治理；中国道路

随着科技水平的大幅提升，人类认识海洋、开发海洋和管理海洋的深度与广度加速拓展，海洋对于人类和国际政治的价值和作用更加凸显。然而，国内外学界对国际海洋政治的研究尚缺乏整体性和系统性。为了更好地把握国际海洋政治的规律，指导国际关系实践，有必要将国际海洋政治作为一个整体，界定其内涵，观察其发展趋势。

一、国际海洋政治的三大主题

国际海洋政治，顾名思义是指发生于海洋空间或与海洋相关的国际关系互动。它是主权国家之间围绕海上权力、海洋利益和海洋责任，就海洋控制、海洋发展和海洋治理等问题而发生的斗争与合作。国际海洋政治的实践自古有之，经历了一个由简单到复杂的发展过程，海洋控制、海洋发展和海洋治理三大主题的次第出现与人类发展程度密切相关。

（一）海洋控制与海权

海洋对于国际政治的首要意义在于通道，通过控制海洋来影响或干预陆上的权力分配

---

① 胡波，北京大学海洋研究院研究员，中国海洋发展研究中心研究员。

是国际海洋政治的最原始内涵。① 历史上，地中海及其周边海域的海上权力格局直接影响了古希腊、古罗马的兴起与衰落。近代以来，随着大航海时代的来临和欧洲殖民主义及帝国主义的大扩张，海洋作为通道愈加重要，控制海上关键通道便可控制全球贸易，甚至间接左右国际格局。由此，发展海军、夺取制海权逐渐成为帝国主义国家争夺殖民地或势力范围的重要前提与主要途径。

关于海权与制海权，较为系统的理论归纳始于美国的阿尔弗雷德·赛耶·马汉（Alfred Thayer Mahan）。1890 年，马汉系统地提出了海权与制海权的理论，强调"赢得了制海权即意味着主宰世界"，并归纳出影响一国海权的 6 大条件（地理位置、自然结构、领土范围、人口数量、民族特点、政府特性）和 3 要素（产品、海运、殖民地）。他通过重新解读欧洲 17、18 世纪的霸权争夺历史，试图证明制海权对国家命运的重要意义，认为"英国的强盛源自于它对海洋毫无约束的控制，而法国的衰落也不得不归咎于它对海权的忽视"。② 马汉的主要贡献在于，其首次全面探讨了海权作为一种国家大战略工具的价值和有效性，将此前有关海权的各种分散的理念综合成为一整套逻辑严密的哲学，并在此基础上系统阐述了有关海权的若干具有根本性的战略思考和战略原则。③ 几乎与马汉同时，基于同样的历史片断，英国的朱利安·斯泰福德·科贝特（Sir Julian Stafford Corbet）等却总结出另一套海权理论，或称"英国学派"。他们强调海上与陆上行动之间存在不可分割的联系，海上行动是更大行动的一个组成部分，还认为制海权是相对的而非绝对的，制海权通常处于一种敌我争夺状态。④

以上两种不同学说的创立标志着海权作为一个影响国际政治的独立变量，开始受到政治学家或战略家的高度关注，海权作为一个概念或理论体系基本构建起来。一般认为，马汉所说的海权有两种含义：一种是狭义上的海权，就是指通过各种优势力量来实现对海洋的控制；另一种是广义上的海权，它既包括那些以武力方式统治海洋的海上军事力量，也包括那些与维持国家的经济繁荣密切相关的其他海洋要素。⑤ 马汉之后的学者总体上越来越倾向于从广义的角度来界定海权。马汉著述中有关海权与制海权的论述不仅影响了美国的海上崛起，也极大刺激了德意志帝国和日本帝国的海上冒险。不过，必须承认的是，马汉及其门徒对制海权的论断过于绝对，与历史事实也存在偏差。海权史上，从未出现过绝对的制海权，即便在大英帝国的鼎盛时期，英国皇家海军在地中海、美洲、亚洲等地区的制海权也时刻面临着对手或大或小的挑战。

"二战"结束以来，第三世界国家纷纷独立，国际制度与规范的作用日趋显现，国际

① 海洋控制（Sea Control）与制海权（Command of the Sea）是一组相似且经常被混用的概念，"制海权"是一种能力，也是对"海洋控制"的理想表述，海洋控制是一种结果或状态。鉴于"制海权"这个概念过于绝对，英语文献特别是近些年的著述中，"海洋控制"的说法更为流行；在实践方面，美、英等国海军的战略或条令中早已开始用"海洋控制"代替"制海权"。

② ［美］马汉：《海权对历史的影响，1660—1783》，安常容、成忠勤译，北京：解放军出版社，2006 年版，第96 页。

③ 吴征宇："海权的影响及其限度"，《国际政治研究》，2008 年第 2 期，第 107 页。

④ Michael I. Handel, "Corbett, Clausewitz, and Sun Tzu," Naval War College Review, Vol. 53, 2000, p. 87。

⑤ Geoffrey Till, *Maritime Strategy and the Nuclear Age*, London：Macmillan, 1982, p. 33。

政治环境变得日益繁琐复杂，海洋强国对海洋的控制面临越来越多的政治和法律限制，美国的海上优势地位也必须建立在与盟国和其他大国分享权力的基础之上。与此同时，随着导弹、航天、陆基远程战斗机等军事技术或装备的发展，海上力量显得愈加脆弱，更使绝对制海权变得遥不可及。对此，海洋战略分析家们越来越认识到，形势发展使得掌握绝对制海权变得越来越困难，海洋强国在实践中逐渐接受了相对制海权的理念。冷战结束后，全球性海上安全问题日渐突出，海军的任务和角色更加多样化，海上安保问题迅速进入海权理论家的视野。杰弗里·蒂尔（Geoffrey Till）认为，中美等大国的海军都是"现代海军"与"后现代海军"的混合体，前者任务更为传统，对制海权的争夺具有排他性和竞争性的特点，后者的优先任务并非是与对手争夺制海权，而是通过确保良好的海上秩序以维持整体海洋安全。① 今天，制海权依旧是国际海洋政治的中心议题之一，围绕制海权的争夺一刻也没有停止过，只是各海洋大国基本上接受了相对控制与有限合作的理念，海洋强国在世界各海域追求的海洋自由使用与次强国家谋求的海洋拒止能力之间的矛盾，基本上决定了全球海域海洋控制的限度。

（二）海洋开发与海洋利益

人类开发利用海洋远在国家出现之前，不过直至"二战"结束后，海洋开发才开始成为国际政治的一大议题。"科学技术扩展了人类利用海域和海洋资源的能力，因此出现了海域和资源匮乏的问题，并刺激着各国竭力扩展其管辖的区域，以排除其他国家染指的可能性。"② 海洋作为资源汲取地的地位和作用不断显现，海洋渔业、油气、深海矿产开发等议题逐渐进入国际政治议程之中。1945 年美国总统杜鲁门第 2667 号公告宣称："毗连其沿岸的公海之下的大陆架的底土和海床所蕴藏之自然资源，系归其管辖和支配之附属。"③ 随后不少国家发表了类似声明。1958 年，在日内瓦联合国第一次海洋法会议通过的《大陆架公约》为大陆架下了这样的定义："邻接海岸但在领海范围以外之海底区域之海床及底土，其上海水深度不逾 200 米，或虽逾此限度，而其上海水深度仍使该区域天然资源有开发之可能性者。"④ 此后经各国科学家不断努力，人类极大增长了对深海资源的认识，大量的多金属结核、富钴结壳、海底热液硫化物、海底天然气水合物、深海生物基因资源被发现，储量都远超陆地可探明资源。⑤

与此同时，由于大国间的大规模战争日渐稀少，加之第三世界国家的纷纷独立和崛起，发展诉求变得更加迫切重要。"二战"后的三次海洋法谈判进程充分反映了世界大多数国家求和平、谋发展的诉求，而号称海洋宪章的《联合国海洋法公约》（以下简称《公约》）更是凸显了人类在发展问题上对于海洋的殷切期待。事实上，世界大多数国家经过

---

① Geoffrey Till, Seapower: A Guide for the 21st Century, Taylor&Francis Group, 2009, pp. 6-19.

② ［美］罗伯特·基欧汉，约瑟夫·奈：《权力与相互依赖》，林茂辉等译，北京：中国人民公安大学出版社，1991 年版，第 107 页。

③ Harry S. Truman, Proclamation 2667 – Policy of the United States With Respect to the Natural Resources of the Subsoil and Sea Bed of the Continental Shelf, http：//www. presidency. ucsb. edu/ws/index. php? pid=12332。（上网时间：2017 年 2 月 3 日）

④ 《大陆架公约》，第 1 条，http：//www. un. org/chinese/law/ilc/contin. htm.（上网时间：2017 年 2 月 3 日）

⑤ 方银霞，包更生，金翔龙："21 世纪深海资源开发利用的展望"，《海洋通报》，2000 年第 5 期，第 73-74 页。

战后长期的总体和平发展，都面临着资源越来越短缺的问题，在没有替代方案的情况下，对海洋资源的开发和尽可能的占有自然为其合理选择。

三次海洋法会议谈判的核心是全球海洋空间及资源管辖权的分配问题。围绕专属经济区、大陆架、国际海底区域、公海等制度，不仅所有的沿海国，就连大多数内陆国都参与到规则的谈判和制定过程之中。毫不夸张地讲，《公约》谈判是国际关系史上参与程度最广泛的重大海洋政治事件。此后，利益政治便与权力政治一道，成为国际海洋政治的两大议题。针对海洋开发及海洋利益博弈对国际政治的影响，从20世纪70年代开始，一批政治学家开始超越海权、制海权等单一的权力政治框架，从更为综合的视角探讨海洋与国际政治的关系。①

（三）海洋治理与海洋责任

全球海洋的连通性和不可分割性决定了海洋的利用与管理具有先天的开放性特征，各沿海国在开发海洋时，需要考虑到自己的国际责任。而经济全球化更加深了人类对海洋的依赖，各种安全威胁也因为海洋高度的连通性而超越国境，成为全球性问题。应对海盗与跨国犯罪、保护海洋环境、维护海上安全等任务愈益超出单个或几个国家的能力。鉴于此，作为三大"全球公域"②之一，海洋日益受到国际社会的高度重视。

海洋公域的治理给世界各海洋国特别是各大国都提出了承担必要责任和义务的要求。在海洋公域治理问题上，大国在追求自身权力、影响及声誉的同时，也必须高举维护海洋公域的大旗。2010年前后，美国《国家安全战略》《四年防务评估报告》以及美国、北约等智库的研究报告都异口同声地强调要保障全球公域的安全。③在海洋公域治理上，各大

---

① 这方面的国外研究成果包括乔治·莫德尔斯基（George Modelski）和威廉·汤姆森（William R. Thompson）的《世界政治中的海权：1494—1993》、罗伯特·吉尔平（Robert Gilpin）的《世界政治中的战争与变革》、罗伯特·基欧汉（Robert Keohane）和约瑟夫·奈（Joseph Nye）的《权力与相互依赖——转变中的世界政治》、雷斯科特（J. R. V. Prescott）所著的《海洋政治地理》、巴里·布赞（Barry Buzan）的《海底政治》等。中国学者刘中民、巩建华也曾提出从权力与权利政治的复合框架去分析国际海洋政治的观点，参见刘中民："中国国际问题研究视域中的国际海洋政治研究述评"，《太平洋学报》2009年第6期；巩建华："海洋政治分析框架及中国海洋政治战略变迁"，《南海瞭望》，2011年第6期。

② 其他两大公域一般指太空与网络。这方面的代表性研究成果有 Abraham M. Denmark, "Managing the Global Commons," The Washington Quarterly, Vol. 33, No. 3, 2010, pp. 165-182; John Vogler, The Global Commons: Enviromental and Technological Governance, John Wiley High Education, 2000; Michael Goldman, ed., Privatizing Nature: Political Struggles for the Global Commons, London: Pluto Press, 1998; Magnus Wijkman, "Managing the Global Commons," International Organization, Vol. 36, No. 3, 1982, pp. 511-356; Susan J. Buck, The Global Commons: An Introduction, Washington, D. C.: Island Press, 1998。

③ White House, The National Security Strategy of the United States 2010, May 2010, p. 49, http://www.whitehouse.gov/sites/default/files/rss_ viewer/national_ security_ strategy.pdf; U.S. Department of Defense, Quadrennial Defense Review Report 2010, February 2010, http://www.defense.gov/qdr/images/QDR_ as_ of_ 12Feb10_ 1000.pdf; C. Raja Mohan, "U. S.—India Initiative Series: India, the United States and the Global Commons," Center for a New American Security, October 2010, http://www.cnas.org/files/documents/publications/CNAS_ IndiatheUnitedStatesandtheGlobalCommons_ Mohan.pdf; Michael Auslin, "Security in the Indo-Pacific Commons: Toward a Regional Strategy," American Enterprise Institute, December 2010, http://www.aei.org/docLib/AuslinReportWedDec152010.pdf; Brooke Smith-Windsor, "Securing the Commons: Towards NATO's New Maritime Strategy," NATO Defense College, Rome, September 2009, http://www.ndc.nato.int/research/series.php? icode1。（上网时间：2017年2月3日）

国间并无尖锐矛盾，包括美国在内的各大沿海国也都充分认识到，任何国家都无法单枪匹马去管控好整个海洋。问题在于"公地悲剧"，如同气候变化谈判一样，各国都在尽可能地推卸责任，同时担心其他国家会由此获益更多。因此，海洋公域治理的症结就是责任分配问题。

在现有的关于国际海洋政治的著述中，对争夺制海权的权力政治、海洋开发带来的利益或权益政治等着墨较多，而关于海洋治理则尚未引起学界足够关注，更鲜有将海洋公域治理上升到国际海洋政治三大议题之一的高度。海洋事务与大陆事务截然不同，即便是在殖民帝国时期，海洋也蕴含着权力、利益之外的东西，这就是责任。所谓海洋责任，是指沿海国在保障航道安全、跨海通信、海洋观测、灾害救援等领域有着与生俱来的做贡献的义务，这些义务虽然经常也带有权力和利益关切，但却不可避免具有国际公共产品的属性。随着各国的海洋活动越来越跨越领海、专属经济区等海域，走向公海及国际海底区域，海洋的全球治理问题在国际海洋政治中的分量愈加重大。

需要指出的是，上述三大议题间有着一定的重合。合理的海上权力诉求可以看成是国家海洋利益的一部分，而过度的海上权力欲望则不太符合国家的整体海洋利益。部分海洋责任与海上权力或海洋利益是重合的，国家在追逐海上权力和海洋利益的过程中，会间接履行一定的海洋责任。反之，国家在履行海洋责任的同时，也会实现部分权力和利益，但海上权力与海洋利益并不能完全涵盖海洋责任中的公共内涵。

二、国际海洋政治的发展趋势

纵观人类海洋文明史，影响国际海洋政治发展进程的主要有三大因素：其一是科学技术的发展，历次海洋政治的重大变迁和演进均离不开科技的推动；其二是全球政治的大环境或者说潮流，不同的政治文化之下，海洋竞争的模式大相径庭；其三是世界力量对比的格局，实力是国家经略海洋的基础，海洋政治依托于整个国际政治。其中，前两大因素又是根本性的。基于以上三大因素和历史的经验，我们可对未来国际海洋政治的发展趋势做如下谨慎预测。

1. 国际海洋政治三大议题日益均衡发展

冷战后的格局使得美国在海上处于绝对的独霸地位。然而好景不长，随着中国、俄罗斯等国军事现代化的迅速发展，美国在大国近海面临着巨大的"反介入/区域拒止"困境，中俄等大陆国家虽然拥有着能力相对弱小的海军，但通过运用反舰弹道导弹、反舰巡航导弹、高性能战斗机、先进水雷、静音潜艇等武器，依托大陆平台，将极大增加美军在近海行动的脆弱性，从而一定程度上丧失了对欧亚大陆近海事务的介入能力。21世纪初，全球海上权力竞争再次以另一种形式展现出来，以往大洋上的舰队对决逐渐让位于当前的近海角逐，中国等传统陆权国家加快"由陆向海"，而美国等海权大国则大幅调整海上战略，"由海向陆"压缩制衡大陆国家的活动空间，二者的战略冲撞在毗邻大陆国家的近海区域反映尤为突出。中国等沿海大国捍卫自身主权和主权权益，以及追求与自身实力相称的海上地位与美国继续谋求世界海上主导地位间的矛盾，开始成为世界海上权力竞争的主线。

由于海洋科技的快速发展，人类正在进入一个全方位开发利用海洋的阶段，特别是人类对深海的探索和开发将很快有实质性突破。近海及浅大陆架油气资源的探索与开发已经趋于饱和，世界大多数的新探明储量都源自深海。截至 2016 年 10 月底，国际海底管理局共核准矿区多金属锰结核、富钴结壳和多金属硫化物申请 26 项，多数申请及核准时间发生在近两年。[①] 美、英等国正开展新型采矿设备的研制，预计未来 5 年至 10 年可实现商业开采。深海大规模探索及开发日益进入各海洋大国的发展与科技议程，多金属锰结核、富钴结壳和多金属硫化物等深海矿产资源勘探调查继续深入，深海油气资源储量不断被刷新，深海基因资源愈益获得各海洋大国关注。目前，人类已探索的海底面积只有海底总面积的 5%，还有 95% 属于未知，[②] 海洋开发的前景十分巨大。近 10 年来，各海洋大国大力发展深海观测网络和载人/无人水下深潜器，在深海大洋的感知、开发和活动能力大大增强，这为深海资源的商业开发提供了技术支撑。

随着各国的海上活动重点从近海转向深海远洋，从管辖海域转向公海、海底"区域"等公共海洋空间，海洋环境恶化、自然或人为灾害等全球性问题将进一步发酵，并受到更多的关注，人类对海洋的人文情感和关怀也会随之变得更加立体丰富。在这种背景下，任何国家在海上从事军事、经济等活动时，都不得不更多地考虑海上公益和海上责任。国际海洋政治和国际海洋制度的中心任务也将由管辖海域的规则制定转向对人类在公共海洋空间活动的规范。如此，国家安全与发展的需求将日趋均衡，军事、经济、外交等内容的发展也日益平衡。没有船坚利炮不行，但光有武力也越来越难以行得通。围绕海洋控制的较量和权力政治不会消弭，但海洋发展和海洋治理问题更加举世瞩目，海洋政治的三大主题并行演进的态势将更为突出。"军事力量的结构决不是与海洋制度公然相左，但是在每一种情况下，制定规则的权威同军事权力的总体水平之间存在着相当程度的不一致"。[③] 未来，国际海洋政治的结构将愈益与军事力量对比呈现一定程度的脱节，外交折冲与法理斗争正成为获取权力、利益和话语权的主要形式和国际海洋政治中的主要内容。

时空条件已经发生了根本的变化，任何国家均难以延续或效仿马汉笔下以"贸易即势力范围扩张"和"控制海洋"为基础的二元海洋强国之路，这不仅是摆在中国这样后起海洋国家面前的问题，也是美英这样的传统海洋强国面临的重要课题。海上竞争的内容愈加丰富多样，军事力量的发展只是其中一大要素，外交及海洋经济等手段越来越大有可为，世界各国海上权力的排名势必要考虑海洋经济的发展水平、外交能力以及应用国际法的娴熟程度等情况。"当今世界，围绕国家海洋权益的斗争，呈现出了一些新的特点。即对海洋的争夺和控制由过去的以军事目的为主转变成了以经济利益为主；由以争夺有战略意义的海区和通道为主转变成了以争夺岛屿主权、海域管辖权和海洋资源为主；由超级大国、海洋强国对海洋的争夺转变成了沿海国家，特别是发展中国家对国家海洋权益斗争的

---

① International Seabed Authority, Deep Seabed Minerals Contractors, https：//www. isa. org. jm/deep-seabed-minerals-contractors.（上网时间：2017 年 2 月 3 日）

② National Oceanic and Atmospheric Administration, U. S. Department of Commerce, "95% Unexplored," http：// www. noaa. gov/oceans-coasts.（上网时间：2017 年 2 月 3 日）

③ ［美］罗伯特·基欧汉，约瑟夫·奈：《权力与相互依赖》，第 166 页。

广泛参与。"①为了适应国际海洋政治日趋多元复杂的竞争形势，各沿海国也都不约而同地强化了涉海各部门的机制调整，并设立海洋综合管理机构。②

2. 海上军事力量的主要作用在于威慑而非实战

不可否认，军事竞争甚至是激烈的海上军备竞赛依然将长期存在。根据斯德哥尔摩国际和平研究所（SIPRI）的数据，2015 年全球军费开支高达 1.6 万亿美元。这其中，大部分的花费集中到了海空装备特别是海军装备上。③ 不过，大国间的有效核威慑极大抑制"热战"的发生，在此情况下，其他新的对抗形式如"混合战争"（Hybrid Warfare）④、"凉战"（Cool War）及"灰色地带"（Gray Zone）等逐渐成为各国防务部门关注的新焦点。"混合战争"概念的提出充分反映了当今世界安全威胁的多元化和军队任务多元化的现实。⑤"凉战"则体现了大国间既斗争、又合作，还不能"破局"的综合博弈状态，其大背景是地缘政治竞争与经济互相依存的结合。⑥ 新的"凉战"时代是美国与新崛起的发展中国家在优势地位、盟友关系和资源方面的竞争。这种冲突在亚洲已然可见，而且将扩

---

① 赵成国：《我国建设海洋强国的基本要素》，曲金良主编：《中国海洋文化研究》（第三卷），北京：海洋出版社，2002 年版，第 9 页。

② 2004 年 12 月，美国小布什总统签署第 13366 号命令，决定在环境质量委员会设立海洋政策委员会，以协调美国各部门的海洋活动，全面负责美国海洋政策的实施。2010 年，奥巴马总统签署《关于海洋、我们的海岸与大湖区管理的行政令》，决定撤销 2004 年成立的海洋政策委员会，并成立内阁级别的国家海洋委员会（National Ocean Council），直属总统行政办公室，负责统筹和协调联邦各部门的涉海工作，以便有效地贯彻落实国家海洋政策。2007 年 7 月，日本依据《海洋基本法》设立综合海洋政策本部，该部是日本"国家管理海洋"的最高领导机构，首相亲任本部长，主管大臣为海洋政策担当大臣（由国土交通大臣兼任），其余成员全部由国务大臣兼任，内阁官房负责处理海洋本部的事务。俄罗斯也十分重视海洋的综合管理，其所构建的海洋综合管理模式开世界之先河，比美国早了几乎 10 年——2001 年 9 月 1 日，俄罗斯联邦政府批准成立海洋委员会，该委员会是俄罗斯海洋综合管理的最高机构。作为一个常设领导机关，该委员会主要负责协调联邦行政机关、联邦主体行政机关和科研机构从事的所有海洋活动，包括研究、开发世界海洋和南北极地区的一切行动。目前来看，各沿海国的海洋综合管理机制的调整和改革才刚刚开始，仍处于进行时，也都存在这样那样的问题，未来的塑造适应之路还相当漫长。

③ The International Institute of Strategic Studies, The Military Balance 2016, February 2016, p. 19。

④ "混合战争"的说法由来已久。2007 年 12 月，美国海军陆战队退役中校弗兰克·霍夫曼在《21 世纪的冲突：混合战争的兴起》一书中首次系统提出了"混合战争"理论，并认为"混合战争"理论最能反映当前及今后美军所处作战环境的特点。该理论一经提出，立即受到美国军事理论界的广泛关注，并逐渐为美军官方所接受。2009 年 1 月，美国国防部长罗伯特·盖茨首次使用了"混合战争"这个概念。美国国防部 2010 年版《四年防务评估报告》将"混合"这一术语用来描述战争的日渐复杂化、战争参与者的多元化和战争类别之间界限的模糊，并指出现今战争的混合趋势要求美军为应对一系列的冲突做好准备，其中包括应对运用代理人部队进行胁迫和恐吓的国家敌人，具备作战行动胁迫和恐吓的国家敌人，以及具备作战思想指导、拥有高技术能力的非国家行为体。这标志着美军正式认可了"混合战争"理论。

⑤ 根据霍夫曼的归纳，"混合战争"是战争主体、战争样式、战争手段、军事行动和作战目标的混合。所谓"混合"，包括物理与心理、动能与非动能、战斗人员与非战斗人员的混合。"混合战争"的特点是"在非常动态、不确定的环境中进行持续的作战"。其具体方法是：综合运用军事和非军事手段，实现突然性，夺取主动，并利用外交手段获得心理和现实优势；开展复杂而迅速的信息战、电子战和网络战；开展秘密的军事行动和情报行动；施加经济压力。参见葛向宇、许向东："美国更趋务实的混合战争理论"，《国防科技》2011 年第 1 期，第 60 页。

⑥ "凉战"要比冷战热一些，但却不如冷战那样"你死我活"，这"意味着在凉战时代，流血冲突的确会有所减少"，但"一种永不间断、截然不同的新型战争会取代过去的战争方式"，新技术可以"令对手发烧、降低他们的能力以及让他们混乱迷惑，或者在必要的情况下剥夺他们的重要资产，而不是杀死对手"。参见 David Rothkopf, "The Cool War," Foreign policy, February 20, 2013, http://foreignpolicy.com/2013/02/20/the-cool-war/。（上网时间：2017 年 2 月 3 日）

大到中东、非洲及世界其他地区。① "灰色地带"是指介于战争与和平间的竞争与冲突，它可以发生在国家内部，国家之间，以及国家与非国家行为体之间，这种对抗通常发端于执法力量或其他非军事力量间的摩擦，对现状的改变是渐进的，性质介于执法与战争、合法与非法之间的模糊地带。② 之所以称之为灰色，是由于其有以下三大特点：冲突性质的模糊；参与行为体的不透明；相关政策与法律框架的不确定。③

海上军事行动的成本和掣肘将继续增大，战争也越来越难以达到目的。陆海等平台愈发一体化，海上力量会越来越遭遇陆上的威胁或挑战。历史上，殖民主义、帝国主义和霸权主义之所以能依靠海军在全球横行，其根本原因在于广大第三世界国家的力量过于落后，而非海权相对于陆权具有天然优势。伴随第三世界国家的崛起，特别是中国、印度这样体量的大国掌握了先进的军事技术，海上霸权主义和强权政治愈发难以行得通。军事改变现状的难度与日俱增、国际机制与经济全球化的发展，正使得海上力量的运用重点从军事转向外交及警察职能，从远洋转向近海。④

大国的海军仍在为大规模战争做准备，然而，通过战争夺取制海权已非当前及未来海军的主要任务。海上力量的职能主要包括威慑、海洋控制、力量投射和海上安保，美国在2015年版的《21世纪海上力量合作战略》中，又增加了"全域进入"的职能。无论是在混合战、凉战中，或是基于海军自身的职能发展，威慑都是大国海军在全球海洋政治中的首要作用，也是其日常最频繁践行的职能。在所谓的"灰色地带"的对抗中，军事力量往往也不在冲突的一线，其作用在于为执法或其他力量提供支援与后盾。

3. 国际海洋政治格局将逐渐走向多极化

从海洋经济的开发能力和占世界海洋经济的比重等方面来看，美国无疑是个海洋强国，但也只是诸强之一。从对海洋秩序的塑造能力来看，美国仍然很强，但这种强大已经不是否决性权力，其他大国甚至部分中小国家集团的作用急剧上升，《公约》的签署与实践即是很好的例子。从某种意义上讲，当今的海洋世界已经是多极格局。

当然，美国还维系着全球海上的军事超强地位。但即便是在军事领域，海权分散化和多样性的趋势也在不断加强。所谓分散化是指美国的全球制海权正在为越来越多的国家所挤压，并形成全球制海权、区域制海权和濒海制海权等不同层次，彼此间形成一定制约关系，其相对性十分明显。⑤ 所谓多样性，是指由于技术方案更为多样，不同地缘、不同禀赋和不同能力的国家，其实施海洋控制的路径更加多元，方式方法也差异很大，中俄等其他国家不必也不可能复制美国海权发展的路线。

首先，海陆技术发展的不平衡加速了海上权力的分散，传统海洋强国的权势受到越来

---

① 诺厄·费尔德曼：《凉战，全球竞争的未来》，洪漫译，北京：新华出版社，2014年版。
② Randy Pugh, "Contest the Gray Zone", U. S. Naval Institute Proceedings, Vol. 42, No. 11, 2016, pp. 56-60。
③ U. S. Special Operations Command, White Paper: "The Gray Zone", September, 2015。
④ Muhammad ZarrarHaider, "Impact of Naval Technology on Employment of Maritime Power," Defense Journal, Vol. 17, No. 9, 2014, pp. 45-46。
⑤ 孙建中：《21世纪的海权：历史经验与中国课题》，朱锋主编：《21世纪海权再定义》，北京：世界知识出版社，2016年版，第16页。

越多的限制。由于精确制导武器和传感器的全球扩散,海洋特别是濒海区域正成为竞争最激烈也最危险的战场空间。[①] "二战"结束以来,导弹、远程空中力量、信息技术及航天科技等的发展,使得强机动性和远程投送不再是海上力量的专利;而"反介入"技术的大量运用也加大了海上力量的脆弱性,特别是在临近大陆的海域。在特定区域内,大陆强权相对于海上强权形成了一定的天然战略优势,一些海权专家称之为"大陆海权",[②] 这种理论认为陆基战斗机、无人机、反舰巡航导弹和弹道导弹等武器能够使沿海国家在不必拥有强大海上舰艇编队的情况下,即可屈人之兵。在一定技术条件下,世界海上"老二""老三"甚或是中等国家都可能在特定海域对世界海上"老大"形成局部优势,传统的海洋霸权越来越难以构建和维系。在可预见的将来,中国、印度等后发海上强国虽然无法在世界范围内挑战美国,但中国在西太平洋、印度在北部印度洋都有改变权力格局的潜力。从长期来看,美国的海上主导地位将不可避免地衰落,世界海上力量格局将更趋多极化。而且处在"自己活也就必须让别人活"的时代,由于缺乏大规模战争的快速洗牌,国际海洋政治格局也必将日趋多极化。

其次,海洋大国的权势还遭到了中等国家甚至是非国家行为体的侵蚀。当前,发展和使用高科技武器装备的难度与复杂程度远远超出以往时代,研发周期往往持续10年甚至20年。在这种情况下,将经济实力转变成军事实力变得更加困难。[③] 由于世界分工的大发展,各国先进的主战平台如航空母舰、战斗机、轰炸机等实际上都是与他国直接或间接协作的结果,包括美国在内的军事强国如离开了其他国家的技术和配件,也将难以制造出任何先进复杂的武器装备。同样由于经济全球化导致的世界分工,加之通信技术日新月异和信息的加速扩散,中等国家特别是经济发达的国家往往也能掌握一些高端制造业和先进技术。如果这些国家不追求与大国对称的力量发展或与大国的全面对抗,这些力量也能在特定领域占有一定优势,或在特定的区域给大国海军造成较大挑战。如果我们将权力的标准再降低一些,权力不仅由大国向普通国家扩散,未来的"权力会扩散至更多层次,至国家和非国家行为体结合而成的众多无形网络中,至于谁当头挂帅,就要看地位、关系网络、外交手段及建设性行为的多少来分高低了"。[④]

此外,海上威胁日渐复杂多元,合作应对是大势所趋。大国强大的海上武备和对海洋的控制已应付不了21世纪愈来愈复杂的非传统安全威胁和非对称挑战,美国海军在军事上全球无敌,却不能有效对付恐怖分子。[⑤]许多能够损害甚至瘫痪国际体系的技术正变得越

① Phillip E. Pournelle, "The Deadly Future of Littoral Sea Control," U. S Naval Institute Proceedings, July 2015, Vol. 141/7/1, 349 http：//www. usni. org/magazines/proceedings/2015-07/deadly-future-littoral-sea-control。（上网时间：2017年2月3日）

② James R. Holmes, "An Age of Land-Based Sea Power?," The Diplomat, March 25, 2013, http：//thediplomat. com/2013/03/An-age-of-land-based-sea-power。（上网时间：2017年2月3日）

③ Stephen G. Brooks and William C. Wohlforth, "The Rise and Fall of the Great Powers in the Twenty-first Century：China's Rise and the Fate of America's Global Position," International Security, Vol. 40, No. 3（Winter 2015/16）, p. 40。

④ ［美］美国国家情报委员会编：《全球趋势2030——变换的世界》,中国现代国际关系研究院美国研究所译,北京：时事出版社,2016年版,第46页。

⑤ Capt. R. B. Watts, "The End of Sea Power," U. S. Naval Institute Proceedings, September 2009, Vol. 135/9/1, 279, pp. 23-26。

来越便宜，使得使用生化武器、制造计算机病毒等的方法广泛流行。① 国家再也无法垄断暴力，特别是在如此开放的海洋空间中。自冷战结束以来，面对海上威胁及海军任务的多元化，美国积极倡导海上安全合作，相继提出了"防扩散安全倡议""千舰海军计划"和"全球海上伙伴关系倡议"等国际合作方案，并在 2005 年的《国家海上安全战略》和 2007 年的《21 世纪海上力量合作战略》等文件中高调强调国际合作的必要性。在 2015 年版的《21 世纪海上力量合作战略》中，美国一方面强调中国带来的反介入和区域拒止的挑战与风险；另一方面却也坦率承认中国海军在打击海盗、提供人道主义援助、参与大型多边演习等海上事务中做出了越来越大的贡献。② 与美国相比，中国更缺乏在世界范围内依靠军事手段维护海上交通线及海外利益的能力和资源，合作将是主要选择。

三、关于中国海洋战略发展的思考

历史的惯性是巨大的，强权政治和冷战思维幽灵般如影相随；潮流的力量是无法阻挡的，国际海洋政治的新趋势正在潜移默化地改变这个世界。当下的现实恰是历史与未来、经验与趋势的相互牵引和相互羁绊的结果。中国在走向深蓝的过程中，同样需要在深谙自身国情、熟悉历史经验与洞察世界大势等诸多使命之间取得一个较好的平衡。

积极适应海洋政治三大议程竞相发展的新趋势。随着海洋政治议程的日益多元均衡，海洋强国的内涵也正在发生变迁。作为海洋大国，必须同时兼顾海洋控制、海洋发展与海洋治理三大议题，唯海权论、唯发展论、唯责任论都既不现实，也不可行。中国要成为海洋强国，就必须进行范式创新，以往或通过军事、或通过经济等单一领域手段成为海洋强国的范式将难以被继续复制。与以往海上强国崛起不同的是，中国的海洋强国必定是个综合性的，目标至少应包括强大的海上力量、海洋经济强国和海洋政治大国三个方面，手段也应是军事、政治、经济、外交、文化等全方位的。事实上，中国已经在不自觉地适应变化了的海洋政治，中国海军尚没有走遍全球，而中国的海洋经济活动早已遍布世界大洋大海的各个角落，中国海上力量在应对海盗、跨国犯罪、恐怖主义、海上安全等全球性问题上也发挥着越来越重要的作用。今后，中国应更自觉地推动海洋强国的建设与国际海洋政治三大议程的发展趋势相契合。

1. 在"变"与"不变"中把握平衡

一方面，中国需要变革与革新，没有成熟且符合实际的以往道路可供借鉴。任何海洋强国的追求都是针对某个时代、特定技术条件和自身先天禀赋做出的选择，历史上从未有过两个雷同的海洋强国，即便路径最为相似的美国和英国，它们成为海洋强国的路径以及作为海洋强国的内容也都有很大的差异。相较于英美，当今的中国面临着更为截然不同的情况：大规模武力的运用受到了较大的约束，世界将长期保持总体和平的态势；军事技术发展的不平衡、复杂性和扩散性特征，很大程度上改变了军事力量的建设路径、运用方式

① Paul Kennedy, "History, Politics and Maritime Power," RUSI Journal, No. 3, 2004, pp. 15–16。
② The U. S. Navy, Marine Corps and Coast Guard, Forward-Engaged-Ready: A Cooperative Strategy for 21st Century Seapower, March 2016。

和实施效能；作为典型的陆海复合型国家，自身海洋地理条件相对不利，且海洋资源空间较为短缺。这些因素决定了中国无法直接复制英美等海洋国家的经验，必须根据自身情况和变化了的时代及技术条件，依据海洋强国的新内涵与新趋势，做出必要的创新。

另一方面，人类海洋文明的历史长河中也不乏一些相对恒定的规律与经验需要中国汲取和借鉴，中国不能过于强调自己的不同。其中，应特别重视两大规律：一是对权力地位的追求。任何海洋强国，均不可能忽视权力手段的建设，光有国际法赋予的权益和权利远远不够，何况国际法也是动态发展的，强国本身就意味着权力地位，这一点中国无须讳言，也不必回避。中国不追求海洋霸权，但也需要一定的海上战略空间、国际政治地位和有效的海上力量。二是文明的转型。海洋强国必然是以海洋文明为支撑的，文明的转型是中国海洋强国之路的社会文化保障。英美等国传承的海洋文明，其海洋实践的广度与深度均无与伦比，既有肮脏的殖民扩张、霸权战争这样的糟粕，也积淀了诸多的人类文明精华。学习西方文明认识海洋、利用海洋和控制海洋的意识与能力，学习西方国家在海洋法、外交及海上力量等手段的运用方面的优秀经验，对于中国而言将永不过时。

2. 坚持走和平的海洋强国之路

历史上，各海洋强国的崛起无不伴随大规模战争，英国、美国、日本等均是通过海上战争奠定了自己的海洋强国地位。而今，既然总体和平大体可期，武力崛起缺乏可行性，中国就应以对海洋的有效利用、开发为目标，综合运用军事、外交和经济力量去拓展海洋利益。在强有力军事力量的威慑之下，高明的外交策略、卓越的国际规则塑造能力和强大的海洋经济经营水平是这种海洋强国建设的主要手段。大规模战争将不再是获取权力地位和海洋利益的主要途径，通常情况下，中国宜通过非战争军事行动等方式，以和平的方式达成目的。

操作上，需要统筹运用好军事、外交、国际法及经济等各类手段。鉴于大国间大规模战争难以打得起来，武力的威慑运用将越来越普遍，武力之外，外交、国际法、海洋经济的进步也非常重要。中国要推动农耕文明外交向海洋文明外交的转型，争取世界海洋政治的话语权，大力发展海洋经济。遵循"不求为我所有，但求为我所用"的原则，加强国际合作，通过外交、国际法、经济等综合手段积极拓展海洋空间、获取海洋资源、赢得海上地位，以管辖海域为基础、以世界海洋空间为依托，成为综合性的世界海洋强国。

3. 充分认识到海权的发展性和有限性

海权的概念不是一成不变的，因军事技术、时代条件和国际政治环境发生了大的变化，今日之海权与马汉时代相比已有诸多不同。中国军事力量的现代化还未完成，其能力离履行必要的海洋控制等传统使命的要求尚有较大的差距，但我们确需对"后现代海军"的使命给予足够重视，在谋求拓展自身海上权力与履行国际海洋责任之间有一个较好的平衡与兼顾。

在发展海权、使用海权方面，美国无疑是中国最好的学习参照，但中国却不能也没必要追求美国那样的全球海上主导地位。考虑到自身陆海复合型的地缘特征，以及相对不利的海洋地理条件，中国不太可能发展出一支"全球布局、全球攻防"的海上力量。就算中国经济总量、综合国力和军事能力有一天能超过美国，中国也难以拥有美国海上主导地位形成时的天时（两次世界大战）、地利（美国自身的地理优势及遍布世界的军事基地）、人和（盟友体系与国际动员能力）。如果我们能看到海权格局多极化的趋势，理性认识到美式海上霸权的衰落，就更不应该追求美国海军全球"秀肌肉"的所谓"美感"。从必要性来看，中国也缺乏足够的动力。中国是"一陆一洋"的大国，美国是"两洋一陆"的大国，地缘差异决定了两国影响世界的方式有着先天不同。强大的海军之所以被美国视为主导世界的支柱，是因为"欧亚大陆是世界政治的中心，美国要影响欧亚大陆事务、成为世界大国，就必须跨过两洋向欧亚大陆投送资源"。[①] 而中国本来就位于欧亚大陆，如欲在欧亚大陆获得影响，有着陆海两大媒介，因此，中国不仅成为全球性海上军事主导力量的地缘环境不如美国，在动机方面也不如美国那么强烈。当然，作为一个世界大国，中国需要建成蓝水海军，要有在全球海域内行动的能力，但却是区域重点布局，应努力构建"近海控制、区域存在和全球影响"的强大海权。具体而言，在毗邻的东亚近海谋求一定的战略优势，在利益攸关的西太平洋及北部印度洋保持有效军事存在，在全球其他海域有一定行动能力并能发挥必要的军事影响。[②]

论文来源：本文原刊于《国际问题研究》2017 年第 2 期，第 85-101 页。

[①] Ronald O'Rourke, "U.S. Grand Strategy and Maritime Power," U.S Naval Institute Proceedings, January 2012, Vol. 138/1/1, 307.

[②] 胡波：《2049 年的中国海上权力》，北京：中国发展出版社，2015 年版，第 6-25 页。

欧洲联盟的《联合国海洋法公约》观

——基于欧盟的实践初探

刘　衡①

摘要： 欧洲联盟（以下简称欧盟）是《联合国海洋法公约》（以下简称《公约》）唯一的国际组织缔约方，其权利义务以加入《公约》时做出的"权能声明"为限。自1998年加入《公约》至2007年通过《欧盟综合海洋政策》近10年期间，欧盟主要通过立法、司法以及适用《公约》争端解决机制等方式，致力于在联盟内部遵守和实施《公约》。一方面，欧盟重视和尊重《联合国海洋法公约》在建立国际海洋法律秩序中的重要作用，尽力维护《公约》的权威性；另一方面，一旦《公约》相关规定难以满足联盟在海洋权益方面的需求，欧盟会适当迈出超越或者说背离《公约》的步伐。欧盟表现出一种从自身利益出发，既尊重又适当背离《公约》的态度与实践。

关键词： 欧洲联盟；《联合国海洋法公约》；遵守和实施；海洋权益

2016年，联合国正式开启旨在就国家管辖范围外区域生物多样性（Biodiversity Beyond National Jurisdiction，BBNJ）议题拟订"具有法律拘束力的国际文书"的预备委员会的工作，这标志着该议题从长达12年的讨论磋商（2004—2015年）转入规则谈判的新阶段。② BBNJ议题在联合国层面的提出和推进与欧盟③坚持不懈的强力推动关系密切。在欧盟看

---

① 刘衡，男，中国社会科学院欧洲研究所助理研究员，武汉大学国家领土主权和海洋权益协同创新中心研究人员，研究方向：国际争端解决、国际法治。

② 相关信息参见联合国网站：http：//www.un.org/Depts/los/biodiversity/prepcom.htm，最后访问时间：2017年10月9日。

③ 欧洲联盟的历史追溯至1952年成立的欧洲煤钢共同体。其后，1958年1月1日生效的《欧洲经济共同体条约》和《欧洲原子能共同体条约》分别创设欧洲经济共同体和欧洲原子能共同体。上述三个共同体合称"欧洲共同体"（the European Communities）。《欧洲经济共同体条约》经1993年11月1日生效的《马斯特里赫特条约》（《欧洲联盟条约》）修订后改称《欧洲共同体条约》，欧洲经济共同体相应改为"欧洲共同体"（the European Community）；《马斯特里赫特条约》还创立了欧洲联盟，欧洲共同体、欧洲煤钢共同体和欧洲原子能共同体属于欧洲联盟的一部分。虽然该条约并未赋予欧洲联盟独立的法律人格，但欧洲联盟开始广泛使用。2002年7月，欧洲煤钢共同体并入欧洲共同体（the European Community）。2009年12月1日，《里斯本条约》生效，它赋予欧洲联盟以独立的法律人格，欧洲联盟取代并继承了欧洲共同体（the European Community）。欧洲联盟参加联合国海洋法第三次会议和签署《公约》当时的正式称谓为欧洲经济共同体，加入《公约》时及以后的正式称谓为欧洲共同体，2009年12月1日以后的正式称谓为欧洲联盟。为论述方便，除引文保持原称谓外，本文使用"欧盟"或"联盟"通称1952年以来的各相关称谓。

来，《公约》在这方面存在不足和空白，谈判签署《公约》新的执行协定（以下简称"《公约》第三执行协定"）是最好的应对方式。[1] 因此，它自 2007 年开始就建议联合国大会尽早启动"《公约》第三执行协定"的谈判。[2]"《公约》第三执行协定"的谈判可能开启"国际海洋法继 1995 年《鱼类种群协定》[3] 之后最重要的发展，也是这方面国际海洋法的重要变革，而且意义将更加深远"。[4] 推动和尝试主导"《公约》第三执行协定"的制定是"欧盟《公约》观"的集中体现。

自 20 世纪 70 年代以来，欧盟通过联合国第三次海洋法会议涉入国际海洋法事务，并逐渐成为国际海洋法律事务的重要参与者。1998 年，欧盟加入《公约》，成为《公约》迄今为止唯一一个国际组织缔约方。2007 年，欧盟通过《欧盟综合海洋政策》（Integrated Marine Policy for the European Union），全面阐述了欧盟关于海洋利用和保护的未来设想与规划。[5] 以此为标志，欧盟有关《公约》的实践表现出明显的阶段性。前一阶段，欧盟在海洋事务的专属和共享权能范围内，主要通过立法、司法以及适用《公约》争端解决机制等方式，致力于在共同体内部遵守和实施《公约》，处理《公约》在共同体法中的地位以及共同体与成员国在相关事项上的权能划分等问题，具有明显的"内向性"，这一阶段可称为欧盟有关《公约》的早期实践阶段。在后一阶段，欧盟积极投身域外海洋事务，试图通过不断发出欧盟声音和提出欧盟方案来引导和主导国际海洋事务（特别是国际海洋法事务）的处理和发展，表现出"外向"特征。[6] 欧盟推动和尝试主导"《公约》第三执行协定"的制定是后一阶段的优先事项，也是欧盟对《公约》早期实践的延续和必然发展。

欧盟有关《公约》的实践是"欧盟《公约》观"的外在表现，是促进《公约》发展的重要方式，也是影响以《公约》为主体的国际海洋法逐渐发展与编纂的重要因素。理解欧盟对《公约》的态度和认知，有助于理解欧盟推动和尝试主导"《公约》第三执行协定"制定的动因与目标；从更广泛的意义上，有助于中国积极参与乃至主导"《公约》第三执行协定"的谈判，"维护和拓展国家海洋权益"。[7] 而欧盟有关《公约》的实践，是理解欧盟对《公约》态度和认知的基础。鉴于上述，本文具体考察欧盟有关《公约》的立法、司法以及适用《公约》争端解决机制的情况，旨在有助于获得上述理解。

---

① 欧盟 2006 年至 2015 年间历年在联合国大会和《公约》缔约方会议有关该议题的声明和发言。相关声明和发言可参见欧盟驻联合国使团网站：http：//eu-un. europa. eu/tag/Oceans-and-law-of-the-sea/，最后访问时间：2017 年10 月 9 日。

② See Commission of the European Communities, *An Integrated Maritime Policy for the European Union*, COM（2007）575 final, 10. 10. 2007, p. 14, para. 4. 4。

③ 即 1995 年《执行 1982 年 12 月 10 日联合国海洋法公约有关养护和管理跨界鱼类种群和高度洄游鱼类种群的规定的协定》。

④ 刘衡：《介入域外海洋事务：欧盟海洋战略转型》，《世界经济与政治》，2015 年第 10 期，第 69 页。

⑤ See Commission of the European Communities, *An Integrated Maritime Policy for the European Union*, COM（2007）575 final。

⑥ 刘衡：《介入域外海洋事务：欧盟海洋战略转型》，《世界经济与政治》，2015 年第 10 期，第 63-64 页。

⑦ 党的十八大报告要求"坚决维护国家海洋权益，建设海洋强国"。国家《"十三五"规划纲要》提出要"有效维护领土主权和海洋权益。……深化涉海问题历史和法理研究，统筹运用各种手段维护和拓展国家海洋权益，……"

一、欧盟加入《联合国海洋法公约》

国际海洋法的逐渐发展与编纂与有"海洋之盟"①　之称的欧盟息息相关，历来受到欧盟的重视。因此，欧盟及其成员国共同参加了旨在谈判缔结《公约》的第三次联合国海洋法会议。

（一）《公约》谈判与欧盟的加入

第三次联合国海洋法会议于 1973 年启动。由于新的海洋法公约谈判所涉及的部分领域，如渔业资源的养护和国际贸易等，在当时属于欧盟的专属权能，成员国已经将其在这些方面的相关权能，包括谈判和缔结国际协定的权能完全让渡给了共同体。因而从一开始，欧盟参与谈判就具有必要性。在 1974 年卡拉卡斯会议（Caracas Session）上，欧盟被邀请以观察员的身份参与会议。但是很快，观察员身份已经不能满足保护共同体在未来公约可能覆盖的领域（如深海采矿）内不断增长的利益的需要。同时，参与谈判并加入《公约》也是强化欧盟作为国际行为体的政治和法律认知的良好机会。欧盟加入《公约》和国际组织"加入条款"的事项于 1976 年列入会议的非正式讨论。1979 年，基于欧盟及其成员国的提议，上述事项被正式纳入谈判议程。有关国际组织加入的附件九（"国际组织的参加"）成为《公约》谈判中最复杂和最费时的议题。②　鉴于在《公约》起草时，欧盟是唯一拥有相关权能的国际组织，它的参加便成为这些辩论的中心。最终通过的《公约》附件九因此有些为欧盟"量身定做"的意味，被称为"欧洲经济共同体参加条款"（EEC participation clauses）。③

谈判最终达成的《公约》第 305 条第 1 款（f）项④和附件九⑤成为欧盟加入《公约》的法律依据。《公约》第 305 条第 1 款（f）项规定"国际组织"可以按照《公约》附件

---

①　1952 年欧洲煤钢共同体成立时，6 个成员国中有 5 个为沿海国。此后一直到 1995 年奥地利加入之前，加入欧洲共同体（欧洲经济共同体）的其他 8 个成员国全都是沿海国。作为一个现拥有 28 个成员国（英国尚未正式脱欧）的区域性国际组织，欧盟在地理上被波罗的海、北海、大西洋、地中海、亚得里亚海、爱琴海和黑海等环绕，其中 23 个成员国为沿海国，仅卢森堡、奥地利、捷克、斯洛伐克和匈牙利是内陆国。根据欧盟公布的数据，其拥有的海岸线长度是美国的 7 倍和俄罗斯的 4 倍；海洋几乎是欧盟半数人口的家园，海洋经济产出约占欧盟 GDP 的 50%；欧盟成员国管辖的海洋区域大于其所管辖的陆地面积，它们加在一起构成了世界上最大的海洋领土（参见欧洲联盟网站：http：//ec. europa. eu/maritimeaffairs/documentation/facts_ and_ figures/index_ en. htm，最后访问时间：2017 年 10 月 9 日）。

②　这方面的详细讨论参见 Myron H. Nordquist ed. , *United Nations Convention on the Law of the Sea 1982: A Commentary*, Vol. V（Dordrecht：Martinus Nijhoff Publisers, 1989），pp. 455–463.《公约》是联合国框架下第一个明确对国际组织开放的全球性条约。

③　See Veronica Frank, *The European Community and Marine Environmental Protection in the International Law of the Sea: Implementing Global Obligations at the Regional Level*（Dordrecht：Martinus Nijhoff Publishers, 2007），pp. 153–160。

④　该项条款可视为国际组织加入《公约》的宪法性规定，为符合条件的国际组织加入《公约》提供了基本法律依据。

⑤　《公约》附件九名为"国际组织的参加"，共 8 条，具体规定了国际组织的加入条件与程序、权利义务、责任和争端解决等事项。第 4 条特别指出，国际组织承担的组织宪章义务或相关义务与《公约》义务冲突时，《公约》义务优先；第 7 条规定《公约》第十五部分比照适用争端一方或多方是国际组织的有关《公约》解释或适用的任何争端，并确认了附件七仲裁作为争端各方没有选择或选择不一致时的唯一剩余方法。

九规定的条件加入《公约》。附件九第 1 条首先指出，《公约》所指"国际组织"是指"由国家组成的政府间组织，其成员国已将本公约所规定事项的权限，包括就该等事项缔结条约的权限转移给该组织者"。第 2 条和第 3 条规定国际组织只有在过半数的成员国签字和交存批准书或加入书后才能签字、交存批准书或加入书。第 2 条还规定："一个国际组织在签署时应做出声明，指明为本公约签署国的各成员国已将本公约所规定的何种事项的权限转移给该组织以及该项权限的性质和范围。"第 4 条第 1 款规定："一个国际组织所交存的正式确认书或加入书应载有接受本公约就该组织中为本公约缔约国的各成员国向其转移权限的事项所规定的各国权利和义务的承诺。"第 3 款规定："这一国际组织应就其为本公约缔约国的成员国向其转移权限的事项，行使和履行按照本公约其为缔约国的成员国原有的权利和义务，该国际组织的成员国不应行使其已转移给该组织的权限。"该条第 6 款还规定："遇有某一国际组织根据本公约的义务同根据成立该组织的协定或与其有关的任何文件的义务发生冲突时，本公约所规定的义务应居优先。"第 5 条规定国际组织的加入文书应包括有关其成员国已转移权限的事项及其权利义务的范围的声明（以下简称"权能声明"）。

基于上述规定，1984 年 12 月 7 日，在除德国和英国之外的所有成员国都签署《公约》之后，欧盟签署了《公约》，并依规定附上了附件九第 2 条项下"权能声明"。[①] 但该声明只是以一种"相当捉摸不定和简洁的方式"指出了共同体享有权能的《公约》所涉事项，对权能的性质和范围则语焉不详。[②] 比如，该声明指出"成员国已将有关海洋渔业资源的养护和管理的权能转移给共同体"，但是并未指明该权能的性质是专属权能还是共享权能，也没有提及涉海国际贸易问题。1998 年，欧盟与除比利时、丹麦和卢森堡之外的所有成员国同时加入《公约》（包括 1994 年《公约第十一部分执行协定》）。在其当年

---

① 相关内容原文如下：

Competence of the European Communities with regard to matters governed by the Convention on the Law of the Sea (Declaration made pursuant to article 2 of Annex IX to the Convention).

Article 2 of Annex IX to the Convention on the Law of the Sea stipulates that the participation of an international organisation shall be subject to a declaration specifying the matters governed by the Convention in respect of which competence has been transferred to the organisation by its member states.

The European Communities were established by the Treaties of Paris and of Rome, signed on 18 April 1951 and 25 1957, respectively. After being ratified by the Signatory States the Treaties entered into force on 25 July 1952 and 1 January 1958.

In accordance with the provisions referred to above this declaration indicates the competence of the European Economic Community in matters governed by the Convention.

The Community points out that its Member States have transferred competence to it with regard to the conservation and management of sea fishing resources. Hence, in the field of sea fishing it is for the Community to adopt the relevant rules and regulations (which are enforced by the Member States) and to enter into external undertakings with third states or competent international organisations.

See "Declarations and statements", http://www.un.org/Depts/los/convention_agreements/convention_declarations.htm, 最后访问时间：2017 年 10 月 9 日。

② Veronica Frank, *The European Community and Marine Environmental Protection in the International Law of the Sea: Implementing Global Obligations at the Regional Level*, p. 161。

4 月 1 日交存的加入文书中包括依《公约》附件九第 5 条第 1 款做出的"权能声明"。① 相比签署时的声明，此次"权能声明""非常详尽、清楚，明确"指出了欧盟享有专属权能和共享权能的《公约》所涉事项。② 比如，"权能声明"指出欧盟享有专属权能的事项包括海洋渔业资源的养护和管理、《公约》第十部分和第十一部分以及 1994 年《公约第十一部分执行协定》中与国际贸易相关的事项；"权能声明"还指出欧盟享有共享权能的事项包括"与海洋渔业资源的养护和管理无直接关联的渔业""海上运输、船舶安全和海洋污

---

① 相关内容原文如下：

The Community has exclusive competence for certain matters and shares competence with its Member States for certain other matters.

1. Matters for which the Community has exclusive competence：

- The Community points out that its Member States have transferred competence to it with regard to the conservation and management of sea fishing resources. Hence in this field it is for the Community to adopt the relevant rules and regulations (which are enforced by the Member States) and, within its competence, to enter into external undertakings with third States or competent international organizations. This competence applies to waters under national fisheries jurisdiction and to the high seas. Nevertheless, in respect of measures relating to the exercise of jurisdiction over vessels, flagging and registration of vessels and the enforcement of penal and administrative sanctions, competence rests with the Member States whilst respecting Community law. Community law also provides for administrative sanctions.

- By virtue of its commercial and customs policy, the Community has competence in respect of those provisions of Parts X and XI of the Convention and of the Agreement of 28 July 1994 which are related to international trade.

2. Matters for which the Community shares competence with its Member States：

- With regard to fisheries, for a certain number of matters that are not directly related to the conservation and management of sea fishing resources, for example research and technological development and development cooperation, there is shared competence.

- With regard to the provisions on maritime transport, safety of shipping and the prevention of marine pollution contained inter alia in Parts Ⅱ, Ⅲ, Ⅴ, Ⅶ and Ⅻ of the Convention, the Community has exclusive competence only to the extent that such provisions of the Convention or legal instruments adopted in implementation thereof affect common rules established by the Community. When Community rules exist but are not affected, in particular in cases of Community provisions establishing only minimum standards, the Member States have competence, without prejudice to the competence of the Community to act in this field. Otherwise competence rests with the Members States.

A list of relevant Community acts appears in the Appendix. The extent of Community competence ensuing from these acts must be assessed by reference to the precise provisions of each measure, and in particular, the extent to which these provisions establish common rules.

- With regard to the provisions of Parts XIII and XIV of the Convention, the Community's competence relates mainly to the promotion of cooperation on research and technological development with non-member countries and international organizations. The activities carried out by the Community here complement the activities of the Member States. Competence in this instance is implemented by the adoption of the programmes listed in the Appendix.

3. Possible impact of other Community policies

- Mention should also be made of the Community's policies and activities in the fields of control of unfair economic practices, government procurement and industrial competitiveness as well as in the area of development aid. These policies may also have some relevance to the Convention and the Agreement, in particular with regard to certain provisions of Parts VI and XI of the Convention.

See "Declarations and statements", http://www.un.org/Depts/los/convention_agreements/convention_declarations.htm，最后访问时间：2017 年 10 月 9 日。

② Veronica Frank, *The European Community and Marine Environmental Protection in the International Law of the Sea：Implementing Global Obligations at the Regional Level*, p. 163。

染防治"和"促进科研和技术开发的合作"。① "权能声明"同时指出，欧盟的权能也是不断发展的，它会依据《公约》附件九第 5 条第 4 款之规定随时补充或修改"权能声明"。不过迄今为止欧盟从未对"权能声明"进行过正式的补充或修改，也没有提出过类似请求。

欧盟加入《公约》后，在专属权能所涉事项限度内，它完全取代成员国参与《公约》事务；在共享权能所涉事项限度内，它与成员国共同参与《公约》事务，双方各自行使权能的范围依"权能声明"确定。

（二）《公约》对欧盟生效的法律效果

依据《公约》第 308 条第 2 款规定，在欧盟交存加入文书后第 30 天起，即 1998 年 5 月 1 日起，《公约》及 1994 年《公约第十一部分执行协定》正式对欧盟生效。这意味着：第一，在成员国已让渡给欧盟的相关事项权能范围内，欧盟与其他《公约》缔约国的关系与任何两个《公约》缔约国之间的关系一样。第二，在欧盟法律体系内，《公约》构成其法律秩序的一部分，② 它的法律位阶在欧盟法首要渊源（基础条约和欧盟法的一般法律原则）之后，但在次级立法（如条例、指令和决定）之前，所有次级立法的解释须与《公约》保持一致。③ 第三，《公约》对欧盟各机构和成员国具有相同的拘束力，欧盟各机构同《公约》缔约方一样须遵守和实施《公约》相关规定。④ 第四，按照由欧洲法院确立的欧盟对国际法的一贯态度，这不当然表示《公约》规定可以在欧盟内直接执行，也不表示欧盟境内私人可以直接援引《公约》相关条款主张权利。比如，欧洲法院在下文将要讨论的"国际独立经营油船船东协会案"中明确指出欧盟境内私人不可以直接援引《公约》相关条款主张权利。第五，由于欧盟及其成员国都是《公约》缔约方，《公约》在欧盟法体系内属于"混合协定"，这表明在共享权能以及权能划分模糊地带，可能将面临处理共同体和成员国权利义务交叉的复杂情势。第六，依照《公约》附件九第 4 条第 6 款之规定，欧盟不得以欧盟基础条约的规定作为违反《公约》规定的理由。

欧盟参加第三次联合国海洋法会议并加入《公约》，使它获得了参与国际海洋治理的主体资格，打通了参与国际海洋事务的基本渠道。因此，欧盟对《公约》十分珍视。⑤《公约》对欧盟生效后，它便初步确定了海洋战略，致力于在"权能声明"所涵盖专属权能和共享权能范围内遵守和实施《公约》。

---

① 2009 年，经《里斯本条约》修订后的欧盟基础条约（《欧洲联盟条约》和《欧洲联盟运行条约》）确认了欧盟批准《公约》时所作"权能声明"对欧盟专属权能和共享权能的划分。

② See Case C-459/03, *Commission v. Ireland* (MOX Plant case), Judgment of the Court (Grand Chamber), 30 May 2006, para. 82。

③ See Ronán Long, "The European Union and the Law of the Sea Convention at the Age of 30", (2012) 27, *International Journal of Marine and Coastal Law* 711, p. 713; see also Esa Paasivirta, "The European Union and the United Nations Convention on the Law of the Sea", (2015) 38, *Fordham International Law Journal* 1045, pp. 1061-1068。

④ See Article 216 (2) of Treaty on the Functioning of the European Union (TFEU)。

⑤ 泛泛而言，一般都认为欧洲大陆是国际法的发源地和众多国际法规则的源头，现代国际法也仍然是西方中心主义的，欧盟因而具有尊重国际法的传统。但这不足以解释欧盟对某一公约或具体国际法规则的尊重和遵守。

二、欧盟关于《联合国海洋法公约》的早期立法实践

欧盟在立法方面展开的行动集中在渔业和海洋污染领域，典型的立法包括 2002 年《渔业条例》、2002 年《油轮淘汰条例》和 2005 年《船舶污染指令》。欧盟的意图是，通过这些立法尽可能使共同体的立法和措施符合《公约》的明文规定，在《公约》未明确规定或不完善之处也尝试做出一些努力（包括提出批评性意见），为推动《公约》的逐渐发展积累经验。同时，欧盟也尽可能厘清共同体与成员国权能的模糊之处，巩固并尝试扩大共同体的相关权能。这些做法都有助于加强欧盟在处理《公约》事务中的作用。

（一）2002 年《渔业条例》

欧盟对海洋事务的关注源于渔业，它的渔业政策最初是其共同农业政策的一部分。在《公约》开放签署一年后（1983 年），欧盟即形成了单独的共同渔业政策（common fishery policy，CFP）。[①] 所以它在加入《公约》的"权能声明"中表示其专属权能之一为"海洋渔业资源的养护和管理"，包括通过相关的规则和规章、同第三国和国际组织缔结外部协定等。在该让渡权能范围内，"欧盟取代了所有成员国，在《公约》中的地位等同于一个国家"。[②] 共同渔业政策所包含的欧盟次级立法和在此基础上采取的措施属于《公约》第 62 条第 4 款所指缔约方就渔业通过的"法律和规章"以及"养护措施"。但按照"权能声明"，欧盟专属的只是渔业资源养护和管理方面的规则和规章的制定权，它们的执法权仍然属于成员国。

《公约》对欧盟生效以后，它对共同渔业政策进行了改革，改革的主要内容体现于 2002 年 12 月 20 日通过的《渔业条例》[Council Regulation（EC）No 2371/2002]。[③] 该条例确认了欧盟享有的制定权和成员国享有的执法权之间的划分，如依照该条例第 23 条、第 24 条和第 25 条，成员国有权执行和控制在共同渔业政策框架内实施的活动。对于在主权或管辖权海域以及公海上悬挂成员国国旗的渔船，在不损害船旗国首要责任的前提下，每一成员国都将其视为等同于本国国民（第 23 条第 2 款和第 24 条第 1 段）。欧盟成员国还被授权在公海以及非本国管辖的欧盟水域（经船旗国特别授权或特别执行行动）检查所有悬挂成员国国旗的渔船（第 28 条第 3 款）。"此种权能分配限于共同体内部关系，不对第三国产生后果，因而不能被认为与《公约》和 1995 年《渔业协定》不一致。"[④] 但在实践中这不可避免地会给第三国带来不便。

总体上，2002 年《渔业条例》与《公约》保持一致，但是有些内容却超出了《公

---

① See "Council Regulation（EEC）No. 170/83 of 25 January 1983 establishing a Community system for the Conservation and Management of Fishery Resources", *Official Journal of the European Communities*, L 24, 27. 01. 1983, p. 1。

② Tullio Treves, "The European Community and the European Union and the Law of the Sea: Recent Developments", （2008）48, *Indian Journal of International Law* 1, p. 5。

③ See "Council Regulation（EC）No 2371/2002 of 20 December 2002 on the conservation and sustainable exploitation of fisheries resources under the Common Fisheries Policy", *Official Journal of the European Communities*, L 358, 31. 12. 2002, p. 59。

④ Tullio Treves, "The European Community and the European Union and the Law of the Sea: Recent Developments", p. 6。

约》规定的范围。例如，条例第 26 条第 5 款规定，只要共同体法有此规定，将对悬挂第三国旗帜的渔船在共同体水域内捕鱼活动的控制权授予欧洲共同体（欧盟前身）委员会，委员会应与相关利害成员国合作展开行动。从第三国角度看，这恰似成员国向欧盟让渡的又一权能。上述内容虽然符合《公约》附件九有关国际组织参加的规定，但此种让渡不在"权能声明"中所指明成员国转移的权能范围之列。为弄清楚在欧盟水域内的哪些捕鱼活动由欧盟检查，第三国必须知悉"权能声明"并未涵盖的该条例。此外，"执法"比"控制"或"检查"更广泛，刑事制裁和行政制裁的决定权以及施加此种制裁的司法权仍保留在成员国手中。这些规定的繁复与模糊无疑增加了第三国的负担。

（二）2002 年《油轮淘汰条例》和 2005 年《船舶污染指令》

在欧盟成员国水域及其沿海发生的非常严重的石油污染事故，特别是 1999 年的"埃里卡"号（Erika）事故和 2002 年的"威望"号（Prestige）事故，使得污染防治成为欧盟海洋政策的高度优先事项。但这些政策却可能与国际法上久已确立且《公约》明确加以规定的航行自由原则和无害通过原则相冲突。"威望"号事件之后，欧盟成员国，尤其是法国和西班牙采取了一些措施。它们先是禁止单壳油轮进入其内水，随后又将禁行水域扩大到专属经济区。此种做法被 2003 年"关于海洋和海洋法的联合国秘书长报告"认定为不符合《公约》第 58 条规定。① 当然，欧盟从未公开支持上述措施和行为。

为寻求解决这些问题，欧盟先是在《公约》规定范围内展开单方行动，然后又寻求在国际海事组织（International Maritime Organization，IMO）的框架下进行解决。2002 年 2 月 18 日，欧盟通过了《油轮淘汰条例》[Regulation（EC）No 417/2002]，旨在加快逐步淘汰悬挂成员国旗帜或者进入或离开处于成员国管辖的港口或近岸航站或锚地的任何国家的单壳油轮。② 依据该条例，欧盟基于船旗国管辖权和港口国管辖权规定了比《防止船舶污染国际公约》（International Convention for the Prevention of Pollution from Ship，MARPOL）要求更短的时间逐步淘汰单壳油轮；它甚至基于港口国管辖权立即禁止所有悬挂任何国家旗帜的正在运输重油的单壳油轮进入或离开处于成员国管辖的港口或近岸航站或锚地。依据《公约》，欧盟的上述行为并无不当，不过却引发了有关统一航行条件以及确保 IMO 作为确定此种条件适当场合的必要性关注。③

① See United Nations General Assembly，"Oceans and the law of the sea：Report of the Secretary-General"，A/58/65，para 57；See also United Nations General Assembly，"Report on the work of the United Nations Open-ended Informal Consultative Process on Oceans and the Law of the Sea"，A/58/95，paras. 52-53。

② See "Regulation（EC）No 417/2002 of the European Parliament and of the Council of 18 February 2002 on the accelerated phasing-in of double hull or equivalent design requirements for single hull oil tankers and repealing Council Regulation（EC）No 2978/94"，*Official Journal of the European Communities*，L 64，07. 03. 2002，*p.* 1. 2003 年，欧盟对该条例进行修订，进一步提高了标准。参见 "Regulation（EC）No 1726/2003 of the European Parliament and of the Council of 22 July 2003 amending Regulation（EC）No 417/2002 on the accelerated phasing-in of double-hull or equivalent design requirements for single-hull oil tankers"，*Official Journal of the European Communities*，L 249，01. 10. 2003。

③ 这使得一些成员国向国际海事组织（IMO）提议在多边层面复制欧盟条例。IMO 随后接受了此提议，通过了一项新的条例作为 MARPOL 公约的附件。在该条例中重申了欧盟条例中的一些规定，当然也规定了一些例外。

此后，欧盟于 2005 年 9 月 7 日通过《船舶污染指令》［Directive 2005/35/EC］。① 指令第 4 条要求成员国将因"疏忽大意或者严重过失"导致的船舶污染物质的泄漏纳入"侵权"之列，并将其视为刑事犯罪。指令第 9 条指出，"成员国应以形式上和事实上对外国船舶非歧视的方式并依据可适用的国际法，包括《公约》第十二部分第 7 节的规定来适用本指令条款"。这似乎可以解释为该指令的实施不应超越国际法（包括《公约》）可允许的范围。不过，2006 年，国际独立经营油船船东协会（International Association of Independent Tanker Owners, Intertanko）等联合在英格兰和威尔士高等法院提起诉讼，指控该指令违反共同体在《公约》和 MARPOL 公约项下承担的义务。②

除上述立法外，欧盟还尝试在《公约》框架内采取更多行动，借此推动《公约》朝共同体设想的方向有所发展。比如，在"威望"号事件发生后，欧盟委员会明确指出《公约》的相关规定存在问题，呼吁进行调整。欧盟委员会表示：

在保护沿海水域免受船舶带来的环境风险方面，国际海洋法对沿海国可采取的立法和执法措施施加了很大的限制。例如，即使大家都知道所涉船舶质量糟糕，甚至被所有的欧盟港口禁行，但在沿海国采取行动将这些船舶排除出沿海水域方面存在非常严格的限制。《公约》，特别是《公约》第 211 条和第 220 条就平衡海洋利益和环境利益做出了一些规定。但是这些规定都是在 20 世纪 70 年代末期形成的，严重倾向于海洋利益的保护。这种偏向以环境保护为代价来维护航行自由，它反映不了当今社会的态度，也反映不了欧盟委员会的态度。③

2006 年欧盟海洋政策绿皮书《迈向联盟的未来海洋政策：欧洲的海洋愿景》再次指出：

以《公约》为基础的海洋法律制度需要发展以迎接新的挑战。尽管在相关水域的任何污染事故都可能带来迫在眉睫的风险，《公约》规定的专属经济区制度和国际海峡制度使得沿海国很难对过境船舶行使管辖权，进而使得缔约国很难遵守（《公约》设定的）一般义务，也很难防治污染以保护海洋环境。④

不过这种抱怨和呼吁在 2007 年《欧盟综合海洋政策》中却没有找到。此后，欧盟似乎不再过多诉诸言辞，而是付诸行动。

三、欧盟关于《联合国海洋法公约》的司法实践

在欧盟适用《公约》的过程中，如何理解《公约》在欧盟法中的地位以及在《公约》

---

① See "Directive 2005/35/EC of the European Parliament and of the Council of 7 September 2005 on ship-source pollution and on the introduction of penalties for infringements", *Official Journal of the European Communities*, L 255, 30. 09. 2005, p. 11。

② See Case C-308/06, *The Queen on the application of*: *International Association of Independent Tanker Owners* (*Intertanko*) *and Others v Secretary of State for Transport* (*Reference for a preliminary ruling from the High Court of Justice of England and Wales*, *Queen's Bench Division* (*Administrative Court*)). 欧洲法院于 2008 年 6 月 3 日做出初步裁决（See *Intertanko and Others v Secretary of State for Transport*, Case C-308/06, Judgment of the Court (Great Chamber), 3 June 2008.）。

③ Commission of the European Communities, *On Improving Safety at Sea in Response to the Prestige Accident*, COM (2002) 681 final, 3. 12. 2002, p. 12。

④ Commission of the European Communities, Green Paper, *Towards a future Maritime Policy for the Union: A European Vision for the Oceans and Seas*, COM (2006) 275 final, 7. 6. 2006, p. 41, para. 5. 3。

相关事项上欧盟与成员国的权能划分，成为《公约》与欧盟法之间冲突与协调的重要内容，也是欧盟对《公约》态度和认知的重要体现。这方面，欧洲法院的司法实践在共同体内部发挥了重要作用。相关实践也表明，欧洲法院从相当工具性的角度来理解国际法（《公约》），包括"更多地利用国际法以迫使成员国履行联盟义务"。[①]

（一）莫克斯（MOX）核燃料厂案

爱尔兰与英国之间有关莫克斯（MOX）核燃料厂的争端由来已久。爱尔兰指控英国在爱尔兰海海边建设和运行所谓 MOX 核燃料厂的行为未尽合理保护海洋环境之责，就此先后于 2001 年 6 月和 11 月分别依《保护东北大西洋海洋环境公约》（OSPAR 公约）第 32 条[②]和《公约》附件七[③]提起了两起仲裁案件。2003 年 10 月，欧盟委员会将爱尔兰提起附件七仲裁的行为诉诸欧洲法院（C-459/03，Commission v Ireland）。[④] 委员会提出的焦点问题是：爱尔兰将争端提交《公约》附件七仲裁的行为是否履行了其基于《欧洲共同体条约》第 292 条所承担的义务，即"成员国承诺不将有关本条约解释或适用的争端诉诸本条约规定之外的任何争端解决方法"。[⑤]

欧洲法院于 2006 年 5 月 30 日做出判决，判定爱尔兰没有履行《欧洲共同体条约》第 292 条项下义务。法院认为：第一，爱尔兰请提《公约》附件七仲裁的法律依据包括《公约》中有关海洋环境保护的条款规定、《公约》第 123 条和第 197 条规定的合作义务以及欧盟指令；第二，海洋环境保护事项属于欧盟共享权能范围。共同体加入《公约》后，《公约》条款即成为共同体法律体系的一部分，有关《公约》条款的解释或适用因而实际是有关共同体条约的解释或适用问题；第三，《公约》第 123 条和第 197 条规定的合作义务由专门的共同体指令调整，涉及共同体指令的争端当然有关共同体条约的解释或适用；第四，《欧洲共同体条约》第 292 条授予法院对有关共同体条约解释或适用争端的专属管辖权；依照该条，成员国承诺不将有关共同体条约解释或适用的争端提交该条约规定之外的任何其他方法；第五，依照《公约》第 282 条，共同体条约规定的争端解决程序作为一种解决成员国之间争端的"导致有拘束力的"强制程序，原则上须优于《公约》第十五部分规定的争端解决程序。[⑥] 因此，爱尔兰基于《公约》将其与另一共同体成员国之间的

---

① Armin von Bogdandy and Maja Smrkoij, "European Community and Union Law and International Law", *Max Planck Encyclopedia of Public International Law*, para. 39.

② 2003 年 7 月 2 日，该案仲裁庭做出最终裁决，裁定爱尔兰有关英国违反 OSPAR 公约义务的仲裁请求不成立。相关信息参见常设仲裁法院网站：https：//pcacases.com/web/view/34，最后访问时间：2017 年 10 月 9 日。

③ 鉴于爱尔兰 2007 年 2 月通知仲裁庭撤回所有仲裁请求，仲裁庭于 2008 年 8 月发布指令宣布终止该案。相关信息参见常设仲裁法院网站：https：//pcacases.com/web/view/100，最后访问时间：2017 年 10 月 9 日。

④ 相关信息参见欧盟网站：http：//curia.europa.eu/juris/liste.jsf? language=en&num=C-459/03，最后访问时间：2017 年 10 月 9 日。

⑤ See *Commission v Ireland*, Case C-459/03, Judgment of the Court (Great Chamber), 30 May 2006, para. 59.

⑥ See *Commission v Ireland*, Judgment of the Court, paras. 121-126.《公约》第 282 条名为"一般性、区域性或双边协定规定的义务"，规定"作为有关本公约的解释或适用的争端各方的缔约各国如已通过一般性、区域性或双边协定或以其他方式协议，经争端任何一方请示，应将这种争端提交导致有拘束力裁判的程序，该序应代替本部分规定的程序而适用，除非争端各方另有协议"。

争端启动《公约》附件七仲裁违反了《欧洲共同体条约》第292条之规定。[①]

从欧盟法角度看，欧洲法院的论证和结论似乎顺理成章。但是从《公约》角度看，欧洲法院的论述是有问题的。欧洲法院在分析中提到依据《公约》第282条，《欧洲共同体条约》争端解决机制的适用优于《公约》争端解决机制，这种说法没错。然而，《公约》第282条意在给《公约》第十五部分项下法庭提供一个依据《公约》第288条第4款判断自身对有关案件是否拥有管辖权的标准。[②] 但《公约》第287条所指法院或法庭对某一案件是否具有管辖权并非启动争端解决机制的前提条件，更不是判断争端当事方是否违法的依据。爱尔兰依据《公约》规定将有关争端提请附件七仲裁并无不妥。即使附件七仲裁庭裁定自身对该案没有管辖权，这一结果也不应构成爱尔兰违反非《公约》义务的理由。

欧洲法院认定爱尔兰提起附件七仲裁的行为违反《欧洲共同体条约》第292条之规定。这就意味着，爱尔兰依据《公约》实施的行为违反了《欧洲共同体条约》的规定，此种冲突如何协调？首先，《公约》第311条第2款明文规定"本公约应不改变各缔约国根据与本公约相符合的其他条约而产生的权利和义务，但以不影响其他缔约国根据本公约享有其权利或履行其义务为限"。如果《欧洲共同体条约》的规定影响了其成员国爱尔兰依据《公约》享有的权利，显然《公约》优先。其次，《公约》附件九第4条第6款确立了《公约》义务优于国际组织组织宪章义务及相关义务的原则。对欧盟而言，《公约》规定优于《欧洲共同体条约》的规定；对欧盟成员国而言，《公约》规定也当然优于《欧洲共同体条约》的规定。同样，欧洲法院将有关《公约》解释或适用的争端转化为有关《欧洲共同体条约》解释或适用的争端，并藉此确立自身对此类争端的专属管辖权，这显然不能对抗第三国。因此，无论欧洲法院的该判决在欧盟法上应如何评价，它都不能被认为遵守了《公约》的相关规定。

（二）国际独立经营油船船东协会案

国际独立经营油船船东协会（Intertanko）案涉及国际海洋法和海事协定，特别是《公约》和MARPOL公约在共同体法中的地位。[③] 前已提及，为应对海洋污染，欧盟于2005年通过了《船舶污染指令》[Directive 2005/35/EC]。2006年，Intertanko等联合在英格兰和威尔士高等法院提起诉讼，指控该指令违反欧盟在《公约》和MARPOL公约项下承担的义务，英格兰和威尔士高等法院随后请求欧洲法院就该指令与MARPOL公约和《公约》的一致性做出初步裁决。

在Intertanko等看来，通过《公约》（特别是第218条）的规定，MARPOL公约代表了具有拘束力的国际标准，该标准规定了沿海国（包括欧盟）在不同海域可对污染进行规制的条件和限度。对于《船舶污染指令》第4条所涉事项，MARPOL公约规定的标准为

---

① See *Commission v Ireland*, Judgment of the Court, para. 127。

② See Tullio Treves, "The European Community and the European Union and the Law of the Sea: Recent Developments", p. 18。

③ See Sonja Boelaert-Suominen, "The European Community, the European Court of Justice and the Law of the Sea", （2008）23, *International Journal of Marine and Coastal Law* 643, p. 699。

"疏忽大意和意识到损害结果可能发生"，[1] 这比指令规定的"疏忽大意或者严重过失"标准更为准确。此外，"严重过失"也可以说并未满足《公约》第19条第2款（h）项所规定"故意和严重的污染行为"的标准，这使得上述行为成为无害通过；依照《公约》第211条第4款规定，沿海国有关预防、减少和控制海洋污染的法律和规章不应妨碍无害通过。至于在国际海峡、专属经济区和公海发生的泄漏，还可以质疑指令是否超越了《公约》第211条第5款所允许的沿海国制定有关专属经济区的法律和法规必须遵守或者适用"普遍接受的国际规则和标准"。由此可见，《船舶污染指令》第4条规定的"严重过失"标准是一个比MARPOL公约规定的"意识到损害后果可能发生"标准更低的标准，指令的相关规定从而建立了一个更严格的责任机制，因此违反了MARPOL公约和《公约》。

欧洲法院于2008年6月3日对此案做出初步裁决。在简短的裁决书中，欧洲法院确认欧盟承担的国际义务优于共同体次级立法，但是判定不能依据MARPOL公约和《公约》来认定《船舶污染指令》的有效性。[2] 欧洲法院认为，《公约》的"性质和广义逻辑"首先旨在编纂和发展有关和平合作的一般国际法，它寻求在沿海国利益和船旗国利益之间达致公平的"平衡"，特别是《公约》无意制定直接适用于个人并因此授予其援引以对抗缔约方的权利的规则，私人无权援引《公约》规定，因而不能依据相关规则来判定指令的有效性。[3] 可见，欧洲法院实际上将一个实体问题（《船舶污染指令》是否违反《公约》的问题）转化成程序问题（私人是否有权援引《公约》规定的问题），从而回避回答《船舶污染指令》是否违反《公约》的问题。欧洲法院的这种做法在欧盟法律体系内部也许无可非议，但是它没有真正解决《船舶污染指令》是否符合《公约》规定这一核心关切。实际上，此类做法是欧洲法院在欧盟法律制度或规定更有可能与国际法冲突时，既要维护欧盟法又要避免落下欧盟法与国际法不一致的口实所采用的惯常套路。因此，这种情形通常可以认定《船舶污染指令》违反了《公约》规定。否则，欧洲法院要么会直接判定指令不违反《公约》；或者在判定私人无权援引《公约》规定之后，顺便提及即使《公约》可以作为判断指令有效性的依据，该指令也没有违反《公约》规定。可见，即使是《船舶污染指令》的确违反了《公约》规定，欧盟也不会轻易承认，更不会通过欧洲法院的司法程序加以承认。

四、欧盟适用《联合国海洋法公约》争端解决机制的实践

既然欧盟是《公约》缔约方，《公约》争端解决机制当然适用于欧盟。一方面，这使得在欧盟同第三国有关《公约》解释或适用的争端中适用《公约》争端解决规则成为必要；另一方面，如MOX核燃料厂案所展示的，这将对欧盟成员国之间以及它们同欧盟之间涉及《公约》解释或适用的争端的处理带来一定影响。

依照《公约》附件九第1条，国际组织可以依据《公约》第287条第1款就争端解决

---

① MARPOL, Annex I, regulation 11 b, ii。

② See *Intertanko and others v Secretary of State for Transport*, Case C-308/06, Judgment of the Court（Great Chamber），3 June 2008。

③ See *Intertanko and others v Secretary of State for Transport*, Judgment of the Court, paras. 53-65。

方法做出选择；① 依据附件九第 3 条，如果国际组织与其成员国同为争端一方或利害关系相同各方，该组织视为与其成员国接受相同的争端解决程序，如果其成员国选择国际法院作为争端解决方法，该国际组织与其成员国视为接受《公约》附件七仲裁为争端解决方法（另有协议除外）。1998 年批准《公约》时，欧盟同大多数成员国一样没有依据第 287 条第 1 款做出任何选择，这一立场迄今为止没有改变。依据第 287 条第 3 款，一旦欧盟同《公约》其他缔约国就《公约》的解释或适用产生争端，视为自动接受附件七仲裁。

（一）　欧盟与成员国之间的权能分配对涉及欧盟争端类型的影响

欧盟与成员国之间相关权能的分配对共同体可能涉及的有关《公约》解释或适用的争端类型有直接影响。

首先，在渔业方面，成员国有实施相关措施的权能（执法权），因此应由它们决定是否依据《公约》第 298 条第 1 款（b）项书面声明将在专属经济区内的渔业（和科研）执法活动排除出《公约》第十五部分第二节争端解决强制程序的适用范围。然而，依照 2002 年《渔业条例》［Council Regulation（EC）2371/2002］第 26 条第 5 款，欧盟有权对第三国船舶在共同体水域内的捕鱼活动实施控制，似乎又表明应由共同体或者共同体也有权做出此种声明，这无疑会带来混乱。实践中，欧盟和大多数成员国都未做出此种声明，而丹麦、法国、葡萄牙、斯洛文尼亚和英国则做出了此种声明。② 其中丹麦和英国的声明是在 2002 年《渔业条例》生效后做出的。由于在这方面还没出现过一例司法或仲裁案件，从上述实践中仍然无法得出确切的结论。

其次，关于《公约》第 292 条规定的迅速释放案件。在国际海洋法法庭迄今为止处理的迅速释放案件中，有 3 起案件的被告都是同一个欧盟成员国（法国），案发时间集中在 2000—2001 年间。③ 迅速释放涉及执法权，看来《公约》第 73 条第 2 款项下的迅速释放义务应由成员国承担。法国于 1996 年依据《公约》第 298 条做出排除性声明（"第 298 条声明"），将相关执法活动排除适用《公约》第十五部分第二节规定的"导致有拘束力的强制程序"。然而，在上述三案的审理过程中从未提及法国的"第 298 条声明"，也没有谈及欧盟与成员国在这方面的权能分配问题。如此看来，如果第三国船舶因涉嫌违反渔业规定而被欧盟成员国扣押，欧盟在扣押的基础上实施了控制，迅速释放案件的适格被告也只是该成员国而非欧盟或者成员国和欧盟一起，其理由或许可理解为迅速释放的义务不是直接源于对船舶的扣押和控制，而是来自船舶被扣押后因向成员国提交了适当的保证书或资金担保，成员国由此承担了迅速释放的义务。

---

① 依照《国际法院规约》第 34 条第 1 款规定"在法院得为诉讼当事国者，限于国家"，国际法院只对国家开放，国际组织不能选择国际法院作为争端解决方法。

② 联合国网站：http：//www.un.org/Depts/los/convention_ agreements/convention_ declarations.htm，最后访问时间：2017 年 10 月 9 日。

③ 它们分别是：The "Camouco" Case（Panama v. France），Case No. 5，2000；The "Monte Confurco" Case（Seychelles v. France），Case No. 6，2000；and The "Grand Prince" Case（Belize v. France），Case No. 8，2001。（参见国际海洋法法庭网站：http：//www.itlos.org/index.php? id = 35&L = 1%2Findex.php%3Fid%3D41，最后访问时间：2017 年 10 月 9 日）

（二）智利诉欧盟"剑鱼案"

2000 年底，智利将其与欧盟之间就东南太平洋剑鱼的养护与可持续利用产生的争端提请《公约》附件七仲裁解决。① 但是随后经过协商，特别是经国际海洋法法庭庭长的斡旋，双方达成协议，同意将争端交由国际海洋法法庭成立的特别法庭处理，从而终止了附件七仲裁程序。② 然而，国际海洋法法庭立案以后，案件程序却迟迟没有推进，特别法庭最终并未处理案件的实质问题。原因是当事双方一直寻求通过谈判解决争端，并于 2008 年 10 月达成谅解。双方于 2009 年 10 月再次举行双边磋商后分别向海洋法法庭通报了双方达成谅解事宜，请求法庭终止该案。法庭应请求于 2009 年 12 月决定终止该案。③

显然是受到"剑鱼案"的某种激励，2005 年 9 月，时任欧洲共同体委员会渔业与海洋事务委员的博格（Joe Borg）先生在访问国际海洋法法庭时热情地表示，"对有关在共同体与其他国家签订的与海洋法有关的双边协定中载入约束成员方将任何争端提交法庭解决的条款之建议感兴趣"，并"提议在共同体和法庭之间建立一个合作和信息交换机制"。④ 2006 年欧盟海洋政策绿皮书也表示："《公约》规则的适用和执行能够通过下列方式得到加强，即在协议中系统性引入将不能通过双边协商解决的任何争端提交给国际海洋法法庭或者其他适当的争端解决方法"。⑤ 通过这些表态，欧盟意在强调第三方争端解决机制（特别是司法方法）在解决有关《公约》解释或适用争端中的突出地位，这符合欧盟的一贯立场。不过纵观欧盟参与《公约》争端解决机制的实践，它的实际做法与公开表态并不一致。比如"剑鱼案"最终是通过双方的直接谈判达成谅解而解决，2013 年欧盟与丹麦海外领地法罗群岛之间的"鲱鱼案"⑥ 最终也是通过双方的直接谈判协议解决。

五、结语：尊重与背离的二律背反

欧盟如何认识和对待《公约》？自 1998 年加入《公约》后，欧盟通过自身的立法、

---

① 2000 年 4 月，欧盟将智利采取的有关剑鱼过境和进口的措施提交至世界贸易组织（WTO）争端解决机制（DS193）引发智利不满，提起《公约》附件七仲裁可视为智利采取的一种反措施（参见世界贸易组织网站：http://www.wto.org/english/tratop_ e/dispu_ e/cases_ e/ds193_ e.htm，最后访问时间：2017 年 10 月 9 日）。

② See ITLOS, *Case concerning the Conservation and Sustainable Exploitation of Swordfish Stocks in the South-eastern Pacific Ocean* (*Chile/European Community*), Order 2000/3 of 20 December 2000。

③ 2009 年 12 月 16 日，法庭发布指令终止本案。See ITLOS, *Case concerning the Conservation and Sustainable Exploitation of Swordfish Stocks in the South-eastern Pacific Ocean* (*Chile/European Union*), Order 2009/1 of 16 December 2009。

④ See ITLOS, "Visit of the European Commissioner for Fisheries and Maritime Affairs to the International Tribunal for the Law of the Sea", Press Release, 2 September 2005, http://www.itlos.org/fileadmin/itlos/documents/press_ releases_ english/Press. E. 97. pdf (last visited July 1, 2017)。

⑤ Commission of the European Communities, Green Paper. *Towards a future Maritime Policy for the Union: A European Vision for the Oceans and Seas*, p. 42, para. 5. 3. 有趣的是 2007 年《欧盟综合海洋政策》中并没有提及《公约》争端解决机制。

⑥ 就欧盟对法罗群岛捕捞大西洋——斯堪的纳维亚鲱鱼和东北大西洋鲭鱼拟采取的强制经济措施，丹麦的海外领地法罗群岛于 2013 年 8 月针对欧盟提起《公约》附件七仲裁，指控欧盟相关措施违反《公约》规定；2014 年 9 月，双方协议结案（具体信息参见常设仲裁法院网站：https://pcacases.com/web/view/25，最后访问时间：2017 年 7 月 1 日）。2013 年 11 月，法罗群岛就相同事项针对欧盟启动世界贸易组织（WTO）争端解决程序（DS469），指控欧盟相关措施违反 1994 年《关税与贸易总协定》（GATT 1994）的规定；2014 年 8 月，双方协议结案（具体信息参见世界贸易组织网站：https://www.wto.org/english/tratop_ e/dispu_ e/cases_ e/ds469_ e.htm，最后访问时间：2017 年 10 月 9 日）。

司法和参与《公约》争端解决机制的实践提供了初步答案。

一方面，毫无疑问的是，欧盟重视和尊重《公约》在建立国际海洋法律秩序中的重要作用，在欧盟内部强调对《公约》的遵守和实施——不但强调共同体对《公约》的遵守和实施，而且强调共同体成员国对《公约》的遵守和实施。通过这些努力，它在共同体内部和国际上两个层面都维护了《公约》的权威性。①

另一方面，欧盟重视和尊重《公约》不是无条件的。从前面的分析可以看出，在欧盟遵守和实施《公约》的过程中，一直伴随着背离《公约》的倾向。② 一旦《公约》规定难以满足联盟在海洋权益方面的需求，欧盟会毫不犹豫地迈出一定程度上超越或者说背离《公约》的步伐。当然，这些步伐的出发点或者目标、宗旨至少在形式上仍然与《公约》保持一致。欧盟的相关实践在很多时候具有某种悖论，即，对《公约》的遵守和实施可能同时意味着或者包含对《公约》的一定背离——这种背离首先要有利于欧盟利益的维护和拓展，客观上也可能蕴含着推动《公约》逐渐发展的积极因素。这正是"欧盟《公约》观"的独特之处：重视和尊重《公约》，维护《公约》的权威性，但在《公约》的完整性方面则力图有所作为。换言之，在遵守和实施《公约》的过程中不断提出完善与逐渐发展《公约》的设想，寻求将自身的利益诉求合法导向国际社会，并通过《公约》以法律方式加以确认。这样既维护和拓展了自身的海洋权益，又推动了《公约》的逐渐发展。因BBNJ议题而提出谈判制定"《公约》第三执行协定"依循的正是这一路径。

论文来源：本文原刊于《国际法研究》2017年第6期，第83-96页。

---

① 从全球海洋治理的角度看，通过这些努力，欧盟既可以在共同体内部不断迈向"共同海洋政策"，也可以在国际上展示欧盟的"海洋区域主义"。比如，本文论及的相关立法和司法实践表明，欧盟试图在专属权能事项上强化其已完全取代成员国成为一个独立成员的形象；在共享权能方面，则试图借助《公约》相关规定，逐步扩大自身权能或者通过实践从共享权能向专属权能发展；在其他共同体尚不享有权能的《公约》事项方面，它也努力通过各种途径和创新方式，争取在共同体与成员国权能分配方面获得更多，确立欧盟在海洋事务方面的单一实体地位。同时，欧盟"通过在某些方面以较高标准遵守《公约》和海洋法方面的其他国际协定，可树立欧盟在国际社会中忠实履行国际义务的良好形象，增加其参与国际海洋事务的正当性和话语权，进而提升它在国际海洋（法）事务中的地位"。2006年欧盟海洋政策绿皮书中有关海洋污染的政策声明已经显示出欧盟的此种倾向（参见刘衡：《介入域外海洋事务：欧盟海洋战略转型》，第65页）。限于论述主题，本文对此不作分析。

② 比如，欧盟试图确立欧洲法院对成员国之间有关《公约》解释或适用的争端的专属管辖权。依照《公约》第282条，对于共同体内部（共同体与成员国之间、成员国之间）产生的有关《公约》解释或适用争端的解决，欧盟法规定的争端解决强制程序优于《公约》争端解决强制程序适用。但是，欧洲法院在"MOX核燃料厂案"中对共同体权能和欧洲法院专属管辖权范围的宽泛理解，导致《公约》部分缔约方（欧盟成员国）之间产生的有关《公约》解释或适用的争端不再适用《公约》争端解决机制的后果，这明显是对《公约》的背离。有欧洲的海洋法专家评论，"如果象《公约》争端解决机制这样一个普遍适用的制度被部分成员间的机制所取代，这个结果很难获得（《公约》缔约国的）支持"（Tullio Treves, "The European Community and the European Union and the Law of the Sea: Recent Developments", p. 20.）。

"一带一路"倡议下的中非海上
安全合作

刘 磊① 贺 鉴②

摘要：随着中国"一带一路"倡议的提出与推进，其涉及范围逐步向非洲大陆扩展。特别是习近平主席最终确定将"21世纪海上丝绸之路"穿越非洲大陆。在此背景下，中国政府有必要借助"21世纪海上丝绸之路"，在现有中非经贸合作的基础上把中非关系扩展到海洋领域。鉴于非洲多国政局并不稳定、非传统安全威胁加重的，其中来自海上的非传统安全问题日益突出等局面。在依托"21世纪海上丝绸之路"扩展中非合作关系的过程中，中国需要与非洲相关国家加强各领域特别是海上的安全合作，并争取其他域外大国的良性参与，避免恶性竞争，共同创建一个"中非海上安全共同体"，为包括中国、其他域外国家在内的各国在非洲经贸领域的合作及发展保驾护航。这样既能巩固和加强中非传统合作关系，并推动其发展到新的层次，还可以避免与其他域外大国在非洲走向"零和博弈"。

关键词：一带一路；中非关系；海上安全合作；中非海上安全共同体

一、"一带一路"走向非洲与中非海上安全合作的必要性

自20世纪50年代以来，中国就与非洲大陆建立了密切联系。进入21世纪，"通过海上丝绸之路，中国已连续5年成为非洲第一大贸易伙伴。目前，中非双边贸易额为1 200亿美元，到2020年预期达到4 000亿美元。2014年，中国向非洲国家增加至少120亿美元的援助，包括100亿美元的贷款额度，这使得中国给非洲的贷款额度总额达到300亿美元。中国还为中非发展基金增资20亿美元，使其达到50亿美元的规模。中国与非洲进一

---

① 刘磊，男，中国海洋大学法政学院副教授，研究方向：美国外交与军事政策、当代中国外交、海洋安全问题等。

② 贺鉴，男，中国海洋大学法政学院教授，中国海洋发展研究中心研究员，研究方向：中国海洋战略、非洲法律与发展问题、中非关系等。

步加强产业合作、金融合作、减贫合作、环保合作，打造中非合作'升级版'。"① 中非关系的美好前景可见一斑。与此同时 2013 年 9 月习近平主席首倡"一带一路"建设，到 2015 年 3 月国务院三部委正式联合发布《推动共建丝绸之路经济带和 21 世纪海上丝绸之路的愿景与行动》文件，中国"一带一路"倡议引起国际社会的广泛关注和区域内国家的积极响应。

"一带一路"倡议本就是一项包容、开放、互利、共赢的发展计划，然而在其最初设想中并没有把非洲大陆纳入进来。② 许多非洲国家对此持批评态度，希望增加非洲在"一带一路"倡议的实施中的支点国家。域外大国可能利用非洲国家对中国的某些失望、抱怨、猜疑等消极反应，而积极推进自己的对非战略，干扰甚至破坏中非关系，使中国与其他大国在非洲的竞争复杂化。中国政府有必要将"一带一路"扩展到非洲，满足非洲国家的期待、消除其疑虑，化解域外大国干扰中国在非洲扩展利益和影响的企图。习近平 2015 年 10 月访问英国时提到"一带一路"倡议是"开放的，是穿越非洲大陆的"，进一步扩展了该倡议的内涵和外延，表明广袤的非洲大陆是实施该倡议重要的努力方向。③ 2015 年 12 月初，习近平率团访问非洲，参加中非合作论坛约翰内斯堡峰会。中国政府于 12 月 4 日公布《中国对非洲政策文件》，这表明中国已经认识到非洲在"一带一路"倡议中的重要性，正式把非洲纳入"一带一路"倡议中。鉴于海路是中非之间经贸往来的最重要渠道，海上安全应该成为"21 世纪海上丝绸之路"走向非洲的重点领域。

（一）"21 世纪海上丝路"向非洲的延伸与中非扩大海上能源合作的空间

在中非经贸合作中，能源合作是一个非常重要的领域。作为世界能源消耗和进口第二大国，中国在 20 世纪 90 年代初就已经开始把非洲纳入到自身能源供给的视野中。中国于 1992 年起开始从非洲进口石油，当年共进口 50 万吨，占中国石油进口总量的不足 5%。而到 2005 年中国从非洲进口的石油占比已超过 30%。2011 年，利比亚战争和南北苏丹分离事件相继发生后，中国从非洲进口石油比重有所下降，但非洲依旧是中国第二大石油进口源。2013 年中国海外石油进口总量 3.78 亿吨，首位的中东 1.62 亿吨，第二位的非洲 6 590 万吨，非洲占比约为 17%。④ 安哥拉从 2005 年到 2011 年连续 7 年成为继沙特阿拉伯之后中国的第二大石油进口来源国。2011 年中国从安哥拉进口原油 3 115 万吨，占该国当年总产量 8 520 万吨的 36.56%。⑤

除了石油，非洲还有天然气也值得中国重视。根据英国石油公司的数据，2013 年底非洲天然气剩余探明储量为 14.2 万亿立方米，占全球的 7.6%，主要集中在尼日利亚、阿尔及利亚、埃及和利比亚。其中几内亚湾蕴藏天然气近 5.49 万亿立方米，占全非的 40%。⑥

① 冯并：《丝路大视野》，银川：宁夏人民出版社，2015 年版，第 242 页。

② 中国现代国际关系研究院：《"一带一路"读本》，北京：时事出版社，2015 年版，第 4—6 页。

③ 刘一庆：《尼总统访华：中尼迎基建合作新机遇》，中国产经新闻网，2016 年 4 月 14 日，http://opinion.hex-con.com/2016-04-14/183325335.com。

④ BP, *BP Statistical Review of World Energy*, June 2014, London: BP, 2014, p. 18.

⑤ 姜尽忠，刘立涛编著：《中非合作能源安全战略研究》，南京：南京大学出版社，2014 年版，第 262 页。

⑥ 姜尽忠，刘立涛编著：《中非合作能源安全战略研究》，南京：南京大学出版社，2014 年版，第 31—32 页。

2014 年以来，在东非沿海地区发现了巨大的天然气田。如莫桑比克沿海探明储量在 3.4 万亿~4.2 万亿立方米，坦桑尼亚沿海气田储量约为 1.3 万亿立方米。根据美国地质调查局数据，非洲东南沿海地区的天然气总储量约为 12.5 万亿立方米，东非有望成为世界第三大天然气出口区。① 然而大多数非洲天然气资源都没有得到有效开发和利用。一方面，非洲大多数国家工业基础差，起步晚，开采和生产能力都不够好，天然气产量不到世界的 3%；另一方面，非洲国家经济发展水平普遍较低，利用天然气能力也不高。随着近些年非洲经济的发展，许多非洲国家愈加重视天然气的开发和利用，如仅阿尔及利亚一国 2011 年的天然气开采量为 78 亿立方米，占全非的 38.5%。不过目前广泛开发利用天然气的非洲国家主要集中在北非国家和西非的尼日利亚。东南非洲刚刚起步，新发现较大天然气储量的莫桑比克等国正在加紧铺设天然气管道以及建设天然气液化厂。②

同时中国人口多，工业发展和民众生活对天然气的需求非常大，国产天然气早已不能满足国内需求，需要大量进口。目前中国天然气进口有管输和液化两种方式。2014 年进口液化天然气 19 847 590 吨，管道输入 23 023 044 吨，共计 42 870 634 吨（583 亿立方米），比 2013 年增幅为 12.6%。供应中国天然气最多的国家依次为土库曼斯坦（占 43.72%，管输）、卡塔尔（占 15.71%，液化）、澳大利亚（占 5.96%，液化）、马来西亚（占 6.98%，液化）、印度尼西亚（占 5.96%，液化）、乌兹别克斯坦（占 4.17%，管输）。这 6 个国家占进口总量的 82.5%。非洲国家对华天然气出口排名前两位的是赤道几内亚和尼日利亚，分别占 1.68% 和 1%，份额之小，可见一斑。③

当前，非洲自身出现了对天然气开发利用的要求，而中国也存在扩大进口源的需求。因为从中亚管道输入人口较少、且自身也产天然气的中国西北地区，还需要通过"西气东输"，继续向东部沿海人口密集地区再次输送，成本增加、效率降低。而以液化形式直接从海上运往中国沿海地区非常方便、高效。而且，鉴于美国、俄罗斯、中国、印度多国在中亚博弈的复杂局势，中国在短期内也不能指望把中亚作为主要能源供应地。④ 因此，扩大海上能源输入渠道对中国来说是有必要的。除了传统的东南亚和澳大利亚，非洲就是一个可以关注的新兴液化天然气供应地。中国政府和企业已经在这方面迈出初步步伐，利用自己的技术、资金参与到非洲天然气开发领域。2013 年 3 月 14 日，中国石油天然气公司与意大利埃尼公司签订两项合作协议。中石油将收购埃尼集团子公司埃尼东非公司28.57% 的股权，从而间接获得莫桑比克 4 区块项目 20% 的权益，交易对价为 42.1 亿美元。⑤

---

① KPMG Africa Limited, *Oil and Gas in Africa: Reserves, Potential and Prospect of Africa*, Switzerland: KPMG International, 2014, p. 5, 转引自李智彪：《中非能源合作热的冷思考》，《西亚非洲》，2014 年第 6 期，第 115 页。

② 彭薇：《非洲能源新格局下中国石油企业的战略选择》，《中外能源》，2013 年第 8 期，第 11 页。

③ 《2014 年中国天然气进口大盘点》，中国能源网：http://www.china5e.com/news/news-896193-1.html。

④ Zha Daojiong, "China's energy security: Domestic and international issues," *Survival*, 2006, July, p. 184。

⑤ 莫桑比克 4 区块位于东非鲁伍马盆地，已获天然气发现 75tcf（约 2.12 万亿立方米），目前埃尼公司拥有该项目 70% 的权益，交易执行后埃尼公司将持有该项目 50% 的权益，中国石油将持有该项目 20% 的权益，其他合作伙伴包括莫桑比克国家石油公司 10%、韩国天然气公司 10%、葡萄牙高浦能源 10%。（参见中石油官网：http://www.cnpc.com.cn/cnpc/jtxw/201303/2bd5af12315a4441a0fc4c9d1f7ce863.shtml。）

除了东南非洲，尼日利亚自 2000 年以后开始愈加重视天然气的开发和利用。1990 年，尼日利亚天然气产量为 40 亿立方米，到 2011 年增长到 399 亿立方米，占全非的 19.7%，排在阿尔及利亚和利比亚之后，位列非洲第三。[1] 阿尔及利亚自身的天然气产业成熟而系统，在非洲一家独大，占到 50.6% 的份额，国外参与空间不大。利比亚自发生战争以来，国内局势不稳，目前不适合大规模投资。因此，在石油领域与中国已有良好合作基础的尼日利亚应是中国在未来天然气领域需要重点努力的方向。中国在天然气领域加强与非洲的合作，是将"一带一路"向非洲扩展的一次重要机遇和实践领域，既能服务当地民生经济，又能扩大中国能源输入渠道，实现双赢。

中非之间已有的经贸合作和未来能源合作都要求建立通畅的运输渠道。而能源通道合作本就是推进"一带一路"互联互通建设的一个重点。其中海上通道是中国四大油气战略通道之一。[2] 中国与非洲之间贸易往来特别是能源运输的主要通道就是海路。中非之间的海上航线可分为中国—东非（肯尼亚和坦桑尼亚—印度洋—马六甲海峡—南海—中国）、中国—西非（几内亚湾—南非好望角—印度洋—马六甲海峡—南海—中国）、中国—南非（南非—印度洋—马六甲海峡—南海—中国大陆）、中国—北非航线（北非地中海沿岸—苏伊士运河—红海—亚丁湾—印度洋—马六甲海峡—南海—中国）。[3] 以上 4 条线路中，西非、南非、北非航线首先主要是石油天然气等能源运输线，东非航线主要是货物运输线，同时北非航线也与中国和欧洲间的货物运输线大部分重合，特别是经苏伊士运河的这条线路最初就被中国政府列入"21 世纪海上丝绸之路"的重要路线之一。中国要发展"21 世纪海上丝绸之路"，必然绕不开非洲大陆。

（二）中非海上能源合作的安全及"海上丝绸之路"的畅通需要双方合作保障

在中国提出"21 世纪海上丝绸之路"倡议之前，途径苏伊士运河的海上通道早已成为中国通往欧洲和北非的最重要国际海运航线。到 2015 年，中国对欧贸易的 60% 经过苏伊士运河运输，占运河通航船只的 10% 以上。同年 8 月，扩建后的"新苏伊士运河"开通，"可以大大减缩等待时间，节省了大量燃油成本，这对中国海运企业无疑是重大利好。此外，新苏伊士运河还可与中国的'一带一路'倡议相互呼应对接"。[4] 显然，这一航道已成为"21 世纪海上丝绸之路"的关键一环，对中国的意义不言而喻。

然而对中国来说，"海上丝绸之路"建设存在着诸多非传统安全风险，其中海上通道安全形势就不容乐观：中国主要海运线路均位于海盗多发区，海盗袭击已对中国海运及远洋渔业造成一定影响。[5] 非洲之角国家索马里同时濒临阿拉伯海与亚丁湾，扼守红海到印度洋航道之咽喉。该国自 1991 年起陷入内战，几乎长期处于无政府状态。国内各类武装分子干起海盗的买卖，在亚丁湾和印度洋劫持过往商船，换取赎金以致富。此外，普通海

---

①　姜尽忠，刘立涛编著：《中非合作能源安全战略研究》，南京：南京大学出版社，2014 年版，第 72 页。

②　中国现代国际关系研究院：《"一带一路"读本》，北京：时事出版社，2015 年版，第 29 页。

③　姜昱霞：《中国—非洲航线地缘战略研究》，云南大学国际关系研究院硕士毕业论文，2012 年 6 月，第 10—13 页。

④　陈婧：《中国可以对'新苏伊士运河'有所期待》，《中国青年报》，2015 年 8 月 15 日 03 版。

⑤　中国现代国际关系研究院：《"一带一路"读本》，北京：时事出版社，2015 年版，第 55 页。

盗还逐渐开始与国际恐怖主义势力勾结合作，意图破坏世界经济。1996 年海盗造成的世界经济损失约 4 亿美元，到 2008 年上升到 300 亿美元。[①] 自 2006 年起，中国商船开始不断遭受索马里海盗的骚扰、劫持乃至伤害。中国—北非航线索马里段早已成为最不安全的国际航道之一，这与中国有着无法割裂的利害关系。

除了亚丁湾，同样攸关中国在非洲利益的西非几内亚湾地区也不安宁，也遭遇海盗问题。尼日利亚的尼日尔三角洲有反政府武装活动，喀麦隆巴卡西半岛的尼日利亚人不满被置于喀麦隆政府管辖之下，刚果（布）国内局势也时有紧张，安哥拉内战遗留问题依然严重，刚国（金）内乱不断。以上种种，都导致整个几内亚湾海域日渐成为新兴的海上威胁来源地，也成为非洲"糟糕的海上秩序"的一部分。[②] 2011 年以来，索马里海盗遭受多年打击，活动减少，而"几内亚湾的海盗活动却逆势上扬，连续 3 年呈快速上升势头。几内亚湾目前已超越亚丁湾，成为全球遭受海盗威胁最严重的地区"。[③] 以 2013 年为例，2013 年 1 月到 12 月几内亚湾水域发生海盗袭击得遂与未遂事件统计如下。[④]

表 1　2013 年几内亚湾水域发生海盗袭击情况

| 海盗袭击事件 | 得遂袭击（起） | | 未遂袭击（起） | |
发生地	登轮	劫持	开火	企图登轮
加蓬	1	1	0	0
加纳	1	0	0	0
几内亚	1	0	0	0
科特迪瓦	2	2	0	0
尼日利亚	13	2	13	3
塞拉利昂	2	0	0	0
刚果	2	0	0	0
多哥	1	2	1	3

总之，从亚丁湾到几内亚湾，非洲沿海国家对本国海域的治理遭遇了极大挑战，靠本国力量几乎无力应对。[⑤] 以上情形已经引起利害相关的域外大国的重视和反应，几内亚湾海盗最大受害国尼日利亚是美国在非洲最大的贸易伙伴，距离美国近，运输成本低，美国 10% 的石油进口来源于此。"几内亚湾实际上已经逐渐变成美国能源安全供应的后勤基地"，[⑥] 因此，美国海军已进入该海域巡逻，参加几内亚湾联合演习，如"海事封锁行动、

---

① 王历荣：《中非能源合作海上运输安全影响因素分析》，《理论观察》，2013 年第 6 期，第 37 页。

② Francois Vrey，"Bad order at sea：From the Gulf of Aden to the Gulf of Guinea，" *African Security Review*，July 2010，p. 23。

③ 刘子玮：《几内亚湾海盗问题研究》，《亚非纵横》，2013 年第 2 期，第 48 页。

④ 冯荣松：《西非几内亚湾海盗现况分析及防范措施》，《中国海事》，2014 年第 12 期，第 30 页。

⑤ Paul Musili Wambua，"Enhancing regional maritime cooperation in Africa：The planned end state，" *African Security Review*，July 2010，p. 49。

⑥ 中国石油新闻中心：《世界石油分组（组图）》，中国石油新闻中心网站：2009 年 9 月 1 日，http：//news. cnpc. com. cn/system/2009/09/01/001256320. shtml。

搜救行动、反恐行动等。为此，美国已再投入约 3 500 万美元在几内亚湾的尼日利亚和其他国家的海军人员训练中。"①

除了海盗等人为因素外，水文、地理和气候等自然因素同样影响着航运安全。好望角是中国—西非、中国—南非航线的必经之路。该区域周边国家较少，政局较为稳定，从军事安全角度看利于船舶航行。但是好望角风大、浪高、流急，成为制约石油运输的一个主要因素。好望角航道位于西风带内，常年有大风。好望角海区的主要洋流是沿南非东南部自东北向西南的厄加勒斯暖流，流速快，流量大。此外近岸处有一股与厄加勒斯暖流流向相反的寒流，范围较窄。异常涌浪是好望角最著名的灾害性海况，一般发生在南非德班外海一带，各月都能发生，因此好望角一带避风港口很多。虽然可以避风，但是往往耽误不少船期。② 鉴于苏伊士运河是人工开凿，吃水有限，中国—北非航线上 30 万吨以上级别的巨型船舶要从大西洋或地中海到印度洋，必须绕行好望角。

综上所述，中非各条航道的关键区域都存在多样的安全风险。中国要把"21 世纪海上丝绸之路"向非洲扩展，必然绕不开这几处关键海域。中国政府和军方非常有必要在以上领域与非洲国家合作，加强相关区域的海上安全保障。这既包括派遣海空军事力量单独或与当地国家及国际社会合作打击海盗活动，保障过往的中国和国际商船航行安全、当地海上油气资源勘探开发活动的安全；也包括进行海上人道主义救援行动、导航或领航等传统安全保障行动。本来"为沿线国家提供海上公共服务和产品，共同应对非传统安全挑战，也是 21 世纪海上丝绸之路建设的另一个重要目标"。③

（三）中非海上安全合作的现状与发展空间

非洲各处的海盗和其他海上恐怖主义活动，早已引起国际社会的反应。联合国安理会于 2008 年 10 月到 12 月，连续通过第 1838 号、第 1844 号、第 1851 号 3 个决议，呼吁国际社会积极参与打击索马里沿岸的海盗和海上武装抢劫行为，授权有关国家和国际组织采取一切必要的适当措施，制止海盗行为和海上武装抢劫行为。作为安理会常任理事国、亚丁湾航线利益攸关方，经安理会授权和索马里政府同意，中国海军自 2008 年 12 月起派出首批舰艇编队执行亚丁湾、索马里海域护航任务。截至 2015 年 12 月，中国海军共派出 22 批护航编队，先后持续在索马里海域执行护航任务，接受护航的船只逾 6 000 艘，其中一半是外国船只。④ 从 2016 年 4 月起第 23 批护航编队已开始在亚丁湾继续执行护航任务。

中国海军得以远赴非洲海岸长期执行护航任务，除了中国国力的支撑、护航行动本身的合法性与正义性之外，当地国家的需求与合作也非常关键。不同于美欧等传统海军强国在海外有许多军事基地，中国海军在海外并无任何可以依托的基地。除了定期轮换外，中国海军护航编队需要寻找就近的沿海国家靠港补给和休整。7 年来，中国海军护航编队先

---

① 史婧力：《几内亚湾海盗异军突起》，《中国船检》，2012 年第 9 期，第 95 页。
② 赵媛，嵇昊威：《中非石油合作之石油运输通道研究》，《广东社会科学》，2011 年第 2 期，第 26 页。
③ 刘赐贵：《发展海洋合作伙伴关系、推进 21 世纪海上丝绸之路建设的若干思考》，《国际问题研究》，2014 年第 4 期，第 7 页。
④ 潘珊菊：《中国海军 7 年护航船只超 6 000 艘其中半数为外国船只》，2015 年 12 月 16 日《京华时报》，转引自世界军事网，http://mil.shijiemil.com/html/201512/a7f3b4.html。

后在非洲吉布提的吉布提港、阿拉伯半岛阿曼的塞拉莱港、也门的亚丁港等港口多次不固定地进行靠港补给和休整。根据《中国对非洲政策文件》就"促进非洲和平与安全"所提出的措施，中国将与非洲"加强情报交流与能力建设合作，共同提高应对非传统安全威胁的能力。支持国际社会打击海盗的努力，继续派遣军舰参与执行维护亚丁湾和索马里海域国际海运安全任务，积极支持非洲国家维护几内亚湾海运安全"。① 随着"21世纪海上丝绸之路"向非洲的延伸，中国海军亚丁湾护航必将常态化和长期化，有必要在该区域寻找一处固定而持久的后勤保障基地。经过评估区域形势，协调相关国家关系，中国国防部在2015年12月31日对外宣布，"中国和吉布提经过友好协商，就中方在吉布提建设保障设施一事达成一致。该设施将主要用于中国军队执行亚丁湾和索马里海域护航，人道主义救援等任务的休整、补给、保障。双方认为该设施对于进一步加强中吉两国两军务实合作，有效保障中国军队履行国际义务，维护国际和地区的和平与稳定具有积极意义"。②

中国海军终于在非洲取得一块儿立足之地，这将加强中国在相关海域执行安保任务的能力，进一步确保"21世纪海上丝绸之路"东非段的安全，更好地维护中国的海外利益，如为也门撤侨那样的救援行动提供更多保障，为中国依赖的中东、非洲石油运输线提供近距离保护。此外，中国军事力量在非洲东北部的常态化存在，除了直接维护中国利益外，必要时还可参与打击国际恐怖主义，履行国际义务。这也体现了《中国对非洲政策文件》中提出的"支持非洲国家和地区组织提高反恐能力和致力于反恐努力，帮助非洲国家发展经济，消除恐怖主义滋生土壤，维护地区安全稳定，促进非洲持久和平与可持续发展"的政策主张。③ 值得强调的是吉布提政府对中国海军后勤基地的建设非常支持。2016年2月3日，吉布提总统盖莱对路透社表示："中国政府已经决定进入这片区域，他们有权利保护自己的利益，就像其他国家一样。"这实际上在为中国修建首个海外军事基地的权利进行了"辩护"。④ 这可以说是中非进行海上安全合作的典范，提升中非关系水平的标志性事件。

除了亚丁湾，几内亚湾的安全也需要得到保障。该海域的尼日利亚是非洲第一大经济体，也是中国在非洲的第四大贸易伙伴、第二大出口市场、主要投资目的地国，中国公司在尼日利亚陆地和几内亚湾海域都有石油合作项目。在"一带一路"向非洲扩展的背景下，中国与尼日利亚的经贸及能源合作还会扩大。然而最早在2012年初就发生了中国船员在几内亚湾遭海盗杀害的事件，引起中国政府的重视。虽然中国海军尚未常态化进入该海域，但已与尼日利亚建立了较为频繁的军事安全联系。2014年5月，中国海军舰艇编队访问尼日利亚拉各斯港，并与尼日利亚海军在几内亚湾进行了反海盗联合演练，"加强了维护海上安全和反海盗行动的协调与合作"。⑤ 2016年4月，尼日利亚总统布哈里对中国

① 中国外交部：《中国对非洲政策文件》白皮书，2015年12月，第23页。

② 2015年12月31日，中国国防部例行记者会：《中国将在吉布提建设后勤保障设施》，中国国防部网站：http://www.mod.gov.cn/video/2015-12/31/content_4634731.htm。

③ 中国外交部：《中国对非洲政策文件》白皮书，2015年12月，第23页。

④ 王晓雄：《吉布提总统：中国海军基地将很快动工》，2016年2月4日《环球时报》。参见环球网 http://world.huanqiu.com/exclusive/2016-02/8502320.html。

⑤ 中非合作论坛中方后续行动委员会秘书处编：《中非合作论坛15周年成果：合作共赢、共同发展，祝贺中非合作论坛约翰内斯堡峰会胜利召开》，2015年，第148页。

进行国事访问，两国签署了涉及基础设施建设、产能、投资、科技等诸多方面的一系列合作文件，开启了两国战略合作伙伴关系的新局面。① 中尼战略关系的深化必然带来更多交流和利益的融合，这都需要为维护两国共同利益而推进安全合作。《中国对非洲政策文件》也提出，要"积极支持非洲国家维护几内亚湾海运安全"。待中国海军在非洲东海岸立足稳定之后，有必要和可能根据形势的发展，在当地国家支持与合作的前提下，适当把海上军事力量向非洲西海岸扩展，既可以承担更多的国际义务，履行大国责任，还可以保护中国在几内亚湾的油气资源开发项目，使"一带一路"穿越非洲大陆，进入大西洋沿岸。

二、中非扩展海上安全合作的国际挑战与机遇

随着中国的不断发展，中国在亚太地区利益和力量的扩展早就引起西方大国的关注和反应，美国随之推出了"亚太再平衡"战略。随着"一带一路"倡议的推进，中国的安保力量会随之跟进。"一带一路"倡议本身就已遭遇国际上很多不解、质疑和反对之声。② 而在中非安全合作方面，欧美等西方国家对中国同样深怀戒心。③ 二者的结合必然会给中国带来不小的挑战。中国海军向印度洋乃至大西洋活动，肯定会导致西方大国更敏感的反应。同时非洲大陆局势复杂多变，是否所有利害相关的当地国家都能理解和接受中国军事力量的进入也是个问题。中国既要应对他国挑战，也要善于找寻与其他国家在非洲进行安全合作的机会。

（一）域外大国在非洲安全与发展上的竞争压力与中非海上安全合作的动力

中国海军索马里海域护航行动是根据联合国安理会决议进行的，师出有名，并且在过去 7 年里有效保护了数千过往中国及国际船只的安全，得到国际社会的普遍认可和积极评价，但在西方媒体的报道中也不乏忧虑与怀疑。西方媒体对中国海军参与护航的行动总体上表示认可，认为具有开创性，对于维护海上稳定和中国海军发展有重要意义，但对中国军队的对外交流程度、参与合作的方式仍持怀疑态度，认为中国军方在这些方面的透明度不够，还对中国军队的快速发展表示担忧，认为有可能威胁美国地位和他国利益。还有的观点认为中国海军护航除了履行大国义务外，其根本目的是为了维护中国不断增加的海外利益，并非是为了维护海上和平的"公益"行为。④ 如果中国在西方大国本就对"一带一路"倡议有戒心的背景下，扩大在非洲的军事存在和活动，中国可能面临更多的挑战。

2012 年 6 月，美国奥巴马政府制定的《对撒哈拉以南非洲战略》中就包含"推动和平与安全"的政策规划，以"维持美国全球领导地位"为根本目标，把非洲地区的安全作为实现这一目标的重要内容。美国对非安全政策的首要任务是打击包括基地组织在内的非洲恐怖主义势力，其次是推动区域安全合作，提升非洲当地国家的军事能力，共同阻止

① 杨梦蝶：《中尼专家积极评价尼日利亚总统布哈里访华》，国际在线，2016 年 4 月 15 日，http：//news. ifeng. com/a/20160415/48472252_ 0. shtml。

② 王南：《非洲："一带一路"不可或缺的参与者》，《亚太安全与海洋研究》，2015 年第 3 期，第 104 页。

③ 刘鸿武等著：《新时期中非合作关系研究》，北京：经济科学出版社，2016 年，第 272 页。

④ 刘开骅：《西方主流媒体"他塑"的中国军队形象——以美联社等四家媒体对中国海军护航报道为分析样本》，《国际新闻界》，2010 年第 8 期，第 55 页。

跨国犯罪，防止地区冲突，支持促进和平与安全的倡议，包括联合国的维和任务。① 美国军事力量也要"重返非洲"，创建非洲司令部，长期续租吉布提的莱蒙尼尔军事基地，这些安排含有"平抑和稀释中国在非洲崛起"的动因，② 中国军事力量进入非洲、中国在非洲影响力加大，有可能与美国"维持美国全球领导地位"的目标相冲突。目前中国已经在经济和金融领域"挑战了美元和美帝国主义在非洲的霸权"，"一带一路"倡议在非洲的实施会继续加强这一挑战，同时中国在安全领域向非洲的介入将进一步使本来存在于美国和欧盟之间"谁控制非洲"的争斗更加复杂化。③

因此，除了美国，与非洲有着更悠久传统联系的欧洲的态度同样需要重视。欧盟对非洲战略强调安全与发展相辅相成而非相互从属。④ 其中欧盟对非安全政策主要是：一方面帮助加强非洲自身能力建设，主要体现在制度、财政和人员培训方面；另一方面是向非洲部署欧盟的军警力量，提高欧盟在非洲的危机管理能力。⑤ 鉴于欧盟对非洲安全的重视非常之高，而中国目前对非政策中安全的考量远远低于经济考量，这也是欧洲国家对中国对非政策的疑虑之处。⑥ 就美欧中在非洲的三角关系来看，美欧有共同的价值观可以输出，都在非洲有传统军事存在。而中国则是输出资金、技术和人力，不干预当地政局。可以说"欧盟和美国在非洲促进民主遭遇到了中国"，中国不附加政治条件的对非经济援助和贸易破坏了美欧以经济利诱来推动非洲民主进程的政策。⑦ 当前中国通过"一带一路"的经济合作和相配套的海上安全合作双管齐下进一步深入非洲，可能进一步挑战美欧的相关政策，导致本来在非洲存在竞争关系的美欧会趋向联合来应对中国。

作为印度洋的区域大国，印度直接与非洲隔印度洋相望，既占据地缘优势，也在非洲有重大利益关切。而印度洋是中国前往非洲的必经之路，同为发展中大国的中印关系又相对复杂敏感，双方在非洲竞争与合作并存的局面不可避免。印度同样重视非洲的能源和经贸合作，在此基础上也推进政治对话和军事安全交流。1992 年开始，印度就参与到非洲国家的维和行动中，帮助非洲国家进行军事训练，近年来更是积极参与国际社会在印度洋的反海盗、海上反恐行动。⑧ 印度还与肯尼亚、莫桑比克、马达加斯加签订了防务协定，与肯尼亚、莫桑比克、坦桑尼亚和南非签订了联合训练协定。它还说服马达加斯加、毛里求斯和塞舌尔等印度洋岛国联合进行海上监控与情报搜集行动。印度海军一旦在西印度洋上

---

① The White House, *U. S. Strategy Toward Sub - Saharan Africa*, Washington, June 2012, pp. 4 - 5, http：//www. state. gov/docnments/orghization/209377. pdf。

② 王磊，孙红：《奥巴马政府对非洲战略剖析》，《国际研究参考》，2014 年第 11 期，第 18 页。

③ Horace Campbell, "China in Africa：Challenging US global hegemony," *Third World Quarterly*, *Vol. 29*, *No. 1*, 2008, p. 89。

④ ［德］白小川：《欧盟对中国非洲政策的回应——合作谋求可持续发展与共赢》，《世界经济与政治》，2009 年第 4 期，第 37 页。

⑤ 王学军：《欧盟对非洲政策新动向及其启示》，《现代国际关系》，2010 年第 7 期，第 51 页。

⑥ ［德］白小川：《欧盟对中国非洲政策的回应——合作谋求可持续发展与共赢》，《世界经济与政治》，2009 年第 4 期，第 37 页。

⑦ Christine Hackenesch, "Not as bad as it seems：EU and US democracy promotion faces China in Africa," *Democratization*, 18 Mar. , 2015, p. 419。

⑧ 沈德昌：《试析冷战后印度对非洲的外交政策》，《南亚研究季刊》，2008 年第 3 期，第 28-31 页。

占据主导地位，不能不使中国担忧其东非航线的安全。总之，印度在非洲的军事存在无疑给中国造成竞争压力。[①]

另一亚洲大国日本自冷战后至今，一方面参与争夺非洲经济发展主导权；另一方面积极扩大在非洲的政治影响力。与美欧类似，日本把对非援助与促进民主和人权挂钩。[②] 日本海上自卫队也参与了亚丁湾护航行动，并先于中国在吉布提建立了一处后勤基地。鉴于日本与中国都严重依赖印度洋到西太平洋这条海上航线，中国将"海上丝绸之路"延伸至非洲并积极参与非洲安全事务，无疑会给本来在经济与安全上与中国存在广泛竞争的日本造成更多压力。日本必然会加重与美国、印度等国的联合。自 2007 年开始，日本积极参与最初由美印两国于 1992 年发起的"马拉巴尔"军事演习。几年来，其演习海域也由印度洋转向西太平洋，涵盖了从非洲到中国大陆的多半航线。2016 年 6 月这次演习，日本还出动了"日向"号直升机母舰。而且在美日澳、美日印多边安全联系的基础上，日本正在积极地构建一种美日印澳新（加坡）的"新同盟"体系。[③] 一旦形成，足以控制从中国海岸出发的"21 世纪海上丝绸之路"大部分航线，中国对此必须有足够的警惕和防备。

（二）非洲国家对中非海上安全合作的态度与中国的机遇

中国要推动中非海上安全合作，非洲国家的态度同样很关键。安全与稳定是发展与繁荣的前提，非洲国家也希望非洲大陆安定、发展。它们首先重视的是陆上安全。鉴于当地国家的能力所限，除了非洲国家联合维稳，很大程度上需要国际社会支持，所以才有联合国十数个维和任务区在非洲建立。陆地局面尚不能管控好，海上安全与秩序，更不是非洲国家所能维持的。非洲沿海国家普遍缺少海洋综合治理，包括资源开发、科学研究、污染治理、安全维护、打击海上毒品与武器走私、非法移民、港口安全等领域的政策、资金、技术、人员及装备。[④] 这方面同样需要国际社会的帮助和支持。

从最近 10 年看，中国积极履行联合国安理会责任，同时应对非洲海外风险和挑战。"我军加大了在非洲和平安全事务的参与力度，积极拓展非洲军事安全合作空间，以共同维护非洲地区的和平与稳定。"[⑤] 迄今已参与 16 项联合国在非洲维和行动，目前有 2 600 余名维和人员在联合国驻马里、刚果（金）、南苏丹、苏丹达尔富尔、利比里亚等 7 个特派团执行任务。中方还向索马里海域和亚丁湾派遣护航舰队，帮助地区国家打击海盗；也向一些非洲国家提供了资金和物资支持用于执行维和任务；还与非盟结成了和平与安全伙伴关系。可以说，中非在安全合作方面已经打下了良好基础，具备相当丰富的经验，也具备了扩大海上安全合作的条件。

2015 年 12 月，习主席提出"一带一路"穿越非洲大陆的观点后，随即在约翰内斯堡

①　Jonathan Holslag, "China's New Security Strategy for Africa," *Parameters*, Summer 2009, p. 26。

②　罗建波：《论冷战后日本对非洲的外交政策》，《国际观察》，2003 年第 1 期，第 70—71 页。

③　Satoru Nagao, "Maritime Security and Multilateral Cooperation：A Japanese Perspective," *Maritime Affairs*, Vol. 11, No. 2, Winter 2015, p. 21。

④　Paul Musili Wambua, "Enhancing regional maritime cooperation in Africa：The planned end state," *African Security Review*, July 2010, pp. 48—49。

⑤　潘攀：《共铸和平之盾：中非安全合作不断加强》，《中国社会科学报》，2015 年 8 月 7 日第 006 版。

提出实施中非"十大合作计划"，中国将提供总计 600 亿美元的援助，其中包括加强中非和平与安全合作。中方将继续参与联合国在非洲维和行动，向非盟提供 6 000 万美元无偿援助，支持非洲常备军和快速反应部队建设，支持非洲国家在国防、反恐、防暴、海关监管、移民管控等方面能力建设。① 《中非合作论坛——约翰内斯堡行动计划》也明确写明"中方将继续积极参与联合国在非洲的维和行动，向非方提供维和培训支持"，"非方赞赏中方根据联合国安理会有关决议在亚丁湾、几内亚湾和索马里海域打击海盗的努力，双方将加强在维护相关海域航道安全及地区和平稳定方面的合作"。②

肯尼亚总统肯雅塔表示，习近平的讲话为非中合作发展指明了新方向，非常令人鼓舞，进一步表明中国是在真心真意地帮助非洲发展。非中合作也将更加务实，更多的非洲人民将从这种合作中受益。埃塞俄比亚总理海尔马里亚姆认为，中方提出的"一带一路"战略构想，对非洲非常重要。非洲国家也愿在中非合作论坛框架下，不断加强同中国的合作。南非主流新闻网站 IOL News 指出，中非合作论坛将大大加快中非发展，切实提升中非合作，大幅提高南南合作水平。中国和非洲目前都处在发展的重要关头，都制定了宏伟的发展战略，开展合作将为双方带来"更美好的未来"。刚果（金）外交部秘书长姆兰德于 2015 年 12 月 21 日在金沙萨主持召开会议，介绍中非合作论坛约翰内斯堡峰会有关决议，并委托计划部长向各部委专家提供项目库建设模板，尽快向中方提交项目清单，以便分享中国政府在峰会期间承诺的向非洲提供 600 亿美元资金支持的"蛋糕"。③

可见，一方面，非洲多数国家的政府和主流观点都是非常欢迎在经济和安全事务上与中国深度合作，它们也有需求；另一方面，也有一些非洲国家对"一带一路"有认识上的偏差，以为是中国的新一轮援非计划和行动，因而会提出一些超出中国能力与实际的需求。④ 中国也需要冷静和谨慎处理，特别是涉及将经济合作与安全合作相联系的时候。但无论如何，在中非合作中，中国无疑是占据主动的，所以中国完全可以在结合非洲国家理性需求的基础上，适当主导中非合作议程，引导有条件的非洲沿海国家更加重视海洋安全与资源利用，以海洋经济开发为先导，进而配合以海上安全保障。如果得到非洲当地国家在这方面的欢迎和支持，对中国的行动将更加有利。

三、关于扩展中非海上安全合作的策略思考

目前中国参与非洲海上安全保障的主要方式是在亚丁湾海域单独或联合护航，与他国进行海上联合军事演习。这些联合行动主要是发生在中国与其他域外大国（美国、欧盟、印度、日本等）之间，中国与非洲当地国家间的海上安全联合行动还非常稀少。随着中非关系的进一步密切和"一带一路"向非洲的扩展，在中非海上安全合作方面，中国可以从

---

① 见中非合作论坛网站：http：//www.focac.org/chn/zfgx/zfgxdfzc/t1367063.htm。

② 中国外交部：《中非合作论坛——约翰内斯堡行动计划》，参见中国外交部网站：http：//www.fmprc.gov.cn/web/ziliao_ 674904/zt_ 674979/dnzt_ 674981/xzxzt/xzxffgcxqhbh_ 684980/zxxx_ 684982/t1323148.shtml。

③ 中非合作论坛网站：http：//www.focac.org/chn/zfgx/zfgxdfzc/t1328746.htm 及 http：//www.focac.org/chn/ltda/dwjbzzjh_ 1/t1330899.htm。

④ 王南：《非洲："一带一路"不可或缺的参与者》，《亚太安全与海洋研究》，2015 年第 3 期，第 105 页。

以下几个方面采取进一步的措施和行动。

（一）与非洲国家协作扩大护航编队规模及行动范围

首先，随着中国"21世纪海上丝绸之路"向非洲延伸，中国在非洲大陆及周边地区的海外利益必然增加，海外公民、公司企业、商船、渔船等数量会持续增加，活动范围扩大。同时中国海军力量也在不断壮大，中国政府有必要考虑在3艘舰艇编组的护航舰队规模基础上予以扩大，派遣分舰队，使编队舰艇总数提升到5~6艘。这样既可以提升和扩大中国海军远洋行动的锻炼水平和机会，还可以扩大中国政府对非洲及周边区域海外利益的保护能力和范围。2~3艘舰艇固定在亚丁湾、索马里这一靠近中东北非地区的海域执行既有任务，另外2~3艘可在西印度洋经好望角到几内亚湾的海域机动。在这一过程中，可在非洲西海岸适时寻找建立第二个后勤基地的机会，并随时做好保护中国海外公民及资产安全或执行国际人道主义救援任务的准备。

其次，中国海军扩展在非洲海上行动的同时，不要简单固守于海上。鉴于中国正在向包括南北苏丹、刚果（金）、利比里亚、马里等多国派遣地面维和部队，中国海军完全可与中国地面军事力量保持密切联系，建立相互支援的运行机制，一旦有紧急事态，可协调行动，相互支援。既能更好地确保自身安全，又能更好地执行维和任务。恰好，南北苏丹靠近亚丁湾，刚果（金）、利比里亚和马里靠近几内亚湾。而2016年5月31日晚，中国驻马里维和部队遭袭，足以说明当地安全形势的严峻，因此，中国向几内亚湾扩充舰艇编队是必要和可行的。

最后，在扩大本国舰队规模的同时，中国政府和军方要适当创造机会乃至某种机制，与非洲沿海国家的海军定期进行联合训练、巡航和护航，或者帮助他们创建足以进行联合行动的海军力量。总之，中国需要有自信和勇气，以国际法为规范，以非洲当地国家为依托，以多种形式动用海上军事力量为"海上丝绸之路"向非洲的延伸和运营提供安保服务，既能保护非洲当地海域安全也能保护中国在非的海外利益。

（二）中国要从海洋方向开辟对非安全援助及合作新领域

2015年12月5日，中非合作论坛约翰内斯堡峰会暨第六届部长级会议通过了《中非合作论坛——约翰内斯堡峰会宣言》和《中非合作论坛——约翰内斯堡行动计划》，后者表示参与方将"决心本着《中非合作论坛——约翰内斯堡峰会宣言》精神，共同建立并发展政治上平等互信、经济上合作共赢、文化上交流互鉴、安全上守望相助和国际事务中团结协作的全面战略合作伙伴关系"。① 其中"安全上守望相助"是中非全面战略合作伙伴关系的重要组成部分，中方要借助中非约翰内斯堡峰会的成果，抓紧落实已有的中非安全合作政策承诺，并逐步向海上方向扩展。

2016年4月27日，中国常驻联合国代表刘结一在联合国安理会几内亚湾海盗问题公开辩论会上的发言就提出"在尊重几内亚湾沿岸国家主导权的前提下，帮助相关国家加强反海盗能力建设，……帮助沿岸国家加强海上安全部队培训，提高联合执法、监测

---

① 中国外交部：《中非合作论坛——约翰内斯堡行动计划》。

等行动能力"。① 目前中国对非军事援助与合作主要集中在地面维和，军警培训等领域，海军军事援助比重不大。中国政府和军方有必要借机考虑扩大对非洲某些关键的沿海国家（如尼日利亚、安哥拉、坦桑尼亚等）的海军军备出口，辅之以相应技术、装备和训练的援助。通过这种方式，中国海军可以更深入和广泛地参与到中非海上安全合作中去，提升非洲沿海国家的海洋安全与资源开发意识，熟悉相关国家海上军事力量及海域状况，提高双方海军武器装备的兼容性，提升联合行动效率。

除了有选择地与单个国家进行双边安全合作，中国还有必要与非洲国际组织特别是非盟合作，促使中非海上安全合作机制化。非盟正在制定 2016 年至 2020 年和平与安全体系路线图，并将预防冲突、管理危机、冲突后重建等列为工作重点；中国政府已表态支持非盟落实和平与安全体系路线图。② 同时，非洲国家在过去一直把海上安全放在政权安全之后的次要地位，但在 2006 年特别是 2010 年往后，越来越多非洲国家日渐重视应对来自海上的安全威胁。"良好的海上秩序成为非洲国家决策的主要动机之一。"③ 鉴于非盟已成为非洲大陆安全治理的核心，④ 中国政府应借助支持非洲和平与安全体系路线图的机会，引导非盟集体安全机制建设由地面维和向海上维和扩展。中国就此可以提供资金、装备、人员培训等方面的援助，然后在此基础上创建一种中国直接与非盟进行海上安全合作的联系机制。

在推进中非安全合作的过程中，要清醒地认识非洲国家的国情。安全合作要稳步、谨慎、有所选择地进行，避免直接陷入当地国家内外纷争中去。在海上安全合作的选择中可以考虑以下几个标准：政局较稳的沿海国家、有经济、军事与资源潜力、愿意并有条件参与"21 世纪海上丝绸之路"建设。鉴于非洲国家政治生态的复杂性，中国还需要改变不考虑对方政府状况，只求经济利益的思路；调整僵硬的"不干涉内政"原则，在不积极干涉一些缺少国内外认同度的非洲政府内部事务的同时，也要考虑适当运用一些诸如放弃或限制合作等消极干预方式，避免造成中国在国际上只做生意，而忽视自由、民主、人权等国际主流价值观念的形象。总之，中国政府和军方应该抓住"21 世纪海上丝绸之路"向非洲延伸的时机，把海洋发展政策与海洋安全政策联系起来，结合非洲当地国家的需求和可参与程度，在目前中非政治与经济关系发展的基础上，把"非洲需要、非洲同意、非洲参与"的原则运用到中非海上安全合作中，共同服务于"一带一路"倡议在非洲的落实。

（三）与域外大国加强沟通、增信释疑，寻求在非洲海上安全的共同利益

中国政府要加快构建与"一带一路"相适应的话语体系，阐释倡议内涵，突出其和平、包容、共赢的发展理念。⑤ 这样可以减少其向非洲延伸过程中的多方疑虑。就参与非

① 《常驻联合国代表刘结一大使在安理会几内亚湾海盗问题公开辩论会上的发言》，参见中非合作论坛网站：http://www.focac.org/chn/zfgx/zfgxdfzc/t1358806.htm。
② 《中国代表呼吁支持非盟加强集体安全机制能力建设》，刘结一于 2016 年 5 月 24 日在联合国的讲话，参见中非合作论坛网站：http://www.focac.org/chn/zfgx/zfgxdfzc/t1366399.htm。
③ Francois Vrey, "African, Maritime Security: a time for good order at sea," *Australian Journal of Maritime and Ocean Affairs*, (2010), Vol. 2 (4), p. 121.
④ 刘鸿武等著：《新时期中非合作关系研究》，北京：经济科学出版社，2016 年版，第 260 页。
⑤ 中国现代国际关系研究院：《"一带一路"读本》，北京：时事出版社，1295 年版，第 56 页。

洲事务来说，域外大国不仅经济上可互利共赢，安全上也可以合作互助。虽说中国军事力量进入非洲、在非洲影响力继续加大，有可能与美国"维持美国全球领导地位"的目标相冲突，但并不意味着两国找不到共同利益。中美都该明确在非洲安全领域，共同的敌人是海盗、恐怖分子和动荡的地区局势而不是彼此。从美国的对非政策来看，在反恐、维和、阻止跨国犯罪乃至推动区域安全合作等领域，中美都存在共同利益，完全可以找机会进行合作。同时，欧盟重视非洲的安全与发展，非洲的安全符合所有投资国的利益，因此，欧盟的对非政策也不具排外性。欧盟加强非洲国家自身维持安全的能力建设，向非洲派遣维和部队的对非安全政策，也是中国正在执行的政策。中欧在这方面也是存在共同利益的，具备相互理解与合作的可能。而且既然西方国家怀疑中国对非政策只注重自身经济利益忽视非洲安全与发展，那中国推动与非洲的海上安全合作，正好可以消减这一疑虑。

例如在反海盗护航这一领域，中国与西方国家已有多次合作的成功先例。从 2012 年到 2014 年，中美海军曾多次在亚丁湾进行反海盗联合演练。2016 年 2 月 27 日，中国海军第 22 批护航编队与由德国和西班牙舰艇组成的欧盟 465 编队在亚丁湾成功进行了海上联合反海盗演练。有了在亚丁湾成功合作的先例，将其逐渐推广到几内亚湾也是可行的，中国政府和军方有必要积极考虑这一选择。另外，在非洲多个国家的联合国维和部队中，既有法国士兵，也有中国士兵，而且有多名中国维和军人为之付出生命，并得到国际社会的尊重。中国与美欧的联合军演、维和行动都能表明美欧在非洲的安全与发展需求同中国将非洲纳入"一带一路"、共谋发展的行动并非是冲突的，是可以找到一致性的。

虽然中印、中日近些年在非洲的经济竞争相对激烈，中印、中日之间的政治关系还存在一些隔阂，但双方在印度洋反海盗、反恐方面同样存在共同利益。同时印度也是"一带一路"倡议的重要支点国家，印度有着发展经济的强大需求，中国完全有可能把中印经贸合作与海上安全合作协同起来，寻求共同利益，避免和管控分歧，共同维护印度洋的安全。日本更是依赖非洲、中东经印度洋到日本列岛的海上生命线。这条航路的安全问题不是印度或日本某一国所能解决的，与其他国家合作维护印度洋的海上安全也符合印度和日本的利益。自 2012 年起，中印日海军也有过反海盗联合行动。可见，"求同存异"原则同样适用于中国处理与其他国家在非洲海上安全领域的关系。特别是印度奉行不结盟政策，对与美国的亲密同盟关系保持警惕。[①] 中国可以从印度身上找到突破口，防止美日印澳结成密切的军事联系，避免遭遇从印度洋到太平洋围堵中国的海上军事联盟。

总之，中国进一步加强包括海上安全合作在内的对非安全合作力度和范围，对非洲国家、中国在非利益以及中国与其他大国关系都是有益的。至于具体的方式，除了反海盗，中国海军完全可以考虑根据具体情况，应相关国家要求，联合当地国家和域外大国的军事力量合作进行打击海上走私、偷渡、贩毒、贩卖人口或其他形式的恐怖主义及跨国犯罪活动。因为西方大国特别是欧盟在非洲海上安全方面非常关注非法移民、走私、贩毒、海上恐怖活动、海洋环保等领域。[②] 中国的广泛参与，既可以体现中国帮助非洲维护安全稳定

---

① 雷嘉·莫汉：《中印海洋大战略》，朱宪超、张玉梅译，北京：中国民主法制出版社，2014 年版，第 209 页。

② Abhiruchi Chatterjee, "The Maritime Dimension of European Security: Sea power and the European Union," *Maritime Affairs: Journal of the National Maritime Foundation of India*, Vol. 11, No. 2, Winter 2015, p. 155.

的诚意，消除外界对中国军事力量只为维护本国海外利益的怀疑，还能寻求中国与美欧印日等国在非洲安全上的共同目标和需求，扩大中国与非洲国家以及其他域外大国在非洲安全合作的领域。中国政府和军方要把习主席提出的"命运共同体"思想融合到"一带一路"倡议在非洲的实践中，联合非洲国家共同创建一个"中非海上安全共同体"。

四、结论

2015年底，习近平主席对非洲的访问给中非关系发展增加了巨大助力，特别是有力推动了"一带一路"倡议向非洲大陆扩展。而"海洋合作伙伴关系本就是共建21世纪海上丝绸之路的题中要义。加强海上合作是21世纪海上丝绸之路建设的优先领域和重点任务，具有基础性和示范效应"。[①] 在此背景下，中非之间海上往来与合作的规模、范围、频率必将继续增加。鉴于非洲地区相对不安定的局势、当地国家治理能力存在的缺陷，在非洲人员、财产和其他利益的安全需要中国政府的延伸保护，其中海上运输、海上油气资源开采领域的安保任务尤为突出。因此，中国政府和军方需要在现有延伸保护的基础上建立一种中非海上安全合作伙伴关系，为"一带一路"倡议在非洲的落实保驾护航。

在中非海上安全合作行动中，中国应该以积极引领创建一个"中非海上安全共同体"为核心目标，以"21世纪海上丝绸之路"向非洲延伸为先导，以促进非洲经济发展和中非经贸合作为目标，依托非洲当地沿海国家的支持及合作，以中国相应的对外援助实力和海上军事力量为后盾，量力而为。在这一过程中，中方要非常关注非洲当地国家的意愿和需求，重视与其他域外大国在非洲安全事务上的协调与合作，寻求共同利益，避免竞争和冲突。还要善于对外沟通，积极阐释中国的"命运共同体"思想和"一带一路"倡议的真正内涵，强调中国对非洲经济发展和安全稳定的关切，明确中国行动的最终目的不在于扩大在非洲的军事存在而是要维护非洲的共同安全、保护中国海外利益和非洲当地国家的利益。

论文来源：本文原刊于《国际安全研究》2017年第1期，第98-117页，本文略有删减。

项目资助：中国海洋发展研究会项目（CAMAJJ201503）。

[①] 刘赐贵：《发展海洋合作伙伴关系、推进21世纪海上丝绸之路建设的若干思考》，《国际问题研究》，2014年第4期，第3页。

美国"过度海洋主张"理论及实践的批判性分析

包毅楠[①]

摘要：美国以其所谓"过度海洋主张"理论为支撑，30多年来持续开展"航行自由行动"针对它所认为的其他国家提出的不符合《联合国海洋法公约》（简称《公约》）的海洋主张予以挑战。"过度海洋主张"理论缺乏《公约》基础，存在单方面解读《公约》、曲解《公约》条款、罔顾习惯国际法规则及"持续反对者"因素等瑕疵。而作为"过度海洋主张"理论具体实践的美国"航行自由行动"的实质是打着维护《公约》的旗号，行违反《公约》精神之实。"航行自由行动"将正常的"航行自由"嬗变为军舰的"横行自由"，以美国自创的"国际水域"等概念对他国进行"长臂管辖"，不仅不可能解决《公约》中存在的模糊争议，还会加剧海上争端。

关键词："过度海洋主张"；航行自由行动；《联合国海洋法公约》

自1979年提出"航行自由计划"（Freedom of Navigation Program）以来，[②]美国历届政府持续通过一系列政府文件强化其立场，提出所谓"过度海洋主张"（excessive maritime claims）理论，并在实践中采取"双管齐下"的方式，通过外交途径和定期开展"航行自由行动"（Freedom of Navigation operations）对其他国家的"过度海洋主张"进行抗议和挑战。事实证明，作为《公约》[③]非缔约国的美国的这一套理论和实践，并不能够真正起到维护《公约》的权威性和完整性的作用。目前，国内学界对于"航行自由"涉及的国际

---

① 包毅楠，华东政法大学中国法治战略研究中心博士后。

② J. Ashley Roach and Robert W. Smith, Excessive Maritime Claims, 3rd edn, Leiden: Martinus Nijhoff Publishers, 2012, p. 6。

③ 截至2017年9月，《联合国海洋法公约》（下文称《公约》）共有168个缔约方。参见 "United Nations Convention on the Law of the Sea, current status," United Nations Treaty Collection, https://treaties.un.org/doc/Publication/MTDSG/Volume%20II/Chapter%20XXI/XXI-6.en.pdf。公约文本请见联合国网站：http://www.un.org/zh/law/sea/los/。（上网时间：2017年9月1日）

海洋法的若干理论和实践问题已取得丰富的研究成果，① 对于美国开展"航行自由计划"的实践和涉及的国际法与国际政治的有关问题也有初步的分析，②但对于美国"航行自由行动"的理论基础——"过度海洋主张"理论的剖析尚不深入，对于美国"航行自由行动"的实施特点及本质的分析亦不充分。"航行自由行动"是"过度海洋主张"理论的实践，二者密不可分，有必要结合国际海洋法和一般国际法的制度和规则，从理论和实践全面揭橥二者之弊病。

一、"过度海洋主张"理论的主要内容与缺陷

"过度海洋主张"理论作为指导美国"航行自由行动"的理论基础，它的提出与美国在《公约》诞生前后对《公约》持谨慎的怀疑态度、对《公约》某些扩大沿海国管辖权以及限制"航行自由"的条款持保留立场密不可分。随着《公约》获得通过并生效，部分《公约》条款逐步确立成为公认的国际法规则，美国也根据其维护本国利益的目标，相应地对"过度海洋主张"理论的具体内容进行了丰富、更新和扩充。

（一）"过度海洋主张"理论提出的背景

根据美国政府 2017 年 2 月发布的文件，所谓"过度海洋主张"指的是："某些沿海国提出的与国际海洋法（的规则）不符的海洋区域或管辖权的主张。如果（美国）对这些主张不提出挑战，将会对国际法赋予所有国家享有的利用海洋和空域的权利和自由造成侵犯。"③而美国学者、前海军上校及国务院法律顾问阿什利·罗奇（J. Ashley Roach）和国务院海洋事务办公室地理顾问罗伯特·史密斯（Robert W. Smith）合著的《过度海洋主张》将"过度海洋主张"定义为："沿海国对海洋区域提出的不符合海洋法公约的有关主权、主权权利和管辖权的主张。"④

实际上，"过度海洋主张"并不是美国政府和学者新近提出的概念，而是形成于 20 世纪 80 年代初，亦即第三次海洋法会议后期至《公约》最终获得通过的时期。美国政府历来强调航行自由的重要性，并通过海军行动对其他国家规定的各种限制"航行自由"的主张提出挑战。这种挑战的直接目的在于维护美国一贯坚持的传统意义上的"航行自由"，即包括军舰在内的任何船舶在包括公海在内的沿海国领海之外的海域享有"公海自由"。

---

① 张小奕：《试论航行自由的历史演进》，《国际法研究》2014 年第 4 期，第 22-34 页；袁发强：《国家安全视角下的航行自由》，《法学研究》，2015 年第 3 期，第 194-207 页；张磊：《论国家主权对航行自由的合理限制——以"海洋自由论"的历史演进为视角》，《法商研究》，2015 年第 5 期，第 175-183 页；金永明：《论领海无害通过制度》，《国际法研究》，2016 年第 2 期，第 60-70 页；袁发强：《航行自由制度与中国的政策选择》，《国际问题研究》，2016 年第 2 期，第 82-99 页；马得懿：《海洋航行自由的制度张力与北极航道秩序》，《太平洋学报》，2016 年第 12 期，第 1-11 页；杨显滨：《专属经济区航行自由论》，《法商研究》，2017 年第 3 期，第 171-180 页。

② 张景全、潘玉：《美国"航行自由计划"与中美在南海的博弈》，《国际观察》，2016 年第 2 期，第 87-99 页；牟文富：《美国在〈联合国海洋法公约〉之外塑造海洋秩序的战略》，《中国海洋法学评论》，2014 年第 2 期，第 183-217 页。

③ US Department of Defense, *Freedom of Navigation (FON) Program Fact Sheet*, February 28, 2017, http://policy. defense. gov/Portals/11/DoD%20FON%20Program%20Summary%2016. pdf? ver = 2017-03-03-141350-380。（上网时间：2017 年 7 月 20 日）

④ J. Ashley Roach and Robert W. Smith, *Excessive Maritime Claims*, p. 17。

美国坚持这种传统"公海自由"的根本目的显然在于维护其核心利益。① 早在 1979 年，也即美国政府最初提出"航行自由计划"之时，时任美国总统派驻第三次联合国海洋法会议的特使艾略特·理查森（Elliot L. Richardson）大使就指出了"航行自由"，特别是美国海军在全球海洋上的行动自由，对于维护美国核心利益的重要性："我们的经济生活水平越来越依赖海外的贸易，但也越来越易受外国的政治变局的影响。这些因素的综合影响使得我们不得不越发需要倚重美国海军的力量、行动力和其多重职能。为实现威慑和保护的使命，美国海军必须明确地展现出在全球远海保持军事存在或迅速集结军力的实力……除非这些（航行自由和飞越自由）原则的合法性广为世界所接受并遵守……否则我们的战略目标将无法实现。"②

美国在《公约》通过的同一年，也即 1982 年 12 月发布的《国家安全决策指南》（*National Security Decision Directive*）中，言简意赅地指出了制定"航行自由计划"对其他国家的"过度海洋主张"提出挑战的重要意义："现今海洋法中的不确定性以及美国不加入海洋法公约的决策使得提出有关我们的权利以及崭新的、更有效的航行和飞越计划的明确立场变得更加重要。"③ 1983 年 3 月 8 日，美国代表团针对《公约》声明（其有关专属经济区的部分尤为值得关注）："《公约》承认沿海国在该区域资源方面的利益，并授权它主张区域内与资源相关活动的管辖权。同时，所有国家在该区域内继续享有传统的公海航行和飞越自由……军事操作、训练和活动一直被视为海洋的国际合法利用。在专属经济区内进行此类活动的权利将继续为所有国家享有。"④紧接着，在同月 10 日发布的《总统关于海洋政策的声明》中，里根总统进一步强调："美国无论如何也不会默许其他国家在航行、飞越及其他有关公海用途上，蓄意限制国际社会的权利和自由的单方面行为。"⑤

由此可见，在《公约》通过前后，美国政府高层已经意识到《公约》中新制定的某些规则对传统的"航行自由"原则进行了调整，在一定程度上扩大了沿海国管辖权的同时，或多或少地减少了"航行自由"的适用海域范围。例如，理查森大使认为，《公约》最终将规定的领海最大宽度扩大至 12 海里以及 200 海里专属经济区制度的出现等复杂的因素，会对美国一贯坚持的"航行自由"产生无法准确预见的影响。⑥ "过度海洋主张"

---

① *Ibid. See also* Dale Stephens, "The Legal Efficacy of Freedom of Navigation Assertions," *International Law Studies*, Vol. 80, 2004, No. 1, p. 241。

② US Department of State Office of the Legal Adviser, "Freedom of Navigation," in Marian Lloyd Nash（ed.）, *Digest of US Practice in International Law*1979, Washington：Government Printing Office, 1979, pp. 1066, 1067-1068。

③ The White House, *National Security Decision Directive* 72, p. 1, https：//fas. org/irp/offdocs/nsdd/nsdd-72. pdf。（上网时间：2017 年 7 月 20 日）

④ *See* "Statement of the United States of America, 8 March 1983," in "Note by the Secretariat", UN Doc. A/CONF. 62/WS/37, *Third United Nations Conference on the Law of the Sea*, volume XVII, p. 244, http：//legal. un. org/docs/？ path =../diplomaticconferences/1973_ los/docs/english/vol_ 17/a_ conf62_ ws_ 37_ and_ add1_ 2. pdf&lang＝E。（上网时间：2017 年 8 月 28 日）

⑤ "President's Ocean Policy Statement, March 10, 1983," reprinted in J. Ashley Roach and Robert W. Smith, *Excessive Maritime Claims*, p. 648。

⑥ US Department of State Office of the Legal Adviser, "Freedom of Navigation," in *Digest of US Practice in International Law* 1979, p. 1068。

理论正是在这样的背景之下应运而生，它不仅反映了美国政府对于《公约》若干新规则所持的谨慎态度，同时也是为坚持其海军海外行动不受他国干扰提供理论支撑和国内法制度保证。

（二）"过度海洋主张"的具体内容及性质

在1982年《国家安全决策指南》中，美国政府首次列举了它所认定的需要识别和挑战的其他国家提出的"过度海洋主张"主要类型。

第一，不为美国所承认的历史性海湾或历史性水域的主张。第二，未依据《公约》规定而划定的大陆领海基线的主张。第三，关于超过3海里但不超过12海里的领海主张，这一领海主张存在3种情况：其一，对于领海所覆盖的用于国际航行的海峡，未依据《公约》规定允许过境通行（包括不允许潜艇的水下潜行、不允许军用飞机的飞越、不允许在未获得事先通知或事先批准情况下军舰和海军辅助舰船的通行）；其二，包含对军舰或海军辅助舰船（的通行）要求事先通知或批准的差别性规定；其三，对核动力军舰或载有核武器或特定货物的军舰或海军辅助舰船适用不为国际法所承认的特殊规定。第四，领海超过12海里的主张。第五，其他的对12海里以外的海洋区域拥有管辖权的主张，例如在专属经济区或安全区对与资源性质无关的公海自由做出限制。第六，某些有关群岛与《公约》不符的主张，如不允许群岛海道通过的主张（包括不允许潜艇的水下潜行、不允许军用飞机的飞越等）。[1]

此后，随着美国对《公约》的认识及态度不断发生变化，结合考虑已经加入《公约》的其他国家的实践，美国对"过度海洋主张"的内涵也不断地加以丰富、扩充，特别是加强、突出了对于专属经济区有关问题的关注程度。考察2012年版《过度海洋主张》中有关"过度海洋主张"类型的列举，可以发现美国政府在最初列举的6类典型的"过度海洋主张"实例的基础上，主要新增了以下几项：不符合《公约》第33条规定的毗连区的主张；不符合《公约》第五部分有关规定的对专属经济区的主张；不符合《公约》第六部分的对大陆架的主张；认为《公约》条款中的"和平利用"不包括那些符合《联合国宪章》第51条的军事活动的主张；认为在专属经济区内开展的包括军事测量在内的军事活动、水文调查、海洋观测、自然资源勘探、依据《公约》第204条至第206条开展的海洋环境监测和评价以及有关水下文化遗产的活动均属于海洋科学研究因而需要获得沿海国同意的主张；对铺设和维护海底电缆采取限制的主张；对用于国际航行的海峡采取强制领航的主张等。[2]

对于上述美国政府所认定其他国家"过度海洋主张"的性质，罗奇和史密斯直截了当地提出："这些主张在国际法层面是非法的""威胁了其他国家使用海洋的权利"。[3]

（三）"过度海洋主张"理论的瑕疵

"过度海洋主张"反映的是美国单方面对《公约》条款的解读，充其量仅仅代表了美

---

① The White House, *National Security Decision Directive* 72, pp. 1-2。

② J. Ashley Roach and Robert W. Smith, *Excessive Maritime Claims*, pp. 17-18. 关于这些主张的归纳性分析，参见该原著的第18-32页。

③ J. Ashley Roach and Robert W. Smith, *Excessive Maritime Claims*, p. 17。

国的立场，并不是对《公约》条款的唯一、正确的解读。"过度海洋主张"理论并未对有关条款进行全面、正确的解读，其"过度"之意虽然在某些《公约》明确规定的事项上有一定的合理性，①但对于《公约》中并未明确规定的事项，"过度"只不过表明了美国对待《公约》某些未定事项的一国立场，因此其解读也不可认为已成国际共识。诸如"他国军舰在沿海国的领海是否享有和商船一样的无害通过权""他国军舰在沿海国的专属经济区的军事测量行为是否需要获得沿海国的事先批准""军事活动的内涵"等问题在《公约》中并没有特别明确的规定，实际上均属于《公约》未定事项。这些事项自《公约》通过之日起国家实践就呈现出对立的情况，②而国际海洋法学界对这些争议问题向来也没有绝对答案和定论。③ 因此，美国政府和有着官方背景的学者仅凭单方面的解读就斩钉截铁地断言其他国家的国内立法和有关主张"过度""不符合《公约》""违反国际法"，有失偏颇。通过前文对"过度海洋主张"理论提出的背景及其具体内容的梳理，进而从国际法原理，特别是从《公约》的角度对该理论进行分析，不难发现该理论存在多处明显瑕疵。

第一，"过度海洋主张"是以美国自创的国际水域（international waters）和国际空域（international airspace）概念为依据，本身缺乏《公约》规范的基础。为了强化"过度海洋主张"的理论基础并为这一理论"正名"，美国政府和学者对《公约》条款和术语采取偷换概念的策略，自创了所谓"国际水域"和"国际空域"的概念。据《美国海上行动法指挥官手册》（2007 年版）中的描述："出于海上行动的目的，世界海域可以分为两部分。第一部分包括内水、领海和群岛水域，这些水域都处于沿海国的主权管辖之下，同时给国际社会保留了特定的航行权利。第二部分包括毗连区、专属经济区和公海，这些属于国际海域，各国都享有与公海相同的自由航行和飞越的权利……国际水域包括所有不受任何国家主权支配的水域。领海以外所有海域都是国际水域"，而国际水域的上空即为国际空域。④对于美国提出的这两个概念，初看它们似乎的确是建立在《公约》划分世界海域的前提基础之上，是符合《公约》的，至少是与《公约》兼容的。但仔细推敲不难发现，

---

① 某些国家（如伊朗和阿曼）规定只有《公约》缔约国才享有在用于国际航行的海峡中的过境通行权，"过度海洋主张"将这些主张认定为违反《公约》。原则上看这种定性是正确、合理的。See J. Ashley Roach and Robert W. Smith, *Excessive Maritime Claims*, pp. 294-296.

② 例如，对于他国军舰是否享有在沿海国领海的无害通过权的问题，截至目前有近 40 个国家采取国内立法的形式要求他国军舰通过本国领海前须事先通报或获得批准。See J. Ashley Roach and Robert W. Smith, *Excessive Maritime Claims*, pp. 250-251, 258-259.

③ K. Hakapaa and E. J. Molenaar, "Innocent Passage - Past and Present," *Marine Policy*, Vol. 23, 1999, No. 2, p. 131; Anh Duc Ton, "Innocent Passage of Warships: International Law and the Practice of East Asian Littoral States," *Asia-Pacific Journal of Ocean Law and Policy*, Vol. 1, 2016, No. 2, p. 210; Ivan Shearer, "Military Activities in the Exclusive Economic Zone: The Case of Aerial Surveillance," *Ocean Yearbook*, Vol. 17, 2003, No. 1, p. 548; Dale G. Stephens, "The Impact of the 1983 Law of the Sea Convention on the Conduct of Peacetime Naval/Military Operations," *California Western International Law Journal*, Vol. 29, 1998, No. 2, p. 283; Raul (Pete) Pedrozo, "Military Activities in the Exclusive Economic Zone: East Asia Focus," *International Law Studies*, Vol. 90, 2014, No. 1, p. 514; 金永明：《论领海无害通过制度》，《国际法研究》，2016 年第 2 期，第 60 页。

④ 美国海军部编：《美国海上行动法指挥官手册（2007 年版）》，宋云霞等译，北京：海洋出版社，2012 年版，第 12 页、第 15 页、第 17 页。下文称《手册》。

实际上无论是"国际水域"还是"国际空域"，它们都缺乏国际法上的实在法依据。①这两个概念并不见于《公约》任何的条款之中，也并不隐含在《公约》的任何条款之中，因此这两个概念充其量只是一种在《公约》体系之外的人为拟制。值得注意的是，《手册》中明确地指出，将世界海域划分成国家水域和国际水域是"出于海上行动的目的"，并非依照《公约》前言所述的"在妥为顾及所有国家主权的情形下，为海洋建立一种法律秩序，以便于国际交通和促进海洋的和平用途"（即《公约》对世界海域的划分），而是主要出于军事目的，是基于对美国海军行动便利程度的考量。

第二，"过度海洋主张"在一定程度上曲解了《公约》的条款规定。美国将某些沿海国在本国专属经济区内的对他国军事活动的限制理解为侵犯了公海自由，并认为军事活动属于《公约》第58条规定的其他国家在专属经济区内的权利范畴，②也即将《公约》第87条规定的公海自由类比适用于专属经济区。然而，《公约》第58条第1款明确地规定了其他国家在沿海国专属经济区内比照享有的公海权利限于"航行和飞越的自由，铺设海底电缆和管道的自由，以及与这些自由有关的海洋其他国际合法用途，诸如同船舶和飞机的操作及海底电缆和管道的使用有关的并符合本公约其他规定的那些用途"。值得注意的是，《公约》第58条第3款明确提到其他国家在专属经济区享有上述权利时，"应适当顾及沿海国的权利和义务，并应遵守沿海国按照本公约的规定和其他国际法规则所制定的与本部分不相抵触的法律和规章"。虽然《公约》的这些规定表述并没有明确排除他国海军或空军在沿海国专属经济区内和平地开展舰船操作或军机活动（如军事演习或军事测量）的权利，但"适当顾及"的义务意味着其他国家行使上述权利不得出于恶意，不得规避沿海国制定的相应的法律，也不应影响沿海国在其专属经济区内正常行使权利。③如果一国刻意违反沿海国制定的关于专属经济区的相应法律法规，出于挑衅沿海国或出于非和平的目的，以使用武力或以武力相威胁等非和平的方式操作舰船或军机，或其舰船、军机的活动影响到了沿海国在专属经济区内的正常活动，④则这类行为便不符合《公约》第58条的规定。从这种意义上说，《公约》并未认可美国所宣扬的那种无须顾及沿海国在其专属经济区内所享有关权利而肆意开展各种军事活动的"自由"。

第三，"过度海洋主张"理论对习惯国际法或正在形成中的习惯国际法规则未给予充分考量，甚至无视包括习惯国际法在内的一般国际法在《公约》生效后继续发挥效力的客观事实。《公约》虽然对国际海洋法中的多数习惯法规则进行了编纂，同时也在相当程度上体现了国际习惯法的发展，但必须承认《公约》并未将国际海洋法中习惯法规则的全部内容都涵盖。这就意味着在国际海洋法体系中，在《公约》之外尚有不少得到国际社会承认的习惯国际法规则继续发挥着作用。事实上，《公约》序言就明确指出："确认本公约

---

① 在1944年《国际民用航空公约》（即《芝加哥公约》）中仅提及国家领土上空（包括陆地领土及领海上空，见第1条和第2条）及公海上空（见第12条），并不存在所谓"国际空域"表述。"国际空域"的概念并不存在明确的条约法依据。

② J. Ashley Roach and Robert W. Smith, *Excessive Maritime Claims*, p. 377; Ivan Shearer, "Military Activities in the Exclusive Economic Zone: The Case of Aerial Surveillance," pp. 557-558。

③ 张卫华：《专属经济区中的"适当顾及"义务》，《国际法研究》，2015年第5期，第52-55页。

④ 例如舰船活动严重影响沿海国渔民的捕鱼活动、沿海国在本国专属经济区内从事的设施建设活动等。

未予规定的事项，应继续以一般国际法的规则和原则为准据。"① 不少国际海洋法学者都认可习惯国际法对于以《公约》为核心的当代国际海洋法体系的重要补充作用。②因此，对于《公约》中没有明确规定的历史性水域的判定标准、历史性权利的具体内容、大陆国家的远海群岛的法律地位等重要问题，应继续由包括习惯国际法和正在形成中的习惯国际法在内的一般国际法规则调整。然而，"过度海洋主张"却将其他国家提出的历史性水域、大陆国家为其远海群岛划定直线基线等主张一概认定为违反《公约》和国际法的主张，无视这些问题并非由《公约》明文规定、应属于包括习惯国际法在内的一般国际法调整的客观事实。这样武断的认定显然与《公约》序言明确承认一般国际法效力的规定不符。

第四，"过度海洋主张"理论未曾顾及"持续反对者"在国际法上的实际意义。如果一个国家对于某个习惯国际法规则产生之日起就表示反对，并在该规则的形成过程中持续表示反对，则这个国家将不受该规则的拘束。③就国际海洋法而言，不乏这类"持续反对者"例子。如关于领海最大宽度不超过 12 海里的规则，实际上直到《公约》第 3 条对领海最大宽度做出明文规定，该规则才真正得以确立。④值得注意的是，在《公约》通过之前就曾有 20 多个国家规定其领海宽度大于 12 海里，至今仍有 7 个国家坚持其领海最大宽度大于 12 海里。⑤其中，如秘鲁和萨尔瓦多并不是《公约》的缔约国，它们自 20 世纪中期以来一直坚持主张 200 海里领海，美国认为其属"过度海洋主张"，并多次通过海军行动挑战两国的领海主张。⑥实际上，虽然"领海最大宽度不超过 12 海里"已经成为习惯国际法规则，但鉴于秘鲁和萨尔瓦多早在《公约》通过的数十年之前就规定其领海为 200 海里，并在领海最大宽度不超过 12 海里的规则形成过程中从未改变本国立场，在《公约》通过和生效之后一直长期坚持既有主张，因此可以认为这两个国家是"领海最大宽度不超

---

① 《公约》序言第 8 段。

② R. R. Churchill and A. V. Lowe, *The Law of the Sea*, 3rd edn, Manchester：Manchester University Press, 1999, pp. 24－25；"Preamble", in Myron H. Nordquist (ed.), *United Nations Convention on the Law of the Sea 1982*, *A Commentary*, Dordrecht：Martinus Nijhoff Publishers, 1985, Vol. 1, p. 465；Rainer Lagoni, "Preamble," in Alexander Proelss (ed.), *United Nations Convention on the Law of the Sea*, *A Commentary*, Oxford：Hart, 2017, p. 16, para. 40。

③ Malcolm N. Shaw, *International Law*, 7th edn, Cambridge：Cambridge University Press, p. 64；James Crawford (ed.), *Brownlie's Principles of Public International Law*, 8th edn, Oxford：Oxford University Press, 2012, p. 28。

④ 有学者指出，在第三次联合国海洋法会议的早期，大多数国家对于领海最大宽度为 12 海里的规则形成了共识。《公约》通过后，国家实践广泛地支持了领海最大宽度不超过 12 海里的规则。国际法院也在 2012 年的"尼加拉瓜诉哥伦比亚"案中确认了该规则的习惯国际法地位。*See* John E. Noyes, "The Territorial Sea and Contiguous Zone," in Donald R. Rothwell, Alex G. Oude Elferink, Karen N. Scott and Tim Stephens (eds.), *The Oxford Handbook of the Law of the Sea*, Oxford：Oxford University Press, 2015, pp. 93－95；J. Ashley Roach, "Today's Customary International Law of the Sea", *Ocean Development and International Law*, Vol. 45, 2014, p. 242. *Territorial and Maritime Dispute Case* (*Nicaragua v. Columbia*), Judgment, ICJ Reports, 2012, p. 624, para. 177。

⑤ 这 7 个国家是：贝宁、厄瓜多尔、萨尔瓦多、秘鲁、菲律宾、索马里和多哥。其中，贝宁、厄瓜多尔、菲律宾、索马里和多哥都是《公约》缔约国。*See* "Table of Claims to Maritime Jurisdiction," as at 15 July 2011, http：//www. un. org/Depts/los/LEGISLATIONANDTREATIES/PDFFILES/table_ summary_ of_ claims. pdf。（上网时间：2017 年 7 月 20 日）

⑥ 除了美国之外，法国和比利时也公开表示不承认最大宽度大于 12 海里的领海主张。但国际社会的其他国家并没有提出类似的抗议。*See* J. Ashley Roach and Robert W. Smith, *Excessive Maritime Claims*, pp. 146－147。

过 12 海里"这条规则的"持续反对者"。① 虽然秘鲁和萨尔瓦多继续坚持 200 海里的领海最大宽度不甚合理，但美国的"过度海洋主张"理论完全忽视"持续反对者"，其本身是与国际法规则相悖的。

综上所述，在特定的政治背景下由美国政府和学者自创的"过度海洋主张"理论并非完全符合《公约》规则。"过度海洋主张"理论的基础、内容以及适用充其量仅仅是反映了美国这个非《公约》缔约国的自身立场，而该理论存在的种种瑕疵更使其无法真正维护《公约》及当代国际海洋法体系和秩序。

二、美国"航行自由行动"的实施特点

"过度海洋主张"理论同美国海军连年开展的"航行自由行动"存在密不可分的内在联系，二者之问世从源头上就并非出于真正维护以《公约》为核心的当代国际海洋法体系，其根本目的在于服务美国海洋战略，特别是捍卫美国海军在海外的行动自由。

（一）"过度海洋主张"理论与"航行自由行动"之间的相互关系

第一，"过度海洋主张"理论为"航行自由行动"提供了美国所宣扬的所谓"国际法"上的理论基础。美国向来标榜尊重国际法，特别是将维护全球范围"航行自由"视为本国切实遵守、维护国际法的重要例证，② 因此，为了给"航行自由行动"冠以"合法"之名，便必须在国际法理论上寻求支撑。前文业已指出《公约》对于"外国军舰在本国领海的无害通过""外国在本国专属经济区的军事活动""大陆国家的远海群岛的法律地位"等问题皆无明确规定，学界对这些问题的争议也一直没有定论。在这样的情况下，美国单方面提出"过度海洋主张"理论，恰恰将《公约》未明确规定的事项"明确化"，实际上将其他国家提出的没有明显违反《公约》条款的海洋主张"去正当化"，从而为美国海军开展"航行自由行动"提供了国际法上的理论基础。

第二，"过度海洋主张"理论为"航行自由行动"提供了明确的挑战目标。2017 年 2 月 28 日，美国国防部网站公布了 2016 财年美国"航行自由"的执行报告。③这是自 1992 年起该网站连续公布的第 24 份报告。④纵观美国"航行自由行动"历年报告，不难发现美国海军通过"航行自由行动"挑战的对象无一例外都是美国所认定的其他国家所提的"过度海洋主张"。以 2016 财年"航行自由行动"报告为例，美国海军共挑战了包括中国

---

① 必须指出的是，从国际海洋法的发展情况来看，在专属经济区制度得到确立之后，大多数国家已经将超过 12 海里的最大领海主张推回。在实践中，即便秘鲁和萨尔瓦多继续坚持 200 海里的领海最大宽度不直接违反国际法，但其在国际法也已缺乏合理性。

② *See* US Department of Defense, *Freedom of Navigation（FON）Program Fact Sheet*, February 28, 2017; J. Ashley Roach and Robert W. Smith, *Excessive Maritime Claims*, pp. 1-8. 另见《美国海上行动法指挥官手册》，第 6 页。

③ U. S. Department of Defense, *Freedom of Navigation（FON）Report for Fiscal Year（FY）* 2016, February 28, 2017, http：//policy. defense. gov/Portals/11/FY16%20DOD%20FON%20Report. pdf? ver=2017-03-03-141349-943. （上网时间：2017 年 7 月 17 日）

④ 这 24 份报告时间跨度从 1991—2016 财年，其中 2000—2003 年报告合编为一份。*See* "DoD Annual Freedom of Navigation（FON）Reports," *US Department of Defense Website*, http：//policy. defense. gov/OUSDP-Offices/FON/. （上网时间：2017 年 7 月 17 日）

在内的 22 个国家和地区，具体针对"军舰进入领海须事先通知或批准"①"过度的直线基线"②"对毗连区内的有关安全的行为进行管辖"③ "专属经济区内的行动须获得同意"④"专属经济区上空的管辖权"⑤"历史性海湾"⑥ 等"过度海洋主张"进行了挑战。另外，美国国务院自 1970 年起陆续出版评述其他国家海洋主张的《海洋界限》报告，⑦ 该系列报告不仅是美国官方对于其他国家的国内海洋立法和政策的综合性评述，更重要的是，其选题和针对性侧重于其他国家的"过度海洋主张"，并特别着重对美国官方所认为的其他国家的"违反国际法"的国内立法和政策进行剖析，从而为"航行自由行动"提供有针对性的目标。例如，美国国务院于 1996 年 7 月 9 日发布的第 117 期《海洋界限》报告指摘中国 1992 年《领海与毗连区法》与 1996 年 5 月 15 日《中华人民共和国政府关于中华人民共和国领海基线的声明》，⑧而美国国防部在 1997 年 4 月发布的 1996 财年"航行自由行动"报告便记录了 1996 年美国海军挑战中国国内法要求外国军舰进入领海须经事先批准的行动。⑨ 由此看来，第 117 期报告批评中国的"过度海洋主张"为 1996 年美国海军挑战中国国内法的"航行自由行动"提供了直接的目标和所谓的理论支撑。

　　第三，"航行自由行动"的实施对"过度海洋主张"理论提供了丰富的分析素材，并起着对该理论予以适时修订和完善的作用。这种反作用具体体现在："航行自由行动"的实施客观上对被挑战"过度海洋主张"的国家具有一定成效，在有些情况下甚至能令一些国家迫于美国的军事威慑而修改原有的海洋主张。如美国早在 1986 年即对菲律宾将群岛水域视为内水的声明提出抗议，此后又多年对菲律宾的相关主张进行挑战。菲律宾于 2009 年通过菲律宾共和国第 9522 号法令，公布了新的领海基线，并于 2011 年在国内立法中引入群岛海道通行制。对于菲方修改立法等行为，美国表示认可和赞赏。⑩ 这种变化促使美国不断修订《美国海军指挥官手册》及发布新的《海洋界限》报告等，以完善其"过度海洋主张"理论，

---

①　2016 年遭到此类挑战的国家包括阿尔巴尼亚、中国、克罗地亚、印度尼西亚、马耳他、阿曼、越南等。*See* U. S. Department of Defense, *Freedom of Navigation*（*FON*）*Report for Fiscal Year*（*FY*）2016。

②　2016 年遭到此类挑战的国家包括柬埔寨、中国、日本、韩国、泰国、突尼斯。*See* U. S. Department of Defense, *Freedom of Navigation*（*FON*）*Report for Fiscal Year*（*FY*）2016。

③　2016 年遭到此类挑战的国家包括印度。*See* U. S. Department of Defense, *Freedom of Navigation*（*FON*）*Report for Fiscal Year*（*FY*）2016。

④　2016 年遭到此类挑战的国家包括巴西、中国、印度、伊朗、马来西亚、巴基斯坦、泰国。*See* U. S. Department of Defense, *Freedom of Navigation*（*FON*）*Report for Fiscal Year*（*FY*）2016。

⑤　2016 年遭到此类挑战的国家包括中国、委内瑞拉。*See* U. S. Department of Defense, *Freedom of Navigation*（*FON*）*Report for Fiscal Year*（*FY*）2016。

⑥　2016 年遭到此类挑战的国家包括意大利。*See* U. S. Department of Defense, *Freedom of Navigation*（*FON*）*Report for Fiscal Year*（*FY*）2016。

⑦　截至 2014 年已发布 143 期，美国国务院网站有公布该系列报告的电子版，参见 U. S. Department of State, "Limits in the Seas", https：//www. state. gov/e/oes/ocns/opa/c16065. htm。（上网时间：2017 年 7 月 20 日）

⑧　US Department of State, Office of Ocean Affairs, *Limits in the Seas*, No. 117 *Straight Baselines Claim：China*, https：//www. state. gov/documents/organization/57692. pdf。（上网时间：2017 年 7 月 20 日）

⑨　U. S. Department of Defense, *Freedom of Navigation：FY 1996 DoD Operational Assertions*, http：//policy. defense. gov/Portals/11/Documents/gsa/cwmd/FY1996%20DOD%20Annual%20FON%20Report. pdf。（上网时间：2017 年 7 月 20 日）

⑩　US Department of State, Office of Ocean Affairs, *Limits in the Seas*, No. 142 *Philippines：Archipelagic and Other Maritime Claims and Boundaries*, https：//www. state. gov/documents/organization/231914. pdf。（上网时间：2017 年 8 月 20 日）

有时还基于不同时期国家利益重点的变换而修改认定"过度海洋主张"的标准。

（二）"航行自由行动"的实施情况及特点

根据美国国防部网站公布的 1991 财年至 2016 财年的"航行自由行动"历年报告①，为便于查看可汇总成以下 3 个表格。②

表 1　1991—2000 财年 FON 实施情况

财年	FON 挑战的国家分布情况（个）					FON 挑战的"过度海洋主张"事项频次（次）					
	国家地区总数	亚洲（东南亚）	非洲	欧洲	美洲	基线有关事项	领海有关事项	专属经济区有关事项	群岛有关事项	历史性水域	其他
1991	13	2（1）	5	1	5	3	10	0	0	0	1
1992	22	8（3）	9	0	5	3	19	0	0	0	0
1993	17	8（4）	5	1	3	4	13	0	1	1	0
1994	14	6（4）	5	1	2	3	11	0	1	1	0
1995	12	9（3）	3	0	0	4	9	0	1	0	3
1996	14	12（5）	2	0	0	9	9	0	1	0	4
1997	21	12（4）	6	2	1	11	14	0	1	0	4
1998	27	13（4）	8	3	3	8	17	2	1	1	10
1999	26	12（6）	7	3	4	5	18	2	1	3	6
2000	15	9（5）	2	1	3	7	6	1	0	1	5

表 2　2000—2009 财年 FON 实施情况

财年	FON 挑战的国家分布情况（个）					FON 挑战的"过度海洋主张"的事项频次（次）					
	国家地区总数	亚洲（东南亚）	非洲	欧洲	美洲	基线有关事项	领海有关事项	专属经济区有关事项	群岛有关事项	历史性水域	其他
2001—2003	22	12（6）	3	3	4	5	14	2	1	1	6
2004	7	5（4）	0	0	2	4	3	0	1	0	2
2005	6	5（3）	0	0	1	2	1	0	2	0	3
2006	5	5（3）	0	0	0	1	0	0	2	0	3
2007	8	8（4）	0	0	0	0	1	4	2	0	3
2008	8	9（4）	0	0	0	0	1	6	1	0	2
2009	11	8（4）	2	0	1	1	4	5	1	0	2

① 下文提及的具体实例数据均来源于美国国防部网站公布的"航行自由行动"历年报告，参见 "DoD Annual Freedom of Navigation（FON）Reports," *US Department of Defense Website*, http：//policy. defense. gov/OUSDP-Offices/FON/。（上网时间：2017 年 7 月 20 日）

② 表格中，基线有关事项主要包括过度的直线基线主张；领海有关事项主要包括过度的领海宽度、外国军舰进入领海须事先通知或获批；专属经济区有关事项主要包括外国军舰进入专属经济区须获批、外国军舰在专属经济区进行军事活动须获批、专属经济区内的测量调查活动须获批等；群岛有关事项主要包括过度的群岛基线、将群岛水域视为内水、群岛海道的相关限制等；其他事项主要包括对军舰进去毗连区设限、将毗连区设为安全区、对毗连区进行安全事项管辖、对国际航行的海峡的过境通行权设限等。

表 3　2010-2016 财年 FON 实施情况

财年	FON 挑战的国家分布情况（个）					FON 挑战的"过度海洋主张"的事项频次（次）					
	国家地区总数	亚洲（东南亚）	非洲	欧洲	美洲	基线有关事项	领海有关事项	专属经济区有关事项	群岛有关事项	历史性水域	其他
2010	12	11（7）	1	0	0	4	4	5	1	0	3
2011	15	12（8）	0	0	3	6	9	7	1	0	4
2012	12	12（8）	0	0	0	5	6	6	2	0	5
2013	12	11（8）	1	0	0	5	6	6	2	1	3
2014	19	12（7）	1	0	6	7	7	8	3	1	7
2015	13	10（6）	1	0	2	3	9	6	2	1	6
2016	22	15（10）	1	4	2	7	10	10	2	1	3

从以上统计可以发现美国"航行自由行动"具有以下特点。

第一，"航行自由行动"的实施情况体现了美国政府对他国"过度海洋主张"的全面回应，即回应的全面性。具体而言，这种全面性体现在：对于"过度海洋主张"理论涉及的具体内容，诸如基线的划定、领海最大宽度、军舰进入领海的无害通过权、历史性水域、专属经济区内军事活动等问题，均纳入"航行自由行动"挑战事项的范围，并在过去20 余年间一以贯之地付诸实际挑战行动。

第二，"航行自由行动"的实施情况体现了美国政府针对不同"过度海洋主张"的回应差异，其针对性重点突出。虽然"航行自由行动"挑战事项涵盖全面，但由以上各表可知，其更侧重基线和领海有关问题，该类事项挑战频次占比几乎每年都在 3/4 以上。这反映出美国对"过度海洋主张"最为敏感的部分是，沿海国通过"过度"基线主张"不合理地"扩大领海范围，或对外国军舰在其领海的通过设定限制，由此影响外国军舰在相关海域的行动自由。换言之，美国不希望其海军行动自由的范围因沿海国"过度"主张而缩小或者受到"过度"限制，其"航行自由行动"本质是为坚守其海军行动自由的一贯立场，而其海军行动自由是为维护其全球霸权服务的。

第三，"航行自由行动"的实施情况体现了美国政府对不同时期"过度海洋主张"内涵的不同理解。自 1998 财年始，美国对有关专属经济区的"过度海洋主张"愈益关注，该类主张被挑战频次日趋稳定，逐渐成为与基线和领海问题并列的三大挑战事项之一。具体而言，近 10 年来，美国尤为重视其海军舰船在他国专属经济区内进行军事测量等活动的自由以及军机在专属经济区上空不受阻碍的活动自由。截至 2016 财年统计，美国自2007 财年起已经连续 10 年对中国对专属经济区上空主张管辖权进行挑战、连续 10 年对印度要求他国军舰在专属经济区内开展军事活动须事先批准提出挑战。①

第四，"航行自由行动"的实施具有任择性，无甚规律而言。首先，纵观"航行自由行动"历年实施情况，美国对于某些"过度海洋主张"，如历史性水域的主张，并非像对

---

① 相关数据统计系根据近 10 年的"航行自由"报告汇总得出。

基线、领海和专属经济区等事项那样长期持续地进行挑战，而似乎是没有特别针对性地进行了一些零星挑战。如美国对利比亚有关锡德拉湾（Gulf of Sidra）的历史性海湾主张挑战频次较多，[①] 但至 2016 财年方对意大利有关塔兰托湾（Gulf of Taranto）的历史性海湾主张进行首次挑战，而对印度有关曼那湾（Gulf of Manaar）主张的 3 次挑战则距今相当遥远。[②] 其次，"航行自由行动" 对同一国家 "过度海洋主张" 的挑战有时亦甚随意。以印度为例，美国曾先后多次对印度不同类型的 "过度海洋主张" 进行挑战，有时仅针对某一项主张，有时则针对多项主张。[③]

第五，"航行自由行动" 具有强烈的地域针对性。美国的挑战重点在亚洲国家，近 10 年来更侧重于东南亚。遭 "航行自由行动" 挑战的亚洲国家数量几乎每年都占总数一半以上，特别是 2006 财年、2007 财年、2008 财年和 2012 财年其全部挑战对象均为亚洲国家。然而，美国 "航行自由行动" 对欧洲国家的同类型 "过度海洋主张" 的挑战则凤毛麟角，在 1992 财年、1995 财年、1996 财年不曾有欧洲国家的 "过度海洋主张" 遭到挑战，而在 2004—2015 财年长达 12 年亦无任何针对欧洲国家的挑战行动。[④]事实上，有相当数量的欧洲国家存在美国所认为的 "过度海洋主张"。例如，丹麦对法罗群岛划定直线基线、葡萄牙对亚速尔群岛划定直线基线、英国对福克兰群岛以及特克斯和凯科斯群岛划定直线基线、[⑤] 西班牙对过境飞越直布罗陀海峡的外国飞机提出管辖权并对在直布罗陀海峡过境通行的外国船舶提出污染控制管辖权等，在美国看来都属于 "过度海洋主张"，但美国仅通过外交途径提出抗议。这种明显的 "双重标准" 做法印证了美国 "航行自由行动" 的地域针对性。

第六，"航行自由行动" 还具有强烈的国别针对性。美国 "航行自由行动" 对于某些国家的 "过度海洋主张" 仅进行过一次挑战，对于某些国家持续多次挑战，而对于某些国家则刻意不予挑战。如 1998 财年针对肯尼亚的直线基线和历史性海湾的主张、2009 财年针对多哥的领海最大宽度的主张皆仅存一次挑战，而对于中国则自 2007 财年至今几乎每年都进行高频次挑战（近 3 年在南海的行动见表 4）。[⑥]

---

① 有关锡德拉湾的挑战行动发生于 1998 财年、2000 财年、2013 财年、2014 财年、2015 财年。

② 有关曼那湾的挑战行动发生于 1993 财年、1994 财年、1999 财年。

③ 如 1996 财年、1997 财年 "航行自由行动" 仅对印度的 "外国军舰进入领海须事先通知" 主张进行挑战，但 1999 财年 "航行自由行动" 则同时针对印度的 "外国军舰进入领海须事先通知" "外国军舰在专属经济区内军事演习须获事先批准" 和 "历史性水域" 三项 "过度海洋主张" 进行挑战。

④ J. Ashley Roach and Robert W. Smith, *Excessive Maritime Claims*, pp. 108, 208, 292。

⑤ 法国、挪威等国也存在类似的 "过度海洋主张"。

⑥ "航行自由行动" 在 1992 财年、1993 财年、1994 财年、1996 财年、2000 财年皆针对中国 "过度海洋主张" 的挑战，在 1991—2016 财年期间共有 16 年包含对中国的挑战行动。参见 U. S. Department of Defense, *Freedom of Navigation (FON) Reports*, US Department of Defense Website, http：//policy. defense. gov/OUSDP-Offices/FON/。表 4 的资料统计主要参考 Eleanor Freund, "Freedom of Navigation in the South China Sea：A Practical Guide," Harvard Kennedy School Belfer Center for Science and International Affairs Special Report, June 2017, http：//www. belfercenter. org/sites/default/files/files/publication/SCS%20Report%20-%20web. pdf.（上网时间：2017 年 8 月 21 日）2017 年 7 月和 8 月的内容为作者增补。

表 4　近年来美国针对中国在南海的"航行自由行动"（2015 年 10 月至 2017 年 8 月）

时间	事件	美国挑战中国缘由
2015 年 10 月 27 日	"拉森"号驱逐舰进入渚碧礁邻近海域	军舰在领海的无害通过须通知并获得事先批准
2016 年 1 月 29 日	"柯蒂斯·威尔伯"号驱逐舰进入西沙群岛领海	军舰在领海的无害通过须通知并获得事先批准
2016 年 5 月 10 日	"威廉·P. 劳伦斯"号驱逐舰进入永暑礁邻近海域	军舰在领海的无害通过须通知并获得事先批准
2016 年 10 月 21 日	"狄卡特"号驱逐舰进入西沙群岛领海	直线基线主张过度
2017 年 5 月 24 日	"杜威"号驱逐舰进入美济礁邻近海域	无效的领海主张（南海仲裁案裁决中将美济礁认定为低潮高地，无法主张领海）
2017 年 7 月 2 日	"斯坦塞姆"号驱逐舰进入西沙群岛领海	军舰在领海的无害通过须通知并获得事先批准
2017 年 8 月 10 日	"约翰·麦凯恩"号驱逐舰进入美济礁邻近海域	无效的领海主张（南海仲裁案裁决中将美济礁认定为低潮高地，无法主张领海）

美国"航行自由行动"的实施特点揭示出，该行动虽表面上看似客观公正，似乎美国意在通过对某些违反《公约》的海洋主张进行挑战，来维护以《公约》为核心的当代国际海洋法体系，但数据统计的细节恰恰证实了美国实际上是在通过其强大的海军力量压制发展中国家，特别是亚洲国家提出的并不明显违反《公约》的海洋主张。显然，美国"航行自由行动"纯以维护《公约》和国际海洋法体系为借口，企图凭此垄断《公约》和国际海洋法解释权，以维护美国海洋霸权及其主导的国际海洋秩序。

三、对美国"航行自由行动"实质的批判

同"过度海洋主张"理论类似，从本质上看，美国"航行自由行动"同样存在明显瑕疵，具体表现在以下 4 个方面。

第一，"航行自由行动"的实质是打着维护《公约》的旗号，行违反《公约》精神之实。"航行自由行动"是以"过度海洋主张"理论为国际法理论基础的，而如前文所述，该理论本身存在瑕疵，包括曲解《公约》条款、忽视习惯国际法规则、强行解读《公约》未定事项并将其他国家的相关主张视为违反《公约》和国际法。理论基础的瑕疵决定了"航行自由行动"不可能真正起到维护《公约》的积极作用。实际上，美国政府和学者自创的所谓"国际水域"概念，本身就是在《公约》体系之外另起炉灶，而美国却以此为据派遣海军实施"航行自由行动"，在其他国家的专属经济区内进行军事演习和军事测量等活动。凡此种种，均与《公约》序言明确提及的"互相谅解和合作的精神""妥为顾及国家主权""实现公正公平的国际经济秩序""照顾到发展中国家的特殊利益和需要"等精神相悖。

　　第二，"航行自由行动"是美国政府歪曲解读和行使"航行自由"，其本质是"横行自由"。① 航行自由作为国际海洋法的基本原则和核心制度之一，② 其本质在于维护所有国家和平利用海洋、促进贸易和经济合作发展。③虽然航行自由原则本身同样适用于军舰，但从美国"航行自由行动"的实施来看，这种行动与正常的货物航运和促进商贸并不存在必然联系，这种行动是彻头彻尾的军事性活动，在本质上不是国际航运所必须的，行动的性质也与经济性质毫无关联，在许多情况下甚至威胁到沿海国的安全。印度尼西亚海洋与渔业部高级顾问哈希姆·贾拉尔（Hasjim Djalal）曾指出：传统意义上的（绝对的）航行自由概念已经过时了。各国有理由以保护本国安全为由对传统意义的航行自由做出限制。④而美国开展"航行自由行动"的目的在于与其外交抗议相呼应，对美国所认定之他国"过度海洋主张"进行挑战。这便决定了美国在开展"航行自由行动"时，几乎无一例外地动用军舰和军机，不以正常行使航行自由的快速通过为目的，而是故意、不正常地进入沿海国的领海或专属经济区，实际上有非常明显的挑衅沿海国、威胁沿海国安全的意味。2017 年 5 月 25 日，美国军舰"杜威"号进入美济礁邻近海域停留长达一个半小时，并曾进行救生训练演习。⑤这种不以通行为目的的、在沿海国管辖海域内以军舰从事军事训练演习的行为，是美国海军"横行自由"的典型例子。

　　第三，"航行自由行动"本质上属于"长臂管辖"。⑥美国本身并非《公约》缔约国，其固然也有权对于《公约》的条款规定提出本国的立场和见解，但对于其他国家依《公约》制定的国内法横加指责，强行给《公约》缔约国扣上违反《公约》的帽子，显然属于不正常的"长臂管辖"。这种"长臂管辖"的危害性在于，美国以自创的标准（如"国际水域"）取代《公约》明确规定的术语，以其本国对"航行自由"问题的解读解释《公约》未明确规定的事项，将本国单方面的解读上升为国际法，从而对其他国家的国内立法横加指责。严重地说，这种"长臂管辖"是以美国官方的国际法观点取代《公约》、

---

　　① 2016 年 3 月 8 日，中华人民共和国外交部长王毅在"两会"记者会上表示："作为南海最大沿岸国，中国最希望维护南海的航行自由。在中国和本地区国家共同努力下，南海现在是世界上最自由和安全的航道之一。我想在这里提醒的是，航行自由不等于横行自由。如果有人想把南海搅浑，把亚洲搞乱，中国不会答应，本地区绝大多数国家也不会允许。"见"王毅：航行自由不等于横行自由"，外交部网站，2016 年 3 月 8 日，http：//www.fmprc.gov.cn/web/zyxw/t1345901.shtml。（上网时间：2017 年 8 月 28 日）

　　② Yoshifumi Tanaka, *The International Law of the Sea*, 2nd edn, Cambridge：Cambridge University Press, 2015, pp. 16-17。

　　③ S. Jayakumar, "Navigational Freedom and Other Contemporary Oceans Issues," in Myron H. Nordquist, Tommy Koh and John Norton Moore（eds.）, *Freedom of Seas*, *Passage Rights and the 1982 Law of the Sea Convention*, Leiden：Martinus Nijhoff Publishers, 2009, pp. 18-19。

　　④ Hasjim Djalal, "Remarks on the Concept of 'Freedom of Navigation'," in Myron H. Nordquist, Tommy Koh and John Norton Moore（eds.）, *Freedom of Seas*, *Passage Rights and the 1982 Law of the Sea Convention*, p. 74。

　　⑤ "U. S. Warship Came Within 6 Miles of Chinese Artificial Island in Toughest Challenge Yet to Beijing South China Sea Claims," *USNI News*, May 25, 2017, https：//news.usni.org/2017/05/25/u-s-warship-came-beijing-south-china-sea-claims。（上网时间：2017 年 8 月 18 日）

　　⑥ 在 2017 年 7 月 19 日举行的中国外交部例行记者会上，外交部发言人陆慷回应美国制裁涉伊朗有关实体和个人的提问时使用了"长臂管辖"（long-arm jurisdiction）一词，意指依本国的国内法对外国的行为横加指责，将本国的标准强行施加于他国。参见"2017 年 7 月 19 日外交部发言人陆慷主持例行记者会"，外交部网，http：//www.fmprc.gov.cn/web/fyrbt_ 673021/t1478774.shtml。（上网时间：2017 年 8 月 18 日）

窃夺《公约》解释权和国际海洋法的话语权，将严重危害《公约》的权威性。

　　第四，"航行自由行动"在一定程度上加剧了各国间有关《公约》解释和适用的争端，违反和平解决争端的国际法原则。自《公约》诞生之日起，有关《公约》中涉及航行自由问题的未定事项和争议从未消除。美国却对这些未定事项和争议一贯采取无视态度，如美国多次通过"航行自由行动"对伊朗和阿曼对霍尔木兹海峡（Straits of Hormuz）承认的过境通行权限于《公约》缔约国的立场进行挑战。[①]虽然的确有些国家近年来修改了关于外国军舰进入本国领海须获批的国内法规定，取消了某些限制，但整体上看，在该问题上坚持原有立场的国家仍有近 40 个。[②]"航行自由行动"导致在某些沿海国的近海区域的海空意外事件频频发生，特别是中美两大国多次因南海突发事件而爆发外交冲突，[③]这或多或少是由美国单方面执意开展"航行自由行动"加剧的。[④]从《公约》和一般国际法的角度看，对于中美在"航行自由"问题上的不同解读造成的争端，理应依据《公约》第 279 条的规定[⑤]，按照《联合国宪章》第 2 条第 3 项的规定[⑥]和《联合国宪章》第 33 条列举的和平方法[⑦]谋求解决之道。然而，美国事实上根本不考虑这些和平方法，无视《公约》义务、《联合国宪章》以及习惯国际法规则，[⑧]肆意采取军事舰机强行挑战的各种危险模式。美国这些危险行动显然不利于解决争端，而只会加剧争端。

四、结语

　　通过梳理美国"过度海洋主张"理论以及对其"航行自由行动"的实施分析，可以看出：

　　第一，"过度海洋主张"理论系美国政府和有官方背景的学者根据美国的核心利益提出的，该理论反映出美国政府一贯重视"航行自由"，特别是美国海军在全球海域的行动自由不受沿海国限制的立场，体现了在《公约》通过前后美国政府和学者对《公约》中给予沿海国对更多海域拥有管辖权这一背景之下的疑虑。由于这一仅反映单方面立场的理

---

　　① 在霍尔木兹海峡的通行权问题上，美国于 2005 财年、2007—2016 财年对伊朗、2006—2016 财年对阿曼进行挑战。（根据美国国防部公布的"航行自由行动"历年报告汇总）

　　② 俄罗斯、保加利亚、瑞典、斯洛文尼亚、芬兰、土耳其 6 个国家已经通过修改国内立法取消了这种限制，但仍有近 40 个国家未做改动。参见 J. Ashley Roach and Robert W. Smith, *Excessive Maritime Claims*, pp. 250-251, 258-259。

　　③ 如 2001 年南海撞机事件、2009 年"无瑕"号事件、2016 年无人潜航器事件等。

　　④ "美军推出巡航南海年度计划，被指将冲击中美关系"，环球网，2017 年 7 月 24 日，http://mil. huanqiu. com/observation/2017-07/11022474. html。（上网时间：2017 年 8 月 18 日）

　　⑤ 《公约》第 279 条规定："各缔约国应按照《联合国宪章》第 2 条第 3 项以和平方法解决它们之间有关本公约的解释或适用的任何争端，并应为此目的以《宪章》第 33 条第 1 项所指的方法求得解决。"

　　⑥ 该项规定："各会员国应以和平方法解决其国际争端，俾免危及国际和平、安全及正义。"

　　⑦ 这些方法包括：谈判、调查、调停、和解（调解）、公断（仲裁）、司法解决、区域机关或区域办法之利用或各国自行选择之其他和平方法。

　　⑧ 虽然美国不是《公约》缔约国，但以和平方式解决国际争端是国际法的原则之一。该原则不仅在《联合国宪章》中得以规定，也反映了习惯国际法。因此，尽管美国不是《公约》缔约国，但是美国仍有义务采取和平方式解决争端，而不是单方面采取行动加剧争端，或采取武力或以武力相威胁。见 1970 年《关于各国依联合国宪章建立友好关系及合作之国际法原则之宣言》，UNGA Res 2625（XXV），24 October 1970。*See also* Manila Declaration on the Peaceful Settlement of Disputes between States, UN Doc A/Res/37/10, 15 November 1982, http://www. un-documents. net/a37r10. htm。（上网时间：2017 年 8 月 18 日）

论存在多方面瑕疵，其对《公约》及国际海洋法秩序的良性发展并无益处。

第二，以"过度海洋主张"理论为基础开展的"航行自由行动"，体现了美国单方面对它所认定的其他国家提出的"过度海洋主张"的强势回应。从"航行自由行动"的实施特点来看，该行动表面上看似客观公正，但实际上无法掩盖该行动的任择性、强烈的地域针对性和国别针对性。

第三，"航行自由行动"的实质是打着维护《公约》的旗号，行违反《公约》精神之实，美国意图借此将正常的航行自由嬗变为"横行自由"，以自创的"国际水域"等概念进行"长臂管辖"。美国开展"航行自由行动"不仅无法解决有关《公约》的争议，而且还会影响区域安全、激化矛盾、加剧海洋争端，不利于《公约》的稳定运行。

总而言之，美国政府和学者提出的"过度海洋主张"理论和以该理论为基础开展的"航行自由行动"只可能代表和维护美国一国之利益，不但不可能解决《公约》中有关航行自由问题未定事项的争议，无法起到维护《公约》和国际海洋法秩序的作用，反而会严重影响《公约》的权威性。可以预见，如果美国继续以"过度海洋主张"理论为指导坚持开展"航行自由行动"对涉及《公约》的未定事项的他国国内立法和相关主张进行挑战，那么在国际法学界对于外国军舰在领海的无害通过、专属经济区内的军事活动等焦点问题做出定论之前，美国单方面开展的"航行自由行动"绝不会得到国际社会的普遍支持。"过度海洋主张"理论及"航行自由行动"的实践也必将继续受到国际社会和国际法学界的批判。

论文来源：本文原刊于《国际问题研究》2017 年第 5 期，第 106-128 页。

项目资助：中国海洋发展研究会重大项目（CAMAZDA201601）。

第二篇　海洋经济

我国海域资源资产定价研究

王　涛[①]　何广顺[②]

摘要：阐述了海洋资源资产定价的研究方法及工作流程，构建了海洋资源资产分类定级评估指标并进行了实证研究，针对分类定级结果采用收益定价模型对2014年海域资源资产进行定价评估。结果表明，海域资源资产定价受到资源资产级别、纯收益和还原利率等多因素影响，海域资源资产在类型上表现出较大差异，并且资源资产价格随级别降低表现出明显的下降趋势，因此海域资源资产在类型和级别等方面的差别性定价亟须通过精细化调控来实现海域资源资产化管理，进而进一步丰富海域综合管理手段，保障海洋经济可持续发展。

关键词：海域资源资产；有偿使用；分类定级；差别定价

一、引言

海域作为国家的基础战略资源，是国家重要的生存资本和财富保障，对海洋产业布局及海洋经济的发展有着重大的影响（于谨凯 等，2014）。国家海洋局印发的《海洋生态文明建设实施方案》（国家海洋局，2015）中明确海域海岛资源进行市场化配置、精细化管理、有偿化使用的任务，国家层面高度重视自然资源资产有偿使用制度改革，为缓解实际存在的海域资源低效粗放利用、生态环境恶化、行业用海矛盾突出等问题，迫切需要借助海域资源资产价格等调控手段加强海域资源资产价值管理。

自然资源有偿使用定价研究是资源资产价值管理研究的热点之一，研究方向集中体现在：理论层面，包括用海类型划分及分级指标体系的建立（栾维新 等，2008）、有偿使用价格确定及影响因素等（王利 等，1999；李京梅 等，2015）；价格测算层面，包括实物期权定价模型（刘妍 等 2013；闻德美 等，2014）、隶属函数定价模型（吴维登 等，2013），System of Environ-mental Economic Accounting 2012（United Nations，European Union，2014）重点介绍了用于自然资源存量估价、耗减量计量和重估价的净现值方法；实证分析层面，

---

① 王涛，男，国家海洋信息中心助理研究员。研究方向：海洋经济、海域资源管理。
② 何广顺，男，国家海洋信息中心主任、研究员，中国海洋发展研究中心海洋经济与资源环境研究室主任，研究方向：海洋经济。

包括全球海洋生态尺度范围（Robert Costanza，1998）、区域尺度范围（秦书莉，2006；Glenn-Marie Lange，2009；Luke M. Brande，2011）以及海域使用类型（李佩瑾，2006；Yapa Mahinda Bandara et al.，2013；David A. King，2014）进行了定价研究。

通过以上文献在不同研究视角下对自然资源资产定价的考察和研究，得出很多有价值的结论，自然资源价格评估理论和方法的探索对我们有很大的指导，本文在学者的研究下以海域为对象做出实证研究，对国家所辖海域进行评价单元划分，依据海洋功能类型进行分类定级研究，然后通过分类定级结果采用收益法进行海域资源资产定价，最后对定价结果进行总结分析。

二、海域资源资产定价流程

海域资源资产是指由国家管辖的在当前或预期未来能给国家带来经济收益的海域资源，海域资源资产的主体是国家。本文依据环境资产核算理论对我国海域资源资产进行定价研究，其主要研究思路为：将全国海域划分为 25 个评价单元，首先对海域评价单元进行分类定级研究，在全面收集相关数据资料的基础上，计算各评价单元定级因子的综合分值，确定海域评价单元级别（王利 等，1999）；然后依据海域使用现状数据来选择确定收益定价模型中的各因子参数，最后对各功能类型相应级别的海域进行定价研究。

（一）海域资源资产评价单元

本文依据国家管辖的内水和领海，界定海域资源资产范围以我国沿海城市为参照基准，对沿海城市毗邻海域进行划分，将区位、环境、资源相似度较高的海域进行归并处理划分出 25 个评价单元，海域评价单元与沿海城市及沿海省市的对应关系（李东旭，2011）如表 1 所示。

表 1　海域资源资产评价单元与沿海地区对照表

海域定级评价单元	沿海城市	沿海省市
鸭绿江口及其毗邻海域	丹东	辽宁
辽东半岛南部海域	大连	
辽河口临近海域	营口、盘锦	
辽西海域	锦州、葫芦岛	
冀东海域	秦皇岛、唐山	河北
黄骅海域	沧州	
天津海域	天津	天津
莱州湾和黄河口毗邻海域	滨州、东营、潍坊	山东
烟台-威海海域	烟台、威海	
胶州湾及其毗邻海域	青岛、日照	
连云港毗邻海域	连云港	江苏
盐城毗邻海域	盐城	
南通毗邻海域	南通	

海域定级评价单元	沿海城市	沿海省市
长江口-杭州湾海域	上海、嘉兴、杭州、绍兴、舟山、宁波	上海
浙中南海域	台州、温州	浙江
闽东海域	宁德	福建
闽中海域	福州、莆田	
闽南海域	泉州、厦门、漳州	
粤东海域	潮州、汕头、揭阳、汕尾	广东
珠江口及毗邻海域	惠州、深圳、东莞、广州、中山、珠海、江门	
粤西海域	阳江、茂名、湛江	
铁山港-廉州湾海域	北海	广西
钦州湾-珍珠港海域	钦州、防城港	
海南岛东北部海域	海口	海南
海南岛西南部毗邻海域	三亚	

（二）海域资源资产类型划分

《全国海洋功能区划（2011—2020 年）》（国家海洋局，2012）中海域资源划分为农渔业区、港口航运区、工业与城镇用海区、矿产与能源区、旅游休闲娱乐区、海洋保护区、特殊利用区和保留区 8 类，由于海洋保护区、特殊利用区和保留区倾向于生态空间海域，主要是以保护、控制、稳定、改善生态环境为主要经营目的，具有外部公共性，无法使生态效益与成本费用进行配比，难以从市场角度进行资产定价研究，所以本文主要研究侧重点为农渔业区、港口航运区、旅游休闲娱乐区、矿产与能源区和城镇与工业建设区功能类型，其中矿产能源区依据功能区划又分为油气与固体矿产能源区、盐田区和可再生能源区 3 种二级类别。

（三）海域资源资产分类定级

海域资源资产分类定级是为正确地反映海域资源资产质量，其分类定级结果可以充分体现海域资源资产质量和收益的区位差异，能够作为制定和实行基准价格的区域范围的调控手段。

当前对海域分等定级的研究（国家海洋局，2014）大多采用综合评价法，在评价指标上主要覆盖海域自然条件、区位条件和使用状况等，通过赋权计算出综合分值。本文设计出海域资源资产分类定级技术流程，制定出评价指标体系，并赋予了相应的权重。

（四）海域资源资产定价

海域资源资产定价采用的是收益法，以客观、持续、稳定的收益为基础，合理测算海域纯收益（卢新海 等，2010）。

1. 年纯收益

年纯收益为年总收益和年总费用之差，在实际测算中，海域资源资产年纯收益的确定需要依据功能类型和经营条件合理算取。

2. 还原利率

还原利率是将海域资源资产纯收益还原为价格的比例，与投资风险大小有关，本文尝试使用无风险利率加风险调整的方法来确定还原利率：

$$r = r_1 + r_2 \qquad (1)$$

式中，r 为还原利率；r_1 为无风险利率；r_2 为风险调整。

无风险利率是指无风险的资本投资利率，通常选取 1 年期银行存款利率或国债利息率；风险调整为风险利率，通常选取纯收益变化系数来表示，风险系数计算公式为：

$$\beta = \frac{d}{E} = (\sum Y_i \times k_i) / (\sqrt{\sum (Y_i - E)^2} \times k_i) \qquad (2)$$

式中，β 为风险系数；d 为标准差；E 为期望值；Y_i 为纯收益；k_i 为纯收益概率值。通过风险报酬与风险系数的乘积计算出风险调整 r_2。

3. 计算海域收益价格

$$P = Y/r \qquad (3)$$

式中，P 为海域资源资产价格；Y 为海域资源资产年纯收益；r 为海域资源资产还原利率。

三、海域资源资产分类定级实证分析

海域资源资产分类定级根据不同功能区区位、自然条件、资源丰度、环境质量及周边社会、经济条件等因素，使评定结果级别化，依据分等定级结果为海域资源资产定价研究提供依据。

（一）海域资源资产定级指标与方法

表 2 中为海域资源资产类型分类定级指标及对应权重，由于部分指标数据的获取难度，本文对部分指标数据进行近似替代。农渔业区定级指标体系中，海水质量指数采用的清洁海域面积与该部分所辖海域面积的比值来衡量；海域自然条件因素海水温度和海洋生态重要性及岸线与滩涂面积之比 3 个指标来衡量；海域使用收益中养殖品种单位面积产量则是通过计算 25 个海域评价单元海水养殖产量与海水养殖面积的比值来衡量。

旅游休闲娱乐区定级指标体系中，海域自然条件因素包括主要旅游景点等级和滨海旅游景点与岸线比值，其中主要旅游景点等级是依据《旅游景区质量等级的划分与评定》（GB/T 17775—2003）标准进行评定划分；海域使用状况主要从旅游设施完善度方面考虑，采用星级饭店数、出租汽车数和剧场、影剧院数来衡量。

港口航运区定级指标体系中，海域自然条件因素采用海岸类型和集装箱年通过能力两部分来衡量，其中本文将海岸类型分为基岩岸、砂质岸、淤泥质和红树林 4 种来赋值（卢新海 等，2010；张乔民 等，2001），集装箱年通过能力是按照各海域所对应城市的集装箱年通过能力获取；基础设施条件因素则包括泊位数量、泊位长度、依托城市经济规模和人口规模 4 个指标。

矿产资源区划分成油气与固体矿产区、盐田区和可再生能源区三部分定级，油气与固体矿产能源区的定级指标体系包括海洋资源年开采量、资源丰裕评分、货运承运能力、海洋灾害影响；盐田区定级指标体系有盐田面积、海盐年产量、平均气温、降水量、日照时数、海水盐度、海水质量指数；可再生能源区是依附于可以开发海洋能资源的海域，本文中可再生能源区定级指标体系只考虑滩涂面积、潮汐、潮流、波浪、风能和海洋灾害。

工业与城镇建设区定级指标体系中，海域自然条件因素则采用的是海域滩涂面积和生态系统脆弱性来衡量，生态系统脆弱性是由海洋领域专家开展问卷调查整理计算所得；海域稀缺度因素指标采用已开发资源占管辖资源的比例来衡量；区位条件因素用的是城镇建设资金支出和毗邻土地级别来衡量，毗邻沿海城市土地均价来近似替代。

表 2　海域资源资产分类定级指标体系

海域使用定级分类	影响因素	评价指标	权重
农渔业区定级指标	海域环境质量	海水质量指数	0.200
	海域自然条件	海水温度	0.200
		海洋生态重要性	0.150
		岸线与滩涂面积比值	0.200
	海域使用收益	养殖品种单位面积产量	0.250
旅游休闲娱乐区定级指标	海域自然条件	主要旅游景点等级	0.120
		滨海旅游景点与岸线比值	0.180
	海域环境条件	海水质量指数	0.200
		海洋生态脆弱性	0.300
	海域使用状况	星级饭店数	0.060
		出租汽车数	0.080
		剧场、影剧院数	0.060
港口航运区定级指标	海域自然条件	海岸类型	0.300
		集装箱年通过能力	0.200
	基础设施条件	泊位数量	0.150
		泊位长度	0.150
		依托城市经济规模	0.100
		人口规模	0.100
矿产能源区定级指标	油气与固体矿产资源区	海洋资源年开采量	0.350
		资源丰裕评分	0.350
		货运承运能力	0.200
		海洋灾害影响	0.100
	盐田区	盐田面积	0.175
		海盐年产量	0.175
		平均气温	0.105
		降水量	0.105

续表 2

海域使用定级分类	影响因素	评价指标	权重
矿产能源区定级指标	可再生能源区	日照时数	0.140
		海水盐度	0.200
		海水质量指数	0.100
		海域滩涂面积	0.100
		潮汐	0.200
		潮流	0.200
		波浪	0.200
		风能	0.200
		海洋灾害	0.100
工业城镇建设区定级指标体系	海域自然条件	海域滩涂面积	0.100
		海洋生态脆弱性	0.250
	海域稀缺度	海域利用率	0.100
		岸线利用率	0.100
		围填海面积占管辖海域面积比例	0.200
	区位条件	城镇建设资金支出	0.100
		毗邻土地级别	0.150

（二）海域资源资产定级实证结果

海域资源资产定级评价指标体系中，定量指标主要通过搜集年鉴等数据资料计算获得，定性指标则主要通过专家打分获取。本文采用 2014 年数据对全国海域资源资产分类定级实证研究，其中沿海城市 GDP 及人口总数、城镇建设资金支出、星级饭店、出租汽车、剧场影剧院数据来源于《中国城市统计年鉴》（国家统计局，2015）；海水养殖产量、海水养殖面积、主要旅游景点及等级、集装箱年通过能力、泊位数量、泊位长度来源于《中国海洋统计年鉴》（国家海洋局，2015）、《中国海洋年鉴》（国家海洋局，2015）及各沿海城市的年鉴；基础地理数据来源于多方面途径，包括用海项目权属资料、业务化监测数据和海域使用管理公报（国家海洋局，2014）等途径获取，生态脆弱性由物种多样性、生境破碎程度、生物入侵状况等要素构成，生态重要性由河口、海湾、滨海湿地、红树林、海草床、珊瑚礁、繁殖区、索饵区、洄游/迁徙区等加权和计算而得（李东旭，2011），得分通过调查问卷结果进行计算获取，海域资源资产分类定级因素因子指标，单位和量级不统一，需要进行标准化处理，标准化公式为：

$$y_{ij} = (x_{ij} - x_{min})/(x_{max} - x_{min}) \tag{4}$$

式中，y_{ij} 为 i 评价单元的 j 项指标标准分值；x_{ij} 为 i 评价单元的 j 项指标值；x_{max}、x_{min} 分别为 j 项指标的最小值、最大值。

海域资源资产定级指标标准化之后，依据表 2 中的指标权重来进行综合分值的计算，其公式为：

$$y_i = \sum_{j=1}^{n} (w_j \times y_{ij}) \tag{5}$$

式中，y_i 为 i 评价单元的综合分值；w_j 为 j 项评估指标的权重；y_{ij} 为 i 评价单元的 j 项指标标准分值；n 为指标个数。

在对海域资源资产进行分类定级时，本文尝试对全国整体海域的平均状况进行评价作为对照组，其指标数据采用的是所有海域资源资产评价单元的均值。计算出海域资源资产定级综合分值，根据综合分值的分布规律，参照公式 $n = 1 + 1.332\ln m$ 来确定分类定级组数（苗丰民 等，2007），m 为评价单元个数 25，通过计算 n 为 4.219，取整数 $n = 4$，运用量化指标定级方法确定海域资源资产类型的定级阈值标准，各评价单元具体分值及定级结果如表 3 所示。

表 3　海域资源资产分类定级综合分值及定级划分结果

海域资源资产评价单元	农渔业区		旅游休闲娱乐区		港口航运区		油气与固体矿产区		盐田区		可再生能源区		工业与城镇建设区	
	得分	级别	得分	级别	得分	级别	得分	级别	得分	级别	得分	级别	得分	级别
鸭绿江口及其毗邻海域	0.271	III	0.534	III	0.249	III	0.060	IV	0.113	IV	0.160	IV	0.273	III
辽东半岛南部海域	0.271	III	0.400	IV	0.320	III	0.096	IV	0.205	IV	0.670	I	0.292	III
辽河口临近海域	0.221	III	0.420	IV	0.275	III	0.183	IV	0.294	III	0.163	IV	0.171	IV
辽西海域	0.177	IV	0.412	IV	0.261	III	0.107	IV	0.207	IV	0.288	III	0.147	IV
冀东海域	0.254	III	0.463	III	0.370	III	0.368	III	0.542	I	0.184	IV	0.144	IV
天津海域	0.044	IV	0.537	III	0.371	III	0.820	I	0.383	II	0.178	IV	0.357	I
黄骅海域	0.069	IV	0.381	IV	0.253	III	0.427	II	0.141	IV	0.050	IV	0.221	IV
莱州湾和黄河口毗邻海域	0.275	III	0.498	III	0.280	III	0.388	III	0.540	I	0.127	IV	0.313	II
烟台–威海海域	0.262	III	0.464	III	0.355	III	0.340	III	0.346	II	0.487	II	0.291	III
胶州湾及其毗邻海域	0.361	III	0.458	III	0.398	II	0.125	IV	0.218	IV	0.184	IV	0.164	IV
连云港毗邻海域	0.233	III	0.476	III	0.264	III	0.095	IV	0.225	III	0.194	IV	0.212	IV
盐城毗邻海域	0.195	IV	0.407	IV	0.260	III	0.087	IV	0.244	III	0.229	IV	0.292	III
南通毗邻海域	0.111	IV	0.488	III	0.277	III	0.084	IV	0.127	IV	0.216	IV	0.273	III
长江口–杭州湾海域	0.263	III	0.701	I	0.692	I	0.361	III	0.522	I	0.561	I	0.374	I
浙中南海域	0.278	III	0.446	IV	0.228	IV	0.030	IV	0.189	IV	0.400	I	0.277	III
闽东海域	0.294	III	0.417	IV	0.159	IV	0.018	IV	0.109	IV	0.316	II	0.214	IV
闽中海域	0.442	II	0.432	IV	0.413	II	0.037	IV	0.175	IV	0.523	I	0.298	III
闽南海域	0.519	II	0.499	III	0.205	IV	0.089	IV	0.257	III	0.282	III	0.378	I
粤东海域	0.303	III	0.446	IV	0.162	IV	0.064	IV	0.336	II	0.212	IV	0.219	IV
珠江口及毗邻海域	0.307	III	0.591	II	0.586	I	0.653	II	0.497	I	0.270	III	0.432	I
粤西海域	0.390	III	0.442	IV	0.143	IV	0.497	II	0.253	III	0.276	III	0.216	IV
铁山港–廉州湾海域	0.328	III	0.435	IV	0.098	IV	0.103	IV	0.116	IV	0.308	III	0.193	IV
钦州湾–珍珠港海域	0.624	I	0.442	IV	0.138	IV	0.116	IV	0.167	IV	0.239	IV	0.201	IV
海南岛东北部海域	0.582	I	0.526	III	0.103	IV	0.108	IV	0.130	IV	0.100	IV	0.282	III
海南岛西南部毗邻海域	0.715	I	0.523	III	0.090	IV	0.130	IV	0.130	IV	0.116	IV	0.180	IV
参照组	0.312	III	0.474	III	0.282	III	0.200	IV	0.258	III	0.272	III	0.267	III

海域资源资产在类型和级别上的差异性是进行资源资产精细化管理的基础，表3中海域资源资产分值和结果主要受区位因素、自然和社会属性影响，整体而言，生态环境受污染的海域资源资产级别普遍较低。

农渔业类型资源资产主要是受海水水质状况和咸淡水交汇等环境质量和自然条件影响较大，如滩涂浅海面积大、盐度低、水质肥沃的钦州湾–珍珠港海域定级结果最高；旅游休闲娱乐类型资源资产的定级因素一方面受原始自然和人文景观等天然本底因素影响；另一方面则需要毗邻沿海城市的经济水平提供的配套设施水平；港口航运类型资源资产受港口岸线、水道、水域的天然条件及堆场、码头等港口基础设施及临港配套设施建设影响；矿产与能源类型资源资产级别受资源禀赋影响较大，定级因素重点考虑天然资源富集程度和矿产资源开采、石油化工发展水平和配套水平；工业与城镇建设类型资源资产可以在一定程度上拓展沿海地区社会和经济发展空间，定级重点考虑城镇建设支出、工业发展状况以及毗邻土地级别等经济属性因素影响。

四、海域资源资产价格估算

海域资源资产年纯收益的计算使用2014年我国海域使用管理公报（国家海洋局，2014）和海域权属资料。2014年，全国确权海域面积374 148.370公顷，各用海类型确权海域面积为渔业用海349 611.610公顷，工业用海8 176.710公顷，交通运输用海8 313.810公顷，旅游娱乐用海1 607.800公顷，造地工程用海3 568.610公顷，特殊用海1 665.600公顷，其他用海121.300公顷，相对应征收海域使用金101 278.550万元，各用海类型海域使用金征收金额为渔业用海76 374.110万元，工业用海288 535.370万元，交通运输用海271 577.380万元，旅游娱乐用海65 557.020万元，海底工程用海5 087.160万元，造地工程用海113 954.940万元，特殊用海28 296.190万元，其他用海544.320万元，计算出全国范围内总海域资源资产单位面积平均纯收益作为对照组中的平均纯收益，依据各海域资源资产分类定级中的评估综合得分值估算出25个评价单元的纯收益价格，其具体计算公式为：

$$Y_{ij} = \frac{\overline{Y}}{\overline{S}} \times S_{ij} \tag{6}$$

式中，Y_{ij}为i级别j海域资源资产类型纯收益；$\overline{Y}$为对照组海域资源资产平均纯收益；$\overline{S}$为对照组海域资源资产分类定级得分；S_{ij}为i级别j海域资产分类定级综合得分。

通过加权平均确定不同类型的海域资源资产平均价格，使得同级别海域资源资产的纯收益尽量均衡化，借助分类定级表3中的综合分值结果以及公式（7）来修正，分别计算出各海域资源资产平均纯收益及其相对应的概率，如表4所示。

$$Y_i = \frac{\sum_{j=1}^{n} Y_{ij} \times S_{ij}}{\sum_{j=1}^{n} S_{ij}} \tag{7}$$

式中，Y_i为i级别全国海域资源资产纯收益；Y_{ij}为i级别j海域资源资产类型的纯收益；S_{ij}为i级别j海域资源资产类型分类定级得分。

表 4　海域资源资产类型各级别对应纯收益测算值　　　　单位：万元/公顷

农渔业区				港口航运区				旅游休闲娱乐区			
级别	平均纯收益	样本数	概率	级别	平均纯收益	样本数	概率	级别	平均纯收益	样本数	概率
Ⅰ	0.404	3	0.12	Ⅰ	72.591	2	0.08	Ⅰ	85.467	1	0.04
Ⅱ	0.314	3	0.12	Ⅱ	44.947	2	0.08	Ⅱ	72.034	1	0.04
Ⅲ	0.182	14	0.56	Ⅲ	33.868	12	0.48	Ⅲ	58.745	11	0.44
Ⅳ	0.101	5	0.20	Ⅳ	19.779	9	0.36	Ⅳ	49.763	12	0.48

工业与城镇建设区				油气与固体矿产区				盐田区			
级别	平均纯收益	样本数	概率	级别	平均纯收益	样本数	概率	级别	平均纯收益	样本数	概率
Ⅰ	48.905	4	0.16	Ⅰ	9.000	1	0.04	Ⅰ	0.625	4	0.16
Ⅱ	39.118	3	0.12	Ⅱ	6.908	3	0.12	Ⅱ	0.410	3	0.12
Ⅲ	35.939	7	0.28	Ⅲ	4.014	4	0.16	Ⅲ	0.292	6	0.24
Ⅳ	20.590	11	0.44	Ⅳ	1.204	17	0.68	Ⅳ	0.222	12	0.48

可再生能源区			
级别	平均纯收益	样本数	概率
Ⅰ	4.912	3	0.12
Ⅱ	3.644	2	0.08
Ⅲ	2.005	10	0.40
Ⅳ	1.191	10	0.40

依据风险系数求解公式可以分别求得各海域资源资产类型的期望值分别为 0.208、56.034、31.642、2.650、0.326 和 2.159，标准差为 0.093、56.423、33.188、3.387、0.186 和 2.297，求得风险系数为 2.237、0.993、0.953、0.782、1.753 和 0.940。其中农渔业区和盐田区的风险系数最大，主要是因为该两种海域的用海方式生产的脆弱性较强，受海域自然属性影响较大，海洋渔业水域污染事故次数仍然较多，再加上海洋灾害等影响，在区域上来看纯收益相差较大；旅游休闲娱乐区和工业与城镇建设区的风险系数与农渔业区比较相对较小，沿海区域都有着各自特色的资源优势，使得旅游资源和工业发展呈现出多元差异化发展态势，其纯收益的差异性不大；虽然可再生能源区和油气与固体矿产能源区纯收益受资源禀赋条件影响，由于评价单元的划分，使同级别海域的纯收益在单位面积上纯收益被均质化，所以在结果上并没有表现出较大的差异性。

表 5　海域资源资产类型还原利率测算值

海域功能类型	期望值	标准差	风险系数	风险调整	无风险收益	还原利率
农渔业区	0.208	0.093	2.237	10.628	3.500	14.128
旅游休闲娱乐区	56.034	56.423	0.993	3.410	3.500	6.910
工业与城镇建设区	31.642	33.188	0.953	7.184	3.500	10.684
油气与固体矿产资源区	2.650	3.387	0.782	4.938	3.500	8.438
盐田区	0.326	0.186	1.753	0.182	3.500	3.682
可再生能源区	2.159	2.297	0.940	20.696	3.500	24.196
港口航运区	—	—	—	—	—	8.000

本文选取 1 年期存款利率作为安全利率，查取 2014 年的 3.500% 作为海域资源资产定价的安全利率；风险报酬在实际估算中采用与海域资源资产类型所对应的海洋产业增加值的年均增速代替（刘明，2010），本文采用 2001—2014 年海洋产业增加值年均增速求取农渔业区、旅游休闲娱乐区、工业与城镇建设区、油气与固体矿产资源区、盐田区和可再生能源区的风险调整分别为 10.628%、3.410%、7.184%、4.938%、0.182% 和 20.696%，依据公式（1）可以分别求得相对应的还原利率为 14.128%、6.910%、10.684%、8.438%、3.682% 和 24.196%；港口航运区的功能包括港口、锚地建设和航道运输等多方面，体现在建设性方面功能较大，本文依据《建设项目经济评价方法与参数》（国家发展改革委，2006）对该类的建设项目还原利率设定为 8%。

表 6　海域资源资产类型估价结果　　　　　　　　　　　　单位：万元/公顷

海域资源资产类型	海域资源资产Ⅰ级	海域资源资产Ⅱ级	海域资源资产Ⅲ级	海域资源资产Ⅳ级
农渔业区	2.858	2.220	1.286	0.712
港口航运区	907.385	561.837	423.348	247.240
旅游休闲娱乐区	1 236.865	1 042.460	850.153	720.163
工业与城镇建设区	457.752	366.149	336.388	192.725
油气与固体矿产资源区	106.624	81.846	47.558	14.263
盐田区	16.977	11.132	7.942	6.023
可再生能源区	20.303	15.062	8.286	4.922

依据公式（2）估算出结果如表 6 所示，分别对应着不同级别、不同功能类型海域资源资产价格。

从横向上来看，同等类型不同级别的差异性表明由于区位条件、自然属性和社会属性的差异对海域资源资产进行有差别定价的必要性，如农渔业区Ⅰ级和Ⅳ级的价差达到了 2.146 万元/公顷，受制于自然和社会经济因素的明显差异，并且区域差异处于动态变化之中，牵动着海域级别也处于动态调整之中，海域级别不同致使其在社会经济中发挥的作用也会不同，级别优劣是影响资源资产效益发挥的重要因素。

从纵向上来看，不同类型的海域资源资产价格差异更大，主要体现在两个方面：①用海项目的收益差距确实较大，如工业与城镇建设区所针对的是开发程度较高的沿海地区，经济发展实力也比较强，急需对外扩展空间，需要围填海活动或者建设工业发展区以扩大活动范围，对于该种类型的用海而言，其经济效益远远高于农渔业区；②海域资源资产类型的不同对海域资源资产自然属性的改变有较大影响，如港口航运区、旅游休闲娱乐区和工业与城镇建设区的用海项目都需要附加一部分基础设施的建设项目，港口航运区需要建设码头、灯塔及水上装卸使用的设施等，自然属性变更后难以恢复的特点也促使了不同海域资源资产之间存在价差。

五、结语

本文通过对全国 25 个海域资源资产评价单元的定价研究结果表明，影响定价的主要因素涉及海域资源资产级别、纯收益和还原利率3个方面。

（1）海域资源资产分类定级实证结果表明海域资源资产级别是进行差别性定价的基础，主要受区位条件、自然和社会属性等因素影响。

（2）海域资源资产纯收益反映海域资源资产使用的经济效益，是通过市场体系"内化"出的收益价值，是国家所有海域资源资产的"利息"。

（3）海域资源资产还原利率的确定可以作为资源资产最佳配置的充分依据，在确定上需要充分权衡用海项目、时间跨度、不确定性和评价政策等多方面因素。

海域资源资产价格研究可以为海域资源管理提供理论指导以实现海域资源资产价值最大化，但是在实际海域资源的开发利用中还需要与海洋功能区划、海洋主体功能区划、海洋生态红线及各沿海省市的规划等相衔接，在开发海域资源的同时还要实现对海域资源的环境保护和用途管制等，以完善国家对海域资源资产化管理。

参考文献

国家发展改革委. 2006. 建设项目经济评价方法与参数. 北京：中国计划出版社.

国家海洋局. 2012. 全国海洋功能区划（2011—2020）. 北京：海洋出版社.

国家海洋局. 2014. 海域分等定级（GB/T30745—2014）. 北京：中国标准出版社.

国家海洋局. 2014. 海域使用管理公报. 北京：国家海洋局.

国家海洋局. 2015. 海洋生态文明建设实施方案（2015—2020）.

国家海洋局. 2015. 中国海洋年鉴. 北京：海洋出版社.

国家海洋局. 2015. 中国海洋统计年鉴. 北京：海洋出版社.

国家旅游局. 2004. GB/T 17775—2003 旅游景区质量等级的划分与评定. 北京：中国标准出版社.

国家统计局. 2015. 中国城市统计年鉴. 北京：中国统计出版社.

李东旭, 2011. 海洋主体功能区划理论与方法研究. 博士学位论文. 青岛：中国海洋大学.

李京梅, 钟舜彬. 2015. 围填海造地土地资源产品定价研究. 价格月刊, 36（7）：21-25.

李佩瑾. 2006. 海域使用评估理论与实证研究. 硕士学位论文. 大连：辽宁师范大学.

刘明. 2010. 中国海洋经济发展潜力分析. 中国人口·资源与环境, 20（6）：151-154.

刘妍. 2013. 基于实物期权的海域使用权定价研究. 价格理论与实践, 33（8）：85-86.

卢新海, 黄善林. 2010. 土地估价. 上海：复旦大学出版社.

栾维新, 李佩瑾. 2008. 海域使用分类定级与定价的实证研究. 资源科学, 30（1）：9-17.

苗丰民, 赵全民. 2007. 海域分等定级及价值评估的理论和方法. 北京：海洋出版社.

秦书莉. 2006. 海域价格及其评估方法的理论与实证研究. 硕士学位论文. 天津：天津师范大学.

王利, 苗丰民. 1999. 海域有偿使用价格确定的理论研究. 海洋开发与管理, 16（1）：21-24.

闻德美. 2014. 海域使用权定价研究. 博士学位论文. 济南：山东大学.

闻德美, 姜旭朝. 2014. 海域资源价值评估方法综述. 资源科学, 36（4）：670-681.

吴维登. 2013. 海岸带海域公共资源定价影响因子的模糊比较：以厦门海域滩涂定价为例. 应用海洋学报, 32（2）：193-198.

于谨凯, 孔海峥. 2014. 基于海域承载力的海洋渔业空间布局合理度评价——以山东半岛蓝区为例. 经济地理, 34（9）：112-117+123.

张乔民, 隋淑珍. 2001. 中国红树林湿地资源及其保护. 自然资源学报, 16（1）：28-36.

David A. King, Cameron E. Gordon, 2014. Does road pricing affect port freight activity：Recent evidence from the port of New York and New Jersey. Research in Transportation Economics，44（6）：2-11.

European Commission，Food and Agriculture Organization，International Monetary Fund，Organization for Economic Cooperation and Development，United Nations，World Bank，2012. System of Environmental Economic Accounting Central Framework. United Nations New York，2014.

Glenn-Marie Lange，2009. Economic value of marine ecosystem services in Zanzibar：Implications for marine conservation and sustainable development. Ocean & Coastal Management，52（10）：521-532.

Luke M. Brande，2011. The value of urban open space：Meta-analyses of contingent valuation and hedonic pricing results. Journal of Environmental Management，92（10）：2763-2773.

Robert Costanza，1998. The Value of the World's Ecosystem Services and Natural Capital. Ecological Economics，25（4）：3-15.

Yapa Mahinda Bandara，Hong-Oanh Nguyen，2013. Determinants of Port Infrastructure Pricing. The Asian Journal of Shipping and Logistics，29（8）：187-206.

论文来源：本文原刊于《海洋通报》2018 年第 1 期，第 1-8 页。

南海地区推进"一带一路"建设的经济基础与政策空间

鞠海龙[①]　林恺铖[②]

摘要：发展与东盟国家的经贸关系是中国在南海地区推进"一带一路"国家倡议的经济基础。美国和日本以南海问题为抓手与中国展开区域战略竞争的政策为"一带一路"相关政策实践附加了政治与安全因素。当前，中国与包括越南、菲律宾等南海声索国在内的东盟国家商品贸易及投资关系的稳定发展为"一带一路"推进提供了战略可能性。然而，中国与东盟的经贸关系的单向顺差和直接投资不足等问题也限制了经济政策良性社会政治效应的拓展空间。在"一带一路"推进过程中，中国国内产业升级与中国东盟商品贸易结构的平衡将使中国拓展环南海地区经济政策的社会政治效应，并使该地区经济、政治和安全领域的合作机制愈加完善。

关键词：南海地区；"一带一路"；中国-东盟经贸合作

南海地区是中国"一带一路"国家倡议推进的海上地理起始段。中国-东盟自由贸易区、南海争端、中美日地区战略竞争关系是相关政策实践的主要战略参照系。其中，发展经贸关系是中国"一带一路"国家倡议最有基础政策抓手。中国与东盟国家经贸关系的宏观态势、稳定度，及其相对于美日两国的比较优势或劣势，不仅决定着中国"一带一路"国家倡议的经济基础，而且决定着相关经济关系转化社会政治效益的政策空间。

一、中国与东盟国家经贸合作态势与制度基础

贸易与投资是中国当前"一带一路"国家倡议在南海地区有效推进的基础。中国与东盟国家经贸关系及相关制度建设发展是否平稳，是否具有显著的抗干扰能力是检验"一带一路"国家倡议能否在南海地区有效推进的重要指标。

---

①　鞠海龙，博士，教授、博士生导师，暨南大学国际关系学院/华侨华人研究院副院长，中国海洋发展研究会海洋外交与战略专业委员会秘书长，中国海洋发展研究中心南海研究室主任，研究方向为南海问题、海权与中国海洋战略研究等。

②　林恺铖，暨南大学国际关系学院/华侨华人研究院博士生。

在中国与东盟国家经贸关系发展的过程中，中国与东盟国家之间的商品贸易总量，以及中国在东盟国家中的投资比重，一直处于上升状态。在商品贸易方面，中国-东盟经贸关系在 2002 年开始进入高速增长阶段，除 2009 年受美国金融危机的影响略微下滑之外，总体上升趋势明显。此外，从 1993 年开始，中国与东盟贸易总量占东盟对世界贸易总量的比重总体上均处于上升的状态。2007 年之后，该比重首度超过 10%，并且增长动力强劲，于 2016 年达到峰值 16.46%（图1）。

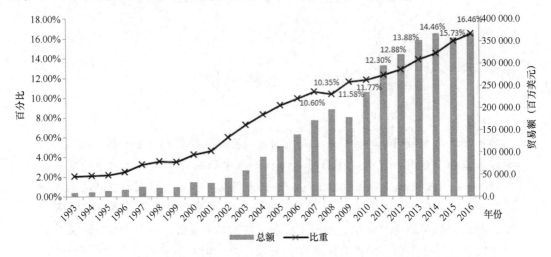

图 1　1993—2016 年东盟对华商品贸易额及其占东盟与世界商品贸易总额比重的变化①

与商品贸易关系的发展趋势相同，中国-东盟投资关系经历了 20 世纪 90 年代的平稳发展之后，在 21 世纪也实现了稳步快速增长。中国对东盟的投资额自 1995 年的 1.52 亿美元激增至 2012 年的 81.68 亿美元，为中国对东盟投资的首个峰值。2016 年中国对东盟投资达到 92.10 亿美元，占东盟接受全部比重从 2012 年的 6.95% 增至 9.52%（图2）。

中国与东盟商品贸易与投资关系整体的良好发展态势稳步发展的同时，区域经济的制度化发展也有了相应的进步。中国与东盟国家经贸制度化建设经历了双边经贸到区域合作两个阶段。1993 年，东盟秘书长多·阿奇欣对中国的访问以及建立经贸和科技两个合作委员会的举措开启了双方区域经贸合作的进程。其后，《中国与东盟全面经济合作框架协议》的签署与实施，中国加入《东南亚友好合作条约》，以及《货物贸易协议》《服务贸易协议》《投资协议》的签订最终造就了 2010 年 1 月"中国-东盟自贸区"的全面建成。

---

① 1993—1999 年数据来源：Public Outreach and Civil Society Division of the ASEAN Secretariat, ASEAN Statistical Yearbook 2003, Jakarta: ASEAN Secretariat, 2003, pp. 66 – 71；2000—2016 年数据来源：https://data.aseanstats.org/trade.php.（上网时间：2017 年 8 月 5 日）

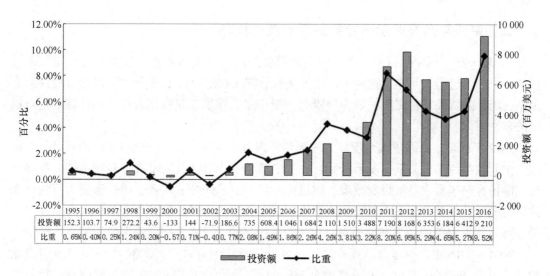

	1995	1996	1997	1998	1999	2000	2001	2002	2003	2004	2005	2006	2007	2008	2009	2010	2011	2012	2013	2014	2015	2016
投资额	152.3	103.7	74.9	272.2	43.6	-133	144	-71.9	186.6	735	608.4	1 046	1 684	2 110	1 510	3 488	7 190	8 168	6 353	6 184	6 412	9 210
比重	0.65%	0.40%	0.26%	1.24%	0.20%	-0.57%	0.71%	-0.40%	0.77%	2.08%	1.49%	1.86%	2.26%	4.26%	3.81%	3.22%	8.20%	6.95%	5.29%	4.65%	5.27%	9.52%

■投资额　◆比重

图 2　1995—2016 年中国对东盟直接投资额及其占东盟接受外资总额比重的变化①

　　"一带一路"倡议提出后，如何将"一带一路"的目标纳入到已有的制度框架成为中国和东盟深化经济合作制度建设的重要内容。2014 年 8 月，中国和东盟开启了自贸区升级谈判。中方"共建 21 世纪海上丝绸之路""提升双方贸易投资便利水平""加快互联互通基础设施建设""加强区域经济一体化合作成为共同努力"四点建议成为双方共同努力的方向。② 其后，贸易投资便利水平的提升在 2015 年 11 月签署的《中国与东盟关于修订〈中国-东盟全面经济合作框架协议〉及项下部分协议的议定书》中得到了充分体现。基础设施互联互通在东盟各国加入亚洲基础设施投资银行以及即将发表的《关于进一步深化中国-东盟基础设施互联互通合作的联合声明》中得到了初步彰显。

　　从过去 20 余年经贸数据和制度化进程角度考察，中国与南海地区国家的宏观经贸关系一直处于稳定的上升状态。1998 年东亚金融危机和 2008 年金融风暴都没有改变其发展性状。不仅如此，2009—2016 年南海争端成为国际热点问题后，中国与南海周边某些国家的紧张关系，以及美国强推"跨太平洋伙伴关系"（TPP），都没有实质性地干扰到"中国和东盟自由贸易区"的发展。中国与东盟国家经贸关系及相关合作制度的发展为"一带一路"倡议在南海地区的战略推进提供了扎实的现实基础。

　　① 1995—1999 年数据来源：Public Outreach and Civil Society Division of the ASEAN Secretariat，ASEAN Statistical Yearbook 2003，p138；2000—2001 年数据来源：Public Outreach and Civil Society Division of the ASEAN Secretariat，ASEAN Statistical Yearbook 2008，p128；2002—2009 年数据来源：Public Outreach and Civil Society Division of the ASEAN Secretariat，ASEAN Statistical Yearbook 2010，Jakarta：ASEAN Secretariat，2010，p110；2010—2016 年数据来源：https：//data. aseanstats. org/trade. php。（上网时间：2017 年 8 月 5 日）

　　② 《中国东盟同意开始自贸区升级版谈判》，新华网，2014 年 6 月 26 日，http：//news. xinhuanet. com/world/2014-08/26/c_ 1112238927. htm。（上网时间：2017 年 8 月 4 日）

二、中国与南海声索国经贸关系的良性状态

"一带一路"国家倡议的具体政策实践需要经由双边关系落地。发展双边经贸关系过程中，中国与越南、菲律宾这两个因南海主权争端而在地区政治安全领域存在阶段性对立关系的国家经贸关系稳定度，成为检验"一带一路"国家倡议在南海地区经济基础是否稳定的显性指标。

2012年以来，南海争端一度成为中国与环南海地区国家关系中最重要的内容之一。中越、中菲政治与安全关系一度下降到谷底。中越、中菲不仅发生过海上对峙事件，菲律宾还一度扬言对华采取经贸报复政策，而越南甚至出现了针对中国企业的打砸暴力行为。在这种情况下，如果中越、中菲经贸关系出现明显的波动，那么中国在环南海地区推进"一带一路"国家倡议的经济基础便具有较强的不稳定性。反之，则显示出明显的稳定性状。

2004—2016年，中越商品贸易总量一直处于直线上升过程。2004年中国对越南商品贸易总量为71.27亿美元，2016年增至718.94亿美元。13年间，中国对越南商品贸易总量增长了10倍多。投资方面，中国对越南的直接投资总量虽有波动，但整体仍呈增长态势。其中，2013年和2016年，中国对越南直接投资一度占越南吸收外资的比重达到10.65%和7.69%。需要说明的是，直接投资从筹备和最后落实是一个比较长期的过程，而直接投资的阶段性本身也是其波动性重要影响因素。2015年、2016年中越南海关系并没有明显改善而投资迅速反弹事实说明，中国对越直接投资与中越政治安全关系之间的关联性并不明显（图3）。

与中越经贸关系的发展轨迹类似，中菲经贸关系在2011—2016年南海争端的矛盾对立最激烈的时期仍一直保持着上升的态势。在商品贸易方面，中国对菲律宾的商品贸易总额由2000年的14.31亿美元上升至2016年的221.08亿美元，两国的贸易总额翻了4番，贸易合作态势相当积极（图3）。

在投资方面，中国对菲律宾的投资规模较小，其直接投资占菲律宾吸收外资比重基本维持在1%以内，甚至在某些年份是负数，反映出有更多菲律宾投资流入中国。然而，在2013年菲律宾将中菲南海争端提交国际仲裁的关键年份，中国对菲律宾的投资占比却出现了大幅度增长，并于2015年跃升至1.05%，首次超过菲律宾接受外资总额的1%（图3）。

2012—2016年是美国"重返"东南亚、实施亚洲"再平衡"政策的关键阶段，美国以南海问题为抓手直接引导了中菲、中越政治安全关系的对立。然而，中国与越、菲两国的经贸关系的发展却在整体上呈现出相对稳定的上升状态。经贸关系相对于政治安全关系的反差显示，中国与包括越南和菲律宾在内的东盟国家的经贸关系已经形成一个相对独立且稳定的系统，南海争端的影响基本被限制在政治安全领域。这种状况表明，"一带一路"国家倡议在环南海地区推进的经济基础已经具备了一定的稳定度和抗干扰能力。

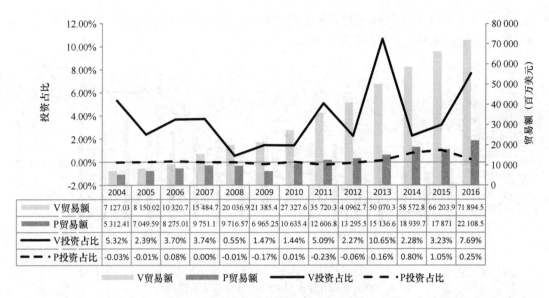

	2004	2005	2006	2007	2008	2009	2010	2011	2012	2013	2014	2015	2016
V贸易额	7 127.03	8 150.02	10 320.7	15 484.7	20 036.9	21 385.4	27 327.6	35 720.3	4 0962.7	50 070.3	58 572.8	66 203.9	71 894.5
P贸易额	5 312.41	7 049.59	8 275.01	9 751.1	9 716.57	6 965.25	10 635.4	12 606.8	13 295.5	15 136.6	18 939.7	17 871	22 108.5
V投资占比	5.32%	2.39%	3.70%	3.74%	0.55%	1.47%	1.44%	5.09%	2.27%	10.65%	2.28%	3.23%	7.69%
P投资占比	-0.03%	-0.01%	0.08%	0.00%	-0.01%	-0.17%	0.01%	-0.23%	-0.06%	0.16%	0.80%	1.05%	0.25%

图 3　2004—2016 年越、菲对华商品贸易额与中国对越南直接投资占越南吸收外资比重的变化①

三、经贸关系对"一带一路"倡议的政策支撑度

在南海地区推进"一带一路"，需认清该地区国际环境的开放性，其决定了中国以经贸关系拓展"一带一路"倡议必须考虑国际竞争因素。在国际竞争的状况下比较国际战略竞争对手和中国各自与东盟国家的经贸关系，才能检验出当前政策所依托的经济基础对相关政策具有多大的政策支撑度。

进入 21 世纪以来，美国和日本不止一次明确将中国视为亚太地区的战略竞争对手。2012 年至今，美日积极介入南海地区事务以及在相关问题上与中国的激烈交锋表明，中国在南海地区推进"一带一路"倡议绝对绕不开美日两国。中国如欲以其与东盟国家经贸关系为基础支持相关政策的发展，便必须参考与美日两国同类指标的对比状况。通过细分要素的方式比较中美日对东盟国家经贸关系将涉及：商品贸易总量、商品贸易顺逆差状况、投资格局 3 个方面。在这 3 个方面的综合比较中，中国相对于美日两国的优势越大，中国–东盟经贸关系对"一带一路"相关政策的支撑度就越强，二者之间呈正相关。

比较 2000—2016 年美、中、日三国与东盟的进出口贸易，美日对东盟的商品出口贸易均维持着增长的趋势，且波动幅度较小。东盟对中国的进口总额呈现快速上升态势，不但在 2006 年和 2007 年先后超过美国与日本，而且在 2009 年之后呈现出持续超过美日两国的加速增长以及总量上小幅胜出的优势。商品出口方面，2009 年同样是东盟对美、日、中三国出口总量对比转变的关键时间点。东盟对中国的出口在 2010 年超过日本，在 2014

① 　2004—2009 年投资额数据来源：Public Outreach and Civil Society Division of the ASEAN Secretariat，ASEAN Statistical Yearbook 2010，Jakarta：ASEAN Secretariat，2010，p110；2004—2016 年贸易额数据及 2010—2016 年投资额数据来源：东盟统计数据库，https：//data. aseanstats. org/trade. php。（上网时间：2017 年 8 月 5 日）

年、2015 年、2016 年 3 年间达到了远超美日两国的状态。中国成为东盟稳定的第一大贸易伙伴，显示出相对于美日的优势（图 4）。

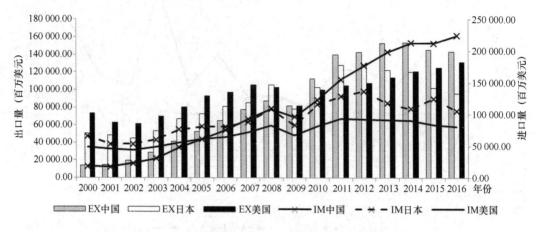

图 4　2000—2016 年东盟对中美日商品贸易额的变化①

商品贸易顺逆差是检验经贸关系是否具有结构性差异的指标。从 2000—2016 年东盟对中、美、日三国商品贸易进出口量的统计分析中不难看出，东盟过去 17 年对美国的商品贸易基本上处于顺差和顺差逐渐扩大的状态。东盟对日本的商品贸易有小幅度的顺差或逆差总体上有围绕平衡线上下小幅波动的状态。相对于美日两国，东盟与中国的贸易逆差以 2011 年为界，呈现前期虽然有波动但相对稳定，而后期迅速拉大的态势（图 5）。

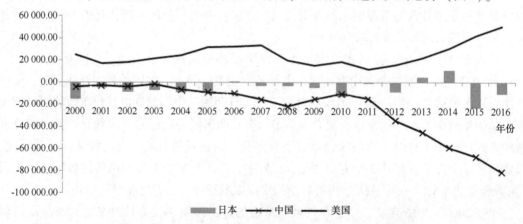

图 5　2000—2016 年东盟对中美日商品贸易净出口量的变化②

东盟国家对中、美、日三国贸易逆差结构差异显示：东盟在对美国的商品贸易中获益较多；对日本的商品贸易基本平衡；对中国贸易处于越来越明显的不平衡性状态。由于贸易顺逆差与贸易相关国家财政收入、外汇储备、就业状况等有密切的联系，而这些联系又

---

①② 　数据来源：东盟统计数据库。

直接关系到有关国家的对外政策选择，因此在区域战略竞争和政策对抗的情况下，中国仅凭借商品贸易关系还不足以抗衡美日两国。

投资是检验经贸关系的另一重要指标。在东盟引入外资的格局中，美国与日本都是东盟外资的主要来源国。日本对东盟的投资一直保持高位平稳发展。2008 年后，日本对东盟的投资出现了强劲增长，并于 2013 年达到了顶峰。其后，日本对东盟的投资虽然有所下滑，但仍然稳定在 120 亿~150 亿美元的区间。美国对东盟国家投资波动较大，但是总体水平不比日本差太多。随着美国"重返"东南亚并以南海问题为抓手实施"再平衡亚洲"政策以来，美国对东盟的投资一直在增加，并于 2010 年、2011—2012 年、2013—2015 年实现了 3 个峰值。中国对东盟的投资相对美日明显处于劣势。2011 年，中国对东盟的投资高点与美日两国的低点持平，随后进入平稳的低速增长阶段（图 6）。

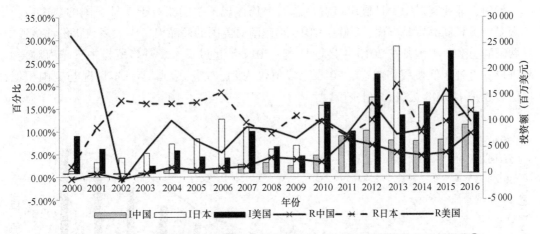

图 6 2000—2016 年中美日对东盟的直接投资及其占东盟接受外资的比重的变化①

相对于将中国视为区域竞争对手的美日两国，中国已经取得了进出口商品交易量的优势，然而，在贸易顺逆差结构和投资方面均处于下风。鉴于商品贸易顺逆差结构与贸易双方国内产业结构有关，而投资状况还取决于投资国和资金引入国双边关系及双方投资（引资）的意愿与政策的影响，短中期内弥补这两方面缺陷的条件还不成熟。因此，中国以经贸关系为基础支撑南海地区"一带一路"建设仍有待加强，维持南海地区相对稳定、和谐的国际环境仍是当前和未来一段时期内"一带一路"倡议顺利推进仍具有重要意义。

四、经贸关系对"一带一路"国家倡议的政策拓展度

"一带一路"国家倡议包含政策沟通、设施联通、贸易畅通、资金融通、民心相通五

---

① 2000—2001 年数据来源：Public Outreach and Civil Society Division of the ASEAN Secretariat，ASEAN Statistical Yearbook 2008，p128；2002—2009 年数据来源：Public Outreach and Civil Society Division of the ASEAN Secretariat，ASEAN Statistical Yearbook 2010，Jakarta：ASEAN Secretariat, 2010, p110；2010—2016 年数据来源：东盟统计数据库。

大目标体系,[1] 覆盖中国与沿线国家关系中的经济、社会、政治三大领域。在现实经济过程中，进出口贸易、贸易顺差、引进外资在大多数情况下都有带动就业和增加社会福利、外汇储备、财政收入的直接效应，以及增强政府执政合法性的间接效应，因此，理论上，"一带一路"国家倡议在东盟国家的经济政策实践中是具有增进社会感情、改善政治关系等效应的。

推进"一带一路"倡议不是在中国与环南海国家之间一对一或者一对多的简单关系模式下的政策实践，而是在存在区域战略竞争对手，以及区域战略竞争对手依旧拥有主导权的国际秩序中进行的政策实践。这种情况下，相关经济政策的社会、政治评价就必须要引入美日等竞争对手的同类数据比较，而明显受战略竞争对手影响的越南、菲律宾等与中国在政治安全关系方面存在矛盾或潜在矛盾的国家的效果分析就更具典型意义。

越南、菲律宾对中美日进出口贸易总量上均体现了中国相对于美日两国的快速增长。越南对中美日商品贸易方面，2000—2016 年越南对美国的商品出口中大多数年份都接近中日两国的总和。中国则在 2010 年接近日本，2014 年超过日本。进口贸易中，越南对美商品进口一直处于低位缓增状态，2016 年峰值仅为 81.77 亿美元。[2] 日本情况与美国相似，峰值最高是 149.48 亿美元（图 7）。[3]

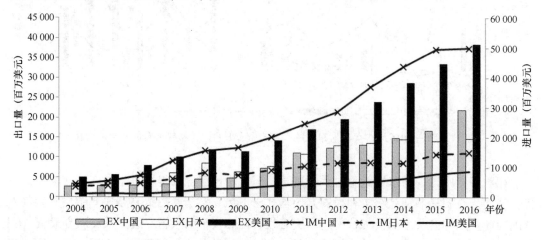

图 7　2000—2016 年越南对中美日商品贸易额的变化[4]

菲律宾与中美日商品贸易格局中，2000—2016 年间美国和日本一直是菲律宾最主要的商品市场，并先后保持菲律宾第一大商品出口市场的地位（2010 年前为美国，之后是日本）。菲律宾对中国的商品出口贸易上升趋势明显，但总体落后于美日两国。在菲律宾对外商品贸易进口方面，其 2012 年中国商品的进口贸易额超越对美和对日进口贸易额，并迅速拉大差距（图 8）。

①　习近平:《联通引领发展 伙伴聚焦合作——在"加强互联互通伙伴关系"东道主伙伴对话会上的讲话》，新华网，2014 年 11 月 8 日。http://news.xinhuanet.com/world/2014-11/08/c_127192119.htm。（上网时间：2017 年 9 月 29 日）

②③④　数据来源：东盟统计数据库。

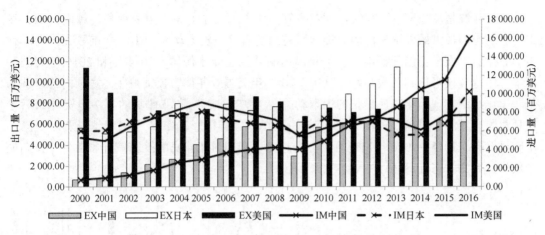

图 8　2000—2016 年菲律宾对中美日商品贸易额的变化①

比较越南、菲律宾在中美日贸易中的顺逆差（净出口）状况，中国与美日两国反差很大。其中，越南对中国商品的进口与对美国商品的出口形成截然相反的对比。2016 年越南对中国进口为 499.55 亿美元，超过美日两国总和的两倍（图 8）。越南商品对中、美、日三国的净出口对比结果显示出越南对华商品贸易逆差和对美贸易顺差强烈的反差和完全相反的发展趋势（图 9）。与越南情况相似，菲律宾对美日两国的净出口量总体上朝着有利于菲律宾的方向发展。2004—2016 年，菲律宾对美国的贸易一直处于顺差状态。菲律宾对日本的少量逆差从 2006 年开始转向明显的顺差。菲律宾对中国的贸易则显示出从顺差转向逆差的明显趋势，而且在 2010 年后呈现出逆差逐年迅速增加的态势（图 9）。在顺逆差态势明显相反的状态下，越南和菲律宾对中国、美国、日本贸易各自的获益感会有明显差异。

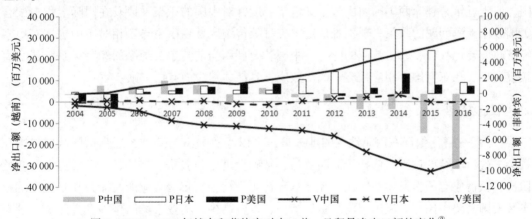

图 9　2004—2016 年越南和菲律宾对中、美、日贸易净出口额的变化②

①② 数据来源：东盟统计数据库。

　　外资来源是从越南、菲律宾角度考察其与中美日关系的另一重要视角。越南方面，日本一直是越南最大的外资来源国。美国对越南的直接投资波动大，2011 年前领先中国非常多。菲律宾方面，美国和日本一直是菲律宾的外资主要来源国。2014 年和 2016 年美国和日本对菲律宾投资达到两次高峰。其中，2014 年美国对菲律宾投资被菲律宾国内普遍认为是菲律宾经济实现当年高速增长的根本动力。[①] 中国对越南和菲律宾的直接投资均落后于美日两国。其中，对越投资在 2012 年前一直在低位徘徊。2013 年中国对越投资出现第一次明显上扬，2015—2016 年出现再次上升趋势。中国对菲律宾的投资一直非常少，长期处于低位运行的状态（图 10）。

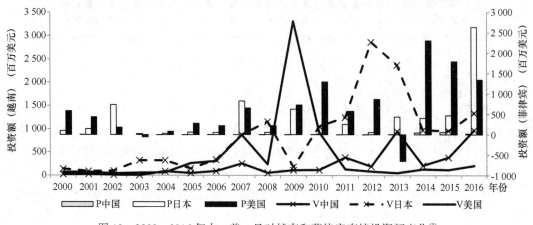

图 10　2000—2016 年中、美、日对越南和菲律宾直接投资额变化[②]

　　比较越南、菲律宾对中美日贸易和投资情况，越菲两国从美日消费市场和投资的直接获益要明显超过中国。这种经济上的直接获益转化为社会普遍的获益感理论上也强于中国。鉴于近年来越菲两国国内民族主义情绪一度针对中国的积聚，以及在国际上积极配合美国炒作南海问题的政策表现不难认定，美日等传统区域秩序主导者相对于中国拥有更多经济政策转化社会、政治效应的能力。中国若要利用当前与东盟国家的经贸关系结构和直接投资拓展在东盟国家相应社会、政治效应，其能力建设尚有所欠缺。

五、结语

　　"一带一路"倡议在南海地区的推进是一个以经贸关系为基础，逐步拓展区域内国家社会、政治联结的过程。依托于商品贸易、基础设施建设投资，"一带一路"建设的起始阶段将获得应有的爆发力。然而，经济基础转化为社会、政治效应的支撑力和延展度的根本转变则需要中国与区域国家商品贸易结构、投资结构、消费市场结构等多方面的合理对接。在美日等战略竞争对手高度重视南海地区并在与一些东盟国家的商贸顺逆差结构和投资格局等领域拥有优势的情况下，中国"一带一路"倡议短期内不太可能有很多借力政治

---

① 2014 年 5 月，笔者在菲律宾大学、菲律宾外交事务中心等机构访学，几乎所有学者均表达了这样的观点。
② 数据来源：东盟统计数据库。

反哺经济的政策空间。依托经济关系，增强社会亲和度、培育政治关系是"一带一路"倡议在该地区推进的必由之路。因此，未来应完善对南海地区国家，尤其是关键国家经贸政策的衡量思路，增加科学、全面的社会效应、政治评估指标。

论文来源：本文原刊于《国际问题研究》2017 年第 6 期，第 70-82 页。

中国海洋经济绿色全要素生产率测度及影响因素

丁黎黎[①]　朱　琳[②]　何广顺

摘要：本文利用熵值法构建了"资源与环境损耗指数"，测算了资源环境双重因素下中国及 11 个沿海地区的海洋经济绿色全要素生产率，基于面板数据 Tobit 模型考察了不同因素对海洋经济绿色全要素生产率的影响。结果表明：技术进步是中国海洋经济绿色全要素生长率增长的主要源泉，而技术效率和规模效率的作用并不明显；沿海地区海洋经济增长对资源依赖和环境污染的程度呈现出较大的差异性；海洋产业结构、专业技术水平、管理制度对经济绿色全要素生产率增长具有显著的正向影响，而工业规模具有显著的负向影响。

关键词：绿色全要素生产率；资源与环境损耗指数；DEA-Malmquist 指数模型；Tobit 回归

一、引言

目前，对中国及沿海地区海洋经济全要素生产率的研究较少，研究的重点集中在资本、劳动、科技对海洋经济增长影响等方面，忽视了海洋经济发展所造成的海洋资源耗竭、海洋生态环境破坏等问题。

绿色视角下的经济增长研究主要通过寻找期望产出（GDP）生产过程中对环境造成污染的坏活动，如 CO_2、SO_2、COD 等，来测算经济增长中的绿色问题。然而海洋经济是一种特殊经济体系，其坏产出不仅体现在环境破坏，还包括海洋资源消耗。统计报告显示：由于近海资源过量开发，一些海洋资源已开始衰竭。如我国的海洋捕捞业已面临优质经济鱼类的消失。因此，如何将"海洋资源消耗、环境退化"等坏影响活动引入到海洋经济增长问题中，以及考虑这些活动后海洋经济全要素增长率是否仍然显著？都是需要继续深入研究的课题。

[①] 丁黎黎，女，中国海洋大学经济学院教授、博导，研究方向：海洋经济与资源管理。
[②] 朱琳，女，北京理工大学博士生，研究方向：大数据与资源管理。

基于 Malmquist 生产率指数分析方法的优势，本文采用该方法进行了我国及沿海区域海洋经济绿色全要素生产率的测度。

二、海洋经济绿色全要素生产率的测度与差异性分析

（一）变量选择与数据说明

本文决策单元为全国或 11 个沿海地区，数据分析时间跨度为 2003 年到 2012 年。根据海洋经济体的实际情况，选择 2 个投入变量、2 个产出变量进行海洋经济绿色全要素生产率测度。具体的投入产出指标如下：①资本投入。本文使用"海洋经济资本存量"作为资本投入指标。由于目前没有海洋固定资产投资的相关统计数据，海洋资本存量估计也是本文一个重要工作。具体步骤如下：首先，估算出沿海地区资本存量，这里我们选取张军对 1952—2000 年中国省际资本存量估算的成果，计算出 2000 年各沿海地区的现价资本存量。其次，以 10.96% 的折旧率及 2001 年沿海地区全社会固定资产投资价格指数，结合 2001 年沿海地区全社会固定资产，运用公式 $k_t = (1 - \delta) k$（其中 k_t 为 t 时期的资本存量，δ 为折旧率，I_t 为 t 时期的投资），求得基期 2001 年沿海地区资本存量现价，及以 2001 年为基期的 2003—2012 年沿海地区可比价资本存量。最后，估算沿海地区海洋资本存量。为消除价格因素的影响，在修正资本存量时采用的是海洋生产总值及沿海地区生产总值可比价数据。②劳动投入。本文参考以往研究成果，选取"涉海就业人员数"作为劳动力投入指标。③期望产出。以沿海地区海洋生产总值（GOP）作为期望产出，为与海洋经济资本存量价格保持一致，以 2001 年不变价格折算。④非期望产出。不同以往研究，本文把"资源依赖"与"环境污染"这些"坏活动"，整合成"资源与环境损耗指数"作为非期望产出，弥补传统研究中选择单一污染物指标作为环境污染变量及只有环境或资源单方面变量而造成的效率评价偏差。资源依赖主要体现在海洋渔业资源、海洋油气资源、海洋矿业资源以及海域资源等海洋经济活动直接（一次）开发利用的资源方面。根据统计数据可获得性，采用"海洋捕捞产量"指标体现对渔业资源的依赖性。对于海洋油气、海洋矿业等资源而言，其产量近似于对这些资源的消耗量，因此采用能源消耗代替这类资源消耗，衡量创造 GOP 过程中的油气和矿业资源依赖度。由于海洋经济能源消耗的数据无法直接获取，本文先将各类能源消耗量统一换算为标准煤，得出各地区总体一次能源消耗量，最后根据海洋生产总值在沿海地区生产总值中所占比重估算出海洋经济所需的一次能源消耗总量。环境污染主要考虑陆源污染物对海洋环境的影响，且在污染物排放量上只考虑生产过程中产生的污染物排放量，不将居民生活过程中所产生的污染物排放量计算在内。选取了海洋环境污染物中的"沿海工业废气排放量""沿海工业废水排放量""沿海工业固体废弃物排放量"作为衡量海洋环境污染程度的指标。

（二）资源与环境损耗指数的构建

本文尝试用熵值法，通过指标变异程度来确定指标权重。用熵值法构造的"资源与环境损耗指数"的倒数代替非期望产出指标，过程如下：

（1）指标的无量纲处理。原始指标数据矩阵为 $X_{ij} = (x_{ij})_{m \times n}$，其中 X_{ij} 为地区 i 第 j 个指

标的取值。则地区 i 第 j 个指标值的比重为 $X'_{ij} = X_{ij} / \sum_{i=1}^{m} X_{ij}$。因此，原始矩阵可转化为无量纲矩阵 $X'_{ij} = (x'_{ij})_{m \times n}$。

（2）计算指标 j 的熵值 e_j。

$$e_j = -\frac{1}{\ln m} \sum_{i=1}^{m} X'_{ij} \ln x'_{ij} , \ e_j \geqslant 0 。$$

（3）计算指标 j 的差异性系数 e'_j。给定指标 j，各样本的 X'_{ij} 差异性越小，熵值 e'_j 越大，指标 j 在综合评价中的作用越小。本文定义 $e'_j = 1 - e_j$，则 e'_j 越大，指标 j 在综合评价中越重要。

（4）计算指标 j 的客观权重 w_j。

$$w_j = e'_j / \sum_{j=1}^{n} e'_j = (1 - e_j) / \sum_{j=1}^{n} (1 - e_j) 。$$

（5）计算资源与环境损耗指数 REP_i。

$$REP_i = \sum_{j=1}^{n} X'_{ij} W_j 。$$

REP_i 为第 i 个样本的"资源与环境损耗指数"。REP_i 越大，资源依赖程度及环境污染程度越高。本文计算了沿海地区 2003—2012 年的"资源与环境损耗指数"，限于篇幅，仅大致描绘出其变化趋势。

根据沿海地区资源与环境损耗指数变化趋势，本文指出：① 2004 年大部分地区指数出现了先增后降的拐点。这与 2003 年我国首次颁布的《全国海洋经济发展规划纲要》有直接关系。该纲要对促进沿海地区经济合理布局和产业结构调整，保证我国海洋经济可持续快速发展具有重要意义。② 2006—2010 年各地区指数呈现较平稳变化趋势。这与沿海各地区的"十一五"发展规划时间相吻合。此期间，沿海各地区在"节约资源，保护环境作为基本国策"的宏观政策指导下，进入了海洋经济全面发展时期。这一期间大部分地区的资源与环境损耗指数相对较低。③ 2011 年以后各地区指数出现了下降趋势。"十二五"时期在转变发展方式与结构调整的倒逼机制下，海洋经济发展节奏放缓，进入阶段调整时期。④ 个别地区出现了特有变化。例如，广西 2003—2006 年期间指数波动幅度较大，2006 年广西开始大规模出台海洋资源环境保护方面政策后，其指数下降并趋近平缓。河北是我国重要的工业基地，尤其"十一五"期间，石油、炼焦煤、冶金等资本密集型行业呈现增速发展状态，增速背后的陆源污染物，对近海环境造成了巨大压力，使得河北资源与环境损耗指数远高于其他地区。

（三）DEA-Malmquist 模型实证结果

1. 海洋经济绿色全要素生产率指数测算结果分析

首先比较分析了我国海洋经济传统全要素生产率和绿色全要素生产率（表 1）。从总体状况来看，加入资源与环境损耗指数后，2003—2012 年期间内的海洋经济绿色 TFP 指数平均增长率低于传统 TFP 指数，年均增长率降至 8.3% 小于 10.5%。因此，未将资源与环境纳入海洋经济全要素生产率的测算研究不仅会使效率评价缺乏准确真实性，也会导致海洋经济全要素生产率的测算结果出现较大偏差。当海洋经济增长效率会被高估时，由此得出的政策建议便会带有一定的偏差和误导性。

表1 2003—2012年海洋经济传统全要素生产率和绿色全要素生产率指数测算结果

年份	TFP指数	绿色TFP指数	技术效率指数	绿色技术效率指数	技术进步指数	绿色技术进步指数
2003—2004	1.267	1.242	0.968	1.115	1.309	1.113
2004—2005	1.222	1.049	0.927	0.801	1.319	1.309
2005—2006	1.264	1.187	1.021	1.043	1.238	1.138
2006—2007	1.042	1.058	1.052	1.031	0.991	1.026
2007—2008	1.034	1.068	0.996	1.011	1.038	1.057
2008—2009	0.946	0.924	1.145	1.091	0.826	0.847
2009—2010	1.104	1.055	0.931	0.947	1.186	1.114
2010—2011	1.072	1.075	1.027	1.061	1.044	1.014
2011—2012	1.043	1.118	0.670	0.799	1.557	1.399
均值	1.105	1.083	0.962	0.982	1.149	1.102

其次分析了海洋经济绿色TFP指数增长的特征（表2和图1）。从海洋经济绿色TFP指数增长来源的分解情况看（图1），前沿技术变化对绿色TFP具有较强的正效应作用，而效率变化在总体上对绿色TFP的影响为负。因为技术变化带来的正效应远大于效率变化带来的负效应，所以我国海洋经济仍然可实现绿色全要素生产率的正增长。从时间序列来看，绿色TFP指数增长存在年际差异。其中，2004—2005年的绿色TFP指数增长出现不同，其中技术进步率增幅为30.9%，而技术效率却下降幅度为19.9%。原因在于2003年《全国海洋经济发展规划纲要》的颁布使得一些沿海地区盲目进行海洋经济的规模性扩张，从而导致技术效率恶化。2006—2008年为绿色TFP指数的低增长时期。这与"十一五"规划中要求能源强度降低20%和主要污染排放物总量减少10%的节能减排约束性指标政策是密不可分的。2008年美国次贷危机引起的世界金融危机影响到我国海洋经济的发展，使得2008—2009年绿色TFP指数再次下降，并呈现负增长直至2010年恢复为正增长。2011—2012年绿色TFP指数虽呈现高值，但依然受惠于技术变化的增幅（39.9%），各种生产要素的集约利用效率没有发生应有的改善，要素的过度集聚使规模效率也有所下降，这也是我国海洋经济出现"低效率的高增长"现象的根源所在。

2. 沿海地区海洋经济绿色全要素生产率测度结果分析

从区域层面（表2）可以得到以下结果：不加入资源与环境损耗指数时，沿海地区传统TFP均显示正增长，这与关于沿海地区经济效率的研究文献得到一致结论。加入资源与环境损耗指数后，11个沿海地区绿色TFP指数增长呈现差异性。在分析期间内，沿海地区绿色TFP指数大部分省市均呈现下降，这与我国海洋经济绿色TFP指数发展趋势呈现一致性。其中，海南绿色TFP指数增长速度最慢且出现负增长，这是由于其技术进步率的

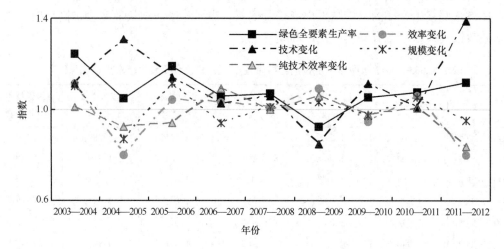

图 1　2003—2012 年海洋绿色全要素生产率增长的分解及趋势变化

下降所致。海南海洋产值仅占全国很小的份额，形成了典型的"大海洋小产业"格局，海洋经济方面技术进步水平较低，第一产业比重过高，渔业资源过度依赖造成了技术进步率下降。天津、上海的技术进步、技术效率均推动了绿色 TFP 指数增长。辽宁、浙江、福建、山东、广东 5 省的绿色 TFP 指数增长主要源于技术进步的提高而非技术效率的改善，其中辽宁、浙江、福建、山东是纯技术效率和规模效率共同恶化导致；广东仅是规模效率恶化造成，而辽宁、浙江、山东、广东都是典型的要素集聚程度较高的地区，要素集聚已经出现了集聚过度的特征，进而导致这些地区的规模效率出现不同程度的下降。

表 2　2003—2012 年沿海地区海洋经济传统与绿色全要素生产率指数对比分析

地区	不加入资源与环境损耗指数					加入资源与环境损耗指数				
	TFP 指数	技术进步指数	技术效率指数	纯技术效率指数	规模效率指数	TFP 指数	技术进步指数	技术效率指数	纯技术效率指数	规模效率指数
天津	1.043	1.120	0.931	0.987	0.943	1.048	1.048	1.000	1.000	1.000
河北	1.262	1.203	1.049	1.037	1.011	1.213	1.104	1.099	1.037	1.060
辽宁	1.055	1.150	0.918	0.975	0.941	1.054	1.149	0.918	0.975	0.941
上海	1.191	1.191	1.000	1.000	1.000	1.167	1.167	1.000	1.000	1.000
江苏	1.276	1.203	1.060	1.038	1.022	1.181	1.135	1.040	1.032	1.008
浙江	1.063	1.161	0.916	0.927	0.988	1.063	1.161	0.916	0.927	0.988
福建	0.982	1.078	0.910	0.919	0.990	0.981	1.078	0.910	0.919	0.990
山东	1.048	1.177	0.891	0.904	0.986	1.048	1.177	0.891	0.904	0.986
广东	1.065	1.117	0.954	1.000	0.954	1.065	1.117	0.954	1.000	0.954
广西	1.170	1.169	1.000	1.000	1.000	1.199	1.084	1.106	1.000	1.106
海南	1.046	1.080	0.969	1.000	0.969	0.932	0.932	1.000	1.000	1.000
均值	1.105	1.149	0.962	0.980	0.982	1.083	1.102	0.982	0.980	1.002

三、海洋经济绿色全要素生产率的影响因素分析

（一）变量选择与数据说明

本节探讨影响我国海洋经济绿色 TFP 发展的内在因素。许多文献已证明了国民经济发展中的 GDP、FDI、贸易额等对海洋经济 TFP 产生重要影响。不同以往研究，本文认为海洋经济作为资源与环境高度依赖的区域经济，不仅具有海洋经济区位优势，而且受政府区域政策干预明显。因此，影响因素选择如下：①从海洋经济视角选取 3 个指标。其中，海洋产业结构（OIND）指标选择海洋第三产业总产值占 GOP 的比重来衡量，原因在于海洋第三产业低消耗低污染特征对海洋绿色经济发展有着积极意义。港口经济活跃水平（PE）指标选择沿海港口货物吞吐量来衡量。海洋专业技术水平（OTE）选择每万从业人员拥有技术人员数这一指标，原因是海洋科技人员则是推动技术进步的最直接要素。②从政策视角选择两个指标。其中，环境污染治理投资（EG）指标选择海洋工业环境污染治理投资总额来表示。海洋管理制度（OMR）指标以沿海地区各年出台的海洋管理制度总数表示。本文查找的海洋管理制度主要涉及海洋资源开发管理与环境保护及海洋经济发展相配套的海洋科技的相关政策和条例。③从陆源污染视角选择"工业规模"一个指标，原因在于海洋环境污染主要来自于陆源工业污染。

（二）面板 Tobit 模型实证结果

由于海洋经济绿色 TFP 有些介于 0 和 1 之间，若用最小二乘法直接进行回归，会因无法完整呈现数据导致估计存在偏差。为解决这类问题，本文构建了面板 Tobit 回归模型进行实证分析。

$$GTFP_{it} = \beta_0 + \beta_1 OMR_{it} + \beta_2 OIND_{it} + \beta_3 IS + \beta_4 PE_{it} + \beta_5 OTE_{it} + \beta_6 EG_{it} + \varepsilon_{it}$$

其中，被解释变量 $GTFP_{it}$ 为第 i 个沿海省市第 t 年的海洋绿色 TFP，解释变量为 OMR_{it}、$OIND_{it}$、IS_{it}、PE_{it}、PTE_{it}、EG_{it}，β_0 为截距项，β_1、β_2、β_3、β_4、β_5、β_6 为各解释变量的待估参数，ε 为残差项。应用 Eviews6.0 软件，对模型中的各参数进行估计，结果参见表 3。

表 3　Tobit 模型估计参数及结果

解释变量	系数估计值	标准差	Z 统计量	P 值
β_0	1.123***	0.373	3.006	0.003
IS	-1.542***	0.354	-4.536	0.000
OIND	0.368**	0.209	1.759	0.038
PE	-1.13E-06	1.28E-06	-0.885	0.376
OTE	0.527***	0.165	3.187	0.001
EG	0.008	0.012	0.672	0.502
OMR	0.067*	0.037	1.787	0.074

注：***为在 1%水平下显著；**为在 5%水平下显著；*为在 10%水平下显著。

根据表 3 统计结果，本文进一步分析了海洋经济绿色 TFP 的影响因素。①海洋专业技

术水平（OTE）对海洋经济绿色 TFP 的正向作用最大，且在 1% 的水平上通过了显著性检验。这正说明海洋经济绿色增长离不开海洋技术水平的进步；另一方面也间接说明我国海洋经济绿色增长主要来自技术进步，而非来自技术效率。②海洋产业结构（OIND）的正向作用次之。在这种强正向关系作用下，海洋经济绿色 TFP 指数随着第三产业扩张而增大，从而证实了海洋产业结构优化和升级是实现海洋经济绿色增长的重要路径。③海洋管理制度（OMR）在 10% 的水平上对海洋经济绿色 TFP 也具有正向作用。原因在于我国海洋经济的发展模式为政策导向型，作为"十一五""十二五"规划开局之年的 2006 年和 2011 年，沿海地区出台的海洋资源管理与环境保护等新政策对海洋经济绿色增长具有影响作用。但是，OMR 的正相关系数（0.07）较小，意味着海洋管理制度出台的数量对海洋经济绿色 TFP 的影响不是很大，原因可能是国家及各地区政府在政策落实与监管力度上不足，控制能力及管理水平不高。④工业规模（IS）具有显著的负向影响。沿海地区的工业规模对海洋经济绿色 TFP 具有较大的逆向作用，原因在于沿海地区工业发展产生的"三废"绝大部分通过直接入海，河水和地表径流、酸雨等形式流入近海，影响着近岸海域的环境。⑤港口经济活跃水平（PE）的影响系数为负，但没有通过显著性检验。说明港口经济的活跃水平对海洋经济绿色增长具有一定的抑制作用，但不显著。因为港口吞吐量的增长表明沿海地区贸易的增长，虽然能对海域环境产生一定的污染，但其对海洋经济发展的促进作用却优于此。⑥环境污染治理投资（EG）的影响系数为正，影响系数（0.008）很小且没有通过显著性检验。表明工业环境污染治理投资在推动海洋经济绿色发展过程中并没有发挥应有的作用，主要原因在于工业污染治理是末端治理，并不是从源头进行防治，这样造成投资较大，额外浪费资源，难以获得较好的经济回报，而且不能从根本上消除污染。

四、结论与启示

（1）在效率及影响因素分析中均可以看出，海洋经济绿色 TFP 增长的主要源泉仍然是技术进步。前沿技术变动的技术变化在整个样本时期内对生产率增长的呈现显著正效应，技术效率出现恶化趋势并对绿色 TFP 产生负影响，要素或经济的过度集聚使规模效率有所下降。因此，资源与环境双重约束下的技术进步和技术效率改进都是海洋绿色全要素生产率增长中必须同时兼顾的两个方面。沿海地区要一方面重视培育海洋经济发展的新要素，大力发展与储备海洋开发高新技术，提高海洋开发的技术水平和能力。另一方面，在发展海洋经济引进先进技术过程中，以技术效率改进为着力点，坚持效率与规模并重的原则，促使技术效率的提高，这对依赖资源与环境的海洋经济而言尤为重要。

（2）部分沿海地区的海洋经济发展呈现出"黑色"模式。在样本期内，河北、辽宁、广东、广西的资源与环境损耗指数整体较高，但沿海地区的资源与环境损耗指数整体变化趋势在 2006 年及 2011 年呈现下降趋势。说明这些沿海地区的海洋经济曾出现过盲目扩张阶段，形成对资源过度依赖和环境污染的"黑色"发展模式。在经历了以资源和环境换海洋经济增长之后，各级政府面临着产业结构调整与升级等一系列的新挑战。因此，沿海地区加快产业结构调整和升级势在必行，在提高海洋第三产业比重的同时发展海洋新兴产业，提高海洋产业现代化水平。

（3）海洋经济绿色 TFP 增长依托于海洋经济的发展和海洋管理制度的支持。优化海洋产业结构、推动港口经济、促进科技投入等活动一直是我国政府为实现"海上中国"的重要任务，同时研究表明沿海地区的工业规模严重影响着近岸海域资源与环境。因此，针对海洋资源和生态环境，首先应出台海洋科技发展政策促进科技创新，保障海洋资源高效开发利用，保障海洋经济的可持续发展；其次要建立健全清洁生产的实施政策，使沿海地区工业从"末端治理"向"前段预防"转移，加强沿海工业环境保护技术支持，制定新的沿海工业污染物排放标准；最后，在沿海各地区制定和实施各种海洋管理制度的同时，还应积极采用协调、指导、行政干预、服务保障等多种管理措施，来提高政策制度的管理水平，推进海洋绿色经济增长。

参考文献

常玉苗. 2011. 我国海洋经济发展的影响因素——基于沿海省市面板数据的实证研究 ［J］. 资源与产业，（5）：95-99.

苏为华，王龙，李伟. 2013. 中国海洋经济全要素生产率影响因素研究——基于空间面板数据模型 ［J］. 财经论丛，（5）：9-13.

李静. 2009. 中国区域环境效率的差异与影响因素研究 ［J］. 南方经济，（12）：79-87.

王兵，吴延瑞，颜鹏飞. 2010. 中国区域环境效率与环境全要素生产率增长 ［J］. 经济研究，（5）：55-66.

Oh，D. H.，Heshmati，A.，2010. A sequential Malmquist-Luenberger productivity index：Environmentally sensitive productivity growth considering the progressive nature of technology ［J］. Energy Economics，32（6）：1345-1355.

张军. 2004. 中国省际物质资本存量估算 ［J］. 经济研究，（10）：35-44.

单豪杰. 2008. 中国资本存量 K 的再估算 ［J］. 数量经济技术经济研究，（10）：17-31.

赵昕，郭恺莹. 2012. 基于 GRA-DEA 混合模型的沿海地区海洋经济效率分析与评价 ［J］. 海洋经济，（5）：5-10.

丁黎黎，王正伟，雷沁. 2014. 我国海域使用权招标拍卖市场机制分析与完善 ［J］. 企业经济，（3）：160-163.

孙伯良，王爱民. 2012. 浙江省海洋经济—资源—环境系统协调性的定量测评 ［J］. 中国科技论坛，（2）：95-101.

刘新民，王垒，李垣. 2013. 企业家类型、控制机制与创新方式选择研究 ［J］. 科学学与科学技术管理，（8）：102-110.

论文来源：本文原刊于《中国科技论坛》2015 年第 2 期，第 72-78 页。

项目资助：中国海洋发展研究中心项目（AOCQN201314）。

滨海城市旅游—经济—生态环境耦合协调发展实证研究

李淑娟[①]　　王　彤[②]

摘要：旅游、经济、生态环境三大子系统既相互影响又相互制约，正确认识三者之间的协调关系对滨海城市可持续发展具有重要的意义。以青岛市为例，构建旅游—经济—生态环境评价指标体系，借鉴综合发展评价模型、耦合协调度模型，对青岛市 2005—2015 年旅游—经济—生态环境耦合协调度进行了实证分析，结果表明：青岛市旅游—经济—生态环境三大子系统评价值总体呈上升趋势，其中生态环境子系统评价值上升较为缓慢；青岛市旅游—经济—生态环境耦合协调度由 0.324 7 上升为 0.897 9，耦合协调类型从生态环境超前型转变成了旅游发展超前型。未来随着滨海城市旅游业的快速发展，生态环境的压力会越来越大，相对于旅游和经济的快速增长而言，加大环境保护力度、注重生态环境发展质量同等重要。

关键词：旅游—经济—生态环境；耦合度；耦合协调度；青岛市

一、引言

随着滨海城市经济的快速发展，人们的生活水平也随之提高，被称为"朝阳产业"的旅游业已经成为滨海城市经济发展中的重要组成部分。据世界旅游组织预测，到 2020 年，我国将成为全球第一大旅游目的地和旅游客源国，接待国际游客人数将达到 1.31 亿人次，出境游客人数也将达到 1 亿人次，可以说旅游业将成为新一轮经济增长的热点。然而在旅游发展带来巨大收益的同时，可能会对当地的生态环境造成不同程度的破坏，生态环境遭到破坏以后又会增加经济活动的成本进而影响旅游业的长远发展。近年来，滨海城市频繁出现一系列的水污染问题，对旅游者开展滨海活动造成了一定的影响，因此，合理处理好旅游活动、经济发展、环境保护的协调发展问题对滨海城市的可持续发展具有一定的现实意义。

---

① 李淑娟，女，中国海洋大学管理学院，副教授，研究方向：旅游资源开发与规划。
② 王　彤，女，中国海洋大学管理学院，硕士研究生，研究方向：旅游资源开发与规划。

纵观众多学者关于旅游—经济—生态环境之间关系的研究，国外学者主要侧重于旅游与经济、旅游与环境及区域经济与环境两两子系统间相互关系的研究，关于三者之间耦合关系的探讨，国内学者多于国外学者。他们的研究大多限于一定的行政区域，如钟霞、刘毅华等运用主成分分析法和耦合度模型对广东省各地级市展开了实证研究。随后刘定惠，杨永春等和王凯分别对安徽省、山东省各地级市三者之间的耦合关系进行了研究，研究表明生态环境已经成为制约旅游、经济增长的重要因素。此外王凯、李悦铮等及周成、冯学钢等分别对辽宁经济带、长江经济带三者之间的耦合关系进行了定量研究，他们突破了以行政区域为界限，从经济带出发，拓宽了研究的范围。关于旅游—经济—生态环境的研究，以地级市为单位对两两子系统之间关系的研究较多，但仅从一个地级市出发对三者之间关系的研究并不是很多。目前国内学者对此类的研究仅局限于内陆城市张家界、北京等，尚未对单一滨海城市进行研究。因此，本文以滨海旅游较为发达的青岛市为例，对滨海城市旅游—经济—生态环境之间关系进行研究，分析滨海城市在大力发展旅游业的同时，如何协调好三者之间的关系，以期为我国滨海城市旅游可持续发展提供理论依据和参考。

二、旅游—经济—生态环境作用机理

滨海城市旅游—经济—生态环境是一个复杂、多层次、不确定的系统，构成该系统的要素彼此之间既相互促进又相互制约，该系统的耦合协调发展是指旅游—经济—生态环境等内部要素按照一定的数量和结构组成一个有机整体，相互作用，均衡配合，从而实现良性循环的过程。

在该系统中生态环境是基础，良好的生态环境可以向旅游和经济活动提供更多的资源条件，同时可以容纳旅游和经济活动产生的废弃物，进而促进旅游和经济的发展。但是旅游和经济的发展不可避免地对生态环境造成一定影响，这种影响达到一定的程度便会对生态环境造成破坏，从而进一步阻碍和制约旅游和经济的发展。经济发展可以为旅游业和生态环境提供支撑，它不仅可以为景区基础设施的完善提供资金保障，还可以提升人们保护环境的能力，可以说经济发展是城市提升旅游竞争力的刚性条件。此外，旅游业可以促进旅游目的地经济增长和生态环境的保护。旅游业关联性强、涉及面广，对各城市的国民经济贡献日益增加，同时入境旅游的发展不仅增加了当地的外汇收入还为当地的发展带来了新的机遇。由于良好的生态环境是旅游业发展的基础，各城市若想大力发展旅游业，必须加强对生态环境的保护。总之，生态环境是基础，经济发展是保障，旅游业是协调关键，忽视任何一方面都会使系统陷入失衡状态。

三、滨海城市旅游—经济—生态环境耦合协调发展评价指标体系构建

（一）指标选取

构建合理的评价指标体系是研究旅游—经济—生态环境三者之间关系的基础，而内容全面、层次合理又是分析三者之间关系的前提。在数据可获得的基础上，遵循科学性、代表性、可操作性等基本原则，借鉴已有的评价指标体系，围绕旅游、经济、生态环境三大

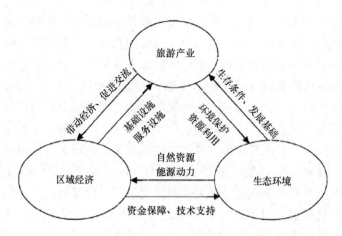

图 1　旅游—经济—生态环境相互作用机理

子系统，选取 30 个指标，进而建立旅游—经济—生态环境耦合协调发展评价指标体系（表 1），其中城镇人口失业率、工业"三废"排放量为负向指标。

表 1　旅游—经济—生态环境耦合协调发展评价指标体系及权重

子系统	评价指标	单位	指标性质	权重
旅游子系统	旅游总收入占 GDP 比重	%	正	0.143 3
	旅游总收入占第三产业产值比重	%	正	0.124 8
	国内旅游总收入	亿元	正	0.108 0
	旅游外汇收入	亿美元	正	0.073 4
	国内旅游总人数	万人次	正	0.099 1
	入境旅游总人数	万人次	正	0.063 2
	A 级旅游景区数	家	正	0.136 6
	星级酒店数	家	正	0.059 2
	载客汽车、电车数量	辆	正	0.125 3
	旅行社数	家	正	0.067 1
经济子系统	人均 GDP	元	正	0.101 6
	地区财政收入	亿元	正	0.122 4
	社会消费品零售总额	亿元	正	0.123 1
	第三产业产值	亿元	正	0.117 2
	城镇居民人均年可支配收入	元	正	0.101 0
	城镇人口失业率	%	负	0.047 5
	全社会单位在岗职工年平均工资	元	正	0.120 4
	现有建成区面积	平方千米	正	0.113 6
	年末道路面积	万平方米	正	0.058 0
	城镇居民人均住房面积	平方米	正	0.095 1

子系统	评价指标	单位	指标性质	权重
生态环境子系统	工业废水排放量	万吨	负	0.134 0
	工业废气排放量	万标立方米	负	0.100 5
	工业固体废物产生量	万吨	负	0.170 7
	建成区绿化覆盖率	%	正	0.077 2
	人均绿地面积	公顷	正	0.075 5
	地区公园面积	公顷	正	0.119 4
	空气质量优良率	%	正	0.068 0
	城市污水处理量	万吨	正	0.064 7
	生活垃圾清运量	万吨	正	0.086 0
	固体废物综合利用率	万吨	正	0.104 1

为了使各项指标之间具有可比性，需对各项指标的原始数据进行标准化处理，具体公式如下：

正向指标标准化：
$$x'_{ij} = \frac{x_{ij} - \min x_{ij}}{\max x_{ij} - \min x_{ij}} \tag{1}$$

负向指标标准化：
$$x'_{ij} = \frac{\max x_{ij} - x_{ij}}{\max x_{ij} - \min x_{ij}} \tag{2}$$

其中，x_{ij} 为第 i 项指标在第 j 年份的原始数据，$\max x_{ij}$ 与 $\min x_{ij}$ 分别为第 i 指标在 j 年份中的最大值和最小值，以此类推可算出 y'_{ij} 和 z'_{ij}。所选用指标地原始数据主要来源于2005年到2015年《青岛市统计年鉴》《青岛市旅游统计年鉴》《中国环境统计年鉴》，部分数据来源于青岛市《国民经济与社会发展统计公报》。

（二）指标权重的确定

旅游—经济—生态环境三大子系统指标权重的确定采用熵值赋权法，它能够克服人为确定权重的主观性以及多指标变量间信息的重叠，被广泛用于各大社会经济领域。它是通过计算各个样本，从中得出最优权重，从而反映指标信息所代表的价值。具体计算步骤如下。

（1）计算第 i 项指标第 j 年份占该项指标的比重 P_{ij}，

$P_{ij} = \dfrac{x'_{ij}}{\sum\limits_{i=1}^{m} x'_{ij}}$，$x'_{ij}$ 是该项指标标准化后的数值，m 指年份总数。

（2）计算 i 项指标的熵值 h_j，

$h_j = -k \sum\limits_{i=1}^{m} (P_{ij} \ln P_{ij})$，一般另 $k = \dfrac{1}{\ln m}$，其中 P_{ij} 为指标权重。

（3）计算第 i 项指标的差异系数 g_i，

$g_i = 1 - h_i$，由于第 i 项指标值 x_{ij} 的差异越大对方案地评价作用越小，熵值也就越小，由此可推断出：g_i 值越大，指标越重要。

（4）计算第 i 项指标的权重 a_i，

$a_i = \dfrac{g_i}{\sum\limits_{i=1}^{n} g_i}$，其中 $0 \leqslant a_i \leqslant 1$，$n$ 是指差异系数总个数，依此类推可算出其他两个子系

统各项指标的权重 b_i 和 c_i。

四、滨海城市旅游—经济—生态环境耦合协调发展评价模型构建

（一）综合发展评价模型

综合协调发展指数是计算协调发展度的基础，借鉴庞闻等学者的研究，以此为依据令旅游、经济、生态环境三个子系统的评价函数及综合评价指数分别为 u_1，u_2，u_3，T，具体公式如下：

$$u_1 = \sum_{i=1}^{m} a_i x'_{ij} \tag{3}$$

$$u_2 = \sum_{i=1}^{n} b_i y'_{ij} \tag{4}$$

$$u_3 = \sum_{i=1}^{k} c_i z'_{ij} \tag{5}$$

$$T = \alpha u_1 + \beta u_2 + \chi u_3 \tag{6}$$

其中，x'_{ij}，y'_{ij}，z'_{ij} 分别为旅游、经济、生态环境子系统中第 i 项指标在 j 年份标准化后的数值，a_i，b_i，c_i 分别为旅游、经济、生态环境子系统中各项指标的权重，T 为旅游—经济—生态环境综合发展协调指数，反映了三者之间整体协同的效应。由于青岛市旅游业只是区域经济发展动力之一，旅游业在带动经济快速增长的同时对青岛市的生态环境造成了一定程度的破坏，因此保护生态环境和发展旅游业同等重要。本文通过咨询相关专家，根据专家打分结果，最后确定了待定系数 $\alpha = 0.4$，$\beta = 0.2$，$\chi = 0.4$。

（二）耦合度及耦合协调度评价模型

耦合是物理学中用来表示两个或两个以上的系统彼此之间通过运动形式相互作用并不断磨合进而达到协调发展的现象。本文所研究的旅游—经济—生态环境系统是相互影响、相互制约的三个系统。借鉴物理学中的耦合概念推广到多个系统的耦合度模型，具体如下：

$$C_n = \left\{ \frac{(u_1,\ u_2\cdots,\ u_m)}{\prod (u_i + u_j)} \right\}^{\frac{1}{n}}$$

其中，$u_i(i = 1,\ 2,\ 3\cdots,\ m)$ 是各子系统评价值，$n = 3$，因此，旅游—经济—生态环境的耦合度 C 公式为：

$$C = \left\{ \frac{u_1 + u_2 + u_3}{\left[\dfrac{u_1 + u_2 + u_3}{3} \right]^{\frac{1}{3}}} \right\}^{\frac{1}{3}} \tag{7}$$

其中，$C \in [0, 1]$，C 值越小，证明三者之间的关联程度越小；C 值越大，证明三大系统之间的关联程度越大。

耦合协调度综合了旅游发展，经济发展及生态环境发展的耦合状况及三者所处的发展层次，反映了三者之间的整体协同的状况。因此引入耦合协调度公式可以更清楚地了解三者之间的协调程度，具体公式如下：

$$D = \sqrt{C \times T} \qquad\qquad (8)$$

其中，C、D 分别表示旅游—经济—生态环境三大系统之间的耦合度、耦合协调度。α，β，χ 为各待定系数。$D \in [0, 1]$，D 值越大，证明三者之间的协调程度越大；反之 D 值越小，证明三者之间的协调程度越小。

（三）耦合协调度判别及类型

根据计算公式（7）可计算出耦合协调度 D，随后对耦合协调度进行分级，以此为依据确定滨海城市旅游—经济—生态环境耦合协调度等级即发展类型，借鉴学者廖重斌对珠三角城市群环境与经济协调发展的探讨，确定划分标准（表2）。

表 2　耦合协调等级划分

序号	耦合协调度范围	协调等级	序号	耦合协调度范围	协调等级
1	0~0.09	极度失调	6	0.50~0.59	勉强协调
2	0.10~0.19	严重失调	7	0.60~0.69	初级协调
3	0.20~0.29	中度失调	8	0.70~0.79	中级协调
4	0.30~0.39	轻度失调	9	0.80~0.89	高级协调
5	0.40~0.49	濒临失调	10	0.90~1	优质协调

五、旅游—经济—生态环境耦合协调实证研究——以青岛市为例

（一）青岛市旅游—经济—生态环境概况

青岛市地处我国东部沿海地区，是我国首批沿海开放城市，也是中国最具幸福感的城市之一。享有"世界啤酒之城""世界帆船之都"的美誉，是国务院批准的山东半岛蓝色经济区的龙头城市。青岛市旅游资源丰富，地域特色突出，是海内外著名的旅游度假、休闲观光目的地。2015 年，青岛市接待国内外游客总人数达到 7 455.8 万人次，比 2014 年增长了 8.9%；实现旅游总收入 1 270.0 亿元，占全市 GDP 的 13.65%，由此可以看出青岛市旅游业在国民经济发展中发挥了很大的作用。然而，在青岛市经济与旅游业快速发展的背后也隐藏着严重的环境隐患，如青岛市多个海水浴场出现大面积浒苔，严重破坏了当地的水环境，降低了海水浴场的宜游度。由于青岛市出现的生态环境问题较为典型，因此本文选取滨海旅游较为发达的青岛市为例，分析青岛市在发展旅游经济的同时如何处理好与生态环境的关系，以此为其他滨海城市提供依据，从而实现滨海城市的可持续发展。

（二）青岛市旅游—经济—生态环境耦合协调评价结果分析

首先根据熵值赋权法计算相关指标权重，然后根据三大子系统评价模型、综合发展评价模型以及耦合度及耦合协调度模型分别计算出青岛市旅游—经济—生态环境各子系统评价值 u_1、u_2、u_3，综合评价指数 T、耦合度 C 及耦合协调度 D，具体计算数值见表3。

表3　青岛市旅游—经济—生态环境系统协调发展各项数值表

年份	旅游子系统评价值 u_1	经济子系统评价值 u_2	生态环境子系统评价值 u_3	综合评价指数 T	耦合度 C	耦合协调度 D
2005	0.040 5	0.039 0	0.477 2	0.214 9	0.490 7	0.324 7
2006	0.192 8	0.129 2	0.440 1	0.279 0	0.874 5	0.493 9
2007	0.344 7	0.154 0	0.452 5	0.349 7	0.910 0	0.564 1
2008	0.222 3	0.299 0	0.559 3	0.372 5	0.926 6	0.587 5
2009	0.290 5	0.312 4	0.486 3	0.373 2	0.973 3	0.602 7
2010	0.372 1	0.398 4	0.475 7	0.418 8	0.994 6	0.645 4
2011	0.441 3	0.518 7	0.487 4	0.475 2	0.997 8	0.688 6
2012	0.601 3	0.634 8	0.521 9	0.576 2	0.996 6	0.757 8
2013	0.637 7	0.774 0	0.507 9	0.613 0	0.985 4	0.777 2
2014	0.723 6	0.871 9	0.539 6	0.679 7	0.981 1	0.816 6
2015	0.913 5	0.998 3	0.639 0	0.820 7	0.982 4	0.897 9

1. 综合评价值时序变化分析

由表3和图2可知，青岛市旅游—经济—生态环境各子系统评价值从2005—2015年总体呈上升趋势，其中旅游和经济子系统评价值变化较为显著，上升较快。2015年经济子系统评价值达到0.998 3，是2005年的25.6倍，结合前面10项经济发展指标来看，青岛市第三产业上升较为迅速，极大地促进了经济的快速增长。受2008年全球金融危机的影响，2009年经济子系统评价值的增长率略微下降，到2010年又迅速回升。青岛市的旅游业这11年间不断发展，从数据的动态变化可知，青岛市旅游子系统评价值表现出明显的阶段性：2005年到2007年迅速发展，旅游子系统评价值从0.040 5上升到了0.344 7，上升了8.5倍，其中旅游发展指标10项均保持正向增长。2007年到2008年旅游子系统评价值下降了55.6%，旅游外汇收入下降了35%，足以看出金融危机对青岛市旅游业影响较大，严重影响入境旅游收入。2008年到2015年，青岛市旅游子系统评价值保持稳定增长，一方面原因是青岛市旅游资源丰富，地域特色明显，是人们心中较为理想的滨海旅游度假胜地；另一方面原因是政府出台了相关政策大力支持青岛市发展旅游业，如2014年国家出台6个相关文件支持青岛市西海岸新区的发展，这都为青岛市旅游业迅速发展打下了良好的基础。

从青岛市的生态环境子系统评价值的变化趋势来看，青岛市从2005年到2015年总体

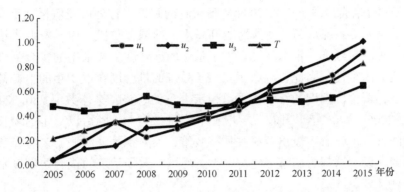

图2　青岛市旅游—经济—生态环境各子系统评价值及综合评价指数的动态变化趋势

变化趋势不大，评价值总体分布在0.4～0.7，呈波动上升趋势。较2005年，2015年青岛市生态环境子系统评价值从0.4772到0.6390，增长了1.34倍。2007年到2008年增长较快，增长了23.6%，受2008年金融危机的影响，旅游子系统评价值有所下降，减少了对生态环境的消耗从而促进了生态环境子系统评价值的增加。从图2中可看出在2005—2012年期间生态环境子系统评价值大于旅游子系统评价值，处于生态环境适度超前型；说明青岛市此时旅游、经济子系统有很大的上升空间，加大旅游资源开发力度可促进区域经济的快速增长。在2012—2015年期间旅游子系统评价值大于生态环境子系统评价值，处于旅游发展适度超前型；青岛市应在确保旅游经济发展的基础上，从加大旅游环保投入、提升"三废"处理量等方面提升生态环境的质量。

　　2005—2015年间青岛市综合评价指数总体分布在0.2～0.9，呈波动时上升趋势。较2005年，2015年综合评价指数增长了3.82倍。2005—2012年综合评价指数上涨了68%，从前面分析旅游—经济—生态环境各子系统评价值来看，青岛市此阶段旅游和经济子系统评价值没有超过生态环境子系统，在此期间青岛市通过提高旅游资源利用率、丰富旅游活动等形式对三者之间的良性发展有很大的帮助，同时也促进了三大系统综合评价指数的上升。2012—2015年青岛市综合评价指数增加了1.42倍，此阶段青岛市旅游、经济子系统评价值的增长远远大于生态环境子系统，从而旅游、经济子系统对综合评价指数增长的贡献远大于生态环境子系统。但是2012—2015年较2005—2012年综合评价指数增长率下降了26%，结合前面三大子系统综合评价值来看，2012年之后旅游和经济的发展已经超过了生态环境子系统评价值，生态环境子系统评价值增长放缓，由此导致了综合评价指数增长率的下降。

　　2. 耦合度与耦合协调度时序分析

　　从表3和图3可以看出2005—2015年青岛市旅游—经济—生态环境三大子系统的耦合度和耦合协调度呈稳步上升的态势，且耦合度上升幅度小于耦合协调度。从具体数值来看，耦合度从0.4907上升到0.9824。其中，2005—2006年，耦合度上升较快，上升了78.2%，2006年以后上升速度趋于缓慢，9年仅上升了12.3%。究其原因，耦合度反映的是三大子系统相互作用、相互影响进而协调发展的现象，2005年旅游—经济—生态环境三大子系统处于相互磨合阶段，随着2008年奥帆赛的临近，青岛市政府极度重视旅游业的发展，促进了三大子系统从磨合阶段跨越到高水平的耦合阶段。由于资源供给的有限性决定了青岛市旅游—经济—生态环境三大子系统的耦合度从高水平的耦合到极高水平的耦合具有一定的困难性，因此也导致了三大子系统的耦合度在近9年的上升幅度较为缓慢。总的来看，耦合协调度的综合水平呈稳定上升的态势，具体数值从0.3247上升到了0.8979。2005—2006年上升较快，增长率达到52.1%，随后以一定的增长率稳步增长。在此期间青岛市政府积极出台相关扶持政策，大力推进滨海旅游、特色节事游，加强基础设施的建设。这都为旅游—经济—生态环境三大子系统的耦合协调度水平的提升打下了良好地基础。

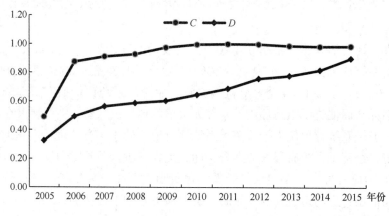

图3　青岛市旅游—经济—生态环境耦合度和耦合协调度动态变化趋势

3. 耦合协调度类型分析

借鉴张玉萍学者对吐鲁番旅游—经济—生态环境协调发展类型分析，以此为依据分析青岛市三大子系统的协调发展类型和特征（表4）。由表4可知，青岛市2005—2011年旅游—经济—生态环境耦合协调类型同为生态环境超前型，耦合协调度却经历了轻度失调、濒临失调、勉强协调到初级协调的转变，向着良性方向不断发展。由于此阶段处在生态环境子系统的评价值大于旅游和经济子系统，旅游资源利用的经济效益不是很高，青岛市通过加大旅游资源开发利用、完善旅游基础设施等方式不仅提升了旅游资源的利用效率也促使三大系统的整体协调水平越来越高。2012—2015年青岛市旅游—经济—生态环境协调发展类型为旅游发展超前型，耦合协调度完成了中级协调到高级协调的跨越。随着三大子系统相互作用的不断加强，生态环境子系统评价值的增长率远远低于旅游和经济子系统，因此提升生态环境质量可继续促进三者之间的良性发展。但是此阶段旅游和经济子系统评价值已经超过了生态环境子系统综合评价值，生态环境子系统上升速度极为缓慢，因此青岛市若想实现旅游—经济—生态环境三大系统的优质协调，必须高度重视生态环境保护问题，加大环保资金的投入，为旅游和经济子系统的继续增长提供一个良好的生态环境。

表 4　青岛市旅游—经济—生态环境耦合协调度及类型特征

年份	耦合协调度 D	u_1, u_2, u_3	协调阶段	协调发展类型及特征
2005	0.324 7	$u_3>u_1>u_2$	轻度失调	生态环境超前型，旅游与经济的发展和生态环境子系统轻度失调
2006	0.493 9	$u_3>u_1>u_2$	濒临失调	生态环境超前型，旅游与经济的发展和生态环境子系统濒临失调
2007	0.564 1	$u_3>u_1>u_2$	勉强协调	生态环境超前型，旅游与经济的发展和生态环境子系统勉强协调
2008	0.587 5	$u_3>u_2>u_1$	勉强协调	生态环境超前型，旅游与经济的发展和生态环境子系统勉强协调
2009	0.602 7	$u_3>u_2>u_1$	初级协调	生态环境超前型，旅游与经济的发展和生态环境子系统初级协调
2010	0.645 4	$u_3>u_2>u_1$	初级协调	生态环境超前型，旅游与经济的发展和生态环境子系统初级协调
2011	0.688 6	$u_2>u_3>u_1$	初级协调	生态环境超前型，旅游与经济的发展和生态环境子系统初级协调
2012	0.757 8	$u_2>u_1>u_3$	中级协调	旅游发展超前型，旅游与经济的发展和生态环境子系统中级协调
2013	0.777 2	$u_2>u_1>u_3$	中级协调	旅游发展超前型，旅游与经济的发展和生态环境子系统中级协调
2014	0.816 6	$u_2>u_1>u_3$	高级协调	旅游发展超前型，旅游与经济的发展和生态环境子系统高级协调
2015	0.897 9	$u_2>u_1>u_3$	高级协调	旅游发展超前型，旅游与经济的发展和生态环境子系统高级协调

六、结论与建议

（一）研究结论

滨海城市旅游—经济—生态环境耦合协调研究尚处于探索研究阶段，学术界尚未形成统一的评价标准。笔者以滨海旅游较为发达的青岛市为例，对三者之间的耦合协调状况进行分析，并得出以下结论：①青岛市旅游和经济子系统评价值及三大系统综合评价指数呈现持续上升趋势，且都存在一定程度的波动，生态环境子系统评价值分布在 0.4~0.7 之间，上升较为缓慢。②青岛市旅游—经济—生态环境耦合度和耦合协调度值呈波动增长趋势，耦合等级实现了从磨合阶段向高水平耦合阶段的转变。由于生态环境只能有限的供给，若想实现极高水平的耦合还需妥善处理好三大系统的协调关系。③青岛市在 2005—2015 年间，耦合协调度类型从生态环境发展超前型转变到了旅游发展发展超前型，2012 年以后旅游和经济的综合评价值发展超过了生态环境子系统综合评价值，生态环境子系统综合评价值上升较为缓慢。因此，青岛市在大力扶持旅游业增加区域经济的同时一定要注重对生态环境的保护，这对促进三者之间的协调发展至关重要。

（二）相关建议

第一，大力发展新兴产业，促进旅游产业升级。旅游业曾一度被喻为"无烟产业"，并被寄予厚望，但事实并非如此。随着滨海旅游业的发展，现行的旅游开发模式、旅游观念和运行状况已经造成了一系列的生态环境问题。2012 年以后青岛市在旅游、经济的综合评价值已经超过了生态环境的评价值，若继续按照现在的发展理念必定会对生态环境造成破坏。因此鉴于各滨海城市旅游、经济迅速发展的状况，各城市应顺应时代的需求转变现行的发展理念，大力发展新兴产业，如"生态休闲旅游""绿色旅游""低碳旅游"等，从可持续发展的角度设计新兴旅游产品，同时将科学技术应用于旅游业，顺应新一轮"互联网+旅游"的发展趋势促进旅游产业的转型升级。

第二，加大环保投资力度，提高公众环保意识。生态环境是旅游、经济发展的基础，各滨海城市若想实现对生态环境更好的保护，还应加大对生态环境保护资金的投入，当地政府还应引入生态补偿机制，谁污染谁补偿，谁破坏谁治理。这种补偿机制不仅可以将生态环境的破坏降到最低，还可以将征得的部分资金用于改善城市生态环境以及建设旅游基础设施，进而提升城市的旅游吸引力。同时各市政府还应注重提升居民的环境保护意识，建立生态环境公众参与机制，利用电视、网络媒体等手段全方位、多角度地提升居民和旅游者的关注度，从而提升居民和旅游者的环保意识。

第三，制定科学旅游规划，促进经济健康发展。青岛市近年来旅游业带动了当地经济的快速发展，但是生态环境综合评价值上升越来越慢，导致旅游—经济—生态环境的耦合协调度上升速度缓慢。因此，各城市应合理定位其旅游经济的规模、开发速度，合理估算各城市生态环境承载力的大小，以"共生"发展为目标，实现城市旅游、经济、生态环境的协调可持续发展。相关部门需要根据旅游、经济以及生态环境所处阶段的实际情况制定合理的旅游经济与生态环境规划，分阶段、分步骤进行一定的旅游建设。一方面不能为了发展旅游经济过度的损耗生态环境，同时也不能为了保护生态环境，一味地限制旅游经济的发展，要制定旅游经济与生态环境发展与保护双赢的发展目标。另一方面要求旅游经济与生态环境规划的制定要系统化、科学化，广泛听取各方面的意见和建议，吸引社会力量参与其中，共同促进旅游—经济—生态环境的耦合协调发展。

参考文献

薄小波 . 2008. 世界旅游组织预测：中国将成世界最大旅游接待国［N］. 文汇报（上海），11-23.

Lee C&Kwon K. 1995. Importance of secondary Impact of Tourism Receipts on the South Korean Economy［J］. Journal of Travel Research，34：50-54.

Wall G，Wright C. 1977. The Environmental Impact of Outdoor Recreation［R］. Ontario：University of Waterloo.

Boulding K. E. 1996. The Economics of the Coming Spaceship Earth［M］. Environmental Quality Growing Economy，New York，Freeman.

钟霞，刘毅华 . 2012. 广东省旅游—经济—生态环境耦合协调发展分析［J］. 热带地理，32：568-574.

刘定惠，杨永春 . 2011. 区域经济—旅游—生态环境耦合协调度研究——以安徽省为例［J］. 长江流域资源与环境，20（7）：892-896.

王凯 . 2014. 区域旅游—经济—环境耦合协调度研究——以山东省为例［D］. 辽宁师范大学 .

王凯，李悦铮，江海旭 . 2013. 区域旅游—经济—环境耦合协调度研究——以辽宁沿海经济带为例［J］. 资源开发与市场，29（6）：658-661.

周成，冯学钢，唐睿 . 2016. 区域经济—生态环境—旅游产业耦合协调发展分析与预测——以长江经济带沿线各省市为例［J］. 经济地理，36（3）：186-193.

王宁 . 2015. 2001—2012 年杭州市旅游经济与生态环境耦合态势研究［J］. 旅游论坛，8（3）：60-65.

吴耀宇，崔峰 . 2012. 南京市旅游经济与生态环境协调发展关系测度及分析［J］. 旅游论坛，5（2）：79-83.

崔峰 . 2008. 上海市旅游经济与生态环境协调发展度研究 [J]. 中国人口·资源与环境, 18 (5)：64-69.

熊鹰, 李彩玲 . 2014. 张家界市旅游—经济—生态环境协调发展综合评价 [J]. 中国人口·资源与环境, 24 (11)：246-250.

李阳, 魏峰群 . 2012. 基于低碳视角下区域经济—旅游产业—生态环境耦合协调度研究——以北京市为例 [J]. 陕西农业科学, (5)：199-202.

赵杰 . 2012. 我国资源系统健康状况评价——基于熵值赋权视角 [J]. 经济问题, (1)：35-38.

杨主泉, 张志明 . 2014. 基于耦合模型的旅游经济与生态环境协调发展研究——以桂林市为例 [J]. 西北林学院学报, 29 (3)：262-268.

杜湘红 . 2014. 张家界旅游—经济—生态系统耦合协调分析 [J]. 统计与决策, 20：146-148.

庞闻, 马耀峰, 杨敏 . 2011. 城市旅游经济与生态环境系统耦合协调度比较研究——以上海、西安为例 [J]. 统计与信息论坛, 26 (12)：44-48.

马丽, 金菊良, 等 . 2012. 中国经济与环境污染耦合度格局及工业结构解析 [J]. 地理学报, 67 (10)：1299-1307.

彭飞, 马慧强, 等 . 2014. 辽宁沿海经济带滨海旅游与城市发展耦合协调度评价研究 [J]. 海洋开发与管理, 9：88-92.

廖重斌 . 1999. 环境与经济协调发展的定量评判及其分类体系——以珠江三角洲城市群为例 [J]. 热带地理, 19 (2)：171-177.

张玉萍, 瓦哈甫·哈力克, 等 . 2014. 吐鲁番旅游—经济—生态环境耦合协调发展分析 [J]. 人文地理, (4)：140-145.

论文来源：本文原刊于《中国海洋大学学报》2017 年第 6 期, 第 43-49 页。

项目资助：中国海洋发展研究会项目（CAMAOUC201404）。

从政府机构的视角构建我国海洋与渔业灾害风险防范体系

杜　军① 鄢　波②

摘要：在我国，因海洋与渔业灾害导致每年损失过百亿元人民币，海洋渔业灾害破坏力强，给整个海洋经济带来巨大的损失，对我国经济社会发展和人民生命财产安全也会造成极大的危害，所以我国亟须建立海洋与渔业灾害防范和救助体系。政府在海洋灾害风险防范与救助体系中作用巨大，本文主要从政府机构的视角探讨了构建我国海洋与渔业灾害风险防范体系的问题。分别从法律制度建设、保险体系构建、组织机构保障、约束激励机制和基础建设投入等方面阐述了政府机构应当采取的行动，进一步明确了现阶段我国政府机构在海洋与渔业灾害风险防范体系构建中扮演的角色和所处的重要地位。

关键词：海洋与渔业灾害；政府机构；风险防范；保险

根据国家海洋局2009—2013年发布的《历年中国海洋灾害公报》显示：从2008年到2012年5年期间，平均每年我国都会发生风暴潮、海浪、赤潮、海冰或其他海洋灾害上百余次，每年由海洋灾害造成的直接经济损失都超过上百亿元人民币。由此可知，我国海洋渔业的发展与资源、环境的矛盾日益加剧，海洋渔业应对海洋自然和人为灾害的形势非常严峻。但目前我国的海洋渔业灾害保险体系尚未建立，政府救助、社会捐赠、民间自救等形式承担了我国海洋渔业灾害损失的绝大部分，保险赔付覆盖率不到5%，远低于全球36%的平均水平。因而，推动我国海洋与渔业灾害风险防范的保险体系建设、增强我国应对海洋与渔业灾害风险的能力，已成为一个意义重大且亟待解决的问题。它是当前加强公共安全与危机管理、防范灾害风险的需要，也是我国发展海洋经济、减少海洋经济损失、减轻政府负担、提高抗灾防灾救灾能力需要解决的问题之一。

在我国，海洋与渔业灾害属于巨灾的类别，灾害一旦发生，基本上依靠国家财政拨款

---

①　杜军，男，广东海洋大学管理学院教授，硕士生导师，兼任广东省普通高校人文社会科学重点研究基地——广东海洋经济与管理研究中心研究员、广东海洋大学海上丝绸之路研究所所长。研究方向：海洋经济管理、工商企业管理、应急管理科学。

②　鄢波，女，广东海洋大学管理学院副教授，硕士生导师，研究方向：财务与会计、海洋经济。

和民间捐助来对各种损失进行补偿，专业的商业保险依然是处于起步探索的阶段。由保险公司承担的灾害保险的赔偿仅占每年总损失的 1%。而海洋与渔业灾害一般都是发生在海洋附近，其破坏力大，如果仅仅依靠政府和民间的力量来进行救助而找不到一个更好的风险分担机制，是很难使灾区人民摆脱困境的。由此可见，我国现有的体系不能起到基本的保障作用，灾害保险供给缺口很大，一面是多灾多害，而另一面却又是没有完善的灾害保险体系。

目前，我国采用以中央政府主导、地方政府配合的国家财政救济为主和社会捐助为辅的事后补偿模式。以政府救助为主导的模式加重了财政负担、增大了财政支出的波动性，容易导致资金使用效率低下和财政资源的分配不公，以此为基础展开的灾害救助工作也难以及时到位，损失补偿程度相对较低。政府机构作为灾害风险防范与救助的主导者，地位相当重要，然而，如何发挥好政府的主导作用？本文主要从基于政府机构的视角构建我国海洋与渔业灾害风险防范体系，从该角度来开展海洋与渔业风险分散工作，对我国的经济发展和社会的稳定具有极其重要的意义。从政府机构的角度，政府应协调各方力量，合理利用各种社会资源，建立和完善海洋与渔业灾害保险制度。本文将从法律制度建设、保险体系构建、组织机构保障、约束激励机制和基础建设投入五个方面展开论述。

一、建立和完善国家海洋与渔业灾害保险相关法律制度

美国、日本和欧盟等国家为了促进本国的巨灾保险的发展，都颁布了相关的法律，作为灾害保险的制度基础。例如，美国在发展洪水保险时，颁布了《联邦洪水保险法》，并以此为法律依据设立了美国联邦洪水保险制度。此后，美国还不断完善了相关的法律，又接着颁布了《全国洪水保险法》《洪水灾害防御法》等，美国所有的洪水保险制度，基本上都依照上述法律条令实施。日本为了促进地震保险制度的建立，也制定了相关的法律，于 1966 年通过了《地震保险法》，后来又相继颁布了《地震保险相关法律》《有关地震保险法律施行令》等法律文件。这些法律的通过，成为日本地震保险制度的基础，促进了地震保险的不断发展，鼓励了居民投保地震险。欧盟成员国中，挪威、法国、西班牙、瑞典等国建立了强制性巨灾保险体系。土耳其政府也通过立法要求所有登记的城市住宅必须投保强制性地震保险，且强制性地震保险条款全国统一，并建立国家巨灾准备金。1982 年 7 月 13 日，法国颁布了《The French Nat System》法，建立了自然灾害保障体系，规定任何购买包括火险、营业中断险、机动车辆险等财产险保单的投保人被强制要求购买自然灾害附加险。

目前，我国已有 20 多部有关自然灾害应急的法律、法规和部门规章，如《防洪法》《气象法》《防震减灾法》《地震灾害防治管理条例》等，初步建立起了自然灾害应急法律制度，但专门涉及巨灾保险的法律法规几乎还是空白，专门针对海洋和渔业灾害保险的规章制度也没有建立。

法律制度是海洋与渔业灾害保险体系构建的基础和保证，我国应当尽快制定相关的海洋与渔业灾害保险的法律、行政法规或部门规章。建议政府组织制定相关的法律、条例明确规定海洋和渔业保险的种类、性质、承保主体、巨灾保险的筹资管理运行、险种设计、

保险人和投保人的权利义务、保额和费率厘定依据、理赔规则、补贴和税收优惠、再保险要求等内容。通过界定和明确海洋与渔业灾害保险相关的基本问题，从而确立海洋与渔业灾害保险的政策性地位，明确海洋与渔业灾害保险的政策性保险地位和海洋与渔业灾害保险的强制性，确立政府主导、市场参与、社会中介协助的发展模式。通过立法促使政府和风险管理体系中的各个部门、各种职能间的相互协调。

二、构建政府主导的海洋与渔业灾害保险体系

我国已经建立起了国家财政支持的巨灾风险保险体系，同时鼓励单位和公民参加保险。表明政府在巨灾保险体系的构建上已经落实到具体行动中了。海洋和渔业灾害保险体系的构建也迫在眉睫，政府主导、财政支持应该是我国海洋和渔业灾害保险体系的基本特征，我国应当尽快建立政府主导的海洋与渔业灾害保险管理体系，其组织结构如图 1 所示。

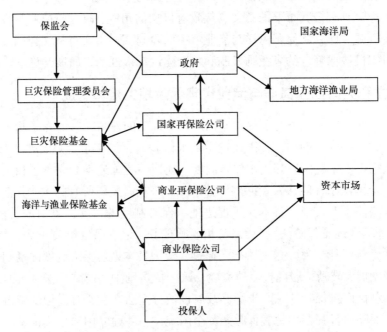

图 1　政府主导海洋与渔业灾害保险管理组织结构

（一）确立保险体系的政府主导地位

政府主导地位是由海洋和渔业灾害的特征和我国保险市场发育现状所客观决定的。首先，由于海洋与渔业灾害主要是一些自然灾害（如台风、海冰、赤潮、海啸等），其破坏力度强、造成损失巨大，所以，对于这一类灾害保险公司缺乏积极性。其次，由于我国保险市场起步晚，发展相对落后，商业保险市场发育不成熟，也无力承担海洋和渔业自然灾害带来的巨大损失。我国在没有成熟的保险市场和再保险市场的情况下，对于风险巨大的海洋和渔业灾害保险，单独依靠商业保险公司，无法将其具大的风险分散出去。所以，目

前应该由政府主导进行。

（二）建立财政支持的保险基金

巨灾保险基金，是国外抵御巨灾损失、保证灾害重建资金、分化巨灾风险的一个重要渠道。目前，我国的巨灾发生后，救灾和灾后赔偿主要是由政府财政支付，给国民经济的稳定发展带来很大的不稳定的风险。

国家可以通过立法的形式成立海洋与渔业保险政府基金，建议基金下设两个子基金：巨灾保险投保补偿基金和巨灾保险再保险基金。巨灾保险投保补偿基金主要用于对居民投保进行资金补偿；巨灾保险再保险基金主要用于对商业保险公司的巨灾保险进行再保险。基金来源途径：一是各级地方财政预算中，按照国民生产总值的比例上交一部分；二是从强制购买海洋与渔业保险保费收入补充进来；三是通过资本市场，发行巨灾风险证券和相关衍生金融产品获得。海洋与渔业保险基金的建立，可以分散海洋与渔业突发灾害带来的巨大风险，有效解决在巨灾过后保险赔偿和灾后重建所需要的资金问题，缓解巨灾对财政预算和国民经济发展的负面影响。

（三）培育政府主导，市场补充的再保险市场

海洋与渔业灾害保险不同于一般的保险，其危险存在方式与正常灾害保险的危险存在方式不同，其承保业务总量越大，面临的风险也越大，存在着扩大承保面和降低风险之间的矛盾，因此，巨灾保险的经营必须要采用多元化的风险分散途径。再保险市场就是国外（如英国、日本）采用的一种分散巨灾保险风险的主要形式。这种形式使得政府只作为再保险市场中的一员，只承担超额风险的部分，从而将各类巨灾保险的风险分散出去。

目前，国内办理再保险业务的专业再保险公司只有中国再保险（集团）公司，且所承保的再保险业务主要是根据《保险法》的规定由各保险公司必须分给它的部分，超出范围的再保险业务并不多，涉足巨灾保险再保险的业务更是少之又少。

鉴于我国保险市场发展还处于起步阶段，再保险市场更是薄弱，保险公司的承保能力有限，承包人参保意识不强，参保率低。同时，在我国现阶段下，各种类似于海洋与渔业重大灾害确实急需要保险和再保险市场来分担政府风险，担当一部分重任，因此，我国应该尽快建立适合我国国情的再保险市场体系，建议目前构建政府主导、市场补充的再保险市场，构建多层次、多主体的海洋与渔业灾害风险防范体系。并且由于海洋与渔业灾害保险存在高风险、高损失、高赔偿的可能性，还需要构建起国内和国际两个风险再保险市场。与此同时，充分学习和借鉴、利用国外巨灾风险再保险市场运作的成功经验和做法模式。为了更好地分散海洋与渔业灾害保险的风险，减轻政府的压力，我国应当积极培育国内再保险市场，健全再保险中介组织，活跃再保险市场。

（四）通过巨灾保险证券化来降低灾害风险

利用资本市场上的众多投资者分散海洋与渔业灾害风险，将灾害保险风险转移到资本市场中，提高保险机构的承保能力，进一步分散保险供给的巨大风险。主要的巨灾保险证券包括：巨灾债券、巨灾期权、巨灾期货等。而目前，我国资本市场的发展还很不完善，为了进一步做好海洋与渔业灾害保险证券化工作，我国还需进一步完善资本市场，建立健

全金融市场相关的法律法规，建立各类灾害数据库，做好资信评估工作等。总之，我国要不断发展和完善金融市场，特别是资本市场建设和规范化运作机制，大力推进海洋与渔业灾害保险证券化健康而快速地发展。

三、加强海洋与渔业保险机制的组织保障

目前，我国海洋与渔业的巨灾风险没有统一的具体管理部门，相关灾害的预测、减灾、救灾和应急等灾害风险管理的职能被分散到了民政部、海洋局、农业部和财政部等各行政相关职能部门，给管理上带来困难，在行动上难以统一协调。故而，我国在巨灾保险和相关自然灾害保险的组织机构建设上需要进一步加强。如图1所示，建议在保监会下成立巨灾保险管理委员会，专门负责管理巨灾保险相关事宜，将海洋与渔业灾害保险纳入其管理范围，制定相关的规章制度，并管理相关巨灾保险基金。在沿海各省直辖市设立海洋与渔业保险基金管理委员会，负责沿海省市的海洋与渔业灾害防御，保险基金的支付，完善巨灾数据收集等工作。

四、建立完善的市场激励与约束机制

市场机制是实现最优化资源配置的最好方式，但是在保险市场中，特别是巨灾保险和农业保险的市场中，是典型的信息不对称、市场不完善的非有效市场，仅靠市场机制会存在严重的市场失灵的现象。特别是我国的海洋与渔业灾害具有风险模糊不可保性的特点，完全竞争巨灾保险市场不存在等诸多难题，使得我国的海洋与渔业灾害保险和相关的农业保险供给非常有限而且需求不足。所以，在我国当前条件下，还必须依赖政府行政手段的干预来进一步促进海洋与渔业保险市场的完善。

（一）制定一系列优惠政策，鼓励商业保险机构开展海洋与渔业灾害保险业务

政府要在税收优惠政策、建立海洋与渔业灾害保险与再保险市场支持平台、资金扶持与奖励等方面给予支持和鼓励，让商业保险机构发展成为承担海洋与渔业灾害保险的主要力量，鼓励商业保险机构开展形式多样的海洋与渔业灾害保险业务，从而改变我国目前主要由政府承担大部分风险的情况，减轻政府压力，充分发挥保险机构、保险中介、金融市场的作用，丰富和完善我国海洋与渔业灾害保险市场。

（二）提高沿海民众的风险保险意识，建立海洋与渔业灾害强制投保制度

在我国，公民还没有真正理解保险化解风险，保持社会经济稳定发展的原理。另外，由于我国保险市场的不完善，出现了小灾自己消化，巨灾发生后习惯性的都是由政府财政与社会捐赠来进行补偿，公民由此产生对政府与社会的救灾功能过度依赖，制约了保险的发展。提高风险意识与保险意识是风险管理的重要内容，居民投保意识不强已经成为我国建设巨灾保险制度的障碍。政府应该加强对保险知识的市场推广与宣传，强化公众保险意识，提供补贴鼓励投保，推动巨灾保险规模的扩大。

从目前我国公民投保意识还很弱的特点来看，在巨灾保险制度运行的初期，采取强制性的模式可能更有利于制度的推行和完善。由于海洋与渔业灾害风险分布的地域性差异很

大，我们可以选择部分沿海省市先行试点，将海洋与渔业灾害风险保险作为强制性保险要求公民必须购买。根据各地经济发展水平和居民可支配的收入水平，强制投保海洋与渔业灾害风险，并从财政收入中提供一定的保费补贴。

（三）给予一定的保费补贴，促进海洋与渔业保险需求

由于巨灾风险所致的高赔付率使保险公司提高保费，从而会降低保险供给水平，抑制了投保人对保险的需求，导致巨灾保险市场失衡。世界上很多国家在推行这样的保险过程中，采用了保费补贴的形式，来促进保险产品的需求。邢慧茹等证明了政府提供保险补贴时农业保险市场的均衡情况，政府保费补贴在农业保险中起到了重要作用。根据统计年鉴数据，1993—2004年农业保险由于缺乏巨灾风险分散机制和国家财政政策扶持呈现持续萎缩。从2005年实行农业保险补贴以来，我国农业保费收入出现了快速的增长，说明补贴的大小直接关系到保险的需求。较高的保费补贴有助于消除保险市场的失衡。

海洋与渔业灾害的保险标的和发生的地区都比较集中，因而使得保险不具有可保性，因而，在推行过程中，应该考虑在推广的初期给予形式多样的补贴，如管理费补贴、保费补贴、再保险补贴和对保险公司的税收优惠等。保费补贴可以促使保险需求曲线移动，增加保险的有效需求，商业化运作，发展互助保险和渔民共保体保险补贴。但补贴的力度受各级政府财政收入的制约，因此各级政府应该根据各自所辖行政区域范围内海洋与渔业灾害发生的频率、受损情况、保险赔款的支付额度等，计算模拟补贴的力度，采取最有效率的补贴方式和恰当的补贴额度，从而达到我国海洋与渔业保险市场中最优的资源配置。

五、加大科技投入与抗灾工程建设投入

研究各种灾害之间的联系及分布规律与发生条件，提高灾害监测、预测、预报水平；开展全国灾害风险调查，进行风险评估；建立并不断完善灾害预警、防御体系。加大政府在海洋与渔业巨灾保险研究上的科技投入，加大力度建设各级各类抗灾工程项目，加强巨灾保险的宣传和扶持，建立海洋与渔业灾害数据库。海洋与渔业灾害保险体系的建立，需要对海洋与渔业灾害进行深入研究，搜集海洋与渔业灾害带来的损失、影响大小、风险分布等资料。只有掌握翔实的数据资料才能对风险预测、风险评估、保费拟定，从而关系到保险基金的建立，保险补贴的方式和力度等具体制度和方案的拟定。制定海洋与渔业灾害保险数据采集规范，加快相关部门共同研究采集，推动海洋与渔业灾害数据库的建立，绘制巨灾风险地图，为海洋与渔业灾害保险模型的设计提供技术支撑。

参考文献

米建华，龙艳．2007．发达国家巨灾保险研究——基于英、美、日三国的经验［J］．安徽农业科学，21：6 609-6 610.

人民银行成都分行办公室课题组，刘异．2009．国外巨灾保险制度及借鉴［J］．西南金融，(2)：52-54.

陈华，赵俊燕．2008．巨灾保险体系构建研究：一个国际比较的视角［J］．金融理论与实践，(9)：76-81.

张雪梅．2008．国外巨灾保险发展模式的比较及其借鉴［J］．财经科学，(7)：40-47.

王彤，王永生．2011．巨灾保险机制的国际经验和对中国的启示［J］．开放导报，(1)：109-112.

卓志，段胜.2010.巨灾保险市场机制与政府干预：一个综述［J］.经济学家，（12）：88-97.

邢慧茹，陶建平.2009.巨灾风险、保费补贴与我国农业保险市场失衡分析［J］.中国软科学，（7）：42-47.

李喜梅.2009.中国巨灾保险制度探讨［J］.山东社会科学，（9）：69-72.

论文来源：本文原刊于《海洋开发与管理》2014年第11期，第48-52页。

项目资助：中国海洋发展研究会重点项目（AOCQN201206）。

21世纪"海上丝绸之路"贸易潜力及其影响因素

——基于随机前沿引力模型的实证研究

谭秀杰[①]　周茂荣[②]

摘要： 共同建设21世纪"海上丝绸之路"是推动我国新一轮对外开放、促进沿线国家共同发展的重大战略，国际贸易是该战略的基础内容和关键纽带。本文通过随机前沿引力模型估计了"海上丝绸之路"主要沿线国家间的贸易潜力，并采用一步估计法分析了影响因素。研究表明，"海上丝绸之路"的贸易效率在不断提升，中国对"海上丝绸之路"的出口仍有很大潜力。为进一步提高"海上丝绸之路"贸易效率，应加快区域经济一体化，降低关税和非关税壁垒，提高贸易便利化，加强海运互联互通，改善交通基础设施，并注重金融风险防范的合作。

关键词： 海上丝绸之路；贸易潜力；随机前沿；引力模型

一、引言

2013年10月，国家主席习近平在印度尼西亚国会发表演讲，首次提出共同建设21世纪"海上丝绸之路"的倡议。这是我国集政治经济、内政外交为一体的重大战略构想，对于深化区域合作、促进我国与周边国家经济关系、推动全球和平发展具有重大而深远的意义。

21世纪"海上丝绸之路"是当代经贸合作的新概念，学界已经前瞻性地展开了探讨。李金早（2014）提出深化经贸合作把"一带一路"建实建好，具体措施包括：加强与沿线国家工作对接、提升沿线国家贸易便利化水平、提升双向投资水平、构建高效便捷安全的基础设施网络、发挥金融助推作用等。陈武（2014）认为广西有条件有能力成为21世纪"海上丝绸之路"的新门户和新枢纽，为此需要加快构建港口合作网络、临港产业带、海洋经济合作实验区、金融合作区、友好城市和人文交流圈，以及构建海陆互动格局。陈

---

① 谭秀杰，男，武汉大学国际问题研究院、国家领土主权与海洋权益协同创新中心，讲师、师资博士后，研究方向：区域经济一体化。

② 周茂荣，男，汉，武汉大学经济与管理学院，教授、博士生导师，研究方向：区域经济一体化。

万灵和何传添（2014）设想的建设思路和发展方向是：以通道建设为基础，以经贸合作制度建设为支撑，全面提升"海上丝绸之路"通道功能和贸易、投资及经济合作水平，最终构建中国与沿线各国互利共赢的格局。全毅等（2014）认为"海上丝绸之路"的发展目标是：以海洋经济合作为重点，通过经济外交与人文交流，构建经济合作机制，推进港口互联互通和自贸区建设，发展多领域的双边和多边合作，确保商路安全畅通，构建和平之路、财富之路，打造海上繁荣之弧。

习近平主席提出"丝绸之路经济带"可以从"政策沟通、道路联通、贸易畅通、货币流通、民心相通"先做起来，以点带面，从线到片，逐步形成区域大合作。本文认为21世纪"海上丝绸之路"也至少包括这五个方面，其中贸易畅通是"海上丝绸之路"建设的重点和基础，也是连接其他方面的桥梁和纽带，可以说丝绸之路首先是贸易之路。我国对与沿线国家的贸易也寄予厚望，与东盟、印度等提出了雄心勃勃的贸易增长目标，并积极扫除贸易发展的障碍。在此背景下，"海上丝绸之路"的贸易潜力如何？什么因素促进或限制了相互间的贸易流动？应当怎样挖掘"海上丝绸之路"的贸易潜力？这些问题的研究将丰富和完善"海上丝绸之路"建设的内涵，推动和加快"海上丝绸之路"的建设，因而十分具有理论价值和现实意义。

研究"海上丝绸之路"的贸易潜力需要确定其大致空间范围，学者们对"海上丝绸之路"一些重点区域进行了论述，并提出了初步的空间界定。吕余生（2014）等聚焦于东盟，认为东盟国家是我国陆上、海上的近邻，也是"海上丝绸之路"的枢纽，将发挥举足轻重的作用；吴磊（2014）则认为"海上丝绸之路"不限于东南亚、南亚地区，而是联系太平洋、印度洋和大西洋，其交汇点是中东地区，因此中东地区的重要性将与日俱增；陈万灵和何传添（2014）以中国古代航海鼎盛时期所到达的最远地方为依据，提出21世纪"海上丝绸之路"大体包括东南亚航线、南亚及波斯湾航线、红海湾及印度洋西岸航线三段。从我国政府目前的表态来看，明确表示愿与之共建"海上丝绸之路"的国家包括东盟十国、海湾六国、印度、斯里兰卡等，这与学者讨论的范围大体相当，上述区域应该是"海上丝绸之路"近期建设的重点区域。因此，本文以中国、东盟、南亚、海湾国家作为"海上丝绸之路"的空间范围。

贸易引力模型是测算贸易潜力最常用的方法，Nilsson（2000）和Egger（2002）将传统引力模型估算出的双边贸易拟合值称为"贸易潜力"（Trade Potential），并用实际贸易额与贸易潜力的比值来衡量双边贸易的效率。近年来，已有大量国内学者采用传统引力模型来测算贸易潜力（盛斌、廖明中，2004；赵雨霖、林光华，2008）。但不足之处在于，估算的拟合值只是各种决定贸易因素的平均效应，而且贸易阻力问题始终没有很好解决。贸易阻力（Trade Resistances）包括各种阻碍或促进贸易的因素，对双边贸易有着重要影响。但是，传统引力模型的理论研究往往假定无摩擦贸易，或者用冰山成本代替整体贸易阻力；在实证分析中，仅有部分易于测量的因素被纳入考虑，其他多数因素被归于不可观测的随机扰动项，这导致贸易潜力的估计存在偏差（Armstrong，2007）。采用面板数据的引力模型假定贸易阻力不随时间变化从而在估计时将其剔除，但是截面数据中绝大多数变量将因此而丢弃（Harrigan，2001）。在此背景下，随机前沿的思想被引入到引力模型中，贸易阻力将被单独处理，那些限制或促进贸易的因素将由非效率项吸收，这不仅解决了贸易阻力问题，而且能够测量贸易阻力。随机前沿引力模型已获得广泛运用，施炳展和李坤望（2009）、鲁晓东和赵奇伟（2010）、贺书锋等（2013）等纷纷采用这种方法。因此，本文将借助随机前沿引力模型，利用 2005—2013 年的面板数据，测算"海上丝绸之路"的贸易潜力和贸易效率，并检验相关的影响因素。

二、理论模型

随机前沿分析方法最早由 Meeusen 和 van den Broeck（1997）以及 Aigner、Lovell 和 Schmidt（1997）提出，最初主要用于分析生产函数中的技术效率。该方法将传统的随机扰动项分解为相互独立、具有不同特征的两部分：随机误差项 v，表示生产过程中面临的外界随机冲击；非负的技术无效项 u，表示所有不可观测的非效率因素，估算 u 就可以分析生产效率状况。贸易流量可以看作是国家间经济规模、地理距离、制度文化等变量的函数，这与生产函数本质上类似，因此，用于分析生产效率的随机前沿方法也可以用于分析贸易潜力。

（一）随机前沿引力模型

按照随机前沿方法的设定，采用面板数据的实际贸易量可以表示为：

$$T_{ijt} = f\ (x_{ijt},\ \beta)\ \exp\ (v_{ijt})\ \exp\ (-u_{ijt}),\ u_{ijt} \geqslant 0 \qquad (1)$$

$$\ln T_{ijt} = \ln f\ (x_{ijt},\ \beta)\ + v_{ijt} - u_{ijt},\ u_{ijt} \geqslant 0 \qquad (2)$$

其中，公式（2）为公式（1）的对数形式；T_{ijt} 表示 t 期 i 国向 j 国的实际贸易水平；x_{ijt} 是引力模型中各种影响贸易量的因素，如经济规模、人口、距离等；β 是待估计的参数向量；v_{ijt} 为随机因素，服从均值为零的正态分布；u_{ijt} 代表贸易非效率项，该项与 v_{ijt} 相互独立，通常假定 u_{ijt} 服从半正态分布或截尾正态分布。贸易非效率项 u_{ijt} 体现了那些没能纳入引力方程的贸易阻力，包括限制或促进贸易的因素，非负的设定意味着 u_{ijt} 整体而言会限制贸易，即贸易阻力中阻碍贸易的因素占主导，当然贸易阻力中促进贸易的因素被认为可以部分抵消这种影响。

在随机前沿引力模型中，贸易潜力表示为：

$$T_{ijt}^* = f\ (x_{ijt},\ \beta)\ \exp\ (v_{ijt}) \qquad (3)$$

T_{ijt}^* 是贸易潜力，表示样本国可能达到的最大贸易值，即前沿水平的贸易量，这类似于生产函数中的生产前沿，此时贸易非效率的影响为零，贸易被认定是无摩擦的。可见，贸易潜力的概念在随机前沿引力模型和传统引力模型中存在差别，前者的贸易潜力是一个最优值，而后者是贴近实际贸易量的一个平均值。

在估计最优贸易水平的基础上，贸易效率的概念被引入，其表达式为：

$$TE_{ijt} = T_{ijt}/T_{ijt}^* = \exp\ (-u_{ijt}) \qquad (4)$$

TE_{ijt} 为贸易效率，是实际贸易水平与最优贸易水平的比值，也是关于贸易非效率项的指数函数。通过贸易效率可以判断样本国间贸易发展的水平和潜力。当 $u_{ijt} = 0$ 时，样本国之间不存在贸易非效率，即无摩擦贸易，那么 $TE_{ijt} = 1$，贸易量达到最大值，实际贸易量等于贸易潜力；当 $u_{ijt} > 0$ 时，样本国之间存在贸易非效率，这说明贸易阻力限制了贸易发展，此时 $TE_{ijt} \in (0, 1)$，即实际贸易量小于贸易潜力。

（二）时变随机前沿模型

早期随机前沿模型假定，贸易非效率项 u_{ijt} 不随时间变化而保持恒定，被称为时不变模型。不过这种假设显然太强，尤其是当面板数据时间维度较长时，贸易非效率项随时间变化更符合实际情况，为此学者们探索建立了时变随机前沿模型。Battese 和 Coelli（1992）提出了时变模型的基本形式，其表达式为：

$$u_{ijt} = \exp\left[-\eta(1-T)\right]u_{ij} \tag{5}$$

该模型假定 $\exp\left[-\eta(1-T)\right] \geqslant 0$，$u_{ij}$ 服从截尾正态分布。η 为唯一待估参数，当 $\eta>0$ 时，贸易非效率随时间递减，即贸易阻力减少；$\eta<0$ 时，贸易非效率随时间递增，即贸易阻力增加；$\eta=0$ 时，贸易非效率不随时间变化，模型转变为时不变模型。

（三）贸易非效率模型

上述随机前沿引力模型可以估计贸易非效率，但不能研究贸易非效率受到哪些因素的影响。贸易非效率模型就是分析各种影响贸易非效率因素的框架，目前研究方法主要包括两步估计法和一步估计法。两步估计法的思路是：第一步，利用随机前沿模型计算出贸易非效率项 u；第二步，用待研究的各种外生变量 z 对 u 的估计值进行回归，从而分析相关影响因素。两步估计法存在着严重问题：一是，该方法必须假定外生变量 z 与引力模型中各种影响贸易量的因素 x 不相关，否则第一步随机前沿模型遗漏了重要变量 z，导致 u 的估计值是有偏的，但是通常情况下 z 和 x 存在高度的相关性；二是，第一步假定 $E(u)$ 是一个常数，但是第二步却假定 $E(u)$ 取决于一系列外生变量。

针对上述缺陷，一步估计法被提出来，其思路是将贸易非效率项设定为由一系列影响因素决定，然后贸易非效率项及其影响因素在随机前沿模型中一起被估计。Battese 和 Coelli（1995）提出了一步估计法的基本形式，首先将 u 设定为：

$$u_{ijt} = a'z_{ijt} + \varepsilon_{ijt} \tag{6}$$

然后，将式（6）代入式（2）可得：

$$\ln T_{ijt} = \ln f(x_{ijt}, \beta) + v_{ijt} - (a'z_{ijt} + \varepsilon_{ijt}) \tag{7}$$

其中，z_{ijt} 表示影响贸易非效率的外生变量；a 为待估参数向量；ε_{ijt} 是随机扰动项。这样贸易非效率项 u_{ijt} 就被表述为外生变量 z_{ijt} 和随机扰动项 ε_{ijt} 的函数，并且假定 u_{ijt} 与 v_{ijt} 相互独立，服从均值为 $a'z_{ijt}$ 的截尾正态分布。式（7）将直接采用随机前沿方法回归，可以同时获得贸易非效率项 u 的估计值及其与影响因素的关系，从而避免了两步估计法的问题，所以一步估计法被越来越多的文献采用。

本文将首先利用时变随机前沿引力模型，分析影响"海上丝绸之路"贸易水平的主要因素和贸易非效率项随时间变动情况；然后采用一步估计法对贸易非效率模型进行估计，从而研究影响贸易非效率项的相关因素；最后分析两个模型估计出的贸易效率，以此衡量"海上丝绸之路"的贸易潜力。

三、模型设定

在利用随机前沿方法估算贸易潜力时，Armstrong（2007）建议引力模型仅包括最核心的变量，如经济规模、距离、共同边界、语言等短期内不会改变的因素；而自由贸易协定、关税、制度等人为因素纳入贸易非效率外生模型，以此估计贸易阻力。

（一）时变随机前沿引力模型设定

基于上述思路，本文首先构建时变随机前沿引力模型，测算"海上丝绸之路"的贸易潜力，具体方程如下：

$$\ln EXP_{ijt} = \beta_0 + \beta_1 \ln PGDP_{it} + \beta_2 \ln PGDP_{jt} + \beta_3 \ln POP_{it} + \beta_4 \ln POP_{jt}$$
$$+ \beta_5 \ln DIS_{ij} + \beta_6 X_{ij} + v_{ijt} - u_{ijt} \tag{8}$$

回归方程中，被解释变量 EXP_{ijt} 表示 t 年 i 国向 j 国的出口情况，解释变量为经典引力模型的变量，可以分为以下 4 组：①人均 GDP 数据（$PGDP_{it}$ 和 $PGDP_{jt}$），反映经济发展程度、需求水平和要素禀赋（Bergstrand，1989），由于该变量包含的因素比较复杂，以往经验分析的回归结果并不一致，不过一般认为它与 EXP_{ijt} 呈正比；②人口总量（POP_{it} 和 POP_{jt}），代表国内市场的规模，往往假定与 EXP_{ijt} 呈正相关；③贸易国之间的地理距离（DIS_{ij}），反映两国间的运输成本，运输成本越大对贸易的阻碍也越大，因此理论预期与 EXP_{ijt} 呈负相关；④其他因素（X_{ij}）包括共同边界、语言等，考虑到方程形式在随机前沿模型中的重要性，本文将使用似然比检验确定是否纳入这些因素。

（二）贸易非效率模型设定

为进一步研究影响"海上丝绸之路"贸易非效率的因素，本文又构建了贸易非效率模型，并采用一步估计法回归分析。具体方程如下：

$$u_{ijt} = a_0 + a_1 FTA_{ijt} + a_2 TARIFF_{jt} + a_3 TIME_{jt} + a_4 SHIP_{jt}$$
$$+ a_5 INF_{jt} + a_6 MON_{jt} + a_7 FIN_{jt} + \varepsilon_{ijt} \tag{9}$$

解释变量大致可以分为以下 4 组：①自由贸易协定，自贸协定（FTA_{ijt}）有助于推动双边贸易，属于贸易促进因素，预期与 u_{ijt} 负相关；②关税及便利化水平，关税水平（$TARIFF_{jt}$）用关税及其他进口税占进口国税收收入的比重来表示，进口清关时间（$TIME_{jt}$）反映进口国海关效率和贸易便利化水平，这两者都是阻碍贸易的因素，预期与 u_{ijt} 呈正比；③海运及交通基础设施，班轮运输连通性指数（$SHIP_{jt}$）评估的是进口国与全球海运网络链接的紧密程度，贸易及运输相关基础设施指数（INF_{jt}）则衡量进口国港口、铁路、道路及信息技术等基础设施情况，这两个指标得分越高说明海运及交通基础设施越好，就越能促进贸易；④货币及金融，货币自由度（MON_{jt}）反映进口国物价稳定和价格管制水平，评分越高说明物价越稳定、价格更多由市场决定，金融自由度（FIN_{jt}）反映银行效率以及金融业相对政府控制和干预的独立性。

（三）数据来源

本文尽量选择更多的国家和更长的时间跨度，但是个别国家数据缺失，部分变量近年来才开始统计，最终以 2005—2013 年中国、马来西亚、印度尼西亚、新加坡、泰国、越南、菲律宾、印度、巴基斯坦、斯里兰卡、阿曼、阿联酋、卡塔尔 13 个国家相互间的数据作为"海上丝绸之路"的样本。

时变随机前沿引力模型中，出口数据来源于联合国数据库 Comtrade，为剔除通胀影响，数据都被调整为 2005 年美元计价；PGDP 和 POP 数据来自世界银行 WDI 数据库，其中 PGDP 以 2005 年美元计价；DIS 数据采用两国重要港口间的海运距离，通过 Netpas Esti-mator 的数据计算获得到；共同边界、语言数据来源于 CEPII；FTA 是虚拟变量，国家间自由贸易协定生效后的年份取值为 1，反之为 0，协议生效情况来自世贸组织数据库 Regional Trade Agreements Information System。

贸易非效率模型中，TARIFF 数据来源于货币基金组织年度报告 Government Finance Statistics Yearbook；TIME 数据来源于世界银行项目 Doing Business Project；SHIP 数据来源于联合国贸发会年度报告 Review of Maritime Transport；INF 数据来源于世界银行调查 Logistic Performance Index Surveys；MON 和 FIN 数据来源于全球遗产基金会数据库 Index of Economic Freedom。

四、实证结果

本文使用 Frontier4.1 软件，对时变随机前沿引力模型和贸易非效率模型进行了分析，并在此基础上总结比较了两个模型估算的贸易效率，以此衡量"海上丝绸之路"贸易发展的水平和潜力。

（一）时变随机前沿引力模型结果

随机前沿方法高度依赖模型的函数形式，因此在估计前本文使用似然比检验判别模型的适用性和具体形式。本文对模型依次设定了 4 个检验：①贸易非效率存在性检验；②贸易非效率的时变性检验；③是否引入边界变量的检验；④是否引入语言变量的检验。假设检验结果显示（表 1）：①不存在贸易非效率的假设在 1% 的显著水平上被拒绝，这表明采用随机前沿方法是适合的；②贸易非效率不变化的假设被拒绝，说明 2005—2013 年内"海上丝绸之路"贸易效率存在显著变化，使用时变方法进行估计更为恰当；③模型不引入边界变量的假设不能拒绝，可能的原因是所选样本国家之间目前陆路交通不便，不能充分享受陆地接壤的便利，因此引力模型将抛弃该变量；④模型不引入语言变量的假设不能拒绝，可能的原因是所选样本国家之间属于相同官方语言的情况较少，未能体现共同语言对贸易的促进作用，因此估计时不引入该变量。

表 1　随机前沿引力模型假设检验结果

原假设 H_0	约束模型	非约束模型	LR 统计量	1%临界值	检验结论
不存在贸易非效率	−2 062.43	−1 181.33	1 762.20	9.21	拒绝
贸易非效率不变化	−1 181.33	−1 159.90	42.87	6.63	拒绝
不引入边界变量	−1 159.90	−1 159.78	0.24	6.63	不能拒绝
不引入语言变量	−1 159.90	−1 159.17	1.46	6.63	不能拒绝

按照假设检验后的模型设定，本文对"海上丝绸之路"2005—2013 年的出口值进行随机前沿引力模型估计。为了比较结果的稳健性，本文同时给出了时变模型和时不变模型的回归结果（表 2）。

　　时变模型结果显示：η 非常显著，表明贸易非效率项确实存在显著变化，也再次证明时变模型相比时不变模型更加适用，同时 η 系数为正，说明贸易非效率随时间递减，这意味着"海上丝绸之路"贸易效率随时间显著递增；γ 衡量的是随机扰动项中贸易非效率项所占的比重[①]，时不变模型和时变模型中，γ 分别为 0.874 和 0.924，说明实际贸易水平与贸易潜力存在较大差距，而且差距主要是由贸易非效率造成的，也说明了模型设定的合理性。

　　从引力模型的经典变量看，出口国人均 GDP 和进口国人均 GDP（$PGDP_{it}$ 和 $PGDP_{jt}$）都具有非常显著的正估计弹性，表明"海上丝绸之路"沿线国家的经济发展水平越高越能促进贸易的发展。出口国人口总量和进口国人口总量（POP_{it} 和 POP_{jt}）与出口量显著正相关，这符合理论预期，说明市场容量越大越有助于扩大双边贸易。相比较而言，出口国人均 GDP 和人口总量的影响要大于进口国，这也说明了国内经济发展水平和市场容量对维持出口的重要意义。贸易双方主要港口的海运距离（DIS_{ij}）对出口产生了显著的负效应，与理论预期保持一致，表明距离所代表的运输成本是阻碍贸易的重要因素。

表 2　随机前沿引力模型估计结果

估计方法	时不变模型		时变模型	
变量	系数	t 值	系数	t 值
常数	−24.060 ***	−23.319	−11.919 ***	−5.690
$PGDP_{it}$	1.428 ***	21.559	1.180 ***	17.426
$PGDP_{jt}$	0.900 ***	13.980	0.648 ***	8.560
POP_{it}	1.166 ***	19.823	0.820 ***	15.109
POP_{jt}	0.848 ***	15.450	0.608 ***	10.235
DIS_{ij}	−1.016 ***	−11.816	−0.796 ***	−8.856
σ^2	1.783 ***	9.168	2.894 ***	3.785
γ	0.874 ***	86.383	0.924 ***	45.814
μ	2.496 ***	14.625	1.086 **	2.299
η			0.026 ***	7.999
对数似然值	−1 181.33		−1 159.90	
LR 检验	1 762.20		1 805.07	
样本量	1 276		1 276	
横截面数	156		156	

注：** 、*** 分别表示 5% 和 1% 显著性水平上显著。

（二）贸易非效率模型结果

　　同样考虑到函数形式对随机前沿方法的重要性，本文对贸易非效率模型设定了两个检

---

① $\gamma = \sigma_u^2 / (\sigma_v^2 + \sigma_u^2)$，其中，$\sigma_v^2$ 是随机误差项 v 的方差；σ_u^2 是贸易无效率项 u 的方差。

验：贸易非效率存在性检验，此时贸易非效率不存在的原假设为 $\lambda = a_0 = a_1 = a_2 \cdots = a_7 = 0$；贸易非效率模型设定检验，即假定所有外生变量对贸易非效率不会产生影响或者影响是非线性的，原假设为 $a_1 = a_2 \cdots = a_7 = 0$。检验结果见表3，结论如下：①不存在贸易非效率的假设被拒绝，这表明随机前沿方法是适合的；②原假设模型选取的所有外生变量对贸易非效率不会产生影响或影响是非线性的，检验结果高度拒绝了该假设。

表3 贸易非效率模型假设检验结果

原假设 H_0	约束模型	非约束模型	LR 统计量	1%临界值	检验结论
不存在贸易非效率项	−2 062.43	−1 857.28	410.31	21.67	拒绝
贸易非效率模型设定有问题	−2 037.34	−1 857.28	360.12	18.48	拒绝

本文采用一步估计法对贸易非效率模型进行了估计，结果见表4。结果显示 γ 为 0.953，说明随机前沿模型的设定是合理的，贸易非效率是阻碍双边贸易最主要的因素。下面具体分析各种外生性因素对贸易非效率的影响。

表4 贸易非效率模型估计结果

随机前沿函数			贸易非效率函数		
变量	系数	t 值	变量	系数	t 值
常数	−12.728***	−11.228	常数	1.358	1.298
$PGDP_{it}$	1.235***	34.014	FTA_{ijt}	−2.780***	−9.122
$PGDP_{jt}$	0.656***	15.451	$TARIFF_{jt}$	0.019**	2.216
POP_{it}	0.835***	25.270	$TIME_{jt}$	0.024*	1.723
POP_{jt}	0.556***	19.307	$SHIP_{jt}$	−0.007**	−2.219
DIS_{ij}	−0.679***	−13.942	INF_{jt}	−0.518**	−2.414
			MON_{jt}	0.014	1.045
			FIN_{jt}	0.027***	3.083
σ^2	2.204***	9.900	γ	0.953***	88.170
对数似然值	−1 857.28		LR 检验	410.31	
样本量	1 276		横截面数	156	

注：*、**、*** 分别表示10%、5%和1%显著性水平上显著。

（1）自由贸易协定。自贸协定（FTA_{ijt}）与贸易非效率成显著的负相关，说明自贸区协定是促进贸易的因素，能够抵消贸易非效率的影响，这与理论预期一致。因此，建设21世纪"海上丝绸之路"应加快区域内经济一体化，推进区域全面经济伙伴关系协定（RCEP）及一系列自贸区的谈判和升级，如中国-海合会自贸区和中国-东盟自贸区升级版，最终形成高标准的自贸区网络。

（2）关税及便利化水平。关税水平（$TARIFF_{jt}$）和进口清关时间（$TIME_{jt}$）与贸易非效率呈正比，分别在10%和5%的水平上显著，与理论预期相符，表明这两者都是阻碍贸易的因素。为克服这两个阻碍因素对"海上丝绸之路"的负面影响，我国应与沿线国家一道，进一步降低关税和非关税壁垒，改善口岸通关的硬件和软件条件，提高贸易便利化水平。

（3）海运及交通基础设施。班轮运输连通性指数（$SHIP_{jt}$）、贸易及运输相关基础设施指数（INF_{jt}）与贸易非效率负相关，都在 5% 水平上显著，符合理论预期。发达的海运网络和良好的交通基础设施有助于降低贸易成本、促进贸易繁荣，也正是"海上丝绸之路"建设的重点内容。我国应加强与沿线国家港口城市之间的合作，推进运输协调交流机制，加密客货运航线与航班，构建"海上丝绸之路"海运网络。同时，还应加大对沿线国家港口、铁路、道路及信息技术等基础设施的投资，提高各国内部的交通运输效率，并在国家间形成紧密衔接、通畅便捷、安全高效的互联互通交通网络。

（4）货币及金融。货币自由度（MON_{jt}）对贸易非效率的影响不显著，而金融自由度（FIN_{jt}）有显著的正向影响，表明政府对金融业的放开反而成为了阻碍贸易的因素，原因可能是金融自由度高的国家在全球金融危机中贸易受到的冲击更大。随着"海上丝绸之路"沿线国家经贸往来的不断扩大，对金融服务的需求必将不断增长，加强金融合作有较大空间。但是，在加强"海上丝绸之路"金融合作时，应谨慎推动金融自由化，注重加强金融风险的预警和防范，例如加强与沿线国家金融监管合作，逐步建立区域内高效监管协调机制，构建区域性金融风险预警系统，推进亚洲货币稳定体系等。

（三）贸易潜力

本文通过时变随机前沿引力模型和采用一步法估计的贸易非效率模型，可以获得两组关于"海上丝绸之路"贸易效率的估计值，时间跨度为 2005—2013 年，包括 13 个国家相互之间共 156 个国家对（Country Pair）。按照式（4）对贸易效率 TE_{ijt} 的设定，当存在贸易非效率时 $TE_{ijt} \in$（0，1），数值越高代表贸易效率越高，而数值越低说明贸易潜力越大。

图 1 列出了所选"海上丝绸之路"13 国的出口效率。[①] 整体而言，一步法的估计值较时变模型略高，但两组数据差距细微，且国家间高低排序基本相同。分地区来看，中国两组出口效率分别为 0.334 和 0.344，均位于顺序第六位，表明我国对"海上丝绸之路"沿线国家仍有很大的出口潜力；所选东盟六国出口效率高，两组数据的前五位都属于该地区，依次为泰国、马来西亚、新加坡、越南和印度尼西亚，反映了东盟在"海上丝绸之路"的枢纽地位；所选南亚三国和海湾三国出口效率整体偏低，其中印度和阿曼表现较好，斯里兰卡和阿联酋出口效率最低。

图 2 列出了中国对"海上丝绸之路"沿线国家的出口效率。两组数据差异不大，国家间高低排序大致相同。两组数据显示，中国出口效率较高的四个国家是新加坡、阿联酋、越南和马来西亚，印度、泰国、印度尼西亚和巴基斯坦四国居中，而中国对菲律宾、斯里兰卡、阿曼和卡塔尔四国的出口效率最低。图 3 显示了中国对"海上丝绸之路"沿线国家出口效率的变动趋势。[②] 该图更清晰地展示了中国在这三个地区出口效率的排序：东盟六

---

① 各国出口效率的数值为该国对其他 12 国 2005—2013 年出口效率的算术平均数。

② 该图所选数据是一步法的估计值，因为时变模型估计的是随时间变化的平均情况。

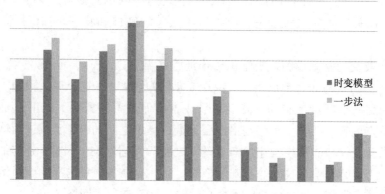

图 1　"海上丝绸之路"沿线国家的出口效率

国最高，南亚三国次之，海湾三国居后。从变动趋势上看，中国对各地区的出口效率在 2008 年前均保持增长，但在 2009 年遭遇大幅下滑，随后逐步回升，其原因可能是全球金融危机的影响。值得注意的是，中国对南亚三国的出口效率在回升中出现反复，而对海湾三国的出口效率回升缓慢。综上所述，中国出口效率较高的国家多是东盟国家，这可能得益于中国–东盟自贸区的建设；而在南亚和海湾国家，中国出口面临的人为贸易阻力较多，这也表明中国出口仍具有很大的潜力。

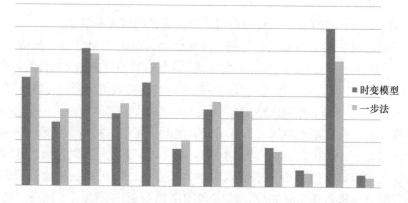

图 2　中国对"海上丝绸之路"沿线国家的出口效率

五、结论与建议

贸易畅通是"海上丝绸之路"建设的重点和基础，也是连接其他方面的桥梁和纽带。因此，本文采用随机前沿方法，测算了"海上丝绸之路"的贸易潜力和贸易效率，并研究了影响贸易非效率的因素。

时变随机前沿引力模型结果表明：①"海上丝绸之路"的实际贸易水平与贸易潜力存在较大差距，而且差距主要是由于贸易非效率造成的；②整体而言，贸易非效率在 2005—2013 年随时间递减，这意味着"海上丝绸之路"贸易效率随时间相应显著递增；③出口

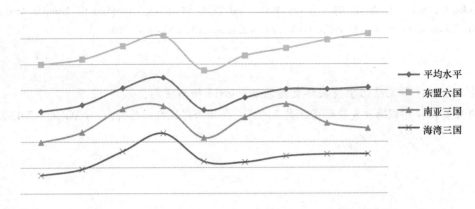

图3　中国对"海上丝绸之路"沿线国家出口效率的变化趋势

国和进口国的人均GDP、人口总量与出口水平显著正相关，而贸易双方的海运距离对出口有显著负影响。

贸易非效率模型采用一步法估计的结果表明：①自由贸易区协定、海运及交通基础设施是促进贸易的因素，能够抵消贸易非效率的影响；②关税水平、进口清关时间及金融自由度与贸易非效率呈显著正相关，说明这三者都是阻碍贸易的因素；③为进一步提高"海上丝绸之路"贸易效率，应加快区域经济一体化，降低关税和非关税壁垒，提高贸易便利化，加强海运互连互通，改善交通基础设施，并注重金融风险防范的合作。

上述两个模型获得两组关于"海上丝绸之路"贸易效率的估计值，两组数据差异不大，且国家间高低排序大体相同。测算结果显示：①整体而言，所选东盟六国出口效率高，反映了东盟的枢纽地位；我国出口效率居中，所选南亚三国和海湾三国居尾，这表明未来仍有很大的出口潜力；②具体就中国而言，我国对"海上丝绸之路"沿线国家的出口效率并不平均，且受到全球金融危机的影响；对南亚三国和海湾三国，我国出口效率较低，并且在危机后回升缓慢，表明我国在南亚和海湾国家面临的人为贸易阻力较多，未来我国需加强对这两个地区的关注。

参考文献

陈万灵，何传添 . 2014. 海上丝绸之路的各方博弈及其经贸定位 . 改革，（3）.

贺书锋，平瑛，张伟华 . 2013. 北极航道对中国贸易潜力的影响——基于随机前沿引力模型的实证研究 . 国际贸易问题，（8）.

鲁晓东，赵奇伟 . 2010. 中国的出口潜力及其影响因素——基于随机前沿引力模型的估计 . 数量经济技术经济研究，（10）.

全毅，汪洁，刘婉婷 . 2014. 21世纪海上丝绸之路的战略构想与建设方略 . 国际贸易，（8）.

盛斌，廖明中 . 2004. 中国的贸易流量与出口潜力——引力模型的研究 . 世界经济，（2）.

吴磊 . 2014. 构建"新丝绸之路"：中国与中东关系发展的新内涵 . 西亚非洲，（3）.

杨晓云 . 2014. 中日对东盟出口贸易比较研究 . 现代日本经济，（5）.

Armstrong S. 2007. Measuring Trade and Trade Potential：A Survey. *Asia Pacific Economic. Paper* 368.

Ravishankar G, Stack M. 2014. The Gravity Model and Trade Efficiency: A Stochastic Frontier Analysis of Eastern European Countries' Potential Trade. *World Economy*. 37 (5): 690–704.

论文来源：本文原刊于《国际贸易问题》2015 年第 2 期，第 3-12 页。

项目资助：中国海洋发展研究会重点项目"英国海洋战略问题研究"（AOCZDA201309）。

沿海省份海洋科技投入产出效率
及其影响因素实证研究

鄢　波[①]　杜　军[②]　冯瑞敏

摘要：分析方法中的 C^2R 模型对我国 11 个沿海省份 2009—2014 年的海洋科技投入产出面板数据进行测算，分析可能影响沿海省份海洋科技投入产出效率的因素并进行实证检验，研究结果表明：海洋科研机构规模和海洋经济发展水平对海洋科技投入产出效率具有显著推动作用，而政府支持力度、海洋科技人员结构这两个因素对海洋科技投入产出效率的推动作用不显著，据此提出了提高沿海省份海洋科技投入产出效率的对策建议。

关键词：海洋科技投入产出；海洋经济；海洋强国；效率评价；数据包络分析

一、引言

随着"建设海洋强国"战略实施的不断深入，海洋科技对海洋经济发展的推动作用越来越凸显，已成为衡量国际海洋竞争力的关键性因素。可见，依托海洋科技进步，转变粗放型的发展模式，走可持续发展之路，是实现海洋强国梦的根本途径。正是基于这点认识，我国加强对海洋科技的投入扶持力度，发展至今，已取得了显著成就。但我国海洋科技发展过程中存在投入拥挤、产出不足的失衡现象，并且区域间海洋科技发展水平的差异性也十分明显。因此，对沿海省份海洋科技投入产出效率的测算及其影响因素的深入挖掘，实施科学合理的、差别化的、动态的科技资源投放策略，对于全面推进海洋强国战略的实施具有非常重要的现实指导意义。

近几年来，学界对海洋科技的研究主要集中在以下三个方面。

一是海洋科技创新水平的研究。徐进基于投入和产出研究方法，对浙江、山东和广东三大国家海洋经济示范区的海洋科技创新能力进行比较分析，强调了加强海洋科技投入、人才的培养和引进对提高浙江海洋科技发展水平的重要作用；李彬和戴桂林基于组合模型

---

①　鄢波，女，博士，副教授，硕导，研究方向：财务与会计、海洋经济。
②　杜军，男，博士，教授，硕导，研究方向：海洋经济管理。

对山东半岛蓝色经济的海洋科技创新能力进行综合评价，结果表明，蓝色经济区的海洋科技创新综合实力较强，其基础条件与投入水平优势明显，但也指出了科技成果转化效率低是制约蓝色经济区海洋科技创新能力的主要因素。

二是海洋科技效率评价方面的研究。邰骏运用数据包络分析法（DEA）对12个沿海省份的海洋科技创新效率进行比较分析，研究表明，不合理的科技创新规模，科技创新生产能力和管理水平的低下是DEA值无效的主要原因；谢子远认为规模与效率之间关系的研究在我国海洋科技研究的相关领域尚属空白，为此，运用person相关系数对12个沿海省份的海洋科研机构规模与效率之间的关系进行实证研究，结果表明，海洋科研机构规模越大，海洋科技创新效率越高。

三是海洋科技对海洋经济的影响研究。其中大部分主要集中于以全国11个沿海省份为研究对象，采用C-D生产函数拓展模型、双因素误差模型、协调度模型等研究方法，基于面板数据对全国11个沿海省份的海洋科技水平对海洋经济的影响进行实证研究，而以某一个沿海省份为研究对象的研究成果较少。

综上所述，学者利用数据包络分析方法评价科技创新效率的研究成果较多，但以沿海省份为研究对象的海洋科技投入产出效率的研究成果还需进一步丰富；现有的研究成果侧重于对科技效率的测算，而涉及科技投入产出效率的影响因素的研究成果却并不多见，只有少部分学者集中探讨了海洋科技创新效率的影响因素。因此，本文采用数据包络分析法中的 C^2R 模型，对沿海省份的海洋科技投入产出效率进行测算和评价，在此基础上，运用多元回归模型对其影响因素进行实证研究，从而为合理配置海洋科技资源，不断提高海洋科技投入产出效率提出政策建议，这对于建设海洋强国具有很好的理论和实践意义。

二、数据包络分析法

评价科技投入产出效率最为常用的研究方法是数据包络分析法，该研究方法以相对效率为基础，用于评价以多投入-多产出为特征的同类决策单元之间相对有效性的一种系统评价方法。这种评价方法的主要目的是通过构建一条非参数的包络前沿线来判断是否存在有效点，其判断标准是：落在包络前沿线上方的视为有效点，反之，落在下方的则视为无效点。基于数据包络分析法在效率评价方面的独特优势，即无需对评价指标进行纲量化处理、预先估计参数以及指标权重的假设。因此，本文利用数据包络分析方法中的 C^2R 模型对沿海省份海洋科技投入产出效率进行测算与评价。

三、海洋科技投入产出效率指标体系的构建和数据来源

（一）海洋科技投入产出效率评价指标体系的构建

鉴于海洋科技活动的复杂性，在开展实际的研究活动中不可能罗列出所有的投入产出要素，只能选取具有代表性的，能够具体涵盖并客观反映各沿海省份海洋科技投入产出效率的变动趋势的一些指标。因此，投入产出指标的准确选取是有效利用DEA对海洋科技投入产出效率进行客观评价的关键性环节。

徐士元和王洁琴为探明我国沿海省份的海洋科技竞争力，分别从海洋科技的投入、产

出、效率三个层面构建了海洋科技竞争力指标体系，其中投入指标选取了海洋科研经费收入总额、海洋科技从业人员人数等；产出指标则选取了发表科技论文数、海洋发明专利授权数、海洋科研课题数等。周达军等以浙江省为研究对象，选取了海洋科研机构平均规模、海洋专业技术人才结构和海洋科技投入的总体规模作为投入指标，产出指标则选取了海洋科研机构的课题数。学者们对海洋科技投入指标的选取，一般包含了人力和财力两个因素，产出指标的选取则优先考虑以课题数、专利授权数、论文数等具体的、可量化的指标为主。

因此，本文借鉴徐士元、周达军等学者的观点，考虑到指标数据的可获得性以及指标选取所遵循的客观性、科学性、全面性、可比性等原则，构建了沿海省份海洋科技投入产出效率的评价指标体系，具体的各项评价指标见表1。

表1　海洋科技投入产出效率的各项评价指标

类别	具体指标	变量符号	单位
投入	海洋科研机构数	X_1	个
	海洋科研机构经费收入总额	X_2	万元
	海洋科研机构从业人员	X_3	人
产出	海洋科研机构课题数	X_4	项
	专利授权数	X_5	件
	拥有发明专利总数	X_6	件
	发表科技论文	X_7	篇
	出版科技著作	X_8	种

（二）数据来源

本文使用的原始数据均来自2009—2014年的《中国海洋统计年鉴》，并根据这些统计年鉴搜集11个沿海省份2009—2014年相应的统计数据，具体数值如表2所示。

表2　2009—2014年不同省份海洋科技投入产出各项指标

2009年	X_1	X_2	X_3	X_4	X_5	X_6	X_7	X_8
天津	11	911 247	2 422	379	43	60	335	11
河北	4	54 869	421	54	0	0	349	32
辽宁	8	272 267	623	56	1	2	159	5
上海	12	1 403 095	2 709	894	93	324	676	3
江苏	8	516 886	1 373	1 220	11	46	955	19
浙江	17	514 677	1 075	384	18	19	320	9
福建	10	317 817	714	538	1	13	315	4
山东	20	1 543 041	3 169	1 026	75	333	1 426	21

续表 2

2009 年	X_1	X_2	X_3	X_4	X_5	X_6	X_7	X_8
广东	23	937 301	2 253	1 359	65	367	1 382	12
广西	6	22 133	158	23	0	0	13	0
海南	3	23 243	184	41	1	1	37	2
2010 年	X_1	X_2	X_3	X_4	X_5	X_6	X_7	X_8
天津	15	129 653	2 491	526	42	56	548	10
河北	5	6 865	542	57	2	6	490	38
辽宁	17	65 880	1 813	242	118	895	243	3
上海	15	196 031	3 399	1 040	213	873	851	10
江苏	12	63 944	2 902	1 434	28	37	933	15
浙江	18	68 794	1 410	536	17	30	472	11
福建	12	42 865	1 051	620	6	3	359	1
山东	22	184 747	3 466	1 254	128	411	1 619	26
广东	28	134 119	2 690	1 519	105	376	1 260	21
广西	9	7 517	433	100	0	0	86	1
海南	3	4 040	192	50	2	2	45	0
2011 年	X_1	X_2	X_3	X_4	X_5	X_6	X_7	X_8
天津	14	1 597 189	2 467	485	43	74	668	13
河北	5	110 173	544	51	1	7	90	1
辽宁	17	862 859	1 993	257	117	930	316	2
上海	15	2 262 120	3 370	1 088	310	1 052	1 032	7
江苏	12	1 320 846	3 090	1 616	74	71	1 070	18
浙江	17	856 514	1 396	393	25	36	452	5
福建	12	436 869	1 004	621	10	72	349	13
山东	22	1 889 731	3 610	1 358	127	254	1 651	25
广东	25	1 532 153	2 795	1 678	115	580	1 685	12
广西	9	76 308	446	111	0	0	105	0
海南	3	41 810	197	56	1	0	36	0
2012 年	X_1	X_2	X_3	X_4	X_5	X_6	X_7	X_8
天津	14	1 593 334	2 586	536	67	100	765	14
河北	5	131 596	554	67	1	8	555	38
辽宁	17	1 051 461	2 118	290	168	1 055	446	0
上海	15	2 674 753	3 542	1 094	400	1 204	1 103	17
江苏	11	1 726 401	3 295	1 718	63	55	1 005	22
浙江	17	1 114 879	1 614	440	41	61	497	13
福建	12	527 127	1 023	627	20	105	406	11

2012 年	X_1	X_2	X_3	X_4	X_5	X_6	X_7	X_8
山东	22	2 545 958	3 719	1 477	213	432	1 879	28
广东	25	1 744 704	3 088	1 929	156	544	1 552	14
广西	9	83 236	466	104	19	2	142	0
海南	3	52 398	185	84	5	2	56	1
2013 年	X_1	X_2	X_3	X_4	X_5	X_6	X_7	X_8
天津	14	1 636 931	2 628	668	79	145	851	15
河北	5	124 021	552	78	6	4	448	40
辽宁	17	1 134 138	2 077	337	252	1 268	478	8
上海	14	2 897 953	3 721	996	435	1 472	1 223	15
江苏	11	2 009 956	2 900	1 851	105	204	1 040	16
浙江	18	1 318 163	1 695	494	59	116	509	14
福建	12	846 320	1 075	591	16	121	350	13
山东	21	3 166 172	3 818	1 550	280	553	2 023	38
广东	24	1 774 881	3 164	2 190	246	1 065	2 104	22
广西	9	93 599	444	106	13	21	105	0
海南	3	99 504	192	46	5	5	69	3
2014 年	X_1	X_2	X_3	X_4	X_5	X_6	X_7	X_8
天津	24	1 550 800	2 646	723	88	153	888	30
河北	5	138 739	555	94	7	8	426	43
辽宁	17	1 134 799	2 107	339	324	1 544	418	14
上海	14	3 072 266	4 039	1 127	625	1 882	1 105	39
江苏	10	2 085 245	2 959	1 889	99	201	969	15
浙江	18	1 333 885	1 800	588	79	131	588	16
福建	12	699 473	1 276	632	13	224	331	3
山东	21	3 247 585	3 864	1 681	370	678	2 094	39
广东	24	1 960 673	3 250	1 864	226	527	1 889	32
广西	9	123 638	460	86	14	36	89	2
海南	3	62 439	215	47	2	2	63	0

注：数据来源于《中国海洋统计年鉴》（2009—2014 年）。

四、沿海省份海洋科技投入产出效率评价

（一）沿海省份海洋科技投入产出效率的动态比较

本文利用 DEAP 2.1 统计软件对 2009—2014 年海洋科技投入产出的省级面板数据进行测算，得出 11 个沿海省份海洋科技投入产出效率的 DEA 有效值见表 3。

表3 沿海省份海洋科技投入产出的 DEA 有效值

省份	2009 年	2010 年	2011 年	2012 年	2013 年	2014 年	平均值
天津	0.724	0.525	0.730	0.518	0.648	0.548	0.616
河北	1.000	1.000	0.753	1.000	1.000	1.000	0.959
辽宁	0.325	1.000	1.000	1.000	1.000	1.000	0.888
上海	1.000	1.000	1.000	1.000	1.000	1.000	1.000
江苏	1.000	1.000	1.000	1.000	1.000	1.000	1.000
浙江	0.649	0.703	0.589	0.536	0.498	0.618	0.599
福建	0.848	1.000	1.000	1.000	0.868	0.985	0.950
山东	0.980	1.000	1.000	1.000	1.000	1.000	0.997
广东	1.000	1.000	1.000	1.000	1.000	1.000	1.000
广西	0.440	0.620	1.000	1.000	0.970	0.815	0.808
海南	1.000	0.675	0.960	1.000	0.499	0.821	0.826

由表3可知，东部沿海地区的海洋科技投入产出效率较高，如上海、江苏、广东、山东、福建、河北、海南等省份；天津、浙江的科技资源配置效率较低，而经济相对不发达省份，如福建、海南，它们的 DEA 值却达到相对有效的水平，说明了区域经济发展水平并不是影响海洋科技投入产出效率的主要因素。2009—2014 年，一直保持 DEA 有效值为1 的省份只有 3 个，即上海、江苏和广东。显然，这 3 个省份 DEA 值有效，海洋科技投入产出处于均衡状态，而广西、辽宁的海洋科技投入产出效率较低，最低的则是天津、浙江。

为了进一步分析沿海省份海洋科技投入产出效率的变动趋势，根据表 1 制作图 1。由图 1 可知：一是天津、海南的 DEA 值波动较大，海南只有在 2009 年和 2012 年的 DEA 值有效，而天津在研究期间 DEA 值均为无效；二是浙江、福建和广西的 DEA 值呈"先上升—后下降"的特点，浙江的拐点出现在 2010 年，福建、广西的拐点则出现在 2012 年；三是辽宁、山东的 DEA 值在 2009 年均是无效的，之后一直保持稳定的发展态势，DEA 有效值均为 1，而河北的 DEA 值在 2011 年是无效的。

（二）沿海省份海洋科技投入冗余和产出不足的测算与比较

从沿海省份海洋科技投入冗余和产出不足的结果来看（表 4），2009—2014 年，11 个沿海省份中只有河北、上海、江苏、广东和海南 5 个省份保持着既不存在冗余也没有产出不足状态，说明这些省份在海洋科技资源管理方面实现了资源的优化配置和充分利用，从而使得投入与产出达到均衡状态。而其余各省份则都存在不同程度的投入冗余或是产出不足或是两者兼有的问题，说明这些沿海省份的海洋科技产出能力不足以及管理水平不高导致海洋科技资源未能得到充分利用。

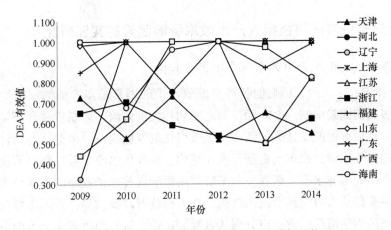

图 1 沿海省份海洋科技投入产出 DEA 分析趋势

表 4 沿海省（市、区）海洋科技产出不足和投入冗余

省 （市、区）	产出不足					投入冗余		
	海洋科研 机构课题数	专利授 权数	拥有发明 专利总数	发表科技 论文	出版科技 著作	海洋科研 机构数	海洋科研机构 经费收入总额	海洋科研机构 从业人员
天津	115.701	0	102.564	155.155	0	3.036	251 498.256	1 022.165
河北	0	0	0	0	0	0	0	0
辽宁	0	0	3.393	0	7.043	6.133	232 350.343	420.273
上海	0	0	0	0	0	0	0	0
江苏	0	0	0	0	0	0	0	0
浙江	0	0	82.255	122.479	0	9.957	245 221.425	377.018
福建	0	3.851	7.285	106.139	4.379	6.472	89 878.747	108.53
山东	613.318	5.523	0	0	0	0.407	64.416	14 4273.193
广东	0	0	0	0	0	0	0	0
广西	0	0	0	5.004	0	5.849	12 388.428	132.116
海南	0	0	0	0	0	0	0	0

从沿海省份海洋科技产出不足松弛变量的比较来看，各沿海省份的产出不足主要体现在"海洋科研机构数""拥有发明专利总数"和"发表科技论文"这三项指标上，特别是天津、浙江、福建和山东存在较高的产出不足，以致决策单元的非 DEA 有效。

从沿海省份海洋科技投入冗余松弛变量的比较来看，大多数省份在"海洋科研机构经费收入总额"和"海洋科研机构从业人员"指标上存在较大的投入冗余，尤其是天津、辽宁、浙江等省份的投入冗余较大，说明这些地区在对科技财力资源和人力资源的配置、激励机制、管理体制机制等方面存在弊端。因此，有必要适当缩小财力和人力投资规模。但是在"海洋科研机构数"指标上投入冗余相对较少，可以说基本上不存在投入冗余现象。

五、沿海省份海洋科技投入产出效率影响因素的实证研究

（一）海洋科技投入产出效率的影响因素模型

Furman 和 Hayes 认为，影响创新产出绩效水平的因素是多方面的，研发资源的有效投入只是诸多影响因素中的一个方面，与之密切相关的政治、体制机制和环境等任何一个因素的改变，都极有可能是造成创新产出绩效变化的罪魁祸首。由此，与海洋科技投入产出密切相关的内外因素，如市场机制、人才结构、税收优惠政策等，都有可能会影响到海洋科技投入产出效率的水平。张赛飞和车晓慧将影响科技创新效率的因素分为内因和外因两种。内因主要包括人力与经费投入结构、地方科技财政拨款等；外因主要包括宏观的政策环境和市场的创新需求。常玉苗分别从资源、产业、科技和政策 4 个方面分析影响海洋经济发展的因素，最终选取了港口数量、海洋产业的规模与结构、海洋科技人员情况和海洋科研机构课题数 4 个指标。

鉴于上述研究成果，本文提取了影响沿海省份海洋科技投入产出效率的因素，即海洋科研机构规模（HGM）、政府支持力度（ZCD）、海洋科技人员结构（HRG）和海洋经济发展水平（HSP），并建立了多元回归模型来进一步检验影响海洋科技投入产出效率的各因素。多元回归模型如下：

$$EHY = \alpha_0 + \alpha_1 HGM + \alpha_2 ZCD + \alpha_3 HRG + \alpha_4 HSP + \mu$$

式中，EHY 表示海洋科技投入产出效率；α_0 表示常数项，α_1，α_2，α_3，α_4 表示偏回归系数，μ 表示随机误差项。本文涉及的相关变量及其计算方法见表 5。

表 5　相关变量及其计算方法

变量名称	计算方法
海洋科技投入产出效率（EHY）	海洋科技投入产出效率有效值为 1，无效则为 0
海洋科研机构规模（HGM）	海洋科研机构人员/海洋科研机构数
政府支持力度（ZCD）	基本建设中政府投资/海洋科研机构经费收入总额
海洋科技人员结构（HRG）	研究生学历人员/海洋科研机构科技活动人员人数
海洋经济发展水平（HSP）	海洋生产总值/地区生产总值

（二）数据来源

本文所用数据为 2009—2014 年我国 11 个沿海省份的相关数据，均来源于《中国海洋统计年鉴》（2009—2014 年）。面板数据包含了 11 个截面单元在 6 年内的时间序列数据，样本观察点共有 66 个。

（三）海洋科技投入产出效率的回归结果分析

运用 SPSS21.0 统计软件对我国 11 个沿海省份的海洋科技投入产出效率进行回归分析，回归结果见表 6 和表 7。

表 6　变量的描述性统计

变量	极小值	极大值	均值	标准差	中位数
ECY	0.0	1.0	0.606	0.492 4	1
HGM	26.33	299.55	133.067 2	69.727 55	110.6
ZCD	0.00	6.57	0.248 2	0.823 43	0.050 0
HRG	0.05	0.46	0.264 7	0.066 75	0.260
HSP	5.2	35.0	17.889	8.961 1	17.20

表 7　沿海省份海洋科技投入产出效率影响因素模型的回归系数结果

解释变量	回归系数 B 值	P 值
α_0	0.368	0.118
HGM	0.003***	0.002
ZCD	-0.108	0.119
HRG	0.520	0.583
HSP	-0.014**	0.033
调整后的 R^2	0.184	

注：*、**、***分别表示在 10%、5%、1%的水平上显著。

由表 6 可知，各沿海省份在各指标上存在显著差异。

由表 7 可知：（1）解释变量海洋科研机构规模（HGM）的回归系数为 0.003 大于 0，且 P 值为 0.002，在 1%的水平上显著。说明我国 11 个沿海省份的海洋科研机构规模越大，其海洋科技投入产出效率越高。这与被学者证实的"通过扩大企业规模、人员规模来实现企业规模效率的做法是徒劳的"这一结论相悖。这与海洋科研机构的特殊性有关，即产出的产品是"创新"，这有别于一般的生产性企业。而"创新"这一特殊产品的形成需要组织跨学科团队开展跨领域的技术合作。这在大型的科研机构表现得更为明显。因此，海洋科研机构规模对海洋科技投入产出效率具有显著的推动作用是客观的、必然的，研究结果具有一定的可靠性。

（2）解释变量政府支持力度（ZCD）的回归系数为 -0.108，小于 0，且 P 值为 0.119，在 10%和 5%的水平上均不显著。说明政府支持力度对海洋科技投入产出效率的影响并不显著。这与地方政府在发展海洋经济的过程中的盲目投资行为有关。主要原因是地方政府的趋利性，以地方利益为出发点，打着响应国家实施"海洋强国"战略的口号，过多地干预本地区的投资活动，目的是照顾其所要实现的经济效益、政治效益和社会效益，从而引发了过度招商现象，导致投资的效益和效率低下，资源配置的不合理以及盲目投资和重复建设现象。

（3）解释变量海洋科技人员结构（HRG）的回归系数为 0.520，大于 0，且 P 值为 0.583，在 10%和 5%的水平上均不显著。说明海洋科技人员结构对海洋科技投入产出效率不具有显著的推动作用。主要原因有两点：一是海洋科研机构中研究生学历人员与科技活动人员的比重不协调。尽管研究生学历人员具有较强的生产性，但科技活动人员在科技管理和科技服务方面的作用不可小视。若研究生学历人员的比重过高，固然会壮大从事科技创新活动的科研队伍，但势必会造成科技管理、科技服务等后勤工作的滞后性，从而迫使研究生学历人员在从事本职科研和创新活动的同时，又要进行自我服务，以致他们不能很好地集中精力，全身心地投入到海洋科研活动中，导致海洋科技投入产出水平的低下。二是海洋科技投入产出效率的提高归根结底是落实到人身上，而研究生的学术道德、科研能力的低水平以及培养体系的不完善将影响到海洋科技投入产出效率。具有研究生学历的人员，并不一定具备相应的学术素养和科研能力。

（4）解释变量海洋经济发展水平（HSP）的回归系数为-0.014，小于0，且P值为0.033，在5%的水平上显著。说明我国11个沿海省份的海洋经济发展水平越高，海洋科技投入产出效率水平也越高。海洋经济发展水平越高，海洋科技投入的资金规模和人才规模就越大，这就要求决策主体具有较强的宏观调控能力和资源配置能力，促使海洋科技投入与产出趋向均衡点，从而实现最优状态下的海洋科技投入产出效率的规模效应。

六、研究结果和政策建议

（一）基于C^2R模型的海洋科技投入产出效率的研究结果和政策建议

本文利用数据包络分析法（DEA）中的C^2R模型对沿海省份海洋科技投入产出效率进行测算与评价。研究结果表明，只有上海、江苏和广东在研究期间DEA有效值为1，即海洋科技投入产出达到最优配置，其余省份则处于无效状态，即存在资源的浪费、不合理利用以及管理水平不高等现象。归根结底，主要是部分沿海省份缺乏科学合理的资源投入规模与结构布局，在资源的管理与配置方面缺乏强有力的宏观调控能力，以致它们盲目地追求高强度的科技资源投入，尤其是财力资源和人力资源的投入，陷入了投入越多，海洋科技产出效率越低的发展误区，导致海洋科技投入产出效率低下的局面。

鉴于此，各沿海省份应加快海洋科技管理体系改革创新的步伐，在最优的规模状态下科学地、有序地、有重点地提高科技资源的管理水平，制定的海洋科技资源配置政策必须具有动态性、灵活性和时效性以适应不同时期、不同区域的发展要求，规划布局好科技资源投入规模与结构分布，不断提高海洋科技投入产出效率。

（二）基于回归模型的海洋科技投入产出效率影响因素的研究结果和对策建议

本文采用多元回归模型对影响我国11个沿海省份的海洋科技投入产出效率的因素进行实证研究。研究结果表明，海洋科研机构规模、海洋经济发展水平这两个因素对海洋科技投入产出效率具有显著的推动作用，而政府支持力度、海洋科技人员结构这两个因素对海洋科技投入产出效率的推动作用不显著。据此，提出如下几点建议。

1. 扩大海洋科研机构规模，提高海洋科技投入产出效率

目前，我国海洋科研机构存在规模小、数量少、"大杂居"分布的特点，难以为形成有效的规模效应创造有利条件。因此，海洋科研机构有必要采取重组、兼并和收购等途径来扩大机构规模，这不仅可以加速形成高效的生产经营规模，降低科技资源投入成本，提

高规模效率，而且还可以获取先进的管理模式、高质量的人力资本、雄厚的财力支持等优势科研资源，从而提高纯技术效率。

2. 规范和引导地方政府投资行为，充分发挥政府资金投入对科技创新的促进作用

首先，调整政府资金投放结构，重点加强对与区域经济发展密切相关的海洋生态环境保护、基础设施建设、海洋高新技术产业、海洋战略性新兴产业等核心领域的资金投放力度，改变目前粗放型的经济增长方式。

其次，发挥政府资金投入杠杆在科技资源利用和科技产出方面的作用，鼓励和引导企业与科研院所共建高新技术研发信息共享平台，加快海洋科技成果与市场需求的衔接，增强海洋科技成果的转化能力和应用吸收能力，从而弥补海洋科学技术供给体系中的社会缺位。

最后，建立完善的科技投入管理体制，按照项目的投资收益、比较收益、外部性收益的大小，科学合理地分配海洋科技创新活动资金，加强对创新资金的监控与管制，提高政府科技财政支出的投入绩效。

3. 优化海洋科技人员结构，完善海洋科技人才培育体系

一方面，优化海洋科技人员结构。要控制好海洋科技机构中研究生学历人员和海洋科技活动人员的比例，优化配置机构科技资源，合理布局科研人才结构，实现科技资源的效用最大化。另一方面，构建多元化的人才培育体系。以市场需求为导向，以示范性人才培育基地和实训基地为载体，以培育实用型、复合型、创新型人才为目标，鼓励涉海科教机构与国际知名大学联合办学，创新产学研合作模式，打造海洋人才高地。

4. 转变海洋经济增长方式，实现海洋经济的可持续发展

近年来，尽管我国的海洋经济发展迅猛，但我国海洋经济发展仍处于粗放型发展阶段，海洋产业结构性矛盾凸显，传统海洋产业仍然占据着重要的地位，难以发挥海洋产业的关联效应和规模经济效益。鉴于此，各沿海省份在发展传统优势产业的同时，大力发展海洋高新技术产业，扩大海洋第二、第三产业的比重，提高海洋产业核心竞争力，增强海洋经济发展的后劲，从而转变海洋经济增长方式，实现海洋经济的可持续发展。

参考文献

刘超，崔旺来 . 2015. 基于 DEA 和灰色关联分析的我国海洋科技投入产出分析 [J]. 中国渔业经济，（3）：61-66.

赵昕，孟秀秀 . 2013. 基于 DEA 方法的海洋产业科技支持效率评价 [J]. 中国渔业经济，（3）：94-98.

徐进 . 2012. 国家三大海洋经济示范区海洋科技创新能力比较研究 [J]. 科技进步与对策，（16）：35-39.

李彬，戴桂林 . 2014. 基于组合模型的山东半岛蓝色经济区海洋科技创新能力综合评价 [J]. 科技管理研究，（21）：61-65.

邰骥 . 2014. 基于 DEA 的沿海省市海洋科技创新效率分析 [J]. 淮海工学院学报（自然科学版），（4）：68-71.

谢子远 . 2011. 海洋科研机构规模与效率的关系研究 [J]. 科学管理研究，（6）：40-43.

乔俊果，朱坚真 . 2012. 政府海洋科技投入与海洋经济增长：基于面板数据的实证研究 [J]. 科技管理研

究，（4）：37-40.

翟仁祥．2014. 海洋科技投入与海洋经济增长：中国沿海地区面板数据实证研究 ［J］. 数学的实践与认识，（4）：75-80.

王泽宇，刘凤朝．2011. 我国海洋科技创新能力与海洋经济发展的协调性分析 ［J］. 科学学与科学技术管理，（5）：42-47.

毛振鹏，马秀贞．2015. 山东省海洋科技投入与海洋经济发展关系的实证研究 ［J］. 青岛科技大学学报（社会科学版），（2）：68-70.

戴彬，金刚，韩明芳．2015. 中国沿海地区海洋科技全要素生产率时空格局演变及影响因素 ［J］. 地理研究，（2）：328-340.

樊华．2011. 中国区域海洋科技创新效率及其影响因素实证研究 ［J］. 海洋开发与管理，（9）：57-64.

徐巧玲．2014. 科技投入产出的相对效率评价研究——基于 DEA 的 BCC 模型与 SE-CCR 模型的分析 ［J］. 科技管理研究，（1）：66-70.

李燕萍，许颖，吴绍棠．2011. 不同省域科研投入产出效率及其影响因素的实证研究 ［J］. 经济管理，（2）：23-30.

徐士元，王洁琴．2015. 基于主成分分析法的我国沿海省份海洋科技竞争力实证分析 ［J］. 安徽农业科学，（3）：337-340.

周达军，崔旺来，汪立，等．2010. 浙江省海洋科技投入产出分析 ［J］. 经济地理，（9）：1511-1516.

Furman J L, Hayes R. 2004. Catching up or standing still?: National innovative productivity among 'Follower' countries, 1978—1999 ［J］. Research Policy, 33 (9): 1329-1354.

张赛飞，车晓惠．2011. 基于 DEA 的广州市科技创新效率及其影响因素研究 ［J］. 科技管理研究，（24）：20-23.

常玉苗．2011. 我国海洋经济发展的影响因素——基于沿海省市面板数据的实证研究 ［J］. 资源与产业，（5）：95-99.

郑兰祥．2006. 基于 Granger 因果检验的商业银行规模与效率关系研究 ［J］. 经济理论与经济管理，（10）：28-33.

王朝晖．2015. 基于 DEA 的中国海洋产业金融支持效率研究 ［J］. 社会科学战线，（5）：254-258.

崔旺来，周达军，汪立，等．2011. 浙江省海洋科技支撑力分析与评价 ［J］. 中国软科学，（2）：91-100.

论文来源：本文原刊于《生态经济》2018 年第 1 期，第 112-117 页。

项目资助：中国海洋发展研究会项目（CAMAJJ201603）。

第三篇　海洋法律

中国维护东海权益的国际法分析

金永明①

摘要：中日两国应以达成的处理和改善中日关系四点原则共识为基础，加强沟通和对话，从事实和国际法出发，就两国关系中的敏感问题展开谈判，以切实管控东海海空安全态势，发展和充实中日战略互惠关系内涵。应该说，以中日四个政治文件的原则和精神稳固发展中日关系，是包括两国政府和多数人民在内的国际社会的共同期盼。本文重点分析了国际争议的要义、"搁置争议"存在的背景，以及依据国际法确立钓鱼岛主权的制度。

关键词：中日关系；钓鱼岛问题；搁置争议；国际法制度

东海问题的核心为钓鱼岛主权争议问题。中国政府针对钓鱼岛问题的代表性立场为外交部发言人洪磊于 2013 年 11 月 4 日谈及的内容：钓鱼岛是中国的固有领土，第二次世界大战结束时的有关国际文件已在法律上确认钓鱼岛应归还中国；20 世纪 70 年代初，美日私相授受钓鱼岛是非法和无效的，并不能改变钓鱼岛主权属于中国的事实；当前的钓鱼岛紧张事态，是由日方一手造成的，是日方企图改变现状，而不是中方。日本认为，从历史和国际法看，尖阁诸岛明确是日本固有领土，并不存在与尖阁诸岛有关应解决的领土问题，日本为保全领土，通过遵守国际法，确保区域的和平与安定。[2]

即使中日两国于 2014 年 11 月 7 日就处理和改善中日关系达成四点原则共识后，日本

---

① 金永明，男，上海社会科学院法学研究所研究员，中国海洋发展研究会海洋法治专业委员会副主任委员、秘书长，中国海洋发展研究中心海洋战略研究室主任。研究方向：国际法、海洋法。

② 日本针对钓鱼岛问题的基本立场，参见日本外务省文件：《尖阁诸岛：不依力量而基于法律支配寻求和平之海》（2014 年 3 月），See http://www.mofa.go.jp/mofaj/area/senkaku/index.html，2014 年 5 月 10 日访问。关于"固有领土"内容，参见金永明：《论日本的所谓"固有领土"之含义》，《东方早报》2014 年 2 月 18 日，第 A11 版。"固有领土"含义，是指历史上未有任何国家对其提出任何异议的领土，即历史性权原；如果中日双方均依据历史主张权原，则必须精查各方的历史。参见［日］芹田健太郎：《领土争端的法律与政治——宪法第 9 条及争端的和平解决》，《法律时报》第 84 卷第 13 号（2012 年 12 月），第 4 页。

政府依然坚持先前的政策和立场，即钓鱼岛是日本的领土，两国不存在主权争议。① 所以，为切实改善和发展中日关系，尤其是深化两国战略互惠关系内容，有必要依据国际法分析中日两国针对钓鱼岛问题的基本立场和法律主张，以维护我国在东海的权益。

一、钓鱼岛问题难解的要因

一般认为，东海问题争议主要包括岛屿主权归属争议、资源开发争议、海域划界争议和海空安全争议。在这些争议问题中，核心是岛屿主权归属争议，即钓鱼岛及其附属岛屿主权归属争议，其他争议问题由此引发或与其关联。现今的重点是管控东海海空安全，即构筑和实施东海海空安全的管理制度，以实现两国政府和平友好发展意愿，这是两国政府无法在钓鱼岛问题上达成妥协的过渡时期的安全措施。

而在中日关于钓鱼岛及其附属岛屿（以下简称钓鱼岛列屿或钓鱼岛列岛）的主权归属争议中，关键问题主要体现在：中日两国之间是否存在争议，是否存在"搁置争议"的共识，以及对国际法制度或国际秩序的理解和认识上的分歧等方面。②

（一）钓鱼岛列屿存在主权争议，不容日本否认

对于是否存在钓鱼岛列屿争议的问题，从国际实践看，并不是单方面的判断可以决定的，而需要从事实和法律立场予以阐释。诚然在国际法文件中，没有明确定义国际争议或国际争端的概念，但从国际法院多次引用常设国际法院在 1924 年 8 月 30 日审理马弗提斯和耶路撒冷工程特许案（Mavromamat Palestine Concessions）的判决内容可以看出，所谓的争端是指两个当事人（或国家）之间在法律或事实论点上的不一致（desaccord），在法律主张或利害上的冲突（constradiction）及对立（opposition）。③ 换言之，国际争议或国际争端是针对特定主题，二者间互相对抗的主张出现明显化的状况。正如国际法院在此后多次提及的那样，（国际）争议是由客观事实确定的，不依赖于当事者是否承认。④ 对照此判

---

① 例如，在日本第 187 次临时国会的众议院会议上，日本外务大臣岸田文雄于 2014 年 11 月 21 日在回答下世代党议员西野弘一关于尖阁诸岛的领有权问题的第 71 号提问时答辩指出，日本依然坚持先前的立场，即中日两国不存在需要讨论解决钓鱼岛的主权争议问题。See http：//www. shugiin. go. jp/internet/itdb_ shitsumon. nsf/shitsumon/187071. htm，2014 年 11 月 25 日访问。针对日本政府就钓鱼岛问题通过的上述答辩书，中国外交部发言人洪磊指出，钓鱼岛及其附属岛屿自古以来是中国的固有领土，中方对其拥有无可争辩的主权；中国政府维护国家领土主权的决心和意志坚定不移；我们要求日方停止一切损害中国领土主权的行为；……我们敦促日方信守承诺，拿出诚意，以实际行动维护和落实中日四点原则共识，妥善处理当前两国关系面临的突出问题，为推动两国关系改善发展做出努力。参见 http：//www. fmprc. gov. cn/mfa_ chn/fyrbt_ 602243/t1213754. shtml，2014 年 12 月 17 日访问。
② 金永明：《钓鱼岛主权若干国际法问题研究》，《中国边疆史地研究》，2014 年第 2 期，第 155-157 页。
③ See PCIJ，Series A，No. 2，p. 11. 例如，国际法院关于印度领域通行权案的本案判决，see ICJ Reports，1960，p. 34. 国际法院关于萨尔瓦多和洪都拉斯之间的陆地、岛屿和海上边界争端案判决，see ICJ Reports，1992，p. 555，para. 326。
④ ［日］杉原高岭：《国际法讲义》，有斐阁，2008 年版，第 544 页。

决内容，结合中日两国针对钓鱼岛问题的立场与态度，中日两国在钓鱼岛问题上是存在争议的。[①]

从日本政府针对钓鱼岛问题的文件内容可以看出，其基本立场为：钓鱼岛为日本固有领土，这在历史和国际法上均没有怀疑，即使现今其仍被日本有效地支配，所以，对于钓鱼岛问题，不存在应解决领有权的问题。[②] 即否认中日两国针对钓鱼岛问题存在争议。甚至日本外务省官员指出，如果中方认为存在争议，则中方可向国际法院提起诉讼。因为日本已于1958年9月做出了无保留地选择国际法院管辖权的声明，又于2007年7月9日就接受国际法院管辖的选择性声明做出了保留，所以一旦中方提交诉讼，则日本必须接受其管辖（应诉），从而事实上承认在两国之间存在钓鱼岛争议的情形。[③] 为此，在日方坚持强调不存在争议的情形下，中方需考虑是否主动提起诉讼的问题，并对国际司法解决方法做出评估，关键应做好法律诉讼或仲裁裁决的精细准备。

在日本学者中，也出现了日本主动提起司法诉讼或仲裁的观点，即由国际法院或仲裁庭裁定或判决是否存在争议的问题，以确保东海海空安全，避免因中国的"强力行为"或"危险行动"而在东海海空引发安全事故和冲突事件。如果日本主动提起诉讼，则中国就面临是否应诉的问题。这使我国一直坚持和主张以政治方法或外交方法优先解决与其他国家之间领土争议问题的政策面临重大挑战。因为，我国不仅未就《国际法院规约》第36

[①] 中国政府针对钓鱼岛问题的立场与态度文件，主要为：《中华人民共和国外交部声明》（1971年12月30日，2012年9月10日）；以及《钓鱼岛是中国的固有领土白皮书》（2012年9月）。以上资料，参见国家海洋信息中心编：《钓鱼岛——中国的固有领土》，海洋出版社2012年版，第25-30页；中华人民共和国国务院新闻办公室：《钓鱼岛是中国的固有领土》，人民出版社2012年版，第1-16页。日本政府（外务省）针对钓鱼岛（"尖阁诸岛"）问题的立场性文件，主要为：《日本关于尖阁诸岛领有权问题的基本见解》（1972年3月8日）；《日本针对尖阁诸岛的"三个真实"》（2012年10月4日），《日本尖阁诸岛宣传资料》（2013年10月）。以上资料，参见［日］浦野起央等编：《钓鱼台群岛（尖阁诸岛）问题研究资料汇编》，（香港）励志出版社、（东京）刀水书房2001年版，第272-273页；［日］冈田充著：《尖阁诸岛问题：领土民族主义的魔力》，苍苍社，2012年版，第225-226页；以及http://www.mofa.go.jp/mofaj/area/senkaku/pdfs/senkaku_flyer.pdf，2013年10月30日访问。

[②] 在日本，支持日本政府针对钓鱼岛问题见解的代表性学者系列新论文，主要为：尾崎重义：《尖阁诸岛与日本的领有权》绪论、（1）、（2）、（3），分别载《岛屿研究期刊》创刊号（2012年6月），第8-17页；《岛屿研究期刊》第2卷第1期（2012年10月），第8-27页；《岛屿研究期刊》第2卷第2期（2013年4月），第6-33页；尾崎重义：《尖阁诸岛的法律地位——编入日本领土的经纬与法律权原》（上）、（中）、（下之一），分别载《岛屿研究期刊》第3卷第2期（2014年4月），第6-27页；《岛屿研究期刊》第4卷第1期（2014年11月），第6-27页；《岛屿研究期刊》第4卷第2期（2015年3月），第6-24页。2016年4月15日，日本内阁官房网站公布了一些资料和图片，妄称钓鱼岛是日本的"固有领土"。代表性的资料为：内阁官房委托冲绳和平合作中心调查的《与尖阁诸岛有关资料在冲绳的调查报告书》（2015年3月）、《与尖阁诸岛有关资料的调查报告书》（2016年3月）。参见http://www.cas.go.jp/jp/ryodo/report/senkaku.html，2016年4月19日访问。代表性的已经刊发的论文材料，滨川今日子：《围绕尖阁诸岛领有的论点——以日中两国的见解为中心》（《调查与情报》第565期，2007年2月28日）；中内康夫：《围绕尖阁诸岛问题与日中关系——从日本编入领土到现今的经纬与今后的课题》（《立法与调查》第334期，2012年11月）；岛袋绫野：《从外务省记录文书看感谢状的经过》（《石垣市立八重山博物馆纪要》第22期，2013年）。参见http://www.ndl.go.jp/jp/diet/publication/issue/0565.pdf，2016年4月19日访问。

[③] 日本为避免突然受诉，于2007年7月修改了原来的声明并做出了保留，即对于其他国家做出接受国际法院管辖的声明，并在未满12个月向国际法院提起的争端，日本不应诉。参见［日］芹田健太郎：《领土争端的法律与政治——宪法第9条及争端的和平解决》，《法律时报》第84卷第13号（2012年12月），第3页；［日］田中则夫、药师寺公夫、坂元茂树编：《基本条约集》（2014年），东信堂2014年版，第1189页。

条第 2 款的管辖权做出选择性声明；① 同时，我国已依据《联合国海洋法公约》（以下简称《公约》）第 298 条的规定，于 2006 年 8 月 25 日向联合国秘书长提交书面声明并指出，对于《公约》第 298 条第 1 款第（a）、（b）和（c）项所述的任何争端（即涉及海洋划界、领土、军事活动等争端），中国政府不接受《公约》第 15 部分第 2 节规定的任何国际司法或仲裁管辖。换言之，中国对于涉及国家重大利益的海洋争端，排除了适用国际司法或仲裁解决的可能性，坚持有关国家通过协商谈判解决的立场。也就是说，如果中国不撤回上述书面声明或不同意接受规定的程序，包括两国无法缔结协议提交国际司法或仲裁，则国际司法或仲裁机构就无法管辖此类争端。② 那么，在中国不主动起诉的情形下，就只留下中国是否接受日本单独提起的争端并接受"应诉管辖"的问题了。

所谓的"应诉管辖"，是指相关方即无义务管辖权的一方，在不了解对方是否同意接受国际法院管辖权且对方毫不知情的情形下，向国际法院提起的诉讼，在此后的过程中，根据对方的明示或默示的意思表示接受法院管辖权，而赋予法院对该事件的管辖权并正式开始诉讼的状况。尽管通过应诉管辖的方法，国际法院可开始诉讼程序，但此方法并未在《国际法院规约》中做出明确的规定，只是从常设国际法院做出裁判后以惯例方式逐渐加以认可的，也得到了国际法院的案例确认。例如，国际法院于 1948 年 3 月 25 日对科孚海峡案做出的先决性抗辩判决就属于应诉管辖。即针对英国一方向国际法院提出的请求，阿尔巴尼亚在送交法院书记官的信中指出，尽管英国一方提起的诉讼并不合适，但为使自己国家表示对"国家间友好合作及和平解决争端各原则"的热情和诚意，并不错失机会，国家有在法院出庭的意思，从而接受了国际法院的管辖权。③

虽然应诉管辖在国际法院存在提起诉讼增加的趋势，但由于一方是在对方是否承诺管辖毫不知情的情形下向国际法院提起的诉讼，所以有容易利用这种方法提起诉讼的可能性（即政治利用可能性）。同时，如果事先知道对方不会应诉而提起诉讼时，也存在国际上宣传对方不诚意解决争端的意图而被利用的可能性。所以在 1978 年修改《国际法院规则》时，增加了严格限制应诉管辖的新条款。例如，《国际法院规则》第 38 条第 2 款规定，请求书应尽可能地指明据认法院有管辖权的理由，并应说明诉讼请求的确切性质以及诉讼请求所依据的事实和理由的简明陈述；第 5 款规定，当请求国提出以被告国尚未表示同意为法院管辖的根据，请求书应转交该被告国，但该请求书不应登入总目录，也不应在程序中采取行动，除非并直到被告国同意法院对该案的管辖权。

（二）中日间存在"搁置争议"的共识，不容日本否认

对于"搁置争议"术语，虽然未在《中日联合声明》（1972 年 9 月 29 日）、《中日和

---

① 《国际法院规约》第 36 条第 2 款规定，本规约各当事国得随时声明关于具有下列性质之一切法律争端，对于接受同样义务之任何其他国家，承认法院之管辖为当然而具有强制性，不须另订特别协定：（一）条约之解释；（二）国际法之任何问题；（三）任何事实之存在，如经确定即属违反国际义务者；（四）因违反国际义务而应予赔偿之性质及其范围。

② 《公约》第 298 条第 2 款规定，根据第 1 款做出声明的缔约国，可随时撤回声明，或同意将该声明所排除的争端提交本公约规定的任何程序。

③ ［日］田畑茂二郎. 国际法新讲（下册）［M］. 东京：东信堂，1995 年版，第 151-152 页。

平友好条约》（1978 年 8 月 12 日签署，1978 年 10 月 23 日生效）等文件中显现，但 1978 年 10 月 25 日邓小平副总理在日本记者俱乐部上的回答，表明两国在实现中日邦交正常化、中日和平友好条约的谈判中，存在约定不涉及钓鱼岛问题的事实。① 邓小平副总理指出："这个问题暂时搁置，放它 10 年也没有关系；我们这代人智慧不足，这个问题一谈，不会有结果；下一代一定比我们更聪明，相信其时一定能找到双方均能接受的好方法。"② 换言之，中日两国领导人同意就钓鱼岛问题予以"搁置"。否则的话，针对邓小平副总理在日本记者俱乐部上的回答内容，日本政府和人民可做出不同的回答，而他们并未发表不同的意见，也没有提出反对的意见，这表明对于"搁置争议"日本政府是默认的。此后，日本政府也是以此"搁置争议"的原则和精神处理钓鱼岛问题的，具体表现为"不登岛、不调查、不开发、不处罚"，从而维持了钓鱼岛问题的基本稳定。

应该注意的是，由于邓小平副总理在日本记者俱乐部上的回答，是在 1978 年 10 月 23 日中日两国互换《中日和平友好条约》批准文后举行的，所以针对钓鱼岛问题的回答内容，具有补充《中日和平友好条约》内容原则性、抽象性的缺陷，具有解释性的作用和效果，即针对钓鱼岛问题的回答内容，也具有一定的效力。因为《维也纳条约法公约》第 32 条第 2 款规定，对于条约的解释，条约之准备工作及缔约之情况，也可作为解释条约之补充资料。

《中日渔业协定》（1997 年 11 月 11 日签署，2000 年 6 月 1 日生效）第 1 条规定，此协议适用海域是指中日两国的专属经济区；但两国的专属经济区界限至今未确定。其第 2~3 条规定，各国基于相互利益，根据此协定及自国的相关法令，可许可他方缔约国的国民及渔船在自国的专属经济区内作业，并发给许可证，也可征收合适的费用。同时，在作业时应遵守对方国家确定的渔业量及作业条件，而在决定作业条件时应尊重中日渔业共同委员会的协议内容。但此渔业协定只适用于北纬 27 度线以北的海域，位于钓鱼岛的北纬 27 度线以南海域不是该渔业协定适用的海域，所以，在此协定未规范的海域，仍适用如在公海那样的在自国登记的船舶由自国管理的"船旗国管辖"的原则。③ 从上述规定可以看出，日本政府是同意将钓鱼岛周边海域作为争议海域处理的，承认两国对钓鱼岛周边海域存在争议，这些内容无疑是以两国存在"搁置争议"共识为基础的产物。

针对"搁置争议"共识是否存在的问题，日本坚持认为中方有这样的提议，但并未得到日本的同意或许可，只停留于听过（出席邓小平、园田会谈时日本外务省原中国课课长田岛高志的证言），即其是中方的单方面的行为，而不是双方的行为，所以对日方无拘束力。特别是日本外务省官员指出，在所有《日本外交文书》中没有这些内容的记录。所以，自始至终不存在"搁置争议"的共识。而日本在 1972 年、1978 年后，采取了尽可能平稳而慎重地管理钓鱼岛的方针，包括限制建造建筑物及人员上岛，目的是为了避免与中

① 关于邓小平副总理在日本记者俱乐部上的发言内容，参见《邓小平与外国首脑及记者会谈录》编辑组：《邓小平与外国首脑及记者会谈录》，北京：台海出版社，2011 年版，第 315-320 页。

② 参见日本记者俱乐部编：《面向未来友好关系》（1978 年 10 月 25 日），第 7 页，http：//www.jnpc.or.jp/files/opdf/117.pdf，2014 年 8 月 12 日访问。

③ ［日］丰下楢彦：《何谓"尖阁问题"》，岩波书店，2012 年版，第 177-178 页。

国发生摩擦的事态，这是从发展中日友好关系的大局出发予以考虑并决策的。尤其是 1976 年，1996 年建立灯塔时日方的反驳，均否定了"搁置争议"共识的存在。①

此外，自 1972 年 9 月中日两国发表《中日联合声明》，并依据《中日联合声明》在缔结和平友好条约的谈判过程中，日本众议院议员佐佐木（良）委员 1975 年 10 月 22 日在国会众议院预算委员会提问关于钓鱼岛问题时指出："对于钓鱼岛问题，尽管在条约中并未言及，但达成了进行搁置的默契"，对此要求外务省予以确认。为此，宫泽国务大臣指出："所谓的搁置这种形式在中日的条约谈判过程中并不存在这种事实。"1988 年 11 月 8 日，齐藤外务省条约局局长在众议院外交委员会上，回答"对于钓鱼岛问题，存在什么样的合意，或在什么样的状态下双方有认识"时指出："尽管中国有争取并阐述了搁置的想法，但对日本来说，钓鱼岛被我国实际控制，是日本领土的一部分，所以，完全不考虑搁置之事，因此，搁置之事在中日间完全不存在合意。"② 也即日本政府极力否定中日两国之间存在"搁置争议"的共识。

而依据中国前驻日大使陈健先生在上海交通大学出席会议（2013 年 11 月 3 日）时提供的资料，当时田中首相针对周恩来总理的谈话表示："好，不需要再谈了，以后再说"。③ 即当时的日本首相田中是做出回答的，与邓小平副总理和园田外相的谈话内容是不一样的。换言之，日方是同意"搁置争议"的，也即存在"搁置争议"的共识的。所以，所谓《日本外交文书》中无这些记录内容，是由于日本删除了与"搁置争议"谈话有关的内容，致使在《日本外交文书》中没有了在中日邦交正常化、中日和平友好条约谈判过程中与"搁置争议"有关的记录。④ 为此，中国外交部应就此内容予以明确，包括适时公布外交部相关档案，以证视听。

可见，日本政府违背历史事实，在钓鱼岛问题上否定争议、否定"搁置争议"的共识，是中日两国长期以来无法得到实质性进展或合理解决钓鱼岛问题的关键因素。当然，美国所谓的《美日安保条约》第 5 条适用于钓鱼岛列屿的表态以及在《归还冲绳协定》时一并将钓鱼岛"交还"日本的做法等，也是钓鱼岛问题难以解决的重要因素。

二、钓鱼岛主权的国际法分析

如上所述，中日两国针对钓鱼岛问题的分歧，还体现在对国际法制度或国际秩序的理

---

① ［日］田岛高志：《尖阁问题"中方不想谈，而日方只限于听过"——邓小平和园田会谈同席者的证言》，《外交》，第 18 期（2013 年），第 77-78 页。

② ［日］芹田健太郎. 尖阁［M］. 国际法案例研究会. 领土. 东京：庆应通讯，1991：161，163-164.

③ 中国前驻日大使陈健先生展示的资料内容全文如下：1972 年 9 月 27 日，周恩来总理同日本首相田中角荣就中日邦交正常化问题举行会谈时，田中首相提出："借这个机会我也想问一下贵方对'尖阁列岛'的态度。"周总理表示："这个问题我这次不想谈，现在谈没有好处。"田中首相表示："既然我到了北京，这问题一点也不提一下，回去后会遇到一些困难，现在我提一下就可以向他们交代了。"周总理表示："对。就因为在那里海底发现了石油，台湾把它大做文章，现在美国也要做文章，把这个问题搞得很大。"田中首相表示："好，不需要再谈了，以后再说。"周总理表示："以后再说。这次我们把能解决的大的基本问题，比如两国关系正常化的问题先解决，不是别的问题不大，但目前急迫的是两国关系正常化问题。有些问题要等待时间的转移来谈。"田中首相表示："一旦能实现邦交正常化，我相信其他问题是能解决的。"以上内容，也可参见国纪平：《钓鱼岛是中国领土铁证如山》，《人民日报》2012 年 10 月 12 日，http://www.politics.people.com.cn/n/2012/2012/c1001-19239223.html，2012 年 10 月 14 日访问。

④ ［日］矢吹晋：《尖阁问题的核心——日中关系会如何》，花伝社，2013 年版，第 32-42 页。

解和认识上，所以有必要分析与钓鱼岛问题有关的国际法。

日本认为，钓鱼岛列屿的"主权"是依据《旧金山和约》《归还冲绳协定》取得的，而不是依据《马关条约》割让的领土。

其实，在1945年日本战败投降后，根据《开罗宣言》《波茨坦公告》及《日本投降文书》等文件的规定，钓鱼岛列屿本应作为台湾的附属岛屿归还中国。然而，钓鱼岛列屿至今仍被日本非法侵占，造成中国在法律上收回钓鱼岛列屿而未能在事实上收回的局面。[1]换言之，钓鱼岛列屿非主权之争，而是管辖权或行政权之争。

值得注意的是，《开罗宣言》对领土内容的规定采用了不穷尽列举的方式，意在强调日本以任何方式窃取于中国的一切领土，不论是通过《马关条约》正式割让的台湾、澎湖，还是日本通过傀儡政府而实际占据的东北四省，或是以其他方式窃取的中国领土，均应归还中国。即便日方辩称钓鱼岛列屿没有作为台湾附属岛屿在《马关条约》中一并割让给日本，也不能否认该等岛屿是日本利用甲午战争或在甲午战争期间从中国"窃取"的领土，因而是必须归还中国的。[2]

但美国基于冷战及地缘战略考虑，根据1951年签订的《旧金山和约》管理琉球，并依据1953年12月25日生效的有关奄美大诸岛的《日美行政协定》，认为有必要重新指定琉球列岛美国民政府及琉球政府按照美国民政府先前的布告、条令及指令所规定的地理境界，所以，美国民政府于1953年12月25日发布了《琉球列岛的地理境界》（第27号），将钓鱼岛列屿单方面地划入琉球群岛的经纬线内，并于1972年将钓鱼岛列屿连同琉球群岛一并"交还"日本。[3] 美日私相授受中国钓鱼岛列屿领土的做法，导致现今钓鱼岛列屿被日本非法实际控制的局面，从而衍生出长达40余年的中日钓鱼岛列屿领土主权之争。

在此，美国依据《归还冲绳协定》"归还"琉球群岛及钓鱼岛列屿行政权之举，不仅未取得第二次世界大战盟国的同意，而且也违反《旧金山和约》要求将琉球纳入联合国托管制度的目的。即美国出于自身战略利益考虑，没有将托管琉球的建议提交联合国审议，所以使得"从敌国分离的潜在的托管领土——琉球"，始终没有受到联合国托管制度的约束，进而违反《旧金山和约》拟将琉球提交联合国托管的出发点和归宿。[4]

1943年10月，中美英苏发表了《四国关于普遍安全的宣言》。其宣布，四大国决心在打败敌人及处理敌人投降方面，采取共同行动。可以看出，盟国一致原则和不单独媾和为反法西斯四大国之间的庄重约定，各国必须遵守。所以，于1951年9月8日在没有中国参加、苏联没有签字，美日等国签署的《旧金山和约》突破了盟国的共同决定，改变了

---

① 王可菊：《不法行为不产生权利》，《太平洋学报》，2013年第7期，第95页。

② 国纪平：《钓鱼岛是中国领土铁证如山》，参见 http://politics. people. com. cn/2012/1012/c1001-19239223. html，2012年10月14日访问。

③ 关于美国单方面划定琉球地理境界并依据"群岛基线"划定琉球群岛经纬线范围内容，参见郑海麟：《日本声称拥有钓鱼岛领土主权的论据辨析》，《太平洋学报》，2011年第7期，第94-96页。

④ 对于《旧金山和约》第3条的含义是指，日本同意，琉球作为普通托管领土或战略托管领土，经过联合国大会或者安理会批准并置于联合国托管理事会、大会以及安理会的监督之下后，由美国作为唯一管理当局；而在此托管程序开始或完成之前，琉球暂由美国"施政"。换言之，一旦琉球完成联合国托管的程序，则正式成为托管领土，而在此之前，则是由美国临时施政的"潜在的托管领土"。参见罗欢欣：《论琉球在国际法上的地位》《国际法研究》，2014年第1期，第21-22页。

盟国对日本领土的许多规定，在国际法上无效。[①] 中国政府周恩来总理兼外长代表政府郑重声明，指出《旧金山和约》没有中华人民共和国参加的对日单独和约，不仅不是全面的和约，而且完全不是真正的和约；中国政府认为是非法的、无效的，因而是绝对不能承认的。[②]

中国政府的上述立场和观点得到国际法的支持。例如，《维也纳条约法公约》第 34 条规定，条约非经第三国同意，不为该国创设义务或权利；第 35 条规定，如条约当事国有意以条约之一项义务之方法，且该项义务一经第三国以书面明示接受，则该第三国即因此项规定而负有义务。上述条款内容，体现了国家主权平等原则和"协议不损害第三国及不得益第三国"的原则。所以对于《旧金山和约》，由于中国政府没有参加，并做出了反对的声明，因此与中国有关的内容，对中国政府无拘束力。

在此特别应该指出的是，所谓的日本对钓鱼岛列屿的主权，尤其是"二战"后对于日本的领土范围，日本试图割裂与重要的国际法文件之间的关系，而主张依据《旧金山和约》《归还冲绳协定》确定日本的领土范围，这是有违国际法原则的。

对于日本的领土范围，中美英政府首脑于 1943 年 12 月 1 日公布的《开罗宣言》指出，我三大盟国此次进行战争之目的，在于制止及惩罚日本之侵略，三国决不为自己图利，并无拓展领土之意思；三国之宗旨，在剥夺日本从 1914 年第一次世界大战开始在太平洋上所夺得或占领之一切岛屿；在使日本所窃取于中国之领土，例如，东北四省、台湾、澎湖列岛等，归还中华民国；其他日本以武力或贪欲所攫取之土地，亦务将日本驱逐出境。[③]

《波茨坦公告》第 8 条规定，开罗宣言之条件，必将实施；而日本之主权，必将限于本州、北海道、九州、四国及吾人所决定其他小岛之内。[④]

由于《日本投降文书》内的《向同盟国投降文书》（1945 年 9 月 2 日）规定，日本接受美中英政府首脑于 1945 年 7 月 26 日在波茨坦所发表，其后又经苏联所加入之公告列举之条款；日本担任忠实执行波茨坦宣言之各项条款。[⑤] 同时，《中日政府联合声明》（1972 年 9 月 29 日）第 3 条规定，中华人民共和国政府重申：台湾是中华人民共和国领土不可分割的一部分；日本国政府充分理解和尊重中国政府的这一立场，并坚持《波茨坦公告》第 8 条的立场。[⑥] 所以这些国际法文件对日本有拘束力。

依据这些条约文件内容，日本应放弃或归还的岛屿及领土，主要包括以下三个方面。第一，日本应归还"一战"后夺得的太平洋上的一切岛屿，其是指西太平洋群岛的岛屿，

---

① 胡德坤，韩永利：《旧金山和约与日本领土处置问题》，《现代国际关系》，2012 年第 11 期，第 8-10 页。

② 《周恩来外长关于美国及其仆从国家签订旧金山和约的声明》，载田桓主编：《战后中日关系文献集（1945—1970）》，北京：中国社会科学出版社，2002 年版，第 103-104 页。

③ 《开罗宣言》内容，参见丘宏达编辑，陈纯一助编：《现代国际法参考文件》，（台湾）三民书局，2002 年版，第 926-928 页。

④ 《波茨坦公告》内容，参见丘宏达编辑，陈纯一助编：《现代国际法参考文件》，（台湾）三民书局，2002 年版，第 928-929 页。

⑤ 《日本投降文书》内的《向同盟国投降文件》内容，参见丘宏达编辑，陈纯一助编：《现代国际法参考文件》，（台湾）三民书局，2002 年版，第 930-932 页。

⑥ 《当前中日关系和形势教育活页文选》，北京：红旗出版社，2005 年版，第 77-78 页。

主要为加罗林群岛、北马里亚纳群岛、马绍尔群岛。第二，日本应归还窃取于中国的领土。第三，日本应放弃以武力或贪欲所攫取之土地。[①]

总之，依据国际法文件，特别是《开罗宣言》《波茨坦公告》《日本投降文书》及《中日政府联合声明》等文件的原则和精神，钓鱼岛列屿属于中国应收复的领土，毫无疑义。因为这些条约属于最高层级的立法性或造法性条约，起引导及决定性的作用，特别是当低级层次的立法性条约、合同性或契约性条约（例如，《旧金山和约》《归还冲绳协定》）与其发生冲突时，它们具有优先适用的性质和功能。同时，日本的领土限于四地及同盟国决定之小岛内。在这"小岛"内，自然不包括琉球。因为，第一，琉球群岛包含大小岛屿 150 多个，其中最大的岛屿冲绳面积有 1 200 余万平方千米，人口 100 多万人，是除日本四地（本州、北海道、九州、四国）以外的第五大岛屿，很难被看作"小岛"；第二，在美国占领日本与琉球期间，对于日本与琉球的方式截然不同，采取了"分离式处理"的方式，对日本的政策也都"不包含琉球"。[②]

1946 年 1 月 29 日，同盟国最高司令官总司令部（General Headquarters of Supreme Commander for Allied Power，SCAP）向日本政府发出题为《某些边远区域从日本的统治和行政中分离的备忘录》（Memorandum for Imperial Japanese Government on Governmental and Administrative Separation of Certain Outlying Areas from Japan）的"第 677 号指令"规定了日本领土的范围：日本由 4 个本岛和约 1 000 个较小的邻接岛屿所组成，包括对马岛及北纬 30 度以北的琉球（西南）岛屿。同时，上述备忘录指出，"即日起日本帝国政府对日本以外的区域或此区域内的任何政府官员、职员或个人，停止实施一切政府的、行政的权力或权力意图"，琉球被视作日本以外区域。这种"分离式处理"方式意味着，与盟军最高司令官总司令部间接管理下的日本不同，琉球被留在了美军的直接统治之下。

由于美国只是占领琉球，而且没有将琉球纳入主权的意愿，其他战胜同盟国也从来没有表达获得琉球主权的意愿。因此，琉球在战时占领期间的地位是：既不属于日本，也不属于美国，而是在国际共管下的一种地位未定的领土。更值得注意的是，美国从未真正地遵行国际共管制度规定。因为，美国在 1952 年 2 月 10 日将北纬 29 度以北的吐噶喇群岛岛屿"返还"给了日本，违反了"第 677 号指令"规定的以北纬 30 度为界的内容。在 1952 年 4 月 28 日生效的《旧金山和约》中又认为日本的"剩余主权"可以包括北纬 29 度以南，即南琉球群岛，美国在此区域行使的是"行政管理权"。1953 年 12 月 25 日，美国将此区域中的奄美群岛行政权"交还"日本。1968 年 6 月 26 日，美军将小笠原诸岛的行政权"交还"日本。1972 年 5 月 15 日美国又依据《归还冲绳协议》，将北纬 29 度以南的南琉球群岛，包括钓鱼岛列屿一并交还日本。[③] 美国这种单方面变更范围及"交还"领土的行为，自然没有得到同盟国的同意，因而其是非法、无效的。

此后，同盟国未曾协商讨论决定日本的领土范围，包括琉球群岛的地位问题。鉴于钓鱼岛列屿主权问题危及或影响东亚区域及世界的和平与安全，联合国安理会有责任讨论此

---

① 管建强：《国际法视角下的中日钓鱼岛领土主权纷争》，《中国社会科学》，2012 第 12 期，第 132 页。
② 张亚中：《两岸共同维护钓鱼岛主权：国际政治的观点》，《台海研究》，2013 年第 1 期，第 36-37 页。
③ 张亚中：《两岸共同维护钓鱼岛主权：国际政治的观点》，《台海研究》，2013 年第 1 期，第 33-43 页。

问题，或其可向国际法院申请咨询意见，以重申或再次确定日本领土之范围，切实保卫"二战"之胜利成果，并遵循国际制度安排，维护国际秩序。①

三、中日针对东海问题的努力及效果

为解决东海问题争议，中日两国之间开始了关于东海问题磋商谈判，但即使双方经过11次的磋商谈判（2004年10月25日—2007年10月11日），仍未在东海问题上达成共识。② 此后，为实现中日双方领导人的政治意愿，经过多次磋商，2008年6月18日中日两国外交部门公布了《中日关于东海问题的原则共识》。③ 其为切实推进东海问题的合理解决迈出了实质性的一步，可以说取得了一定的进展。从上述文件内容可以看出，中日双方搁置了东海划界争议，强调在实现划界前的过渡期间，在不损害双方法律立场的情况下进行合作，包括合作开发和共同开发，以共享东海资源利益。④ 此后，由于双方针对跨越"中间线"的春晓油气田的合作开发存在不同的理解和认识，所以即使已经缔结了《中日关于东海问题的原则共识》，迄今双方仍未在合作开发和共同开发上取得任何进展。⑤ 同时，由于中日在钓鱼岛周边海域发生渔船撞击事件（2010年9月7日），造成两国政府间关于东海问题原则共识的谈判磋商进程停滞。

此后，日本政府所谓"国有化"钓鱼岛、北小岛和南小岛的行为，无视中国政府的多次强烈抗议和严正警告，严重损害中日关系的发展进程。⑥

自日本政府"国有化"钓鱼岛行为后，我国出台了一系列的反制措施，尤其在法律上特别明显。主要为：2012年9月10日，中国政府就钓鱼岛等岛屿的领海基线发表了声明，公布了钓鱼岛等岛屿作为基点的经纬度坐标，从而确立和明确了钓鱼岛等岛屿以直线基线

---

① 例如，《联合国宪章》第39条、第96条第1款；《国际法院规约》第65条第1款。参见金永明：《钓鱼岛主权若干国际法问题研究》，《中国边疆史地研究》，2014年第2期，第163-165页。

② 金永明：《东海问题解决路径研究》，北京：法律出版社，2008年版，第4-7页。

③ 例如，《中日联合新闻公报》2006年10月8日指出，中日双方确认，为使东海成为和平、合作、友好之海，应坚持对话磋商，妥善解决有关分歧；加快东海问题磋商进程，坚持共同开发大方向，探讨双方都能接受的解决办法。《中日联合新闻公报》（2007年4月11日）指出，为妥善处理东海问题，双方达成以下共识：（一）坚持使东海成为和平、友好、合作之海；（二）作为最终划界前的临时性安排，在不损害双方关于海洋法诸立场的前提下，根据互惠原则进行共同开发；（三）根据需要举行更高级别的磋商；（四）在双方都能接受的较大海域进行共同开发；（五）加快双方磋商进程，争取在今年秋天就共同开发具体方案向领导人报告。《中日关于全面推进战略互惠关系的联合声明》（2008年5月7日）指出，双方应共同努力，使东海成为和平、合作、友好之海。

④ 《中日关于东海问题的原则共识》指出，双方经过认真磋商，一致同意在实现划界前的过渡期间，在不损害双方法律立场的情形下进行合作。

⑤ 例如，《中日关于东海问题的原则共识》指出，中国企业欢迎日本法人按照中国对外合作开采海洋石油资源的有关法律，参加对春晓油气田的开发；中日两国政府对此予以确认，并努力就进行必要的换文达成一致，尽早缔结，双方为此履行必要的国内手续。

⑥ 例如，2012年9月11—12日，中国外交部亚洲司长罗照辉大使在北京应约与来华的日本外务省杉山晋辅就当前中日关系举行磋商。罗照辉全面阐述了中方在钓鱼岛问题上的严正立场，强调中国政府和人民维护领土主权的决心和意志坚定不移，要求日方立即撤销所谓"购岛"的错误决定。罗照辉强调，中方决不承认日方对钓鱼岛的非法侵占和所谓"实际控制"，决不容忍日方对钓鱼岛采取任何单方面行动。日方必须立即纠正错误，回到双方达成的共识和谅解上来，回到对话谈判解决争议的轨道上来。参见《中方再次要求日方撤销"购岛"决定》，http://www.fmprc.gov.cn/mfa_ chn/ziliao_ 611306/zt_ 611380/dnzt_ 611382/diaoyudao_ 611400/t968814.shtml，2014年12月17日访问。

为基础的领海制度及其他海域管辖范围。① 9 月 12 日，国家海洋局公布了领海基点保护范围选划及保护办法。9 月 13 日，中国常驻联合国代表李保东向联合国秘书长提交了中国钓鱼岛等岛屿领海基点基线坐标表和海域的文件。此外，国家海洋局、民政部授权于 2012 年 9 月 21 日公布了我国钓鱼岛海域部分地理实体标准名称，从而完善了中国针对钓鱼岛等岛屿的领海制度及一切法定手续。2012 年 12 月 14 日，中国政府向联合国秘书长提交了"东海部分大陆架外部界限划界案"。② 这是我国于 2012 年 3 月 3 日，经国务院批准，授权国家海洋局、民政部公布钓鱼岛及其部分附属岛屿名称以来的后续措施；③ 也是依据中国的海洋法（主要包括《中国政府关于领海的声明》，中国的《领海及毗连区法》，中国的《海岛保护法》等），以及《公约》做出的决定，目的是完善中国的海洋法制度尤其是领海制度，捍卫中国的领土主权和海洋权益；④ 也为我国对钓鱼岛周边海域实施常态化的巡航提供了法律基础和保障。

尽管我国基本完善了钓鱼岛周边海域的领海制度，并实施了常态化的巡航管理制度，但在中日双方并未解决钓鱼岛问题争议且互不妥让的情形下，两国执法机构的船只碰撞和摩擦事件发生的概率在明显地上升。同时，为强化对钓鱼岛周边海域的管理，日本不仅修改了《海上保安厅法》和《在领海等区域内有关外国船舶航行法》，赋予了海上保安厅执法人员对"登岛"人员、在钓鱼岛周边海域活动的外国船只和船员的警察权，即强化了所谓的"应对措施"；也制定了新的《海洋基本计划》（2013—2017 年），整备了新的安保政策和措施，重点强化了对西南诸岛的"管理"。在这种情形下，我国仅公布钓鱼岛列屿的领海基线显然是不够的，还需完善周边海域的执法制度，包括外国船只在钓鱼岛周边海域的航行制度，中国管辖海域巡航执法制度等，重点应明确我国海洋管理机构的职权和惩罚措施，以处置执法过程中的违法活动或行为。

为应对包括钓鱼岛周边海域在内的东海空域飞行安全、避免诸如日本舰机再次擅自闯入我国按国际规则指定的军事演习海域和空域那样的事件，作为应急和反制措施，我国国防部依据国际惯例和国内法于 2013 年 11 月 23 日宣布了《中国关于划设东海防空识别区的声明》，并发布了《中国东海防空识别区航空器识别规则公告》，以进一步管控东海空域秩序和航行安全。⑤ 但由于中国东海防空识别区与日本公布的防空识别区（1969 年 4 月

---

① 中国关于钓鱼岛及其附属岛屿领海基线的声明内容，参见 http：//www. gov. cn/jrzg/2012 - 09/10/content_2221140. htm，2012 年 9 月 11 日访问。

② See http：//www. un. org/depts/los/clcs_ new/commission_ documents. htm，2014 年 12 月 27 日访问。

③ 国家海洋局、民政部授权公布我国钓鱼岛及其部分附属岛屿名称内容，参见 http：//www. soa. gov. cn/soa/news/important-news/webinfo/2012/03/1330304734962136. html，2012 年 3 月 4 日访问。

④ 例如，《公约》第 16 条规定，沿海国应将标注测算领海宽度基线或界限等的海图或地理坐标妥为公布，并应将各该海图和坐标表的一份副本交存联合国秘书长；第 319 条第 1 款规定，联合国秘书长应为本公约及其修正案的保管者。

⑤ 关于中国政府划设东海防空识别区的声明内容，参见 http：//www. gov. cn/jrzg/2013 - 11/23/content_2533099. htm，2013 年 11 月 25 日访问。关于中国东海防空识别区航空器识别规则公告内容，参见 http：//www. gov. cn/jrzg/2013-11/23/content_ 25333101. htm，2013 年 11 月 25 日访问。关于设立防空识别区的渊源、依据和国家实践等内容，参见李居迁：《防空识别区：剩余权利原则对天空自由的限制》，《中国法学》，2014 年第 2 期，第 5-19 页；刘伟民：《论防空识别区与国际法》，《国际法研究》，2014 年第 3 期，第 5-15 页。

29 日公布，1972 年 5 月 10 日和 1973 年 6 月 30 日修改）大面积重叠，使两国的飞机尤其是军机在重叠区发生冲突事故的可能性明显增加，特别在他方飞机不遵守中国东海防空识别区航空器识别规则的情况下，进一步完善执法制度包括制定中国东海防空识别区航空器识别规则实施细则，应对具有不同性质的空域实施区别的管理制度，确保东海防空识别区的正常运作和合理管理，就显得特别关键。

《中日联合新闻公报》（2006 年 10 月 8 日）指出，应加强两国防务当局联络机制，防止发生海上不测事态。2007 年 4 月 11 日，《中日联合新闻公报》指出，中日战略互惠关系的基本内涵包括加强防务对话与交流，共同致力于维护地区稳定；又强调了加强两国防务当局联络机制，防止发生海上不测事态的必要性和重要性。《中日关于全面推进战略互惠关系的联合声明》（2008 年 5 月 7 日）指出，双方坚持通过协商和谈判解决两国间的问题；双方将共同努力，使东海成为和平、合作、友好之海。《中日关于东海问题的原则共识》（2008 年 6 月 18 日）指出，双方经过联合勘探，本着互惠原则，在划定的共同开发区块中选择双方一致同意的地点进行共同开发，具体事宜双方通过协商确定；双方同意，为尽早实现在东海其他海域的共同开发继续磋商。这些文件中规范的内容，为中日双方就共同开发东海资源、构筑联络机制，维护东海安全和解决东海问题争议提供了重要的政治基础，为双方进一步磋商谈判提供了保障。所以，两国应就东海海空安全问题重启对话和谈判，以切实管控东海海空安全秩序，稳定和发展中日关系，这是中日两国的重大职责，更是诚实履行国际文件的重大义务。2014 年 9 月 23—24 日，在中国青岛举行的中日海洋事务高级别磋商，双方原则同意重新启动中日防务部门海上联络机制，就是一个很好的开端。①

随着两国政府代表于 2014 年 11 月 7 日达成《中日处理和改善两国关系四点原则共识》文件，可以预见，中日两国之间关于东海问题的磋商进程仍将继续。② 不可否认的是，尽管两国政府代表已达成了《中日处理和改善两国关系的四点原则共识》，但双方的基本立场仍未改变，所以真正解决东海问题争议仍需双方的共同努力和相向而行，其解决也不可能一蹴而就，东海问题争议解决进程可谓任重而道远，但上述四点原则共识的达成，为中日恢复各层面包括海洋问题的谈判创造了重要的基础和条件，这是不容否认的。③

四、钓鱼岛问题若干建议及中日关系展望

日本首相安倍的第二次上台及其右倾化的政策诉求及全球外交策略，迎合了日本多数国民的期待，有利于摆脱日本多年来的经济低迷和改变国际地位下降的颓势，也可基本保持日本政局的稳定，所以，在一定程度上得到了较高的支持率，即强势及集权领导人的出

---

① 《中日重启海洋事务高级别磋商》，《东方早报》2014 年 9 月 25 日，第 A16 版。中日海洋事务高级别磋商第三轮磋商全体会议及工作组会议 2015 年 1 月 22 日在日本横滨市举行，双方同意争取早日启动防务部门海空联络机制，并达成六点共识。参见 http://www.dfdaily.com/html/51/2015/1/23/1229797.html，2015 年 1 月 25 日访问。

② 关于中日就处理和改善中日关系四点原则共识内容，参见 http://www.fmprc.gov.cn/mfa_chn/zyxw_602251/t1208349.shtml，2014 年 11 月 8 日访问。

③ 例如，中日海洋事务高级别磋商第四轮会议于 2015 年 12 月 7—8 日在福建厦门举行，双方达成了七点共识。参见 http://www.nofa.go.jp/mofaj/press/release/press4_002758.html，2015 年 12 月 9 日访问。

现，在一定程度上可以摆脱日本的战略困境，实现"经济再生"和"外交再生"目标。[1]但安倍政府今后如果未能在经济上有所突破和提升，尤其在国会强行通过安保法案后，造成更多的对立和不满，则是关系他能否继续执政的关键问题。

由于中日关系的恶化，是因日本对钓鱼岛问题的强硬立场导致的，所以合理地应对钓鱼岛问题是不可回避的重要问题。在钓鱼岛问题上，中日双方均没有回旋的余地。[2]在日本持续否认存在争议、否认"搁置争议"共识的境况下，我国应做好充分的应对准备。

（一）钓鱼岛问题若干建议

第一，加强对钓鱼岛问题细化的研究。包括成立专门研究钓鱼岛问题的机构（例如，东海研究院），就具体的问题展开系统性的全面细化研究，尤其应积极回应日方的政策和法律主张，在广泛吸纳学者代表性成果观点的基础上，适时公布中国针对钓鱼岛问题的政策建言书（学者版）或立场性文件，以弥补国务院新闻办《钓鱼岛是中国的固有领土白皮书》（2012 年 9 月）内容的缺陷和不足。[3]更重要的是，应尽快确立钓鱼岛及其附属岛屿的正式名称，并统一使用，改变先前描述性的名称缺陷以及使用混乱的状态，为此，建议将其命名为钓鱼岛群岛。此名称不仅反映了钓鱼岛的特征，也与南海诸岛内的四大群岛相呼应，所以有被广泛接受的可能性。

第二，增强钓鱼岛周边海空巡航效果。尽管中国海警已进入钓鱼岛领海并实施了常态化的巡航制度，这只是体现存在和宣示主权，但并未体现实质性的管辖，应逐步减少诸如无害通过等那样的行为，提升巡航的法律效果。尤其应明确中国海警局的职责，包括制定中国海警局组织法，提升组建中国海警局的功效。在东海海空应继续保持紧张态势，以增

---

① 日本安倍政权的政策目标为三个方面：经济再生，灾害复兴，推进安全环境的危机管理。参见［日］菅义伟：《安倍政权追求的政治》，《亚洲时报》2014 年第 9 期（2014 年 9 月 1 日），第 5－6 页。而安倍政权的主要外交课题为：强化日美同盟，日中关系、日韩和日朝关系，以及北方领土问题。参见［日］谷内正太郎：《安倍政权的对亚洲、美国外交》，《东亚》第 559 期（2014 年 1 月），第 16－19 页。

② 唐家璇在中日友好 21 世纪委员会中日关系研讨会上的主旨发言：《正本清源，标本兼治，推动中日关系向前发展》（2014 年 6 月 5 日，长崎），see http://news.163.com/14/0605/22/9UOT22B300014JB5.html，2014 年 6 月 6 日访问。

③ 近期（2010—），在钓鱼岛问题研究方面比较重要的论著，主要有，贾宇：《国际法视野下的中日钓鱼岛争端》，《人民日报》2010 年 10 月 3 日；国纪平：《钓鱼岛是中国领土铁证如山》，《人民日报》2012 年 10 月 12 日；刘江永：《从历史事实看钓鱼岛主权归属》，《人民日报》2011 年 1 月 13 日；张海鹏，李国强：《论"马关条约"与钓鱼岛问题》，《人民日报》2013 年 5 月 8 日；黄大慧：《钓鱼岛争端的来龙去脉》，《求是》2010 年第 20 期（2010 年 10 月）；张新军：《国际法上的争端与钓鱼诸岛问题》，《中国法学》2011 年第 3 期；郑海麟：《钓鱼岛主权归属的历史与国际法分析》，《中国边疆史地研究》2011 年第 4 期；管建强：《国际法视角下的中日钓鱼岛领土主权纷争》，《中国社会科学》2012年第 12 期；郑海麟著：《钓鱼台列屿——历史与法理研究》（增订本），（香港）明报出版社，2011 年版；吴天颖著：《甲午战前钓鱼列屿归属考》（增订版），中国民主法制出版社，2013 年版；郑海麟著：《钓鱼岛列屿之历史与法理研究》（最新增订本），海洋出版社，2014 年版；王军敏著：《聚焦钓鱼岛——钓鱼岛主权归属及争端解决》，中共中央党校出版社，2014 年版；［日］井上清著：《钓鱼岛的历史与主权》，贾俊琪、于伟译，新星出版社，2013 年版；［日］村田忠禧著：《日中领土争端的起源——从历史档案看钓鱼岛问题》，韦平和等译，社会科学文献出版社，2013 年版。此外，在日本比较客观的著作还有［日］孙崎享编：《检证尖阁问题》，岩波书店，2012 年版；［日］矢吹晋著：《尖阁问题的核心——日中关系会如何》，花伝社，2013 年版；［日］矢吹晋著：《尖阁冲突始于冲绳归还——作为日美中三角关系顶点的尖阁》，花伝社，2013 年版；［日］村田忠禧著：《史料彻底考证尖阁领有》，花伝社，2015 年版，等等。

强对日本的压力，使其改变强硬立场和态度。即采取对等的行为和措施，确保东海海空安全。更重要的是，应坚守钓鱼岛问题的最低目标：不登岛、不开发、不驻军。在钓鱼岛问题上，中日两国达成新的默契，不失为一种较好的管理方法，但现今尽快地达成新的默契的可能性不大，为此，应保持战略定力和耐力。此外，两岸在钓鱼岛问题上达成正式协议的可能性也不大，所以，中国大陆应自力综合性地应对日本在钓鱼岛问题上的挑战。

第三，进一步理顺海洋体制机制。尽管我国已成立了中央海权工作领导小组及其办公室和国家海洋委员会及其办公室，重组了国家海洋局等，这些均是很好的海洋机构，所以，应就如何切实推进和指导海洋工作、海洋事务做出特别的安排和规划，并采取措施真正发挥专家管理海洋事务的作用，实现海洋强国战略目标。为此，应尽早制定中国海洋战略包括东海战略，制定综合规范海洋事务的海洋法，重点明确各机构的职责和权限、阐释中国的海洋政策和立场等内容。

第四，做好做细中日谈判的准备。不可否认，中日关系是重要的双边关系，所以如何依据中日关系四个政治文件的原则和精神，进一步理顺关系，消除障碍和疑惑，增进互信，通过对话谈判就显得特别重要。所谓的"正本清源、标本兼治"。[①] 所以，我们应该尽早规划并做好与日本谈判的各种准备工作。[②] 同时，中日应就战略和战术层面丰富和落实战略互惠关系，重点应创造条件规划中日关系的未来，包括制定第五个政治文件，以再次准确定位中日关系。笔者认为，符合新时代要求的中日关系是一种"新型中日战略互惠关系"，主要内涵为：不冲突、不对抗，合作与竞争，共同发展和战略互惠。

第五，应正确处理与美国的关系。中国切不可排除美国在钓鱼岛问题上的作用，因为美国是引发、"交还"、操控和处理钓鱼岛问题的重要因素和决定性力量，所以，中国应利用美日之间的矛盾，尤其是美国在钓鱼岛问题上的立场（对主权不持立场；利用和平方法通过对话协商解决），切不可将美国完全推向日本，造成中国在海洋战略上的被动局面和不利态势。[③] 同时，应关注美日以修改日美防卫合作指针为契机，试图加强日本与其他国家之间的防卫合作步伐，增加所谓的防卫合作范围，企图强化美日之间的"无缝"对接，

---

① "正本清源"的意思，就是要恢复事物的本来面目，回归问题的本质。而所谓的"购岛"事件，日本领导人参拜靖国神社，其要害是对《中日联合声明》等四个政治文件规定的各项原则和精神的严重背弃。所以，处理中日关系，需要我们严格遵循中日间四个政治文件的原则精神，重新确认中日邦交正常化的"原点"。而中日关系的"原点"，就是"以史为鉴，求同存异，世代友好"。参见唐家璇在中日友好21世纪委员会中日关系研讨会上的主旨发言：《正本清源，标本兼治，推动中日关系向前发展》（2014年6月5日，长崎），see http://news.163.com/14/0605/22/9UOT22B300014JB5. html，2014年6月6日访问。

② 例如，2015年4月22日，日本首相安倍晋三在与中国国家主席习近平见面时指出，"中日应加速实施《中日东海问题原则共识》达成的协议"。参见 http://www.mofa.go.jp/mofaj/a_ o/c_ m1/cn/page4_ 001136.html，2015年4月25日访问。

③ 例如，美国总统奥巴马于2014年4月23—25日访问日本，并与日本首相安倍会谈时，强调和平解决钓鱼岛问题的重要性，不应使钓鱼岛争议升级，不应采取激烈的言论和挑衅性的行动，中日两国应努力寻找如何合理处理的智慧，即如果中日两国不通过对话及增进信任措施，则此问题将升级并造成重大错误。参见［日］神保太郎：《对媒体的批评》，《世界》，2014年第7期（2014年7月），第61~62页。

消除对解决南海问题、东海问题和台海问题的负面影响。①

第六，揭露日本隐藏核材料的阴谋。国际社会并未真切地了解福岛核泄漏事故的真相及危害，更未了解日本拥有众多核材料的目的和用途，所以，日本为隐瞒它们的事实和真相，减轻赔偿责任，利用和放大了钓鱼岛问题，以转移视线和关注点，为此，我们应就福岛核泄漏事故的真相及危害，以及日本储藏众多核材料的用途予以追究，让日本政府对此向国际社会做出明确的解释。

第七，适时利用琉球问题抑制日本的对台政策。美国依据所谓的《归还冲绳协定》"交还"琉球群岛给日本的做法，不符合国际法，所以，琉球地位未定，也就是说，琉球问题依然是中日两国之间的一大悬案，为此，我国应继续加强对琉球问题的研究，以作为应对日本试图加强与台湾关系（包括制定日台关系法），冲击和干扰两岸和平发展进程的筹码。

第八，关注日本解禁集体自卫权后安保法制的走向。尽管日本内阁已于 2014 年 7 月 1 日通过了修改宪法解禁集体自卫权的决议，但真正行使集体自卫权的关键在于修改相关法律，包括"自卫队法""周边事态法""武力攻击事态法""警察官职务执行法""PKO 合作法""美军行动关联措施法"以及"日美防卫合作指针"等。② 为此，我国应继续关注这些法律的修改内容和实施状况，重点应关注日本使用所谓的集体自卫权的"范围"及使用武器的条件，并持续关注日本内阁及政府的立场和态度及具体的行为，及时做出相应的应对安排及批驳。③

---

① 日本修改《日美防卫合作指针》（1997 年）的建议，不仅得到了美国的认可，而且在日美安全保障协议委员会（2+2）共同发表的《面向更有力的同盟及共有更大责任》的文件中得到确认（2013 年 10 月 3 日）。其规定，两国同意修改 1997 年的《日美防卫合作指针》，并指示防卫合作小委员会在 2014 年底完成作业。参见［日］防卫省编：《日本的防卫白皮书（2014）》，日经印刷公司，2014 年版，第 427—430 页。为此，日美两国于 2014 年 10 月 8 日提交了《修改日美防卫合作指针的中间报告》。See http：//www. mod. go. jp/j/approach/anpo/sisin/houkoku_ 20141008. html，2014 年 10 月 9 日访问。笔者认为，日美修改防卫合作指针的目的是进一步扩大日本自卫队对美国的全球支援和合作活动，加强自卫队与美军间的"无缝合作"，"平时"到"有事"的"无缝合作"，以实现在"性质、责任、任务和范围"等方面的合作目标。2015 年 4 月 27 日，美日两国通过的"美日防卫合作新指针"内容，参见 http：//www. mofa. go. jp/mofaj/files/000078187. pdf，2015 年 4 月 28 日访问。

② 日本内阁于 2014 年 7 月 1 日通过的《确保国家存亡和保护国民而无缝地完善安全保障法制》决议，规定了日本完善新安全保障法制的基本方针，即指出了日本完善安全保障制度相关法制的基本方向。具体内容参见［日］防卫省编：《日本的防卫白皮书（2014）》，日经印刷公司 2014 年版，第 376—378 页。而上述内阁决议是在吸纳《安全保障法律基础再构筑恳谈会研究报告》（2014 年 5 月 15 日）内容基础上做出的。

③ 2015 年 4 月 12 日，日本政府确定了制定一部"国际和平支援法"和修改十部安保法制的基本框架。这些法案将于 2015 年 5 月 14 日通过内阁决议，2015 年 5 月 15 日提交国会审议。参见 http：//www. asahi. com/articles/photo/AS20150511004171. html，2015 年 5 月 12 日访问。2016 年 3 月 29 日起日本新安保法制开始施行。其包括由修改十部法律整合成一部法律的《和平安全法制整备法》和新制定的《国际和平支援法》组成。

（二）中日关系的新发展与新展望

如上所述，2014 年 11 月 7 日，中日就处理和改善两国关系达成了四点原则共识。[①]其不仅为中日两国首脑在亚太经合组织（APEC）会议上的直接会谈创造了条件，也为恢复和发展中日关系提供了重要基础，得到国际社会的积极评价，包括美国国务院的正面评价和欢迎，所以，有必要论述中日两国就处理和改善中日关系达成的四点原则共识的内容、意义及作用。

第一，坚持中日四个政治文件的原则和精神，是稳固和发展两国关系的重要政治基础，必须切实遵守，不容恶意践踏。因为它是经过实践证明处理和改善中日关系尤其是充实和发展战略互惠关系的基石。

第二，双方同意本着"正视历史、面向未来"的精神，就克服影响两国关系政治障碍达成共识，这是正确看待历史问题，处理和改善中日关系的重要保障。"正视历史、面向未来"的要点为"正本清源、标本兼治"，即需要恢复事物的本来面目，回归问题的本质，确认中日邦交正常化以来的四个政治文件的原则和精神，特别应以"以史为鉴、求同存异、世代友好"的宗旨和精神处理与发展中日关系，利用和平方法解决双方之间存在的分歧和对立问题。

第三，通过平等协商和沟通等手段应对与处理诸如钓鱼岛重大敏感争议问题，包括构筑管控东海海空安全机制，是延缓和平息两国争议、恢复和改善中日关系的现实需求，切不能延误时机和停滞发展。为此，中日处理和改善两国关系四点原则共识指出，双方认识到围绕钓鱼岛等东海海域近年来出现的紧张局势存在不同主张，同意通过对话磋商防止局势恶化，建立危机管控机制，避免发生不测事态，这无疑是延缓东海海空安全的必要举措，值得坚持和大力推进。

第四，中日两国关系的全面恢复和发展，并不能一蹴而就，需要一定的时间和可行的途径，对此必须有清醒的认识。中日处理和改善两国关系四点原则共识指出，双方同意利用各种多双边渠道逐步重启政治、外交和安全对话，努力构建政治互信。也就是说，中日双方主要将在政治、外交和安全领域创造多种条件展开对话，以就重大敏感问题达成理解和共识，提升双方政治互信为目标，进而改善和发展中日两国关系。应该说，这不仅是可以实现并且是一个可行的路径选择，因为当前中日两国在政治、外交和安全领域上的对立和分歧最为严峻和关键，这些领域是需要优先通过对话磋商解决的事项，进而再延伸或扩

---

① 中日就处理和改善中日关系达成的四点原则共识内容为：（一）双方确认将遵守中日四个政治文件的各项原则和精神，继续发展中日战略互惠关系。（二）双方本着"正视历史、面向未来"的精神，就克服影响两国关系政治障碍达成一些共识。（三）双方认识到围绕钓鱼岛等海域近年来出现的紧张局势存在不同主张，同意通过对话磋商防止局势恶化，建立危机管控机制，避免发生不测事态。（四）双方同意利用各种多双边渠道逐步重启政治、外交和安全对话，努力构建政治互信。See http：//www.fmprc.gov.cn/mfa_ chn/zyxw_ 602251/t1208349.shtml；or http：//www.mofa.go.jp/mofaj/a_ o/c_ m1/cn/page4_ 000789.html，2014 年 11 月 8 日访问。尽管中日双方经过多次外交磋商达成了四点原则共识，但针对四点原则共识中的内容依然存在不同的分歧和解读，为此，我们应该整体全面地看待四点原则共识的内容，避免造成不必要的分歧和对立。四点原则共识的逻辑关系是，政治基础—基本共识—发展步骤，所以应该以维护大局，求同存异，保持克制和持续努力地展开对话和协商，以切实改善和发展中日关系，确保实现中日战略互惠关系目标。

展到其他领域，例如，历史、文化交流和经济合作等领域，以实现全面推进中日战略互惠关系目标。

不可否认，2014年11月在北京举行的APEC会议是两国政府领导人重启政治互信的重要机会，所以，日本首相安倍晋三在会见中国国家主席习近平时，再次提出两国应回到战略互惠关系原点并推进合作发展、为预防东海海空偶然性冲突应开始构筑海上联络机制的重要性等内容，以进一步确认和履行新近达成的中日处理和改善两国关系四点原则共识内容，以恢复和发展中日关系。①

中日两国政府代表已就处理和改善两国关系达成了四点原则共识，不仅再次确认了中日战略互惠关系的基础，而且特别就重大敏感问题达成了通过对话磋商防止局势恶化，并建立危机管控机制的意愿，也明确了利用双多边渠道逐步重启对话，努力构建政治互信的途径和目标，这些均是值得肯定的事项，其不仅是双方对话和磋商重大敏感问题的基本前提，也是处理和改善两国关系的必要保障，但问题的关键在于两国政府应真正切实履行四点原则共识的内容，包括以实际行动处理重大敏感问题、平等地倾听对方的合理诉求与关切，努力构筑政治互信，这样才能逐步推动两国关系走上良性发展轨道，为此需要双方相向而行，否则，中日关系依然脆弱和严峻，两国间存在的重大敏感问题依然复杂而危险。总之，双方均应努力地遵守和实施四点原则共识规范的内容和措施，这样才能真正地处理和改善中日两国关系，并推进和充实中日战略互惠关系。②

五、结语

不可否认，中日两国无论在地区还是世界，均为重要的国家，中日关系也是重要的双边关系。在中日双方均有意愿发展两国关系的良好背景下，如何处理两国间存在的重大敏感问题（例如，钓鱼岛问题）是一个重要且不可回避的现实问题，这对于稳固和发展中日关系特别重要和紧迫。为恢复和发展中日关系，中日两国应切实遵守两国政府代表就处理和改善两国关系四点原则共识规范的内容，以中日四个政治文件的原则和精神为基础，展开对话和协商，以合理管控东海海空安全、应对不测事态，提升政治和安全互信，并为充

---

① 中国国家主席习近平在APEC会议期间会见日本首相安倍晋三内容，参见 http://www.gov.cn/2014-11/10/content_ 2776917. htm，2014年11月10日访问。关于中日首脑就协商实施海上联络机制达成一致内容，参见 http://www3. nhk. or. jp/news/html/20141110/t10013089293000. html，2014年11月10日访问。

② 中国政府总理李克强于2014年12月4日下午在人民大会堂会见第五届中日友好21世纪委员会双方全体委员时表示："中日互为近邻，两国关系健康稳定发展对双方、对地区的和平、稳定与繁荣都很重要；中国政府发展对日关系的基本方针是一以贯之的，主张在中日四个政治文件确定的各项原则基础上，本着以史为鉴、面向未来的精神，继续克服政治障碍，推进中日战略互惠关系；只有着眼大局和长远，切实将双方达成的原则共识落到实处，两国关系改善进程才能持续推进；希望日方认真对待和妥善处理影响两国关系健康发展的问题。"参见 http://www.gov.cn/guowuyuan/2014-12/04/content_ 2787049. htm，2014年12月7日访问。

实和拓展中日战略互惠关系的内涵，持续稳固地发展中日关系做出努力。① 这是国际社会的共同期盼和合理要求！

2016 年 4 月 30 日，中国外交部部长王毅在北京与日本外相岸田文雄会见时提出了改善中日关系的四点希望与要求；国务委员杨洁篪、国务院总理李克强在会见日本外相岸田文雄时强调了中日四个政治文件和四点原则共识的精神，期望两国将"互为合作伙伴、互不构成威胁"的共识落到实处，以实际行动为中日关系稳定改善做出更大的努力。对此，岸田文雄表示，日方愿本着日中四个政治文件的精神，坚持"互为合作伙伴、互不构成威胁"的共识，同中方相互尊重，增进互信，管控分歧，努力把两国老一辈领导人开创的日中关系推向前进，构建面向未来的日中关系。② 总之，中日关系的改善及中日关系的新愿景的实现，关键在于日本的行为和行动，对此，我们将拭目以待。

论文来源：本文原刊于《上海大学学报（社会科学版）》2016 年第 4 期，第 1-20 页。

项目资助：中国海洋发展研究会重点项目（CAMAZDA201501）。

---

① 2015 年 7 月 16 日，国务委员杨洁篪同日本国家安全保障局长谷内正太郎在北京共同主持首次中日高级别政治对话时强调指出，中方坚持主张在四个政治文件基础上，本着以史为鉴、面向未来的精神，切实落实四点原则共识，推进中日关系向前发展。参见 http：//www. fmprc. gov. cn/mfa_ chn/zyxw_ 602251/t1281919. shtml，2015 年 7 月 17 日访问。2015 年 7 月 17 日下午，国务院总理李克强在会见来华举行中日首次高级别政治对话的日本国家安全保障局长谷内正太郎时指出，中国政府重视发展对日关系，愿本着以史为鉴、面向未来的精神，在中日四个政治文件基础上推进中日战略互惠关系，增进理解与共识，管控矛盾和分歧，稳步推进交流合作，推动两国关系回到正常发展轨道。参见 http：//www. fmprc. gov. cn/mfa_ chn/zyxw_ 602251/t1282225. shtml，2015 年 7 月 23 日访问。

② 关于王毅就改善中日关系提出四点希望和要求内容，参见 http：//www. fmprc. gov. cn/web/zyxw/t1360009. shtml，2016 年 4 月 30 日访问。杨洁篪会见日本外相岸田文雄内容，参见 http：//www. fmprc. gov. cn/web/zyxw/t1390016. shtml，2016 年 4 月 30 日访问。李克强会见日本外相岸田文雄内容，参见 http：//www. fmprc. gov. cn/web/zyxw/t1360032. shtml，2016 年 4 月 30 日访问。

国际海底区域"开采法典"的
制定与中国的应有立场

杨泽伟①

摘要： 国际海底区域"开采法典"的制定，采用"由分到总"的方式。2016 年公布的"开采规章"，呈现出国际海底管理局处于一种明显的优势地位，以及相关利益攸关方对一些条款争议较大等特点。2017 年公布的"环境规章"，则体现出临时性、对承包商施加了较多的环境保护义务等特点。中国在国际海底区域"开采法典"制定过程中应发挥"引领国"的作用，并应对"开采规章"和"环境规章"的草案文本提出具体的修改建议；同时还要结合"开采法典"的内容，进一步推动《中国深海法》的完善。目前虽然大多数国家支持继续将制定"开采法典"作为国际海底管理局的优先事项，但是相关利益攸关方对有关的核心议题还未形成统一的意见，因而"开采法典"的最终完成还尚需时日。

关键词： 国际海底区域；开采法典；开采规章；环境规章；《中国深海法》

国际海底区域（the International Sea-bed Area，以下简称"区域"）是指国家管辖范围以外的海床、洋底及其底土，即各国领海、专属经济区和大陆架以外海域的海床洋底及其底土。这一部分约占海洋面积的 65%，蕴藏着极其丰富的矿物资源。② 当前，国际海底活动的重心已进入一个历史性转折期，即从勘探阶段向勘探与开发准备期过渡。③ 国际海

---

① 杨泽伟，武汉大学珞珈杰出学者、法学博士、博士生导师，国际法研究所和国家领土主权与海洋权益协同创新中心教授，中国海洋发展研究会理事，中国海洋发展研究中心研究员，研究方向为国际法和海洋法。

② See Becky Oskin, Vast Bed of Metal Balls Found in Deep Sea, Live Science, February 17, 2015；参见杨泽伟：《国际法》（第三版），北京：高等教育出版社，2017 年版，第 177 页。

③ See Aline Jaeckel, An Environmental Management Strategy for the International Seabed Authority? The Legal Basis, the International Journal of Marine and Coastal Law, Vol. 27, 2012, pp. 94-95, p. 119。

底大规模商业开发已初现端倪，① 当务之急是制定"开采法典"（the Exploitation Code），以便就未来的矿区开发问题搭建制度框架。可以预见，制定科学合理、公平公正的国际海底区域资源"开采法典"是国际海底管理局今后几年面临的一项重要任务。② 中国作为国际海底管理局理事会的成员和勘探合同方，不但一向重视国际海底管理局的工作，而且把"扩大海洋开发领域"③、实施"区域"采矿作为实现中国海洋强国战略和保障中国资源安全的重要途径之一。因此，研究国际海底区域"开采法典"的制定与中国的应有立场问题，无疑具有重要的理论价值和现实意义。

一、国际海底区域"开采法典"制定的背景

（一）国际海底区域开发制度的现状

1982 年《联合国海洋法公约》第十一部分专门规定了支配国际海底区域的原则、国际海底区域内资源的开发制度等。1994 年 7 月，由美国、英国、法国、德国等发达国家共同参与，联合国大会制定、通过了《关于执行 1982 年 12 月 10 日〈联合国海洋法公约〉第 11 部分的协定》（Agreement Relating to the Implementation of Part XI of the UN Convention on the Law of the Sea of 10 December 1982，以下简称《执行协定》），对《联合国海洋法公约》第十一部分的内容做了根本性的修改。此外，国际海底管理局分别于 2000 年、2010年通过了《"区域"内多金属结核探矿和勘探规章》（Regulations for Prospecting and Exploration of Polymetallic Nodules in the Area，2013 年 7 月 22 日国际海底管理局理事会通过了该规章的修正案)④ 和《"区域"内多金属硫化物探矿和勘探规章》（Regulations for Prospecting and Exploration of Polymetallic Sulphides in the Area)⑤。这两项规章的通过，为各方在"区域"内的相关探矿和勘探工作铺平了道路。这两项规章，从用语和范围、探矿、勘探计划申请、勘探合同、保护和保全海洋环境、机密性等方面都做了较为详细的规定，从而进一步完善了《联合国海洋法公约》和 1994 年《执行协定》的相关内容。2012 年 7 月27 日，国际海底管理局大会又正式通过了《"区域"内富钴铁锰结壳探矿和勘探规章》

① See Aline Jaeckel, Deep Seabed Mining and Adaptive Management: The Procedural Challenges for the International Seabed Authority, Marine Policy, Vol. 70, 2016, p. 205. 此外，2018 年 Nautilus Minerals Niugini Limited 和巴布亚新几内亚联合企业将首次进行深海海底矿产的商业开采。See Luz Danielle O. Bolong, Into The Abyss: Rationalizing Commercial Deep Seabed Mining Through Pragmatism and International Law, Tulane Journal of International & Comparative Law, Vol. 25, 2016, pp. 128-129. 另外，英国首相也曾表示，国际海底资源开发将在"未来 30 年内给英国经济带来 400 英镑的增值"。See K. Michael, UK Government Backs Seabed Mining Sector, Pro-Quest, 2013; Rupert Neate, Seabed Mining Could Earn Cook Islands "Tens of Billions of Dollars", Guardian, August 5, 2013。

② See Luz Danielle O. Bolong, Into The Abyss: Rationalizing Commercial Deep Seabed Mining Through Pragmatism and International Law, Tulane Journal of International & Comparative Law, Vol. 25, 2016, p. 129。

③ 习近平:《扩大海洋开发领域、让海洋经济成新增长》（2013 年 7 月 31 日），载中国网 http: //news. china. com. cn/txt/2013-07/31/content_ 29587608. htm。

④ 《"区域"内多金属结核探矿和勘探规章》，详见 https: //www. isa. org. jm/sites/default/files/files/documents/isba-19c-17_ 1. pd。

⑤ 《"区域"内多金属硫化物探矿和勘探规章》，详见 http: //www. isa. org. jm/files/documents/CH/Regs/Ch-PMS. pdf。

（Regulations on Prospecting and Exploration for Cobalt-Rich Crusts in the Area）。[1]

由上可见，目前国际海底区域内资源的开发制度主要包括 1982 年《联合国海洋法公约》、1994 年《执行协定》以及《"区域"内多金属结核探矿和勘探规章》《"区域"内多金属硫化物探矿和勘探规章》和《"区域"内富钴铁锰结壳探矿和勘探规章》。此外，国际海底管理局还通过了许多"建议"（recommendations）[2]，如勘探活动中的环境影响评估等[3]。

（二）国际海底区域"开采法典"制定的新进展

按照《"区域"内多金属结核探矿和勘探规章》的规定，核准的勘探工作计划的期限应为 15 年，勘探工作计划期满时，承包者应申请开发计划工作。自 2001 年至今，国际海底管理局共批准或审核了 27 个国际海底矿区。国际海底管理局与承包商首批签订的 7 个多金属结核勘探合同在 2016 年 3 月至 2017 年 3 月期间到期。因此，2011 年国际海底管理局第 17 届会议已经决定启动制定"开采法典"的准备工作。[4] 2012 年国际海底管理局在 18 届会议上提出了《关于拟订"区域"内多金属结核开发规章的工作计划》（Work Plan for the Formulation of Regulations for the Exploitation of Polymetallic Nodules in the Area），并"将此类规章制定工作作为管理局工作方案的优先事项"[5]。

2015 年 2 月，法律与技术委员会（the Legal and Technical Commission，以下简称法技委）推出了《构建"区域"内矿产开发的规章框架》（Developing a Regulatory Framework for Mineral Exploitation in the Area），以征求国际海底管理局成员国和相关利益攸关方的意见。[6] 2016 年 7 月，国际海底管理局公布了《"区域"内矿产资源开发和标准合同条款规章工作草案》（Working Draft Regulations and Standard Contract Terms on Exploitation for Mineral Resources in the Area，以下简称"开采规章" "the Draft Exploitation Regulations"）[7]。对于该工作草案，迄今国际海底管理局共收到 43 份评论意见，其中有 37 份为公开意见、6 份为不公开意见，中国大洋协会（China Ocean Mineral Resources Research and Development Association，COMRA）、中国五矿集团公司（China MinMetals Corporation，CMC）的意见为不公开意见。[8] 此外，2017 年 1 月国际海底管理局又公布了"环境规章"草案（the development and drafting of Regulations on Exploitation for Mineral Resources in the Ar-

---

① 《"区域"内富钴铁锰结壳探矿和勘探规章》，详见 https：//www.isa.org.jm/sites/default/files/files/documents/ isba-18a-11_ 1.pdf。

② See Aline Jaeckel, Deep Seabed Mining and Adaptive Management: The Procedural Challenges for the International Seabed Authority, Marine Policy, Vol. 70, 2016, p. 206。

③ See ISA, ISBA/19/LTC/8, March 1, 2013。

④ See International Seabed Authority, Press Release, Seventeenth Session Kingston, Jamaica 11 - 22 July 2011, available at https：//www.isa.org.jm/sites/default/files/files/documents/sb-17-15.pdf。

⑤ International Seabed Authority, Work Plan for the Formulation of Regulations for the Exploitation of Polymetallic Nodules in the Area, ISBA/18/C/4, 2012, pp. 1-10。

⑥ https：//www.isa.org.jm/files/documents/EN/Survey/Report-2015.pdf。

⑦ https：//www.isa.org.jm/files/documents/EN/Regs/DraftExpl/Draft_ ExplReg_ SCT.pdf。

⑧ See "Contributions to the working draft exploitation regulations", available at https：//www.isa.org.jm/files/documents/EN/Regs/DraftExpl/Comments/Comments_ Listing.pdf。

ea，Environmental Matters，以下简称"环境规章""the Draft Environmental Regulations"），但相关的评论意见尚未公布。① 另外，"国际海底管理局规章"的草案尚在讨论中。

二、国际海底区域"开采法典"的主要内容及其特点

国际海底区域"开采法典"的制定，采用"各个击破""由分到总"的方式，② 即先分别制定"开采规章""环境规章"和"国际海底管理局规章"，然后再考虑是否将三个分规章合并起来，形成一个统一的"开采法典"。

（一）"开采规章"

"开采规章"包括 11 个部分，共 59 条，另外还有 9 项附件。其中，第一部分是"导论"，主要是"用语"和"范围"的界定。第二部分是"核准以合同形式的申请开采计划"，内容涵盖了申请形式、申请费用、申请程序、法技委核准申请的考虑因素以及理事会核准申请的考虑因素等。第三部分是"开采合同"，主要有开采合同条文、权利义务的转让等。第四部分是"开采工作计划的评估和修改"，包括承包商开采计划的修改和对按计划进行的开采活动的评估。第五部分是"合同财政条款"，主要有年费、支付矿区使用费的义务、利润、退款、财务检查和审计、未按期支付矿区使用费的利息计算及其惩罚措施、因未支付矿区使用费而导致的合同暂停实施或终止、有关矿区使用费的计算和支付的争议等。第六部分是"信息的收集和处理"，如信息的可靠性、有关开采合同信息的报送等。第七部分是"一般规定"，包括通知和一般程序、承包商指南的建议、合作与信息交换的义务、沿海国的权利等。第八部分是"检查"，如检查员的职责等。第九部分是"实施和惩罚"，如采取法律救济行动的权力等。第十部分是"争端解决"，如规定了行政审议机制等。第十一部分是"管理局规章的审议"。

从"开采规章"的内容来看，"开采规章"主要有以下特点。

（1）规定了一些新的制度。与《"区域"内多金属结核探矿和勘探规章》《"区域"内多金属硫化物探矿和勘探规章》和《"区域"内富钴铁锰结壳探矿和勘探规章》相比较，"开采规章"规定了独立专家的审查制度、开采合同抵押、开采合同权利和义务的转移等，特别是开采合同的交税条款、监督（审计）、处罚制度属于完全新增的内容。例如，按照"开采规章"第 40 条的规定，如果承包商未能按照规定提交税额返还时，应自秘书长送达违约通知之日起，缴纳数额为不超过（10 000+1 000×X 美元，X 为送达之日起计算的天数）的罚金。③ 又如，"开采规章"第 41 条规定，如果承包商按"开采规章"的有关要求制作或提交的账本、记录和信息，存在根本性错误，那么该承包商就会被处以不超过10 000 美元的罚金。④

（2）国际海底管理局明显处于一种优势地位。例如，关于收费标准，由管理局来决

---

① https：//www. isa. org. jm/files/documents/EN/Regs/DraftExpl/DP-EnvRegsDraft25117. pdf。
② 法技委认为，"分单元"是制定全面监管框架的最佳路径，但应一揽子商定全部内容，而不应分别商定监管框架中的单项内容或部分组合内容。参见 http：//china-isa. jm. china-embassy. org/chn/hdxx/t1395674. htm。
③ See Draft Regulation 40 of "the Draft Exploitation Regulations"。
④ See Draft Regulation 41 of "the Draft Exploitation Regulations"。

定、承包商只能被动接受；另外，在缴费内容方面，承包商需要缴纳年度合同管理以及年度固定费用等。[1] 又如，承包商的申请书及开采计划需要由管理局来进行严格审查，而承包商所属矿区内特定矿产资源的专属权及优先开采权并未在"开采规章"中得到很好的体现。[2]

（3）相关利益攸关方对一些条款争议较大。例如，一些承包商指出应降低对早期开采活动的收费、延迟开采合同年限[3]；而部分科研机构及非政府组织认为，应进一步提高和细化环境保护标准。[4] 又如，一些承包商认为审查年限低于 5 年，会增加商业风险、阻碍开发活动的进行；而一些科研机构及非政府组织认为相关规定太过模糊，不能完全反映"适应性管理"制度的要求。此外，有承包商希望"开采规章"尽快生效、面世[5]；而一些非政府组织认为不必急于生效，反而希望提高环境保护标准、以推动适应性管理制度的适用。[6]

然而，"开采规章"仍然存在不少缺陷，如：承包商义务过重，不利于尽早实现"区域"内资源的商业化开采；一些制度设计过于理想化，难以付诸实施；个别专业术语仍须进一步做出准确的界定。

（二）"环境规章"

众所周知，《联合国海洋法公约》对海洋环境保护问题特别重视。为此，公约第十二部分专门规定了"海洋环境的保护和保全"、公约第十一部分第 145 条还是"海洋环境的保护"专门条款。此外，《"区域"内多金属结核探矿和勘探规章》《"区域"内多金属硫化物探矿和勘探规章》和《"区域"内富钴铁锰结壳探矿和勘探规章》都有海洋环境保护的内容。同样，正在拟定的"开采法典"也有专门的"环境规章"。

"环境规章"包括 16 部分、共 81 条，还有 6 项附件。[7] 其中，第一部分是"导论"，主要是"用语"和"范围"的界定。第二部分是"一般事项"，主要包括在"区域"内管理局的环境义务和目标、指导原则以及限制和禁止性规定。第三部分是"环境评估"，内容涵盖了环境基线、环境范围报告、环境风险评估和评价以及替代方案、减缓措施和管

---

① See Draft Regulation 21 and Draft Regulation 22 of "the Draft Exploitation Regulations"。

② See Draft Regulation 19 of "the Draft Exploitation Regulations"。

③ See Views and comments to the "1 st Working Draft" of Deep Ocean Resources Development Co., Ltd. (DORD), available at https：//www. isa. org. jm/files/documents/EN/Regs/DraftExpl/Comments/DORD. pdf。

④ See Comments on Working Draft of International Seabed Authority's "Developing a Regulatory Framework for Mineral Exploitation in the Area" Submission by Earthworks November 25, 2016, available at https：//www. isa. org. jm/files/documents/EN/Regs/DraftExpl/Comments/Earthworks. pdf。

⑤ See UK Seabed Resources Submission in Response to the International Seabed Authority's Report on Developing a Regulatory Framework for Mineral Exploitation in the Area, Working Draft – Exploitation Regulations (ISBA/Cons/2016/1), available at https：//www. isa. org. jm/files/documents/EN/Regs/DraftExpl/Comments/UKSR. pdf。

⑥ See WWF-International comments on the initial working draft regulations and standard contract terms on exploitation for mineral resources in the Area November 25, 2016, available at https：//www. isa. org. jm/files/documents/EN/Regs/DraftExpl/Comments/WWF. pdf。

⑦ See "the development and drafting of Regulations on Exploitation for Mineral Resources in the Area (Environmental Matters), available at https：//www. isa. org. jm/files/documents/EN/Regs/DraftExpl/DP-EnvRegsDraft25117. pdf。

理措施等。第四部分是"环境规划的准备"，主要有环境影响声明、环境管理系统、环境管理和监督计划以及开采活动的关停计划等。第五部分是"管理局对环境规划的初步审议"，如已核准的开采活动的审议申请等。第六部分是"公布和咨商"，包括通告申请核准的开采活动计划、公布环境规划、相关利益攸关方对环境规划的审议、申请者对相关利益攸关方提出的意见的回应、管理局对咨商意见的审议和呈送法技委的报告等。第七部分是"法技委对环境规划的审议"，主要有法技委对环境规划评估的过程及建议程序、开采活动计划中有关环境事项的修正和修改、环保行动保证金、法技委向理事会提供的有关环境规划评估的建议等。第八部分是"环境规划的修改和定期审议"。第九部分是"环境管理和监督"，包括适应性管理方法、保护海洋环境免遭破坏性活动、环境事故等。第十部分是"社会和文化管理"。第十一部分是"关停计划以及关停后的监督"。第十二部分是"补偿措施"，如环境责任信托基金的建立等。第十三部分是"数据和信息管理"，主要规定了管理局和承包商各自的义务。第十四部分是"遵守、监督和实施"，如紧急命令、采取救济行动的权利以及惩罚措施等。第十五部分是"年度报告义务"，主要是承包商的年度报告。第十六部分是"其他的行政事项"，如公开登记制度、本规章的审议和修订等。

从"环境规章"的内容来看，"环境规章"主要有以下特点。

（1）"环境规章"的临时性（tentative）。诚如"环境规章"草案文本所指出的，它仅仅是"环境规章"的讨论稿，旨在为制定"环境规章"提供一些初步的想法和背景材料。[①] 因此，我们不能完全排除今后"环境规章"的正式文本对现有草案文本的一些变动和修改。

（2）较为详细地规定了"区域"环境保护的内容。如上所述，"环境规章"不但规定了"区域"环境保护的一般指导原则，而且对"区域"环境影响评估、环境保护规划、环境规划审议以及补救和惩罚措施等内容做了较为详细的制度设计和安排。

（3）对承包商施加了较多的"区域"环境保护义务。"区域"内资源的开发是一项高风险、高投入的活动，它不但对技术水平有较高的要求，而且需要较大的资金投入。然而，"环境规章"对"区域"内资源开发活动设置了较为严格的环境保护要求，如"关停计划"的规定、"环境责任信托基金"的设立等。[②] 这不但意味着承包商需要履行更多的环境保护义务，而且也将导致承包商在"区域"内进行资源开采活动的经济负担进一步加重。

目前虽然"环境规章"属于一种"暂时性的工作草案"（tentative working draft），管理局成员国和相关利益攸关方还没有发表公开的评论，但是"环境规章"的一些缺陷也较为明显，如制度设计的重复性、审查时效过长[③]以及部分制度对承包商施加了过多的义务

---

① See the development and drafting of Regulations on Exploitation for Mineral Resources in the Area（Environmental Matters），available at https：//www. isa. org. jm/files/documents/EN/Regs/DraftExpl/DP-EnvRegsDraft25117. pdf。

② See article 31-32、article 67-69 of the development and drafting of Regulations on Exploitation for Mineral Resources in the Area（Environmental Matters），available at https：//www. isa. org. jm/files/documents/EN/Regs/DraftExpl/DP-EnvRegsDraft25117. pdf。

③ See article 81 of the development and drafting of Regulations on Exploitation for Mineral Resources in the Area（Environmental Matters），available at https：//www. isa. org. jm/files/documents/EN/Regs/DraftExpl/DP-EnvRegsDraft25117. pdf。

而容易易招致承包商的反对等。事实上，在"区域"资源开发活动对环境影响方面存在两种截然不同的观点：一种是"开发派"，认为现代科技能够保证"区域"资源开发活动对环境的影响是可控的、甚至是无破坏的，① 因而主张国际海底管理局不应建立太严格的标准以避免影响承包商进入"区域"进行资源开发活动的积极性②；另一种是"环保派"，认为"区域"资源开发活动将不可避免地会对"区域"环境带来很大的破坏，③ 因而主张对"区域"资源开采活动规定严厉的环保要求④。因此，不难预见国际海底管理局成员国和相关利益攸关方在将来会对"环境规章"一些条款产生较大争议。

三、中国对国际海底区域"开采法典"的应有立场

（一）中国在国际海底区域"开采法典"制定过程中的角色定位

（1）中国实体作为先驱投资者，已经获得了在国际海底区域四块专属勘探矿区、三种资源的勘探权。中国大洋协会是国际海底多金属结核资源的"先驱投资者"。2001 年，中国大洋协会与国际海底管理局签订了勘探合同，成为勘探开发国际海底区域多金属结核资源的承包商之一，在东北太平洋海底获得了一块 7.5 万平方千米的多金属结核矿区的专属勘探权和优先开采权。2011 年 7 月，国际海底管理局理事会核准了中国大洋协会申请的位于西南印度洋的国际海底区域内 1 万平方千米的多金属硫化物勘探矿区。2013 年 7 月，国际海底管理局理事会核准了中国大洋协会提出的国际海底富钴结壳资源勘探矿区申请，该矿区位于西太平洋，面积为 3 000 平方千米。2015 年 7 月，国际海底管理局理事会通过决议核准了中国五矿集团公司提出的东太平洋海底多金属结核资源勘探矿区申请；该矿区位于东太平洋克拉克恩—克利珀顿断裂带，面积近 7.3 万平方千米。可见，中国实体在国际海底区域获得了四块专属勘探矿区。

此外，2017 年 5 月中国大洋协会与国际海底管理局签署了《国际海底多金属结核矿区勘探合同延期协议》。⑤ 按照中国大洋协会与国际海底管理局签订的延期协议要求，5 年

---

① See Michael Cruickshank, Marine Mining: An Area o Critical National Need, Mining Engineering, May 2011, pp. 89-93。

② See "Comments on 'Developing a Regulatory Framework for Mineral Exploitation in the Area' by the Government of Japan（November 1, 2016）, available at https: //www. isa. org. jm/files/documents/EN/Regs/DraftExpl/Comments/Japan. pdf, "Comments by JOGMEC for the Working Draft Regulations and Standard Contract Terms on Exploitation for Mineral Resources in the Area"（November 1, 2016）, available at https: //www. isa. org. jm/files/documents/EN/Regs/DraftExpl/Comments/JOGMEC. pdf。

③ See Alicia Craw, Deep Seabed Mining: An Urgent Wake-up Call to Protect Our Oceans, Greenpeace International, 2013, p. 6。

④ See "DSCC Submission on the Working Draft Regulations and Standard Contract Terms on Exploitation for Mineral Resources in the Area"（November 24, 2016）, available at https: //www. isa. org. jm/files/documents/EN/Regs/DraftExpl/Comments/DSCC. pdf; Greenpeace, Deep Seabed Mining: An Urgent Wake-Up Call to Protect Our Oceans, 17 July 2013, available at http: //www. greenpeace. org/international/Global/international/publications/oceans/2013/Deep-Seabed-Mining. pdf; Luz Danielle O. Bolong, Into The Abyss: Rationalizing Commercial Deep Seabed Mining Through Pragmatism and International Law, Tulane Journal of International & Comparative Law, Vol. 25, 2016, pp. 141-147。

⑤ 国家海洋局：《中国大洋协会与国际海底管理局签署国际海底多金属结核矿区勘探合同延期协议》（2017 年 5 月 11 日），http: //www. soa. gov. cn/xw/hyyw_ 90/201705/t20170511_ 56006. html。

延期勘探工作是在中国大洋协会已经完成的 15 年勘探工作基础上的补充和完善，中国大洋协会将在东北太平洋、面积为 7.5 万平方千米"区域"内继续开展和完善合同区的勘探工作，其中重点补充合同区的环境基线数据、积极参与环境管理计划，优化深海采矿系统功能、研发多金属结核新一代冶炼技术；同时，继续跟踪分析多金属结核相关金属国际市场，研判多金属结核资源的商业开发时机。

（2）中国在国际海底区域"开采法典"制定过程中应发挥"引领国"的作用。所谓"引领国"是指中国应以发展中国家的共同利益为基础，在提升自身的国际海底资源开发技术的同时，引领并带动更多的发展中国家进行国际海底资源的勘探、开发，推动发展中国家之间的开放合作，以共同维护国际海底资源作为全人类共同继承财产的国际法属性[1]；此外，在国际海底区域法律制度的构建中，中国应继续坚持全人类共同继承财产原则，协调管理局成员国和相关利益攸关方的利益，推动有关规则的制定，进一步提升中国在"区域"资源开采活动中的国际话语权。[2]

其实，中国在国际海底区域"开采法典"制定过程中发挥"引领国"的作用，既是当今中国综合国力的必然要求，也是符合国际社会的期待的。如上所述，中国实体已经在"区域"获得了四块专属勘探矿区、三种资源的勘探权。同时，中国的国际地位在近几年得到了较大提升。例如，在经济方面中国是世界第二大经济体，目前中国的经济约占全球经济总量的 16.5%、对全球经济增长贡献率达 33%，中国现在是 124 个国家的头号贸易伙伴，是美国（52 个国家）的两倍多；在政治上中国是联合国安理会五大常任理事国之一，还是最大的发展中国家，在国际舞台上具有很大的政治影响力。此外，中国还是当今世界上最大的温室气体排放国、第一大石油进口国。有外国媒体指出，中国或成全球化进程中的"首席小提琴手"。[3] 可见，国际社会也期盼中国能发挥更大的作用。

（二）中国对国际海底区域"开采法典"的完善建议

虽然中国大洋协会和中国五矿集团公司分别于 2016 年 11 月 2 日和 2016 年 11 月 25 日提交了对"开采规章"的评论意见，但是该评论意见并没有对外公开。[4] 不过，中国政府在其他场合也发表过相关意见。例如，在 2016 年 7 月国际海底管理局第 22 届会议上，中国代表针对"开采规章"制定问题明确表示：第一，"开采规章"制定应体现可持续利用国际海底资源以造福全人类的精神，坚持以促进海底矿产资源勘探开发为导向，同时兼顾

---

① 2017 年 5 月 11 日，国家海洋局局长王宏明确表示：中国政府"将一如既往地支持和参与国际海底管理局的工作，切实承担起国际海底管理局成员国的责任，共同推进国际海底活动规范化，同时持续支持发展中国家提升海底勘探能力建设，提升发展中国家的海洋科技水平"。参见国家海洋局：《中国大洋协会与国际海底管理局签署国际海底多金属结核矿区勘探合同延期协议》（2017 年 5 月 11 日），http://www.soa.gov.cn/xw/hyyw_ 90/201705/t20170511_ 56006.html。

② 李志文：《我国国际海底资源开发法律制度中的地位探索》，载《社会科学辑刊》，2016 年第 6 期，第 41 页；Michael W. Lodge, The Common Heritage of Mankind, the International Journal of Marine and Coastal Law, Vol. 27, 2012, pp. 738-740。

③ 【德】克里斯蒂安·盖尼茨：《中国的后院》，载德国《法兰克福汇报》网站 2013 年 10 月 11 日，转引自参考消息网 2013 年 10 月 14 日报道，http://column.cankaoxiaoxi.com/2013/1014/285901.shtml。

④ See "Contributions to the working draft exploitation regulations", available at https://www.isa.org.jm/files/documents/EN/Regs/DraftExpl/Comments/Comments_ Listing.pdf。

海洋环保；第二，"开采规章"制定应符合包括《联合国海洋法公约》在内的国际法，应从国际社会和大多数国家最迫切需要出发，有关标准应与产业和技术发展相适应，其制度安排要有充分的科学和事实依据；第三，"开采规章"制定涉及采矿、财务、环保、法律等领域，是艰巨复杂的系统工程，不能急于求成，应充分考虑国际社会整体利益及大多数国家特别是发展中国家利益，循序渐进、稳步推进；第四，注意到法技委散发的工作草案是过程文件，不代表法技委最终观点，中方将认真研究，以建设性态度参与相关工作。[①]

又如，2016 年 7 月中国出席国际海底管理局第 22 届会议代表团副团长高风在"'区域'内矿产资源开采规章草案"议题下的发言中也指出："'开采规章'制定涉及采矿、财务、环保、法律等多个领域，是一项艰巨复杂的系统工程，其制定不能急于求成，而应充分考虑国际社会整体利益以及大多数国家特别是发展中国家的利益，循序渐进、稳步推进"[②]。此外，2017 年 8 月中国代表团在国际海底管理局第 23 届会议理事会"开采规章草案"议题下的发言中进一步指出："开采规章应以鼓励和促进资源开发为导向，同时依法确保海洋环境不受重大损害"；"开采规章应与现阶段人类在"区域"的活动及认识水平相适应"；"开采规章应妥善处理好有关各方的权利义务关系"；"开采规章应统筹考虑缴费机制和收益分享机制，目前开发规章草案中关于缴费机制部分已经提出了一些初步框架与构想，各方对缴费是采取权益金的方式，还是采取权益金与利润分成相结合的方式，还存在很大分歧。同时，收益分享机制仍在研究探讨之中。各方在讨论确定开发规章有关缴费机制和收益分享机制时，应严格遵循《联合国海洋法公约》和《执行协定》的基本原则，在协商一致的基础上加以确定"[③]。上述中国代表的发言，在某种程度上反映了中国政府对制定"开采规章"的基本立场与态度。

（1）对"开采规章"完善建议。笔者认为，中国大洋协会和中国五矿集团公司未就"开采规章"发表公开的具体意见，不但错失了一次展示中国应有立场的机会，而且也不利于中国在国际海底区域"开采法典"制定过程中发挥"引领国"的作用。因此，中国大洋协会和中国五矿集团公司不但应当公开其对"开采规章"的评论意见，而且要积极推动确立承包商在"开采规章"中优势地位，从而有利于"区域"内矿产资源的商业化开采。

此外，中国政府还可以对"开采规章"的草案文本提出以下修改、完善建议：① 第 1 条第 4 款，把"本规章不应以任何方式影响根据《联合国海洋法公约》第 87 条赋予的科学研究的自由或者根据《联合国海洋法公约》第 143 条和第 256 条在'区域'进行海洋科学研究的权利"修改为"海洋科学研究，不能干扰采矿活动"；② 第 13 条，明确规定承

---

① 中华人民共和国常驻国际海底管理局代表处：国际海底管理局第 22 届会议，available at http：//china-isa. jm. china-embassy. org/chn/hdxx/t1395674. htm。

② 中华人民共和国常驻国际海底管理局代表处：中国出席国际海底管理局第 22 届会议代表团副团长高风在"'区域'内矿产资源开采规章草案"议题下的发言，available at http：//china-isa. jm. china-embassy. org/chn/hdxx/t1388582. htm。

③ 中华人民共和国常驻国际海底管理局代表处：《中国代表团在国际海底管理局第 23 届会议理事会"开采规章草案"议题下的发言》（2017 年 8 月 24 日），available at http：//china-isa. jm. china-embassy. org/chn/hdxx/t1487167. htm。

包商的专属权和优先权；③ 第 14 条第 1 款，修改规定开采合同年限应超过 20 年；④ 第 18 条，增加"承包商在特定情况下、有对工作计划进行临时调整的权利"的规定；⑤ 第 23 条，规定"前期开采活动，应进行税费减免"；⑥ 第 53 条，删除"其他申请费用"的规定；⑦ 第 54 条，明确监督费用由管理局承担，等等。

2. 对"环境规章"完善建议。第一，中国大洋协会和中国五矿集团公司应站在维护承包商权益的立场上，就"环境规章"草案发表公开意见。第二，要求进一步明确"环境管理和监督计划"同其他的战略管理计划、区域管理计划的关系。第三，删除"环境保证金"的规定，将"财政保证金""执行保证金""环境保证金"合并为一项基金。第四，缩短各项研究、报告和计划的审查、反馈、公示期限。第五，对管理局要求信息开示的权力增加必要的限制。第六，去除环境研究、报告、计划中开具"适格专家证明"（identify the Appropriately Qualified Experts）的规定。第七，设置"适应性管理制度"（Adaptive Management Approach）时，应充分考虑该项制度实施之后对承包商权益的救济方案，如为承包商设立保险基金、实施前组织适格专家对救济方案进行论证等。

（三）国际海底区域"开采法典"的制定与《中国深海法》的修改

中国政府高度重视规范国际海底区域资源勘探开发工作，并于 2016 年颁布实施了《中华人民共和国深海海底区域资源勘探开发法》（以下简称《中国深海法》）。目前中国政府正在研究制定一系列的配套规章制度，如《深海海底区域资源勘探开发许可管理办法》①《深海海底区域资源勘探开发资料管理办法》《深海海底区域资源勘探开发样品管理办法》《深海海底区域资源环境调查与评价管理办法》以及《中国深海法》配套制度总体设计规划等，以进一步推动《中国深海法》的有效实施。

随着国际海底区域"开采法典"的制定和"开采法典"相关内容的出台，《中国深海法》在以下方面还需进一步修改、完善。第一，第 6 条"国家鼓励和支持在深海海底区域资源勘探、开发和相关环境保护、资源调查、科学技术研究和教育培训等方面，开展国际合作"，补充增加"并适当给予其他较为落后的或地理条件不利的发展中国家以一定的便利"。第二，第 7 条第 4 款"勘探、开发工作计划，包括勘探、开发活动可能对海洋环境造成影响的相关资料，海洋环境严重损害等的应急预案"，增加"应提交'关闭计划'"。第三，第 8 条"国务院海洋主管部门应当对申请者提交的材料进行审查，对于符合国家利益并具备资金、技术、装备等能力条件的，应当在 60 个工作日内予以许可，并出具相关文件。获得许可的申请者在与国际海底管理局签订勘探、开发合同成为承包者后，方可从事勘探、开发活动。承包者应当自勘探、开发合同签订之日起 30 日内，将合同副本报国务院海洋主管部门备案。国务院海洋主管部门应当将承包者及其勘探、开发的区域位置、面积等信息通报有关机关"，建议修改"缩短审查的时限"。第四，第 12 条"承包者应当在合理、可行的范围内，利用可获得的先进技术，采取必要措施，防止、减少、控制勘探、开发区域内的活动对海洋环境造成的污染和其他危害"，修改增加"最佳可用科学证

---

① 2017 年 4 月 27 日，《中华人民共和国深海海底区域资源勘探开发许可管理办法》以国家海洋局规范性文件形式印发，为中国公民、法人和其他组织向国际海底管理局申请矿区提供了进一步的制度保障。

据""基于生态系统的方式""预防性措施""最佳环境惯例"等指导原则。第五，第 13 条"承包者应当按照勘探、开发合同的约定和要求、国务院海洋主管部门规定，调查研究勘探、开发区域的海洋状况，确定环境基线，评估勘探、开发活动可能对海洋环境的影响；制定和执行环境监测方案，监测勘探、开发活动对勘探、开发区域海洋环境的影响，并保证监测设备正常运行，保存原始监测记录"，修改增加"制定'关闭计划'""制定'减缓措施和替代方案'""组建'环境管理系统'""所有的环境信息一般情况下应在承包者网站进行公示、遵守管理局的'信息开示命令'"等。第六，第 19 条"国务院海洋主管部门应当对承包者勘探、开发活动进行监督检查"，修改为"国务院海洋主管部门和国际海底管理局可以进行监督"。第七，第 20 条"承包者应当定期向国务院海洋主管部门报告下列履行勘探、开发合同的事项：勘探、开发活动情况，环境监测情况，年度投资情况，国务院海洋主管部门要求的其他事项"，修改增加"减缓措施的成效""关闭计划的履行状况""环境事件报告"。第八，第 22 条"承包者应当对国务院海洋主管部门的监督检查予以协助、配合"，修改为"承包者应当对国务院海洋主管部门和国际海底管理局的监督检查予以协助、配合"。第九，第 28 条"深海海底区域资源开发活动涉税事项，依照中华人民共和国税收法律、行政法规的规定执行"，修改增加"依照'开采规章'，按时向国际海底管理局缴纳税费"。第十，增加兜底条款："承包者应当遵守国际海底管理局制定的深海'开采法典'、指导纲领、做出的决定和发布的命令等"，这一规定有利于树立中国在国际海底区域法律制度构建中的"引领国"地位。

四、结论与前瞻

制定"开采法典"要解决的核心问题是，如何处理承包商、国际海底管理局和国际社会三者之间的利益分配关系[1]，以从根本上具体落实人类共同继承财产原则。[2] 总的来说，制定"开采法典"不能一蹴而就、急于求成；"开采规章"应符合国际法，应与《"区域"内多金属结核探矿和勘探规章》《"区域"内多金属硫化物探矿和勘探规章》和《"区域"内富钴铁锰结壳探矿和勘探规章》良好衔接；应充分顾及国际社会整体利益和绝大多数国家特别是发展中国家利益；相关标准必须有事实和科学依据，且平衡处理资源开发和环保问题。[3] 目前大多数国家支持继续将制定"开采法典"作为国际海底管理局优先事项。其中，国际海底管理局的意愿较强，特别是法技委在 2016 年的报告中建议，勘探工作计划的申请者应在 5 年合同延长期结束之前进行开发；英国、荷兰、喀麦隆、斐济等国强调，

---

① See Luz Danielle O. Bolong, Into The Abyss: Rationalizing Commercial Deep Seabed Mining Through Pragmatism and International Law, Tulane Journal of International & Comparative Law, Vol. 25, 2016, p. 175, p. 181。

② 杨泽伟：《国际法》（第三版），北京：高等教育出版社，2017 年版，第 177 页。

③ 中华人民共和国常驻国际海底管理局代表处：国际海底管理局第 22 届会议，available at http://china-isa.jm.china-embassy.org/chn/hdxx/t1395674.htm。

制定"开采规章"是当前首要任务，并呼吁为"开采规章"的出台设定时间表或时限;[①]加拿大、澳大利亚、新西兰等国则表示，"开采规章"须以商业原则为基础，促进投资并纳入保护海洋环境是最佳做法；日本、法国等国强调应考虑商业可行性；新加坡表示应兼顾商业和环保考虑；以阿根廷为代表的拉美集团表示，将努力确保"开采规章"以协商一致方式通过。[②] 可见，相关利益攸关方对"开采规章"还存在较大的利益分歧，特别是在收费、环保、保密信息这三项核心议题上尚未形成统一的意见。因此，"开采法典"的最终完成，还尚需时日。

中国政府应结合本国的实际情况，有必要对全人类共同遗产原则进行重新解读[③]。中国政府在密切注意"开采法典"将对《中国深海法》产生较大影响的同时，应发挥"引领国"的作用，积极参与"开采规章"和"环境规章"草案文本的讨论中，力求保障承包商的权利，并在继续保有已有矿区的基础上，积极寻求增加勘探矿区的机会，从而进一步保障中国的资源安全。

论文来源：本文原刊于《当代法学》2018 年第 2 期，第 26-34 页。

---

① 例如，英国海底资源有限公司（UK Seabed Resources Ltd）于 2016 年 11 月 2 日在其递交的评论意见中指出，希望"开采规章"最终版本可以在 2018 年面世。See UK Seabed Resources Submission in Response to the International Seabed Authority's Report on Developing a Regulatory Framework for Mineral Exploitation in the Area, Working Draft – Exploitation Regulations （ISBA/Cons/2016/1）, available at https：//www.isa.org.jm/files/documents/EN/Regs/DraftExpl/Comments/UKSR.pdf。

② 中华人民共和国常驻国际海底管理局代表处：国际海底管理局第 22 届会议，available at http：//china-isa.jm.china-embassy.org/chn/hdxx/t1395674.htm。

③ See Aline Jaeckel, Kristina M. Gjerde and Jeff A. Ardron, Conserving the Common Heritage of Humankind—— Options for the Deep Seabed Mining Regime, Marine Policy, Vol. 78, 2017, p. 156; Michael W. Lodge, the Common Heritage of Mankind, the International Journal of Marine and Coastal Law, Vol. 27, 2012, pp. 741-742.

《联合国海洋法公约》第283条交换意见义务：问题与检视

马得懿①

摘要：1982年《联合国海洋法公约》（以下简称《公约》）框架下的交换意见义务一度形同虚设，争端当事方在交换义务的范畴、方式以及标准存在很大的分歧，裁判者对此的判断和认识呈主观倾向。海洋争端中初步管辖权的低门槛、混合型争端管辖权的勃兴以及《公约》争端解决机制的先天不足，导致《公约》下交换意见义务并未完全实现其立法初衷与目的。菲律宾南海仲裁案表明，强化争端当事方的披露义务和裁判机构的审查义务，一定程度上可以完善和改进交换意见义务。争端方启动《公约》强制仲裁程序之前，业已存在相关的单边或双边协定规制此种争端，交换意见义务应该充分顾及到此类协定的存在。

关键词：交换意见；披露义务；混合型争端管辖权；"半睡眠"条款

　　《公约》强化和平解决争端的重要性，并且充分顾及到国际法的精神与诉求，诸如《联合国宪章》的规定。② 为了实现《公约》第十五部分的立法目的，《公约》设置"导致有约束力的强制程序"的前置条件，诸如一般性、区域性或双边协定义务的履行、交换意见的义务以及调解等。③ 其中，《公约》第283条交换意见的义务，成为值得关注的问题之一。相关海洋争端实践显示，《公约》下"交换意见"义务，不仅在《公约》文本解释上存在混乱和争议，而且在实践中亦存在困惑和不确定性。具体而言，如何确定争端双方履行了交换意见义务的标准，以及交换意见与导致有约束力的强制程序之间有何关联等问题，不同程度上存在歧义。相关判例显示，即使未能实际进行交换意见，只要争端一方已经做出了交换意见的努力，而由于另一方的原因而导致双方未能交换意见，也认定第

---

①　马得懿，法学博士，华东政法大学国际法学院教授，华东政法大学交通海权战略法治研究所所长，中国海洋发展研究中心研究员。

②　R. R. Churchill and A. V. Lowe, The Law of the Sea, 3rd ed. , Manchester：Manchester University Press, 1999, p. 190。

③　《公约》第282条、第283条以及第284条。

283 条的要求获得满足。① 总之，《公约》第 283 条交换意见义务，着实令人感到"漂泊不定"。菲律宾南海仲裁案导致前述交换意见义务而产生的困惑与问题更加趋于复杂化。这些困惑与问题包括，如何界分争端方之间根据业已存在的区域性协定而展开的协商与《公约》框架下交换意见义务，裁判机构行使"混合型争端"管辖权的倾向，是否一定程度上与争端方交换意见的义务之间存在某种内在的关联度，等等。本文将以相关判例和菲律宾南海仲裁案作为实证分析对象，详实地梳理关涉交换意见的义务的实践，尝试对《公约》下交换意见的义务面临的主要问题予以探讨，力求完善海洋法理论和实践。

一、交换意见义务在《公约》中的地位与制度价值

《公约》第十五部分凸显了"用和平方法解决争端的义务"的重要地位，进而强化"供争端各方选择的任何和平方法解决争端"，以彰显争端当事方的"同意原则"的重要性。② 不仅如此，《公约》第十五部分的"一般规定"分别规定"交换意见的义务"和"调解"，作为《公约》的解释或适用争端导致有约束力裁判的强制程序启动的前置约文。由此观之，交换意见的义务成为启动有约束力裁判的强制程序的前置条件之一，具有防范争端轻易导入强制性程序的作用。

不仅如此，从立法技术角度上，交换意见义务的"地位"应该高于第二节"导致有拘束力裁判的强制程序"和第三节"适用第二节的限制和例外"。从《公约》第十五部分的约文结构和目的审视，交换意见义务的履行是导入《公约》第十五部分第二节，即"导致有约束力裁判的强制程序"的前奏式程序。交换意见义务在《公约》和平解决争端具有重要的"过度"作用，即其不仅成为协商和其他和平解决争端方式的保障机制，而且亦是启动强制性程序的"阀门"。③ 对此，存在一种学理上的解释，认为《公约》第 283 条第 1 款的目的在于争端当事国在争端发生以后迅速交换意见，而第 2 款的目的则在于当事国即便是在自行选择的和平方法未能解决争端的情况下，也不应立即适用强制争端解决程序，而是要交换意见。④

通常，对交换意见的义务仅仅做出程序范畴上的理解。"交换意见的义务并非严格意义上的义务。"⑤ 根据《公约》的结构安排和立法设计，某种程度上可以推断出《公约》下交换意见义务属于一种程序性的范畴。一般认为，公约下的交换意见的义务并非独立的争端解决方法。在"'自由'号临时措施案"案和"'北极日出'号临时措施案"中，被

① 高健军：《联合国海洋法公约争端解决机制研究》，北京：中国政法大学出版社，2014 年版，第 176 页和第 187 页。

② Shabtai Rosenne and Louis B. Sohn（eds.），United Nations Convention on the Law of the Sea 1982：A Commentary，Vol. 5（Dordrecht：Martinus Nijhoff Publishers，1989，p. 431。

③ 从《公约》第十五部分第一节的条款的顺序和上述条款的谈判背景来看，第 283 条明确了和平解决争端的方法或程序，争端当事国有义务在争端发生后立即交换意见。如果该程序已经终止，而争端仍未得到解决，只要有必要，争端各方仍然有义务迅速交换意见。

④ 龚迎春：《联合国海洋法公约》框架下争端解决程序的适用：前提、条件、限制和例外——兼评菲律宾南海仲裁案》，来源于：https：//www.chinalaw.org.cn/。

⑤ ［日］栗林忠男：《注解联合国海洋法公约》（下卷），有斐阁，1994 年版，第 266 页。

诉方在反对国际海洋法法庭的管辖权时，并没有提及《公约》第283条义务，但是法庭在确定临时措施前具有初步管辖权时，仍是主动审查当事国之间关于交换意见义务的履行情况。① 这反映出仲裁员认为交换意见的义务属于一种程序性范畴的活动。

　　深入理解交换意见义务的制度价值，不能局限于《公约》本身。海洋争端的解决不仅依赖于《公约》框架下的争端解决机制，更是依仗于一般国际法所确定的原则和规则。《联合国宪章》第32条第1款确认谈判是诸多和平解决国际争端方式之一，而且谈判这种方式被诸多国际法文件所首肯。《公约》第283条密切地与《公约》第281条相配合和呼应，在长期的协商或者谈判不能解决海洋争端的情况下，不能寄希望仅仅通过单独的交换意见来解决争端。因此，交换意见所具有的制度功能，在于其与其他制度互为支撑，共同构架争端解决途径。因此，理解交换意见的义务，更重要的是意识到交换意见义务在解决海洋争端机制上的体系性（system）属性。

二、交换意见的方式与标准：实证与检视

（一）交换意见的方式

　　根据《公约》第283条第1款的文本含义，争端方的交换意见的方式是"谈判"或"其他和平方法"，并且要"迅速"地进行此种交换意见。因此，当发生《公约》的解释或适用争端之际，争端方展开交换意见的方式是谈判和其他和平方法。从程序法角度看，谈判并非一种程序严格的解决争端的方式，但是其被国际法领域奉为十分普遍的和平解决争端的方式。"谈判程序必须得到充分进行"。② 根据学者的研究，国际法文件将谈判视为重要的国际争端解决方式。然而，鉴于谈判要求双方做出必要的妥协和让步的考虑，因此，并不是所有的谈判都必定会达成一个对双方都有约束力的解决方案。③《公约》也同样强调谈判在海洋争端解决机制中的重要地位。就海洋争端而言，即便是属于《公约》的解释或者适用问题，就"谈判""其他和平方法"以及"实施方式"展开交换意见，似乎不能仅仅滞留在程序层面上，势必或多或少地涉及争端的实质内容。更何况，海洋争端具有相当的复杂性，某一海洋争端的解决机制很难泾渭分明地界定程序问题与实体内容。

　　谈判对于国际争端而言，不仅仅满足于程序上的履行，而更多的层面触及到实体内容。大多数海洋争端，与之对应的区域性条约和一般性条约很多。海洋争端中流行的"程序与实体并行"主义（the substantive and procedural parallelism of treaty），显示了《公约》中程序的不健全导致的弊端。如果仅仅视《公约》第283条交换义务为单纯的程序范畴，那么，在海洋争端领域的公约实体与程序并行主义勃兴情境下，正如1999年南方金枪鱼案（临时措施）所揭示的那样，国际法和相关国家法律体系将作为特别法调整海洋争端，甚至囊括了海洋争端真正发生以前的国际条约和规章。如此一来，只有将"谈判"或

---

① See the "ARA Libertad" case (Argentina v. Chara), provisional measures, order of 15 December of 2012, p. 16。

② Case Concerning Land Reclamation by Singapore in and around the Straights of Johor (Malaysia v. Singapore), Provisional Measures, Separate Opinion of Judge Ndiaye, paragraphs 7。

③ ［日］松井芳郎等：《国际法》，辛崇阳译，北京：中国政法大学出版社，2004年版，第231页。

"其他和平方法"诠释为更为宽泛的解决争端方式，才符合交换意见义务的立法目的。[①]

（二）交换意见义务的标准及其缺憾

"僵局"（deadlock）作为交换意见的标准，并不是一成不变的。在荷兰诉俄罗斯"北极日出"号案中，Anderson 法官对"充分"的衡量标准是，"当一个关于《公约》的解释或适用发生争端时，争议一方国家不会对争议对方国家提起的争议解决方式而吃惊"。[②]《公约》第 283 条是为了让双方知晓其中一方欲将争议提交《公约》项下争议解决机制。不同海洋争端中理解"僵局"的标准存在差异。马来西亚诉新加坡柔佛填海案中，仲裁庭认为争端当事方之间的协商是持久的、激烈的和严肃的，而且他们被认为是完成了《公约》第 283 条的条件。但是，这并不意味着要求争端双方无期限地展开协商和谈判。通常无法通过协商达成争端的解决，就属于"僵局"的情景。而在圣文森特和格林纳丁斯群岛诉西班牙一案中，则显示《公约》第 283 条的适用过于流于形式。该案法官的独立意见认为，原告或申请国是否可以证明交换意见已经完全失败并且不能再从交换意见中解决争议。[③]"僵局"标准并非一个独立的用以衡量交换意见义务的标准，国际法实践中所逐渐发展的其他标准，通常是从另一个角度来描述交换意见义务的程度。

与"僵局"标准类似，"用尽"标准在不同判例中的界定亦存在差异。马来西亚诉新加坡柔佛填海案对何为"用尽"标准给出了初步解释，其标准是"难以获得积极成果"，便不再负有继续交换意见的义务。[④]"南方金枪鱼案"便是如此。[⑤] 南方金枪鱼案的裁决表明，《公约》第 2 节第 286 条的关键作用得以强化，对该条款的理解一定是在第 279—第 280 条整体上"符合条件的语境"中进行的。正如 Rosenne 教授所言，《公约》中"类同"的程序被第 281—第 282 条所体现，而且，其受制于其他和平方法或者谈判用尽优先要求的履行。这一点体现在《公约》第 283 条中。南方金枪鱼案中的裁决和 MOX Plant 案的裁决，几乎一致认为争端一方并没有强制义务去继续交换意见义务，一旦裁决机构认为双方达到协议的可能性已经用尽。[⑥] 可见，"用尽"标准着实令人感到漂泊不定，难以确定一个稳定的"标准"，其明确涵义至今未有定论。

显然，无论是交换意见义务的"僵局"标准，抑或是"用尽"标准，其本身具有的缺憾是明显的。[⑦] 实际上，诸多海洋争端仲裁庭没有很好识别"用尽"交换意见的义务，更没有形成所谓界定"僵局"的稳定标准。仲裁庭探寻争端方的"真意"非常重要，而且此种"真意"必须基于争端方的共同同意的基础之上。《联合国宪章》及其相关国际法

---

① Kwiatkowska, The Southern Blackfin Tuna Arbitral Tribunal Did Get it Right: A Comentary and Reply to the Article by David, A Colson and Dr Reggy Hoyle, Ocean Development and International Law 34: 369-395, 2003。

② http://www.itlos.org/index.php? Id=264&L。

③ M/V Louisa 案临时措施案，Wolfrum 法官的独立意见，第 28 段到第 29 段。

④ Malaysia v. Singapore (2003) ITLS Rep, para, 48。

⑤ Australia and New Zealand v. Japan (2000) 119 ILR 508, paras. 25-28。

⑥ See 1999 SBT Order, para. 60; 200SBT Award, para. 55。

⑦ Geraldine Giraudeau, A Slight Revenge and a Growing Hope for Mauritius and the Chagossians: The UNCLOS Arbitral Tribunal's Marine Protected Area (Mauritius v United Kingdom), Revista de Direito International, Brasiha v 12, n, 2 2015, p. 704-726。

框架，基本上构架了具有重大影响的解决海洋争端的和平方式，其中包括依据同意原则（principle of consent），即同意第三方仲裁的原则来解决国际争端。这一点在海洋问题的文件中得到了全面的反映。① 然而，《公约》争端解决机制的不足，进而引发《公约》第283条下交换意见义务的缺憾。

交换意见义务在《公约》中的不足，不仅体现在某些特定的海洋争端实践中，而且也一定程度上引发《公约》争端解决体制（包括附件七）的体系性瑕疵。介入国际诉讼程序仅在案件当事国的同意下方可进行。该同意要么表现为对某一类事项的一般性同意，要么表现为对某一特定案件或某特定介入请求的特别同意。② 这在南方金枪鱼案中得到了诠释。海洋争端管辖权上的同意原则的重要性已经为诸多争端所证实。③ 而目前《公约》框架下的交换意见义务仅有程序地位和功能，难以解决复杂的海洋争端。

（三）阻却争端方充分交换意见的动因考察④

1. 初步管辖权低门槛（low threshold）的倾向

近半个世纪以来，《公约》的解释或适用争端的初步管辖权门槛呈现出"低门槛"倾向。从表1所提及判例可以推断出，巴巴多斯诉特立尼达和多巴哥划界案中，仲裁庭认为在某种程度上，达成划界协议的义务在这些条文中的规定是相互重叠的。这表明适用《公约》附件七所规定的强制性仲裁程序前置条件的进入门槛在逐渐降低，交换意见并不需要有实质性的成果产生。荷兰诉俄罗斯"北极日出"号案中，法庭认为换意见的表现存在于两国自2013年9月18日以来围绕本争端的外交照会和政府文件中。在已经不可能通过谈判达成协议的情况下，荷兰没义务继续与俄罗斯交换意见。⑤ 这一切无不表明，交换意见义务的履行更加注重争端方交换意见的意愿，而是否可以达成协议则并不影响其判断力。进而，推导出初步管辖权的获得"门槛"相当低下，这是阻却交换意见义务顺畅展开的根本动因。

———————

① Barbara Kwiatkowska. The Southern Bluefin Tuna Arbitral Tribunal Did Get it Right：A Commentary and Reply to the Article By David A. Colson and Dr. Peggy Hoyle. Ocean Development and International Law，34：369-395. 2003。

② 易显河：《介入联合国海洋法公约附件七下仲裁程序》，《国际法研究》，2015年第6期。

③ Barbara Kwiatkowska. The Southern Bluefin Tuna Arbitral Tribunal Did Get it Right：A Commentary and Reply to the Article By David A. Colson and Dr. Peggy Hoyle. Ocean Development and International Law，34：369-395. 2003。

④ T. M. Ndiaye and R. Wolfrum. Law of the Sea，Environmental Law and Settlement of Disputes，Liber Amicorum Serge Thomas A. Mensah，p. 891。

⑤ 前注吴士存书，北京：中国民主法制出版社，2016年版，第122页。

表1　交换意见义务的实践①

判例	双方争端	交换意见义务	仲裁庭对交换意见的认定
毛里求斯诉英国仲裁案	海洋保护区设立	海洋保全合法性和界限交换意见	交换意见义务的履行不能流于形式
孟加拉国与印度关于孟加拉湾海洋划界案	海洋划界争端	展开11轮谈判，视为履行了交换意见	双方未发布声明排除公约第15部分程序
巴巴多斯诉特立尼达和多巴哥划界案	专属经济区和大陆架划界	特立尼达要求巴巴多斯履行"交换意见"义务，但巴巴多斯认为只要另一国乐意"让我们再谈谈吧"，就会终结仲裁	达成划界协议的义务和"交换意见"是重叠的。如果争端方在合理期间内未能通过谈判解决争端，则争端另一方无需就谈判解决争端单独进行交换意见
圭亚那诉苏里南海洋划界案	海洋划界	苏里南认为根据《公约》第283条规定，构成仲裁庭管辖权的禁止	海军巡逻舰驱赶CGX公司不是孤立事件，它附属于整个圭亚那和苏里南海洋划界争端，所以圭亚那无需就此单独履行交换意见的义务
爱尔兰诉英国混氧燃料工厂案	海洋环境	国际法层面的管辖权，双方已经交换意见	争端方有权利选择不同的司法机构，体现了尊重当事人的意志
荷兰诉俄罗斯"北极日出"号案	临时措施	荷兰认为已经在多个场合与俄罗斯进行谈判	围绕争端的外交照会和政府文件，是典型的交换意见
马来西亚诉新加坡柔佛海峡案	海洋环境	马来西亚没有义务继续与新加坡交换意见	争端一方认定通过《公约》第15部分第1节程序不可能解决争端，该当事方就没有义务适用这种程序

2. 混合争端的管辖权的勃兴

混合型争端一般是指同时涉及海洋划界与领土主权的争端。混合型争端起源于1979年《公约》谈判进程中的诸多非正式提案之一。② 海洋争端解决实践中混合型争端管辖权存在很大争议。有学者认为有必要将这种类型的争端纳入到《公约》强制管辖权范围，否则将会极大地限制《公约》对海洋秩序的调整。因而，法庭或仲裁庭可以管辖领土因素的问题。③ 与之相对立的观点认为，如果《公约》的强制管辖权范围过于宽泛而延伸到一切

---

① 相关数据系笔者访问国际法院（ICJ）、国际海洋法法庭（ITLOS）以及常设仲裁法院（PCA）等官方网站，并参考吴士存主编《国际海洋法最新案例精选》一书，基于研究目的由笔者整理而成。

② Nordquist, M. H. Rossenne, S and Sohn. L. B. United Nations Convention on the Law of the Sea1982: A Commentary, Vol. 5-6, Nijhoff, Dordrecht, 1989, Annex94, p.121。

③ T. M. Ndiaye and R. Wolfrum. Law of the Sea, Environmental Law and Settlement of Disputes, Liber Amicorum Serge Thomas A. Mensah, p.891。

海洋主权的话，那么《公约》本身对于国家主权而言是一种危害。① 还有学者认为，没有足够证据证明《公约》具有扩大强制管辖权的野心。② 然而，无论如何，近年来的海洋争端实践，逐渐滋生了一种混合型争端管辖权理论，其无形中弱化了交换意见义务的履行。混合型争端管辖权的勃兴，在海洋争端实践极易导致《公约》框架下交换意见义务的立法初衷与目的难以有效实现，《公约》极力倡导通过和平方法解决争端的宗旨受到减损。如此，"交换意见"日渐沦为形同虚设。

三、条约解释论下交换意见义务的阐释：审视南海仲裁案

南海仲裁案为深入阐释《公约》框架下交换意见义务提供了丰富素材。依赖条约解释手段以探究交换意见义务的应然性具有其合理性，尤其在国际海洋争端领域中，条约解释成为理解《公约》条款的重要手段。其中系统解释和演化解释由于各有其适用的现实基础、原因或条件，日益成为当今条约解释的重要方法。③《公约》第283条交换意见义务的应然性是什么？在法律解释下交换意见义务至少存在以下两种进路上的理解。

（一）系统解释下的交换意见义务：南海仲裁案裁决的可执行性

菲律宾南海仲裁案的管辖权裁决瑕疵，在于菲律宾利用《公约》争端解决机制的缺陷而刻意"包装"成多项请求事项，以获得《公约》附件七下的仲裁庭的成立。而仲裁庭面对菲律宾提起的15项请求事项，将其"打包"裁定具有初步管辖权。在此程序中，裁判机构本来可以充分利用《公约》第283条所发挥其立法功能，对管辖权采取非常谨慎的态度。这是由《公约》第283条的"目的与宗旨"使然。"目的与宗旨"应特别适用于解释创立国际组织的基本文件，因为此规则能让基本文件与时代发展相适应。如此，能够弥补条约规定的不足，缝合条约与现实的"差距"。④《公约》的争端解决机制特别强化以谈判和其他和平方式解决海洋争端，这一点贯穿于《公约》的整体体系和框架之中。如果淡化或者放弃谈判和其他和平方式以解决《公约》解释或适用争端，那么海洋争端的复杂属性必须以高度严谨的程序来审视。海洋争端的复杂属性，还在于海洋争端的裁决必须具有可执行性，否则，关涉海洋争端的裁决将沦为一纸空文。考察一项争端解决机制是否有效，不应囿于裁判机关在强制程序管辖权范围上能否扩大，而是应该着眼于争端方对裁决结果的遵从程度。⑤ 因此，从系统解释的角度看，交换意见义务的履行程度和"标准"一定要顾及到海洋争端的裁决的可执行性问题，否则争端将无法最终获得解决。然而，令人感到遗憾的是，南海仲裁案的裁决机构似乎全然忘却了这一点。

---

① T Treves, What have the United Nations Convention and the International Tribunal for the Law of the Sea to offer as regards Maritime Delimitation Disputes? R. Logoni and D. Vignes, Maritime Delimitation, 2006, p. 77。

② Bernard H. Oxman, A Tribute to Louis Sohn-Is the Dispute Settlement System under te Law of the Sea Convention Working? The George Washington Law Review, Edition 39, 2007, p. 657。

③ 吴卡：《国际条约解释：变量、方法与走向—条约法公约第3条第3款（C）项研究）》，《比较法研究》，2015年第5期。

④ 宋杰：《国际法院司法实践中的解释问题研究》，武汉：武汉大学出版社，2008年版，第18页。

⑤ 贺赞：《海洋法公约强制程序任择性例外声明的解释问题—以中菲南海争端为例》，《武汉大学学报（哲学社会科学版）》，2014年第4期。

中国与菲律宾两国之间海洋争端的解决机制具有体系性。海洋争端不能仅仅依赖于《公约》提供的争端解决机制，更何况何为"《公约》的解释或适用争端"一直在国际司法实践中存在争议。中菲南海争端已经持续多年，中国与菲律宾之间存在着若干谈判或者协商的途径，包括诸如《南海各方行为宣言》等重要的法律文件。两国都应该珍惜这些解决两国海洋争端的重要的途径或者机制，充分"用尽"这些手段，以和平方式解决海洋争端。故此，《公约》第283条交换意见义务更是应该在充分用尽相关协定上发挥其作用。然而，菲律宾南海仲裁案的裁决机构却没有高度重视交换意见义务的重要价值，将争端双方交换意见义务的履行视为一种"形式"。

系统解释不能遗忘《公约》争端解决机制的缺陷。菲律宾坚持认为，其已经与中国展开善意的交换意见，已满足《公约》第279条和第283条的基本要求。然而，《公约》附件七在海洋争端解决机制上存在着很大的不足。《公约》将附件七仲裁设计为解决"有关《公约》的解释或适用的争端"的"唯一剩余方法"，其排除了缔约国的自由意志，导致附件七仲裁的高利用率。①《公约》争端解决机制的缺陷导致了争端的可执行性的复杂和难以实现。

（二）演化解释下的交换意见义务：南海仲裁案程序是否合理

演化解释有助于条约规则适用于社会的发展变化。虽然演化解释在学理上并非发展成为一种独立的、稳定的解释方法，但是演化解释通常可以由《维也纳条约法公约》第31条第3款（C）项规定"适用于当事国间关系的任何有关国际法规则"所证实。当司法者没有其他任何解释手段提供解决办法时，就可以适用该条款整合国际法体系中的冲突或重叠等问题。②条约演化解释的现实基础是国际社会和国际法的变动性。

依据《公约》，菲律宾南海仲裁案下的程序似乎是严谨的。菲律宾学者在评述中菲南海仲裁案时，坚持认为《公约》附件七将自动适用。③在特定的海洋争端中，裁决机构对《公约》第283条双方交换意见义务的解释是宽松和灵活的，而仲裁庭认为意见交换的内容既可以是程序上的，也可以是实体上的，对争端解决方法选择的程序性意见交换必然包括对实体问题的协商。④中国与菲律宾之间海洋争端并非一日形成的，其囊括了历史的因素、国际关系的演变、资源开发的经济利益驱使以及第三国介入南海区域等政治因素。随着时间的流逝，《公约》第283条交换意见义务的立法依据、国际社会环境、海洋争端的类型以及海洋争端理论都发生流变。故此，依据《公约》第十五部分的立法基础，来解释《公约》解释或实施中的海洋争端问题，显然不能与时俱进。《公约》并非一个独立或自成一体的体系。当面对一个海洋争端时，《公约》不断需要参考一般国际法或并入国际法

---

① 刘衡：《联合国海洋法公约附件七仲裁：定位、表现与问题——兼谈对"南海仲裁案"的启示》，载《国际法研究》，2015年第5期。

② 韩逸畴：《时间流逝对条约解释的影响——论条约演变解释的兴起、适用及其限制》，载《现代法学》，2015年第6期。

③ Lowell B. Bautista. The Philippine Claim to Bajo de Masinloc in teh Context of the South China Disputes, Journal of East Asia & International Law, 2013（6），p523。

④ Annemarieke Vermeer－Kiinzli, the Merits of Reasonable Flexibility：The Contribute of the law of Treaties to peace［g］, George Nolte. Peace through international law：The Role of the International law. Springer, 2009：78。

标准，从《公约》的立法目的和宗旨来解释海洋争端，进而解决之。① 在毛里求斯诉英国仲裁案中，英国认为应该对第 283 条进行严格解释，争议双方应当对"争端"是什么等问题达成共识。以沃夫罗姆为代表的少数派认为应该严格解释第 298 条，少数派对《公约》第 288 （1） 条的解释却异常宽松。这样便形成了"宽松解释第 288 （1） 条，严格解释第 298 条"的倾向。② 南海仲裁案的裁决机构应该意识到争端的复杂性和动态性，进而对于初步管辖权的裁定持有相当的谨慎。然而，同样令人遗憾的是，该案裁决机构没有很好地处理此问题。

　　一般情况是，多数海洋争端在争端方启动强制仲裁程序之前，业已存在其他相关协定或公约来应对此种争端。菲律宾和依据《公约》附件七成立的仲裁庭，应该有足够的理由意识到中国与菲律宾之间海洋争端的复杂性，在解释《公约》第 283 条交换意见义务过程中，应该持有相当的谨慎。这是演化解释的本质使然。《公约》下交换意见义务的立法初衷，可能因为海洋争端的实践变迁而不得不给予突破性解释，即以演进解释来看待《公约》第 283 条的法理所在，不能仅仅以第 283 条在《公约》中约文的结构位置而断然认为其属于典型的程序性内容。仲裁庭可以从条约的演进解释范式出发，赋予交换意见义务以具体的义务范畴，进而有效地防范和阻却仲裁轻易地遁入强制管辖权程序。须知，在目前的国际司法或者仲裁机制之下，一旦某种特定类型的海洋争端导入到强制仲裁程序中，其裁决将面临着三种可能：第一，裁决的实体内容不具有"可执行性"；第二，争端双方对裁决的"实施办法"再次产生争端，而导致无法执行裁决；第三，争端双方面临前述僵局而浪费了司法资源，不得不再次回到和平解决争端的轨道上。

四、完善《公约》框架下交换意见义务的进路

　　《公约》第 283 条下交换意见义务无法"完美无瑕"。③ 无论是条约的系统解释，抑或是条约的演化解释，《公约》第 283 条交换意见义务都无法一劳永逸地实现其立法目的。在《公约》第十五部分争端解决机制框架下，依据相关的海洋争端实践和经验，可以从争端方的披露义务和裁决机构的审慎性审查义务两个方面改进《公约》下交换意见义务。

（一）披露义务

　　德国人史蒂芬·塔尔蒙（Stefan Talmon）评述菲律宾南海仲裁案时认为，只有履行了"交换意见"义务，仲裁庭对菲律宾的诉求才具有可受理性。④《公约》框架下的交换意见

---

　　① Alan Boyle, Further Development of the Law of the Sea Convention: Mechanisms for Change, The International and Comparative Law Quarterly, Vol. 54, NO. 3 （Jul. 2005）, pp. 563-584。

　　② 张小奕：《毛里求斯诉英国查戈斯仲裁案述评——结合菲律宾诉中国南海仲裁案的最新进展》，《太平洋学报》，2015 年第 12 期。

　　③ J. Charney, The Implication of Expanding International Disputes Settlement System: The 1982 Convention on the Law of the Sea, AJIL, 1996, 69。

　　④ Stefan Talmon, The South China Sea Arbitration: Is Ther a Case to Answer?, in Stefan Talmon & Bing Bing JIA （eds.）, The South China Sea Arbitration: A Chinese Perspective, Hart Publishing, 2014, p. 15-19。

是双方行为，菲律宾邀请中国将争端提交裁决机构的通知不属于交换意见的范围。① 然而，海洋争端或者《公约》的解释或适用争端固有的复杂属性，导致争端方基于自身利益的考量，其请求事项都是经过精心"包装"的。这给裁决机构在识别初步管辖权及其可受理性上，带来了相当大的困惑。国际争端解决机制中具有浓厚的英美程序法的色彩。这一点为强化争端当事方的披露义务提供了基础。因此，争端方的披露义务成为正确诠释"交换意见义务"的重要环节。简言之，争端方的披露义务，要求争端方所提交的请求事项要明确"争端"的具体范畴，而且杜绝"包装"请求事项。同时，要善意地披露是否进行了交换意见，以及如何进行的交换意见。否则，因为争端方刻意隐瞒有关重大问题，构成对裁决机构的欺诈，需要承担不利的裁决后果。

交换意见义务中披露义务，存在一个关键的问题，即海洋争端类型化。如何实现海洋争端的类型化，是一个相当令人困惑的难题。"图宾根学派（Tübingen Approach）认为问题的性质决定解决问题的方法，建立体制是一种解决冲突的方法。"② 根据国际海洋争端的核心特质，有必要对现有的国际海洋争端进行类型划分，从而根据各自类型特征，找到适合此种海洋争端的解决机制和途径。《公约》基本上为我们提供了基本框架。③ 故此，以《公约》框架下海洋争端的类型化为基础，通过总结不断发展的海洋争端的新类型，不仅可以日益完善争端方的披露义务，而且为进一步改进《公约》下交换意见义务提供进路和司法经验。

（二）审慎性审查义务

与争端方被课以披露义务相呼应，裁决机构面对一个复杂的海洋争端诉求，应该承担起审慎性审查义务。这是完善交换意见义务的关键一环。裁决机构的审慎性审查义务，要求裁决机构在争端方中的申请方或者原告提交请求事项基础上，与争端方的披露义务互相呼应，实质性审查交换意见义务履行的程度和效果，进而裁定初步管辖权和可受理性是否成立。国际海洋争端中，在初步管辖权是否成立上，积累了相当有益的实践经验。1963 年喀麦隆诉英国"北喀麦隆案"表明，法院必须注意到自己在行使司法职能时是有内在界限的。法院的职责是维护其司法性质，而不是满足一方或者双方提出一些"不现实"的请求。法院本身必须是司法原则的守护者。④ 而马来西亚诉新加坡填海案进一步发展了这种审慎性审查的理念。国际海洋法庭强调，其对案件的评估并非完全依赖争端方的主观判断。这表明裁决机构具有乐于独立承担审慎性审查义务的倾向。⑤ 裁决者审慎性审查的强化，必将对《公约》下交换意见义务的解释提供司法保障。

---

① 李文杰，邹立刚：《国际海洋法仲裁法庭对菲律宾诉中国案的管辖权问题研究》，载《当代法学》，2014 年第 5 期。

② ［美］奥兰·扬（Oran R. Young）：《世界事务中的治理》，史为民译，上海：上海人民出版社，2007 年版，第 49 页。

③ 《公约》规定了"国际交通""海洋资源的利用""海洋环境的保护与养护""海洋划界""主权""主权权利""管辖权"以及"科学研究"等。这为我们了解《公约》框架下海洋争端的类型提供了基础。

④ Northern Cameroons (Cameroon v. United Kingdom), Preliminary Objections, Judgement, I. C. J Reports, 963, p. 29。

⑤ D J Devine, Compulsory Dispute Settlement in UNCLOS Undermined? (2000) 25 SAYIL, p. 98。

五、结论

《公约》框架下的交换意见义务存在的问题、阐释及其检视，为海洋秩序法治提出了新课题。特别是，菲律宾南海仲裁案进一步暴露出《公约》争端解决机制无法有效应对海洋争端的困境。《公约》第 283 条交换意见义务的遁入海洋争端解决机制困境，一度导致裁决机构滥用争端解决机制。菲律宾南海仲裁案中的仲裁庭滥用管辖权，恣意解释《公约》的某些实体内容，以陈旧的或者历史上某个海洋法的理论或者某个仲裁员的个人倾向来阐释中菲海洋争端，这种做法背离了《公约》的目的和宗旨。国际法在编纂和不断发展中完善。① 本来，仲裁庭应该谨慎裁决南海仲裁案，为国际法的发展提供经典的、具有影响力的以及符合国际良法性的判例；然而，令人遗憾的是，仲裁庭似乎完全忘记了南海仲裁案本身的复杂性及其背后的暗流。不过，从另一个视角审视，菲律宾南海仲裁案的最终裁决结果，对完善和构建公正的海洋秩序或许是好事。因为，人类在不断反思和汲取教训中推动了国际法治的进程。

论文来源：本文原刊于《政治与法律》2018 年第 4 期，第 102-110 页。

项目资助：中国海洋发展研究会项目 （CAMAZDA201601、CAMAZD201608）。

---

① Hersch Lauterpacht, Codification and Development of International Law, （1955）, 49 American Journal of International Law 16, p. 268。

争议海域执法的法律问题研究

张晏瑲[①]

摘要：争议海域的执法问题涉及我国海洋权益保障的重大利益，也牵动着该海域周边国家的敏感神经。在海上执法的过程中使用武力已经成为难以回避的问题，本文论及争议海域的界定，其中讨论了执法过程中使用武力的法律依据及其限制条件，并最终总结了海上执法的手段。提出海上执法法律体系的完善能使我国的海上执法有理有据，更好地维护我国的海洋权益。

关键词：争议海域；执法问题；争端解决；正当法律程序

一、问题的提出

1982 年《联合国海洋法公约》专属经济区制度的确立，产生了大量重叠海域，需要海域相邻或相向国家透过协商以达成划界协议，我国周边海域目前除了在北部湾与越南达成划界协定之外，仍有多处呈划界未定的争议状态，例如中日韩东海大陆架划界争议海域、中韩黄海争议海域、中日钓鱼岛周边争议海域以及南海争议海域等，不一而足。近年来，随着海洋生物及非生物资源的深入开发，在巨大经济利益诱因下，各国都将发展的目光投向了海洋。[②] 在黄海有韩国海警对我国渔船发布从严执法对策，决定必要时对抗中国渔船并实施舰炮射击和船体挤撞等强硬手段。在东海有日本海上保安厅巡视船"与那国"号碰撞的我国渔船船长索赔事件。而在南海周边的越南、菲律宾、马来西亚等国家不断在南海通过"有效开发"来加强实际存在，从而与我国不断产生冲突。尤有甚者，2016 年12 月 15 日美国"鲍迪奇"号（USNS Bowditch）的水下无人机在菲国外海的南海水域作业时被我国海军拦截取回，更凸显区域外国家游走在国际海洋法灰色地带，采取针对我国南海水域进行军事间谍调查的行为。[③] 为维护我国周边海域情势的稳定，确保我国海洋权益，有效的执法活动乃属事理之必然。

此外，针对菲诉中南海仲裁案，菲方仲裁诉求的第十三项指称，中国通过以危险方法

---

① 张晏瑲，男，山东大学法学院教授、博士生导师，海洋海事法研究所所长，中国海洋发展研究中心研究员。

② 张晏瑲：《由国际海洋法论海上丝绸之路的挑战》，《法律科学》，2016 年第 1 期，第 174–181 页。

③ 张晏瑲：《"无暇"号冲突事件背后的国际海洋法思考》，《山东大学法律评论》，2010 年版，第 161–168 页。

操作其执法船，对在黄岩岛附近航行的菲律宾船舶造成严重碰撞危险，违反了 1982 年《联合国海洋法公约》下的法律义务，其实质是质疑中国对南海相关海域执法管辖权的行使。① 在此背景下研究争议海域的执法活动有利于反击菲方"包装"仲裁诉求的法律运作，为我国在争议海域执法提供合理依据，维护我国周边争议海域稳定，促进执法行为更加合理化、科学化。②

基于以上所提出的问题，首先，有必要针对争议海域的类型进行界定。其次，本文将由国际法以及国家实践视角论述海上执法中使用武力的法律依据、条件和限制，并最终总结出一套适合于我国的海上执法手段，使我国的海上执法有理有据，更好地维护国家的海洋权益。

二、争议海域的界定

争议是国际关系中不可避免的一部分。在国际法上"争议"或称作"争端"，是指"一方有关事实、法律、政策上的主张或要求遭到他方拒绝、否定或提出对立主张。"③ 争议海域主要表现为两种类型：其一，划界争议（基于对重叠管辖权的主张）；其二，领土争议（基于对岛屿主权的主张）。基于此，争议海域的界定应以周边国家对主权、主权权利、管辖权的归属和划界分歧为基础。基于争议类型，争议海域可以做出如下分类。

（一）存在岛屿主权归属争端的争议海域

在东海，我国与日本之间针对钓鱼岛存在主权争议，日本对钓鱼岛的权力行使，1895 年窃占已属非法；1972 年美国将冲绳行政权归还后，对于钓鱼岛的主权争端又再次挑起各争端方的敏感神经，自然无从和平与继续表现国家权力；更遑论美国无权将钓鱼岛列屿划入冲绳县，以及美国错误将钓鱼岛行政权交给日本的单方国家行为。因此日本政府藉由100 多年来的领土争端，试图透过人类群体记忆之模糊，以及美国错误的国家行为，想以表象式的"先占""命名"与"时效"法理基础，企图蒙骗全世界。

在南海，岛屿主权的争端焦点在于哪个沿海国对南海部分或全部岛屿享有主权及针对海域的主权权利。该争端涉及的沿海国家主要有"南海五国"及中国。其中，越南声称其"不可质疑的主权"范围包括南沙（Truong Sa）和帕拉塞尔（Hoang Sa）群岛，2011 年越南在呈递给联合国的报告中曾表示愿意放弃关于南沙群岛的领土主张，但作为对价，越南在南海的资源权利应被承认。④ 马来西亚根据 1982 年《联合国海洋法公约》赋予沿海国家的大陆架范围，主张拥有南沙群岛最南端的约 12 个岛屿的主权，文莱与马来西亚有相同主张。菲律宾则宣称拥有南沙群岛最东端的卡拉延群岛（Kalayaan Island Group）主权。而我国在 1992 年颁布的《领海及毗连区法》第 2 条中明确主张对南海领土主权的范围，

---

① 张晏瑲：《由案例比较视角论中菲南海仲裁案之应对》，《边界与海洋研究》，2016 年第 2 期，第 98-107 页。

② 张晏瑲：《由"极地曙光"号案和中菲南海仲裁案看国际争端解决机构对于不到庭之态度》，《亚太安全与海洋研究》，2016 年第 4 期，第 44-56 页。

③ 曹建明主编：《国际公法学》，北京：法律出版社，1998 年版，第 627 页。

④ Peter Dutton, *Three Disputes and Three Objective China and the South China Sea*, 64 Naval War College Review, 42, 44 (2011)。

包括东沙群岛（Pratas Islands）、西沙群岛（Paracel Islands）、中沙群岛（Macclesfield Bank）和南沙群岛（Spratly Islands）。由于 1982 年《联合国海洋法公约》体现了"陆地支配海洋"原则，以上各国岛屿主权争端会连带影响其对海域的主张，即对岛屿享有主权便因此享有相应领海的主权及对专属经济区和大陆架的主权权利，而存在岛屿主权归属争端的争议海域实际上是岛屿主权归属问题的附属品。

（二）尚未划界的专属经济区和大陆架的重叠海域

针对黄海海域，中韩已签订有 2000 年《中韩渔业协定》，其海域争端主要涉及两个方面：其一，两国领海外部的海域如何进行分区划界；其二，每个区域内两国渔民捕鱼的限度如何规定。在东海，中日争端中不仅存在专属经济区和大陆架的划界问题，更因为钓鱼岛的主权争议问题让东海议题越加复杂。而南海周边国家关于专属经济区和大陆架的划界纠纷是南海争端的重要组成部分。随着海洋法的发展，沿海国家的海洋权利不断扩张，[①]海洋边界争端被看作是由于国家管辖权延伸而无法避免的后果。[②] 在南海问题上，周边国家多以声明、国内立法、提交外大陆架延伸案的方式，主张 200 海里专属经济区和大陆架。如越南 1977 年《关于越南领海、毗连区、专属经济区和大陆架的声明》、菲律宾1978 年"第 1599 号总统法令"、印度尼西亚 1980 年"建立 200 海里专属经济区声明"、文莱 1982 年《渔业法》、马来西亚联合越南于 2009 年向联合国大陆架界限委员会（Commission on the Limits of the Continental Shelf）提交的外大陆架延伸案等。[③] 学者 Robert W. Smith 和 Bradford Thomas 关于海洋划界问题有两点主张：其一，由于涉及海域的建立和定义，划界应遵循 1982 年《联合国海洋法公约》的相关规定；其二，划界往往源于多个国家对海域管辖权的重叠主张，需谨慎行事。[④] 然，需要注意的是，海域划界是一个国际问题，不能以沿海国在内国法中的表述为依据，根据其意愿随意决定。

三、海上执法中使用武力的法律依据

（一）国际法的相关规定

1982 年《联合国海洋法公约》第 27 条、第 28 条、第 73 条、第 105 条和第 110 条提到了沿海国在特定情况下相应的管辖权，并且授权沿海国行使登临、检查、逮捕和扣押等权利。虽然公约在对沿海国管辖权进行规定时并没有提及可以使用武力，沿海国在打击违法行为采取强制措施之时可能会遭遇武力反抗，因此为实现执法目的，使用最低限度的武力有其必要性。此外，1982 年《联合国海洋法公约》第 111 条规定了军舰和其他政府船舶可以对违反本国法律的外国船舶行使紧追权。虽然第 111 条没有明确说明在行使紧追权的时候可以使用武力，但紧追权的行使若没有武力使用的辅助，而仅靠紧追拉近与违法船

① 张晏瑲：《由国际海洋法论海上丝绸之路的挑战》，《法律科学》，2016 年第 1 期，第 174-181 页。

② Dong Manh Nguyen, *Settlement of Disputes under the 1982 United Nations Convention on the Law of the Sea: the Case of the South China Sea Dispute*, 25 University of Queensland Law Journal, 145, 154 (2006).

③ 李志文：《我国在南海争议区域内海上维权执法探析》，《政法论丛》，2015 年第 3 期，第 93 页。

④ Dong Manh Nguyen, *Settlement of Disputes under the 1982 United Nations Convention on the Law of the Sea: the Case of the South China Sea Dispute*, 25 University of Queensland Law Journal, 145, 155 (2006).

舶的距离，执法的目的便很难实现。① 也有学者认为，从法理角度分析，由于紧追权是一种警察权，而警察在执法时有权对无视警告的逃犯使用武力，故沿海国执法船在命令违法船只停船的警告无效后可以使用武力。②

此外，根据 1945 年《国际法院规约》第 38 条，国际习惯的本质是"作为通例之证明而经接受为法律者"。因此，国际习惯的形成需要两个基本要素：国家实践和法律确信。而国家的国内法、国际司法机构的判决和国际上的缔约活动都可以成为形成习惯规则的基础。③ 在上述前提下，已有许多国际法律文件对海上执法的武力使用做出了规定。如 1979 年联合国大会通过的《执法人员行为守则》（以下简称《行为守则》）第 3 条规定："执法人员只有在绝对必要时才能使用武力，而且不得超出执行职务所必需的范围。" 1995 年《执行 1982 年 12 月 10 日〈联合国海洋法公约〉有关养护和管理跨界鱼类种群和高度洄游鱼类种群的规定的协定》（以下简称《种群协定》）第 22 条第 1 款第 6 项规定："除非为保证检查员安全和在排除检查员在执行职务时所受妨碍，不得使用武力。" 1988 年《制止危及海上航行安全非法行为公约》的 2005 年《议定书》（以下简称 2005 年《议定书》）第 8.2 条规定："只有为保证官员及船员人身安全，或防止官员执行职务受阻时，才可使用必要且合理的最低限度的武力。" 1990 年联合国预防犯罪和罪犯待遇大会通过的《使用武力和火器的基本原则》中第 4 条、第 9 条、第 13 条等也规定了在特定情况下执法人员使用武力的情形。

（二）部分国内立法的实践

我国《公安机关海上执法工作规定》第 9 条规定："公安边防海警可以参照《中华人民共和国人民警察使用武器和警械条例》的规定使用警械和武器。"俄罗斯《关于俄罗斯联邦大陆架的联邦法律》第 43 条规定："在官员生命受到威胁的紧急情况下，为避免反击和镇压反抗，可以对触犯俄罗斯联邦法律和俄罗斯联邦所参加的国际条约的不法分子进行武力打击。"加拿大在《加拿大沿岸渔业保护法》第 8.1 条规定："为使违法船只无法行进，可以根据本法所规定的方式和程序进行武力执法。"越南《海警法》第 15 条也规定了海警使用武力的具体情况：①执法人员的生命和船只安全因违法人员的武力抵抗而受到严重威胁时；②必须使用武器才能抓获违法船只和违法人员时；③公民的人身安全受到严重危害时。

（三）国际案例所确立的原则

如前所述，许多国家为了保证有效行使 1982 年《联合国海洋法公约》所赋予的管辖权，维护其海洋权益，均在国内法中规定可以在海上执法过程中使用武力。而在实践中，也存在许多因为海上执法使用武力而引发国家间纠纷的案例，国际法院、国际海洋法法庭及仲裁庭在不同的案例中也纷纷认可了在海上武力执法。尽管 1945 年《国际法院规约》

---

① 康贤：《海上执法中武力使用问题研究》，海南大学 2013 年国际法硕士论文，第 8 页。
② 余民才：《紧追权的法律适用》，《法商研究》，2003 年第 2 期，第 99 页。
③ 【英】马尔科姆.N. 肖：《国际法》，白桂梅、高健军、朱利江、李永胜、梁晓晖译，北京：北京大学出版社，2011 年第六版，第 59-65 页。

第 59 条规定："法院之裁判除对于当事国及本案外，无拘束力。"国际法上也不存在普通法中的遵循先例理论，但国际司法机构对武力使用的态度，对了解目前的国际法规则，从而判断武力使用的合法性也起到了一定的指导作用。①

在"孤独"号案中，仲裁委员会认为"沿海国为实现登临、检查和逮捕等目的，可使用必要且合理的武力"；② 在"渔业管辖权"案中，国际法院在判决书中指出"根据对强制执行养护和管理措施这一概念的理解，加拿大立法和规章所授权的武力使用在这一范围之内"，"为了强制执行养护和管理措施，登临、检查、逮捕和为此目的最低限度的武力使用都是合理而自然的。"③ 在"塞加"号案中，法庭重申了"必要且合理使用武力"的原则，又提出"使用武力的目的若是保护权利或执行法律，结合每一案件的具体情况，武力应与之成比例"，并且对紧追过程中使用武力的程序进行了说明。④ 在"圭亚那与苏里南"案中，仲裁委员会认为"在执法活动中可以使用不可避免的、合理的和必要的武力。"⑤

从以上国际司法实践以及国家立法实践可以归纳出国际法对海上执法中使用武力的三个层次：其一，除非行使自卫权，不然禁止使用武力。对于轻微污染等违反行为，国际法原则上禁止使用武力；其二，必要时可以使用武力。亦即武力的行使必须是最后手段，在穷尽所有温和手段都无效时才可以使用，但无论如何不得蓄意击沉船舶；其三，武力的使用应该满足利益均衡原则。在实施武力措施可能造成的损失与所维护的法益之间进行衡量，武力手段必须与船舶所触犯的法律相当，不可明显不合比例。

四、海上执法中使用武力的条件和限制

（一）使用武力的条件

尽管海上执法使用武力有国际法依据，但各国仍应严格遵守武力执法的条件，否则即有可能构成武力的滥用，从而引发法律责任。从各国立法、司法案例及国际法律文件的规定来看，可以将国际法中对武力使用条件的规定总结如下：第一，原则上禁止使用武力；第二，必要时可以在特定情况下使用武力；第三，必须使用武力时也要在造成的损失和所达成的目的之间进行衡量，做到损益平衡，不可超过必要且合理的限度。⑥ 而就何为"可以使用武力的特定情形"，可以做如下解读：

---

① 【英】马尔科姆．N. 肖：《国际法》，白桂梅、高健军、朱利江、李永胜、梁晓晖译，北京：北京大学出版社，2011 年第六版，第 88-89 页。

② "I'm alone", State of New York, Appellate Division, Second Department, January 5 1935, 1935 WL 57893, 1935 A. M. C, p. 197。

③ Fisheries Jurisdiction (*Spain v. Canada*), Jurisdiction of the Court, Judgment of 4 December 1998, ICJ Reports, p. 14, at para78-84。

④ 赵理海：《油轮"赛加"号案评介（续）——本案的实质问题》，《中外法学》，1999 年第 6 期，第 112 页。

⑤ *Guyana v. Suriname*, Arbitral Tribunal Constituted Pursuant to Article 287, and in Accordance with Annex VII of the United Nations Convention on the Law of the Sea in the Matter of An Arbitration between Guyana and Suriname, Award of the Arbitral Tribunal, 17 September 2007, p147, at para. 445。

⑥ 傅崐成，徐鹏：《海上执法与武力使用——如何适用比例原则》，《武大国际法评论》，2011 年第 2 期，第 22 页。

其一，当行使海上执法权受阻之时。具体又分为违法船舶暴力抗法和若不使用武力将可能造成违法船舶逃逸的情形。① 如《种群协定》第 22 条就将使用武器的条件限定为"保证检查员安全和排除执法的障碍"，2005 年《议定书》第 8.2 条第 9 款将"官员行使职权遇到障碍"列为使用武力的条件。此外，《行为守则》第 3 条评注中提到"嫌疑犯进行武装抗拒"时才可以使用武器。越南《海警法》第 15 条也规定越南海警在"违法人员使用武器抵抗时"可以开枪。

其二，执法人员行使自卫权。人的生命价值高于一切，当执法人员的人身安全受到威胁时，可以通过使用武力来进行自卫。2005 年《议定书》《行为守则》和《使用武力和火器的基本原则》都阐明为了保证执法人员的安全可以使用武力。尽管如此，自卫权的行使也应该受到一定的限制，即只有当人身安全受到实际的侵害或有被侵害的危险时，武力使用才有正当性。②

其三，执法的目的是打击海上犯罪。严重的海上犯罪不但扰乱了世界海洋秩序、危害全人类共同利益并可能威胁人民生命财产的安全。1982 年《联合国海洋法公约》第 99 条、第 100 条、第 108 条和第 109 条分别针对贩奴行为、海盗行为和非法贩运麻醉药品和精神调理物质等海上犯罪行为做出了管辖规定。因此，海上执法队伍在打击海上犯罪行为时，有权利采取相应的武力措施。这一点也在国家内部立法中有所体现，如日本出台了《处罚与应对海盗行为法》，其中规定了为打击不服从制止措施的海盗，可以使用武器。③

（二）使用武力的限制

在国内行政法领域中，比例原则是指"行政行为实施主体应对行政目标和行政相对人的利益进行衡量。应确保行政行为对行政相对人所造成的负面影响保持在最低限度，使行政目的和不利影响成比例。"④ 而比例原则这一概念也广泛应用在国际法领域，其具体含义又分为两个层次，即必要性原则和利益均衡原则。

必要性原则是指如果有多种手段可以达成一个目的，则应该选择对人民伤害最小的那种手段。同时如果目的已经实现，则不可过度侵害相对人的利益。具体到海上执法中，则指武力应当作为穷尽所有温和手段后的最后选择。并且应该先使用对人伤害最小的武器类型，无效时再逐步增强所使用武器的杀伤性程度。⑤ 在立法和实践中，此一原则有不同的体现。《行为守则》第 3 条规定"执法人员只有在绝对必要时才能使用武力"，此条评注 C 款中提到"除非其他较不激烈措施无法加以制止和逮捕时禁止使用武力"；我国台湾地区"海岸巡防机关器械使用办法"第 5 条和第 6 条规定只有在紧急情况下才能使用必要限度的武力且要尽量选用损害程度最小的器械。在"红十字军"号案中，调查委员为认为丹麦

---

① 高健军：《海上执法过程中的武力使用问题研究——基于国际实践的考察》，《法商研究》，2009 年第 4 期，第 27 页。

② 【美】Myron Nordquist：《海上执法》，卢佳译，《中国海洋法学评论》，2005 年第 1 期，第 199 页。

③ 日本《处罚与应对海盗行为法》第 6 条："海盗行为实施者不服从其制止措施，仍旧使船舶航行、欲继续实施海盗行为的情况下，如果有充分的理由相信其他手段无法使该船舶停止航行，在根据其事态合理地认为必要的限度内，可以使用武器。"

④ 姜明安：《行政法与行政诉讼法》，北京：北京大学出版社，2002 年版，第 43 页。

⑤ 李文杰，邹立刚：《海上执法中使用武力行为的国际法剖析》，《太平洋学报》，2014 第 7 期，第 13 页。

军舰在紧追过程中，没有尝试其他方法并坚持说服"红十字军"号停船便向其射击是不合法的武力使用行为。[①] 在"塞加"号案中国际海洋法庭指出在紧追过程中，只有在发出警告后违法船仍不停驶时，执法船才可以将武力作为最后手段使用。[②] 因此，紧追过程中的武力使用是否必要，已经成为判断武力活动合法性的重要衡量依据。

利益均衡原则是指为达成行政目的所采取的公权力措施与此措施所侵害的相对人的法益不能明显不成比例。采取行政措施时所造成的损失若大于其所欲保护的法益，则不应实施此一行政行为。[③] 在海上执法中，使用武力的目的是使不法侵害者无法继续加害或无法继续逃逸，而不是将其消灭。在不得不使用武力的情况下，应该将船舶的违法程度与人的生命价值进行衡量，以警告为主并避免对船员人身直接进行打击，并应将有可能造成的伤害降到最小程度，尽力避免一切形式的人员伤亡。[④]《种群协定》第22条规定"使用武力的限度应与当时的具体情况相适应"。2005年《议定书》第8.2条规定"只得使用必要且合理的最低限度的武力"，"采取措施时应尽全力避免危及人员的生命"。《使用武力和火器的基本原则》第5条第1款规定："所使用武力的程度要与违法活动的严重程度和所要达到的执法目的相适应。"

在提交到国际司法机构的案件中，武力使用只要造成人员伤亡或危及人身安全的，都被认定为非法。[⑤] 在"孤独"号案中，委员会认为美国在紧追过程中可以使用武力，但蓄意击沉"孤独"号则是违法的。[⑥] 对于走私酒类这样的轻微违法行为，在违法船舶没有逃逸可能性且没有暴力反抗的情况下，国家无权通过武力威胁船员的生命安全。在"红十字军"号案中，调查委员会认为，尽管"红十字军"号拒绝服从丹麦执法舰发出的命令，在驶向丹麦托尔斯港接受调查的过程中试图逃脱，并监禁了丹麦执法人员，丹麦的炮击行为仍是非法的。武力活动对"红十字军"号上的船员造成了不必要的危险，超越了合法使用武力的限度。[⑦] 可以看出在本案中，调查委员会对执法过程中使用武力的条件进行了最为严格的考察。即使违法船舶有逃逸可能性，但在其没有进行抵抗时仍不能枉顾船员生命安全而进行射击。在"塞加"号案中，几内亚巡逻船在"塞加"号最大航速不超过每小时10海里的情况下有不使用武力就登临的可能性，且满载汽油的情况下进行射击对船员的生命造成了不合理的威胁。且在登临船舶后没有受到任何武力反抗的情况下，执法人员

---

① Report of 23 March 1962 of the Commission of Enquiry established by the Government of the United Kingdom of Great Britain and Northern Ireland and the Government of the Kingdom of Denmark on 15 November 1961, p538。

② 赵理海：《油轮"塞加"号案评介（续）——本案的实质问题》，《中外法学》，1999年第6期，第112页。

③ 傅崐成，徐鹏：《海上执法与武力使用——如何适用比例原则》，《武大国际法评论》，2011年第2期，第5页。

④ 钱翠翠：《论中国海警局海上执法权》，大连海事大学2014年法律硕士论文，第18页。

⑤ 高健军：《海上执法过程中的武力使用问题研究——基于国际实践的考察》，《法商研究》，2009年第4期，第28页。

⑥ "I'm alone", State of New York, Appellate Division, Second Department, January 5 1935, 1935 WL 57893, 1935 A. M. C., p.197。

⑦ Report of 23 March 1962 of the Commission of Enquiry established by the Government of the United Kingdom of Great Britain and Northern Ireland and the Government of the Kingdom of Denmark on 15 November 1961, p.538。

肆意开枪造成两名船员重伤，也是非法的。① 因此，各国在执法过程中使用武力时，必须将欲达成的目的与所采取的手段和人的生命价值进行比较，缺乏人道主义考虑而造成船员过分的损失，有悖于国际法。

此外，在"塞加"号案中，法庭对实施紧追权过程中使用武力的程序做了以下总结：首先要使用被国际法普遍承认的视觉或听觉信号发出停驶命令。其次在停驶命令无效时可以通过越过船首射击等行动发出警告。若此时违法船仍拒绝停驶接受检查，实施紧追权的执法船舶才有采取武力措施的必要性。在这种情况下也应尽一切努力确保命他人生命安全。②

五、海上执法的手段

海上执法是一国享有海上行政执法权的主体在海上执行法律的活动。③ 具体来说，是经国内法授权的机构，为维护国家的海洋权益、国家安全或保障全人类的共同利益，而对违法主体采取的登临、检查、逮捕、扣留等行为。海上执法的主体，是指依法享有执法权力，能够以自己的名义实施执法活动并承担相应执法责任的组织而言。④ 在我国，按照目前采取的海上执法体制，中国海警承担主要的海上执法职能，海事和海军起辅助作用。⑤ 过去我国采取分散式的海上执法模式，由原国家海洋局及其所属的中国海监总队、农业部中国渔政、海关总署海上缉私警察、交通部海事局和公安部边防海警等主体共同行使海洋管理职能并承担海上执法任务。其中，只有边防海警和海上缉私警察具有刑事执法权，可以使用武力。⑥ 但这种执法模式存在着执法力量分散、执法权能重叠、执法效率不高等问题。为了更好地利用海洋资源并维护国家海洋权益，2013 年国务院对国家海洋局进行了重组。重组后的海洋局整合了原国家海洋局、海监、边防海警、渔政和海关缉私等机构，设置了北海分局、东海分局、南海分局，对外以中国海警北海分局、东海分局、南海分局名义进行执法，接受国土资源部的管理和公安部的业务指导。⑦ 此次机构整合并没有涉及交通部下属的海事局，因此海事局仍然为我国的海上执法主体。但根据《中华人民共和国海洋环境保护法》《中华人民共和国海上交通安全法》和《中华人民共和国海域使用管理法》等法律的规定，海事局主要针对海上交通事故、海域环境污染等问题进行执法，相应的执法措施一般限定在罚款、没收违法所得等形式上，并不涉及武力的使用。⑧ 此外，由于实践中中国海警存在着执法权尚未明确、队伍整合进展缓慢和执法装备落后等问题，其

---

① ITLOS, M/V "SAIGA" (No. 2) Case, Judgment, 1 July, 1999, paras. 155-159, 183。

② 赵理海：《油轮"塞加"号案评介（续）——本案的实质问题》，《中外法学》，1999 年第 6 期，第 112 页。

③ 姜明安：《行政执法研究》，北京：北京大学出版社，2004 年版，第 9-10 页。

④ 王振清：《海洋行政执法研究》，北京：海洋出版社，2008 年版，第 17 页。

⑤ 张晏瑲，刘恩：《论海军外交的博弈与法律基础》，《国际法研究》，2016 年第 4 期，第 46-59 页。

⑥ 张晏瑲，赵月：《两岸海洋管理制度比较研究》，《中国海商法研究》，2014 年第 2 期，第 80 页。

⑦ Yen-Chiang Chang, Nannan Wang, *The Restructuring of the State Oceanic Administration in China: Moving Toward a More Integrated Governance Approach*, 30 The International Journal of Marine and Coastal Law, 795, 797 (2015)。

⑧ 中华人民共和国海事局网站：《中华人民共和国海事局信息公开目录》，http://www.msa.gov.cn/html/xinxichaxungongkai/index.html，2017 年 1 月 28 日最后访问。

并不能满足进行海上执法和维护我国海洋权益的现实需要。因此，海军在和平时期也经常协助其他海上执法力量以实践国家管辖权，[①] 通过军演等具有震慑性的行动，彰显我国的海上实力，在打击海上恐怖主义和海上犯罪等方面发挥了重要作用。[②] 2015 年出台的《中国的军事战略》、2009 年发布的《军队非战争军事行动能力建设规划》和《海军非战争军事行动纲要》都为海军遂行非战争军事行动，维护国家海洋权益和主权提供了理论基础和政策支持。[③] 在过去的实践中，我国海军在东海联合国家海洋局下属海监和农业部渔政进行演习，以兵力支援掩护海监、渔政船只实施专项维权执法，也取得了良好的效果。[④]

海上执法的对象，是在海上实施违法行为的相对人。根据 1982 年《联合国海洋法公约》的相关规定，[⑤] 并结合国家实践，各国海上执法主要是为了加强对相关海域的实际控制，维护本国海洋权益，针对的对象一般具有涉外性。且由于船舶是 1982 年《联合国海洋法公约》中国家管辖权重点实施的对象，[⑥] 故本文所述的海上执法对象限定在具有涉外性质的船舶。此外，根据主权平等国家之间无管辖权的原则，[⑦] 由于 1982 年《联合国海洋法公约》第 31 条、第 32 条、第 95 条、第 96 条规定，军舰及由一国所有或经营并专用于政府非商业性服务的船舶享有不受船旗国以外任何其他国家管辖的完全豁免权，这些带有"主权性"的船舶并不能成为海上执法的对象。[⑧] 若非行使自卫权，不能对这种性质的船舶实施武力执法行为，否则将可能构成对 1945 年《联合国宪章》（以下简称《宪章》）的违反，甚至导致国家间的冲突。

此外，在海域执法的过程中难免会涉及武力的行使，在此武力系指为维护国家海洋权益和行使国家海上管辖权而对不法侵害者的人身和财产所使用的暴力行为。[⑨] 武力使用可分为国际关系中的武力使用和执法中的武力使用，前者被认为是国家之间使用武力，又被称为军事武力。与之相对，执法中的武力使用又被称为警察武力。《宪章》第 2 条第 4 款规定了"禁止使用武力"原则，这一原则也被称为是维护当代国际和平与安全的奠基性原则。"会员国在其国际关系上不得使用威胁或武力，或以与联合国宗旨不符之任何其他方法，侵害任何会员国或国家之领土完整或政治独立。" 1982 年《联合国海洋法公约》第

---

① 如公安部 2007 年 9 月 26 日颁布，2007 年 12 月 1 日起实施的《公安机关海上执法工作规定》第 5 条就规定："公安边防海警在开展海上执法工作中，应当加强与外交、海军、海关、渔政、海事、海监等相关部门的协作和配合。"

② 张晏瑲，刘恩：《论海军外交的博弈与法律基础》，《国际法研究》，2016 年第 4 期，第 51-52 页。

③ 郑洁，薛桂芳：《南海维权：海军遂行非战争军事行动的法律保障》，《海南大学学报人文社会科学版》，2015 年第 6 期，第 2 页。

④ 新华网：《外媒：日本紧盯中国东海维权演习》，http://news.xinhuanet.com/cankao/2012-10/20/c_131918923.htm，2017 年 2 月 11 日最后访问。

⑤ 从 1982 年《联合国海洋法公约》第 27 条、第 28 条对沿海国在领海对外国船舶的刑事和民事管辖权做出规定，第 73 条对沿海国在专属经济区内执行法律和规章的措施及程序做出规定，第 110 条对登临权进行规定，第 111 条对紧追权做出规定，以上规定所针对的对象均具有涉外性。

⑥ 邹立刚：《国家海上行政管辖权研究》，《法治研究》，2014 年第 8 期，第 21 页。

⑦ 杨泽伟：《国家主权平等原则的法律效果》，《法商研究》，2002 年第 5 期，第 110 页。

⑧ 薛梦溪，张晏瑲：《论船舶温室气体减排在在方便旗船盛行情况下的困境与解决方案》，《中国海商法研究》，2016 年第 1 期，第 23-46 页。

⑨ 尹伟：《论警察执法的武力手段》，《中国人民公安大学学报》，2003 年第 3 期，第 66 页。

301 条也回应了上述这一原则并强调海洋的使用应基于和平的目的。但国际法对武力的使用并非绝对禁止，例如《宪章》第 51 条关于自卫权的规定就属于被认可的在特定情况下的武力使用，且 1982 年《联合国海洋法公约》第 111 条关于紧追权的规定实际上也默许了在逮捕船舶的过程中以必要且合理的方式使用武力。① 但由于国际关系对峙中所使用的武力措施和海上执法中所使用的武力措施常常具有一定的相似性，沿岸国对外国渔船使用的强度较大的武力措施，若导致人员伤亡或重大财产损失等严重后果，可能会被视作对他国的武力攻击，② 从而引发自卫权的行使。③ 因此，有必要对两种不同性质的武力使用进行区分。

此问题需从以下五个层面展开讨论。其一，是武力活动的目标。军事武力的目标一般是对外来威胁进行防御，而警察武力的目标则为实施国内法和维护社会秩序。其二，是使用武力的法律评判标准。军事武力的法律评判标准在于战争法和适用于海上武装冲突的交战规则，而警察武力的法律评判标准在于国内法中关于执法权和管辖权的规定。④ 其三，是武力活动所针对的对象。如前文所述，1982 年《联合国海洋法公约》规定了军用及政府船舶的豁免权，因此执法活动及警察武力必然无法针对此类具有"公务性质"的船舶，而军事武力所针对的对象却有可能是这种船舶。其四，是武力活动所引发的后果。非法的军事武力会导致沿海国对受侵害国家的法律责任，而过度使用警察武力则会引发对船旗国的法律责任。其五，是武力行使的合法性依据。警察武力的合法性依据来自于国家管辖权，而军事武力的合法性依据在于《宪章》关于允许行使自卫权的规定和联合国安理会的决议及授权。⑤

值得注意的是，这两种性质的武力使用区分与所使用武力的强度没有必然联系。如在"尼加拉瓜诉美国"案中，国际法院就在判决中指出国际关系中武力使用的两种形式，"有必要区分最为严重的武力使用和程度轻微的武力使用，武力不仅指那些被称为侵略形式的武力，也包括不太严重的武力使用，这种武力使用同样受到《关于各国依联合国宪章建立友好关系及合作之国际法原则之宣言》的约束。"⑥ 因此，程度轻微的武力使用即使不能构成《宪章》第 51 条所指的武力攻击，也仍属于《宪章》第 2 条第 4 款所禁止的军事武力。而在实践中，海上执法所使用的武力强度甚至可能超越这种"程度轻微的武力使用"的强度。在"圭亚那苏里南"案中，苏里南海军未采取任何实质意义上的武力行动，只是宣称"若不能及时撤离钻井平台，将后果自负"即被仲裁庭视为明确的使用武力的威

---

① 余民才：《紧追权的法律适用》，《法商研究》，2003 年第 2 期，第 99 页。

② 《联合国关于侵略定义的决议》第 3 条规定："一个国家的武装部队攻击另一个国家的陆、海、空军或商船和民航机，构成侵略行为。"

③ 余民才：《自卫权适用的法律问题》，《法学家》，2003 年第 3 期，第 148 页。

④ Patricia Jimenez Kwast, *Maritime Law Enforcement and the Use of Force: Reflections on the Categorisation of Forcible Action at Sea in the light of the Guyana \ Suriname Award*, 113 Journal of Conflict & Security, 49, 74 (2008)。

⑤ 宋云霞，石杨，玉帅，王瑞星：《海军非战争军事行动中武力使用及限制法律研究》，《军队政工理论研究》，2011 年第 2 期，第 93 页。

⑥ Military and Paramilitary activities in and against Nicaragua (*Nicaragua v. United States of America*), International Court of Justice, Judgment of 27 June 1986, ICJ Reports, p. 14, at para191。

胁，构成国际法院在"尼加拉瓜诉美国"案中所提到的"程度轻微的武力使用"。① 而在"孤独"号案中，美国海岸警卫队执法船将加拿大籍涉嫌走私酒水的船击沉，则被视为过度的执法行为，美国政府被要求向船旗国加拿大政府支付赔偿。②

此外，参与执法的船舶性质也不必然决定其所使用武力的性质。1982 年《联合国海洋法公约》第 107 条就规定了军舰对海盗行为的执法权限，1982 年《联合国海洋法公约》第 110 条和第 111 条也分别授权沿岸国的军舰参与行使登临权、检查权和紧追权。而在实践中，海军也越来越多地参与到海上执法活动中，如法国的海上执法任务就主要依靠海军来完成，法国海军承担了打击海盗、打击恐怖主义、打击毒品、防治污染和保障港口安全等职能。③ 根据阿根廷《海军执法队组织法》的规定，由海军执法队承担海上巡逻和打击非法捕鱼等执法任务，并在必要时有权进行武力执法。④ 在冷战时期，也曾有过冰岛海军船舶试图对英国拖网渔船强制执法的实践。而事实上，践行非军事职能，协助行政力量维护国家海洋秩序进行执法，已经成为许多国家海军非常重要的补充性职能。⑤ 因此，即使沿海国的武力活动涉及军事力量的参与，也不能断定这种行为就是《宪章》所禁止的军事武力的使用。

最后，在判断武力活动的合法性时，沿海国所依据国内法的合法性也不能影响判断。例如，在"塞加"号案中，几内亚巡逻船"攻击"了位于几内亚专属经济区以南的"塞加"号并将其扣押逮捕，依据为几内亚《L/94/07 号法》和《海关法》。根据 1982 年《联合国海洋法公约》第 60 条第 2 款的规定，在专属经济区内，几内亚不得将《海关法》适用于除人工岛屿、设施和结构之外的其他部分，但几内亚却在整个专属经济区内以其《海关法》为依据进行执法。国际海洋法法庭认为，几内亚《海关法》的相关条文违反1982 年《联合国海洋法公约》的规定，且几内亚在扣押逮捕过程中使用的武力属于滥用警察武力。⑥ 相反，即使采取武力所依据的国内法并不违反 1982 年《联合国海洋法公约》规定，只要实施武力活动的目的不在于实施这一法律，这种活动也有可能被认定为是在国际关系中使用武力。在"圭亚那苏里南"案中，苏里南为了证明己方所采取的武力措施属于海上执法过程中的警察武力，指出苏里南《矿产法》第 2 条第 6 款规定，未经允许采矿可能会面临监禁或罚款的处罚，且苏里南在采取行动时咨询了本国的司法部长，但仲裁庭仍没有把这种行为视为制止非法采矿活动的执法行为。因为结合案件的具体情况判断，包括事件发生的地区为争议海域、事件发生前一天两国总统的外交交涉及事件发生当天对军

① *Guyana v. Suriname*, Arbitral Tribunal Constituted Pursuant to Article 287, and in Accordance with Annex VII of the U-nited Nations Convention on the Law of the Sea in the Matter of An Arbitration between Guyana and Suriname, Award of the Arbitral Tribunal, 17 September 2007, para. 439-440。

② "I'm alone", State of New York, Appellate Division, Second Department, January 5 1935, 1935 WL 57893, 1935 A. M. C, p. 197。

③ 徐鹏：《海军参与海上执法的国际法基础与实践》，《厦门大学法律评论》，2015 年第 2 期，第 25 页。

④ 马金星：《论沿海国海上执法中武力使用的合法性——以"鲁烟远渔 010"号事件为切入点》，《河北法学》，2016 年 9 月，第 97 页。

⑤ 张晏瑲：《和平时期的海洋军事利用与海战法的最新发展》，《东方法学》，2014 年第 4 期，第 71 页。

⑥ 赵理海：《油轮"塞加"号案评介（续）——本案的实质问题》，《中外法学》，1999 年第 6 期，第 112 页。

队长官的指令，苏里南对圭亚那所采取的行动更符合维护本国主权和领土完整的目标，而非单纯的执法。①

总结上述国际实践，海上执法过程中使用武力的程序具体应该包括以下三个步骤。

第一步，应向违法船舶发出停驶信号，如果违法船舶收到命令后拒绝停船，则通过公认的视、听觉信号或其他方式向其发出清晰明确的警告，表明己方可能会通过武力进行执法，以达到震慑的目的。视觉信号有国际信号旗、手旗信号、灯光信号，听觉信号包括汽笛发出的警报信号、扩音器发出的声音信号。② 1958 年《公海公约》第 23 条第 3 款规定："追逐前必须发出在外国船舶视听所及范围内的视觉或听觉信号。"《使用武力和火器的基本原则》第 10 条也规定执法人员在开火前表明自己的身份并发出明确且必要的警告。

第二步，若发出警告信号后，违法船舶仍然拒绝停驶，则可进行警告射击。警告射击又称为"掠过船首射击"，目的是表明若违法船不停船受检，执法船之后可能会采取更为严厉的对抗措施。③ 警示性射击时应先以"水炮射击"为主，若无效果再进行鸣枪示警或进行鸣炮示警。鸣枪示警时，可发出信号弹或空包弹进行警告。鸣炮示警时，可越过船首前方，向其前方宽阔水域开炮。④

第三步，若警告射击也不能起到使违法船停驶的作用，则进行实弹射击警告。射击应该针对船舶的非关键部位，如船桥或舵机，目的是使违法船舶失去动力被迫停止航行。⑤但在射击过程中应尽量避免对船舶水线以下的部位进行射击，以避免将船舶击沉。

合法的武力使用程序在一定程度上能减少不必要的人员伤亡，也能防止形势恶化及矛盾激化。而武力使用的程序是否符合规定，对判断武力活动的合法性也具有重要意义。合法的武力使用应当在开火前发出包括停船信号、警示射击信号和实弹射击信号在内的三次警告。在发出停船命令无效后，才可以对违法船舶实施紧追权，紧追权实施的过程中若违法船仍拒绝停驶，方可进行警示性射击。在使用武力射击之前，还必须进行实弹射击警告。在履行以上所述所有正当法律程序之后的海上执法行为，才具有正当性，也才能阻却违法。

六、结论

争议海域的执法问题涉及我国海洋权益保障的重大利益，也牵动着该海域周边国家的敏感神经。在海上执法的过程中使用武力已经成为难以回避的问题，但武力使用应当避免违反《宪章》第 2 条和 1982 年《联合国法洋法公约》第 301 条关于禁止使用武力的规定，并严格遵循武力使用的条件和限度，否则不当的武力使用将会引发国际法律责任。就我国渔民权益受到外国执法力量武力侵害的事件而言，大多发生在有争议的海域，即我国与邻国的重叠主张区域。由于 1982 年《联合国法洋法公约》对海域划界规定的模糊性，造成

---

① Patricia Jimenez Kwast, *Maritime Law Enforcement and the Use of Force: Reflections on the Categorisation of Forcible Action at Sea in the light of the Guyana \ Suriname Award*, 113 Journal of Conflict & Security, 49, 81 (2008)。

② 钱翠翠：《论中国海警局海上执法权》，大连海事大学 2014 年法律硕士论文，第 15 页。

③ 王秀芬：《试论国际法上的紧追权》，《大连海事大学学报（社会科学版）》，2002 年第 12 期，第 29 页。

④ 赵伟东：《关于中国海警海上执法武力使用相关问题的思考》，《中国海洋法学评论》，2014 年第 1 期，第 64 页。

⑤ 卢卫彬，张传江：《海上执法中武力使用问题研究》，《太平洋学报》，2013 年第 5 期，第 10 页。

在海域划界问题得到最终解决之前，争端各方的管辖权是处于暂时并存的状态。[①] 在争议海域内执法方式的选择上不加以克制而随意使用武力，一定程度上违反了《宪章》和1982年《联合国法洋法公约》所规定的和平解决国际争端的义务，并可能加剧紧张局势，妨碍争端解决。此外，置渔民的人身安全于不顾，而肆意使用枪械等武器，也违反了武力执法中的比例原则。

未来我国应当从以下四个方面维护我国的海洋权益及渔民的利益。第一，我国在南海、东海、黄海由于大陆架划界和岛屿纠纷等问题与日本、韩国存在着诸多争议海域。1982年《联合国法洋法公约》第74条第3款和第83条第3款为争议海域的沿岸国设定了尽一切努力达成临时安排和不危害阻碍最终划界协议达成的义务。在争议海域执法时使用武力很有可能会违反自制的要求并被认为是恶化争端的行动，因此我国应在争议海域尽量避免使用武力。迫不得已使用武力时，也应当在遵守前述各项限制的情况下更加严格规范执法，以免引发国际纠纷。第二，若发生他国滥用武力驱赶、逮捕我国渔民甚至造成人身伤亡的情况时，应当运用1982年《联合国法洋法公约》第73条第2款的规定，通过外交手段交涉以保障我国船员的权益。而当他国违反1982年《联合国法洋法公约》第110条、第111条的规定，没有正当依据对我国渔船进行登临、紧追时，应该为受害渔船提供必要的法律援助帮助其获得赔偿，并要求他国向我国道歉。必要时，通过国际法院、国际海洋法法庭等司法机构解决争端。第三，我国有必要制定专门的海上执法实体法和程序法。在实体法方面，目前中国海警局作为仅仅接受公安部的业务指导，其是否可以被视作"公安"，是否具有刑事执法权，在执法过程中是否使用武力等问题尚不清晰，这都阻碍了我国海上执法活动的有效展开。[②] 在程序法方面，我国海上执法使用武力时的依据为《中华人民共和国人民警察使用武器和警械条例》，然而该条例并没有针对海上执法的特殊情况做出单独规定，也缺少对使用武器的程序等内容的规定。因此，对海上执法法律体系的完善也能使我国的海上执法有理有据，更好地维护我国的海洋权益。第四，我国执法船也可以通过与他国执法船联合巡航的方式展开共同执法，对违法船舶按照船旗国管辖原则进行处置，从而增强双方信任，减少和避免潜在的冲突。

最后，我国在海洋战略层次，必须有效掌握竞争规则和国际法规范，尤其是灰色地带处理的法制基础，如此方能在第一时间对内进行行动教育，对外掌握国际话语权，把我国在争端海域执法所秉持的竞争规则和国际法规范通过一套有效的战略话语进行国内外阐释与传达，并藉此修改过去由西方主导国际话语权的瑕疵。

论文来源：本文原刊于《比较法研究》2018年第1期，第143-154页。

项目资助：中国海洋发展研究会项目（CAMAJJ201602）。

---

① 董文杰：《单方面利用争议海域油气资源的问题研究》，《东北亚论坛》，2015年第5期，第43页。

② 张晏瑲，赵月：《两岸海洋管理制度比较研究》，《中国海商法研究》，2014年第2期，第81页。

从南海九小岛事件看民国学者
对南沙主权之论证

郭　渊①

摘要：南海九小岛事件发生后，日、法两国进行了所谓的"主权"交涉与争论，分别以臆测的国际法某些说法为其侵略行为张目。民国学者吸收和借鉴中外法学家的学说，对国家领土取得原则进行论述，尤其是利用"先占"理论，剖析法、日所持理由或所谓法理依据的荒谬，并论证中国拥有南沙群岛主权是有充分根据的。但是由于对南沙属于中国的历史依据准备不足，以及对国际法某些理论的掌握程度不深，致使某些学者在研究问题时有一定的理论与史实偏差。

关键词：九小岛；先占原则；主权；国际法

20 世纪 30 年代初，法国政府派军舰占领南沙几个岛礁，称其为"无主地"而进行"主权"宣告，从而挑起中法南沙领土争议，是为"南海九小岛事件"。② 为进行地缘利益的争夺，日本政府则藉口法所占岛礁最先为日本人"发现"并占有。日法两国的交涉与争论，引起了中国学者和报刊媒体的关注。如何从国际法角度批驳法日的谬论，成为中国学者、舆论界的重要任务。民国学者吸收和借鉴周鲠生、奥本海默（L. F. L. Oppenheim）、霍尔（Jerome Hall）等中外法学家的学说，对国家领土取得原则进行论述，尤其是利用"先占"理论剖析法、日所持理由或所谓法理依据的荒谬，并论证中国拥有南沙群岛主权是有充分根据的。但是由于对南沙属于中国的历史依据准备不足，以及对国际法某些理论的掌握程度不深，致使某些学者和报刊在研究问题时有一定的理论与史实偏差，其经验教训值得我们认真总结。

---

① 郭渊，男，暨南大学中外关系研究所教授，南京大学中国南海研究协同创新中心兼职研究员，史学博士，研究方向为中国南海疆域史，中国海洋发展研究会海洋法治专业委员会常务理事。
② 该事件发生时，国内学者、报刊一般称法所占岛礁为南海九小岛，然而法国政府占领通告仅说，法占南威岛、安波沙洲、太平岛、南钥岛、中业岛、双子岛及其附近各小岛。南海九小岛所指，除明确包括法占 7 个岛礁（双子岛为 2 个岛礁）外，其他 2 个岛礁则众说纷纭，法方亦未给以明确说法。

一、中国学者剖析"先占"论及对法占之说的批驳

南海九小岛事件发生后，中国法律界曾撰文论及此问题，如吴芷芳在《法学杂志》发表的《法占九岛之法律问题》，王英生在《安徽大学月刊》发表的《从国际法上辟日人主张华南九岛先占权的谬说》，子涛在《新广东》上发表的《法占海南九岛案之法理谭》。[①] 此外，中国几位学者还翻译了日本法学家横田喜三郎（Kisaburo Yokota）的《无人岛先占论》。[②] 吴芷芳、子涛两文为专论，其中吴文法理性较强。吴芷芳认为一国取得土地方式有5种方法：征服、割让、增添、时效、先占。征服，为以武力取得土地之方式；割让，为一国土地依据条约，转移与他国；增添，以自然或人力而取得土地，如一国领海内，因海水冲击，而有新岛屿或三角洲的发现，以使其领土扩大；时效，长时期占领他国之土地，于是取得该土地的主权。此论亦是当时学术界之共识。

吴芷芳重点阐述了"先占"理论，以批驳法占九小岛之荒谬。他引用英国公法学家维斯蓝克（Westlake）之说，指出先占为占有无主土地之行为，若成立要件有4：①先占标的物，必为无主土地（Res Nullus），所谓无主土地，即不属于任何国家之地。土地虽有（土著）居民，然如未成国家，此土地以公法言之，可谓无主地；②先占须为国家机关，或其代理者之行为。私人或私人会社，纵有先占之行为或事实，非得本国政府之"追认"（应为承认），概不生效；③先占须有占有意旨，即升旗鸣炮，表示合并占有地，而加入其版图。④先占须有实际行动，即设置政权机关，以行使国家主权于占有地。王英生文章批驳了日本所谓先占九小岛的荒谬，他也认为先占要有4个必要条件：①被占领的土地必须是"无主土地"；②国家而不是私人占领；③必须是实际占领；④必须通知其他国家。他还认为关于此要件，虽然有人主张不必要，但这是少数人的主张，不能认为妥当。这两篇文章对先占的论述，所用语言虽稍有差异，但基本内容是一致的。横田喜三郎所述先占之意也如此。

有学者从时政、国际关系等角度阐释九小岛问题与南海局势时，也谈及到领土"占领"理论。如徐公肃的《法国占领九小岛事件》、拙民的《南海九岛问题之中法日三角关系》、许道龄的《法占南海九岛问题（附图）》等。[③] 拙民指出，按国际公法而论，"占领"乃于无其他国家主权存在之地方，竖立己国主权，以获得土地之行为。其条件有二：①占领之地于占领之时，必须为无人居住；或有人居住，而其民智未开，"且无于其地方主张有主权之其他国家实施统治而将土人加以政治组织"，并必须无其他文明国家先占。

---

① 吴芷芳：《法占九岛之法律问题》，载《法学杂志》1933年第7卷第1期，第19—23页；王英生：《从国际法上辟日人主张华南九岛先占权的谬说》，载《安徽大学月刊》1933第1卷第5期，第1—7页；子涛：《法占海南九岛案之法理谭》，载《新广东》1933年第1卷第8期，第121—122页。

② 如何鼎译：《无人岛先占论》（上、下），载《中央时事周报》1933年第2卷第38期，第19—22页、1933年第2卷第39期，第25—28页。梁佐燊译：《无人岛先占论》，载《南方杂志》1933年第2卷第8期，第2—9页。易野译：《无人岛先占论》，载《国际每日文选》1933年第58期，第2—20页。

③ 徐公肃：《法国占领九小岛事件》，载《外交评论》1933年第2卷第9期；拙民：《南海九岛问题之中法日三角关系》，载《外交月报》1933年第3卷第3期；许道龄：《法占南海九岛问题（附图）》，载《禹贡》1937年第7卷第1—3合期。

②必须实际占领，关于此点，又可分为两层进行说明：一是须有占领意思表示，如举行正式占领形式，或将"占领"通告其他国家，但其行为必须为国家行为，或由政府为之，或由私人为之而由政府追认亦可；二是须于其他地方树立负责统治机关，维持治安，以保障权益。徐公肃将其列为：①客体须无主而可从事建立主权之地；②主体须为国家；③确实占领；④通知各国。这4个要件在当时是占领领土缺一不可的。上述学者所阐述的"占领"理论，实为先占之论。这几位学者在阐述问题过程中，将该论作为即成理论来运用，故未展开探讨。

上述学者显然是用现代国际法所规定的领土取得方式来剖析法、日所为，其他学者或报刊论及此问题时，其思路和视角也大致如此。当时的国际法及其判例，也支持一国对领土的有效占领。国际法权威学者在谈到领土取得问题时认为，"一直到了18世纪，国际法作者才要求有效占领，而且直到了19世纪，各国实践才与这种规定相符合"。① 在1928年帕尔马斯岛仲裁案（Island of Palmas Case）中，独任仲裁员胡伯法官（Mak Huber）指出：考虑到18世纪中叶业已存在和发展起来的倾向，19世纪的国际法已形成了这样的规则：占领必须是有效的，有效占领才能产生领土权。如果某个地方，即没有主权国家的有效统治，也没有统治者，仅以"取得权利"而置于一国之绝对影响之下，这与实在法规则是不相容的。②

法国占领南沙几个岛礁前后，企图按照国际法的要求，迅速完成主权的确认工作。法舰占据九小岛时，曾举行升旗仪式；1933年7月25日，法国政府向世界宣告，已占领并拥有南威岛、安波沙洲、太平岛、南钥岛、中业岛、双子岛（南子岛、北子岛）及其附近各小岛。据巴黎1933年8月21日电，法国海军部、学校教科书乃至印刷局，已经奉命将上述各小岛列入法属越南地图中了。③ 法属越南殖民地参议会，于10月23日以之附属于越南。④ 12月21日，南圻统督 M. G. 克劳泰梅尔（Grau Thai Mo）签署了第4762号决定，把长沙群岛（南沙）置于巴地省（Phuoc Tuy Province）管辖。⑤ 通过上述一连串的举动，法国似乎完成了当时国际法规定的占领领土"程序"。也就是说，从表面上看，法国似乎是按照国际法的规定占领九小岛的。横田喜三郎也从先占论的几个要素出发，"肯定"了法国行为，但否认日人开采九小岛资源的法理意义。实际上，法国是在用国际法的某些规定为其侵略行为张目，其行为并不符合国际法的原意。

首先，一国先占一土地，被占土地是无主地乃是必要条件。国际法规定，先占的标的地是"无主的土地（Vacant land）"，或者属于某一国之土地而后来被抛弃者。关于何为无主地，横田喜三郎指出：无主地"最明显的是无人的土地，尤其是无人岛"，但国际法

① ［英］劳特派特修订：《奥本海国际法》（上卷·平时法·第二分册），王铁崖、陈体强译，北京：商务印书馆，1972年版，第77页。

② 丁丽柏主编：《国际法》，厦门：厦门大学出版社，2008年版，第171页。

③ 《一月来之中国：琼南九小岛问题（附图）》，载《申报月刊》1933年第2卷第9期，第130页；《国际要闻：中国九小岛法竟列入版图》，载《国际周报》（南京）1933年第5卷第3/4期，第59页。

④ 苗迪青：《南海群岛的地理考察》，《外交月报》，1933年第3卷第5期，第93页。

⑤ Monique Chemillier-Gendreau, Sovereignty over the Paracel and Spratly Islands, Martinus Nijhoff Publishers, 2000, p. 111.

上的无人土地不仅于无人岛为限，就是有人居住的土地，亦可以被视为无主的土地，"只要那土地不属任何国家，依然是无主土地"。① 他举例说，欧洲各国未占领前的非洲，或文明国人至未开化土人居住的土地居住，或发现无人岛而居住，在国际法上依然是无主地。横田还对"先占原则"的成立解释说："从15世纪末新发现的时代至18世纪初，在发现新大陆或岛屿时，宣告这里是本国领土并悬挂国旗，树立十字架或标柱，这样就等于取得了这片领土。"但是在19世纪仅这样做就不行了，"许多国家主张先占必须是实际占有土地并施加统治，这逐渐成了各国的一种惯例"。在19世纪后期，先占必须是实效性的已经是国际惯例。他指出："所谓先占必须是有实效性的，是指实际占有土地并设立有效统治权力。为此设立某种程度的行政机关是必要的。尤其是为维护秩序，要有警察力量，很多情况下还需要有一定数量的兵力"。② 这亦是说，19世纪后设立军事、警察等权利统治，对确立一块领土的主权已是必须的了。

当时有中国学者认为，在国际法上，"先占"本无确定之定义，并举例说，日本学者Fusinats在欧洲国际法学会上，曾提出以下提案："凡实际上并不属于一国主力下或一国保护之下的土地，无论其有无居民，得认为无主之地。"欧洲国际法学会认为此项定义尚不妥当，未加通过，"是欧洲国际法学会对于本有居民之土地，即不属于国家主权或保护之下，亦不敢断定其为无主之地"。③ 但有的国内学者认为，有人居住的地方，在私法上不是无主的土地；但是在国际法上，单是有人居住的土地，却不能说就不是无主的土地。主张单是有人居住的土地就不是无主的土地者，是把国际法上无主的土地与私法上无主的土地混同了。④ 这种见解，与日本学者在欧洲国际法学会上的见解相类似。

西沙、南沙群岛自古以来就为海南渔民的生息之地，不是什么"无主土地"。《国闻周报》刊文说，发现无主地之行为，曾盛行于非洲，至于交通便利的地区，如中国南海，"则除非中国放弃，卧榻之侧，谁能从而取得其先占权？"⑤ 此论很有道理，在法国占领九小岛之前，海南渔民已经在此生产和生活。英国《中国海指南》（China Sea Pilot, Vol III, 1923, p. 95-100）书中记载："海南岛渔民，以捕取海参、介壳为活，各岛（Tizard Island郑和群礁——笔者注）都有其足迹，亦有久居岩礁者。海南每岁有小船驶往岛上，携米粮及其他必需品，与渔民交换参贝。" North Danger 岛（双子群礁——笔者注）中亦"常为海南渔民所茈止，捕取海参及贝壳等"。⑥ 法国占领后，驱逐九小岛上的中国渔民，并在双子岛的东北岛上（北子岛），用白粉大书："法舰曾至此岛树立法国国旗，法国已占领两岛（北子岛、南子岛——笔者注），中国渔人在此捕鱼，已为过去之事。"⑦ 法国认为似

---

① ［日］横田喜三郎著，何鼎译：《无人岛先占论》（上），《中央时事周报》1933年第2卷第38期，第20-21页。

② ［日］井上清：《"尖阁"列岛——钓鱼诸岛的历史剖析》（1972年6月），载陈东民主编：《钓鱼岛主权归属钓鱼岛是中国固有领土》，北京：人民日报出版社，2013年版，第316页。

③ 前引③徐公肃文，第20页。

④ 前引①王英生文，第3页。

⑤ 《粤南九岛问题》，载《国闻周报》，1933年第10卷第31期，第5页。

⑥ 前引③徐公肃文，第18页、第19页。

⑦ 厉鼎勋：《中国领土最南应该到海南九岛》，载《中华教育界》，1935年第22卷第8期，第53页。

乎通过此种手段，九小岛主权就为其所有了。然而法国这种侵略的行为，显然是不受国际法的保护与承认的。

法国占有九小岛所持理由之一，为它已正式向世界宣告法对九小岛有先占权。法国先占权能否成立，仍视中国与该岛有无领土关系为断。除上述《中国海指南》的记载外，根据法方消息，法舰占领南海小岛时，均发现中国人在各岛上生产和生活。1933年法国出版杂志《殖民地世界》记述说：1930年，法国炮舰"麦里休士"号测量南威岛时，岛上即有中国居民3人；1933年4月，法国占南沙岛礁时，亦见岛上居民全是中国人，其中南子岛7人，中业岛5人，南威岛4人，"提都（中业）及双岛之居民，来自海南，每年由帆船送来食料，及运去龟肉，及海参干，彼等处于被风吹透之小茅屋下，自觉幸福之至，而为点缀暇豫起见，更早晚一曲笙歌"。① 这些内容亦为法国1933年7月15日出版的《画报》所证实。耐人寻味的是，日本媒体在报道该事件时，客观地承认了中国人民自古以来对南海拥有主权。1933年8月1日《每日新闻》刊载了《如谜之南华群岛，法国军舰探险记》，指出法占南中国海之九岛屿时，各岛均有中国人居住，很多中国渔民每年乘帆船而来，肯定了"唯中国持有监视海之权利"。②

通过上述事实可以证明该群岛并非为无主地，或被抛弃之土地，而是自古以来为中国渔民生产和生活之地，那么法国所谓先占权在这种场合下当然不能成立。③ 在国内各界对九小岛地理位置尚未最终确认前，吴芷芳指出如九岛为西沙群岛一部分，法国"占领"就是侵占；如九岛为南海某一部分岛屿，法国法律上的理由也不充足，主要原因之一是："我之占领九岛时，无论其为数百年（按西南省政府半官（方）消息）或数十年（按前清水师提督李准巡海记，该记见八月十二日新闻报），然究在法国之先"，"琼崖人民每年之住九岛从事渔业者，不知凡几。彼之视九岛，实为本国领土。"④ 但也有的学者提出如下问题，此种有人居住的土地（九小岛有中国人居住），是否即为国际法上所谓的无主之地，此项土地，法国能否擅自占领，据为己有，皆为问题。占领之后，对于原有居民之既得权利，应如何尊重与保护，此又一问题。⑤ 如果按照当时领土有效占领的要求来说，此说有一定道理，但问题是当时中国已经拥有九小岛，这一权利已经形成了主权内涵。

其次，19世纪以后先占必须是实力（有效）的占领。《奥本海国际法》指出："现在，占有和行政管理是使占领有效的两个条件，但在从前这两个条件并不被认为是用占领方法取得领土所必要的。"⑥ 占有领土并进行行政管辖，在19世纪各国业已实行，20世纪初则为国际法学者一致公认。在1888年国际法学会关于"先占"的原则有一个决议，先占须是国家在被占领的土地上树立权利，维持秩序，而其方法是在被占领的土地上，设置官

---

① 《法国国旗飘扬于未被占领之小岛上》（法文报），中华人民共和国外交部档案馆，105-00460-04。
② 《为法占九岛事》（民国二十二年八月十四日 欧字第一四五七号），外交部对驻马尼拉总领事馆指令，Ⅱ（1）：041。台湾地区"外交部"研究设计委员会编：《"外交部"南海诸岛档案汇编》（上册），"外交部"研究设计委员会1995年5月，第72页。
③ 前引③许道龄文，第267页。
④ 前引①吴芷芳文，第22页。
⑤ 前引③徐公肃文，第21页。
⑥ 前引④，第77页。

吏，驻扎军队，并通知其他国家。虽然在特殊的情形下，如在无人岛的场合，因地处荒凉或条件限制，无设置官吏、驻扎军队的必要，不必实行这一原则，然而需在其附近的土地上设置官吏、驻扎军队，必要时能于最短时间内派军舰、飞机前往该地，以执行监事和保护的责任。

如前所述，法国及其殖民地越南似乎通过一系列行动明确了九小岛的"归属"，还出版了地图，然而查遍了法国留下来的南沙活动资料，以及后来越南发表的"黄沙、长沙"几个白皮书，可知自 1933 年 4 月底至法国自印支半岛撤出（20 世纪 50 年代中期），法国政府在南沙群岛基本上未有什么行动，更谈不到具体管辖了。[①] 在国际法上，占有领土的正式行为，通常是发表声明或悬挂国旗，然而《奥本海国际法》指出："除非在土地上有移民定居，能够维持国旗的权威，否则这种正式行为本身仅构成虚构占领。"[②] 法国在九小岛自始至终没有移民，也没在附近土地上设置官吏、驻扎军队（南沙距离法属印度支那350 海里），其上述行为，应是"虚构占领"，不具有国际法意义。当时日本学者立作太郎博士（Tachi Sakutaro）在《朝日新闻》上发文指出："法国之先占通告，虽表示有获得领土主权的意思，但不能认为已完成实效之先占条件，法国政府对他国主张领土权之获得，须显示有足以表明实效占有存在之国权树立事项。"[③] 虽说当时法日两国处于争执状态，日本学者总体之论不那么客观，但此观点从法理角度否认了法国实力（有效）占领，却具有一定针对性和说服力。

法国的行为也有自相矛盾之处，在一定程度上又否认了它的先占之说。它占有九小岛之初，对外宣称取得了所有权；后来因中日与之交涉，它又声明说在岛上的行为仅是设置航海标识，"从来法国船舶航行越南方面者，在航路上感种种不便，故在九岛建筑灯塔工作，以便各船航行……法国政府并无在该岛建设军事设置之意。"[④] 法国不仅通过媒体，而且还通过官方、非官方渠道多次向中、日两国作此表示。这是法国占领九小岛后，并不想在此区域内造成足以维持该国权力，或建立行政机关而实行管理这块地方的表示。历史发展的事实也的确如此，法国政府发表占领九小岛宣告后，并不曾做出"有效占领"之举动，可见它的仅仅竖旗和宣告行为不能认为完成占领步骤。[⑤] 由此可见，法国非法占领九小岛后，并未建立行政机关、驻扎军队以管理该地，它仅为航行便利考虑问题，如此先前法方所说"先占"条件自然不能完全成立，它所宣告世界之声明亦无效力，法方无法自圆其说。

---

① 戴可来，童力合编：《越南关于西沙、南沙群岛主权归属问题文件、资料汇编》，郑州：河南人民出版社，1991 年，第 65 页。

② 前引④，第 77 页。

③ ［日］金子二郎：《日人对于法国占领华南九小岛之争辩》（［日］《外交时报》第 76 卷第 5 号），杨祖诒译，载《国际周报》，1933 年第 5 卷第 6 号，第 13 页。

④ 《琼南九岛问题　法致日本复文　日认为军事要地　拟向法提出抗议》，载《申报》，1933 年 8 月 10 日第 7 版。

⑤ 厉鼎勋：《中国领土最南应该到海南九岛》，载《中华教育界》，1935 第 22 卷第 8 期，第 53 页。

二、中国学者对日本占有九小岛之说的批驳

如前所述，一国欲"先占"一土地必须满足被占土地是无主地，此点是占领的前提。仅就日法之行为比较来说，日本人在南沙活动的时间要比法国早约 20 年。据日本人说，最先"发现"九小岛的是日本商人，尤其是拉萨磷矿公司（又称"拉萨磷矿株式会社"Lhasa Phosphates Company）曾派人到此地探险并开采过磷矿，但事实证明当日本人去南沙群岛探险时，发现已有中国渔民在此生产和生活。1918 年底，该公司派已退伍的海军中佐小仓卯之助（Okura Unosuke）前往南沙群岛探险，在北子岛，见有中国渔民 3 人，藉知附近各岛位置。[①] 可见，南沙不是日本人最先发现，它未构成日本人先占的要件。仅从"发现"这一角度来说，中国人要比日本人早百年。横田喜三郎指出，即使是日本人"最先发现"九小岛，也不过是"单纯"发现，在当时没有国际法意义，先占自然不能成立。当时如使先占成立，日本于发现后必须在那里树立权力，即使诸岛荒凉，"亦须有可以派遣兵力的状态"，[②] 然而其距离台湾南端有 750 海里之遥，在附近他地日本并未设官驻兵，所以前述状态不存在。

从现代国际法关于领土占有的学说看，一国对土地的占有必须为国家行为。占领者须为国家机关或代理者。换句话说，它须用国家的名义占领，"领土必须由占领国真正地加以占有。为了这个目的，必须占领国以取得对土地的主权的意思将土地置于它的权力之下"。[③] 私人或私立会社，不能作先占的行为，即使其在无人土地上有某些行为或事实，也不是国际法上的先占，而只能算作私法上的占有，这自然不能因此而取得领土主权。在日法交涉九小岛时，对于日本坚持拉萨磷矿公司在南沙岛礁开采磷矿多年，以证明日本已取得权利之说，法外交部回应说："按诸国际公法，凡私人或私营企业，最先到达一地，不能作为占领"之根据，"此种 ［日本］ 私营，充其量，不过可在该地保持其事业而已"。[④] 单就此事而论，法方所言不能说没有一定道理。除占领意图（Animus Occupandi）之外，实际的而不是名义上的占有是占领的必要条件。这种占有包括占领国借以把争议中的土地纳入自己占有的范围，并采取步骤以行使排他性权力的某个行动或一系列的行动，"严格地说，在正常情况下，只有当这个国家在该地建立起一个能使其法律受到尊重的组织时，占领才发生"。[⑤]

私人或私人公司经营业务占有土地，这仅是私法上的占有，而不是国际法的先占，所以不能取得领土的所有权；如果私人或私人公司对土地的占有，后来它们的占领"是出于国家机关的委任或追认，所以亦可以说是国家的占领"。如果私人或私人公司的行为得到国家的委任或追认（确认），这即是国家实行的国际法上的先占了，而且国家的表示必须

---

① 《新南群岛记》，中华人民共和国外交部档案馆，105-00460-04。

② ［日］横田喜三郎著，何鼎译：《无人岛先占论》（下），商务印书馆，1989 年版，第 25 页。

③ ［英］劳特派特修订：《奥本海国际法》（上卷·平时法·第二分册），商务印书馆，1989 年版，第 77 页。

④ 《法占九岛事件，日方越代谋》，《申报》1933 年 8 月 5 日第 6 版；《中法日交涉——法人之饰词狡辨（辩）》，《兴华周刊》，1933 年第 30 卷第 30 期，第 40-41 页。

⑤ 陈致中、李斐南选译：《国际法案例选》，北京：法律出版社，1986 年版，第 82 页。

是明确的，然而如私人企业仅从其国内法获得了许可，这样的先占也是不充分的。英国法学家布朗利（Brounlie）在"象征性兼并"的定义中，给予"私人行为"以充分肯定。他写道："象征性兼并（symbolic annexation），可以定义为主权的一种宣告或其他行为，或由国家授权或随后为国家批准的私人行为，其意图在于为取得一块领土或一个岛屿的主权的提供明确证据。"① 在与法国交涉九小岛时，日本政府对日本人的南沙私人行为似乎进行了"追认"。日本内阁会议 1933 年 8 月 15 日决定不承认法国对南海九小岛的占领，训令日本驻法大使长冈春一（Harukazu Nagaoka）向法国政府传达该政府之抗议，其主要内容：①拉萨磷矿公司开发及经营过程中，本国政府一直予以认可并提供援助。②本国人对于岛屿有继续开发使用的事实根据，过去 4 年里虽本邦人离开了群岛，但那只是暂时中止经营，并未放弃对该群岛的占有使用。③依据本国人在开发经营岛屿过程中，政府提供的援助及本国人继续使用占有该群岛的事实，日本政府拥有对该群岛的权力及权益。② 如何认识日本的上述抗议内容，其抗议是否符合历史真相，这是理解问题的关键。

　　首先，日本人探险和开采南沙磷矿的行为属私人行为，在当时并未得到日本政府的支持和认可。20 世纪 10—20 年代，日本人平田末治（Hirata Maiji）、池田金藏（Ikeda Kinzo）、小松重利（Komatsu Shigetoshi），乃至于拉萨磷矿公司雇佣人员，对南沙岛礁进行"探险"，后来拉萨磷矿公司又对太平岛、北子岛进行资源开采，这属私人行为，并非得到日本政府的授权。他们为占领南沙群岛，曾提出将这些群岛纳入日本领土的要求，结果被日本政府所拒绝，即日本政府并未进行追认或承认。中国报刊深刻地指出："盖纵令有私人发现，或在该处有所经营，要非基于国家之意思，自不得以先占论也"；"故纵令一私人或团体对当该地方，确有先占之必要的实际行动，然并非基于国家之委任，未尝以国家名义，实施先占者，则在国际法上不能发生先占之效力。"③也即是说，国家权力未树立，国际法上的先占自然不能成立，用私人占有和居住来论断日本"先占"已经成立，这完全是将私法同国际法混淆了。日本政府后来说，得到它的认可并提供援助，这是不符合历史事实的，是随意篡改历史。

　　由上述可见，日本人行为不能成为先占权的根据，"亦非于作为之后即为国家曾经承认者"，更遑论私权的享受和行使了。拉萨磷矿公司在开采太平岛磷矿的过程中，1921 年确曾到东京法院进行了登记，其许可运输的申请 1922 年 12 月 23 日得到东京都知事的许可。这也就是说该公司的行为在某种程度上获得了地方政府的许可，但这是日本国内法的行为，不具有国际法的效力。王英生指出："若要先占成立，则日本政府必须于私人发现华南九岛后，立即树立权力，而作有实效的占领；然而日本政府并未在华南九岛树立何种权力。"他又指出，若仅是在国内法上，准许私人或私人公司在其占有的土地上经营私企业，则亦不能算作国际法上的先占。④ 当时《巴黎时报》否认日人行为的法律意义，"按

① ［英］伊恩·布朗利：《国际公法原理》，曾令良等译，北京：法律出版社 2007 年版，第 123 页。
② ［日］浦野 起央：《南海诸岛国际纷争史——研究·资料·年表》，刀水书房，1997 年版，第 267-271 页。
③ 前引 13，第 5 页。
④ 前引①王英生文，第 4 页、第 6 页。

诸国际公法，凡私人或私营企业最先到达一地，不能作为占领"。① 1929 年 4 月，拉萨磷矿公司因受世界经济危机的影响，"财政一时不景（气），遂收回所立之'帝国领土'碑"。② 由此可见，"帝国领土"碑仅为该公司所为，并不代表日本政府所为，且时间并不长，并未产生实质性的法律后果。

其次，先占必须通知其他国家。通知是将先占某一土地的事实通告其他国家的一种外交上的必经手续。1888 年国际法学会议决，先占必须通告其他国家。1885 年柏林条约，列强关于非洲的先占，也有同样的规定。因为拉萨磷矿公司的行为属私人行为，所以谈不上对领土的占有宣告。在此期间，日本政府没有作为，如竖旗、宣告、建立管理机构等。日本对于其他国家，又未做先占的通知，所以不能说日本已经先占了九小岛。法国后来虽承认日本在诸岛的经济利益，但对于日本对九小岛的主权要求予以拒绝，"因日本既未在诸岛悬挂国旗，复未有已在岛上行使主权之声明也"。③ 日本与法交涉时，曾主张"日人私权存在该岛屿"。④ 这是日本有可能知道它的先占权理由不充分，乃退而求其次，争在该岛的私人权利了。

日本政府称日本人撤出岛礁，只是"暂时中止经营"，并未"放弃"占有使用之权，其说是否具有法理意义值得研究。《奥本海国际法》指出，放弃作为丧失领土的一种方式，是与占领作为取得领土的一种方式相应的。如果所有国完全以永久退出领土的意思舍弃领土，从而抛弃对该领土的主权，这就发生了放弃的情形⑤。日本人"暂时中止经营"九岛，按其所述的理由，因受世界贸易状况不景气的影响。对于日本的"辩解"，徐公肃认为："此项理由，似未能证实日人之放弃九岛，确系出于自愿。唯日人遗弃之一切机器，均冠以日本公司之字样，作为仍将复来之表示。若欲以此即认为'诸岛应属日本'之根据，国际法上殊无此先例。"⑥ 这是仅从遗留物的角度阐释日本人行为颇有一些法理根据之论，而问题的根本是日本人在岛行为是否得到他国的承认，是否侵犯中国领土主权，答案自然是肯定的。查阅有关档案文献，未有他国"承认"日本人行为之记载。如上所述，日本政府仅为与法争夺九小岛所有权，才进行证据的"补充说明"，这种做法不具有国际法理意义。

最后，日本为论证九小岛为其所有，声称日本学者寻找到一些如地图、屏风等证据，但这些证据模糊不清，不具有国际法理意义。《申报》对日本学者所持证据评论说：日本帝国大学一教授拿出一幅"1553 年所绘之地图，证明此数岛所在地点，足证法国所称法人在最近百年内发现此数岛一说之不可为据。此外又发现新证据数种，内有 200 年前的旧屏风，上绘地图，载有此数岛，唯未举其名。又有数百年前某意人教士在中国所绘之地图，亦载明此数岛。在新近调查中，发现有日人色彩之种种故事，凡此证据，将来需列入

---

① 《法占九小岛事件　日方越俎代谋　根据两项理由　决定对法交涉》，载《申报》，1933 年 8 月 5 日，第 6 版。

② 藤井丰政：《新南群岛之占领》，中华人民共和国外交部档案馆，105-00460-04。

③ 《法国占我粤南九小岛》，载《外交评论》，1933 年第 2 卷第 9 期，第 150 页。

④ 《军事上关系重大　日本争九小岛　将对法提出抗议　不承认先占宣言》，载《申报》，1933 年 8 月 19 日第 10 版。

⑤ 前引④，第 94 页。

⑥ 前引③徐公肃文，第 22 页。

日本争岛理由之文中"。① 关于地图的作用，《奥本海国际法》认为，一般地图不是划界或标界过程的一部分，也不是以图形说明划界或标界过程的，当然可以用来作为解释边界解决的证据。在这种情形下，一般地图作为证据的分量，取决于与每个案件的有关的程度及其在实质上的优点。② 然而日本学者所称之地图，究竟出于何人之手，内中具体情况如何，其所确认为"九岛"之地，如何论证并得出此结论等等问题，日本政府和学者均闪烁其词，其所述地图从未视于人，故具体境况就不得而知了。当时学者指出，此等地图，吾人尚未得见，其真实性如何，其在法律上的效力如何，均属疑问。③

日本政府绑架国际法为自己的侵略行为进行辩护，遮盖侵略意图，而这才是它从法理、历史上诡辩九小岛问题的根本原因。在九小岛事件中，日本法学界一些人物如立作太郎、横田喜三郎等从国际法角度解读此事件，观点不一，大体上可以分为两派：一派以立作太郎为代表，积极配合日本政府搜集有关证据，出谋划策；另一派以横田喜三郎为代表，批驳日本国内报纸所宣传，指出日本先占理论不成立，但却肯定了法国先占行为成立。尽管如此，这两派人物均从当时国际形势角度探讨该问题的解决，认为从政治方面的解决最为适当。他们之所以会有如此分析，有如下原因。

首先，九小岛距离日占之台湾、日本本土遥远，一旦有事日本鞭长莫及，还极可能引起英、法等国的反对。九小岛距台湾南端远隔 750 海里，在当时军事条件下，自日本本土、台湾及时派遣兵力，以应付南海突发事件实为不易之事。退一步假设，日本如于此地建立权利机关，即使派遣人员至岛从事管理工作，虽有可能，然而在日本南下战略未确定前，这样做无疑会增加日本政治、军事负担。另外，在当时的资源开发技术条件下，除有限的磷矿资源、捕鱼基地外，九小岛的经济价值并不是很大，"虽凭借若干理由，先占之，维持之，固无不可。但在经济上并无重大的价值，自采取磷矿的日本人业已终止，居住于彼的中国人已经他移。"④ 这种状况在一定程度上限制了日本对该岛的资金及技术投入。

从地缘战略角度说，南海九小岛与法属印度支那，英属海峡殖民地接近，日本在战略部署上若轻率占领之，极有可能诱发他国不满乃至于冲突的发生，"仅就这点看起来，纵令其为无主的土地，亦不应当徒为单纯的领土欲所驱遣，而轻率占领之。"⑤ 在 20 世纪 20 年代末，日本外务省和海军部曾就是否占领南海小岛问题展开磋商，但未有结果，"唯因当时英国于马来半岛，美国于希特尼（菲律宾——笔者注），法国于安南（越南），各皆占有势力，而位于三处中间之该岛，如日本宣言占领，则恐惹起国际问题，作平地风波，于是乃未实行。"⑥ 由此可见，马来半岛、菲律宾、安南等南海周边地区，均为列强所谓殖民地，当时日本欲插手期间，自感实力不足，因此作罢。况且当时各岛为中国所有，这

---

① 《我粤海九小岛　日本竟思染指　外务省征集证据　作法律上之研究》，载《申报》，1933 年 8 月 13 日第 8 版。

② ［英］詹宁斯、瓦茨修订：《奥本海国际法》（第一卷　第二分册），王铁崖等译，北京：中国大百科全书出版社，1998 年版，第 62 页。

③ 前引③拙民文，第 80 页。

④ ［日］横田喜三郎著，何鼎译：《无人岛先占论》（下），第 27-28 页。

⑤ ［日］横田喜三郎著，何鼎译：《无人岛先占论》（下），第 27 页。

⑥ 《粤海九岛问题》，载《大公报》，1933 年 7 月 30 日第 3 版。

一点也为 20 世纪 10—20 年代探险南沙的日本人所证实。中国学者指出，日本对于九小岛并非原始占有，"一方即非原始占有，他方又未履行法律上之先占条件，故其对于九岛案无置喙余地。"①

其次，按照日本所签订国际条约的规定，决定它很难在南海展开军事行动。1922 年 2 月，美、英、日、法、意签订了《限制海军军备条约》（华盛顿海军条约），该条约第 19 条规定，美、英、日同意在各自领地上的海军基地和设防区域里，维持条约签约时的现状。对于日本来说，维持现状的区域包括它拥有的太平洋岛屿，即千岛群岛、小笠原群岛、奄美大岛、琉球群岛、台湾和澎湖列岛，以及日本将来可能取得的太平洋岛屿领土和属地。该条还规定："在上述领土和属地内不得建立海军基地或新的要塞；不得采取任何措施，其性质足以增加现有海军资源以为修理和保养海军军力之用；并且对上述领土和属地的沿岸防御不得从事任何加强的工事。"② 该条款内中之意，为维持太平洋地区的均势状态，上述之国不得擅自采取行动，而九小岛在《条约》所规定的太平洋区域内，故亦受该条约之适用。九小岛原无军备存在，按条约规定他国不得设置任何军事设施。也就是说，日、法等国自 1922 年以后，在太平洋上的岛屿，不能进行与军事相关的各种建设活动。且如报纸所传，九小岛虽可利用为飞机着陆之地，潜水艇等小型军舰停泊场，然于主力舰和大型巡洋舰等则无价值，故于军事上无甚大的利用价值。这也可能是后来日、法在九小岛问题相互妥协的原因之一了。

最后，日本认为解决此问题的最佳途径，是使九小岛保持无人岛状态。横田喜三郎的言论很有代表性，他从国际局势角度分析说，法国用先占理由占有南海九小岛，主要原因似乎是如九小岛成为他国领土，则法属印度支那将感受威胁，所以其似无积极军事利用之意，而在于消极防止他国军事行动，如果是这样，只要永久使九小岛为无主的土地，而不互相利用于军事上就可以解决问题，况且此举也是对华盛顿条约中太平洋军备限制规定的遵守，这对两国来说是一种妥当的解决办法。可见，法国的先占行为，从国际关系上说，非明智之举。他说："我觉得在上述海军当局的声明中所表现的态度，是最适当的。这态度就是目下不立即与法国争先占，亦不承认法国的先占，使问题之岛成为无主的土地而残留下来。"③ 由其观点可以看出，日本政府组织学者对该问题的研究，其目的是为国家利益服务的，即在与法国交涉时，如何能取得更大的主动权、国家利益最大化，而日本学者则从不同角度积极介入，为政府出谋划策。

三、余论：对有关学术观点的认识

民国学者运用中外国际法家关于领土占有原则，尤其是先占理论，对法、日政府或学者的某些论点进行了批驳，其积极作用值得肯定，但因对中国拥有南沙群岛主权的历史认识不太清晰，所以在论证问题过程中，寻找证据方面具有一定的缺欠：一是关于九小岛、

---

①　前引③拙民文，第 81 页。

②　《美英法意日五国关于限制海军军备条约》（1922 年 2 月 6 日订于华盛顿），世界知识出版社编辑：《国际条约集》（1917—1923 年），北京：世界知识出版社，1961 年版，第 746 页。

③　［日］横田喜三郎著，梁佐燊译：《无人岛先占论》，第 9 页。

西沙群岛的关系，一时分辨不清，在论述问题时往往将九小岛视为西沙群岛，将某些论据张冠李戴，或虽断言九小岛为中国所有，但又举不出有说服力的论证，这就影响了论述的针对性、准确性了。二是与第一问题有关联，学者们对海南人民开发与建设九小岛的历史作用认识模糊，更由于缺乏社会实践的调查，故在论述问题时，难免会出现各种错误。例如有的学者说："纵有少数琼人赴岛居住，是否足以为我国先占之论据；在国际法上，实不无疑问。"[①] 三是学者的研究缺乏政府的支持，尤其是政策引导；政府对南海疆域经略的缺失，以及对该事件的应变不得力，在一定程度上又影响了学术研究工作的深入进行。

首先，关于"发现"的作用。有的民国学者认为先占即是有实力的占领，因此仅是"发现"，不能认为在被发现的土地上树立了权力，且不仅是发现土地不能算是先占，即在被发现的土地上居住，亦不能算作先占。如果发现者在被发现的土地上竖立国旗，则在相当的时期内，有树立权力的权利，他国应尊重此种权利，不得再树立自己的权力。但如发现者不在相当时期内树立权力，则他国可以树立自己的权力，"所以发现不过有使发现者在相当期间内树立权利的效力，但不能即认为国际法的先占"。这一认识在当时的学者中比较普遍。如前所述，上述内容为 18—19 世纪以后的规定，关于"发现"对确定一土地领有权的国际法规定，中国学者在 20 世纪 90 年代有深刻的阐述。

台湾地区"中央"研究院近代史研究所研究员张启雄，根据奥本海默、立作太郎、横田喜三郎、邱宏达等国际法学者的论述，指出 15—16 世纪的欧洲，对无主地的领有观念，在国际法上是属于"发现即领有"的时代。[②] 如果说张之论有些笼统，那么赵理海先生引述美国学者希尔（Norman Hill）的观点更能说明问题："对通常类型的占领不方便或不可能的许多小岛，曾在某些象征性占有行为的基础上提出主张，自 15—16 世纪早期发现以来，就遵照这一做法……由于单纯的发现被认为是主张无主地的充分根据，所以从事各种可能被视为实际占领或占有的象征性行为的实践得到了发展。"英国法学家詹宁斯（Jennings）也曾指出："不加占领的单纯发现在过去是可以赋予权利的。"赵理海指出，这里所谓的过去显然是指 16 世纪以前，因为詹宁斯说过："16 世纪以来，已不能再争辩，最终带有先占意思的单纯的发现足以产生权利。"[③] 实际上，海南渔民所使用的《更路簿》已经记录了对西沙群岛习用的传统地名共 33 处，记录了南沙群岛传统地名共 72 处。[④] 按照《更路簿》的记载，至少在 15 世纪期间，九小岛就有中国渔民生产和生活。这种长期有人居住的土地与"无主地"所指完全不同，他国不得以之作为"先占"的客体。

其次，关于抗议的问题。在近现代，中国政府主要是通过派遣军政要员前往西沙竖立石碑，升旗鸣炮，重申主权，批准经营某项事业等，以行使对西沙群岛的管辖权。然而在九小岛事件中，中国中央政府未对法国行为提出抗议，仅是说保留权利，这不得不说是历

① 陆东亚：《西沙群岛应有之认识》，《外交评论》，1933 年第 2 卷第 10 期，第 74 页。
② 台湾地区"中央研究院近代史研究所"集刊编辑委员会编辑：《"中央"研究院近代史研究所集刊》第 22 期（下），1993 年 6 月版，第 115-116 页。
③ 赵理海：《从国际法看我国对南海诸岛无可争辩的主权》，《北京大学学报》（哲学社会科学版），1992 年第 3 期，第 34 页。
④ 韩振华主编：《我国南海诸岛史料汇编》，北京：东方出版社，1988 年版，第 366 页。

史的遗憾。不过地方政府、九小岛上的中国渔民，对法国侵略行为提出抗议或进行反抗。有文献记载说，1933 年 7 月底，西南政务委员会议决该案，交广东省政府办理，广东省政府奉命向驻粤法领事提出抗议；法国的侵略行为遭到海南渔民的强烈反抗，甚至法军在诸岛上所埋标志、竖立的国旗都被毁掉。此外，还有全国社会各界的反对声浪此起彼伏。《奥本海国际法》指出，在确定赋予主权所必需的占领有效性的程度时，必须注意到其他国家的对抗主张，"如果一国由于继续做出只能被视为否定另一国的行为或主张的一些行为而充分地表现出否定了另一国的行为或主张，例如通过立法、政府和法院的行为对有关领土继续行使主权以反驳另一国对领土主权的主张，那么，该国没有提出正式抗议是没有关系的。"① 尽管国民政府在九小岛事件中的表现差强人意，但是抗战胜利后派舰队接收了南沙群岛，并在全国版图、行政区划上进行确认，这可以视为对以前未作为的一种补救。法国未对此提出抗议，这实际上等同于默认。

再次，关于管辖权问题。民国学者认为，中国占领九小岛，"至少已有数十年"，在此期间，他国并无争议，由此来看九小岛属于中国已因时效关系成立了。该论点有一定的可取之处，中国对南沙群岛所确定的主权是在 20 世纪 30 年代之前，并未受到任何主权挑战。虽然当时南海周边很多国家为列强的殖民地，但即便如此，列强和很多独立的国家对此并无争议，而且有的国家还予以承认。另外，关于中国管辖南沙群岛的历史，上述"至少已有数十年"之论，当为不确之说，近些年来学术界对此研究取得了瞩目成果，在此不再赘述。中国占领九小岛之后，何以不设置政治机关，何以人民不长久居住，此问题须视岛礁具体情况而定，"九岛之面积甚小，且有时令风之故，琼崖人民，虽欲久住，事实上实有所不能。唯以中国人民之时往时返，故亦无设置政治机关之必要。因此，中国之不设置行政机关，不得视为放弃九岛也。"② 该论断很深刻，反映了中国历代政府根据当时九小岛地理状况，决定采取适宜的管理方式，即主要采取巡海的方式来管辖西沙、南沙群岛。另外 20 世纪的某些国际法判例对这种领土管辖方式也是予以支持的。1931 年 1 月，在法国与墨西哥克利柏顿岛仲裁案（Clipperton Island Case）中，仲裁人很有说服力地指出："如果一块土地由于不适宜于居住这个事实，从占领国最初在那里出现的时候起，就一直处于该国的绝对的和没有争议的支配之下，从这时起，占有应认为是已经完成了，因而这个占领就是完全的占领。"③

对于先占原则，横田喜三郎有如下经典论述："根据原始占有的土地的状况，这个原则（注：有实效的统治的原则）有时不能原封不动地适用，也有时没有必要。例如像无人岛那样的情况，设立行政机关，配置警察力量和兵力，实际上没有必要。在不能住人的情况下，也不可能设置这些东西。"南沙群岛的绝大多数岛礁就是这种无法定居的无人小岛，所以要想在那里找出"实效统治"的痕迹，显然是不可能的。横田又讲道："在这样情况下，在其附近的岛屿或陆地上设置行政机关或警察力量，防止无人岛变成海盗的巢穴，时

---

① ［英］詹宁斯，瓦茨修订：《奥本海国际法》（第一卷　第二分册），中国大百科全书出版社，1998 年版，第 617 页。

② 前引①吴芷芳文，第 22 页。

③ 前引 29，第 82 页

常巡逻，实行行政上的管制，如有必要，在相当的时间内能够派出军舰和飞机，这就足够了。"① 这些管辖方式放在现在是不成问题的，然而在军事、航海技术不甚发达的过去是无法想象的。况且无法居住的远海小岛，也没有必要到那里"时常前往巡视"。

九小岛事件发生后，中国学者从法律视角对该事件反映的问题进行了阐述，批驳了日、法政府或某些学者的论述，阐述了中国拥有南沙群岛的法理依据，开启了中国学者捍卫南海主权的法律征程，尽管这一行为有这样或那样的缺点，但却无法掩盖住他们理性的爱国主义情怀。他们论述问题的国际法理原点，以及所参考的学术资料、汇通中外的学术视野，为后来学者研究此问题带来了某些启迪，很多现代学者论述相关问题时，依然不断地从中汲取学术养料。回顾这段历史，有些诸多经验教训值得我们认真总结，最主要的一点是：研究南海、东海等重要的涉海问题，需要诸多学者之间乃至于学者与政府相关部门的通力合作，如此才能协调各方资源、动员各种力量，而这一点往往是学者个体无法承受，或者说无力来实现的，这需要社会、政府相关部门来组织和实践，并提供各种条件保证，如此才能使有关问题的研究持之以恒，学者的作用才能更好地发挥出来。

论文来源：本文原刊于《北方法学》2016 年第 1 期，第 95-106 页。
资助项目：中国海洋发展研究会项目（CAMAZDA201501）。

---

① ［日］井上清著：《关于钓鱼岛等岛屿的历史和归属问题》，生活·读书·新知三联书店，1973 年版，第 52 页。

防空识别区与海洋飞越自由

张 磊①

摘要：有关海洋飞越自由的主要国际公约是《海洋法公约》和《芝加哥公约》。除了国际公约和国际习惯外，国际法不禁止的国家行为也可能对海洋飞越自由产生限制，设立防空识别区就属于具有这种限制作用的国际法不禁止的国家行为。防空识别区的有效性不仅来源于国际法不禁止，而且来源于沿海国维护国家安全的正当性，因为海洋飞越自由既有被保护的必要，也有被滥用的可能，而滥用海洋飞越自由会对沿海国的国家安全构成威胁。因此，各国享有的海洋飞越自由与沿海国享有的划设防空识别区的自由是契合的。就国际法的法律性质而言，防空识别区是在国际法不禁止的情况下，沿海国出于维护国家安全的正当性所采取的以识别为主要目的的预防性自卫。作为预防性自卫，它的法理依据来源于作为国际习惯的加罗林测试，但防空识别区的主要目的在于通过识别为正当使用武力提供更多的判断依据和预警时间。所以，我国东海防空识别区是符合国际惯例的，不妨碍海洋飞越自由。

关键词：海洋飞越自由；防空识别区；国家安全；《海洋法公约》；《芝加哥公约》

一、引言

一般而言，所谓防空识别区，是指"为了对空中目标进行敌我识别并测定其位置而划定的防空空域"。② 在这个区域内，沿海国会要求外国航空器表明身份、提交飞行计划以及报告所在方位等，并且在外国航空器拒不配合的情况下采取相应措施。目前，美国、加拿大、澳大利亚、德国、意大利、日本、韩国、菲律宾、越南和泰国等至少20多个国家已经划设了防空识别区。③ 各国防空识别区的范围一般都会超出领海，延伸到专属经济区

---

① 张磊，华东政法大学国际法学院副教授、硕士生导师，中国海洋发展研究会海洋法治专业委员会理事，上海高校智库——上海交通大学海洋法治研究中心兼职副研究员。

② 卓名信，厉新光，徐继昌主编：《军事大辞海》（上），北京：长城出版社，2000年版，第1393页。

③ 胡若愚：《"防空识别区"的"前世今生"》，《新华每日电讯》，2013年11月30日。

和公海。

2013 年 11 月 23 日，中国政府发表声明，宣布划设东海防空识别区，并发布航空器识别规则公告和识别区示意图。① 然而，日本和美国对东海防空识别区的划设提出强烈抗议，其主要理由之一是认为东海防空识别区妨碍了各国在领海以外海域上空的飞越自由，即海洋飞越自由。② 日本还在 2014 年版《防卫白皮书》里进一步指责我国东海防空识别区侵害了海洋飞越自由。③ 国外有部分学者也认为防空识别区的确妨碍或可能妨碍海洋飞越自由。④

从美国在 1950 年划设世界上第一个防空识别区以来，防空识别区作为一项法律制度已经有 60 多年的历史。鉴于上述背景，无论从现实还是理论角度看，在法理上总结分析防空识别区与海洋飞越自由之间的关系，并由此得出建设性结论显得很有必要。

二、有关海洋飞越自由的主要国际公约

1982 年《联合国海洋法公约》（以下简称《海洋法公约》）正式确立了海洋飞越自由。根据《海洋法公约》第 38 条、第 53 条、第 58 条、第 87 条，船舶与航空器在用于国际航行的海峡、群岛国的群岛水域、专属经济区以及公海上都享有不同程度的航行自由与飞越自由。一般而言，沿海国在用于国际航行的海峡采取过境通过制，但在例外情况下，也有可能采取无害通过制。与之类似，群岛国在其群岛水域既可能采取群岛海道通过制，也可能采取无害通过制。过境通过制和群岛海道通过制都适用于船舶和航空器，但无害通过制却只适用于船舶。换言之，如果用于国际航行的海峡和群岛国的群岛水域采取无害通过制，那么外国航空器将不享有飞越自由。相比之下，航空器在专属经济区和公海上享有更大的飞越自由。根据《海洋法公约》第 58 条第 1 款，"在专属经济区内，所有国家，不论沿海国或内陆国，在本公约有关规定的限制下，享有第 87 条所指的航行和飞越的自由。"⑤《海洋法公约》第 87 条第 1 款规定了 6 个方面的"公海自由"，其中最重要的是航行自由和飞越自由。⑥ 由此可见，公海是保障航行自由与飞越自由最充分的空间，而专属经济区次之，因为尽管专属经济区也适用《海洋法公约》第 87 条（公海自由）所指的航行自由和飞越自由，但前提是"在本公约有关规定的限制下"。需要指出的是，根据《海洋法公约》第 58 条第 3 款和第 87 条第 2 款，国家在专属经济区和公海内享有航行自由与

① 李宣良、王经国：《中国宣布划设东海防空识别区》，《人民日报》，2013 年 11 月 24 日。

② 《日美无权对中国划设东海防空识别区说三道四》，《解放军报》，2013 年 11 月 26 日；张蕾：《美日对中国东海防空识别区反应强烈》，《中国青年报》，2013 年 11 月 29 日。

③ 方晓：《日防卫白皮书妄批中国防识区》，《东方早报》，2014 年 7 月 18 日。

④ Stefan A. Kaiser, "The Legal Status of Air Defence Identification Zones: Tensions over the East China Sea," *German Journal of Air and Space Law*, Vol. 63, No. 4, 2014, pp. 542–543; Peter A. Dutton, "Caelum Liberum: Air Defense Identification Zones Outside Sovereign Airspace," *The American Journal of International Law*, Vol. 103, No. 4, 2009, p. 691; Ivan L. Head, "ADIZ, International Law, and Contiguous Airspace," *Alberta Law Review*, Vol. 3, No. 2, 1964, p. 182; Christopher K. Lamont, "Conflict in the Skies: The Law of Air Defence Identification Zones," *Air and Space Law*, Vol. 39, No. 3, 2014, p. 189.

⑤ United Nations Convention on the Law of the Sea, signed at Montego Bay, on December 10, 1982, *United Nations Treaty Series*, Volume-1833-A-31363, Article 58(1)。

⑥ United Nations Convention on the Law of the Sea, Article 87(1)。

飞越自由的同时，也负有"适当顾及"义务，即适当顾及其他国家（包括沿海国）的权利与义务。[1]

海洋飞越自由不适用于领海。这是因为各国领海一概采取无害通过制，而无害通过制只适用于外国船舶，不适用于外国航空器。那么为什么领海会采取这样的制度呢？这是因为领海的产生具有特殊性。近代领海源于著名的"大炮射程说"（Cannon Shot Rule）。1702年，荷兰法学家科尔内利斯·范·宾刻舒克（Cornelius van Bynkershoek）提出陆地对海洋的控制应当延伸至大炮的最远射程。[2] 当时，大炮射程最远为3海里。于是，在该学说得到许多国家的支持之后，近代意义上的领海（沿岸3海里的海域）出现了。1982年《海洋法公约》又确认现代领海宽度拓展到12海里。因此，领海在一定程度上可以被看作是陆地的附属物，因为大炮射程内的海域终究处于陆权的统治下，而非受制于海权。所以，与陆地一样，作为陆地附属物的领海也排斥飞越自由。当然，这里有一个前提，即陆地排斥飞越自由。于是，这就牵涉出与海洋飞越自由相关的另外一个主要的国际公约——《芝加哥公约》。

在第一次世界大战结束之后的巴黎和会上，国际社会顺利地制定了人类历史上第一个国际航空条约——1919年《关于管理空中航行的公约》（以下简称《巴黎公约》）。该公约第1条明确规定："各缔约国承认每一国家对其领土（territory）之上的空域具有完全的和排他的主权。"[3] 在第二次世界大战即将结束的1944年，国际社会在芝加哥召开了世界航空会议，又制定了《国际民用航空公约》（以下简称《芝加哥公约》），取代了《巴黎公约》。尽管如此，《芝加哥公约》第1条却照抄了《巴黎公约》的第1条，[4] 并且其内容在今天已经成为现代国际航空法的基本原则之一。至此，陆地排斥飞越自由已经毫无争议。然而，海洋（除了领海）上仍然有广阔的天空处于自由的状态。对于各国航空器如何飞越这片自由的天空，《芝加哥公约》则做出了详细规定。为了保障民用航空器的飞行安全和管理各国航空器之间的飞行秩序，《芝加哥公约》在第12条"空中规则"中规定："公海上空，有效的规则应为根据本公约制定的规则。"[5] 于是，国际民用航空组织（International Civil Aviation Organization，以下简称ICAO）在1948年制定了《芝加哥公约》附件二——《空中规则》，并将该附件所载的法律规范适用于公海上空。

由此可见，《海洋法公约》奠定了海洋上空的法律地位，从而确立了海洋飞越自由，

---

[1] United Nations Convention on the Law of the Sea, Article 58 (3), Article 87 (2)。

[2] 张乃根：《国际法原理》，上海：复旦大学出版社，2012年版，第236页。

[3] Convention relating to the regulation of Aerial Navigation, signed at Paris, on October 13, 1919, *League of Nations Treaty Series*, Volume-11-297, Article 1。

[4] Convention on International Civil Aviation, signed at Chicago, on December 7, 1944, *United Nations Treaty Series*, Volume-15-II-102, Article 1。

[5] Convention on International Civil Aviation, signed at Chicago, on December 7, 1944, *United Nations Treaty Series*, Volume-15-II-102, Article 12。

《芝加哥公约》则详细规定了民用航空器在海洋上空的飞行规则。① 换言之，前者明确了各国在海洋上空的权利和义务，后者保障了海上民航的安全与秩序。

三、海洋飞越自由可以受到合理限制

海洋飞越自由不是绝对的。换言之，它可以受到限制。这种限制首先来自《海洋法公约》和《芝加哥公约》。

《海洋法公约》在确立海洋飞越自由的同时，也允许对其进行必要的限制。首先，在用于国际航行的海峡和群岛国的群岛水域里，海洋飞越自由是一项相对脆弱的权利。正如前文所述，这是因为在这两个特殊的海域里，沿海国既可以允许外国航空器飞越，即采取过境通过制或群岛海道通过制，也可以禁止外国航空器飞越，即采取无害通过制。其次，专属经济区和毗连区是沿海国可以享有一定主权权利的海域。如果沿海国同时设立专属经济区和毗连区，那么这两个区域是部分重合的。根据《海洋法公约》第 56 条第 1 款和第 2 款，在专属经济区里，沿海国可以行使 4 个方面的管辖权：第一，管理自然资源；第二，管理人工岛屿；第三，管理海洋科研；第四，管理海洋环境。② 根据《海洋法公约》第 33 条，在毗连区里，沿海国还可以对涉及海关、财政、移民或卫生的行为进行管辖。③ 于是，如果外国航空器在专属经济区和毗连区内的飞越行为与上述方面有关，那么沿海国就可以对其进行管辖。更重要的是，在专属经济区内，根据《海洋法公约》第 58 条第 3 款，沿海国以外的其他国家（非沿海国）应当"适当顾及沿海国的权利和义务"。④ 由于专属经济区的范围覆盖了毗连区，所以上述"适当顾及"的规定实际上在毗连区内同样地适用。最后，不可否认，公海是最自由的海域。不过，我们也应当注意到，《海洋法公约》第 88 条明确规定："公海应只用于和平目的。"⑤ 换言之，任何威胁或破坏和平的飞越行为都不可能得到《海洋法公约》的认可与保护。同时，《海洋法公约》第 87 条第 2 款也规定一国在行使飞越权利的同时，应当适当顾及其他国家的利益。⑥ 由此可见，即使是根据《海洋法公约》本身的规定，无论在哪个海域，海洋飞越自由都不是一项绝对的权利。

海洋飞越自由在《芝加哥公约》里受到了更加具体的限制。这主要体现在《芝加哥公约》附件二——《空中规则》（适用于公海上空）中。首先，根据《芝加哥公约》附件二第 3.3.1.2 条（d）项和（e）项，为了便于与沿海国军事单位或空中交通服务站进行协调，从而避免可能为识别而发生拦截的必要性，如果空中交通服务机关提出要求，那么

---

① 尽管《芝加哥公约》及其附件二分别是 1944 年与 1948 年制定的，即早于 1982 年制定的《海洋法公约》，但《芝加哥公约》并不涉及公海上空（即国际空域）的法律地位问题，而是在各国领空之外的国际空域维持航空器的飞行秩序。实际上，《芝加哥公约》继承的是《巴黎公约》。早在 20 世纪初，公海飞越自由就是一个事实，但一直没有普遍性国际条约予以正式确立。在《海洋法公约》正式确立海洋飞越自由之后，《芝加哥公约》通过不断完善，在今天已经成为海洋飞越自由的重要保障。

② United Nations Convention on the Law of the Sea, Article 56（1）（2）。

③ United Nations Convention on the Law of the Sea, Article 33。

④ United Nations Convention on the Law of the Sea, Article 58（3）。

⑤ United Nations Convention on the Law of the Sea, Article 88。

⑥ United Nations Convention on the Law of the Sea, Article 87（2）。

任何飞入或飞经指定区域或者围绕指定区域飞行的航班都要在起飞前向其提交飞行计划。同时，任何准备跨越国际边界（international border）的航班都必须在起飞之前提交飞行计划；① 其次，根据《芝加哥公约》附件二第 3.6.3.1 条，除非空中交通服务机关或者空中交通服务站根据相关规定不要求航班进行报告，否则一架操控正常的班机应当在飞经每个强制报告地点时尽快向空中交通服务站报告通过的时间和飞行高度。当空中交通服务站提出要求时，班机还要额外地随时报告位置。当本地空中交通服务站不存在时，班机需要按照空中交通服务机关或其他空中交通服务站所规定的时间间隔向其汇报位置。② 再次，根据《芝加哥公约》附件二第 3.6.5.1 条，一架操控正常的班机应当保持天地之间持续的语音通信联系，关注适当的通信频率，并且在必要时建立双向对话联系。③ 最后，《芝加哥公约》第 20 条规定："从事国际空中航行的每一个航空器都应载有适当的国籍标志和登记标志。"④ 由此可见，对民用航空器而言，《芝加哥公约》对海洋飞越自由的限制主要体现在 4 个方面——提交飞行计划、报告所在方位、保持无线电应答以及展示识别标志。

事实上，对海洋飞越自由的限制不仅来源于《海洋法公约》和《芝加哥公约》，也来源于其他国际条约或者国际习惯。就国际条约而言，各国在享有海洋飞越自由的同时，既要遵守《联合国宪章》等普遍性国际条约，也要遵守国家缔结的一般性国际条约，例如 1963 年《关于在航空器内的犯罪和其他某些行为的公约》。根据该公约第 4 条，沿海国在特殊情形下可以对公海上空"飞行中的航空器"行使特定的刑事管辖权。⑤ 例如，就国际习惯而言，沿海国在公海上对海盗、贩奴、劫机等国际犯罪具有普遍管辖权。⑥ 除了国际条约和国际习惯，国际法不禁止的行为也可能对海洋飞越自由进行合理限制，划设防空识别区就属于具有这种限制作用的国际法不禁止的行为。因此，防空识别区发挥限制作用的有效性首先来源于国际法不禁止。

四、国际法不禁止国家划设防空识别区

在实践中，防空识别区的覆盖范围主要是专属经济区和公海。尽管我们不能认为《海

---

① Annex 2 to the Convention on International Civil Aviation-Rules of the Air, 10th Edition, July, 2005, Article 3.3.1.2 (d)(e)。

② Annex 2 to the Convention on International Civil Aviation-Rules of the Air, Article 3.6.3.1。

③ Annex 2 to the Convention on International Civil Aviation-Rules of the Air, Article 3.6.5.1。

④ Convention on International Civil Aviation, signed at Chicago, Article 20。

⑤ 《关于在航空器内的犯罪和其他某些行为的公约》第 4 条："非登记国的缔约国除下列情况外，不得对飞行中的航空器进行干预以对航空器内的犯罪行使其刑事管辖权。甲，该犯罪行为在该国领土上发生后果；乙，犯人或受害人为该国国民或在该国有永久居所；丙，该犯罪行为危及该国的安全；丁，该犯罪行为违反该国现行的有关航空器飞行或驾驶的规定或规则；戊，该国必须行使管辖权，以确保该国根据某项多边国际协定，遵守其所承担的义务。"参见 Convention on Offences and Certain Other Acts Committed on Board Aircraft, Signed at Tokyo, On September 14, 1963, *United Nations Treaty Series*, Volume-704-I-10106, Article 4。

⑥ 按照国际习惯法，各国对严重危害国际和平与安全以及全人类利益的某些特定的国际犯罪行为可以行使普遍管辖权。这种管辖权不问犯罪行为发生的地点和罪犯的国籍。普遍管辖权所针对的国际犯罪主要包括海盗行为、战争犯罪、贩卖奴隶、贩卖和走私毒品、劫持航空器、灭绝种族等。参见李浩培、王贵国、周仁、周忠海主编：《中华法学大辞典》（国际法学卷），北京：中国检察出版社，1996 年版，第 465 页。参见 Cedric Ryngaert, *Jurisdiction in International Law*, New York: Oxford University Press, 2015, pp.101-102。

洋法公约》在这两个海域要求各国承担的"适当顾及"义务就是沿海国划设防空识别区的直接依据，但起码《海洋法公约》也没有在条文中明确禁止沿海国这样做。如果进一步分析，那么我们可能还要考虑：虽然《海洋法公约》在条文中没有明确禁止沿海国划设防空识别区，但防空识别区是否会在事实上对海洋飞越自由构成非法妨碍呢？因为这显然也应当是《海洋法公约》所禁止的行为。令人遗憾的是，从《海洋法公约》本身的规定很难判断防空识别区是否会在事实上妨碍海洋飞越自由。换言之，利用《海洋法公约》对"非法妨碍"与"合理限制"进行准确区分的可行性是较小的。一方面，《海洋法公约》主要规定各国航空器可以飞越，但较少涉及各国航空器如何飞越。这既表现在《海洋法公约》没有规定怎样才算妨碍飞越自由，也表现在它同样没有规定怎样是滥用飞越自由。因此，从某种程度上看，《海洋法公约》在海洋飞越自由的问题上更多的是确权性质的。另一方面，正如前文所述，对海洋自由飞越的合理限制并不只能来源于《海洋法公约》的规定，我们不能因为相关限制在《海洋法公约》中无法找到明确的依据就认为这种限制必然是对飞越自由的非法妨碍。因此，如果仅仅就防空识别区与《海洋法公约》的关系而言，那么比较谨慎的结论应该是两者不存在明显的矛盾。换言之，《海洋法公约》并没有明确禁止沿海国划设防空识别区。

正如前文所述，《芝加哥公约》对海洋飞越自由的合理限制主要体现在 4 个方面——提交飞行计划、报告所在方位、保持无线电应答以及展示识别标志。实际上，这 4 个方面的要求也是防空识别区的主要规定，即两者存在相似性。[1] 我们不妨以美国和中国的防空识别区为例。目前，美国关于防空识别区的法律依据主要是《联邦法规》（Code of Federal Regulations）的第 99 部分《空中交通安全管制》（Security Control of Air Traffic）。根据《联邦法规》第 99.11 条（a）项，如果没有空中交通管理人员的许可，那么任何人不得驾驶航空器飞入、滞留或飞经防空识别区，但是已经通过航空设备提交了飞行计划者除外。[2] 根据《联邦法规》第 99.17 条，在仪表飞行规则（IFR）下，飞经或位于防空识别区内的航空器飞行员必须根据管制空域与非管制空域的不同要求报告其所在方位；[3] 根据《联邦法规》第 99.9 条，如果没有出现第 99.1 条（c）项的情况，那么任何人不得在防空识别区内驾驶航空器，除非该航空器保持双向无线电通信功能。[4] 此外，根据我国《东海防空识别区航空器识别规则》第 2 条，在东海防空识别区飞行的航空器，必须提供以下识别方式：第一，飞行计划识别；第二，无线电识别；第三，应答机识别；第四，标志识别。[5] 很显然，美国和中国关于防空识别区的上述规定与《芝加哥公约》的要求十分

---

① Nicholas Grief, *Public International Law in the Airspace of the High Seas*, Boston: Martinus Nijhoff Publishers, 1994, pp. 147-56。

② Code of Federal Regulations of United States, Title 14-Aeronautics and Space, Part 99-Security Control Of Air Traffic, Article 99.11（a）。

③ Code of Federal Regulations of United States, Title 14-Aeronautics and Space, Part 99-Security Control Of Air Traffic, Article 99.17。

④ Code of Federal Regulations of United States, Title 14-Aeronautics and Space, Part 99-Security Control Of Air Traffic, Article 99.9。

⑤ 《中华人民共和国东海防空识别区航空器识别规则公告》，《光明日报》，2013 年 11 月 24 日第 2 版。

相似。

尽管存在相似性，但就空中规则而言，防空识别区的规定与《芝加哥公约》的要求也存在重大区别。这主要表现在识别手段、管理体系、强制措施3个方面。

首先，在识别手段上，防空识别区往往会提出比《芝加哥公约》更多或更高的要求。例如美国《联邦法规》第99.19条所规定的防御性目视飞行规则（DVFR）下的方位报告义务就明显加重了民航班机在《芝加哥公约》下的义务；[①] 又如美国《联邦法规》第99.7条对特别安全指令（Special Security Instructions）的规定也是超出《芝加哥公约》的。[②] 事实上，这种差别也可以从《芝加哥公约》附件十五——《航空信息服务》里找到佐证。在《芝加哥公约》附件十五第1.1条"定义"中出现了对防空识别区（Air Defence Identification Zone）的定义——防空识别区是"一个被特殊指定的确定空域，在该空域内的航空器除了要遵守（本公约）有关空中交通服务（ATS）的规定外，还要同时额外地遵守特别的识别程序和/或（and/or）报告程序"。[③] 由此可见，《芝加哥公约》也视防空识别区的部分规定为额外义务。

其次，在管理体系上，根据《芝加哥公约》附件十一——《空中交通服务》第2.1.2条，公海上空为无主权地带（即国际空域），其中空管服务的提供与安排应当根据"区域空航协定"决定。缔约国承允在相应公海区域提供空管服务义务的，应当根据附件十一安排这样的空管服务。[④] 于是，根据ICAO大会的第A63-13号决议，鉴于公海上空提供空管的空域由"区域空航协定"做出安排，这样的安排应考虑：①空管空域的界线应基于技术与操作上的考虑，以确保无论是服务提供者还是服务使用者均实现安全与效率的最大化；②空管空域的分区不应基于技术、操作和效率以外的考虑……⑤……任何对公海上空的空管服务义务的指派均应限于技术和操作上的考虑，以便确保该空域的安全与有序……⑦ICAO理事会负责批准"区域空航协定"以及有关国家为公海上空特定空域提供空管服务的指派安排，但这不意味着承认该国在公海上空存在主权。[⑤] 上述规定说明：第一，作为ICAO体系的组成部分，公海上空的空管体系（包括空管站设置）是通过"区域空航协定"，由ICAO和沿海国共同建立的，而不是沿海国单边设立的；第二，ICAO体系下的"区域空航协定"，其目的是保障民航安全，因为它"应限于技术和操作上的考虑"，而不是为了国家安全；第三，实践中，在ICAO体系下，"区域空航协定"安排的空中报告点与地面空管站一旦确定，很少也很难变更。然而，防空识别区所确定的空中报告点与地面

---

① Code of Federal Regulations of United States，Title 14-Aeronautics and Space，Part 99-Security Control Of Air Traffic，Article 99.19。

② Code of Federal Regulations of United States，Title 14-Aeronautics and Space，Part 99-Security Control Of Air Traffic，Article 99.7。

③ Annex 15 to the Convention on International Civil Aviation-Aeronautical Information Services，14th Edition，July，2013，Article 1.1。

④ Annex 11 to the Convention on International Civil Aviation-Air Traffic Services，13th Edition，July，2001，Article 2.1.2。

⑤ ICAO Assembly Resolution A36-13，Consolidated Statement of Continuing ICAO Policies and Associated Practices Related Specifically to Air Navigation，adopted by the Assembly in its 36th Session，September 2007，Appendix M，Delimitation of air traffic services（ATS）airspaces。

空管站往往多于 ICAO 体系的要求，且易于变更。显然，ICAO 体系在上述三个关键点都与防空识别区存在根本不同。

最后，在强制措施上，防空识别区不完全受制于《芝加哥公约》。我们不妨以拦截这一最常用的阻止手段为例。尽管《芝加哥公约》附件二对于因为无法识别而导致的拦截行为进行了比较详细的规定，但这些规定的指导思想是保护民航班机的安全。[1] 与之相对的是，虽然一部分国家对拦截行为做出了比较详细的法律规定，但这些规定的指导思想是保护国家安全。因此，在防空识别区内，当民航安全与国家安全发生根本冲突时，沿海国可以选择国家安全。例如，美国对于在防空识别区内如何拦截民用航空器的规定载于美国交通运输部下设的联邦航空局发布的《飞航情报汇编》（Aeronautical Information Publication），《飞航情报汇编》的 ENR 1.12 篇详细规定了"民用航空器的拦截、国家安全与拦截程序"。[2] 在这部分的规定中，除了拦截信号的环节外，美国在其他环节均没有明确表示会严格遵守《芝加哥公约》附件二对拦截的规定。换言之，美国其实是宣示自己在必要时完全可以背离《芝加哥公约》。我们不妨再以刑事责任为例。美国是明确动用刑事法律进行制裁的国家，其刑事制裁规则载于《美国法典》（United States Code）。根据《美国法典》第 49 篇第 46 307 条，对违反防空识别区规则的民用航空器，可对其驾驶员或其他应当负责的人处以罚金、不超过 1 年的监禁或二者并罚。[3] 然而，《芝加哥公约》显然不可能涉及刑事制裁的问题。

防空识别区与《芝加哥公约》的上述重大区别是否是前者对海洋飞越自由的非法妨碍呢？换言之，防空识别区的上述做法是否被《芝加哥公约》所禁止呢？有部分学者给出了肯定的答案，因为他们据此认为防空识别区违反了《芝加哥公约》附件二的无例外原则[4]——《芝加哥公约》附件二在其序言部分规定该附件的规定在公海上应当毫无例外地适用（apply without exception）。[5] 然而，我们认为这样的观点是值得商榷的。

更加准确地讲，《芝加哥公约》附件二序言实际上只是要求缔约国不得通过例外方式减损自己在该附件下的法律义务，而不是要"冻结"空中规则，即完全排斥其他空中规则。这是因为《芝加哥公约》附件二不可能穷尽空中规则中的所有问题（包括国防安排）。实际上，无论是《芝加哥公约》的正文部分，还是《芝加哥公约》附件二，都是针对空中规则中的民航安排而言，而不是要干涉或者剥夺沿海国进行国防安排的权利。《芝

---

① Annex 2 to the Convention on International Civil Aviation-Rules of the Air, Article 3.8, Interception, Section 2 of Appendix 1, Signals for use in the event of interception, Appendix 2, Interception of civil aircraft, and Attachment A, Interception of civil aircraft。

② Aeronautical Information Publication of United States, 22nd Edition, March 7, 2013, Amendment 3, July, 24, 2014, ENR 1.12, Interception of Civil Aircraft, National Security and Interception Procedures。

③ United States Code, Title 49-Transportation, Chapter 463-Penalties, Article 46307。

④ Stefan A. Kaiser, "The Legal Status of Air Defence Identification Zones: Tensions over the East China Sea," pp. 542-543; Elizabeth Cuadra, "Air Defense Identification Zones: Creeping Jurisdiction in the Airspace," *Virginia Journal of International al Law*, Vol. 18, No. 3, 1978, p. 499。

⑤ Annex 2 to the Convention on International Civil Aviation-Rules of the Air, foreword。

加哥公约》的制定目的是为了保障民航运输的安全和有序。[①] 因此，它的正文和附件二都将自己的调整范围限定在民航安排的范畴。与之不同，设立防空识别区的目的是为了维护沿海国的国家安全。[②] 很显然，民航安全与国家安全之间既有联系又有区别。这就使防空识别区的规定与《芝加哥公约》的要求既相似又不同。由此可见，如果沿海国没有减损自己在《芝加哥公约》及其附件下的义务，那么它完全可以根据国家安全的需要做出国防安排。因此，尽管防空识别区与《芝加哥公约》存在重大区别，但这既不会必然构成对海洋飞越自由的妨碍，也不被《芝加哥公约》所禁止。

由此可见，《海洋法公约》和《芝加哥公约》都不禁止沿海国出于维护国家安全的需要划设防空识别区。众所周知，"国际法不禁止即自由"的原则最早在著名的"荷花"号案（The Lotus Case）中得到确认。[③] 在该案中，国际常设法院之所以认为土耳其享有管辖权，是因为国际法不禁止。类似的分析与结论不断出现在后世的国际法案例中，例如"英挪渔业案"（Anglo-Norwegian Fisheries Case）。[④] 在该案中，国际法院同样以国际法不禁止为由支持了挪威的主张。因此，沿海国享有划设防空识别区的自由。

值得指出的是，这种自由与其他国家享有海洋飞越自由是对应的。具体来讲，海洋飞越自由既有被保护的必要，也有被滥用的可能，而滥用海洋飞越自由会对沿海国的国家安全构成威胁。因此，为了消除滥用海洋飞越自由的风险，沿海国可以划设防空识别区。从这个角度看，各国享有的海洋飞越自由与沿海国享有划设防空识别区的自由是契合的。换言之，防空识别区可以成为对海洋飞越自由的合理限制。更重要的是，从这个角度看，防空识别区的有效性不仅仅来源于国际法不禁止，而且还来源于沿海国维护国家安全的正当性。这是因为，倘若失去这种正当性，防空识别区自己也可能被滥用，从而无法再与海洋飞越自由相互契合。换言之，失去维护国家安全正当性的防空识别区将不再是国际法不禁止的行为，并可能由此被认为是对海洋飞越自由的非法妨碍。因此，维护国家安全的正当性是防空识别区有效性的另一个要件。

---

① 《芝加哥公约》在序言中明确规定各国制定本公约的目的是"使国际民用航空按照安全和有秩序的方式发展"。参见 Convention on International Civil Aviation, Preamble。

② 例如，美国《联邦法规》第 99.3 条就明确规定："防空识别区是指，出于维护国家安全利益的需要，在陆地或水域上的一定空域，对民用航空器进行身份识别、方位确定以及实施控制的一块区域。"参见 Code of Federal Regulations of United States, Part 99–Security Control Of Air Traffic, Article 99.3。

③ 1926 年，法国船只"荷花"号因为船员疏忽在公海上与一艘土耳其船只发生碰撞，造成后者人员伤亡。当"荷花"号停靠伊斯坦布尔之后，土耳其逮捕和审判了该船的船长和肇事船员。法国认为土耳其没有权力实施管辖，因为碰撞发生在公海。于是，法国与土耳其将争议提交当时的国际常设法院解决。国际常设法院支持了土耳其，并认为：土耳其实施管辖的权力不是基于受害者的国籍，而是犯罪行为的效果发生在土耳其的船只上。国际法没有禁止作为犯罪行为的效果所波及的船舶的所属国把该行为当作是发生在其领土上的行为。因此，从行为效果地原则出发，土耳其对于发生在其船上的犯罪行为实施管辖没有违反国际法。参见李浩培、王贵国主编：《中华法学大辞典》（国际法学卷），北京：中国检察出版社，1996 年版，第 278 页。

④ 1935 年，挪威对围绕该国在北极圈北部的整个海岸的水域主张排他性的捕鱼权。英国反对挪威的上述主张。1949 年，英国与挪威将该争端提交国际法院解决。1951 年，国际法院判定挪威的做法没有违反国际法，驳回了英国的要求。参见杨宇光主编：《联合国辞典》，哈尔滨：黑龙江人民出版社，1998 年版，第 442-443 页。

五、沿海国维护国家安全的正当性

沿海国维护国家安全的正当性一方面来自空中威胁的高度危险性；另一方面来自沿海国行为的强制程度与空中威胁的危急程度之间的匹配度。前者是从正面为上述正当性提供依据，后者则是从反面。同时，由于国家航空器具有特殊性，所以沿海国应当更加谨慎地予以对待。

（一）空中威胁的高度危险性是防空识别区正当性的基础

无论是传统国家安全，还是非传统国家安全，都面临来自空中的威胁。[①] 更重要的是，空中威胁具有高度危险性。就传统国家安全而言，意大利著名军事理论家朱利奥·杜黑（Giulio Douhet）的理论准确地评估了空中威胁的危险性。杜黑在 1921 年出版了《制空权》（*The Command of the Air*）一书。在这本经典之作中，他提出："考虑到制空权带来的巨大优势，就应当承认制空权对战争结局将有决定性的影响。"[②] 更重要的是，"战争将从空中开始。各方都想获得突然性的优势，甚至在宣战之前就进行大规模的空中行动。空中战争将十分紧张激烈，因为各方都认识到必须在最短的时间内给敌人造成更大的损失，并从空中消灭敌人的航空兵器，使它不能进行任何还击。因此，在冲突爆发时已经做好准备的空中力量将决定空中战争的胜负。"[③] 第二次世界大战和战后的局部战争都验证了上述理论的正确性。就非传统国家安全而言，2001 年发生的"9·11"恐怖袭击事件让人类深刻认识了空中威胁的新来源。毋庸赘言，在今天，利用民航客机进行恐怖袭击已经成为另外一种重要的空中威胁，[④] 其危险性也相当突出。

诚然，国家可以将领海（12 海里）作为保护本土安全的屏障。不过，就空中威胁而言，这个战略纵深远远不够。我们可以通过航空器与船舶的比较来说明这个问题。以一般民用交通工具为例。根据 1974 年《国际海上人命安全公约》附则第 2 条（f）项，"客船系指载客超过 12 人的船舶"。[⑤] 符合该标准的客船"航速较高，一般为 16~20 节（kn）。大型高速客船可达 24 节（kn）左右"。[⑥] 如果航速按照 24 节计算，那么一艘大型高速客船穿越领海的时间大概需要 0.5 小时。[⑦] 与此同时，"目前，大型民航客机的速度稳定在高亚音速范围，即 800~1 000 千米/小时的水平。"[⑧] 即使以 800 千米/小时的速度计算，一架

---

① 传统国家安全是指涉及一个国家领土和主权完整的安全问题，其基本理论是以军事安全为核心，以国家政治安全、国家意识形态为主要内容。传统国家安全以外其他涉及安全的问题统称为非传统国家安全，主要是保证资源供给和维护生存环境，即人的生存权与发展权。参见徐则平：《国家安全理论研究》，贵阳：贵州大学出版社，2009 年版，第 79 页、第 91 页。

② 朱利奥·杜黑著，曹毅风、华人杰译：《制空权》，北京：解放军出版社，2004 年版，第 200 页。

③ 朱利奥·杜黑：《制空权》，北京：解放军出版社，2004 年版，第 205 页。

④ 实际上，海洋生态环境安全、海上经济通道安全等一系列非传统国家安全都可能面临来自空中的威胁。参见袁发强：《国家安全视角下的航行自由》，《法学研究》，2015 年第 3 期，第 202-206 页。

⑤ International Convention for the Safety of Life at Sea, signed at London, on November 1, 1974, *United Nations Treaty Series*, Volume-1184-I-18961, Annex, Regulation2(f)。

⑥ 沈四林：《航海概论》，大连：大连理工大学出版社，2011 年版，第 26 页。

⑦ 1 节（kn）= 1 海里/小时。现代领海的宽度为 12 海里。

⑧ 方从法、罗茜主编：《民用航空概论》，上海：上海交通大学出版社，2012 年版，第 15 页、第 16 页。

大型民航客机飞越领海的时间也只要大约 0.027 78 小时，即 1 分钟 40 秒左右。[①] 更重要的是，航空器不但可以飞越领海，而且可以直接深入内陆，甚至腹地，而船舶几乎不可能做到这一点。通过这样的比较，我们可以理解为什么世界各国在制定《海洋法公约》的时候，允许船舶可以在领海无害通过，但无害通过制却不能适用于航空器。事实上，1919 年《巴黎公约》第 2 条曾经规定外国航空器可以享有无害通过的权利。[②] 然而，1944 年《芝加哥公约》彻底废除了航空器的无害通过制。很显然，由于航空器具有令人生畏的速度和穿透力，所以在危险来临时，领海可能无法起到真正的防御作用。认为 12 海里已经在沿海国与其他国家之间实现"最大效率平衡"（most efficient balance）的观点是不切实际的。[③] 为了更好地维护国家安全，沿海国必然会在领海以外的海洋上空寻求更大的战略纵深，而防空识别区显然是实现这一目的的有效有段。

（二）沿海国行为的强制程度与空中威胁的危急程度之间的匹配度

正如前文所述，防空识别区也有被滥用的可能，并由此失去维护国家安全的正当性。倘若如此，它将被认为是对海洋飞越自由的非法妨碍。然而，空中威胁的高度危险性只能解释沿海国"可以怎么做"，但不能解释沿海国"不能怎么做"，即避免防空识别区被滥用，以便保持其正当性。因此，沿海国维护国家安全的正当性还要取决于沿海国行为的强制程度与空中威胁的危急程度之间的匹配度。从国际法角度看，这种匹配度又主要取决于手段和限度两个方面。

1. 从手段角度考察沿海国维护国家安全的正当性

纵观世界上主要国家的防空识别区，我们可以将沿海国在该空域的行为归纳为 4 个方面：第一，识别。这既包括要求外国航空器报告各种信息（例如飞行计划、所在方位等），也包括通过本国舰艇、航空器或其他设备对外国航空器进行自主识别。第二，警告。当沿海国无法识别航空器的性质或者已经认定存在安全威胁时，既可以通过通信设备进行口头警告，也可以派遣本国战斗机伴飞，以显示军事存在。第三，阻止。如果有必要禁止外国航空器进入某一特定空域时，沿海国可以派出战斗机进行拦截，并对外国航空器采取强制改向或者迫降等措施。第四，制裁。对违反识别规则的外国航空器，沿海国可以根据本国法律追究其刑事、行政或民事责任。在极端危急的情况下，理论上还可以进行武力攻击。[④] 根据空中威胁不同的危急程度，沿海国应当选择这 4 种手段中最合适的手段，并遵守相关国际法的规定。

（1）在一般情况下，沿海国应当主要采取识别措施。

在实践中，识别行为主要分为三个级别：一级识别是"性质识别"，即在外国航空器主动报告的基础上，重点区分其是国家航空器还是民用航空器；二级识别是"轨迹识别"，

---

① 各国对于海里的换算略有不同。中国标准是 1 海里 = 1.852 千米，美国的标准是 1 海里 = 1.851 01 千米。按照中国标准，现代领海宽度为 22.224 千米。

② Convention relating to the regulation of Aerial Navigation, Article 2。

③ Peter A. Dutton, "Caelum Liberum: Air Defense Identification Zones Outside Sovereign Airspace", p. 708。

④ 值得说明的是，国际航空法领域目前的趋势是弱化惩罚性，增强对话的交流机制。因此，各国的制裁措施更多是立法层面的，发挥震慑作用，但在实践中一般都会尽量克制。

即判断外国航空器的飞行轨迹是否存在异常情况，尤其是观察和监视其是否有进入沿海国领空的迹象；三级识别是"紧急识别"，即对性质不明或轨迹异常的外国航空器通过地空对话的方式要求其亮明身份或汇报飞行计划。由此可见，尽管加重了航空器驾驶员的报告义务，但识别行为本身几乎不会对海洋飞越自由产生太大的影响。

（2）在出现紧急识别的情况下，沿海国可以采取警告措施。

当外国航空器性质不明或轨迹异常时，即出现紧急识别的情况下，警告是合理的行为。在实践中，警告主要有两种形式——口头警告或者战斗机伴飞。由于警告本身尚不实际改变外国航空器的飞行轨迹，所以也不能算是严格意义上的限制飞越自由。自从美国1950年划设世界上第一个防空识别区以来，经常发生口头警告或者战斗机伴飞。这几乎司空见惯。

（3）在出现对国家安全的严重威胁时，沿海国可以采取阻止措施。

当有充分的依据认为外国航空器对国家安全形成严重威胁时，沿海国可以阻止其进入特定空域。实践中，最常见的阻止措施是对外国航空器的拦截。《芝加哥公约》不禁止沿海国拦截民用航空器，并且还做出了比较详细的规定。[①]

《芝加哥公约》关于空中拦截的规定主要在附件二中。根据《芝加哥公约》附件二第3.8.1条，拦截民用航空器必须根据缔约国颁布的适当规则与行政指令，而该规则和指令又要符合《芝加哥公约》的规定。为此，缔约国在颁布规则时应当适当顾及民用航空器的航行安全，并参照该公约附件二的附录1第2节（Appendix 1, Section 2）和附录2第1节（Appendix 2, Section 1）的相关规定。《芝加哥公约》附件二在附录1第2节规定了拦截时的信号使用规则，在附录2第1节规定了实施拦截的国家所应当遵守的原则。此外，《芝加哥公约》附件二的附件A（Attachment A）对空中拦截的程序进行了比较详细的规定。[②]根据《芝加哥公约》附件二的附件A第2.1条，为了尽可能避免对民用航空器的空中拦截，应当在被拦截航空器与沿海国相关机构之间建立必要的通信。在此基础上，应当根据《芝加哥公约》附件十一与附件十五的有关标准与程序进行沟通，包括对拦截风险进行提示。根据该条的规定，上述附件A第3条至第7条既规定了沿海国对被拦截航空器进行引导与警告的规则，包括展示空空可视信号（air-to-air visual signals），[③]也规定了被拦截航空器应当服从指令和尽力与沿海国进行沟通。[④]

值得注意的是，《芝加哥公约》附件二的附录2第1.1条规定了国家在颁布和发出有关拦截的规则和行政指令时所应当遵循的5个原则：第一，对于民用航空器的拦截应当只能被作为最后的手段（last resort）；第二，如果实施拦截，那么该行为应当仅限于确定航

---

① 需要澄清的是，就拦截措施而言，当民航安全与国家安全发生根本冲突时，尽管沿海国可以选择国家安全，但在一般情况下，对于《芝加哥公约》做出明确规定的事项，沿海国还是应当遵守。换言之，在一般情况下，对于认定沿海国所采取的拦截措施是否具有正当性，《芝加哥公约》的规定仍然是重要的判断依据。

② Annex 2 to the Convention on International Civil Aviation-Rules of the Air, Article 3.8.1, Section 2 of Appendix 1, Section 1 of Appendix 2 and Attachment A。

③ 《芝加哥公约》附件二在附录一第2节对信号规则进行了更加详细的规定。

④ Annex 2 to the Convention on International Civil Aviation-Rules of the Air, Attachment A, Article 3 to Article 7。

空器身份的目的，但在特殊情况下除外；① 第三，对民用航空器不允许采取演练性质的拦截；第四，在无线电通信正常的情况下，应通过无线电设备向被拦截的航空器提供导航信息和其他相关信息；第五，在被拦截航空器收到降落在地面机场的指令之后，该机场应当处于适合该型号航空器安全降落的状态。②

（4）在出现对国家安全非常严重的威胁时，沿海国可以采取制裁措施。

相较于阻止措施，制裁措施所针对的安全威胁要更加危急，即达到非常严重的程度。不过，与阻止措施类似，制裁措施也只能被作为最后的手段。除了追究航空器驾驶员或其他责任人的刑事、行政或民事责任外，沿海国还可以在极端危急的情况下进行武力攻击。《芝加哥公约》并不完全禁止沿海国对民用航空器采取武力措施。ICAO 于 1984 年 5 月10 日通过了《关于修正国际民用航空公约的议定书》，即增加《芝加哥公约》第 3 条分条的修正案——在《芝加哥公约》第 3 条后插入一个分条。该分条第 1 款规定："各缔约国承认各国必须克制向飞行中的民用航空器诉诸使用武器，如果进行拦截，必须不危及航空器上的人员生命和航空器安全。这一条款不应被解释为以任何方式修改《联合国宪章》规定的各国的权利和义务。"③ 该条文使用的是"克制"（refrain from）而不是"禁止"（must not）。这说明沿海国不对民用航空器使用武力并不是绝对的。

2. 从限度角度考察沿海国维护国家安全的正当性

手段只是考察正当性的一个维度，另外一个维度是限度。根据一般国际法，沿海国在防空识别区内采取任何行动，尤其是采取阻止和制裁措施时，应当满足如下 3 个方面的限度要求。

（1）沿海国的行为必须满足必要原则。

必要原则最重要的依据是国家可以以危急情况（necessity）为由免除国家责任。联合国国际法委员会 2001 年通过的《国家对国际不法行为的责任条款草案》④ 第 25 条规定："①一国不得援引危急情况作为理由解除不遵守该国所负某项国际义务的行为的不法性，除非：（a）该行为是该国保护基本利益、对抗某项严重迫切危险的唯一办法，而且（b）该行为并不严重损害作为所负义务对象的一国或数国的基本利益或整个国际社会的基本利益；②绝不得在以下情况下援引危急情况作为解除其行为不法性的理由：（a）有关国际义务排除援引危急情况的可能性；或（b）该国促成了该危急情况。"⑤ 在符合上述规定的情况下，沿海国可以以危急情况为依据在防空识别区内对外国航空器采取行动。

---

① 特殊情况包括：有必要迫使航空器会返回预定飞行航线、防止其进入国家领空、将其从禁止或限制飞行的区域或者危险区域内驱逐出去或命令其在指定机场降落。

② Annex 2 to the Convention on International Civil Aviation-Rules of the Air, Appendix 2, Article 1.1。

③ ICAO Protocol Relating to an Amendment to the Convention on International Civil Aviation, signed at Montreal, on May 10, 1984, Article 3 bis。

④ 从 1956 年开始，联合国国际法委员会就着手编纂有关国家责任的条约草案。2001 年，一份比较完整的《国家对国际不法行为的责任条款草案》最终得以通过。它的大部分内容都是各国公认的国际习惯，包括关于危急情况的规定。

⑤ Responsibility of States for Internationally Wrongful Acts, January 28, 2002, *United Nations Document*, A/RES/56/83, Article 25。

（2）沿海国的行为必须满足比例原则。

比例原则是国际法上武力使用规则的核心之一，它包括诉诸武力的权利和武力程度的正当性。[①] 后者又被称为"狭义的比例原则"或者"利益均衡原则"。它是指公权力在实现目的的过程中，不免要触及甚至损害法律所要维护的其他权益。因此，要在不同法律利益之间进行衡量，以避免成本与收益之间不成比例。[②] 比例原则在国际法领域有广阔的应用，例如国际人道法、国际人权法以及国际条约法等领域。[③] 在本文的语境下，比例原则是指，沿海国在防空识别区内采取行动时，对外国航空器造成的人员与财产损失不应当过分大于该行为所要维护的其他利益。上述《芝加哥公约》第3条分条实际上也包含了比例原则的精神，即"如果进行拦截，必须不危及航空器上的人员生命和航空器安全"。[④] 值得指出的是，从时间维度来看，我们只能依据行为人在做出决策时对可能造成的损失及其程度的合理预见来判断他的行为是否符合比例原则，而不能脱离决策时可能的预见，纯粹地进行事后评估。

（3）沿海国的行为必须满足通知义务。

所谓通知义务，是指沿海国在防空识别区内采取阻止和制裁措施之后，尤其是进行武力攻击之后，应当尽快通知ICAO和可能受其影响的周边航空器，从而使该行为对国际民航安全的干扰降到最低。尽管该通知义务不是《芝加哥公约》的明文规定，但却是包含在《芝加哥公约》的宗旨之中，即"使国际民用航空按照安全和有秩序的方式发展"。ICAO作为执行《芝加哥公约》和负责国际民航安全的首要机构，在《芝加哥公约》规定的众多的缔约国通知义务中，它都是通知对象。例如，根据《芝加哥公约》第9条，缔约国假如在领空内设立禁区或者变更禁区，都要尽快通知ICAO；[⑤] 又如根据《芝加哥公约》第38条，任何国家应当将本国背离国际标准和程序的规定尽快通知ICAO。[⑥] 对飞行中的民航班机采取阻止和制裁的严重程度及其对民航安全的影响是不言而喻的。因此，尽快通知ICAO显得理所应当。同时，周边可能受到影响的航空器也应在第一时间内收到通知，以避免它们可能遭到无谓的损失。

（三）沿海国在防空识别区内应当更加谨慎地对待外国国家航空器

所谓国家航空器，是指"用于军事、海关、警察部门等的航空器"。[⑦] 这个概念在

① Judith Gail Gardam, "Proportionality and Force in International Law," *American Journal of International Law*, Vol. 87, No. 3, 1993, p. 391。

② 傅崐成，徐鹏：《海上执法与武力使用——如何适用比例原则》，《武大国际法评论》，2011年第2期，第5页。

③ Judith Gail Gardam, *Necessity, Proportionality and the Use of Force by States*, London：Cambridge University Press, 2004, p. 2。

④ ICAO Protocol Relating to an Amendment to the Convention on International Civil Aviation, signed at Montreal, on May 10, 1984, Article 3 bis。

⑤ Convention on International Civil Aviation, Article 9。

⑥ Convention on International Civil Aviation, Article 38。

⑦ 李浩培，王贵国：《中华法学大辞典（国际法学卷）》，中国检察出版社，1996年版，第243页。

《芝加哥公约》第 3 条第 2 款中得到了肯定。[1]

首先应当澄清的是，国家航空器在防空识别区内的特殊性不在于豁免权，而在于它代表国家主权。这是两个相互联系又彼此不同的概念。诚然，根据一般国际法，由于代表国家主权，所以国家航空器的确享有豁免权。然而，外国国家航空器享有豁免权的前提是沿海国享有管辖权。[2] 那么沿海国在防空识别区内享有管辖权吗？正如前文所述，沿海国之所以能够划设防空识别区，是因为国际法不禁止和维护国家安全的正当性，而不是因为沿海国依据国际条约或者国际习惯在专属经济区或公海上拥有管辖权。从这个角度看，沿海国在防空识别区内没有管辖权。况且，沿海国的初衷也不是要寻求管辖权，而是为了更好地维护国家安全。既然沿海国没有管辖权，那么国家航空器的特殊性就与豁免权无关。由此可见，在论述防空识别区时，中国部分学者将豁免权作为外国国家航空器具有特殊性的依据是值得商榷的。[3] 不过，即使在不涉及豁免权的情况下，国家航空器在防空识别区内也具有特殊性。这种特殊性来源于更加本质的问题，即国家航空器代表国家主权。

正如前文所述，沿海国在防空识别区没有管辖权。这既包括对国家航空器没有管辖权，也包括对民用航空器没有管辖权。与此同时，在防空识别区内，无论是针对民用航空器，还是针对国家航空器，沿海国都可以在国际法不禁止的情况下为了维护国家安全而采取相应的措施，即都可以根据威胁的危急程度来选择应对手段。不过，尽管存在上述相似性，但民用航空器和国家航空器的待遇也应当存在合理的差别。这主要体现在强制措施上，即阻止和制裁行为。对民用航空器而言，他们更易于服从沿海国的措施，因为它不是国家主权的代表，所以"更多的是基于便利或者礼让"的角度来考虑问题。[4] 然而，由于国家航空器代表国家主权，所以在没有明显必要性的情况下，对其采取强制措施可能违反《联合国宪章》第 2 条第 1 款的规定，构成对别国主权的侵犯。[5] 在实践中，国家航空器自身基于上述考虑，一般也不会表示服从。[6] 更重要的是，对国家航空器（尤其对军用航空器）而言，强制措施还可能被视为对国家直接的武力攻击，从而导致外国由此采取对抗

---

① 《芝加哥公约》第 3 条第 2 款规定："用于军事、海关和警察部门的航空器，应认为是国家航空器。"参见 Convention on International Civil Aviation, Article 3。

② George P. Barton, "Foreign Armed Forces: Immunity from Supervisory Jurisdiction," *British Year Book of International Law*, Vol. 26, No. 4, 1949, pp. 410-413。

③ 李居迁：《防空识别区：剩余权利原则对天空自由的限制》，《中国法学》，2014 年第 2 期，第 16 页。

④ Stephen MacKneson, *Freedom of Flight over the High Seas*, Montreal: McGill University, 1959, p. 64。

⑤ 《联合国宪章》第 2 条第 1 款规定："本组织系基于各会员国主权平等之原则。"

⑥ 1956 年，法国政府宣布在阿尔及利亚周边海域划设防空识别区，范围包括部分公海海域。法国政府要求所有进入该防空识别区的航空器都要报告飞行计划、机组成员等信息，并明确授权法国空军可以对违反上述规定的航空器开火。1961 年 2 月 9 日，苏联最高苏维埃主席团主席勃列日涅夫的座机途经该防空识别区，但既不遵守法国的相关规定，也不服从法国的相关指令。于是，法国空军的三架战斗机根据上述授权在公海上空对勃列日涅夫的座机实施拦截，并且其中一架战斗机竟然发射曳光弹进行警告。然而，勃列日涅夫的座机仍然拒不服从，并继续飞行，并最终安全抵达莫斯科。该事件随即遭到苏联方面的强烈抗议。参见 Elizabeth Cuadra, "Air Defense Identification Zones: Creeping Jurisdiction in Air Space," pp. 494-495。

或报复措施，使局势滑向武装冲突的边缘。① 不过，需要澄清的是，在防空识别区内，对外国国家航空器不宜采取强制措施不是绝对的，只是应当更加谨慎。换言之，如果沿海国遭到外国国家航空器的武力攻击或确有证据表明它将对沿海国国家安全造成巨大损害的，那么沿海国仍然可以采取阻止和制裁措施。

在一般情况下，沿海国对外国国家航空器进行识别和警告是更加适合的手段。正如前文所述，识别既包括要求外国航空器报告各种信息，也包括通过本国舰艇、航空器或其他设备对外国航空器进行自主识别。诚然，外国国家航空器可以拒绝向沿海国报告飞行计划、所在方位等信息，但沿海国仍然可以进行自主识别。后者也能够达到识别的目的。在识别的基础上，如果外国国家航空器的飞行轨迹有进入沿海国领空的明显迹象或者出现其他可能威胁沿海国国家安全的行为，那么沿海国还可以予以警告，包括通过通信设备进行口头警告和派出战斗机伴飞。由于识别和警告尚不实际改变航空器的飞行轨迹，所以既不能被视为侵犯别国主权，也不能被视为武力攻击。实际上，只要能够对国家航空器形成有效的识别（包括性质识别和轨迹识别），防空识别区的主要目的就基本达到了。因此，从主要目的的角度看，沿海国也没有必要对外国国家航空器轻易采取强制措施。

六、防空识别区在国际法上的法律性质

尽管从直接的法律依据来看，防空识别区是各国国内法的产物，但它可以对海洋飞越自由进行合理限制。于是，我们就不能仅仅将其视为国内法的产物，而是要认识防空识别区在国际法上的法律性质。

从行为目的上看，防空识别区具有自卫性质，因为它是为了防范或应付对国家安全的威胁或损害。从行为方式上看，防空识别区具有预防性质，因为它是国家在领空遭到实际侵犯之前采取的措施。将这两点结合在一起，我们认为划设防空识别区应该属于一种预防性自卫（anticipatory self-defence）。

对于预防性自卫的法理依据，不同的学者有不同的看法。一部分学者认为《联合国宪章》第51条②规定的自卫包含了国家面对迫在眉睫的威胁时进行预防性自卫的权利。③ 另

---

① 与之相关的问题是一国军用航空器是否有权在别国专属经济区内进行军事飞行。这是《海洋法公约》的模糊之处，因为当初在制定该公约的过程中，由于苏联和美国的干预，专属经济区主要考虑的是非军事的问题，而对于军事问题予以模糊化。由于这本身就是《海洋法公约》刻意回避的问题，所以既不能以《海洋法公约》为依据指责沿海国划设防空识别区，也不能以该公约为依据指责非沿海国在专属经济区的军事飞行。换言之，在军事飞行的问题上，任何通过解读《海洋法公约》而得出的结论几乎都是苍白的。从实践角度来看，与防空识别区类似，专属经济区的军事飞行也不被国际法所禁止，且大多数国家也予以容忍。因此，没有太大必要从《海洋法公约》的角度指责非沿海国的军事飞行违反国际法。

② 《联合国宪章》第51条规定："联合国任何会员国受武力攻击时，在安全理事会采取必要办法，以维持国际和平及安全以前，本宪章不得认为禁止行使单独或集体自卫之自然权利。会员国因行使此项自卫权而采取之办法，应立向安全理事会报告，此项办法于任何方面不得影响该会按照本宪章随时采取其所认为必要行动之权责，以维持或恢复国际和平及安全。"

③ Derek W. Bowett, *Self-defence in International Law*, London：Manchester University Press, 1958, p. 184- 191, 817; Humphrey Meredith Waldock, "The Regulation of the Use of Force by Individual States in International Law," *The Hague Recueil Des Courts*, Vol. 81, No. 2, 1952, pp. 165-169, 497-498; Rosalyn Higgins, *Problems and Process：International Law and How We Use It*, Oxford：Clarendon Press, 1994, p. 242.

一部分学者对《联合国宪章》第51条存在截然相反的理解。他们认为《联合国宪章》第51条已经排除了预防性自卫。① 换言之，国家只能在受到武力攻击的时候才享有自卫权。我们认为，既然学者们对《联合国宪章》第51条存在暂时无法弥合的分歧，那么不妨在其他国际法渊源中寻找法理依据。加罗林测试（Caroline Test）② 为预防性自卫提供了国际习惯上的法理依据。正如《奥本海国际法》所总结的那样："自卫权的基本因素已在1837年'加罗林号事件'中由美国国务卿丹尼尔·韦伯斯特（Daniel Webster）适当地说明了。他认为（基本因素）必须是刻不容缓的、压倒一切的、没有选择手段的余地的、没有考虑的时间的，而且该行为不应该不合理或过分，因为以自卫的必要为由的行为必须为该必要所限制，并明显地限于该必要的范围之内。"③ 该国际习惯在诸多案例中也得到了肯定。例如，"在'二战'后的两次军事审判中，国际法庭都承认了预防性自卫权。一次是当荷兰提出对日本的宣战是预防性自卫时，远东国际法庭予以了认可；另一次是当德国声称对苏联的军事进攻是预防性自卫时，纽伦堡法庭虽然没有采纳这一主张，但对于预防性自卫本身却表现出认可的态度。"④ 事实上，"加罗林号事件"以后150年国际法的发展（特别是参照最近的国家实践）表明，满足必要和比例条件的预防性自卫符合国际法的自卫行为。⑤ 很显然，加罗林测试在为预防性自卫提供法理依据的同时，也设置了比较严格的限制条件，即必须以即将遭到压倒性的攻击，并且没有其他选择和进行深思熟虑的余地为前提，同时又不超出必要的限度。例如，纽伦堡国际军事法庭的判决就援引了加罗林测试的上述限制条件来分析纳粹德国为阻止盟军"入侵"而攻击挪威的行为是否符合预防性自卫。⑥ 又如，国际社会之所以一致谴责以色列1981年空袭伊拉克核反应堆的行为，是因为该行为明显地没有满足加罗林测试的上述限制条件。因此，预防性自卫的法理依据可以来源于国际习惯，更准确地讲，来源于加罗林测试。

应当指出的是，不论是否划设防空识别区，在领海以外，沿海国要对外国航空器进行预防性自卫时，都要遵守加罗林测试。因此，尽管防空识别区具有自卫性质，但它的主要目的不在于使用武力或以武力相威胁（即防空识别区的警告、阻止和制裁的功能），而在于通过识别为正当使用武力提供更多的判断依据和更多的预警时间。

---

　① Hans Kelsen, *The Law of the United Nation*, London: The Lawbook Exchange, 1950, p. 914; Joesph Kunz, "Individual and Collective Self-Defense in Article 51 of the Charter of U. N. ," *American Journal of International Law*, Vol. 41, No. 4, 1947, pp. 872, 877; Louis Henkin, *How Nations Behave*, New York: Columbia University Press, 1979, p. 141.

　② 1837年12月29日，英属北美殖民地军队越界进入尼亚加拉河美国一侧，焚毁为加拿大独立运动运送物资的美国船只"加罗林"号。英美关系因此恶化，并发生一系列冲突。之后，从"加罗林号事件"中发展出一项国际习惯，即先发制人的自卫（preemptive self-defense）必须以"即将遭到压倒性的攻击，并且没有其他选择和进行深思熟虑的余地"为前提。参见 John Bassett Moore, *A Digest of International Law*, Washington: Government Printing Office, 1906, pp. 706-707；参见杨生茂，张友伦主编：《美国历史百科辞典》，上海：上海辞书出版社，2004年版，第75页。

　③ 詹宁斯、瓦茨修订，王铁崖等译：《奥本海国际法》（第1卷第1分册），北京：中国大百科全书出版社，1995年版，第309页。

　④ 易平：《国际法视野下的预防性自卫》，《厦门大学法律评论》，2008年第1期，第147页。

　⑤ 詹宁斯、瓦茨：《奥本海国际法》（第1卷第1分册），第310-311页。

　⑥ Trial of the Major War Criminals Before the International Military Tribunal, Nuremberg, November 14, 1945-1, October 1946, Vol. 22, p. 448, http://www.loc.gov/rr/frd/Military_ Law/NT_ major-war-criminals. html，登录时间：2015年12月5日。

根据以上分析及其结论，防空识别区在国际法上的法律性质可以表述为：在国际法不禁止的情况下，沿海国出于维护国家安全的正当性，采取的以识别为主要目的的预防性自卫。

值得一提的是，有的学者认为防空识别区的法律性质是《海洋法公约》中的所谓"剩余权利"。① 笔者认为这种提法是不准确的。众所周知，《海洋法公约》没有规定的权利不一定就是剩余权利，例如自卫权是国家保留的权利，当然不属于《海洋法公约》能够规定的内容。退一步讲，即使属于《海洋法公约》可以规定而没有规定的权利，即剩余权利，但剩余权利也不一定必然属于沿海国。换言之，剩余权利需要通过进一步完善国际条约才能明确归属。因此，用所谓"剩余权利"判断防空识别区的法律性质是不准确的。此外，也有学者将防空识别区的法律性质界定为"自我保护"；② 还有学者将防空识别区定性为国家在公海上空的"战略性制度"（strategic regime）。③ 无论是自我保护，还是战略性制度，都既不是正式的法律概念，也没有比较明确的内涵与外延。由于上述两个原因，所以不仅很难在国际法上论证它们的法理依据，而且它们还会更容易地被滥用。例如，《奥本海国际法》将自保权（自我保护）与自卫权进行了区分，并认为"这种所谓权利（自保权）如果存在，往往是侵犯另一个国家主权的虚假借口"。④

七、结论与建议

各国享有的海洋飞越自由与沿海国享有划设防空识别区的自由是契合的。

首先，海洋飞越自由不是绝对的。对海洋飞越自由的限制不仅来源于《海洋法公约》和《芝加哥公约》，也来源于其他国际条约或国际习惯，还来源于国际法不禁止的行为。防空识别区就属于具有这种限制作用的国际法不禁止的行为。

其次，防空识别区之所以可以对海洋飞越自由进行合理限制，不仅仅因为这是国际法不禁止的行为，更重要的是，它源于沿海国维护国家安全的正当性——海洋飞越自由既有被保护的必要，也有被滥用的可能，而滥用海洋飞越自由会对沿海国的国家安全构成威胁。因此，为了消除滥用海洋飞越自由的风险，沿海国享有划设防空识别区的自由。

再次，由于防空识别区自己也有被滥用的可能，所以我们既要从空中威胁的高度危险性来认识沿海国维护国家安全的正当性，也要从沿海国行为的强制程度与空中威胁的危急程度之间的匹配度来把握上述正当性的边界。具体来讲，就是要求沿海国在对外国航空器采取措施时，遵守来自手段和限度两个方面的限制。

最后，就国际法上的法律性质而言，防空识别区是在国际法不禁止的情况下，沿海国出于维护国家安全的正当性，采取的以识别为主要目的的预防性自卫。作为预防性自卫，它的法理依据来源于作为国际习惯的加罗林测试。不过，防空识别区的价值并不在于使用

---

① 李居迁：《防空识别区：剩余权利原则对天空自由的限制》，《中国法学》，2014 年第 2 期，第 19 页。

② 伊万·海德著，金朝武译：《防空识别区、国际法与邻接空间》，《中国法学》，2001 年第 6 期，第 154 页。

③ Nicholas Grief, *Public International Law in the Airspace of the High Seas*, London：Martinus Nijhoff Publishers, 1994, pp. 147–153.

④ 詹宁斯，瓦茨：《奥本海国际法》（第 1 卷第 1 分册），中国大百科全书出版社，1998 年版，第 308 页。

武力或以武力相威胁，而在于通过识别为正当使用武力提供更多的判断依据和更多的预警时间。

在认识防空识别区与海洋飞越自由之间的关系时，我们应当强调以下几点。

第一，尽管防空识别区与《芝加哥公约》之间存在重大区别，但这种区别没有违反《芝加哥公约》附件二的无例外原则。该原则只是要求缔约国不得通过例外方式减损自己在该附件下的法律义务。进一步讲，《芝加哥公约》是针对空中规则中的民航安排而言，不是要干涉或者剥夺沿海国进行国防安排的权利。防空识别区就属于《芝加哥公约》不禁止的国防安排。

第二，就维护国家安全的正当性而言，沿海国应当更加谨慎地对待外国国家航空器。在防空识别区内，国家航空器的特殊性不在于豁免权，而在于它代表国家主权。这是两个相互联系又彼此不同的概念。在一般情况下，沿海国对外国国家航空器应以识别为主，警告为辅，慎用阻止和制裁措施。实际上，只要能对国家航空器形成有效的识别，防空识别区的主要目的就基本达到了。

根据以上结论，我国享有划设防空识别区的自由，并且《东海防空识别区航空器识别规则》的内容也是符合国际惯例的。因此，东海防空识别区非但不妨碍海洋飞越自由，反而与海洋飞越自由相互契合。从国际法角度看，美国、日本等国的指责不仅没有事实依据，而且没有法理依据。

同时，为了更好地保障海洋飞越自由和维护国家安全，我国也可以在以下两个方面完善东海防空识别区的制度。

一方面，适时地进一步健全中国国内立法。从直接的法律依据上看，防空识别区是国内法的产物。因此，健全国内立法显得十分重要。这既能规范中国在防空识别区内的行为，也能增加外国航空器对行为后果的可预见性。因此，中国可以考虑适时地进一步健全国内立法，尤其是在条件成熟时，对《东海防空识别区航空器识别规则》中的关键问题予以适度明确，例如第 3 条中的"防御性紧急处置措施"①。在健全国内立法的过程中，我国还可以明确：根据美国、日本等国在其防空识别区内的立法和行为，我国保留采取对等措施的权利。

另一方面，由于划设防空识别区的目的是为了维护国家安全，而不是获取制空权或宣示主权，所以不能将国内管理的思维方式照搬到防空识别区的工作上。更重要的是，倘若有外国航空器擅闯中国与其他国家存在领土争议的地区，中国当然可以告知其该地区为中国领土，并要求其离开，但不能以防空识别区的名义或理由采取该措施。将中国在领空的权力与在防空识别区的权力进行清晰地区分是很重要的，以免引起国际社会无端的担忧或

---

① 部分外国学者对"防御性紧急处置措施"的内涵提出质疑，包括如何进行拦截。参见 Jae Woon Lee, "Tension on the Air: The Air Defense Identification Zones on the East China Sea," *East Asia and International Law*, Vol. 7, No. 1, 2014, p. 297; Raul Pedrozo, "The Bull in the China Shop: Raising Tensions in the Asia-Pacific Region," *International Law Studies*, Vol. 90, No. 1, 2014, p. 93.

者指责。①

论文来源：本文原刊于《世界经济与政治》2015 年第 12 期，第 51-73 页。

项目资助：中国海洋发展研究会重点项目（CAMAZDA201501）。

---

① 部分外国学者指责东亚地区的防空识别区存在所谓 "领空化" 的危险。参见 Christopher K. Lamont，"Conflict in the Skies：The Law of Air Defence Identification Zones，" *Air and Space Law*，Vol. 39，No. 3，2014，p. 201；Kimberly Hsu，*Air Defense Identification Zone Intended to Provide China Greater Flexibility to Enforce East China Sea Claims*，U. S. -China Economic and Security Review Commission Staff Report，January 14，2014，pp. 1-2；Stefan A. Kaiser，"The Legal Status of Air Defence Identification Zones：Tensions over the East China Sea，" p. 543。

我国海洋环境污染犯罪刑事立法及司法存在的问题及其应对策略

赵　星① 王芝静②

摘要： 近年来我国海洋环境正面临着越来越严重的污染，这不仅阻碍了经济的发展，甚至影响了人类的生存，必须严加治理，尤其是刑事治理。因此，增设污染海洋罪，引入因果关系推定原则，加强行政执法与刑事司法之间的衔接，这是解决我国海洋环境刑事立法与司法存在问题的必然选择。

关键词： 海洋环境污染；污染海洋罪；因果关系推定

海洋不仅承载着调节全球气候的重要作用，其本身还是一个巨大的资源能源宝库，富含多种多样的生物资源如海洋植物、鱼虾蟹类等；矿物资源如石油、煤、铁等传统矿产，多金属结核、富钴锰结核等金属矿产；以及被称为"21世纪能源希望"的天然气水合物——可燃冰。海洋不仅为人类提供了基本食物、营养食物，还为人类的基本生存、高水平生存提供了优质条件。人类的生存离不开优质的海洋环境，尤其在内陆资源能源渐近枯竭的21世纪，世界各国更是将未来经济发展、战略发展的重担依附于海洋。

然而，尽管海洋有着极强的自我修复功能，工业革命以来，大量工业活动、人类活动对海洋的不合理开发利用，以及将工业废弃物、生活垃圾排入海洋的行为却频频降低了海洋的自我修复能力，造成了海洋环境的污染、破坏。海洋环境的污染不仅损害了海洋生物赖以生存的家园，造成大量海洋生物的死亡甚至海洋物种的灭绝，破坏了物种的多样性和海洋生态系统的多样性；有毒有害物质在海洋环境中的积累也不断通过海洋生物的吸食、体内转化和生物链的传递作用进入人体，损害人类的健康甚至生命。

一、我国海洋环境污染治理的基本情况

对海洋环境的污染及破坏行为起初并没有引起人类的注意，因为工业化进程是创造社会财富、使人类社会发展程度大踏步前进的必然路径，其对环境的利用、资源的开采甚至

---

① 赵星，男，中国海洋大学法政学院教授，刑法教研室主任，主要从事刑事法学研究。
② 王芝静，女，山东省商河市人民法院法官，刑法学硕士，主攻刑法学。

对海洋资源的利用、向海洋排放废弃物垃圾成为人们的当然之选。然而，工业化活动的迅猛发展、人口数量及人类利用海洋活动尤其不规范利用海洋、超量向海洋排放废弃物、垃圾的行为极大程度地超出了海洋的承载能力及自我净化能力，不断造成海洋环境的破坏、污染，甚至造成了海洋生物的不合规律的病变、死亡，这不仅造成了人类经济利益的重大损失，还开始影响了人类的生活质量和健康。这种始料未及的严重后果终于唤醒了人类对海洋环境进行保护的沉睡之心。

但人类最初并未采用最严厉的刑法制裁手段对造成海洋污染的行为进行惩罚，而是主要采用行政手段制定各种利用海洋资源、进行海上活动、向海洋进行排污的规则和含量标准，对违反该规则的行为进行行政处罚。对于因海洋污染而遭受经济利益损失甚至人体健康、生命受损的个体或企业则可以依据民事赔偿制度向污染责任者请求经济损害赔偿。这种以行政事前预防和民事事后补救为原则的法律保护制度曾在一定程度上缓解了海洋污染，但经济发展利益的驱动以及因利用海洋、污染海洋所收获利益与因污染海洋而遭受的行政处罚及民事赔偿之成本的巨大差异无法阻止，甚至促进了大部分企业和个人继续利用海洋甚至不惜污染海洋以谋取利益的行为。当行政预防手段与民事补救手段无法满足保护海洋环境的需要，以最严厉的刑法制裁手段对污染海洋的行为进行刑罚制裁就成为国家阻止海洋污染、切实保护海洋环境的不二之选。于是，自20世纪70年代以来，各国开始进行刑事立法，以制裁严重污染海洋环境的行为，对污染海洋之行为责任人处以刑罚。这种国家制裁手段的改变显示了国家对海洋进行保护的决心，对海洋污染行为进行了震慑。然而，这种以严重污染海洋环境，并造成重大经济利益损失或人体健康、生命损失为侵害法益的海洋环境保护观并不能从根本上解决海洋污染的问题，因为海洋污染多数因为有毒有害物质的长期积累才会形成，污染行为与重大经济利益损失甚至人体健康、生命损失之间间隔了多久时间，经历了多少环节的转变很难得知，而且一旦发生重大经济利益损失甚至人体健康、生命损失，该污染行为对海洋环境本身的污染、破坏就必然达到了更高程度、更广层面，即使此时找到了污染行为责任人，也让其承担了该损失相对的惩罚，其对海洋环境的污染破坏已然无法修复，而这种污染必将对以后海洋生物以及人类的生存构成严重威胁。因此，受这种保护观支配下的刑事立法与司法往往存在很多问题，达不到其预期的改善和保护海洋环境的目标。

我国是一个拥有1.8万千米大陆海岸线、300万平方千米管辖海域的海洋大国，各种海洋产业不仅带动了我国的经济发展，还解决了庞大的就业压力。根据我国国土资源部公布的《2013年中国海洋经济统计公报》，2013年全国海洋生产总值54 313亿元，全国涉海就业人员达3 513万人。我国海洋生物种类、海洋可再生能源蕴藏、海洋石油资源量均处于世界领先水平，但即使如此，城市化的迅猛发展和人口数量的迅猛增长也使得我国海洋环境难逃污染的厄运。

据国家海洋局公布的最新海洋环境信息，2013年我国劣于四类海水水质标准的近岸海域面积为44 340平方千米，占总海域面积的15%，夏季呈富营养化状态的海域面积约为6.5万平方千米，其中约1.8万平方千米的海域呈重度富营养化状态，而2013年实施监测的河口、海湾、滩涂湿地、珊瑚礁、红树林和海草床等近岸典型的海洋生态系统中，处于亚健康和不健康状态的海域分别占 67% 和 10%。除了海水水质下降、生态系统及生物多样性遭到破坏外，因海洋环境污染造成的巨大经济损失也不容忽视。据不完全统计，我国沿海自 1980 年至 2014 年之间共发生赤潮 300 多次，其中 80 年代末发生的一次持续达 72 天的赤潮，造成经济损失 4 亿元，仅河北黄骅一地 6 666.67 公顷对虾就减产上万吨。仅 2013 年我国以赤潮、风暴潮为主的各类海洋灾害就造成直接经济损失 163.48 亿元，死亡（含失踪）121 人。2013 年至 2014 年 9 月，我国管辖海域共发现赤潮 93 次，累计面积约 7 805 平方千米。海洋水质下降、生境退化、海洋灾害多发等问题可以在"全年 72 条河流入海污染物以千万吨计，以疏浚物为主的倾海物质总量也超 1.6 亿立方米，入海排污口的达标率仅为 50%"的现状中得到部分原因，但对海洋污染行为刑事治理的不力也是其重要原因。

二、我国海洋环境污染犯罪刑事立法与司法存在的问题

（一）我国环境污染刑事立法与司法指导思想不科学

人类对包括海洋环境在内的环境保护历史经历了由"人类中心主义"保护观到"生态中心主义"保护观的重要转变，这种转变与人类对人与环境关系的认识程度是密不可分的。起初，人类利用环境、改造环境以改善人类自身的生活，认为环境是为人服务的，而没有认识到环境自身的内在价值。即使随着人类活动、工业活动的密杂、频繁对环境造成了一定程度的影响、污染甚至破坏，人类也仅仅对因为破坏环境而造成人类自身健康、生命、财产利益重大损失的行为予以斥责和惩罚，而对环境本身的损失未予以过多关注。"因为，环境不是利益的归属主体，不能反映利益，环境利益只有通过人才能表现出来，故只有反映在人本身的利益上才具有刑法上的意义。"直至 20 世纪 60 年代以后，工业化进程引起了环境大范围、高程度的污损，而这种污损已经无时无刻影响了人类的生活质量，甚至影响了人类的生存，人们开始认识到环境自身的价值并对其予以关注和保护，对破坏、污染环境的行为不再仅以造成人体健康、生命、财产利益的损失为惩罚的要件，而以环境自身的生态利益为直接的保护对象。至此，"环境"概念脱离了"人类"这一中心而有了自己的意义和价值，人类对环境的保护观完成了由"人类中心主义"向"生态中心主义"的宏伟飞跃。这样，刑法视野中的人与自然的关系具有了新的定义：环境犯罪的实质并不只是对环境资源保护制度的破坏，而是对生态法益的损害，生态价值才是刑法介入环境保护的出发点。

纵观现代发达国家的环境刑事法治，大部分都完成了由"人类中心主义"保护观向"生态中心主义"保护观的转变。例如，德国刑法条文中有的以人的生命、健康和财产为保护对象，有的则直接以水、土地和特定地区为保护对象，体现"人类环境"和"生态环境"并重的法益保护立场；俄罗斯不仅在其刑法典第 2 条就将"保护环境"作为其刑法的任务，更直接使用"生态犯罪"词汇，可见其环境犯罪生态化之倾向；而"美国在控制环境犯罪时，不仅将环境犯罪作为行为犯进行规定，不要求造成人的生命、健康和财产损失的结果，而且在判断主观方面时由原来的过错责任原则发展为严格责任原则，更利于通过制裁环境犯罪保护生态法益。"

我国刑法至今没有直接以污染海洋环境为罪状的罪名，针对海洋环境污染行为，主要依据《刑法》第 338 条、第 339 条、第 408 条进行处罚。2011 年《刑法修正案（八）》出台之前，第 338 条"重大环境污染事故罪"、第 339 条"非法处置进口的固体废物罪"、第 408 条"环境监管失职罪"均以发生"重大环境污染事故，致使公私财产遭受重大损失或者造成人员伤亡的严重后果"为构成犯罪的客观要件；2011 年《刑法修正案（八）》将第 338 条"重大环境污染事故罪"修改为"环境污染罪"，取消了"造成重大环境污染事故，致使公私财产遭受重大损失或者人员伤亡的严重后果"这一要件而仅以"严重污染环境"为构罪客观要件，在一定程度上降低了入罪门槛，然而 2013 年《最高人民法院、最高人民检察院关于办理环境污染刑事案件适用法律若干问题的解释》中对"严重污染环境"这一标准的解释仍以造成财产损失和人员伤亡为要件。并且，第 339 条"非法处置进口的固体废物罪"、第 408 条"环境监管失职罪"的犯罪构成客观要件仍没有发生改变。由此，我们可以看出，我国环境污染犯罪的刑事立法仅仅看到了"生态中心主义"环境保护观的一丁点火苗，"人类中心主义"环境保护观的强势劲头仍没有动摇。

应该说，在讲求可持续发展的当今社会，将环境的生态价值予以独立的考虑和保护，更符合可持续发展的要求，也更有利于为子孙后代保留更健全、更优质的资源、生存环境。因此，"生态中心主义"环境保护观不仅是一种趋势，更是一种需求，这对于治理和预防潜伏性强、难以恢复的环境污染现状是唯一选择。

（二）现行刑法仍未切实考虑海洋环境的独特性征设置污染海洋罪

如前所述，我国刑法中目前尚没有设置污染海洋罪，司法实践中若想以刑事手段制裁污染海洋的行为，只能求助于"污染环境罪""非法处置进口的固体废物罪"和"环境监管失职罪"这三项罪名。然而，这三项罪名真的能有效惩治、遏制严重污染海洋的行为吗？事实证明，并非如此。

海洋有其独特的生命体征和生态系统复杂性。可能造成海洋污染的物质行色各异，石油烃、有机质、营养盐类、塑料、放射性同位素、重金属等可以造成化学污染；生物毒素、基因、病原、非病因外来物种等可以造成生物污染；不合理排放入海的热能，甚至噪声可以造成能量污染。造成海洋污染的行为方式也多种多样，工业生产、油井管道泄漏、油轮事故、船舶排污可以造成石油类污染，使大片海水被油膜覆盖致使大量海洋生物死亡；农业、工业甚至医疗用药制药废渣通过各种途径流入海洋可以造成海水富营养化，形成赤潮继而引起大批鱼虾贝类的死亡；核武器试验、核工业和核动力设施可以释放放射性物质进入海洋造成放射性污染；工业、城市垃圾、船舶废弃物、海洋工程渣土和疏浚物等的大量倾置也可以损坏海洋环境，破坏海水质量。

海洋的独特性征，造成海洋污染的污染物、行为方式的复杂决定了仅将海洋环境评价为普通环境而适用污染环境罪加以治理是无法涵盖各种污染海洋的行为的。环境监管失职罪的主体是负有环境保护监督管理职责的国家机关工作人员，但严格来说，直接造成环境污染导致公私财产遭受重大损失或者人身伤亡的并不是该主体，因此该罪以不作为犯罪的方式追究国家机关工作人员的刑事责任并不能很好地起到对排污者的预防和惩罚作用。而且，上述关于环境犯罪的 3 种罪名多以造成公私财产重大损失或者人员伤亡的严重后果为犯罪构成客观要件，这对于惩罚具有时间延长性、危害潜伏性、后果严重性、难以恢复性的海洋环境污染行为来说十分不利。

（三）海洋环境污染犯罪刑事司法的启动过度依赖于行政机关

对海洋环境污染犯罪打击不力情况的存在，立法依据存在问题以及立法不完备是原因之一，除此之外，环境保护行政执法部门对涉嫌环境犯罪的案件不能及时顺畅地向司法机关加以移交，也是造成多年来海洋环境污染案件甚至环境污染案件刑事判决缺失的重要原因。

查看刑法条文不难发现，我国刑法对"违反国家规定"并没有给出详细解释，而是赖于海洋环境保护行政部门给予细致的标准规定。如沿海生产作业、海上工程、海底石油勘探开发等需要同时具备何种防治污染的设施，各企业、工程单位所允许的废弃物、污染物排放量以及其中各种有毒有害物质的密度含量等标准均需在《海洋环境保护法》或其他行政法规、规章中予以规定。而一旦发生海洋环境污染行为，该行为究竟违反了哪项标准、违反程度如何，是否造成了"重大环境污染事故"或者"严重污染环境"首先必须由海洋环境保护行政执法部门予以认定，在经过行政处罚后是否将其交由公安部门启动海洋环境污染刑事司法活动也由该行政执法部门决定。如果行政执法部门不进行移交，则刑事制裁根本无从谈起。

那么，海洋环境保护行政执法部门将海洋环境污染行为移交司法部门的情况如何？由近年来绝大部分地区海洋环境污染案件"零判决"的现状来看，相信答案显而易见。除了海洋环境保护行政执法部门内部可能有机构设置不合理的问题外，笔者认为，海洋环境污染行为移交率过低的原因至少包括以下3个方面：第一，部分行政执法人员对刑法知识掌握差，以致不能准确厘清行政违法与环境犯罪之间的界限，在很多情况下对已经构成犯罪的海洋环境污染行为缺乏清醒的辨析，而倾向于以行政强制措施和行政处罚作为结案方式。第二，害怕承担责任，部分行政执法人员或者部门不愿意将本来涉嫌构成犯罪的海洋环境污染行为移交公安机关进行刑事司法审查，因为这种"重大环境污染事故"很可能给其自身招致"环境监管失职罪"的灾祸。因此，撇清风险是相当一部分海洋环境保护行政执法人员的选择，当然也是海洋环境污染行为刑事司法审查率低的一个重要原因。第三，地方保护主义或部门保护主义，这是最普遍也是最主要的原因。海洋环境保护行政执法部门依赖于地方政府，而地方政府经济效益和政绩大多依赖于地方海洋经济的发展。因此，当海洋经济发展和海洋环境污染这对双胞胎发生矛盾时，地方政府往往采取自我调节的方式即行政制裁以保住政绩，而海洋环境保护行政执法部门因受制于地方政府，且趋于保护本部门利益，而更多地选择以行政手段制裁海洋环境污染行为，不进一步调取、挖掘证据并移交司法机关。

（四）现有证据法律规则对环境犯罪证明责任的严格要求致使海洋环境污染犯罪证明难度极大

即使行政机关将海洋环境污染行为及责任者移交刑事司法机关，要证明海洋环境污染犯罪存在并将其定罪量刑也十分困难。因为，海洋环境污染可能发生在各种海洋产业或者海上活动的不同环节，要寻找证据证明污染行为是由该个人或者该企业所为，该污染行为确实造成了严重污染海洋环境的后果，且该污染行为与污染结果之间存在刑法上的因果关系，对缺乏专业知识和专业技术的刑事侦查人员来说难度巨大，尤其是在人类认识水平、医药学、病理学水平还有限的当前社会，即使专业人员也很难将污染行为是通过何种机理造成该种污染结果认识清楚，更遑论解释清楚，甚至向大众证明。

三、我国海洋环境污染犯罪刑事立法与司法之建议

（一）顺应国际海洋保护刑事立法趋势，增设污染海洋罪

为了更好地应对日益严重的海洋环境污染问题，世界各国均采取了一定的措施，例如制定国内法用行政手段、民事手段和刑事制裁手段来规范国内的海洋污染行为，国际之间则签订公约，共同维护海洋环境质量。其中不乏值得我们借鉴的立法体例。有些国家专门设立了污染海洋罪，如英国和俄罗斯。英国虽然没有统一的刑法典，但其污染海洋罪仍可见于刑法渊源之中，如其在1974年《海洋倾倒法》《污染控制法》等单行法规中即规定了向海域倾倒物质造成海域污染的行为需要追究刑事责任。有些国家惩罚污染海洋的危险犯、行为犯。如日本1970年《公害罪法》规定了对危害环境的危险犯进行惩处，《防止海洋污染法》则对污染海洋的危险犯进行了规定；新加坡1971年《防止海洋污染法令》第4条将船舶污染海洋的犯罪行为规定为行为犯加以处罚。其中，《俄罗斯联邦刑法典》对污染海洋罪细致的规定是最值得我们学习的，该法第252条对于污染方式分别规定有：从陆地上的污染源污染海洋环境、违反埋藏规则而污染海洋环境、从运输工具或海上构筑物向海洋倾倒、弃置危害人的健康和海洋动物资源、妨碍合法利用海洋环境的物质和材料而污染海洋环境这四种方式，根据情节的轻重应该分别处以罚金刑、资格刑或拘役，甚至对于危害结果的不同该法也设置了不同的刑罚。[①]

我国作为一个海洋大国，面对海洋环境日益严重的污染现状，当然也要针对海洋环境单独设置污染海洋罪，这不仅是跟随国际海洋环境保护潮流的需要，更是解决海洋环境污染问题，更好地开发、利用海洋，发展海洋经济的唯一选择。但是，即便如此，增设污染海洋罪，并不能盲目，至少有以下两个问题需要注意。

第一，将海洋环境法益保护前置，以"严重污染海洋环境，或足以严重污染海洋环境"作为犯罪的成立要件。

尽管我国学者大都对增设污染海洋罪形成了统一意见，但对"海洋环境污染行为"的界定却莫衷一是，总结起来主要有以下几种：一是指涉海企业在海上运输、作业或临海生产过程中，故意违反有关海洋保护法规，拒不申报有关报告或不采取防污措施，情节严重的；或故意非法向海洋排放废弃物的；或过失泄漏油类或有害废液、废渣，对海洋生态构成严重威胁或已造成实际损害的行为。二是指违反海洋环境保护法的规定，不合理开发、利用海洋环境或者超过标准向海洋排放、倾倒污染物，造成海洋污染，对海洋生物资源及人体健康造成损害或有实际损害的行为。三是指直接或者间接地把海洋污染物排入海洋，

---

① 《俄罗斯联邦刑法典》第252条。

造成海水污染、损害海洋生物资源的行为。四是指违反国家规定，直接或间接地把物质或能量引入海洋环境，有引起重大海洋环境污染危险或造成重大海洋环境污染事故的行为。

考虑到海洋环境污染可能主体、污染行为方式的多样性，以及我国刑法立法的简洁概括性，笔者认为，应当参考《联合国海洋法公约》第1条第1款第4项对海洋环境污染的定义，将海洋环境污染行为界定为：违反国家规定，直接或间接地把物质或能量引入海洋环境，严重污染海洋或足以严重污染海洋的行为。将海洋环境法益保护前置，既可以体现环境法"预防为主"的原则，又可以弥补行为犯过分扩大刑法追究范围从而影响经济发展的不足。

第二，明确污染海洋罪的主观方面应当包含故意和过失两种罪过。

1997年《刑法》"重大环境污染事故罪"的设置，众学者的研究认为其主观罪过仅包含过失，2011年《刑法修正案（八）》修改后的"污染环境罪"也没有明确规定行为人的主观罪过为何，但"违反国家规定"既可以是故意也可以是过失，对"严重污染环境"的后果既可以是轻信能避免但没有避免或者因为疏忽大意没有意识到而造成，当然也可以是积极追求、放任而发生（虽然在经济发展过程中少见但并不能因此而排除），因此对该罪名的主观罪过界定为包含故意和过失更为准确。同样，虽然我们宁愿相信个体、企业在进行海洋产业时追求的是经济利益的实现，对海洋环境的污染行为多是因为过失导致，但也不能排除个别行为人为了追求经济利益而放任其生产作业对海洋环境造成污染的情况。如果将海洋污染罪的主观过错限定为过失，那么，这种间接故意甚至直接故意造成海洋污染的更为严重更为可恶的行为将被排除在外，无法给予刑罚惩治，这不仅对那些因过失造成海洋污染而被追究刑事责任的行为主体不公平，而且对因此而为海洋污染买单的海洋环境和公众更加的不公平。因此，污染海洋罪的主观方面当然包括故意和过失。

有学者主张将污染海洋环境的犯罪设定为严格责任，以期有力地打击海洋污染行为，更好地保护海洋环境。但不问主观罪过直接将造成刑法要求结果的行为判定为犯罪行为并判处刑罚，这与刑法长期以来所坚持和主张的责任主义原则是从根本上相互矛盾的，尤其关键的是，包括污染海洋环境罪犯罪在内的环境型犯罪与传统犯罪最大的不同就在于，此类犯罪很少有单纯地出于纯粹恶意的分割行为，污染或者造成污染环境的行为绝大多数是与生产经营相联系、相伴生的，行为主体几乎本意都是为了通过生产经营获得更好的经济效益乃至社会效益，因此，如果设定严格责任，不考虑污染行为的客观规律，不考量污染行为可能的动机一概地从严惩处，就会给作为社会生产进步主体的经营者套上巨大的精神枷锁，让他们在实际生产中不敢放手经营，其结果只能是使得从事正常生产经营的企业在生产经营过程中为免受犯罪的指控而瞻前顾后、缩手缩脚，这种状况尤其对于我们国家这种既是经济发展还是社会发展的重要任务，摆脱穷困仍然是许多地方群众迫切追求的现状来说，无异是具有致命的破坏力的。一切法律规定如果不能与现实相适应，很难说这样的法律是良法，也不会被很好地贯彻。因此，严格责任对污染海洋罪并不适合。

（二）对污染海洋罪因果关系的认定采用疫学因果关系理论，允许被告反证

因果关系，是确定刑法所要求之危害结果可否归责于危害行为之实施者的重要一环。刑法中大部分罪名的成立不仅要求存在危害行为和危害结果，并且要求危害行为与危害结

果之间具有自然的引起与被引起的因果联系，这种自然意义上引起与被引起的因果联系必须予以证明才能被认定为刑法上的因果关系，进而用作确定罪责的依据。我国《刑事诉讼法》规定刑事案件要由控诉方搜集、提供能够证实犯罪嫌疑人、被告人有罪以及犯罪情节轻重的各种证据，且必须达到"犯罪事实清楚，证据确实、充分""排除合理怀疑"的程度才能认定被追诉者有罪。该证明标准无疑是有效保障犯罪嫌疑人、被告人人权的重要砝码，但对于因果关系证明难度巨大的污染海洋罪来说，显然过于苛刻。

就污染海洋罪来说，污染物进入海洋环境后经过多长时间、通过何种方式与海洋环境中的何种物质或者生物发生结合，又经过多长时间、发生何种化学反应或者生物体内的转化，产生了何种新的物质或者给生物体造成了何种影响，而这种反应或生物转化经过多长时间、多少层的传递最终给海洋生物、海洋环境造成了何种影响，从而直接或间接造成人类重大的财产利益损失，甚至经过多少环节的生物链的传递最终进入人体给人类健康、生命造成损害。这一系列的问号即使对于长期研究海洋生物、海洋环境的专家也并不容易回答，甚至，即便再给他们辅之以化学专家、医药学专家的专业技术和意见，也未必能全面而准确地予以认定和证明。更遑论要求并不具备此专业技能的公诉机关予以细致而准确的证明，这简直就是不可能完成的任务。"其结果要么是可能陷入科学争论和裁判难决的泥沼，要么是可能放弃追诉，使犯罪分子逍遥法外，导致法律形同虚设。"

因此，在污染海洋罪中适用因果关系①推定原则是十分必要的。因果关系推定原则由日本、德国的学者提出，用以解决污染型环境犯罪因果关系证明的难题，是指在环境侵权或环境犯罪案件中，对于污染损害后果与排污行为之间经疫学证明有高度盖然性联系，在被告人举不出反证证明损害结果并非自己所为时，推定为其行为所致。该原则首先运用疫学因果关系②理论将污染型环境犯罪中污染行为与污染结果之间的引起与被引起的联系证明到高度盖然性的程度，再排除被告运用间接反证法提出证据证明该污染结果并非由其排污行为所引起的情形，推定因果关系存在——如果被告可以证明污染结果确实并非因其排污行为导致则判定其排污行为与污染结果无因果关系；如果被告无法提供证据证明该污染结果并非由其排污行为所引起，且控诉方有其他情节证据证明被告的排污行为等则判定被告的排污行为与污染结果之间存在刑法上的因果关系。这种因果关系推定原则在目前海洋环境污染因果关系难以确定的困境中不失为一种解决问题的切实可行的办法。

疫学因果关系理论，是由医学上的疫学理论发展而来，在日本的公害犯罪司法实践中起到了举足轻重的作用。③ 其将在医学、药理学上尚无法得到直接科学证明的污染行为与

---

① 因果关系包括危害行为、危害结果、危害行为与危害结果之间引起与被引起的联系3个环节要素，本文所说适用因果关系推定的仅指污染海洋罪中"污染行为与污染结果之间引起与被引起的联系"这一环节，针对污染行为、污染结果的存在这两个要素的证明，其难度并没有那么巨大，因此仍适用普通刑事犯罪证明标准——排除合理怀疑。
② 最经典的医学因果关系推定四要素为：第一，该因子在发病期间一段时间内已经产生作用；第二，该因子的作用越强则疾病发病率越高；第三，该因子分布消长和疫学记录上记载的流行特征并不矛盾；第四，判断该因子为缘由的发生机制上可予以生物学的说明而不矛盾。若是能够符合以上4点，就能够认定该因果关系成立。
③ 日本1966年"第二水俣病"案、1971年"富山县居民诉三井金属矿业"案件，法院分别在判决中直接论证并适用了因果关系推定、疫学因果关系理论认定了被告污染行为与污染结果之间的因果关系，判处了被告承担刑事责任。

污染结果之间的联系，通过相关动物实验及大量的统计观察资料等医学旁证，能够说明前者对后者的产生具有高度盖然性。这种高度盖然性不同于民事诉讼中的优势证据规则，而是基于目前人类的认识水平和技术水平所能达到的最高证明程度。"尽管这种污染型环境犯罪因果关系没有得到毫无怀疑的证实，但其证明标准基本还是合理的：第一，这种因果关系的认定能够符合现有的生物学知识，不与现有的生物学知识矛盾；第二，疫学作为认定传染病病因的一种方法，其本身就具有自然科学性，加之有统计学调查数据作为证据基础，因果关系的存在实际已经得到当前科学技术最大能力的证明。"

间接反证法，即是要求被告对污染行为与污染结果之间不存在因果关系进行证明。根据"不得自证其罪"原则，普通刑事犯罪被告人没有义务证明自己有罪，也不需要证明自己无罪，这对于保护相对强大国家机关处于劣势地位的被告来说无疑是有利的。但在污染海洋罪中，被告往往是掌握最新生产经营技术，最了解其所产出、向海洋排放的物质具有何种化学性质，进入海洋后有可能发生何种反应并将其当作运营秘密的企业，其对自己所排放的污染物与污染结果之间是否存在因果关系比公诉机关掌握得更加清楚，举证也更加容易，因此在该罪中要求被告负担反证责任更利于及时查清污染行为与污染结果之间是否存在因果关系，查明罪责，更早实现真正的公平正义。正如日本学者所论述的，"只要是排放有害物质进行事业活动，事业者就负有经常地注意该事业不使人的健康发生具体的受害的义务，因此，这种处理，符合社会正义公平的观念，并不是胡乱地强加给企业的苛刻的处置。"

因果关系推定这一原则不仅在国外有立法例可供借鉴，例如，日本1970年《公害罪法》第5条就明确规定了环境犯罪因果关系推定原则，"如果某人由于工厂或企业的业务活动排放了有害于人体健康的物质，致使公众的生命和健康受到严重危害，并且认为在发生严重危害的地域内正在发生由于该种物质的排放所造成的对公众的生命和健康的严重危害，此时便可推定此种危害纯系该排放者所排放的那种有害物质所致"。通过推定，可以使难以直接证明但又有追究必要性的犯罪得以被指控，对提高诉讼效率，节省诉讼资源，实现司法经济都有很大的好处。

（三）加强海洋环境保护行政执法与刑事司法之间的衔接

如前所述，海洋环境保护行政执法部门对海洋污染案件的人为滞留是造成刑事判决率低的重要原因，因此，改善这种现状，就当然地成为排除海洋环境污染犯罪司法障碍的重中之重。笔者认为，解决这一问题应当对症下药，可以考虑以下方式：第一，在海洋环境保护行政执法部门设立污染行为刑事侦查小组，对本部门所办理的所有海洋环境污染案件均进行刑事审查并备案。对于情节严重可能构成污染海洋罪的案件，整理所有卷宗材料及调查取得的证据材料移交对应的刑事司法部门。第二，加强检察部门对海洋环境保护行政执法人员的监督，不定时地对其办理案件是否合法、有效，是否正确、及时地移交海洋环境污染案件进行审查，并对其中故意违法不移交案件的负责人员追究刑事责任。第三，改善海洋环境保护行政执法部门的业绩考核方式，不只以办案数量、罚款数量作为业绩的代表方式，而更多地考量其侦办案件是否合法合理以及后期海洋环境的改善情况。第四，加强海洋环境保护行政执法部门的业务公开，增强其执法手段、过程和结果的透明度。如此，利用监察部门、公众的监督为外力，以业绩考核方式的改善、刑事追究制为内力，加强行政执法与刑事司法之间的衔接，提高海洋环境污染行为的司法启动率和刑责追究率，切实做到行政执法与刑事司法共同保护海洋环境。

海洋环境正在遭受日益严重的污染，这是现代人和子孙后代都不愿意看到的，也是国际社会正在努力改善的现状。刑事制裁手段可以弥补行政事前预防和民事事后补救的不足，但其自身也存在立法和司法的不足，这需要我们立法者和司法者共同的努力，尽快增设污染海洋罪，完善其构成要件，在司法认定中引入因果关系推定原则，加强海洋环境保护行政执法与刑事司法之间的衔接，共同推动海洋环境保护的刑事司法进程。

参考文献

杜澎. 2000. 破坏环境资源犯罪研究［M］. 北京：中国方正出版社.

蒋兰香，周训芳. 2006. 从传统法益到生态法益——20世纪各国环境刑法法益保护观的变迁［A］. 何勤华. 20世纪外国刑事法律的理论与实践［C］. 北京：法律出版社，136.

付立忠. 2001. 环境刑法学［M］. 北京：中国方正出版社.

杨春洗，向泽选，刘生荣. 1999. 危害环境罪的理论与实务［M］. 北京：高等教育出版社.

赵秉志，王秀梅，杜澎. 2004. 环境犯罪比较研究［M］. 北京：法律出版社.

王蓉. 2003. 论我国刑法应当规定而尚未规定的环境犯罪［M］. 北京：法律出版社.

汪维才. 2011. 污染环境罪主客观要件问题研究——以《中华人民共和国刑法修正案（八）》为视角. 法学杂志，（8）：128.

蒋兰香. 2009. 污染型环境犯罪因果关系推定的必要性研究［J］. 中南林业科技大学学报（社会科学版），（11）：98.

蒋兰香. 2012. 污染型环境犯罪因果关系证明标准的学理探讨［M］. 北京：科学出版社.

（日）原田尚彦著. 1999. 环境法［M］. 于敏译. 北京：法律出版社.

论文来源：本文原刊于《中国海洋大学学报（社会科学版）》2015年第4期，第65-71页。

项目资助：中国海洋发展研究会项目（CAMAOUC201401）。

第四篇　海洋权益

论构建中国特色新海权观

夏立平① 云新雷②

摘要： 尽管马汉的海权论很好地总结和反映了 19 世纪至 20 世纪上半叶世界政治中国家权力、财富和荣誉竞争的事实，并且对于历史上一直是陆权大国、在改革开放后才走向海洋的中国有很大的借鉴意义。在人类进入 21 世纪时，由于时代的变化、世界力量转移和安全观念的变革，马汉的海权论显示出其落伍于时代的某些局限性和不足之处。在新的全球化时代，海权论具有了崭新的形态。与传统的海权论不同的是，全球化时代的海权观突显出开放性、竞争性、合作性和制度性。权力仍是新海权观的核心自变量，但海权的内涵和外延都扩大了。国际海洋地缘政治仍是海权公式中一个重要变量，但海陆二分的地缘结构正在被海陆一体的新地缘结构所取代。威胁的多元化成为主要的因变量。

关键词： 海权理论；中国特色

马汉的海权论由于时代的变化、世界力量转移和安全观念的变革，显示出其落伍于时代的某些局限性和不足之处。有必要在对传统海权论做出批判的基础上构建中国特色新海权观。

一、问题的提出

海权（Sea Power）这一概念最早是由美国海军战略家阿尔弗雷德·赛耶·马汉在 1890 年出版的《海权对历史的影响（1660—1783）》（The Influence of Sea Power upon History：1660—1783，以下简称《海权论》）正式提出。《新英汉词典》对 Sea Power 的解释有两个：一是"海军强国"；二是"海上力量"。③ 本文采用的"海权"包括这两个含义。

马汉在《海权论》一书中详细阐述了海权理论，其中心论点在于强调海上力量对于国家繁荣与安全的重要性，认为若是一个国家要成为强国，必须要掌握在海洋上自由行动的

---

① 夏立平，中国海洋发展研究会理事，同济大学国际与公共事务研究院院长、教授、博导，中国海洋发展研究中心研究员，研究方向为美国海洋战略、海上安全。
② 云新雷，同济大学政治与国际关系学院博士研究生。
③ 《新英汉词典》（增补本），上海：上海译文出版社，1985 年 6 月新 2 版，第 1220 页。

能力。他指出："一个濒临海洋或者借助于海洋来发展自己的民族，海上力量就是一个秘密武器"，[①] "借助海洋运输和海上力量控制海洋就可以影响世界的发展进程，因为陆地带来的财富永远比不上海洋，它也没有海洋那样便利的交通。"[②]马汉认为："海上力量形成的历史，在很大程度上就是一部军事史。在其广阔的画卷中蕴含着使得一个濒临海洋或借助于海洋的民族成为伟大民族的秘密和根据。"[③]当时的美国政府接受了马汉的海权论，很快将其上升为国家对外战略。1901年西奥多·罗斯福就任美国总统后，开始大力发展海军力量。到1908年，美国海军的实力就从马汉提出海权论时的世界第12位上升到第2位，仅次于大英帝国。经过两次世界大战，美国成为世界上最强大的海军强国。

马汉的海权论突出海军能力建设，具有排他性、对抗性和战略性三个主要特点。排他性是指获取制海权和海上优势，对特定海域或特定海上军事和贸易通道具有控制权，平时确保海上贸易航线的安全，战时在海上击败对手。对抗性是指建立一支强大的海军力量以获取制海权，通过战争使对方失去海上运输能力，破坏其海权体系，在全球扩张本国海权。战略性是指在强大的国家实力基础上建立强大海军，通过获取制海权达到维持和促进国家繁荣与强大的战略目标。

尽管马汉的海权论很好地总结和反映了19世纪至20世纪上半叶世界政治中国家权力、财富和荣誉竞争的事实，并且对于历史上一直是陆权大国、在改革开放后才走向海洋的中国有很大的借鉴意义，但在人类进入21世纪时，马汉的海权论显示出其落伍于时代的某些局限性和不足之处。

（一）时代的变化

马汉的海权论适应了帝国主义阶段的世界形势。当时，主要强国为了扩展海外贸易，必须拥有海军力量的优势。马汉认为："海洋是世界上最大的交通媒介，今天没有一个国家可以向过去那样独霸海洋，只能通过竞争的方式争取对海洋的控制，甚至可能会动用武力来争夺海权。"[④]但自20世纪80年代以来，特别是冷战结束后，世界进入以和平与发展为主题的时代，这也是一个新的全球化时代。这一时代与帝国主义占主导地位的战争与革命时代有着本质区别。

第一，各国之间共同利益上升。由于新科技革命迅猛发展，这一次经济全球化趋势的深度和广度要大大超过历史上曾经有过的全球化趋势。世界各国在经济上相互依存大大增加，又都面临着日益增多的各种非传统安全威胁，促使它们以更多的合作来解决共同面对的问题。各国人民追求共同发展和共同繁荣的愿望越来越强烈。这也促使各国政府更多采取有利于共同发展的政策。

第二，各国可以通过经贸关系、科技创新和相互合作来获得资源和市场。在以和平与发展为主题的时代，兴起的国家不需要通过战争来获得所需的资源和市场，不需要与占主导地位的大国通过战争来争夺资源。

---

① Alfred Thayer Mahan, "The Influence of Sea Power Upon History 1660—1783", Boston：Little Brown and Company, first published in 1890, 12th Edition, 2012, pp. 1。

②③④ 阿尔弗雷德·赛耶·马汉，一兵译：《海权论》，北京：同心出版社，2012年版，第234页。

第三，发动战争的成本和风险越来越大。大国之间发生武装冲突很可能导致核战争，而核战争中是没有胜利者的。

在以和平与发展为主题的时代，对国际贸易海上航道的控制仅靠海军在战争中取胜是无法完全取得的，必须越来越多地依靠海上合作。

（二）世界力量转移的 2.0 版

第二次世界大战结束后世界经济和政治重心由欧洲转移到大西洋两岸，这是 20 世纪出现的世界力量转移的 1.0 版。

20 世纪末以来，世界形成两大力量转移的趋势。第一大力量转移趋势是发展中国家的崛起。过去的殖民地半殖民地绝大多数都已获得独立，成为发展中国家。它们坚定捍卫民族独立和国家主权，团结自强，致力于经济社会发展，反对超级大国的战争政策。发展中国家成为制约战争的重要因素。

第二大力量转移趋势是亚洲的崛起。近年来，随着中国和其他亚洲国家经济的迅速发展和在国际事务中作用的上升，世界经济和政治重心开始由大西洋地区向亚太地区转移。

这两大力量转移趋势是 20 世纪以来世界力量转移的 2.0 版。它引起世界力量对比，特别是发展中国家与发达国家之间的力量对比发生重大变化。

与此同时，中国的"反介入/区域拒止"（A2/AD）实力提升，使美国运用海上力量武装干预中国内政与侵犯中国主权和领土完整的企图和能力受到限制和下降。世界力量转移趋势和中国"反介入/区域拒止"能力的增强，让美国和其他西方国家的"炮舰政策"越来越不灵了。

（三）安全观念的变革

世界力量转移的 2.0 版也引起安全观念的变革。马汉的海权论认为，安全主要指海上航道的安全。马汉指出："生产、航运、殖民地，看似互不相关的三件事情，却有着千丝万缕的联系。生产的目的在于交换；交换要依靠航运才能进行；殖民地则方便并扩大了航运的行动，并通过大量的安全区域，对航运进行保护。"[1]

但冷战结束后，随着经济全球化的迅速发展和跨国安全问题的增多，安全观念扩大了。军事安全在国家安全中虽然仍非常重要，但科技安全、环境安全、气候安全、能源安全、金融安全、经济安全、信息安全、粮食安全、卫生安全等非传统安全因素在国家安全中的重要性在上升。这些非传统安全问题很多都是跨国安全问题，单靠某个国家是无法解决的，必须实行大国协调和各国合作。

中国和其他发展中国家传统文化中的精华有助于这种安全观念的变革和新安全观的提出。中国的传统哲学思想强调要"和而不同""天下大同"。近年来中国倡导"和谐社会"和"和谐世界"。中国 1996 年就根据时代潮流和亚太地区特点，率先主张应共同培育一种新型的安全观念，其后又明确提出新安全观的核心应是互信、互利、平等、协作。[2] 2014

---

[1]　阿尔弗雷德·赛耶·马汉：《海权论》，一兵译，北京：同心出版社，2012 年版，第 19 页。

[2]　中国代表团 2002 年 7 月 31 日向东盟地区论坛提交的文件：《中国关于新安全观的立场文件》，《人民日报》2002 年 8 月 2 日，第 3 版。

中国海洋发展研究文集 (2018)

年，习近平主席指出，积极倡导共同安全、综合安全、合作安全、可持续安全的亚洲安全观，创新安全理念，搭建地区安全合作新架构，努力走出一条共建、共享、共赢的亚洲安全之路。习近平还提出构建以合作共赢为核心的新型国际关系。这是一种新的安全观，是安全观念的重大变革，将是中国和平兴起的安全保证，对马汉传统的海权观也是一个促变因素。但当前世界上传统安全观、冷战思维还很强烈，只有用新安全观去战胜和代替它们，才能保证发展中国家的利益和中国的和平崛起。

正是由于马汉的海权论显示出落伍于时代的局限性，有必要在对其批判的基础上构建适应时代要求和形势发展、具有中国特色的新海权观。马汉在《海权论》一书中似乎也预见到了必须进行观念的变革。他说："整个世界的未来是由东方文明还是西方文明决定的？这个问题没有答案，但如今基督教的任务是将亚洲文明与自己的理念相融合。"① 不过，美国和西方世界并没有做到这一点。

二、关于海权论研究的文献综述

海权理论由来已久，最早的海权思想的提出可以追溯到古希腊时期。早在公元前 5 世纪，希腊人和波斯人就已经认识到了拥有一支强大的海军对于决定战争走向的重要性。现代以来，关于海权论研究可以分为 6 大学派。

（一）海权论研究的美国流派

美国是海权论的诞生地，也是世界上最大的海权国家，更是当今世界唯一的海洋霸权国家。美国对海权论的形成与发展起到了至关重要的作用。

马汉是第一个把海权思想上升到系统化、理论化高度的战略家和历史学家。不仅如此，马汉还使海权论成为地缘政治理论中一个非常重要的流派，并在其有生之年看到海权论由理论变成现实：美国在海权论的指导下建立了以强大海军为核心的海上力量，通过美西战争将西班牙的势力排挤出美洲，使南美洲成为美国的后院，同时将本国的势力向亚洲渗透，扩展到菲律宾。同时，英国、德国、日本等国也接受了其海权论思想的影响，大力发展海上力量，因此对国际关系产生了深刻影响。可以说，马汉海权论的出现在某种程度上改变了世界的面貌。②

在冷战时期，美国同苏联展开争夺全球霸权的斗争，而对海洋控制权的争夺是美苏战略竞争的重要组成部分之一。在此背景下，美国海军部长小约翰·莱曼提出了制海权理论，即"海上优势论"。该理论认为，美国必须拥有海军优势，它不仅是要对任何一国海军具有优势，而且要对可能出现的、几支敌国海军的联合力量具有优势。为确保这种优势，美国的海上战略必须遵循的原则包括：根据国家战略，海军负有威慑作用和控制各种国际危机的任务；如果威慑失败，则要阻止敌人利用海洋来攻击美国，不让敌人利用海洋进行运输活动；保证美国及其盟国畅通无阻地利用海洋；确保海洋支援陆上作战；确保利用海洋把战场推向敌人一方，并在对我有利的条件下结束战争；美国海洋战略必须是一种

① 阿尔弗雷德·赛耶·马汉，一兵译：《海权论》，北京：同心出版社，2012 年版，第 249 页。
② 杨震，周云亨，郑海琦：《美国海权思想演进探析》，《国外社会科学》，2016 年第 5 期，第 100 页。

全球性理论，必须把美国和自由世界各国的兵力完全结合成一个整体；美国海洋战略必须是前沿战略。① 莱曼的"海上优势论"在实践中取得了很大成功。由于该理论符合美国政府的战略需要，时任美国总统里根对此大力支持。1987 年莱曼卸任时，美国海军已经拥有 568 艘舰艇，一年以后达到 588 艘，莱曼的 600 艘舰艇计划基本得以实现。美国重新夺回了四大洋的海上优势，大大扭转了对苏联的不利军事局面。

冷战结束后，国际形势发生重大变化。美国海军的作战环境、作战对象、作战理念都发生了巨变。1992 年 9 月，美国海军部长颁布的《由海向陆——为美国海军进入 21 世纪做准备》战略白皮书拉开了美国海军战略转型的序幕，其主要内容包括：由"独立实施大规模海战"转变为"从海上支援陆、空军的联合作战"；由"在海上作战"转变为"从海上出击"；由"前沿部署"转变为"前沿存在"；由"打海上大战"转变为"对付地区冲突"。② 该文件一改美国海军在冷战时期的主要作战任务——夺取制海权，首次将对大陆纵深的目标攻击作为海军的重要任务，这是对美国海军信奉的海权论的一次重要修正。

冷战时期海权是一种三维的海权。美国《由海向陆——为美国海军进入 21 世纪做准备》战略白皮书中不用"战场"，而用"作战空间"来指称军事行动的场所，说明美国海军对作战空间有了新的认识。在英语中"战场"一词指发生战斗的地面（水面）场所是一平面的概念，用它来指称全方位的现代战争所展开的场所已经不太确切。《由海向陆——为美国海军进入 21 世纪做准备》战略白皮书描述的作战空间已经涵盖陆地、海上、空间、太空，是一个多维的立体空间。"网络中心战"概念的提出，标志着世纪海权的作战空间已经涵盖了海陆空天网五维空间。海权的空间已经从马汉时代的平面走向了冷战后的五维立体。这是冷战后时代海权发展的一个重要趋势。

由于信息化时代战争争夺的是综合制权，海陆空天电磁各个军种相互合作、协同作战形成一个整体。海军的主要作战任务核心依然是制海权，但也担负为其他军种提供防御能力以及对陆地纵深进行打击和兵力投送的任务，制海权已经成为综合制权的一部分，是与其他制权进行无缝链接的海权。该趋势随着信息技术的进步而愈加明显。

有些美国专家还认为，在冷战后时期，海军的角色在军事领域中地位有所下降，从原来的从事对抗性的高强度战争转变为通过低强度的保持海上秩序（保护油气及渔业资源、进行水文地理调查、反海盗行动）来进行强制性外交、建立同盟关系。海军的功能得以拓展。③ 这代表了美国海权理论的新发展。

美国国防部 2017 年 1 月 9 日发布新海军水面舰艇部队战略白皮书《重返海洋控制》（Return to Sea Control）。该新战略强调美国海军要通过推行"云杀伤"新型作战理念，实行新的"海洋控制"战略，重新建立冷战时期的绝对制海权。④ 美国海军水面舰艇部队指

---

① 〔美〕小约翰·莱曼：《制海权——建设 600 艘舰艇的海军》，海军军事学术研究所，1991 年版，第 147–171 页。

② U. S. Department of the Navy, From the Sea: Preparing the Naval Service for the 21st Century, September 1992, http://www. globalsecurity. org /military / library / policy / navy / fts. htm。

③ Mike L. Smith and Matthew R. H. Uttley, "Tradition and Innovation in Maritime Thinking", in Andrew Dorman, Mike L. Smith and Matthew R. H. Uttley, eds., *The Changing Face of Maritime Power*, London: Macmillan Press Ltd., 1999, p. 6。

④ U. S. Defense Department, The U. S. Navy's Surface Force Strategy: Return to Sea Control, 9 January 2017, http://www. navy. mil/StrategicDocs. asp。

挥官汤姆·罗登（Tom Rowden）中将认为："全球已回归大国在海上竞争的状态，美军必须因应做出调整……美国海军必须控制全球海域展现军力。"[1] 他宣称："因为中国海军和重建的俄罗斯舰队挑战了美国在海洋方面的长期主导权，我们将大张旗鼓地重新控制海洋。"[2] 这些表明制海权理论在美国的回归。

（二）海权论研究的法国流派

法国作为历史上的西方文明中心、世界思想潮流的主要发祥地之一，"其不断演进的海洋思想和海权战略理论对世界海权理论发展和成熟的有重要贡献"。[3] 18世纪以前，法国在海权理论研究上优于英国，居于世界领先地位。最早的系统的海战理论是17世纪末期由法国人赫斯特最先提出。在海军建设的理论方面，早在英国人之前，法国人已认清应利用科学来替海军服务，海军军官必须接受专业教育，甚至于船舰也应有特殊的设计。在海军战略方面"絮弗伦战术"被英国海军名将纳尔逊吸收和运用，才开创了一段辉煌的英国海军史。18世纪法国人莫罗古斯所著《海军战术》、格芮尼的《海战艺术》、拉马屠的《海军战术绪论》等理论成果促进了海权理论的发展并使法国人在与英国人的海战中经常保有战术优势。[4] 在19世纪后期，法国海权研究者如达留士、德费莱、达利乌和契尔波茨等法国海军军事家对海权思想理论化做出了卓著的贡献，法国人首次从理论上提出海军战略和制海权获得的理论。这些理论被马汉所吸收，为马汉建立海权理论奠定了基础，并且构成日后马汉海权论的重要组成部分。

近代法国海军战略家拉乌尔·卡斯泰（Raoul Castex）被誉为马汉之后的伟大海军战略家和理论家，其代表作《战略理论》（"Strategic Theories"）是研究法国海权战略思想的一部经典之作。卡斯泰将历史研究和军事战略研究结合起来，以生动的海权史料和海战分析，对战略，以及战略与政策和战略与地理之间的互动关系做了阐释。[5] 他的理论结合法国陆海复合型的地缘政治特点，提出了法国发展海权需要面对的问题以及在这种地缘政治条件下发展海权的思考，在制海权和战略机动方面形成了比较成熟的主张。他的理论对后世德国、苏联，以及拉美国家如阿根廷、巴西的海军军事思想都有深远影响。他将"传统海权理论"和法国"青年学派"的海权理论进行整合和创新，并在制海权和战略机动方面形成自己成熟的主张，成为大陆国家或弱势国家海权的战略指导。

从整体来看，法国早期的海权研究成果中，大陆性思维主导了重陆轻海的战略取向。19世纪后，法国"青年学派"比较强调"弱者的海权战略"，同时法国国内也有主张发展强大海权的声音。"二战"结束以来，法国海权研究多从整体安全和国家利益拓展出发，更注重陆海均衡。[6]

---

① Tom Rowden, U. S. Navy Must Return to Sea Control, USNI Proceedings, p. 8。

② Tom Rowden, U. S. Navy Must Return to Sea Control, USNI Proceedings, p. 9。

③ 冯传禄：《法国海权研究综述》，《法国研究》，2014年第3期，第12页。

④ 钮先钟：《西方战略思想史》，南宁：广西师范大学出版社，2012年3月版，第168—192页。

⑤ Castex, Admiral Raoul (France navy). Strategic Theories. Paris: Société d'Editions Géographiques, Maritimes et Coloniales; reprint, translated and abridged with an introduction by Eugenia C. Kiesling, Annapolis, Md.: Naval Instutite Press, 1994.

⑥ 陈新丽，冯传禄：《法国海权兴衰及战略研究述略》，《太平洋学报》，2019年第9期，第62页。

当代法国学者对法国海权的研究比较深入，研究方向比较细化。他们考证了近代以来法国海权运用的指导思想、理论沿革和历史实践，清晰阐释了法国海权这一主题的主要方面，并着重考虑法国海权的战略优化。阿尔内·罗克逊德（Ame Roksund）2007 年出版著作《The Jeune Ecole：The Strategy of the Weak》，详尽论述了法国"青年学派"的海权思想和战略理论。[1] 法国著名学者迪迪埃·奥托朗（Didier Ortolland）2010 年出版的著作《海洋空间的地缘政治》认为，冷战后法国海洋空间经历了三方面重大变革：对外行动领域进一步拓宽；行动机制开始走向"联盟式"而非"家长式"；假想敌人也发生了变化。[2] 帕里特斯·基尤特洛（Patrice Guillotreau）2008 年出版的著作《海上法国的挑战及未来》，分析了全球化对法国海洋战略的重大冲击，并针对新的海洋局势，提出了借重欧盟加快海洋开发战略。[3] 米歇尔·夏龙（Michel Scialom）等 2011 年出版的《法国是个海洋国家吗》著作认为，历史上法国必须综合平衡海权和陆权，而当代法国更重要的是要具备有效的海外战略力量。[4] 这些研究者显示了对法国海权的当代关切。同时，从欧盟视角探讨海权问题也日渐受到法国学者重视。例如，法国学者菲利普·德普杜朗（Philippe Deprédurand）在 21 世纪初出版的《欧盟与海洋：海上霸权的雏形》认为，欧盟具备在未来成为海上霸权的潜力，但欧盟目前既没有一个统一的海洋战略也没有形成统一的海洋治理框架，作者构思了欧盟未来海洋霸权并建议欧盟"西扩"。[5]

（三）海权论研究的英国流派

英国是传统的海上强国，曾经是近代的世界海洋霸主之一。英国著名战略家朱利安·科贝特（Julian Stafford Corbett）是差不多与马汉同时代的又一位杰出的海权理论家。他创立的海洋战略学派开辟了 20 世纪英国海权理论的新天地，在很大程度上丰富和发展了海权理论。[6] 虽然海洋战略观的名气和影响不及马汉海权论，但是其体系之完整、结构之严谨、目光之长远与后者相比更胜一筹。该理论产生于第一次世界大战之前，并在第一次世界大战中得到检验。海洋战略观是一个内容完整、结构严谨、层次分明且极具逻辑性的战略理论。科贝特分别从国家战略、军事战略、海军战略的高度，自上而下，严密地对英国的海洋战略进行了推理和论证。各级战略之间相互支持、相互呼应，形成一个密不可分的有机整体，并在国家战略的指导下来考虑军事战略和海军战略。科贝特的海洋战略观创造性地提出了海陆联合作战，将海军的威力从海洋延伸到陆地的主张。科贝特在《海军战略的若干原则》中指出："英国或者海洋国家的战争模式，是运用有限战争的方式来实现无限战争的目标，来配合我们的盟友在大陆上的大规模作战"[7]《海军战略的若干原则》还基于英、法海战案例，归纳出海军战略思想若干原则，其中海洋国家对大陆国家"离岸

①　Ame Roksund, The Jeune Ecole：the Strategy of the Weak, Leiden and Boston：Brill, 2007。

②　Didier Ortolland et Jean-Pierre Pirat, Atlas géopolitique des espaces maritimes, Éditions Technip, Paris, 2010, p. 352。

③　Patrice Guillotreau, Mare economicum：Enjeux et avenir de la France maritime et littorale, PU Rennes, 25 août 2008。

④　Michel Scialom, la France nation maritime? Economica, 1 septembre 2006。

⑤　Philippe Deprédurand, Union européenne et la mer ou leslimbes d'une puissance maritime, LHarmattan, 2001。

⑥　杨震，方晓志，杜雁芸：《论朱利安·科贝特的海洋战略》，《国际观察》，2015 年第 4 期，第 116 页。

⑦　Julian S. Corbett, Some principles of maritime strategy, Annapolis：Naval Institute Press, 1988, p. 66。

平衡"的思想在今天依然构成海洋霸权国笃信不移的一项战略原则。① 科贝特的海洋战略观不仅对当时的英国海军，也对后冷战时代的美国海军产生了重要影响。

在当代，英国皇家海军学院教授布莱恩·兰夫特（Bryan Ranft）对冷战时期的海权争霸形势和战略理论进行了较为深入的研究。② 英国学者杰弗里·蒂尔（Geoffrey Till）对海权有较为系统深入的研究。他1982年出版的《海上战略和核时代》比较全面地阐释了海权的基本概念和海权理论的演进史。③ 蒂尔2004年出版的《海权：21世纪的指导》对当代制海权、海军外交和海洋秩序维护等做了富有学术启示的讨论。④ 2006年出版的《英国海军思想沿革：纪念布莱恩·兰夫特文集》，对18世纪至20世纪末的英国海权理论和海军战略演变做了系统的研究。⑤

（四）海权论研究的俄罗斯流派

俄罗斯是一个传统的大陆国家。同时，俄罗斯作为一个拥有漫长海岸线并有多个方向出海口的大国，具有发展海权的基本物质条件，海权建设有一定的优势。经几代人努力，俄罗斯建起了强有力的海洋军事力量，在世界海军体系中地位举足轻重。然而，由于地理位置的独特性，俄罗斯大部分地区处于寒冷地带，严重削弱了海洋地理条件的使用价值。寒冻使其漫长的海岸上优良不冻港变得稀疏难得。海岸开放性差，出海通道阻塞不畅，多处受制于人；各个方向的海岸之间通达性差，联系不便，以协调统一。"这些海洋环境条件的约束，使俄罗斯海洋力量的发挥面临重重障碍，海权建设的海洋地理条件天生不足。"⑥

18世纪俄国的扩张重在夺取出海口。其中，西进波罗的海是当时俄国海权战略最成功的部分。在第二次世界大战期间，苏联海军奉行"小规模海战理论"，以苏联工业水平和造舰速度为依据，把海军仅仅看作是陆军的一个配属军种，主要任务是近海防御，配合陆军作战。在冷战期间，苏联海权理论一度落后，制约了其海权的发展。在军事理论上，苏联一段时期内未能充分估计海军的作用和地位。苏军总参谋长索科罗夫斯基主编的《军事战略》（1962年）和国防部长格列奇科所著《苏维埃国家的武装力量》（1974年）两部权威著作中，都仅仅把海军作为一支普通的军种，没有把它当作重要的战略力量，忽视了海权在大国战略中的作用。

20世纪70年代中期后，苏联加剧同美国争霸，并推行全球战略。此时，戈尔什科夫出任苏联国防部副部长兼海军总司令。为配合苏联全球争霸战略，并为大力发展海军提供理论依据，戈尔什科夫十分重视海权理论和海军学术的研究。在总结世界重大海战和苏联30多年海军建设经验的基础上，他发表了《战争年代与和平时期的海军》和《国家的海上威力》两部专著，从国力与霸权的角度考察海权，把它看作一个国家实施对外政策的工

① Julian S. Corbett, Some principles of maritime strategy, Annapolis：Naval Institute Press，1988，p. 189。
② Bryan Ranft and Geoffrey Till, The sea in Soviet strategy, London：Macmillan，1989。
③ 【英】杰弗里·蒂尔：《海上战略与核时代》，北京：海军出版社，1991年版。
④ Geoffrey Till, Seapower：A Guide for the Twenty-First Century, London：Frank Cass，2004。
⑤ Geoffrey Till（ed.）, The Development of British Naval Thinking：Essays in Memory of Bryan Ranft, London：Routledge，2006。
⑥ 陆俊元：《海权论与俄罗斯海权地理不利性评析》，《世界地理研究》，1998年6月版，第7卷第1期，第40页。

具和夺取霸权的重要手段。其理论的核心是，作为一个强国，必须建立一支强大的海军，以支持国家的建设。在一定条件下，海战场可能成为主要战场，海军可以改变武装斗争的进程甚至结局；海军的兴衰与国家的兴衰紧密相关，一个海上大国的崛起必须要有一支强大的海军作后盾，没有强大海军的国家不能长期成为强国。[①] 在这种海权战略引导下，苏联海军实现了由"二战"结束初期的"近海防御型"向"远洋进攻型"的重大转变。

苏联解体和冷战结束后初期，俄罗斯海军受到较大的削弱。进入 21 世纪以来，普京对俄罗斯海洋安全十分重视。在他的推动下，俄罗斯制定和通过了一系列相关文件。2000 年 4 月，俄公布由普京批准及国家杜马通过的《俄罗斯联邦海军战略（草案）》，这份文件第一次正式使用"海军战略"的概念，提出了海军要面向世界大洋的宏伟战略构想。2000 年 7 月，在俄罗斯军事和安全首脑会议上，普京特别强调说，发展武装力量对俄罗斯来说至关重要，而海军是重中之重，只有强大的海军才能实现强国的目标。2001 年 7 月29 日俄国海军节上，普京再次重申："俄海军在历史上和将来都是国家力量的象征，必须确保海军的战斗力，必须用先进武器武装海军，海军的强大有利于巩固国家安全、捍卫俄在 21 世纪的国家利益"。2003 年初，普京又指出："俄罗斯急需建设一支强大的海军，以维护国家利益发展的需要。如果放弃海军建设，俄将在国际舞台上失去发言权。"[②] 可以说，普京在这些方面发展了俄罗斯的海权思想。

（五）海权论研究的日本流派

日本是一个四面环海的岛国。在航海技术不发达的古代，海洋起到了日本安全屏障的作用。古代蒙古大军渡海攻击日本就因海上气候的恶劣而被阻遏。于是，日本逐渐形成了海洋是保护日本的天然屏障的朴素观念，加之锁国政策的推行，在古代和近代相当长时期内日本的海权观与世界近代的海权观几乎完全不同。

1853 年 7 月，美国东印度舰队司令马修·佩里率舰队用武力胁迫日本打开国门。这也使日本社会逐渐接受了西方近代的海权观念。日本开始进入重视海军及海上安全的传统海权观阶段。1868 年明治维新伊始，日本天皇就提出了"欲开拓万里波涛，布国威于四方"的强国目标，[③] 并被作为国家意志由日本政府坚决地贯彻执行。1868 年 10 月，天皇颁发谕令："海军建设为当今第一急务，应该从速奠定基础。"[④] 1872 年 2 月，日本废除了兵部省，设置了海军省和陆军省，从而使日本海军完全独立。为加大对海军的资金投入，日本皇室、文武官员以及普通国民都积极捐钱、购买公债。随着马汉著作的问世，海权观进一步理论化，日本又陆续出现了一批海权论者，如金子坚太郎、小笠原太郎、秋山真之、佐藤铁太郎、加藤宽治等。他们的特点是把"马汉海权观"与日本的实际相结合、把海洋战略研究与海军战术研究相结合，最终形成了日本传统的海权观及海洋战略：日本及世界的未来取决于海洋，海洋的关键是制海权，制海权的关键在于海军的强大，海军战略的关键

---

① ［苏］谢·格·戈尔什科夫：《战争年代与和平时期的海军》，生活·读书·新知三联书店，1974 年 1 月版；谢·格·戈尔什科夫：《国家的海上威力》，生活·读书·新知三联书店，1977 年 10 月版。

② 江新国：《海权对俄罗斯兴衰的历史影响》，《当代世界社会主义问题》，2012 年第 14 期，第 76 页。

③ 《明治文化集》第 2 卷，日本评论社，1928 年版，第 33-34 页。

④ 〔日本〕外山三郎：《日本海军史》（龚建国、方希和译），北京：解放军出版社，1988 年版，第 196 页。

是实现"大舰巨炮"，通过舰队决战击溃敌方。从此，日本开始以海军扩张为依托，追求海权强国的目标，将邻国一次次拖进战争。正如《日本海军史》所言，"使日本海军兴起的是战争，使日本海军覆灭的也是战争"。①

"二战"结束后，日本开始由强调以海上军力及海上安全为主的传统海权观，向海上军力、海上安全与海洋资源、海洋环保、海洋科技并重的新综合海权观转变，带有传统海权观与新综合海权观及海洋战略过渡期的双重性和不确定性特点。② 但是，日本尚未真正进入新综合海权观和海洋战略阶段。近年来，日本安倍政权推行"新安保法案"，加强日本海上自卫队的实力发展、强化美日同盟，在与中国的钓鱼岛争端中采取强硬立场。这些使日本强调海上军力及海上安全的传统海权观强势回归，新综合海权观显现弱势。

（六）海权论研究的中国流派

中国传统上是一个陆权国家，海洋传统和海权意识薄弱，海权理论研究起步较晚。冷战结束后，一些中国专家学者在将马汉海权论介绍到国内的基础上逐渐加深对海权的研究。

张宗涛在《马汉及其"海权论"》文章中认为，马汉的海权论是美国资产阶级军事思想进入帝国主义时期的产物，因此它不可避免地存在着局限性。③ 张晓林、刘一健在《马汉与"海上力量对历史的影响"》提出，在帝国主义这一时代背景下，又因受美国对外扩张政策目标的驱使，还由于马汉本人具有集职业海军军官、历史学家、海军理论家等为一身的特殊经历和才能，所以在19世纪和20世纪之交，产生了轰动世界的海权论。④ 倪乐雄认为，一方面马汉的海权论首先来源于历史实践；另一方面有其悠久的思想来源，是人类对海权问题思考的进一步延伸和深化。⑤

巩建华《海权概念的系统解读与中国海权的三维分析》论文提出，海权可以分为狭义海权和广义海权，广义海权是一个概念体系，包括观念层次的海权、战略层次的海权、权利层次的海权、权力层次的海权、利益层次的海权。从政治学角度看，海权包括海洋权力、海洋权利和海洋利益三个部分。研究中国海权，可以从逻辑向度、历史向度、现实向度三个维度展开。发展中国海权，需要从观念层次、战略层次、权利层次、权力层次和利益层次全面推进。⑥

关于美国海权问题的研究。曹云华认为，美国的海权兴起具有其内在的逻辑和动力，它沿着工业—市场—控制—海军—基地这一链条不断延伸。⑦ 郭培清着重分析了美国海权发展与国际环境之间的关系，他认为一定时期内适宜的国际环境是海权兴起的一个重要因

① 〔日本〕外山三郎：《日本海军史》（龚建国、方希和译），北京：解放军出版社，1988年版，第193页。
② 张景全：《日本的海权观及海洋战略初探》，《当代亚太》，2005年第5期，第38页。
③ 张宗涛：《马汉及其"海权论"》，《军事历史》，1993年第6期，第42-43页。
④ 张晓林，刘一健：《马汉与"海上力量对历史的影响"》，《军事历史研究》，1995年第3期，第121-134页。
⑤ 倪乐雄：《海权的昨天、今天和明天——读马汉"海权对历史的影响"》，《中国图书评论》，2006年第8期，第21-26页。
⑥ 巩建华：《海权概念的系统解读与中国海权的三维分析》，《太平洋学报》，2010年第7期。
⑦ 曹云华：《美国崛起中的海权因素初探》，《当代亚太》，2006年第5期，第23-29页。

素，如果不顾国际环境，一味固执于建立强大海权的目标，单骑突进，结果可能适得其反。①

关于陆权与海权的关系以及陆海复合国家海权发展问题的研究。叶自成认为，海上力量聚集得快，消失得也快，陆权发展的成果更能长期支撑一个国家的发展和地位，更具持久性，主张每个国家应当根据自己的自然禀赋来选择海权与陆权的孰先孰后，并强调制度建设是一国发展陆权或海权的重要内涵。② 对此，倪乐雄则提出了不同的看法，他认为"依赖海洋通道的外向型经济结构"是海洋国家的基本特征，也是引发海权的第一要素。只要人类同海洋发生关系，迟早会形成"依赖海洋通道的外向型经济"，这种经济结构一旦形成，迟早要召唤强大的海权。对海洋国家来说，不存在海权和陆权哪个更重要的问题，而是在整个国防体系运作中发挥各自不可替代的功能以及随战场空间变换二者如何协作的问题。海权能够凝聚分散的陆权势力，从而形成合力，因而是陆权的"倍增器"，获得强大海权的陆权帝国的影响力和寿命要远远超过没有海权的陆权帝国。两次世界大战的经验表明，海权对陆权具有绝对的优势，掌握制海权的一方可在世界范围调动各种资源来压垮坚持陆权战略的一方。③ 刘中民比较全面分析了陆海复合国家海权发展的特点与困境。④

近年来，中国专家学者对海权的研究与中国"建设海洋强国"战略日益紧密地联系在一起。例如，江河论文《国际法框架下的现代海权与中国的海洋维权》认为，强大的海权是中国海洋权益维护的基本前提。⑤

三、中国特色新海权观：范式·变量·逻辑

在新的全球化时代，海权论具有了崭新的形态。与传统的海权论不同的是，全球化时代的中国新海权观凸显出开放性、竞争性、合作性和制度性。

（一）中国特色新海权观的分析范式

传统的海权论采取一种西方国家思想史中根深蒂固的认识论的偏见，亦即主客体二元对立。西方人的思维方式主张"分"，坚持二元对立的思维，提出一系列对立概念，例如，主体和客体，本质和现象，运动和静止等。黑格尔从哲学的角度说了一个故事：两个人在大森林里狭路相逢，互不退让，互不承认，只好拼死一战，以冲突决出高低，以实力判定胜负。斗争的结果产生了黑格尔所说的主人和奴隶、主体和客体、中心和边缘等概念。⑥这就是西方文化中主体和客体的割裂思维方式。马汉的海权论遵循了这一思维方式。马汉认为："利益的冲突所产生的愤怒情绪，必然导致战争"，⑦"无论是什么原因挑起的战火，

① 郭培清：《对美国海权之路"天时"的思考》，《长春大学学报》，2007年第1期，第80-84页。

② 叶自成：《从大历史观看地缘政治》，《现代国际关系》，2007年第6期，第1-6页。

③ 倪乐雄：《从陆权到海权的历史必然——兼与叶自成教授商榷》，《世界经济与政治》，2007年第11期，第22-32页。

④ 刘中民：《陆海复合国家海权发展的特点与困境》，《海洋世界》，2007年第11期，第51-55页。

⑤ 江河：《国际法框架下的现代海权与中国的海洋维权》，《法学评论》，2014年第1期，第92-99页。

⑥ 黑格尔著，贺麟、王玖兴译：《精神现象学》，北京：商务印书馆，1996年版，第122-123页。

⑦ Alfred Thayer Mahan, "The Influence of Sea Power Upon History 1660—1783", Boston: Little Brown and Company, first published in 1890, 12th Edition, 2012, pp. 1。

是否掌控了海上霸权都成为一个决定胜负的关键。"①因为"人们认识到海上商业对于国家的财富及其实力的深远影响"，所以"通过海洋商业和海军优势控制海洋意味着举世无双的影响力……（是）国家权力的繁荣的首要物质因素"。②

要确立全球化时代新海权观的分析范式，必须首先打破主体和客体二元对立的认识论偏见。随着冷战结束以来经济全球化和区域经济一体化趋势的迅速发展，各国之间在经济上的相互依存性在增长。各国经济越来越面临一荣俱荣、一损俱损的局面。同时，核武器和网络战能力的发展等成为制约大国战争的有力因素。大国之间在核武器方面形成相互威慑，促使它们尽力避免相互之间爆发武装冲突或战争。由于核武器具有巨大的杀伤力，因此既是世界面临的最大危险之一，也是避免大国战争的最有力的制约因素之一。而且，大国共同面临着各种非传统安全的严峻挑战。安全范围由传统安全扩大到非传统安全，没有一个大国可以单独解决全球变暖、恐怖主义、大规模杀伤性武器扩散、跨国犯罪、海盗、环境污染、艾滋病等非传统安全问题。大国只有合作才能够共同应对这些非传统安全的挑战。

在这种情况下，必须采用对立统一的法则作为全球化时代新海权观的分析范式。"事物的矛盾法则，即对立统一的法则，是唯物辩证法的最根本的法则。"③

与传统的海权论坚持二元对立的思维不同，对立统一的法则很强调同一性。同一性即统一性、一致性、互相渗透、互相贯通、互相依赖（或依存）、互相联结或互相合作。列宁说："辩证法是这样的一种学说：它研究对立怎样能够是同一的，又怎样成为同一的（怎样变成同一的），……在怎样的条件之下它们互相转化，成为同一的，……为什么人的头脑不应当把这些对立看作死的、凝固的东西，而应当看作生动的、有条件的、可变动的、互相转化的东西。"④毛泽东指出，同一性"说的是如下两种情形：第一，事物发展过程中的每一种矛盾的两个方面，各以和它对立着的方面为自己存在的前提，双方共处于一个统一体中；第二，矛盾着的双方，依据一定的条件，各向着其相反的方面转化。这就是所谓同一性。"⑤这就是说，矛盾双方互为存在的条件，双方之间有同一性，因而能共处于一个统一体中；而且，事物内部矛盾着的两方面，因为一定的条件而各向着自己相反的方面转化，向着它的对立方面所处的地位转化。这就是矛盾的同一性的第二种意义。

在当代，海权强国之间、海权强国与弱国之间、海权大国与海权小国之间都处于一个矛盾统一体中，各以它对立的方面为自己存在的前提。而且，它们之间的共同利益在增加。没有一个海上强国能单独应对全球非传统安全威胁。海权强国之间、海权强国与海权弱国之间、海权大国与海权小国必须合作来应对共同面临的跨国海上非传统安全威胁。在海权强国之间相互依存上升的情况下，用战争手段来保护海上航道的安全越来越困难。

---

① Alfred Thayer Mahan, "The Influence of Sea Power Upon History 1660—1783", Boston: Little Brown and Company, first published in 1890, 12th Edition, 2012, pp. 1.

② William E. Livezey, "Mahan on Sea Power", Norman, OK: University of Oklahoma Press, 1981, pp. 281-282.

③ 毛泽东：《矛盾论》，北京：商务印书馆，1996年版，第22页。

④ 《列宁全集》，第三十八卷，第111页。

⑤ 毛泽东：《矛盾论》，北京：商务印书馆，1996年版，第23页。

同时，这些矛盾统一体中的各方因为一定的条件而各向着自己相反的方面转化，向着它的对立方面所处的地位转化。例如，海权主导强国与海权新兴强国之间在进行着权势转移；海权强国与海权弱国之间也在进行相互转化，虽然这种过程将会是长期的。

（二）中国特色新海权观的分析变量

1. 权力仍是新海权观的核心自变量，但海权的内涵和外延都扩大了

传统的海权论衡量权力的唯一手段就是海军实力，只有人口、资本、技术、组织、文化等因素被转化为海军实力后，才能在海权上是有意义的。马汉认为："海权是对国家之间竞争和相互间的敌意，以及那种频繁地在战争过程中达到顶峰的暴力的一种叙述。"[①] 马汉提出，影响一个国家海上力量的主要因素有6个：地理位置；形态构成，其中包括与此相连的天然生产力与气候；领土范围；人口数量；国民特征；政府特征，其中包括国家机构。[②] 在此基础上，领导人做出的武力控制海洋、发展海上军事实力、发展航运与和平贸易等决策会对海洋霸权产生一定的影响。"只有这样，一支健全的海上舰队才能够稳定地发展。"[③]

随着海权向立体化的方向发展，海权论的内涵在扩大。马汉时期的海权是一种平面的海权。大炮巨舰舰队之间的决战所争夺的制海权是海平面的制海权，随着潜艇和航空技术的发展，水下和海空也成为制海权争夺的内容。冷战时期，美苏确定了海基战略核力量在海军诸兵种中的主导地位，同时全面完善水下力量，大力发展反潜兵力，遏制敌方海基战略核力量，确保己方相应水下核力量实战和威慑效能的充分发挥。这标志着海权进入了核时代。冷战结束后，布热津斯基宣称："美国不仅控制着世界上所有的洋和海，而且还发展了可以海陆空协同作战控制海岸的十分自信的军事能力"，使得美国能够成为一个唯一的全面的全球性超级大国。[④] 近年来，随着人类活动空间更多的扩展到太空，太空这一"高边疆"正在成为各大国争相探索和利用的新高地，太空权成为各大国竞争的重要领域之一。太空实力成为影响海权国家海军实力的重要因素之一。而且，进入21世纪以后，电子信息产业和互联网发展迅速。一些国家已具有电子战、信息战和网络战能力。特别是网络战能力在若干大国之间形成相互威慑。电子战、信息战和网络战能力也成为影响海权国家海军实力的重要因素之一。

高新武器技术的发展已经使现代战场成为包括地面、水面、水下、空中、太空、电磁等方面的多维战场。海权以往的作战模式主要是海战，夺取制海权，封锁海岸和对岸攻击。而信息化时代现代战争争夺的是综合制权，海陆空天电各个军兵种相互合作、协同作战，形成一个整体。海军的主要作战任务核心依然是制海权，但是也担负着为其他军种提供防御能力以及对陆纵深打击和兵力投送的任务。现在海权具有与其他制权（制陆权、制

① Alfred Thayer Mahan, "The Influence of Sea Power Upon History 1660—1783", Boston: Little Brown and Company, first published in 1890, 12ᵗʰ Edition, 2012, pp. 3。

② 阿尔弗雷德·赛耶·马汉，一兵译：《海权论》，北京：同心出版社，2012年版，第19-20页。

③ 阿尔弗雷德·赛耶·马汉，一兵译：《海权论》，北京：同心出版社，2012年版，第19页。

④ 布热津斯基，中国国际问题研究所译：《大棋局：美国的首要地位及其地缘战略》，上海：上海人民出版社，1998年版，第31-33页。

空权、制天权、制电磁权）实行无缝链接的趋势，海权已经成为综合制权的一部分，正在向五维立体的方向发展。

随着世界进入信息时代，信息不仅成为一种非常有效的作战手段，而且是最重要的战斗力之一。争夺信息优势成为战争的一个主要内容，信息战也成为战争的一种重要样式，信息威慑甚至可以成为战略威慑。现代海战的模式已经发生重大的转变，信息技术已经成为海战成败的关键。没有对信息的全面掌控就无法赢得制海权。海权也因此进入了信息时代。美海军《2020年海军远景：未来——由海向陆》文件中第一次将网络中心战定位为最核心的作战能力，[①] 而2002年美国《海军转型路线图》和《21世纪海上力量》发展构想则提出美国海军转型重点就是要充分利用信息优势加快"力量网络"建设，实现"网络中心战"由概念到实践的转变。[②]

冷战结束以来，海军已经突破了传统的以获取制海权为主要目的的"海上力量的政治显示"作用，发挥以海洋的利用和控制为核心的"三位一体"的作用，即军事功能、警察功能和外交功能。军事功能包括海洋控制、海洋拒止（控制沿海水域）和向岸上投放力量。警察功能包括维护国家主权、保护国家资源、参与国际维和行动和反海盗行动。外交功能包括显示实力、参加国际联合军演和联合巡逻等。而且，海军越来越多地采取非战争军事行动，包括人道主义救援、抢险救灾、反恐怖主义、反海盗、缉毒、武装护送、护航护渔、情报收集与分享、联合演习、显示武力、撤离非战斗人员等。

从海权的外延来说，军事实力虽然仍非常重要，但它在世界上能解决的问题在减少。同时，包括硬实力和软实力在内的综合国力的作用和影响在全面上升。一国实施海权战略时必须是统筹协调各个部门，综合运用政治、外交、经济、军事、科技、文化等各种实力。

据此，在当代，除了海上军事力量，以下机制和力量也应该是海权的重要组成部分。

第一，海洋管理机构。海洋管理机构包括国家主管海洋的行政机构和海上执法力量，其主要任务是有效保护海洋资源和海洋环境，使之能够得到可持续利用；促进和推动海洋科技和海洋产业发展，使之合理有序地进行；有效维护国家的海洋权益，包括维护国家的领海主权、勘探开发大陆架和专属经济区自然资源的权利、开发利用公海和海底资源的权利等。[③]

第二，海洋产业体系。海洋产业指人类直接开发利用和保护海洋资源所进行的生产和服务活动。[④]

第三，海洋法律体系。包括国内有关海洋的法律和包括《联合国海洋法公约》在内的现代国际海洋法律制度。国际海洋法是国际上"关于各种海域的法律地位以及调整各国在

---

① U. S. Department of the Navy, U. S. Navy Vision 2020, September 1992, http：//www. Bupers. navy. mil /NR / rdonlyres /1E1DFD27 - 27D0 - 4995 -8B61 - A37FC53B1394 /0 /2020VisionPrint. pdf。

② U. S. Department of the Navy, A Cooperative Strategy for 21st Century Seapower, October 2007, http：//www. navy. mil /maritime /Maritimestrategy. pdf。

③ 吕贤臣：《现代海权构成与发展问题思考》，南京：南京海军指挥学院硕士学位论文，2007年版，第7页。

④ 杨震：《后冷战时代海权的发展演进探析》，《世界经济与政治》，2013年第8期，第107页。

各种不同海域中从事航行、资源开发、科学研究并对海洋进行保护等方面的原则、规则和规章、制度的总称"。①

第四，海洋科技实力。海洋科学和技术是世界科学和技术创新体系中的重要部分，是合理利用海洋资源、发展海洋经济、保护海洋生态健康和实行海洋综合管理的依据，是人类应对全球气候变化、开拓生存空间和扩大发展领域的一个重要支撑。②

2. 国际海洋地缘政治仍是海权公式中一个重要变量，但海陆二分的地缘结构正在被海陆一体的新地缘结构所取代

传统的海权论将地缘位置作为研究的起点，但主要是从海陆二分的地缘结构来研究问题，认为地缘结构决定了不同地缘位置的国家必定采取独特的地缘战略，如英国等岛国偏爱海权，德国等内陆国家偏爱陆权。马汉说："如果一个国家既不依靠陆上的交通去保护自己，也不通过陆路向外扩张，而是单纯地把目标指向海洋，那么这个国家就具备了比四周以大陆为界点的国家更为优越的地理位置。"③ 马汉指出："一个国家的地理位置优越与否，会直接提升或者分散这个国家的海上力量。"④ 从这一论点出发，马汉认为："英伦三岛就拥有比法国更为突出的优势。"⑤

冷战结束以来，国际海洋地缘政治发生重大变化。苏联解体后，美国和苏联在各大洋对制海权的争夺不复存在，全球范围内没有任何一支海军可以与美国海军在远洋作战能力上进行角逐，美国海军可以牢牢控制大洋。已握有海洋控制权的美国，将目标转向以控制海洋为基础，从海上干预地区事务。美国要保持在欧亚大陆的战略主导地位，防止任何其他大国在欧亚大陆占据主导，以达成美国海洋安全战略的最终目的——控制世界。因此，美国提出"由海向陆"战略，进而将矛头直指敌国的近海、沿岸甚至是陆地纵深，从而压缩对手的海上防御纵深，迫其在沿海甚至是沿岸应战，利用技术优势进行美军擅长的"非接触性战争"，从而以微小的代价取得战争的胜利。同时，美国企图从海上对欧亚大陆新兴大国进行制约。为此，美国海军保持"强大的远洋作战能力，拥有完善的全球海军基地体系，具备覆盖全球的战场监控能力，目前不但已达到事实上能控制整个世界大洋的程度，而且正进一步向远洋的沿岸和内陆不断延伸，理论上已能打击和控制世界 80% 左右的陆地"。⑥ 在冷战后海权竞争中，海陆一体已经成为新的地缘结构。

而且，20 世纪 90 年代以来，世界进入了新的海洋工业文明时代。人类对海洋的利用已经不限于主要是海洋交通运输业和海洋渔业，而是扩大到越来越多的使用各种海洋资源，发展海洋旅游业、海洋油气工业、造船业、海盐及盐化工业、海滨砂矿业。此外，一些新兴的海洋产业正在逐步发展，如海水利用业、海洋生物医药业及高值化产品加工业、海洋电力工业、海洋工程建筑、海洋化工、海洋信息服务业、海洋环保业。海洋产业的迅速发展，使海洋与人类各方面的联系越来越紧密，也使海洋与陆地的联系越来越紧密。

① 魏敏，罗祥文：《国际法》，北京：法律出版社，1987 年版，第 4 页。

② 中国国家海洋局海洋发展战略研究所课题组：《中国海洋发展报告（2001）》，北京：海洋出版社，2010 年版，第 187 页。

③④⑤ 阿尔弗雷德·赛耶·马汉，一兵译：《海权论》，北京：同心出版社，2012 年版，第 20 页。

⑥ 高子川编著：《蓝色警示——21 世纪初的海洋争夺与展望》，北京：海潮出版社，2004 年版，第 34 页。

3. 威胁的多元化成为主要的因变量

在马汉时代，海权所面对的威胁主要是敌对国家海军舰队的威胁，即军事威胁。马汉认为："所有的海上国家都或多或少将自己的发展建立在海洋商业上，对于这样的国家，海洋就是最重要的命脉，但它们的海上贸易又随时可能处于强大敌手的控制中。在这种情况下，难道对手会放弃如此的优势？难道它们的海军就是摆着看的？答案是否定的。"①

冷战结束后，海权所面对的威胁出现多元化的特点，既包括传统安全威胁，也包括非传统安全威胁。

传统安全威胁，主要指军事威胁。美国作为海权大国，其海军战略目的之一是进行霸权护持，防止新兴大国崛起挑战美国的海上霸权。这是新兴海权所面对的传统安全威胁。国家之间也可能由于海洋领土主权和海上权益争端，而爆发武装冲突。

非传统安全威胁包括恐怖主义和极端主义、大规模杀伤性武器扩散、海盗袭击、非法偷渡、毒品走私、常规武器的扩散以及其他犯罪行为。这是世界各国面临的共同挑战。2007年，美国海军、海军陆战队和海岸警卫队在共同发布的《21世纪海上力量合作计划》中提出"需要认真考虑应对"这些非传统威胁。② 这说明美海军已经把应付非传统安全威胁当成日后主要的任务之一。

（三）中国特色新海权观的基本逻辑

全球化时代为海权观注入了崭新的内容，从海权样式、海权目标、海权资源基础和海权地缘结构4个方面发展了海权论的基本逻辑。

1. 海权样式：从排他性转向竞争性与合作性的统一

排他性是马汉海权论的主要特点之一。马汉认为："早在多年以前，人们就已经认识到海上商业对于国家的财富及其实力的深远影响……为了能够获取超出本国国民应得的份额，他们完全有必要竭力排斥其他的竞争者。这种排斥往往有两种手段：一种是通过垄断或者强制性条例的和平立法；另一种则是直接的暴力方式。"③

冷战结束后，海权开始从排他性转向竞争性与合作性的统一。一方面，海权中的排他性仍然存在。例如，美国仍然要保持它对世界各大洋和关键航道的控制权或者自由通行权。另一方面，海权中的合作性在上升。世界各海洋国家现在越来越多地进行海上合作来应对各种非传统安全威胁。例如，中国、美国、欧盟、印度、日本等10余国派军舰前往亚丁湾执行护航船只和反海盗任务。

随着美国相对实力的下降和非传统安全威胁的增多，美国不得不寻求更多进行合作来应对它所认为的威胁。2006年，时任美海军作战部长迈克尔·马伦上将提出"千舰海军"（Thousand-Ship Navy）的构想，时任美国总统布什对此表示非常有兴趣，并称将大力支持。这个所谓"千舰海军"的构想并不是传统意义上的由1 000艘挂着美国旗帜的战舰组

---

① 阿尔弗雷德·赛耶·马汉，一兵译：《海权论》，北京：同心出版社，2012年版，第235页。

② U. S. Department of Navy, " A Cooperative Strategy for the 21 Century Seapower," October 2007, http: // www. navy. mil/maritime/maritimestrategy. pdf。

③ 阿尔弗雷德·赛耶·马汉，一兵译：《海权论》，北京：同心出版社，2012年版，第1页。

成的舰队，也不是美国海军要再建 1 000 艘战舰，其真正的含义是要联合世界上所有能联合的海上力量，一起应对各种海上威胁，其实质就是与外国海军结成亲密伙伴关系，形成一个国际海上联盟。这表明美国不得不重视海上合作。

2015 年 3 月，美国海军、海军陆战队和海岸警卫队在共同发布的最新版《21 世纪海上力量合作计划》中宣称，过去两年中，北京在海上和空中都变得更加咄咄逼人，这加剧了中国同许多邻国之间的领土争端。该文件说："这种行为，再加上中国军事意图缺乏透明度，导致了紧张和动荡，这可能带来误判甚至冲突升级。"[1]根据该文件，为了对这种形势做出反应，美国海军和海军陆战队计划向亚太地区派遣更多资产和最尖端的军事平台，以"劝阻侵害"。这些资产将包括海军陆战队最先进的飞机 F-35B 联合攻击战斗机和 MV-22 "鱼鹰"运输机。[2]这些措施是美军"重返亚太"战略的一部分。同时，该文件提出，为了避免与海洋活动频繁的中国之间发生地区不测事态，将通过这三支海上力量的前沿部署保持威慑力，并与中国海军继续保持建设性交流。这表明，中美之间在海上将形成一种既相互威慑又相互交流的态势。

2. 海权目标：从争夺控制权转向竞争制度权

马汉的海权论排他性的主要表现形式是争夺对海洋的控制权。由于冷战结束后海权开始从排他性转向排他性与合作性的统一，新海权观正在逐渐从争夺控制权向竞争制度权转变，即从在特定海区中各方的权力博弈逐渐向共同治理转变。

中国特色新海权观的制度性具有两个方面的含义：第一，必须建立针对特定海区的制度和机制，这应该是一种契约性或非契约性的制度。对特定海区来说，"有制度要比没有制度好，只要建立了制度，有关各方就确立了合作的存量，有助于确立地缘竞争的行为约束底线"。[3] 第二，这些制度和机制必须具有合法性，不论此种合法性的程度有多高。当一个国家在某一特定海区的制度无法获得有关各方的合法性支持，自己又无力维持这一制度和机制的有效性时，这就意味着该制度和机制面临着合法性的危机，需要对制度和机制进行改革和重构。总之，通过将制度性因素引入，海权论开始被纳入制度变迁的轨道。

包括《联合国海洋法公约》在内的国际海洋法，为将海权论纳入国际制度的轨道奠定了基础。现在国际海权博弈越来越多地通过制度博弈和竞争制度权。尽管这一国际海洋法制度还存在许多不完善和不合理之处，需要逐渐进行改革和完善。但中国必须努力学会运用好国际海洋法来维护自己的海洋主权和海洋权益。

3. 海权资源基础：从着眼硬实力转向硬实力与软实力相结合

马汉的海权论侧重于海军舰队这一硬实力。随着新科技革命、新军事革命和全球化趋

---

① U. S. Department of Navy, "A Cooperative Strategy for 21st Century Seapower: Forward, Engaged, Ready," March 2015, http: //www. academia. edu/11597648/A_ Cooperative_ Strategy_ for_ 21st_ Century_ Seapower_ Forward_ Engaged_ Ready。

② U. S. Department of Navy, "A Cooperative Strategy for 21st Century Seapower: Forward, Engaged, Ready," March 2015, http: //www. academia. edu/11597648/A_ Cooperative_ Strategy_ for_ 21st_ Century_ Seapower_ Forward_ Engaged_ Ready。

③ 倪世雄等著：《我国的地缘政治及其战略研究》，北京：经济科学出版社，2015 年版，第 79 页。

势的发展，国家所能调集的资源形态发生了巨大变化，从而使得海权的资源基础也发生重大变化。在当今时代，如果没有空中实力，海上力量就不再有效了。[①] 当代海权还必须有制电磁权和制天权。主要海权强国正在发展无人驾驶战斗机、高超音速空天飞机、无人驾驶潜艇、电磁轨道炮、各种新式导弹等先进的武器。这些将使未来的海战样式发生巨大变化。

在当代，要想赢得海权优势，除了需要调集硬实力资源外，软实力资源也成为十分重要的力量基础。这种软实力资源包括法律战资源、舆论战资源等。而且，必须将硬实力与软实力相结合，才能实现真正强大的海权。

4. 海权地缘结构：从海陆二分转向海陆和合

马汉的海权论从实力对抗和战争的角度出发，主张海陆二分。他认为："任何一个国家都没有可能在海洋和陆地同时具有支配地位。"[②] 冷战结束以来，在和平与发展为主题的时代背景下，随着经济全球化和区域经济一体化的迅速发展，以及世界进入了新的海洋工业文明时代，海陆二分论越来越不适应时代的进步。

中国特色新海权观基于可持续发展和可持续安全的理念，主张海陆和合。1992 年的世界环境与发展大会就认为，海洋是人类生命支持系统的重要组成部分，是可持续发展的宝贵财富。[③] 海陆和合主张的主要内容包括：

第一，海洋国家和陆地国家和平相处，互不侵犯，互不使用武力和武力威胁，互不干涉内政，通过对话与协商解决彼此之间存在的矛盾和问题；

第二，海洋国家和陆地国家各自发挥自身地缘优势，开展平等互利的经济合作和彼此信赖的安全合作；

第三，海洋国家和陆地国家相互开放，为对方的发展和彼此合作提供地缘便利条件，构建海陆贯通的通道和能源网络；

第四，海洋国家和陆地国家不以海陆划线树敌立友，而以和平、合作为共同目标，争取实现"海陆和谐"，共同发展；[④]

第五，有的国家既可以是陆权国家，也可以做海洋国家，并不以在海洋和陆地同时具有支配地位为目标，而是以同时加强海洋国家和陆地国家的经济合作和安全合作。

论文来源：本文原刊于《社会科学》2018 年第 1 期，第 3–17 页。
项目资助：中国海洋发展研究会重点项目（CAMAZD201608）。

① 尼古拉斯·斯派克曼，刘愈之译：《和平地理学》，北京：商务印书馆，1965 年版，第 100 页。
② 阿尔弗雷德·赛耶·马汉，一兵译：《海权论》，北京：同心出版社，2012 年版，第 248 页。
③ 杨金森著：《中国海洋战略研究文集》，北京：海洋出版社，2006 年版，第 153 页。
④ 刘江永著：《可持续安全论》，北京：清华大学出版社，2016 年版，第 171 页。

黎塞留的海权思想与法国
近代海权的形成

胡德坤① 李 想②

摘要：同作为陆海复合型国家，法国近代海权形成过程对我国海洋强国建设有着重要的参考价值。17 世纪初，应法国建设强大海洋国家的时代需要，法国首相黎塞留提出并践行了独具特色的海权思想，其海权思想主要体现为系统的海军战略思想和海军战略理论，内容涵盖对海上力量的认识、海上力量的建设和海上力量的应用三个方面。黎塞留海权思想直接指导了法国的海洋强国建设实践，推动了法国作为传统大陆国家的传统海洋观念和国防理念的更新，为法国乃至世界海军战略的发展提供了启示。黎塞留海权思想是世界范围内第一次由传统陆权国家所提出的系统的海权思想，其内容不仅对其他"滨海的陆海复合型国家"破解其自身"在海权发展上面临的两难困境"提供了启示，也为传统海洋强国提供了参考。

关键词：法国；黎塞留；海权；海军战略

在世界近代史上西方国家相继走上海洋强国之路，大多是通过海权的确立而得到迅速发展的，法国也不例外。法国是一个陆海兼备的国家，它对海洋的认识、对海权的追求不亚于英国等海洋国家。法国海权的建立是法国近代历史演变的产物。近代法国资本主义的发展渴求海外资源和市场，推动着法国向海洋发展，这种趋势的发展催生了一位杰出的海权思想家和实践家黎塞留（Richelieu）。

黎塞留被称为"法国海军之父"和"法国现代海洋政策的奠基人"。③ 他在担任法国首相期间，通过创建法国历史上第一支常备海军，发展海外贸易和开拓殖民地，构建近代

---

① 胡德坤，男，湖北随州人，武汉大学中国边界与海洋研究院教授、博士生导师，国家领土主权与海洋权益协同创新中心主任、首席专家，中国海洋发展研究会理事，主要研究方向：第二次世界大战史、中日战争史和大国海洋史、中国海疆史。

② 李想，男，湖北仙桃人，武汉大学中国边界与海洋研究院博士生，主要研究方向：法国海洋史及法国海洋战略。

③ Henri Legohérel, Histoire de la Marine Française, Presses Universitaires de France, 1999, p. 20.

化的海事和海军管理体制，指挥海军参与对西班牙的作战，开启了法国海洋强国建设的历史进程。在对海洋问题的长期思考与政策实践中，黎塞留形成了独具特色的海权思想，在其所著的《政治遗嘱》（Testament Politique）中进行了系统的阐释。

黎塞留是法国历史上第一个系统地提出海军战略的思想家，他论证了法国建设强大海上力量的必要性和可行性，并指明了其实施路径，更新了法国人传统的海洋观念和国防理念，不仅为法国近代海权建设提供了理论指导，也为其他国家海军战略的发展提供了启示。

本文拟从时代背景、主要内容、历史影响等角度对黎塞留的海权思想进行阐释和分析。

一、黎塞留海权思想形成的时代背景

时势造英雄。黎塞留所处时代的特殊历史背景为其海权思想的形成与发展创造了条件。

法国海上事业的不断发展对建设强大海军保护其海上利益提出了要求。15 世纪末的地理大发现极大地拓展了法国人的海洋视野。法国布列塔尼地区的渔民最早在 1 500 年前后便开始赴北美海域捕鱼。1534 年，法国人雅克·卡地亚（Jacques Cartier）奉国王弗朗索瓦一世之命对北美地区进行了探险并试图建立殖民地。[①] 随着欧洲商品经济的不断发展，法国沿海地区的海上贸易日趋活跃。1536 年以后，马赛等地中海城市的海外贸易因受益于法国商人在土耳其获得的贸易特权而日益繁荣。16 世纪中叶，法国生产的粗呢绒、亚麻布、葡萄酒、谷物、盐等商品开始经由南特、波尔多、拉罗谢尔等港口远销世界各地。亨利四世时期，法国执行重商主义政策，通过大力发展海外贸易摆脱了胡格诺战争（1562—1598 年）造成的严重财政困境。但直至 17 世纪初法国也没有建立常备海军，薄弱的海上力量无法对其范围和规模不断扩大的海上利益形成有效的保护。

17 世纪初，法国沿海同时受到西班牙和英国两大海上强国的威胁。统治着西班牙的哈布斯堡王室的领土遍布法国周边，不仅在陆地上形成了"地缘政治上对法国安全的威胁"，[②] 而且在海上凭借其庞大舰队和位于大西洋及地中海的众多海上基地直接威胁法国沿海。来自英国的威胁同样不可小觑，正如黎塞留在《政治遗嘱》所指出的，"英国人凭借其强大的海上力量，可以毫发不伤地登陆我们的岛屿和沿海地区，可以趁我们虚弱的时候干预我们"，但由于其"特殊的地理位置，英国不担心其他的国家入侵"[③]。面对来自海上的威胁，法国"必须要拥有海军，并且是一支强大的海军"。[④] 在法国国内，从 1621 年到 1628 年，西部沿海的普瓦杜地区的新教徒在英国的支持下频繁煽动叛乱，严重威胁着法国的国家统一和政权稳固，而法国"当时完全没有属于国家的海军力量，国内唯一拥有海军力量的是普瓦杜地区的新教徒，他们还拥有稳固的海军基地"。[⑤] 由于海上力量上处

① H-E Jenkins, *Histoire de la Marine Française：Des Origines à Nos Jours*, Editions Albin Michel, 1977, p. 39。
② ［美］基辛格著，顾淑馨，林添贵译：《大外交》，海口：海南出版社，2012 年版，第 45 页。
③ Richelieu, *Testament Politique*, H. Champion, 2012, p. 289。
④ H-E Jenkins, *Histoire de la Marine Française：Des Origines à Nos Jours*, Editions Albin Michel, 1977, p. 26。
⑤ Philippe Masson, *Histoire de la Marine*, Lavauzelle, 1992, p. 34。

于劣势，法国政府军很难对盘踞在拉罗谢尔港的叛军实施海上封锁和进攻，围城平叛的战事异常艰苦。法国历史学家菲利普·马松（Philippe Masson）认为"拉罗谢尔的围城事件给黎塞留上了沉重一课，也构成了其政策的转折点，因为他认识到，即便是处理国内的问题，一支舰队同样十分重要。"[1]

法国国民海洋意识的觉醒使法国国内要求建设强大海军保护海洋事业的呼声更加强烈，也为黎塞留海权思想的形成创造了条件。在法国海洋事业不断发展的同时，葡萄牙、西班牙、荷兰、英国等国先后通过发展海上事业实现了国家的崛起，这更加使法国国内部分有识之士认识到海洋在国家发展中的重大意义。黎塞留本人就曾在《政治遗嘱》中揭示，"富裕的荷兰就是一小撮处在陆地边缘的人，……他成功的秘诀就是——航海"，"热那亚，同样也就两块破石头，但是靠大宗贸易成为了意大利最富裕的城邦"。[2] 所以"一个国家即便是一贯使用战争的方式来开疆扩土，也必须要通过贸易的方式在和平时期致富。"[3] 1624 年，著名机械工程师杜·诺耶·德·圣马尔提（Du Noyer De Saint-Martin）向法王路易十三建言，"一切财富和伟大都来自于海洋"。[4] 黎塞留的密友航海家哈兹利兄弟（Razilly）一直鼓吹法国发展海上贸易和开拓殖民地，并提出了"谁控制了海洋，谁就会在陆地上拥有巨大的权力"[5] 的著名论断。法国历史学家亨利·勒戈尔荷（Henri Legohérel）认为，"正是在对上述这些观念进行系统总结和深入思考的基础上，黎塞留最终得出了与哈兹利兄弟类似的结论"，从此"将海上的强大视为打开国家政治强大和经济繁荣之门的钥匙"。[6]

在法国历史发展对海权呼唤的背景下，海权思想家和理论家黎塞留应运而生。

黎塞留全名阿尔芒·让·迪普莱西·德·黎塞留（Armand Jean du Plessis de Richelieu），1585 年 9 月 9 日出生于法国巴黎一个与海洋颇有渊源的穿袍贵族家庭，1614 年以神职人员身份参加三级会议并正式进入政坛，1622 年当选法国红衣主教，自 1624 年 8 月开始担任法国首相直至 1642 年底去世，长达 18 年。

早在 1617 年参加显贵会议（Assemblée des Notables）期间，黎塞留已表现出了对海军问题的特别关注。[7] 1624 年，黎塞留就任首相伊始就购置了 6 艘小型军舰并且选定布拉文作为舰队基地，从而创建了近代法国海军的雏形。1626 年，黎塞留设立了航海与贸易总监（Grand-maître de la Navigation）[8] 一职，全面负责法国的海军、航运和海上贸易事务，并亲自担任总监，"使得法国有史以来第一次拥有了中央集权的海事政治和行政结构，也为未来的国家海务秘书一职创造了草样"。[9] 法国学者普遍认为，"如果说法国陆军的常备化

---

① Philippe Masson, *Histoire de la Marine*, Lavauzelle, 1992, p. 40。

② Richelieu, *Testament Politique*, H. Champion, 2012, p. 289。

③ Richelieu, *Testament Politique*, H. Champion, 2012, p. 299。

④ Henri Legohérel, *Histoire de la Marine Française*, Presses Universitaires de France, 1999, p. 21。

⑤ Louis Nicolas, *Histoire de la Marine Française*, Presses Universitaires de France, 1973, p. 20。

⑥ Henri Legohérel, *Histoire de la Marine Française*, Presses Universitaires de France, 1999, p. 21。

⑦ Richelieu, *Testament Politique*, H. Champion, 2012, p. 289。

⑧ 该职务除了负责海军以及航运贸易等事务外，还负责海上司法，于 1669 年被撤销。

⑨ Henri Legohérel, *Histoire de la Marine Française*, Presses Universitaires de France, 1999, p. 23。

始于查理七世时期，那么海军的常备化就始于路易十三时期。"① 1628 年黎塞留开始扩建法国海军并着力提升海军的舰船和装备制造能力及后勤保障水平。1636 年，法国正式参加30 年战争（1618—1648 年），黎塞留创建的法国海军在大战中多次击败西班牙舰队，成为法国赢得战争最终胜利的决定性因素之一。

在创建、发展和应用法国海军的同时，黎塞留也重视法国海上贸易和航运业的发展，并支持法国在美洲开拓殖民地。至其晚年，黎塞留"基本划定了法国的殖民地轮廓线，扩大了海员和贸易商在海上的活动范围"。② 英国学者杰肯斯（H-E Jenkins）认为，"黎塞留的伟大不仅在于建立了海军，而且在于未来的法兰西帝国将诞生于他的成果中"。③

黎塞留在晚年撰写了《政治遗嘱》一书，又名《给法国国王的遗言》（Testement à l'Usage du Roi de France），他在该书中对自己在政治、经济、军事、外交等方面的政治理念和战略构想进行了全面系统的总结和阐释，以供后世政治家参考。《政治遗嘱》全书共分 8 章，在其中的第六章和第七章，黎塞留分别以"海军"和"海上贸易"为主题就自身的海权思想进行了系统阐释。在书中，黎塞留竭力主张法国具备发展海军、海上贸易及航运的必要性和可行性，并针对法国海军的建设和行动问题提出了系统的海军战略思想和海军战略理论。这部书集中体现了黎塞留的海权思想，堪称法国海权思想史上的里程碑。

二、黎塞留海权思想的主要内容

黎塞留海权思想是经由黎塞留本人所陈述的或者根据其实践所总结出的，用于指导法国海上力量的发展和行动，保障法国海洋利益和国家安全的总体方略与思想原则，具体体现为系统的海军战略思想和海军战略理论，主要包括对海权的认识、海上力量的建设、海上力量的应用三方面内容。

（一）对海权的认识

对海权的重要性和法国建设强大海上力量的可行性的认识是黎塞留建设和发展强大海权的理论出发点。

作为传统陆权国家，法国国民海洋意识薄弱，贵族们更是长期鄙视商业，不愿从事具有冒险性的海洋经济活动，④ 这导致法国在历史上长期忽视对海上力量的建设。针对这一现实，黎塞留首先从安全利益和发展利益的角度论证了法国建设强大海权的必要性。如前文所述，黎塞留认为从安全角度，只有拥有强大海军，法国才能抵御英国和西班牙的海上威胁，并对其他国家形成威慑。同时，黎塞留还将海军视为国家平时繁荣和强大的重要基石，正如菲利普·马松所言，"从黎塞留 1628 年腾出手来建设海军开始，海军就将担负第一流的角色。在其设想中，海军既是战略工具，又是王国经济发展的基础……海军在平时不仅可以保护国家的海上贸易，整合国家分散的领土，还能够作为外交威慑的重要工

① Pierre Castagnos, *Richelieu Face à la Mer*, Ouest-France, 1989, p. 100。
② Philippe Masson, *Histoire de la Marine*, Lavauzelle, 1992, p. 56。
③ H-E Jenkins, *Histoire de la Marine Française*: *Des Origines à Nos Jours*, Editions Albin Michel, 1977, p. 39。
④ 郭少琼：《路易十四统治时期法国海军建设及其启示》，《太平洋学报》，2017 年第 2 期，第 94 页。

具"。① 总而言之，在黎塞留看来，"大海是留给所有的人的遗产"，同时也是一个"权力不甚明朗的世界""要想获得大海，只有拥有力量"。② 可见，黎塞留对海权战略价值的认识已经突破了传统的军事层面，上升至国家大战略层面。法国海军学者路易·尼古拉斯（Louis Nicolas）也认为，"黎塞留是根据法国的经济和政治来规划海军角色的"。③

此外，黎塞留还从自然地理条件、人力和自然资源禀赋等方面对法国建设强大海上力量的可行性进行了论证。他指出，"大自然似乎给了法国成为海洋帝国的条件，因为法国海岸线漫长且在地中海和大西洋两片海域都给予了法国良港"，而且法国以海为生的人员众多，海上人员"多信奉天主教"，易于管理，且"工匠在法国的生活成本极低"。法国不仅自身盛产亚麻和大麻等造船材料，而且可以通过向北欧出口产量丰富的红酒、农产品和纺织品来换取木材、铜、沥青和煤炭等海军战略物资。所以，"没有哪个欧洲国家比法国更有条件制造军舰"和发展海军。④

（二）海上力量的建设

关于海上力量的建设，黎塞留主要从海军的战略地位、海军的规模与功能的设定以及商业在海军建设中的作用等角度出发，探讨了如何建立一支强大的海军；在具体政策实践中，针对海军的建设，黎塞留还提出并践行了建立独立自主的海军工业体系和后勤保障体系以及加强对海军专业人才的培养等战略构想。

基于对海上力量重要性的认识，黎塞留不仅强调"国王要想拥有强大的军事力量，就要不仅在陆上强大，在海上同样要十分强大"，⑤ 而且力主提升海军的战略地位，使"海军战略与陆军战略彼此独立，共同融入到国家整体战略之中"。⑥ 因此，自 1626 年起，黎塞留逐步完成了对法国中世纪遗留下来的海事和海军管理体制的近代化改造，"构成了未来海军部、中央海事行政管理机构以及总参谋部的雏形"，⑦ 使得法国海军从建立之日起就成为一支独立于陆军、具备独立管理机构和指挥机构、享有独立战略地位的国防力量。

在要求建立强大常备海军的同时，黎塞留并不主张盲目扩大舰队规模，而是明确要求根据国家的经济承受能力和海军的任务需要，将舰队规模保持在"必须要保证其维持成本小于其收益"的水平。⑧ 因此，他建议将法国的主力战舰的规模维持在 80 艘左右，一方面这一规模完全可以满足法国海军的战略需求，因为其足以平衡与西班牙之间的力量对比，并且对其他国家构成威慑，而且每年仅需从中抽调部分兵力即可完成护航和打击海盗等战略任务；另一方面这一规模下的海军支出仅仅为每年 250 万里弗尔，该费用远低于法国在黎塞留时期每年 400 万里弗尔的海军预算承受能力，所以"比起收益，它们的花费微乎其

① Philippe Masson, *Histoire de la marine*, Lavauzelle, 1992, p. 40-45。
② Richelieu, *Testament Politique*, H. Champion, 2012, p. 289。
③ Louis Nicolas, *Histoire de la Marine Française*, Presses Universitaires de France, 1973, p. 19。
④ Richelieu, *Testament Politique*, H. Champion, 2012, p. 305。
⑤ Richelieu, *Testament Politique*, H. Champion, 2012, p. 289。
⑥ Philippe Masson, *Histoire de la Marine*, Lavauzelle, 1992, p. 42。
⑦ Louis Nicolas, *Histoire de la Marine Française*, Presses Universitaires de France, 1973, p. 21。
⑧ Richelieu, *Testament Politique*, H. Champion, 2012, p. 298。

微"。①

对于海军的功能建设，黎塞留主张因地制宜，根据海军的战略任务及其执行任务的环境来配置海军舰型、装备和人员，以确保其功能适用。在具体实践中，黎塞留将法国海军分为地中海舰队和大西洋舰队两支分舰队，并强调"为了有法有方地实现对大海的控制，首先有必要将大西洋和地中海区别对待"。② 他选定机动灵活、能够适应无风环境的桨帆战舰作为地中海舰队的主力舰型，而将体量庞大、航程较远的圆形风帆战舰作为大西洋舰队的主力舰型，并为两支舰队分别配置不同的装备和人员。在实战中，黎塞留还多次对两支舰队的舰型、装备、规模和人员进行调整，以适应舰队不断变化的作战任务和任务环境。

黎塞留认识到了海军与商业之间的相互依存关系，并明确指出"商业是海上力量的支柱"。③ 黎塞留将商业对海军建设的意义归纳为 4 点。一是商业发展能为海军提供资金支持；二是商业和航运"养活了很多工匠艺人，同时也储备了大量水手，一旦开战就能有用"；④ 三是商业能够带动相关工业，特别是国营工场的发展，"只要他们常年开工，国家的军舰数量就不会丝毫减少"；⑤ 四是可以通过海上贸易和航运从别国进口法国海军建设中所必需的各类短缺物资，例如北欧的铁矿和火炮等。所以他指出："海上贸易不仅是有好处，而且是必须的。"⑥ 为充分发挥商业对海军建设的推动作用，一方面，黎塞留鼓励和保护海上贸易和航运业的发展。法国政府在 1629 年颁布的《米肖法案》（Code Michau）中明文规定："贵族从事商业和海事无需丧失其爵位"，并且"平民企业主在造出 200 吨以上大船并将之武装用于商业满 5 年后，可以被授予贵族爵位"，同时"不允许任何出口商品用外国船只运输，法国港口间的沿海航运必须由法国船只负责"。⑦ 另一方面，黎塞留主张通过国家力量直接扶持商业和航运的发展并推动其实现与海军之间的良性互动。黎塞留积极效仿英国和荷兰成立垄断性大型贸易公司，如 1626 年成立的莫尔比昂百人公司（Cent-Associésdu Morbihan）不仅享有在加拿大、安地列斯群岛、斯堪的纳维亚、莫斯科和汉堡的贸易特权，甚至拥有自己的港口、船队和学校。⑧ 此外，他还在《政治遗嘱》中建议，"由政府出资建造船只，然后低价销售给商船主经营，但要求其保证不将船只转卖给他国，并保证在战时将船只用于为国家服务"。⑨ 菲利普·马松认为，"把商业的发展和海军力量的发展联系到一起是黎塞留的重大思想贡献"。⑩

黎塞留始终将拥有完善的后勤保障体系和独立自主的海军工业体系视为确保法国海军

① Richelieu, *Testament Politique*, H. Champion, 2012, p. 294。

② Richelieu, *Testament Politique*, H. Champion, 2012, p. 289。

③ Richelieu, *Testament Politique*, H. Champion, 2012, p. 299。

④ Richelieu, *Testament Politique*, H. Champion, 2012, p. 305。

⑤ Richelieu, *Testament Politique*, H. Champion, 2012, p. 305。

⑥ Richelieu, *Testament Politique*, H. Champion, 2012, p. 305。

⑦ Sous la Direction de Georges Duby, *Hsitoire de la France Des Origines à Nos Jours*, Larousse, 2012, p. 530。

⑧ 该公司终因终垄断性过强而遭到了圣毛拉地区商人的集体抵制并最终失败，见 Philippe Masson, *Histoire de la Marine*, Lavauzelle, 1992, p. 54。

⑨ Richelieu, *Testament Politique*, H. Champion, 2012, p. 305。

⑩ Philippe Masson, *Histoire de la Marine*, Lavauzelle, 1992, p. 47。

长期稳定发展的基本前提。早期的法国海军港口设施陈旧、物资紧缺、后勤管理体制混乱，舰队的舰船和装备的供应主要依赖荷兰、英国和北欧国家。为改变这一现状，一方面，黎塞留留力于为法国海军建立近代化的后勤管理体系。他先后开辟土仑、布雷斯特、勒阿弗尔和布鲁阿格 4 个港口为法国的海军基地，并着手加强各大港口的基础设施建设和物资储备，同时完善港口的行政管理体制。以布鲁阿格港为例，他命著名工程师皮埃尔·德阿昂古（Pierre d'Argencourt）从 1630 年到 1640 年负责对该港进行改造，修建大规模的城堡防御体系、仓库和工场，至 1642 年，布鲁阿格已经从一个小渔港变成可以容纳 6 000 军人入驻的大型军港，并且成立了以海军专员为首的完善的行政管理机构对军港进行管理。另一方面，黎塞留大力兴建国营的大型造船工场和铸炮场，并加强对海军舰船和装备技术研发的支持。黎塞留时期，南特、土仑、布雷斯特、勒阿弗尔等地的国营海军工场都得到了巨大的发展，法国海军舰船和装备的设计及制造水平也得到了迅速提升，1638 年，位于南特的造船场自行设计并建造了法国第一艘装备 72 门火炮的风帆巨舰"皇冠"号（Couronne）。

面对法国海军起步较晚，人才匮乏的困局，黎塞留主张设立海军学校为法国海军培养专门人才。如《米肖法案》中就明文规定法国必须建立一所水文学校。尽管开办海军学校的计划最终没有得到落实，但是黎塞留还是成功举办了第一期"法国海军上将训练营"（Compagnie des Gardes de l'Amiral de France），让 18 个年轻贵族接受了培训，这期训练营不仅成为路易十四时期海军军官学校（École des Gardes de la Marine）的雏形，也成为日后影响重大的法国海军学校（École Navale）的始祖。[1] 除军事人才外，黎塞留也注重对军工技术人才的引进和培养。在其执政时期，黎塞留从弗兰德斯和敦克尔刻等地招募大量造船工匠赴法国船厂指导生产，同时要求法国国内造船木工均应赴荷兰和意大利学习。[2]

（三）海上力量的应用

在《政治遗嘱》中，黎塞留分别对海军在战争、平时护航和外交三个领域中的应用问题进行了探讨。

针对海军在战争中的应用，黎塞留主要提出了争夺制海权、封锁敌方海岸和开展劫掠战三个方面的战略设想。此前，法国临时组建的海军在战争中主要承担海岸防御任务，其战略作用实质是将沿岸的要塞防御体系向海平面延伸，以增加要塞防御的范围、纵深以及机动性。黎塞留并不否认这一作战方式的战略价值，他认为"只要使用得当，海军会是一个保卫我们陆地或海洋的移动碉堡，其保护效果比封存在要塞中的静态的防御要好"，[3] 但他同时强调"没有什么是这支舰队所不能做的"，[4] "海军绝不能仅仅只是用于沿岸防御和小航海，而应该是为国家的大战略服务的工具"。[5] 30 年战争中，基于对战略形势的分析，黎塞留发现西班牙"领土分散多地，且被大海隔绝，一旦被切断联系，西班牙帝国就

---

① Philippe Masson, *Histoire de la Marine*, Lavauzelle, 1992, p. 52。

② Philippe Masson, *Histoire de la Marine*, Lavauzelle, 1992, p. 49。

③ Henri Legohérel, *Histoire de la Marine Française*, Presses Universitaires de France, 1999, p. 22。

④ Richelieu, *Testament Politique*, H. Champion, 2012, p. 295。

⑤ Philippe Masson, *Histoire de la Marine*, Lavauzelle, 1992, p. 45。

会难以为继，自行解体"，同时，"西班牙的生命线是殖民地，他最害怕这些地方遭到攻击"，① 所以只要在海上保持对西班牙的袭扰，即便无法切断他的海上交通生命线，也能迫使其将美洲的财力全部用于对海上交通线和据点的防御，从而无法抽出力量对其邻国进行陆上干涉。② 此外，由于西班牙陆军在远离本土的地区作战，对西地中海的补给路线存在极大依赖，只要能控制西地中海并对其海岸实施封锁就能迫使其陆军崩溃。经过权衡，黎塞留选择将争夺西地中海的制海权作为法国海军的首要战略目标，同时要求舰队根据整体战略需要伺机执行对敌海岸封锁、劫掠敌方商船以及袭扰西班牙殖民地等战略任务。根据其部署，法国海军在战争中集中力量夺回了被西班牙攻占的勒兰斯（Lerins）群岛，并在格塔里亚（Gutaria）等地击败西班牙舰队，一举夺取了西地中海的制海权，不仅解除了西班牙对法国地中海沿岸地区的威胁，而且扭转了法国在战争初期所面临的战略劣势。拥有地中海制海权后，法国海军先后多次对意大利海岸和巴塞罗那外海实施封锁，实现了切断西班牙陆军补给和支持加泰罗尼亚地区反叛西班牙中央政府的战略目标。③ 菲利普·马松认为，在30年战争中"法国海军在伊比利亚半岛沿海和西地中海发挥了重要作用，甚至是在陆军的配合下发挥了决定性的作用"。④ 黎塞留对制海权的追求和应用，充分体现了其非凡的战略眼光，杰肯斯对此评价，"毫无疑问，黎塞留理解了制海权的价值，也考虑到了它在未来的重要性"。⑤

黎塞留要求法国海军不仅在战争中，而且在平时也能担负维护法国商船和渔民的海上安全和法国的海上权益的战略任务。黎塞留在《政治遗嘱》中明确指出，"肃清王国海域内的海盗，保障海上安全"是法国海军的重要职责。⑥ 事实上，1624年黎塞留为法国海军购置的第一批军舰即是用于剿灭柏柏尔地区的海盗，他甚至在《政治遗嘱》中就法国海军执行剿灭海盗和护航任务的兵力部署和行动计划做出了具体的安排。除应对海盗的威胁，黎塞留还要求海军在平时保障法国商船和渔船的权益免受到他国的侵害。17世纪初，成长中的法国海洋权益频繁受到他国特别是西班牙和英国的侵害，在1626年提交给显贵会议的报告中，黎塞留指出，"从1622年开始，我们已经损失了300条船。很多马赛的船只被非洲私掠船偷走或被西班牙扣押或充公"。⑦ 黎塞留还抱怨，"英国人禁止我们的渔民出海，干扰我们的贸易，并且监视我们的大河入海口，对我们的商人征收重税"。⑧ 此外，他还多次提到英国要求法国船只在英吉利海峡上向英国船只降旗致敬并因此挑起"萨利事

---

① Richelieu, *Testament Politique*, H. Champion, 2012, p. 293。
② Philippe Masson, *Histoire de la Marine*, Lavauzelle, 1992, p. 42。
③ 遗憾的是，尽管"将利用海军切断西班牙在大西洋的交通线和袭扰西班牙殖民地作为击败西班牙的重要手段"，但是受实力上和技术上的限制，黎塞留开展海上劫掠战的战略构想并未在这次战争中得到充分的实践，菲利普·马松将之视为法国海军在此次战争中的最大遗憾。见 Philippe Masson, *Histoire de la marine*, Lavauzelle, 1992, P60。
④ Philippe Masson, *Histoire de la marine*, Lavauzelle, 1992, p. 60。
⑤ H-E Jenkins, *Histoire de la Marine Française: Des Origines à Nos Jours*, Editions Albin Michel, 1977, p. 29。
⑥ Richelieu, *Testament Politique*, H. Champion, 2012, p305。
⑦ Louis Nicolas, *Histoire de la Marine Française*, Presses Universitaires de France, 1973, p. 17。
⑧ Richelieu, *Testament Politique*, H. Champion, 2012, p. 289。

件"的屈辱历史。① 因此，他明确提出，面对这些侵害行为，"要想复仇，唯有依靠海军"。②

针对海军与外交之间的互动关系，黎塞留认为海军可以成为外交的工具，外交也能为海军的建设和行动创造条件。黎塞留主张充分发挥海军在外交中的工具性作用，因为海军首先是外交活动中的威慑性力量，他认为，"法国如能保持一支规模庞大并且可以随时出海的舰队"，就可以"使得所有轻视法国力量的国家害怕"。③ 此外，海军也可以直接充当执行外交政策的工具，特别是可以通过海军争取和强化与他国的同盟关系，如"法国可以通过强大的地中海舰队诱使原本被西班牙的奴役的意大利王公们心向法国"，④ 还可以通过海军"增强与其盟友之间的联系，并在必要时给予援助，那么不论多么遥远，都能使之更加忠诚于法国"。⑤ 正如亨利·勒戈尔荷所言，黎塞留将海军视为"一个基本的政治和外交的元素，没有他就没有大国强权"。⑥ 黎塞留还强调应充分利用外交为海军的建设和行动服务。他认为，外交活动在平时能够为法国海军的建设营造有利的外部环境。如在1631 年，黎塞留不顾国内天主教徒的反对推动"法国和瑞典巧妙地结盟，从而使法国得以获得北欧的木材、铁矿、铜以及加农炮"等重要造舰物资。⑦ 他同时相信，在战时成功的外交政策可以为海军赢得战略优势。黎塞留举例说，"在战争中即便西班牙借助其盟友武装 50 艘桨船，我们也可以借助那些恐惧西班牙集聚的力量的国家来集聚更多的战舰"。⑧ 在 30 年战争中，他再次力排众议与信奉新教的荷兰结盟。美国著名学者马汉（Mahan）认为，正因为"荷兰当时同法国结盟，荷兰舰队……将西班牙舰队阻止在英吉利海峡"，法国才得以将全部海军力量投入关键的地中海战场。⑨

三、黎塞留海权思想对法国海权发展的历史影响

作为法国历史上第一套系统的海军战略思想和海军战略理论，黎塞留海权思想对法国人海洋观念和国防理念的演进、法国近代的海权建设以及法国海军战略思想的发展均产生了重大而深远的影响。

首先，黎塞留海权思想对法国近代海权建设产生了深远的影响。

法国著名历史学家米歇尔·维尔吉·弗朗西斯（Michel Verge-Franceschi）将黎塞留誉为"最早为法国规划海洋政策和全球海军政策的法国政治家之一"。⑩ 法国学者 E. 塔伊

---

① 1603 年，法国大臣萨利公爵乘船代表亨利四世国王赴英国参加詹姆斯一世的加冕典礼，在航行途中，前来迎接的英国军舰要求萨利公爵乘坐的使船降旗，遭到了萨利公爵的拒绝，英舰随即向法国使船开炮射击，此次事件引发了英法两国之间的外交风波。

② Richelieu, *Testament Politique*, H. Champion, 2012, p291。

③ Richelieu, *Testament Politique*, H. Champion, 2012, p294。

④ Richelieu, *Testament Politique*, H. Champion, 2012, p297。

⑤ Richelieu, *Testament Politique*, H. Champion, 2012, p293。

⑥ Henri Legohérel, *Histoire de la Marine Française*, Presses Universitaires de France, 1999, p22。

⑦ Michel Verge-Franceschi, *Dictionnaire d'Histoire Maritme（H-Z）*, Tallandier, 2007, p1224。

⑧ Richelieu, *Testament Politique*, H. Champion, 2012, p294。

⑨ ［美］马汉著，蔡鸿幹译：《海军战略》，北京：商务印书馆，1981 年版，第 42 页。

⑩ Michel Verge-Franceschi, *Dictionnaire d'Histoire Maritme（H-Z）*, Tallandier, 2007, p1224。

米特（E. Taillemitte）也认为，黎塞留与同时代及后世众多海洋战略学家有所不同之处就在于"他不仅自创了海权理论，而且进行了最初的海洋政策实践"。① 黎塞留所提出的海军战略思想和战略理论不仅直接在其本人所开启的法国最早的海权建设实践中得到了应用，而且为后世，特别是柯尔贝（Colbert）时代的法国海权建设提供了重要的理论指导。更为重要的是，黎塞留时代的海权建设获得了巨大的成功，"不仅给后世留下了一个范本，而且为继承者留下了基础"。② 可以说，近代的法国海权就是根植于遵循黎塞留的海权思想所奠定的基础之上，并延续其所确立的基本范式继续向前发展，这也使得黎塞留海权思想对法国近代海权建设的影响更为深远。

其次，黎塞留海权思想推动了法国传统海洋观念和国防理念的更新。

法国是一个以农业为基础的传统大陆国家，自给自足的农业经济形态以及争霸欧陆的传统战略思维造就了法国人淡漠的海洋观念和保守的国防理念。如亨利·勒戈尔荷所言，"在黎塞留以前，还没有人这么坚定的证明法国需要强大的海权，也没有人像他在《政治遗嘱》中那样系统的归纳海洋战略思想"。③ 黎塞留海权思想的出现以及法国海军在对西班牙战争中所取得的一系列胜利，促使法国人进一步认识到了海洋和海上力量的重要性，提振了其发展强大海权的信心。路易·尼古拉斯认为，"黎塞留向法兰西民族清晰地揭示了：有一条道路，如果法国不愿意接受，那就不可能有进一步的发展，国王也不能获得伟大和荣耀，这条道路就是——走向海洋"。④ 此外，黎塞留在开创法国近代海权的同时，还以其成功的海军战略实践向法国人证明了海军和海军战略在国防中的巨大价值，推动法国人逐渐摆脱了沿袭自中世纪的单纯依赖陆军的陈旧国防观念，也为法国人如何在国防中应用海军和制定海军战略指明了发展方向。

再次，黎塞留海权思想为法国乃至世界海军战略的发展提供了启示。

黎塞留海军战略思想和海军战略理论的提出填补了法国在军事战略思想领域的一大空白，他将海军战略的概念引入了法国人的战略视野中并将之付诸实施，不仅在一定程度上为法国近代海军战略理论的发展奠定了基础，而且极大地激发了法国学者对海军问题的关注和研究热情。特别值得一提的是，黎塞留海权思想提出于法国海权建设的起步阶段，其思想的理论水平远远超越了当时的法国海权发展状况，具有鲜明的前瞻性和创新性。而且，黎塞留的海权思想在其本人的海权建设实践中得到了检验和发展，并最终在《政治遗嘱》中得到系统的总结和理论升华，这又使得其海权思想具有理论与实践紧密结合的特点。这种鲜明的前瞻性和创新性，以及理论结合实践的特点都在某种程度上铸就了法国后世学者在海军战略研究中的优良传统。加之由黎塞留在法国国内所引发的巨大研究热情，使得法国海军在发展水平上尽管与英国相比通常居于劣势，但是"他们在海军理论的发展上是居于领先的地位"。⑤ 在世界范围内，这是第一次由传统陆权国家所提出的系统的海

---

① Henri Legohérel, *Histoire de la Marine Française*, Presses Universitaires de France, 1999, p21。
② Philippe Masson, *Histoire de la Marine*, Lavauzelle, 1992, p31。
③ Henri Legohérel, *Histoire de la Marine Française*, Presses Universitaires de France, 1999, p22。
④ Louis Nicolas, *Histoire de la Marine Française*, Presses Universitaires de France, 1973, p24。
⑤ 钮先钟著：《西方战略思想史》，南宁：广西师范大学出版社，2003 年版，第 374 页。

权思想，其内容不仅对其他"滨海的陆海复合型国家"破解其自身"在海权发展上面临的两难困境"[①] 提供了启示，也为传统海洋强国提供了参考。直至 20 世纪初，黎塞留的海军战略理论及其实践仍然是马汉、卡斯特和科贝特等著名海军战略思想家的重要来源。

上述分析可见，黎塞留海权思想是在 17 世纪初法国海洋事业发展需要、法国国民海洋意识觉醒的时代背景下诞生的，是黎塞留在继承前人思想的基础上，对法国海洋问题进行长期思考和政策实践的结晶。

其对海军战略价值和战略地位的肯定，对商业与海军发展关系的深刻认识，对海军与外交之间进行良性互动的强调，对海军承担多样化战略任务的设想和实践，特别是其对制海权的追求和应用等内容，直到今天仍然具有重要的价值。

还需要指出的是，黎塞留海权思想的核心是建立近代法国海权，而近代法国海权建立的一个重要目的是为了殖民扩张抢占更多的殖民地，通过掠夺殖民地为法国资本主义发展服务。即是说，黎塞留的海权思想是殖民时代的产物，对法国来说是宝贵财富，对法属殖民地而言则是灾难。这种时代局限性是近代历史人物无法超越的，因此，在肯定黎塞留的海权思想对法国历史和世界历史发展具有积极意义的同时，也要对其给世界历史带来的负面影响进行如实评价。

论文来源：本文原刊于《太平洋学报》2018 年第 1 期，第 9–17 页。

---

① 郑义炜，张建宏："论陆海复合型国家发展海权的两难困境——欧洲经验对中国海权发展的启示"，《太平洋学报》，2013 年第 3 期，第 59 页。

海岛权益维护中的海洋软实力
资源作用分析

王　琪① 王爱华②

摘要：近些年来，诸多国家均将战略重点转移至海洋，对于海上利益争夺的激烈程度前所未有。面对日益复杂的海洋国际局势，海岛权益维护也日益引起社会各界的高度重视。在和平与发展的视阈下，作为海洋硬实力的有效补充，合理运用海洋软实力维护我国海洋权益具有其特殊优势。通过完善海岛史料研究与相关海岛立法，提高全民族海洋国土意识，以及充分调动民间海岛维权资源等海洋软实力资源内容来维护我国海岛权益，在战略选择中显得至关重要。

关键词：海岛权益；海洋软实力；软实力资源；作用途径

中国是海洋大国，也是海岛大国。据《全国海岛保护规划》统计，"我国拥有面积大于 500 平方米的海岛大约 7 300 多个，海岛陆域总面积近 8 万平方千米，海岛岸线总长 14 000 多千米。"海岛作为延伸至海洋的陆地平台，是海洋经济发展及发展空间拓展的重要依托，同时，也是保护海洋环境、维持生态平衡的重要平台，更是捍卫国家权益、保障国防安全的战略前沿和第一道防线。近些年来，我国海岛主权屡屡遭到某些海洋邻国不同程度的侵犯。自 20 世纪 70 年代以来，我国周边海域利益争端频发，先后有 8 个海洋邻国不同程度地侵犯我国海洋国土和权益，我国海域被分割、海岛被侵占、海洋资源被非法掠夺的情况十分严峻。尤其是海岛主权，我国相当一部分海岛的主权被海洋邻国不同程度侵犯——在东海海域与日本有钓鱼岛争端与大陆架争议；在黄海海域与韩国有苏岩礁纷争；在南海海域与菲律宾、马来西亚、文莱、越南和印度尼西亚等六国存在海岛主权、海礁归属、专属经济区和大陆架的海洋权益争议，占我国海洋国土总面积 1/3 还要多，严重威胁了我国的主权完整，激起了国民对于海岛权益维护的强烈关注。但这种"人若犯我，我才实施保护"的海岛权益维护方式，使我国在保护海岛权益方面处于尴尬的被动地位。海岛

---

① 王琪，女，中国海洋大学法政学院副院长，中国海洋大学 MPA 教育中心主任，中国海洋发展研究中心研究员，研究方向：行政管理、海洋管理、环境管理。

② 王爱华，女，中国人民大学公共管理学院、中国公益创新研究院，博士研究生，研究方向：非营利组织管理、国家与社会关系。

权益的维护，固然需要海上军事力量等海洋硬实力的方式，但若一味追求武力和战争形式，则会导致牺牲众多生命的血腥代价。在和平发展的今天，这显然背离了国际社会的发展主旋律，更与中华民族所始终奉行的"和谐世界""和谐海洋"理念所不符。因此，要实现海岛权益的维护，不仅需要具备强大的海洋"硬实力"，更需要拥有能够实现"不战而屈人之兵"的海洋"软实力"。在发展海洋硬实力的同时，以更加积极柔性、潜移默化的方式探讨海岛权益保护。

一、海洋软实力及其相关资源要素界定

(一) 海洋软实力概念界定

1990 年美国学者约瑟夫·奈（Joseph S. Nye）对软实力做出了初次阐释："通过吸引、而非强迫或收买的方式来达到自己目的的能力。它源自一个国家的文化、政治观念和政策的吸引力。"我国学者大部分沿袭了约瑟夫·奈的分析维度，来分析海洋软实力的概念与构成因素。综合来看，海洋软实力是指一国在国际国内海洋事务中通过非强制的柔性方式运用各种资源，争取他国理解、认同、支持、合作，最终实现和维护国家海洋权益的一种能力和影响力。

从其表现形态来看，海洋软实力主要表现为：由海洋文化及海洋价值观等所产生的吸引力；由海洋发展的相关制度以及海洋发展模式所形成的同化力；在国际海洋事务中对国际规则和政治议题的话语权和创设力；在处理国际海洋事务时对其他国家和组织的动员力。这些表现形式是通过运用一系列具体的海洋软实力资源而产生的效果所构成的——海洋软实力资源是指在一定条件下，通过一定途径能够转化为海洋软实力相应表现形式的有形或无形资源。海洋软实力资源内容丰富，其与海洋硬实力资源并非相互排斥，而是因为运用方式不同产生不同的实力形式。如海军资源，海洋硬实力是运用其作战能力来实现国家利益，而海洋软实力则可以运用其形象和素养来塑造国家形象。并且，在不同的作用领域，海洋软实力发挥作用的资源内容也不尽相同，本文将对在维护海岛权益中起到关键作用的相关海洋软实力资源内容做进一步分析。

(二) 海岛权益维护中的海洋软实力资源内容

在海岛权益维护方面，海洋软实力的作用通常体现为以一种柔性的、非强制的方式和途径，来争取国内民众和国际社会对于我国海岛主权的认同、促进争议海岛问题的解决。具体来说，海洋软实力在维护海岛权益过程中的表现形式主要通包括：海岛权益争端中的话语权、海岛维权的号召力以及国际社会对我国海岛权益的认同力。如上所述，这些海洋软实力表现形式是由一系列特定的海洋软实力资源所构成的，因此有必要厘清构成海岛权益维护中的海洋软实力资源内容，从而在此基础上有效开发和利用海洋软实力。

首先，争议海岛的史料研究与海岛相关立法是海洋软实力资源的重要内容，此二者从当前和历史两个时间维度来构建争议海岛的话语权。海岛史料研究是指通过搜集、整理我国及其他国家史料中关于特定海岛的记录，包括沿海地区地方志、早期各国的地图、航海图等，从而可以确定岛屿的最初命名国家、各国对岛屿的管理情况是否具有历史连续性等

等。对这些历史史料的研究成果进行论证，可以有力证明岛屿的历史所有权，从而在岛屿归属争端中占据有利话语权。同样，相关海岛立法的完善也是争议海岛争端中话语权的重要依托，包括从基本法角度设立的海岛基本法和针对特殊海岛的专门立法。一方面法律是国民意志的体现，能够以法律形式确定海岛主权，说明国民对于海岛主权的认同，同时也是国民从事海岛开发活动的法律依据；另一方面法律也是我国或国际相关组织处理海岛争端问题提供有力的法理依据，从而在国际社会中赢得更大范围的支持。

其次，国民海洋国土意识是决定一国在海岛维权过程中号召力大小的重要因素，是海洋软实力在海岛权益维护过程中的又一重要资源。海洋国土意识是海洋意识的一个特定方面，主要是指国民对国家领海、专属经济区、海岛等的认同感和认识程度。海洋出版社与深圳互通调查机构、中国民意调查网合作，在2010年和2011年连续两年针对中国国民海洋意识状况，在华北、东北、华东、中南、西南、西北6大区域的18个城市进行了抽样调查。其中涉及海洋国土意识的调查维度包括：海洋知识（海洋国土面积、海岸线长度、领海、专属经济区、大陆架等概念认知）、维权意识（尤其是对"争夺一些偏远、无人居住、开发难度大的小岛意义大小"的态度）、海洋知识接收途径、海洋教育进课堂支持度等。从这些具体的调查维度可以看出，海洋国土意识内化于人们的思想认知和言谈举止，渗透到生活的方方面面，从而潜移默化地影响民众的海洋国土保护意识以及海洋国土保护的积极程度。

最后，民间非正式维权形式是海洋软实力在维护海岛权益过程中的另一资源内容，这是相对于海上军事力量和国家间的正式外交宣示而言的。所谓民间非正式维权形式，主要包括相关社会组织、涉海企业或者个人在争议海岛或其周边海域进行的科学研究、生态保护、经济开发或是维权示威活动。这些活动如果有计划、规律性地进行，长此以往，便能取得以柔克刚的效果，在国际社会形成持续性的主权宣示效果。

二、海岛权益维护中海洋软实力资源的优势所在

较之于海洋硬实力在海岛权益维护的作用，海洋软实力的相关资源在海岛权益维护方面有其鲜明的优势，在顺应国际社会发展环境的前提下，立足长远规划，以更加柔性、更具国际认可的方式有效实现海岛权益维护。通过海洋软实力相关资源维护海岛权益的必要性及优势主要体现在以下几个方面。

其一，从整体而言，通过海洋软实力形式维护海岛权益是当今时代主题的要求，非军事力量和非战争形式成为在"和平发展"战略背景下维护和发展国家海洋权益的主要力量和形式。面对新的历史机遇和挑战，中国选择了通过和平发展实现国家崛起和民族复兴的战略道路。中国的海洋强国之路不是重复历史上海洋强国崛起的武力称霸之路，而是以"和谐海洋"为愿景，坚持和平走向海洋、合作共赢、建设"强而不霸"的新型海洋强国。而要在实现和平崛起的同时有效维护海岛权益，不仅需要具备强大的海洋"硬实力"，更需要拥有能够实现"不战而屈人之兵"的海洋"软实力"。在发展海洋硬实力的同时，提升海洋软实力是我国海岛权益维护的必由之路。

其二，海洋意识的提升是海岛权益维护的认知基础。"今日的台海问题、中日钓鱼岛

之争、南海海域纠纷，多为历史遗留问题，提升对海洋问题的重视，树立全民的海洋意识，是有效解决这些问题的基础。"与美国等传统的海权强国相比，中国国民的海洋意识还比较匮乏，海洋意识既是决定一个国家和民族向海洋发展的内在动力，也是构成国家和民族海洋政策、海洋战略的内在支撑，是一个国家发展海权所需要的精神因素。在海岛权益维护方面，强烈的海洋意识是一个国家海岛保护政策制定和实施的动力支持，也是国民推动海岛维权运动的精神因素，奠定了解决海岛权益争端的认知基础。

其三，国际认同和支持是有效促进海岛权益争端解决的国际社会条件。海洋硬实力的实施通常会引起国际社会的斥责，因为关系到无辜生命的牺牲以及人权的侵害等种种问题，因此，任何国家都不会轻易运用海上军事力量直接解决海岛权益争端。而海岛权益问题又多数是历史遗留问题，通过史料研究证明海岛主权问题的方式更能够得到国际社会的认同，且有力的史料证据更容易得到国际社会的支持，从而通过联合国等其他国际社会组织、国际关系等方面给予侵权国家压力和一定制裁，最终能以一种较为缓和的方式实现海岛权益维护，有效避免因战争所导致的无谓损失和牺牲。

其四，相关制度的完善是提升海岛权益维护话语权的有力依据。在《中华人民共和国海岛保护法》出台以前，对于一些主权有争议的岛屿，由于没有相应的法律制度，管理的难度相当大，多年来我国政府既没有实质性的开发利用，也没有出台相应的管理制度。正因为如此，一些国家以此为借口，质疑我国对某些岛屿的主权——从未有过相关管理活动，又何来主权？虽然他们实质上是蛮横无理夺岛，但表面上却占有了国际舆论的主动权。"人家没法按照你的制度去履行什么手续，上岛也不违反我国的任何法律，因为咱们没有这方面的制度"。因此，完善的海岛保护制度，能够为我国海岛权益维护提供有力依据。

其五，较之于海洋硬实力，运用海洋软实力相关资源形式能大幅度降低海岛权益维护的成本。海洋软实力相关资源的运用可以有效规避因海洋军事打击中的生命成本，同时可以有效降低经济成本和机会成本。一旦因为海岛权益问题引发战争，势必会造成争端国家双方的人员伤亡，并会殃及无辜民众，战争军费的耗资也是巨大的，同时，海岛周边及相近海域的渔业、海洋运输业等将受到严重影响，甚至整个国民经济都会因为海岛战争而受挫，机会成本不可估量。

三、海岛权益维护中海洋软实力资源的作用路径

在和平发展的时代主旋律下，中国要在充满机遇与挑战的 21 世纪里，由海洋大国走向海洋强国，有效维护海洋国土安全，维护海岛权益，就必须在维护和发展海洋硬实力的基础上，大力培育、提升我国的海洋软实力，充分挖掘和利用海洋软实力资源，将海洋软硬实力有效结合，从而走出一条有中国特色的海洋强国之路。

（一）推动海岛史料研究与立法保护，提升权益争端中的话语权

1. 搜集海岛史料，还原海岛主权的历史证据

海岛史料研究一直是海洋国家致力工作的内容，它与海岛法律一同，在对外宣告国家

海岛的占有权，解决国际海岛纠纷的问题上发挥着重要作用，是解决我国海岛纠纷的依据，是守护我国海岛安全的重要证明。世界典型海洋国家的经验也证明了这一点。

海岛史料研究对于海岛主权的宣示意义重大，因为在《联合国海洋法公约》中指出，"如果两国海岸彼此相向或相邻，两国中任何一国在彼此没有相反协议的情形下，均无权将其领海伸延至一条其每一点都同测算两国中每一国领海宽度的基线上最近各点距离相等的中间线以外。但如因历史性所有权或其他特殊情况而有必要按照与上述规定不同的方法划定两国领海的界限，则不适用上述规定。"《公约》所提出的抗辩性因素"历史性所有权"成为了各国在海岛史料研究中大做文章的出发点。在海岛史料研究方面，以日本针对日韩争议岛屿——竹岛（韩称独岛）进行的调研为例，日本政府不仅自身积极举办研究专题，而且鼓励各界学者进行研究讨论，并对文献进行定期研究汇报。岛根县政府曾创办"竹岛问题研究会"和"竹岛问题研究所"，以专门机构形式进行研究，足以见得其重视程度。自 2007 年至 2012 年期间，日本社会共发表了近 100 篇论文，在各种刊物、报纸上发表了一系列论文，也形成了一些专题研究报告，并给予这些研究成果举办了数次演讲和讲座，对民间人士提供历史文献资料进行解读。最终报告系统地梳理了各时期竹岛问题的研究成果、集中就江户时期、明治时期、"二战"后三个时期，根据文献资料记载等竹岛相关历史资料，对竹岛主权归日本所有进行了详实的论证，对各国各时代所绘竹岛（独岛）地图进行了专题论证，对有关竹岛主权的教材在中小学的使用情况进行了详细的考察。日本通过积极的史料研究，为其在此争议中赢得了更多的话语权。相比较而言，我国在争议海岛的史料研究方面还有待进一步加强，不仅要对岛屿的历史归属追根溯源，找出充分的历史依据，而且要将这些历史依据呈现给公众，呈现给国际社会，这是国际社会对我国海岛权益予以认同的第一步。

2. 完善海岛立法，夯实海岛维权的法理依据

对海岛主权进行立法保护，是解决海岛权益争端问题的有力法理依据，不仅在国际法庭中具有说服力，同时也是海上执法的依据和民众在海岛活动的制度保障。因此，自 1994 年《联合国海洋法公约》生效实施以来，各沿海国逐渐认识到海岛的重要地位，通过加快海岛立法步伐，加强对海岛的保护和管理，增加岛屿争夺中的制胜砝码。如 2013 年初，越南开始正式实施于 2012 年 6 月由其国会所通过的《越南海洋法》，企图将我国南沙群岛正式划入其主权范围，使得中越间的岛屿之争上升到了立法上的对立，使得南沙群岛争端升级，解决困难加剧。

仍以日本为例，在海岛法律保护方面，日本不仅注重基本法的建设，更对有争议的海岛进行了单独立法保护。从 20 世纪 70 年代开始，关于海岛保护的一系列法律相继产生，如 1970 年的《海洋污染防止法》、1977 年的《领海法》、70 年代的《孤岛振兴法》，1997 年的《环境评估法》，这些法律有的是散见于法律之中保护海岛利益，有些属于专门立法维护海岛利益，如《孤岛振兴法》《小笠原诸岛振兴开发特别措施法》和《奄美群岛振兴开发特别措施法》。通过个别立法的实行，设立海岛开发许可证。2007 年，日本出台了涉及海岛管理的《海洋基本法》和《海洋建筑物安全水域设置法》，从基本法的角度对海岛予以法律保护。其中，《海洋基本法》中关于海岛保护如有效利用与保护离开陆地的岛屿

等为日本海岛保护提供了依据。可以看到，日本关于海岛权益的保护形成了一个较为完备的法律体系，这既达到了对外宣示主权的作用，更使得国民的海岛保护、开发活动有理有据。在相当长的一段时间内，我国海岛保护在立法层面上都处于空白状态，直至2009年6月，《中华人民共和国海岛保护法》的立法草案才正式开启议程，2010年开始实施。但并非《中华人民共和国海岛保护法》的出台意味着海岛保护的法律已趋于健全，相反，一方面我国还缺乏对特殊争议岛屿的专项立法；另一方面《海岛保护法》中并未明确规定涉及海岛主权的海岛开发活动的应对或惩罚措施，该法称其所称"海岛保护"是指"海岛的生态环境保护"，而仅凭"搁置争议，共同开发"的被动原则，致使我国渔船可被他国扣押，而他国渔船却可在争议岛屿及其周边海域"共同开发"的现象频频发生。

（二）提高民族海洋国土意识，提升海岛维权的号召力

1. 推进海洋教育，奠定海岛维权认知基础

根据《2011年国民海洋意识调查报告》显示，"我国大多数国民具有一定的海洋意识，海洋权益意识基本具备，对海岛开发充满热情，对有争议的海域认为解决争议和与他国协商共同开发几乎是同等重要，认为先解决争议的态度稍强烈一些，对具体问题关注不够。""大多数国民认为海洋灾害、领海主权及国防、海洋科学研究、航运安全并不是十分重要。"从调查的结果来看，我国国民的对于海洋的认识偏重于对其经济价值，而缺乏对于海洋国土更深层次的认同，领海主权问题应该是最基本的关注层面，但显然国民对海洋国土意识还不够明晰。就中日钓鱼岛争议问题而言，我国国民虽然在此问题上态度明确，捍卫国家海洋领土的热情高涨。但是，对于钓鱼岛所属我国的历史原因、钓鱼岛的基本地理概况、钓鱼岛的军事及科研价值等方面，国民的认知还相当匮乏，在海岛主权维护中国民行动过于偏激，直接影响了我国主张和谐发展的大国形象，进而间接削弱了海洋软实力。

近年来，我国与周边国家之间的海岛主权归属争议问题愈演愈烈，必须最大限度地唤醒国民的海洋、海岛主权意识。这一教育不仅包括对海岛主权在政治上的重要性的宣传，更要对海岛主权之争背后所隐藏的经济、社会甚至文化发展上的战略利益的解读。据国家海洋局公布，在2011年度，其利用海洋报、手机报、海岛网、局网站、新闻发布会、电视节目等多种渠道，加强海岛工作宣传。定期发布《海岛舆情》，印发《海岛工作情况交流》8期，组织编写《记录海岛》丛书4册。举办第16次全国海岛联席会议，与致公党中央联合举办"海洋经济与海岛保护"论坛，海岛舆论宣传工作引发了全社会关注海岛的热潮，增强了全民海岛保护意识。要提高国民的海洋国土意识，就要拓宽民众对海岛知识的认知途径，丰富海岛主权的教育形式，实现海洋意识教育的制度建设。如可在全国范围内设立海洋权益教育中心，以学校为基础建设海岛权益科普基地，还要充分利用媒体资源，通过特定网站、期刊或报纸有计划地、连续性地进行科普教育。多样化、多途径、多层次的海岛主权及海岛价值宣传是提升民族海洋国土意识的重要途径，能够使海洋意识内生化于国民言行，从而在国民层面，引导其对现有海岛（尤其是无居民海岛）合理开发保护，对其他国家的无理侵占形成舆论威慑。

2. 提升海岛保护意识，扭转海岛荒废现状

新华社报道，根据不完全统计，"与 20 世纪 90 年代相比，福建省海岛消失了 83 个，减少比例达 6%；辽宁省海岛消失了 48 个，减少数量占全省海岛总数的 18%；海南省海岛消失了 51 个，减少比例达 22%"。海岛大幅消失的原因有二：一是由于某些自然原因，如海平面上升、海浪长期冲蚀，部分小岛礁消失；二是由于人为原因，人们的海洋国土保护意识淡薄，在对海岛开发过程中，各种炸岛、挖岛的现象频频出现。而炸岛、挖岛等行为会严重改变海岛地貌和形态，极有可能改变我国领海基点位置，从而使我国丧失大片主权和管辖海域。发生这些现象的主要原因在于国民在进行海岛开发的过程中，缺乏可持续发展的理念和意识，绝大多数情况下往往意识不到海岛保护的重要性，对于海岛的破坏性开发熟视无睹，对于海权的侵占问题不能较好地做到居安思危——因此有必要借鉴台湾等地区将海洋教育引入中小学课堂，从青少年一代抓起，培养起海洋国土的保护意识；同时也要在海岛开发主体中广泛宣传可持续发展理念和海岛保护的重要意义。

（三）充分利用民间维权资源，提升国际认同力

面对海洋邻国对于我国边远海岛虎视眈眈、觊觎已久的迫切形势，仅仅依靠中央政府的武力威慑和主权声明应对既不能做到面面俱到，也不利于问题尽早解决。因此，有必要多元化海岛主权维护的主体，形成中央政府整体把握、地方政府支持推动、海洋民间团体具体操作以及涉海企业辅助推进的海岛主权维护多方位体系。

较之于政府，海洋民间组织在海岛主权维护方面的优势在于：一方面，避免与邻国外交紧张的势态，可以以一种非政府的、非正式的和更加柔性的方式来推动海岛维权活动的进行，既能达到提升国际认同感，又能缓解与邻国的矛盾冲突；另一方面，海洋民间组织在推动海岛维权方面能够深入社会基层，群众基础更加坚实，在有效提高国民的海洋意识的同时，扩大国民在海岛维权中的参与度。不仅如此，海洋民间组织还可以有效补充政府外交上的力不从心，通过与国际社会相关民间组织的交流和合作，促进我国海岛主权维护的国际影响力和感召力。"日本的渔业协同组织是其特有的维护渔业发展、渔民权益的海洋民间组织，在竹岛问题上，与其他半官方组织听从县政府主导开展竹岛主权宣示活动不同，渔协组织更多地选择单独完成对竹岛主权的宣示、维护、宣传的工作，"在争取竹岛主权方面起到了举足轻重的作用。

此外，涉海企业作为海洋资源开发主体之一，在海岛权益维护中同样发挥着不可替代的作用。一些海洋邻国就利用企业的石油开采活动，以"先占"的名义侵占了我国部分岛屿。据海洋执法相关部门介绍，每到夜间南海海域灯火通明，采油设备昼夜不停地开采着海底油气，而这其中没有一口我国油气井。现阶段，我们应该将"搁置争议，共同开发"的原则付诸实践，以此宣示对部分海岛的主权。

总之，给予海洋民间组织以更大的发展空间，充分发挥民间智慧，有效调动民间资源，鼓励涉海企业有序开发，实现海岛权益维护多元主体间的有效互动是大势所趋。同时，利用民意的力量维护海岛主权，是国际社会普遍接受，且经常采用的维权方式，能够为海岛主权保护拓宽途径，以更加灵活的方式赢得主动权。

参考文献

国家海洋局海岛管理司 . 2012. 海岛管理文件汇编 . 北京：海洋出版社，72.

［美］约瑟夫·奈著 . 2005. 软力量：世界政坛成功之道［M］. 吴晓辉，钱程译 . 北京：东方出版社 .

顾兴武，张杨 . 2009. 论中国的海洋意识与和平崛起［J］. 南昌大学学报，(2)：16.

刘新华，秦怡 . 2004. 现代海权与国家海洋战略载［J］. 社会科学，(3)：76.

王小波 . 2010. 谁来保卫中国海岛［M］. 北京：海洋出版社 .

岛根县总务科 . Web 竹岛问题研究所主要动向［EB/OL］. http：//www. pref. shimane. lg. jp/soumu/web-takeshima/webtakeshima_ ugoki. html［2012-02-24］.

2012. 2011 年中国国民海洋意识调查现状与特点［J］. 海洋世界，(1)：23.

日本岛根县渔业协同组合第一次通常总代会 . 竹岛领土权确立的特别决议［EB/OL］. http：//www. jf-shimane. or. jp/takesima. html［2012-02-23］.

论文来源：本文原刊于《中国海洋大学学报》2014 年第 1 期，第 19-23 页。

项目资助：中国海洋发展研究中心重点项目（AOCZD20130）。

美国对海权的再认识及其政策影响

赵青海①

摘要：受全球化、科技革命、中国海上力量快速发展等因素的影响，近年来美国国内对海权进行了新的反思，海权终结论让位于海权不可或缺论，马汉与科贝特的海权理论受到新的审视，技术创新对海权的影响被格外关注。与新认知相伴的是美国海军战略及相关政策的调整，从"由海向陆"转向"重返海洋控制"，扩大海军舰队规模，加强在印太地区的军事部署，确定"全域进入"新职能，将中国作为西太平洋海权的主要竞争对手。美国对海权的再认识及政策调整，是其维持海洋霸权的自然逻辑发展，这将加剧大国间的地缘战略竞争。

关键词：美国；海权；海洋战略；海军战略

海权（Sea Power）是海上传统安全的基本逻辑和决定性因素。美国是海权论的发源地，海权是美国全球霸权的主要支柱。进入 21 世纪以来，受全球化、科技创新和中国海上力量快速提升等因素的影响，美国国内对海权有新的认识和辩论，并引发相关战略和政策的调整，这将对地区和国际安全形势发展产生深远影响。

一、海权概念的发展与西方两大主要海权战略理论

自从海权论诞生以来，海权这个概念一直没有权威的界定，随着时代主题、科技的发展，人们对海权的认识也处于不断演进之中。

作为"海权"一词的发明者，美国海军战略家阿尔弗雷德·赛耶·马汉（Alfred Thayer Mahan）并没有给海权以明确定义，而是用各种形式的历史范例和评论来揭示海权的实质。他认为，海权是海军运用的结果，是海军战略的产物，不同的海军战略决定着海军的特征。强大的海军必须与正确的海军战略相配合才能够最终实现海权。②一般认为，马汉所说的海权有两种含义：一种是狭义上的海权，就是指通过各种优势力量来实现对海洋

---

① 赵青海，男，中国国际问题研究院海洋安全与合作研究中心主任、研究员，中国海洋发展研究中心海洋权益研究室副主任，主要研究方向：海洋问题、亚太安全。

② Alfred Thayer Mahan, *The Influence of Sea Power upon History*, 1660—1783, Boston：Little, Brown, and Company, 1890, p. 110。

的控制；另一种是广义上的海权，它既包括那些以武力方式统治海洋的海上军事力量，也包括那些与维持国家的经济繁荣密切相关的其他海洋要素。[1]

马汉之后的学者越来越从广义角度来界定海权。例如，查尔斯·柯布格尔（Charles W. Koburger）认为，海权是影响海上事务以及从海上影响陆上事务的军事能力。[2]萨姆·J. 坦格里迪（Sam J. Tangredi）指出，海权可以被界定为一国国际海上商业和利用海洋资源的能力、将军事力量投送到海上以对海洋和局部地区的商业和冲突进行控制的能力，以及利用海军从海上对陆上事务施加影响的能力的总和。[3]杰弗里·蒂尔（Geoffrey Till）认为，海权包括海军、海岸警卫队、海军陆战队、民用海事部门以及地面和空中力量的相关支持，利用海洋及在海上或从海上影响其他方的行为或事情、决定海上或陆上事态发展的海基能力（sea-based capacity）。进入21世纪，随着非传统安全挑战日益凸显，人们普遍认识到，"在21世纪，海权仅聚焦于海军和海军力量是不够的，因为威胁的性质和范围已发生变化。这种对海权扩大的界定必须包括国家与海洋关系的所有因素"。[4]美国海岸警卫队司令托马斯·科林斯（Thomas H. Collins）曾指出，21世纪海权是国家安全、可靠、全面、高效利用海洋以实现国家目标的能力。国家需要超越纯粹用于作战的军事能力，其包括利用海洋——维护海洋资源、确保货物和人员在海上安全运转通过、保护海上边界、支持海上主权、救助海上受困人员、防止滥用（misuse）海洋。[5]

一些学者还纠正只有海洋强国才拥有海权的错误看法，指出"海权是一个相对概念，几乎所有的国家都拥有海权，但彼此存在差异"。[6]戴维·冈珀特（David Gompert）认为，海权是经济、政治、技术与地理等因素综合作用的产物：经济使其成为必要，政治决定其结构特征，技术使之成为可能，地理环境将其塑造。国际经济需要海上运输安全且可预期。国际政治中的对抗与敌对促使国家干涉他国海上贸易，导致对海军需求上升。国内政治使海军官员、商业利益集团和政客鼓吹、策划和制定海权的细节。由人的技能和独创性界定的技术因素，既决定攻防实力对比，也决定提供最大运作优势的能力。如果技术水平等同，一国对海军建设的投入决定其海权强弱。地理环境对各国的脆弱性和海上力量投送能力有先天的影响。[7]

尽管海权概念的内涵扩展被普遍接受，学者们也多从广义的角度看待海权，认为海上军事力量只是海权的一个因素或子集，但受传统地缘政治及海权起源的影响，无论在西方还是在中国，现实中大多数人，特别是象牙塔外的人谈论海权的最终落脚点仍是海军。

---

① Geoffrey Till, *Maritime Strategy and the Nuclear Age*, London：Macmillan, 1982, p. 33。

② Charles W. Koburger, Jr., *Narrow Seas, Small Navies and Fat Merchantmen*, New York：Praeger, 1990, p. xiv。

③ Sam J. Tangredi（ed.）, *Globalization and Maritime Power*, Washington, D. C.：National Defense University Press, 2002, pp. 3-4。

④ Andrew T. H. Tan（ed.）, *The Politics of Maritime Power：A Survey*, Routledge, 2011, p. 5。

⑤ Address by Admiral Thomas H. Collins, Commandant, US Coast Guard, "Maritime Power for the 21st Century," International Seapower Symposium, Naval War College Newpot, RI, October 27, 2003, https：//www.uscg.mil/history/ccg/Collins/docs/ADISSNWClunch2003.pdf。（上网时间：2017 年 4 月 28 日）

⑥ Geoffrey Till, *Seapower：A Guide for the Twenty-first Century*, third edition, Routledge, 2013, p. 25。

⑦ David C. Gompert, "Sea Power and American Interests in the Western Pacific," 2013, p. 21, http：//www.rand.org/pubs/research_ reports/RR151.html。（上网时间：2017 年 4 月 28 日）

在西方的海权战略理论中，美国的马汉与英国的朱利安·科贝特（Julian S. Corbett）①至今仍有较大影响。由于马汉出生及成名均早于科贝特，其知名度也远高于后者，但科贝特思想自有其所长，是马汉替代不了的。

马汉对海权论进行了完整系统的阐述，其主要内容有：①制海权是称霸世界的首要因素，"控制海洋，特别是沿着那些主要路线来控制海洋是国家强盛和繁荣的纯物质因素中的首要因素"。②②海权体系，包括进入世界主要海洋的便利的地理位置，在本国沿海港口建立的海上后勤基地，一支现代化的商船队，一支强大的海军，分布在主航线上的据点，以及广阔的领土、人口、资源和经济实力。③海军在国力中占第一位，是一个国家实力的最终体现。海军是国家政策的工具，拥有强大的海军，才能国运昌盛，在战争中立于不败之地，才能在国际舞台上占据主导地位。④海军的战略目标是在一场决战中打垮敌方舰队，争取制海权。"敌人的船只和舰队无论何时都是需要攻击的真正目标。"③战争的胜负取决于击败敌人的主力舰队。为此，或是在总决战中消灭敌人的舰队，或是将其封锁在基地里，或是二者兼用。要做到这点，就必须建立强大的舰队。⑤海军是美国争霸世界的基础。美国要想生存和强大，称霸世界，就必须建立一支强大的，能同时在大西洋和太平洋作战的"两洋海军"。

科贝特的海军战略思想包括：①海洋战略是大陆战略的延伸，服务于大陆战略。海上战略目标根据国家政策目标制定，必须结合国家政策考虑海战的性质。海军不能单独夺取战争的全面胜利，必须学会与陆军紧密结合，共同完成政府赋予战争的政治目标。鉴于人是生活在陆上而不是海上，最后的决战必须在陆上进行。成功的海上战略必须重视陆军与海军的关系，只有使二者达到正确的均衡，并恰当地使用它们，才能取得胜利。②海上有限战争。要在有限战争中取胜，不需要全面摧毁敌军，只需要有能力占领和守住一个足够重要的有限目标，就可迫使敌人坐到谈判桌前。③无限战争中的有限干涉。新技术、新兵器使海军可以以有限的手段达到控制海洋的目的。干扰敌方海上交通线，能够以较小代价达到影响敌国经济、心理和战争潜力的效果。④制海权的准确定义是控制海上交通线。打击一个濒海国家国计民生的最有效方法是不让它得到海上贸易资源。控制交通线，可分为全面与局部控制，永久或暂时控制。全面控制只能通过舰队决战，这通常是优势舰队的做法；局部控制可通过部分成功行动，通过阻止敌人使用一个特定区域，劣势舰队也可采用这种办法。优势海军如一味集中兵力寻歼敌舰队，往往达不到目的，不如把兵力部署到敌海军无法规避作战的地方（如袭击敌海岸或商船等），迫敌参战。海军兵力机动灵活，可以分散攻击或保护海上交通线，当大的威胁出现时能够迅速集中于指定海域。④

马汉与科贝特的相同之处在于：都从研究历史与海战入手，总结出海战的基本规律和

---

① 朱利安·科贝特（1854—1922），英国军事理论家、海洋战略家。著有《英国在地中海（1603—1713）》（1904年）、《七年战争中的英国》（1907年）、《特拉法尔加战役》（1910年）、《海军战略的若干原则》（1911年）和《世界大战中的海军作战史》（1920—1922年）。

② A. T. Mahan, *The Interest of American in Sea Power, Present and Future*, Kennikat Press, 1970。

③ L. F. 伟格利：《美国军事战略与政策史》，北京：解放军出版社，1986年版，第219-288页。

④ Geoffrey Till, *Seapower: A Guide for the Twenty-first Century*, third edition, Routledge, 2013, pp. 61-71。

原则，都强调争夺制海权的重要性，强调海上集中兵力的原则，强调摧毁商业航运不是海战的决战样式，强调海军为国家政治服务。二者不同之处在于：马汉主要根据约米尼（Antoine Henri Jomini）的战略理论研究海洋战略，而科贝特是根据克劳塞维茨（Carl von Clausewitz）的战争理论研究海洋战略；马汉所处的时代，美国正处于实力上升期，因此其海军理论强调竞争，旨在突破老牌殖民帝国的固有势力范围；科贝特所处的时代，英国海上力量已达到顶峰，他的理论强调如何将海军转变为对殖民地和传统陆权强国进攻的利器。

以马汉、科贝特为代表的海权论在 19 世纪末、20 世纪早期曾风靡一时，对"一战"、"二战"乃至冷战中主要大国的海军建设和战略产生深远影响。今天，马汉、科贝特的海权理论仍被作为经典广为传诵，对当代海权理论的发展持续发挥重要影响。

二、美国对海权的再认识

冷战结束后，在美国一超独霸格局下，海权论一度沉寂。进入 21 世纪以来，在全球化、科技革命及中国崛起的背景下，海权论在美国再度升温。美国对海权的重新审视，一方面是考察全球化、技术创新对海权的影响；另一方面则是探讨新兴大国海上力量发展对美国海权优势的挑战。受传统海权及冷战思维的影响，美国对后者的关注超过前者，因而也使其对海权的重新审视弥漫着强权政治的味道，并未摆脱霸权竞争的窠臼。

（一）海权终结论回归海权不可或缺论

从冷战结束到 21 世纪第一个 10 年结束前，美国对自身海权优势十分自信，认为其压倒性海权优势完全实现了马汉对"制海权"的界定，未来对海洋的控制将通过航母力量和高技术战舰维持，美国有能力清除海上的任何威胁。"海权的历史伴随美国海军成为海上支配力量而事实上终结。"①该论调出现的基础是美国海军的绝对力量优势：2010 年，美国海军拥有 11 艘核动力航母，无论从规模还是打击能力来看，其他国家没有一艘航母可与美国相媲美。美国海军拥有 10 艘大型可供直升机和垂直起飞的战斗机作为海上基地起降的两栖舰，而其他国家海军拥有此类舰船总共未超过 3 艘，且这些海军皆属美国盟国或友邦。美国海军海上可搭载飞机的数量是世界其他国家之和的 2 倍；核动力攻击潜艇超过世界其他国家总和；主要作战舰船载有约 8 000 个垂直发射器，整体导弹火力超过其后 20 国海军的总和；作战舰船排水量超过其后 13 个最大舰队的总和。②这一时期的美国对外战略先是克林顿政府时期的"参与和扩展"战略（利用冷战后国际有利形势，加强美国介入和参与国际和地区事务的能力，实现美国的"世界领导地位"），继而是小布什政府时期的全球反恐战略，海权在相关战略中的重要性并不明显。特别是在应对诸如恐怖主义等非传统安全挑战中，利用传统海权成本昂贵且效果十分有限。缺乏用武之地是海权终结论一度产生的重要原因。

①　R. B. Watts, "The End of Sea Power," *Proceedings Magazine*, September 2009, Vol. 135/9/1, p. 279。

②　Secretary of Defense Robert M. Gates, "Remarks at the Navy League Sea-Air-Space Exposition," May 3, 2010, http://www. archive. defense. 800/speeches/speech. aspx? SpeechID=1460。（上网时间：2017 年 4 月 28 日）

不过，海权终结论的出现只是代表特殊时段部分美国人对海权优势的过分自信或选择性忽视，推崇海权重要性一直大有人在。近年来，随着形势的发展，海权终结论基本销声匿迹，而渲染海权重要性的论调扶摇直上。后者认为，海权并没有因为全球化的深入发展而重要性降低，相反，全球化使海洋对各国及全球经济更为重要。因为全球化使经济脆弱性更为明显，尽管这种脆弱性被日益扩大的海上贸易体系效能所掩盖。在全球化时代，"进入"（access）（资源、市场等）对各国发展至关重要。非国家行为体及跨国威胁、先进武器系统扩散及反介入/区域拒止战略的发展，使各国"进入"海洋的脆弱性上升，即使不发生海上战争，海军的重要性也在随之回归。在全球化和新海洋战略时代，海上力量（maritime forces）在对中国、伊朗、朝鲜实施遏制、核威慑和常规威慑中仍发挥着类似冷战时期的关键作用。在控制全球公域（command of the commons）、拒止敌手、剥夺其拒止能力的国家大战略中，海上力量是独一无二的，其所发挥的中心、不可或缺作用是陆军和空军无法替代的。没有充足的海上力量，就不存在美国对全球公域的控制。① "控制全球公域使美国成为超级大国"。由于世界商品流动只有海运和空运两种途径，空运过于昂贵，运力相对较低，因此，"控制海洋才使美国真正成为超级大国"。②美国海军部长马布斯（Ray Mabus）2015 年指出，"海权曾是并将继续是美国国力、繁荣和国际影响力的关键基础。"③随着美国对外战略的重心放在大国竞争上，海权不可或缺论已成为美国内各方的共识。

（二）传统海权理论受到不同程度重视

马汉的海权理论开启了美国从陆上战略转向海上战略的时代，其在美国海军学术界长期占据主导地位。一个世纪后的今天，美国战略界对马汉理论也有检讨：认为马汉强调集中兵力寻歼敌方舰队的思想在实际作战中不具有普遍指导意义；马汉只是大量关注传统海军的冲突，尽管他也讨论非战争情势，但没有涉及现代海军柔性功能，如救灾、海军接触和外交、打击各种威胁海上安全的犯罪，也未能对导弹防御、核威慑这样的现代技术作用提供更多的指导。④尽管有上述批评，但美国战略界认为马汉思想仍具有明显的现实意义：马汉是罕有能够较为清楚阐释国家走向海洋的努力中实现重要目标的目的（逻辑）及方法和手段（原则）的战略理论家。虽然他关于海军作战的技巧已显过时，但其对于海权逻辑的思考，"具有永恒价值"；⑤当今世界（全球化、不稳定、大国崛起）与 19 世纪末马汉所面对的情况相似，"马汉的绝大部分战略思考适用于今天"。⑥

---

① James Kurth, "The New Maritime Strategy: Confronting Peer Competitors, Rogue States, and Transnational Insurgents," *Orbis*, Fall 2007, p. 596。

② Julian Dale Alford, "How Important is 'Command of the Commons' to U. S. Defense Strategy Going Forward?," April 9, 2013, http://www.cfr.org/defense-strategy/important-command-commons-us-defense-strategy-going-forward/p30408。（上网时间：2017 年 4 月 25 日）

③ Department of the Navy, United States Marine Corps and United States Coast Guard, "Forward, Engaged, Ready: A Cooperative Strategy for 21st Century Seapower," March 2015。

④ "Seapower: A Conversation with Professor Geoffrey Till," December 9, 2012。

⑤ James R. holmes, "China's Naval Strategy: Mahanian Ends Though Maoist Means," *The Diplomat*, June 21, 2013。

⑥ Benjam Armstrong, "Living in a Mahanian World," *Infinity Journal*, Volume 2, Issue No. 3, Summer 2012, p. 11。

相比马汉理论部分受到否定，科贝特的战略思想却日益受到重视。美国海军战略研究者认为，1904—1905年的日俄海战和"二战"中的美国经验都显示科贝特的理论更适用，"马汉的理论缺乏科贝特理论的永久性"。①后冷战时代美国海军的远征作战和沿海作战，必须由更适宜的海军战略来指导。科贝特强调海军与陆上兵力相配合从而影响事态发展，在重视主力舰作用的同时，注重探究轻小船只在海域控制中的作用，这对未来海军作战具有现实指导意义。美国海军战争学院学者霍尔姆斯（James Holmes）认为，在高科技时代，陆基战机、反舰巡航或弹道导弹及其他武器已能够使沿海国无需舰队出海即可影响离岸事态发展，因此大陆海权论值得探究，科贝特的战略思想有助于启发未来的战略。②霍尔姆斯认为，美军提出"联合作战介入概念"（JOAC）标志着美军的指导思想从马汉向科贝特过渡。③他指出，中国的海军战略家已将科贝特的战略理论与马汉的理论相糅合，美国应仔细加以审视。④

（三）技术革命为海权带来新的复杂因素

技术发展提高了人类利用与开发海洋的能力，海上能源开发、资源提取及其他商业活动明显增多，海洋变得更为拥堵，纷纷"进入"海洋和对资源开采的竞争加剧。技术的发展与扩散也使美国控制海洋更加困难。潜艇、无人机、导弹、陆基空中打击力量、电子战能力使在海上使用力量更有效、易受攻击性降低，这使舰队对舰队的作战成为过去。未来的海权对传统水面舰队不再有利，海上拒止（sea denial）比海洋控制（sea control）更为容易。⑤网络电磁技术的发展对海军作战能力提出新要求。"网络电磁空间的新挑战意味着我们不能再设想掌握信息'高地'。对手们寻求用高度网络化的信息系统拒止、扰乱、瘫痪或对我们的部队和基础设施造成物理破坏。外空、网络电磁空间的利用威胁我们全球指挥和控制。海军必须具有在最不利的网络电磁条件下作战的适应能力。"⑥

三、新的海权认知对美国政策的影响

进入21世纪第二个10年，美国政府为减少持续高企的公共债务，启动了自动减赤法案，防务开支削减首当其冲。受其影响加上大量海军舰船到了退役年限，近年来美国海军舰船规模呈下降趋势，目前处于1917年以来的最低点。与此同时，中国海军的舰船数量却在快速增加，中国的海上维权更加积极有为。相关事态发展与美国对海权的再认识交互发挥作用，推动美国相关政策正在或酝酿做出调整。

（一）海军战略从"由海向陆"转向"重返海洋控制"

苏联解体后，美国处于"单极时刻"，海军实力一时无双，其任务亦随美国家战略出

①　Brian O'Lavin, "Mahan and Corbett on Maritime Strategy," February 10, 2009。

②　James Holmes, "Dilemmas of the Modern Navy," *The National Interest*, May-June 2013。

③　James R. Holmes, "From Mahan to Corbett?," *The Diplomat*, December 11, 2011。

④　James Holmes and Toshi Yoshihara, "China's Navy: A Turn to Corbett?," *Proceedings Magazine*, Vol. 136, No. 12, December 2010。

⑤　David C. Gompert, "Sea Power and American Interests in the Western Pacific," pp. 186-187。

⑥　The US Sea Services (Navy, Marines, Coast Guard), "A Cooperative Strategy for 21st Century Seapower," March 2015, p. 8。

现调整。1992 年 9 月，美国海军部长颁布《由海向陆——为美国海军进入 21 世纪做准备》报告，其主要内容包括：由"独立实施大规模海战"转变为"从海上支援陆、空军的联合作战"；由"在海上作战"转变为"从海上出击"；由"前沿部署"转变为"前沿存在"；由"打海上大战"转变为"应对地区冲突"。①该报告一改美国海军在冷战时期的主要作战任务——夺取制海权，首次将对大陆纵深的目标攻击作为海军的重要任务，这是对美国海军长期信奉的海权论的一次重要修正。近年来，随着美国国家战略再次将大国竞争放在优先位置，美国海军指导思想亦重返海洋控制。2015 年 8 月发布的《21 世纪海权合作战略》已把"海洋控制"作为海军五大主要职能之一。2017 年 1 月，美国海军水面舰艇部队发表《水面舰艇部队战略：重返海洋控制》（return to sea control），强调美国海军要通过推行"分布式杀伤"（distributed lethality）新型作战理念，落实新的"海洋控制"战略。②美国海军水面舰艇部队指挥官汤姆·罗登（Tom Rowden）宣称："因为中国海军和重建的俄罗斯舰队挑战了美国在海洋方面的长期主导权，我们将大张旗鼓地重新控制海洋。"③需要强调的是，当前美国海洋战略所说的"海洋控制"是有限的海洋控制——"建立局部的海上优势，剥夺对手同样的能力"。④《水面舰艇部队战略》指出：海洋控制并不意味着在所有时间控制所有海洋，而是指在需要的时间和地点实施局部海域控制以遂行既定目标的能力。⑤

（二）扩大美国海军的规模

冷战后，美国的海军舰队一直处于萎缩之中，但与其他国家相比，美国海军依然保持遥遥领先的优势。但美国军方及其他相关领域的鹰派一再鼓吹保持和扩大海军规模的必要性。2014 年美国制定了 30 年造舰计划，确定海军的舰船规模在 308 艘左右。2015 年的《21 世纪海权合作战略》亦以 300 艘军舰为美国海军需要保持的规模。2016 年总统大选中，特朗普及其主要幕僚提出建造 350 艘海军舰船的计划，并将航母战斗群增加到 12 个。2016 年 12 月美国海军《兵力结构评估》报告提出拟将舰艇数量增至 355 艘。

（三）增加在印太地区的海空力量部署

随着全球战略重心东移，美国传统"两洋战略"中的大西洋重要性有所弱化，而印太（Indo-Pacific）⑥两洋的重要性上升。为强化对印太地区的安全掌控能力，美国宣布在 2020 年前将 60% 的海空力量部署在亚太地区。目前，美国在亚太地区驻军达 36.8 万人。今后，

---

① U. S. Department of the Navy, *From the Sea*: *Preparing the Naval Service for the* 21*st Century*, September 1992, http://www.globalsecurity.org/military/library/policy/navy/fts.htm。（上网时间：2017 年 4 月 28 日）

② US Naval Surface Forces, "Surface Force Strategy: Return to Sea Control," January 9, 2017, http://www.navy.mil/StrategicDocs.asp。（上网时间：2017 年 4 月 28 日）

③ Tom Rowden, "U. S. Navy Must Return to Sea Control," *USNI Proceedings*, 2016, p. 9。

④ The US Sea Services（Navy, Marines, Coast Guard）, "A Cooperative Strategy for 21st Century Seapower," March 2015, p. 20。

⑤ US Naval Surface Forces, "Surface Force Strategy: Return to Sea Control," January 9, 2017, http://www.navy.mil/StrategicDocs.asp。（上网时间：2017 年 4 月 29 日）

⑥ 美国军方多使用"印度洋—亚洲—太平洋"（Indo-Asia-Pacific），而美学界通常使用"海上亚洲"（Maritime Asia）来称呼这一地区。

驻日美军将维持在 5 万人左右；2 500 名海军陆战队队员将在澳大利亚轮驻；在新加坡部署 4 艘濒海战斗艇，执行战斗、扫雷、反潜等多种模块化任务。2015 年的美国《亚太海洋安全战略》宣布，2020 年前，美国将向亚太增派 1 艘"美利坚"级两栖攻击舰、3 艘 DDG-1000 隐型驱逐舰、2 艘"弗吉尼亚"级潜艇。此外，美军还将向亚太地区部署多架 F-22 及 F-35 战斗机、B-2 及 B-52 战略轰炸机以及"鱼鹰"运输机等空中作战力量。①为强化美国对东亚海域的威慑力，美国将辖区在东部及北太平洋海域的第三舰队的部分舰船派到东亚执行任务。2016 年 4 月，美国将第三舰队的导弹驱逐舰"迪凯特"号、"莫姆森"号和"斯普鲁恩斯"号编入第七舰队部署在东亚。同年 10 月，"迪凯特"号在中国西沙海域实施所谓的"航行自由行动"。同样属于第三舰队的"卡尔·文森"号航母战斗群亦多次在东亚海域执行任务，2017 年 2 月、4 月分别进入南海和朝鲜半岛海域。

（四）提出"全域进入"（all domain access）和"第三次抵消战略"（third offset）

2015 年初美国军方将"空海一体战"概念更名为"全球公域介入与机动联合"概念，旨在综合利用美军在陆、海、天、网、电磁等各领域的优势，形成跨领域合力，击败对手的"反介入/区域拒止"战略，确保美军在各领域的介入能力和行动自由。②同年 8 月《21世纪海权合作战略》首次提出"全域进入"，并将其列为美国海军必备的基本能力之首。这一职能与"全球公域介入与机动联合"概念一脉相承，旨在保证美军在陆、海、天、网、电磁等任何领域的行动自由。为确保美国的全面技术优势和军事行动能力，美国防部提出"第三次抵消战略"，藉以强化美军在 21 世纪的军事优势，使其能够吓阻敌人并在冲突中获胜。美国防部加强技术研发，力求在尖端科技领域获得突破，特别是机器人、自控系统、微型化、大数据、3D 打印等技术，并将这些技术融入创新的作战与组织构想，确保美军在"反介入/区域拒止"环境中的"进入自由"（freedom of access）。③

（五）将中国作为西太平洋海权主要竞争对手

近年来，在美国对海权的讨论及海军战略的调整过程中，中国始终是美方最主要考量因素之一。在美方看来，中国"反介入/区域拒止"能力的提高威胁了美国在西太平洋的海权优势，也使美国对盟国的安全承诺受到考验。与此同时，中国的海洋主张挑战美国主导的海洋秩序，一旦中国"限制进入"观念被国际社会普遍接受，会影响美国海军行动自由，使其对外干预能力受到制约。伴随着中国海上维权举措和能力的加强，美国对中国的海权挑战警觉已上升到国家安全战略层面。2007 年版的《21 世纪海权合作战略》只字未提中国，而近年来白宫和军方发表的报告则均将中国放在突出位置。2015 年 2 月白宫发布的《国家安全战略》报告指出，美国对中国军事现代化保持警觉，并坚决反对以任何胁迫

---

① The Department of Defense, "The Asia-Pacific Maritime Security Strategy：Achieving U. S. National Security Objectives in a Changing Environment," August 2015, p. 20。

② The US Sea Services（Navy, Marines, Coast Guard）, "A Cooperative Strategy for 21st Century Seapower," March 2015。

③ The Department of Defense, "The Asia-Pacific Maritime Security Strategy：Achieving U. S. National Security Objectives in a Changing Environment," August 2015, p. 22。

方式解决领土争端。①其后，在美国海军作战部、海军陆战队和海岸警卫队联合发布的《21世纪海权合作战略》中，指责中国在维护主权主张时使用武力或恐吓其他国家，加之中国军事意图缺乏透明度，导致了地区紧张和动荡，可能带来误判甚至紧张升级。②同年8月，美国防部发布的《亚太海洋安全战略》基本是量身定制针对中国。报告认为，中国南沙岛礁建设对美中关系有严重影响，特别是中国的海上与空中行动，已大幅增加"不安全与不专业"的行为，其对于美国与美军的政策目标，乃至于美军官兵的安全都产生威胁。③

为应对中国的海权挑战，美国近年来多管齐下，强化对中国海上威慑态势。第一，强化并优化前沿部署，增加在亚太前沿的军事存在。通过"亚太再平衡"战略将军事力量从东北亚向东南亚调配，并部分向关岛、澳大利亚、夏威夷、马里亚纳群岛等第二岛链转移。第二，通过军售、军援和联合军演等提升亚太盟友和伙伴的军事能力及彼此之间对联合作战的熟悉性。第三，加大舰机对中国抵近侦察和实行"航行自由行动"的频率。第四，不断出台主要针对中国的战略或作战理念。美军方陆续提出的"空海一体战""全球公域介入与机动联合""第三次抵消战略""分布式杀伤"等战略和作战概念，皆在不同程度上明显针对中国。第五，改变在东亚海洋争端问题上长期保持的相对"中立"立场，直接介入中国与周边邻国的领土与海洋权益争端，质疑中国权利主张的合法性和维权行动的正当性，推动南海问题国际化、司法化。

四、结语

海权是美国霸权的基础。维持绝对的海权优势是马汉海权论诞生以来美国孜孜以求的目标。美国对海权的反思发生在美国削减军费预算、中国增加海军投入的背景下，其直接起因并非是美国海权优势旁落，而是在全球权势"东升西降"态势下国内焦虑感上升的一种体现，而军工利益集团及防务鹰派则趁机为增加海军军费投入制造声势。从政策影响结果来看，相关造势活动一定程度上取得了成功，美国海军战略回归海洋控制，舰队规模在不久的将来有望得到扩大，印太地区将成为新军舰的主要投放地。但从潜在国际影响看，美国强化海权优势只会刺激其他大国为缩小与美国的差距而加速发展海上力量，进而带动地区的海上军备竞赛，使大国间的地缘政治竞争加剧，地区安全局势更为复杂，为当今世界的不稳定增添新的不确定性。

论文来源：本文原刊于《国际问题研究》2017年第3期，第63-75页。

---

① The White House, "National Security Strategy," February 2015。

② The US Sea Services（Navy, Marines, Coast Guard）, "A Cooperative Strategy for 21st Century Seapower," March 2015。

③ The Department of Defense, "The Asia-Pacific Maritime Security Strategy：Achieving U. S. National Security Objectives in a Changing Environment," August 2015, p. 14。

论中日海权矛盾中的南海问题

杨 震[①] 蔡 亮[②]

摘要：本文研究中日海权矛盾中的南海问题。日本并非南海沿岸国家，作为一个区域外国家，何以与中国在南海问题发生矛盾？本文通过国际关系理论现实主义流派中的海权论等理论工具对此问题进行研究得出结论：冷战结束后作为东亚地缘政治主体板块国家的中国免除了长期遭受的来自北方的威胁，开始得以放手发展海权，而作为"二战"战败国的日本则开始追求政治大国地位。中国在2010年超越日本成为世界第二大经济体，使得东亚第一次出现了两强并立的地缘政治格局，遂引起日本的强烈猜忌。以此为背景，日本视中国建设海洋强国的战略为对亚太地区和平与繁荣的威胁。于是，日本开始在海洋领域挑起争端，两国的海权矛盾由此产生并迅速升级。由于日本在东海问题上日渐处于下风，并且在短期内看不到改观的希望，因此日本开始围魏救赵，在南海问题上挑起争端，企图使中国陷入战略两难的困境。而为达到海上围堵并牵制中国的目的，日本采取法律、防务、外交、舆论等多重手段在南海问题上为中国设置障碍。为此中国有必要采取相应措施进行反制。

关键词：海权矛盾；南海；弹道导弹核潜艇；军事部署；灾难外交

进入后冷战时代，对于东亚地区地缘政治板块主体国家的中国来说，苏联的突然解体使来自北方的陆地安全威胁基本消除，在国家可以全力发展经济的同时也得以腾出手来经略海洋（这二者是相辅相成的关系），其海权潜力开始释放。而日本也开始利用冷战结束的良机，依托强大的经济实力开始追求政治大国地位。中国综合国力的发展使过去日强中弱的格局发生了改变，东亚第一次出现两强并立的局面。与此同时，随着中国在经济领域取得的巨大成功，尤其是2010年的国内生产总值（GDP）超越日本，日本对华的猜忌与警惕也与日俱增，两国的矛盾日益凸显。中日两国并不接壤，海洋这个地球表面最大的公共空间是中国与日本之间唯一的地理媒介。随着海洋战略地位的上升以及中国维护正当海

---

① 杨震，北京大学海洋战略研究中心特约研究员。
② 蔡亮，上海国际问题研究院副研究员。

洋权益力度的加强，自认为是海洋国家的日本开始在海洋领域挑起两国之间的争端。中日之间的海权矛盾逐渐成为两国关系中的重要议题。南海因其重要的地理位置和战略价值成为中国海权发展的重点，① 南海问题近年来也因为日本的干涉而日益成为中日海权矛盾中的重要议题。

一、中日海权矛盾起源与发展

中日海权矛盾既是国家定位差异的一种折射，又是领土主权与海洋权益纷争的一种体现。在国家定位上，日本一直强调自己是海洋国家，这既是对日本作为一个四面环海的岛国这一自然特征的一种战略诠释，又是对日本坚持自由、民主主义、市场经济和法制的开放型国家的地缘政治定位。2013 年 12 月 17 日，日本颁布了第二次世界大战结束以后的第一份《国家安全战略》，明确提出了："维护以自由、民主为基础的和平环境，确保国家生存与发展……日本作为海洋国家，应强化基于自由贸易、公平竞争的亚太经济秩序，积极构建高度稳定、透明的国际环境；维护基于自由、民主、人权和法治等普世价值及相关规则的国际秩序，增进日本的国家利益。"② 进一步地，日本强调说日美同为海洋国家，两国价值观彼此相同，均是积极维系现有国际秩序的力量。③

冷战结束以来，相比中东、巴尔干、北非等地战乱频仍、兵燹连绵，东亚地区却一直保持稳定。个中主要缘由是得益于中美在地区的两极构造，即大陆国家中国与海洋国家美国共同维持地区的稳定。美国学者陆伯彬（Robert Ross）解释认为，美国不认为一直专注力在大陆的中国会威胁到美国在亚太的地区霸权，而中国也因为无力顾及海洋，奉行近海防御的战略，也不会挑战美国在该地区的海上支配权。这种两极构造可称得上一个海陆互稳结构，有效地避免了两国之间陷入极易发生重大纷争和激烈对抗的"安全困境"。④

基于这一认知，日本无端指责中国提出"海洋国家"战略的目标意图就是要谋求地区霸权，尤其是要建立海上霸权，并把美国排挤出去。⑤ 正因为如此，安倍才会将中国的各种对现行国际秩序进行补充、完善的言行，主观定性为是要挑战现行国际秩序，根本无视中国作为现行国际秩序的协助者、建设者所发挥的积极作用，并将中国在南海、东海的种种维权、维稳行为牵强附会为中国挑战现行国际秩序的绝佳佐证，以为其积极炒作"中国威胁论"深文周纳。如 2016 年版的《防卫白皮书》就称中国在南海、东海的行动在安全

---

① 杨震，周云亨，朱漪：《论后冷战时代中美海权矛盾中的南海问题［J］》，《太平洋学报》，2015（4）：35。

② ［日］国家安全保障戦略について EB/OL. http://www.cas.go.jp/jp/siryou/131217anzenhoshou.html，2017-03-09。

③ ［日］米国連邦議会上下両院合同会議における安倍内閣総理大臣演説 EB/OL. 日本首相官邸网，http://www.kantei.go.jp/jp/97_abe/statement/2015/0429enzetsu.html，2017-03-09。

④ Robert Ross, "Balance of Power Politics and the Rise of China: Accommodation and Balancing in East Asia", *Security Studies*, Vol. 15, No. 3, 2006, pp. 355-395; Robert Ross, "Geography of Peace: East Asia in the Twenty-first Century", *International Security*, Vol. 23, No. 4, 1999, pp. 81-118.

⑤ ［日］天児慧・三船恵美. 膨張する中国の対外関係—パクス・シニカと周辺国—M. 日本：勁草書房，2010：119-121。

保障领域已经造成包含日本在内的亚太地区乃至国际社会的忧虑。① 可以说，安倍内阁这种构筑"对华包围圈"的做法，除了凸显日本对中国周边战略安全环境的"破坏性价值"② 不可小觑，引发中日之间激烈的外交博弈与国际斗争，使地区局势陷入恶性的现实主义两难困境，为地区局势增添新的不稳定因素外，毫无积极意义可言。③

中日在领土主权与海洋权益的纷争主要集中在东海海域。中日两国自古以来被形容为一衣带水的邻邦，在人们的传统理念中东海实际上也是两国间一个中立的缓冲地带。但自1994 年 11 月，被视作国际海洋法领域宪章的《联合国海洋法公约》正式生效后，国际海洋秩序因此发生了巨大变化，海洋作为地理上毗邻国家之间缓冲地带的中立性已经成为历史，取而代之的是海洋作为海上划界而直接成为"国界"时代的到来。它直接为中日在东海上的产生海洋权益矛盾埋下伏笔。按照《联合国海洋法公约》，中国应拥有的专属经济区达 299.7 万平方千米，而日本拥有的面积更高达 447.9 万平方千米，居于世界第 9 位。需要说明的是，除渤海为中国的内水外，在黄海、东海及南海海域，中国本应享有的专属经济区不同程度地与别国重叠，如中日在东海的专属经济区争议面积达 22 万平方千米，这直接导致中国无争议的专属经济区面积仅有 87.9 万平方千米。④ 进一步地，它还使得中日在东海的海洋权益与围绕钓鱼岛及其附属岛屿的领土主权之争不可避免地联系在一起，再加上台湾问题横亘其间，因此现阶段这是一个东海、钓鱼岛和台海三处联动的大问题。

中日海权矛盾是中日两国关系转冷的折射，也是两国海洋政策互动的结果，同时也不能排除外部因素干扰的可能性。而中日海权矛盾的起源如下：首先是双方对彼此认知的改变。一方面，日本对中国的崛起并不抱以友好态度；另一方面，中国出于惨痛的历史教训对日本的挑衅行为充满警惕。⑤ 而日本又采取了主动挑衅的行为：2017 年 3 月 22 日，出云级二号舰"加贺"号正式服役，这是海上自卫队目前为止装备的最大的一艘"护卫舰"。日本《产经新闻》更是露骨地说："中国人，让你看看日本的实力吧！"⑥《朝日新闻》则称，"在解放军频繁进出海洋的状况下，自卫队也在不断提高反潜和岛屿防卫能力"。⑦ 3 月 25 日，日本现任总务副大臣赤间二郎以"宣传日本旅游"的名义，以公务身份"访问"台湾。此举打破了 1972 年日本与台湾当局"断交"以来，现任高级官员"访台"的"天花板"。⑧ 3 月 27 日，日本水陆机动团教育队在九州长崎的自卫队基地成立。

① ［日］平成 28 年版防衛白書 EB/OL. http：//www.mod.go.jp/j/publication/wp/wp2016/pdf/28010201.pdf，2017-03-09。

② 杨伯江，金赢，何晓松，常思纯：《习近平国际战略思想与对日外交实践［J］》，《日本学刊》，2016 (5)：14。

③ ［日］柳澤協二．亡国の安保政策—安倍政権と「積極的的平和主義」の罠—［M］．日本：岩波書店，2014：80-82；吴怀中．日本政治变动及其对华影响——一种结构、生态与政策的演化视角［J］．日本学刊，2013 (2)：22；蔡亮．论安倍内阁的历史修正主义 J．日本学刊，2016 (1)：110。

④ ［日］海洋政策研究財団．海洋白書 2008 日本の動き 世界の動き M．日本：成山堂書店，2008：7。

⑤ 张可云：《国际经济地位变化与中日关系前景［J］》，湖湘论坛，2014 (1)：33。

⑥ ［日］中国よ、これが日本の実力だ 海自最大の空母型護衛艦『かが』就役 南西諸島などの防衛に対応 EB/OL. http：//www.sankei.com/politics/news/170322/plt1703220014-n1.htmlhttp：//www.kantei.go.jp/jp/topics/2015/150814danwa.pdf，2017-07-19。

⑦ ［日］『へり空母』かが就役 N. 朝日新聞，2017-03-23。

⑧ ［日］赤間総務副大臣、公務で訪台 断交後初［N］．朝日新聞，2017-03-26。

日媒称，水陆机动团是日本依照美国海军陆战队建立的。此举意味着该部队"正式成军进入最后阶段"。日本右翼媒体称，日本将全力针对"海洋活动日益极化的中国"展开"离岛防卫"，组建水机动团正是为了对抗中国，确保钓鱼岛的实际控制权。① 在这种情况下，两国关系转冷是必然的，而海权矛盾又涉及历史问题和现实利益，双方在上述认知的影响下都采取了较为强硬的措施，矛盾开始有所激化。

其次是双方海洋政策的转变。如前所述，日本在冷战后对其海洋政策进行了大幅度的修订，其实质就是进一步加强对周边海洋，甚至是公海大洋的控制。而中国在综合考虑经济、政治、防务、外交等多方面的因素后开始决定发展海权，特别需要指出的是，快速增长的海外利益也亟须中国建设包括远洋海军在内的强大海权。② 2012 年党的十八大正式提出建设海洋强国。③ 这标志着中国开始着力于维护自身正当的海洋权益。在这种情况下，日本咄咄逼人的海洋政策与其迎头相撞，两国的海上维权必然发生摩擦，海权矛盾因此凸显。

最后是美国的干预。美国和日本于 2015 年 4 月 27 日颁布了新版的《日美防卫合作指针》。同时公布的还有一份联合声明：《在动态变化的安全环境中更强大的联盟：新日美防卫合作指针》。作为联合声明人之一的美国国防部长阿什顿·卡特（Ashton Carter）在新版《日美防卫合作指针》发布仪式上表示，与之前的版本相比，新《指针》最大的不同就是将聚焦范围从地区扩展到全球范围。此外，新《指针》还将扩展美日双方的联合规划和联合指挥控制活动，以扩大在人道主义救援任务中的信息共享。新《指针》将使日本获得自"二战"结束之后将军事力量部署到海外的最宽松条件。另外，日美两国还将建立一个在内阁层次运行的"联盟协同机制"，并将从两国外交、国防等部门派出代表来在从"和平到应急事态"的各类场景中实现"无缝对接"。日本自卫队将以所谓"符合日本法律法规"的方式为超出日本周边之外的"安保倡议"做出更多贡献，这些将涉及诸如海上安保行动和对美国及其盟国的后勤支持。此外，日美双方还同意加强两国在若干领域的国防（防卫）合作，其中包括继续开展情报、监视与侦察（ISR）合作，如允许美军在日本三泽空军基地轮换部署美国空军的"全球鹰"高空长航时侦察无人机等。④

时任美国国务卿约翰·福布斯·克里（John Forbes Kerry）评价新《指针》是美日联盟的"历史性转变"，并宣称这样能增进日本的安全、鼓励日本为地区和全球安全做出更大的贡献。新《指针》将允许日本自卫队与美军在全球范围内开展合作与协作，并将扩展两国在空间和赛博空间中的合作。⑤ 这无疑为日本在海洋争端中的强硬立场提供了支撑。此外，为了给日本提供支持，鉴于近年来日本在空中力量方面落后于中国的实际情况（日本航空自卫队在东海上空与解放军空军和海军航空兵的对峙中屡屡处于下风），美国还在

① 王鼎杰：《50 年控岛圈海，谋就"大日本"战略［J］》，《世界军事》，2017（10）：4-5。
② 杨震，杜彬伟：《从海权理论角度看戈尔什科夫的海上威力论及其影响［J］》，《东北亚论坛》，2013（1）：67。
③ 《坚定不移沿着中国特色社会主义道路前进 为全面建成小康社会而奋斗》，《人民日报》，2012 年 11 月 19 日。
④ 日米安全保障協議委員会「日米防衛のための指針」，http：//www. mod. go. jp/j/approach/anpo/shishin/shishin_20150427j. html（登录时间：2017 年 3 月 9 日）。
⑤ 修斌：《日本海洋战略研究［M］》，北京：中国社会科学出版社，2016 年版，第 50-51 页。

驻日美军岩国基地部署 F-35 战斗机，试图以此挽回颓势。

二、中日海权矛盾中的南海问题

日本作为南海的域外国家，中日在南海上本应无矛盾可言，然而安倍内阁因刻意将中国在南海地区所进行的一系列维权、维稳行动视为以实力单方面改变现状，是对现行国际秩序的冲击，而日本与美国一道作为维持地区自由、安全与稳定的力量，应积极维护南海地区的航行自由和飞行自由。① 基于上述认知，中日在南海上的矛盾激烈程度丝毫不亚于东海，尤为值得注意的是，日本在近年来不断加大对南海问题的介入力度。

首先，在美国奥巴马政府推出针对中国的"重返亚太"（后改"亚太再平衡"）战略后，南海问题就成为日本牵制中国，实现"重振强大日本"目标的重要抓手。因此，日本积极配合美国的战略部署，以所谓"维护南海航行、飞行自由"和"反对以实力单方面改变现状"等理由为口实，不断在南海拨弄是非、煽风点火。特朗普上台后，虽然强调"亚太再平衡"战略已死，但一方面从特朗普本人及其执政团队的种种言行流露出的迹象表明，美国似乎要在南海问题上对华采取更为强硬的政策；另一方面安倍通过两次访美，从美国拿到了特朗普政府将在安全保障政策上延续奥巴马政府的做法等"定心丸"。② 以此为背景，安倍内阁于 2017 年 5 月至 8 月派遣了"出云"号直升机护卫舰到南海及印度洋开展为期 3 个月的巡航。"出云"号先在新加坡、印度尼西亚、菲律宾和斯里兰卡 4 国停留，之后于 7 月参加由印度和美国海军舰船联合举行的"马拉巴尔"海上联合军演，最后于 8 月返回日本。

其次，为强化与周边各国的"海洋安保合作"，构筑网络化安全体系，安倍高举"海洋法治"和价值观外交的旗帜，积极塑造所谓"开放、稳定的海洋秩序"。为此，安倍在第二次当选为日本首相后不久就提出一个"安全保障钻石构想"，该构想包括日本本身及印度和澳大利亚及美国的夏威夷，其目标在于强化在牵制中国方面的合作。③ 印度是一个重视海洋的南亚大国。④ 2016 年 11 月 11 日，安倍与印度总理莫迪在会谈后发表的联合声明强调，依照公认的国际法原则，包括《联合国海洋法公约》，通过和平方式解决争端的重要性。⑤ 尽管联合声明没有直接提到海牙仲裁庭的裁决结果，但此举已经昭示两国在南海问题上的一致立场，摆出了一副共同制衡中国的姿态。2017 年 1 月 14 日，安倍访问澳大利亚时，强调"重要的是捍卫和增强以自由、开放和规则为基础的国际秩序的强劲性"，并确认将进一步深化日澳"特别战略伙伴关系"。此外，安倍在与澳总理特恩布尔会晤时

---

① 〔日〕世界経済フォーラム年次会議冒頭演説—新しい日本から、新しいビジョン—EB/OL. 日本首相官邸网，http：//www. kantei. go. jp/jp/96_ abe/statement/2014/0122speech. html，2017-03-09。

② 〔日〕共同声明 EB/OL. http：//www. mofa. go. jp/mofaj/files/000227766. pdf，2017-03-09。

③ 〔日〕首相提唱『ダイヤモンド安保』 中国の海洋進出けん制 かえって刺激、逆効果？ N. 東京新聞，2013-01-16。

④ 杨震，崔荣伟：《海权视域下的的印度海基核力量研究［J］》，《南亚研究季刊》，2017（1）：1。

⑤ 〔日〕日印共同声明 EB/OL. http：//www. mofa. go. jp/mofaj/files/000203061. pdf，2017-03-09。

还重点谈及了南海、东海问题，以不指名的方式批评中国是加剧地区紧张局势的肇因。①

安倍针对南海问题提出要形成包括日本、菲律宾、越南和印度尼西亚的"小菱形包围圈"。鉴于 2017 年由菲律宾担任东盟轮值主席国，为牵制对菲影响力不断增强的中国，安倍将 2017 年的外访地首选菲律宾。在 1 月 12 日与杜特尔特会谈时，他提出从安全和经济上援助菲，如再次确认将向菲海岸警卫队提供巡逻艇，同时支援菲的相关人才培养，并表示将在 5 年内向菲提供 1 万亿日元的援助。② 2017 年 1 月 15 日，安倍与印度尼西亚总统佐科会谈后发表联合声明，针对南海问题称："为了地区及国际社会和平，要维护和建设自由、开放、稳定的海洋。"安倍表示将为协助印度尼西亚海上安保机构实施人才培养，并对印尼海岸保护事业提供大约 740 亿日元的援助。③ 2107 年 1 月 16 日，安倍在访问越南时承诺协助越南强化"海上安全保障力量"，并表示南海问题不是一两个国家之间的问题，而是有关国家之间共同的问题，日本将在尊重国际法的基础上支持越南。在当天的记者会上，安倍宣布向越南提供 6 艘新巡逻船武装越南海警。④

此外，安倍内阁在 2017 年 1 月 20 日召集的国会例会上提交相关法案，使无偿或低价对他国提供自卫队旧武器装备成为可能。此举旨在向菲律宾、越南等东盟各国提供旧武器装备，以加强防卫合作。⑤ 可见，无论是主动寻求与印度澳菲印尼等国深化防卫合作，还是积极对南海沿岸国家提供强化警备能力的支援，日本通过南海问题制衡中国这个地缘政治对手，争当亚太安全合作领导者的意图可谓昭然若揭。

日本在南海问题上的介入力度增强必然导致中日海南矛盾的上升。就其根源来说，日本介入南海问题的动机包括外交、地缘政治和军事等方面的考虑，其主要战略目标是为了对冲中国海权。具体而言，其动机如下。

首先是外交方面的考虑。日本著名评论家屋山太郎指出，日本应该联合美澳印（度）新（西兰）等所谓海洋国家，并借此拓展美日同盟。这一思想在事实上成为了日本对外政策的理论基础。安倍晋三在 2006 年首次上台之际就主张价值观外交。如前所述，价值观外交也是海洋国家意识的反映，因为所谓海洋国家，在地缘政治学者的解释里就是西方民主国家。所以，价值观相同国家的联盟就是海洋国家之间的结盟，安倍提出的"美日澳印（度）"安保对话构想⑥，以及时任外相的麻生太郎提出的"自由与繁荣之弧"都是海洋

① ［日］共同プレス発表 安倍日本国内閣総理大臣のオーストラリア訪問 EB/OL. http：//www. mofa. go. jp/mofaj/files/000218410. pdf，2017-03-09。

② ［日］日・フィリピン首脳会談 EB/OL. http：//www. mofa. go. jp/mofaj/s_ sa/sea2/ph/page3_ 001951. html，2017-03-09；〔日］安倍総理大臣．日本は貿易及び海洋安全保障を通じてフィリピンの国造りを支援 EB/OL. http：//www. mofa. go. jp/mofaj/p_ pd/ip/page4_ 002666. html，2017-03-09。

③ ［日］戦略的パートナーシップの強化に関する日本・インドネシア共同声明 EB/OL. http://www. mofa. go. jp/mofaj/files/000218456. pdf，2017-03-09。

④ ［日］日・ベトナム首脳会談 EB/OL. http：//www. mofa. go. jp/mofaj/s_ sa/sea1/vn/page4_ 002682. html，2017-03-09。

⑤ ［日］防衛中古装備供与可能に…比などに無償・安価でN. 讀賣新聞，2017-01-19。

⑥ ［日］安倍晋三．『美しい国へ』M. 日本：文藝春秋，2006：160。

国家结盟思想的应用。① 其实，日本在战后一直重视与东南亚国家的关系，日本的这一外交方针，除了具有经济目的之外，还有战略目的，即牵制中国在这一地区的影响力。因为东南亚国家地处南海，又大多是西方民主制国家，所以，日本的海洋派便把东南亚列入海洋国家，使之成为日本建立价值观之弧的重要地区。② 在这种思想的指导下，日本开始加大介入南海的力度。

其次是地缘政治的考虑。日本异常关注和积极介入南海事务与其海洋战略的走向有密切关系。本来日本在"二战"后一直采取低调的防卫政策，对海洋的关心也只是局限于领海和专属经济区的权利维护。但是，伴随着国力的不断上升，日本开始有人提出加强防卫力量，维护海洋安全的问题。冷战结束后为节省霸权护持成本的美国企图使日本承担更多更大的安全责任，于是，给了日本扩大海上力量，介入国际争端，增加国际影响力，最后成为正常国家的历史机遇，南海是其扩展影响，维护所谓利益的重要海域。此外，日本在海权领域挑起争端后日益落于下风，想借南海问题减缓东海地区的压力也是考虑之一。

最后是军事领域的考虑。为了巩固国防，打破超级大国的核导战略威慑的目的，中国自行发展了核武器系统。弹道导弹核潜艇的隐蔽性较好，在陆基长波电台或潜艇通信中继机的支援下，能够有效遂行战略反击任务。为了真正起到威慑作用，这些核潜艇必须在太平洋或印度洋游弋。中国的弹道导弹核潜艇只有能够自由地在大海中航行，自由出入太平洋，才能确保对美国等国的战略威慑。然而，中国被太平洋西部岛链包围，潜艇容易被敌反潜平台发现、攻击，不能自由出入太平洋。据外电报道，中国的 094 和 094A 弹道导弹核潜艇已在近期批量装备部队并形成作战能力，这使中国真正拥有了可靠的核反击力量，即一般所说的第二次核打击能力。中国拥有可靠的核反击能力后必会引起美日恐慌。它们妄图阻止中国核潜艇自由航行，顺利遂行作战任务。在中国航母部队形成作战能力之前，中国弹道导弹核潜艇极有可能在我国领海或近海活动。东海为大陆架，水深较浅，不利于弹道导弹核潜艇部署活动。海南岛东部、南部交深，有利于核潜艇活动。在中国统一之前，其所有领海只有南海适合部署核潜艇。中国在海南三亚榆林港建成了弹道导弹核潜艇基地。为了保护国家战略反击的能力和海洋权益，中国政府在南海一些岛屿修筑机场。③为阻止中国在南海打造核反击阵地，日本不惜代价在该地区与中国展开对抗。

此外，日本在南海问题上挑起事端还有一个目的：日本在东海大陆架问题和钓鱼岛问题上挑起海洋争端，由于中国综合国力增长迅速且展开了卓有成效的斗争，日本渐渐落入下风。为挽回颓势，日本开始在南海问题上向中国发难，挑唆菲律宾和越南等与中国有海洋权益争端的国家向中国展开对抗，企图借此牵扯中国的精力与资源，并达到在国际社会上孤立中国的目的，从而减轻日本在东海问题上的巨大压力。日本学者文谷数重据此认为，日本与其杞人忧天地担心南海航线，不如在某种程度上掀起南海波澜，促使中国进军海洋的方向从东海转向南海，日本应该重视这种消耗战。在南沙、西沙及台湾问题上安抚

---

① ［日］麻生太郎.『自由と繁栄の弧』をつくる——広がる日本外交の地平 EB/OL. http://www.mofa.go.jp/mofaj/press/enzetsu/18/easo_ 1130. html，2017-03-09。

② 廉德瑰，金永明：《日本海洋战略［M］》，北京：时事出版社，2016 年版，第 53-54 页、第 152 页。

③ 林翔：《国之利器——从作战角度看当代中国航母的重要使命［J］》，舰载武器，2017（2）：21。

中国，口头上说些好听的话。另一方面，应该为越南、菲律宾及澳大利亚提供后盾。①

综上所述，我们可以得出结论：中日海权矛盾中的南海问题的始作俑者是日本，正是由于日本不负责任的言行使得本就复杂的南海局势变得更加不可预测并增加了对抗的风险。而日本此举的目的就是为了对抗中国。

三、中日南海矛盾的特点及趋势

毋庸置疑，中日南海矛盾的根源在于日本这个南海区域外国家采取的一系列对抗性的措施。就当前而言，中日南海矛盾呈现出几个特点。

首先是对抗性强。无论是日本鼓吹中国接受南海仲裁案还是日本向菲律宾提供军事援助以及成立7人小组帮助东南亚国家成立海上安全合作机构的能力，其指向性都是非常明确的，那就是阻碍中国在南海进行正当的维护海洋权益。对此，中国当然不能坐视。为维护自身正当权益，中国进行了一系列的反击措施，包括外交部发言人点名批评日本。双方在南海问题上的对抗性强度较大。

其次是涉及国家多。如前文所述，日本本是南海区域外国家，要介入南海事务既无理由也无地理上的支撑点。因此日本只能采取依托南海周边国家，特别是与中国有海洋权益争端的国家，比如越南和菲律宾。日本这样做还有一个目的，就是争取舆论方面的主动权，使中国在国际社会陷于孤立。而中国卓有成效的外交反制措施，比如与菲律宾加强双边关系固然使日本的图谋在很大程度上落空，但也使得涉及中日南海矛盾所牵涉的国家增加。此外，日本追随美国在南海问题上向中国发难使中日南海海权矛盾也涉及到美国这个当代世界的海洋霸权国家。

最后是对抗领域多。随着日本在南海种种手段的实施，中日南海海权矛盾的对抗领域逐渐增多：日本鼓吹南海仲裁案使对抗领域延伸至法律领域；日本鼓动越南和菲律宾对抗中国则使对抗领域蔓延至外交领域；未来如果美日在南海进行联合巡航则不可避免地使中日对抗走向军事领域。日本以向菲律宾等国提供二手巡逻船和租借训练机等方式帮助对方提升军力，借此强化双边的军事合作也是双方对抗走向军事领域的明证。

展望未来，中日南海矛盾将会呈现出以下发展趋势：首先是对抗强度进一步上升。随着特朗普开始执政，为了确保美国在地缘政治重心偏向中东后仍然能够保持其在亚太地区的优势，日本在美国地缘政治棋局上的地位进一步上升。为了向美国证明日本在美日同盟中遏制中国的价值，日本很有可能在南海问题上加强对抗中国的力度，这无疑会使双方的对抗强度上升。而这种力度的加强已经显示出端倪：据路透社3月13日报道，日本海上自卫队计划派遣其最大的军舰"出云"号直升机驱逐舰向印度洋方向进行为期3个月的远航，其中会途经南海——这是"二战"后日本海上军力在这一地区最大规模的展示。"出云"号是战后日本建造的最大军舰，虽名为护卫舰，实则是一艘以反潜为主要任务的准航空母舰，其长248米、宽38米，吃水深度7米，满载排水量达2.7万吨，最高航速为30

① ［日］文谷数重著，齐辉编译，《日学者主张插手南海以缓解钓鱼岛压力［J］》，《现代舰船》，2014年第7期，第54页。

节。据路透社援引日本消息人士的话说，派遣"出云"号执行长期任务的目的是检验其行动能力，并且与美国海军在南海展开训练。毫无疑问，此举将是自"二战"结束后日本在该地区进行的声势最大的"海军秀"，标志着其体系化、大规模化介入南海的开始。① 这种行为就是对抗强度上升的一个标志。

其次是军事色彩将会增强。特朗普上台执政后，美国为了执行其收缩战略又要遏制中国，势必在军备上对日本的限制有所放松。这无疑会提高日本的军事实力。在日本集体"向右转"的前提下，在南海问题上与中国采取某种程度上的军事对抗不是不可能。此外，美日联合巡逻南海也是日本的选项之一。如前文所述，南海对于中国的二次核打击力量具有非凡的战略价值，中国在南海修建了核潜艇基地。② 美日巡航南海的行为直接削弱了中国海基核力量的有效性。尤其在美国成功进行洲际导弹拦截试验和"萨德"反导系统落户朝鲜半岛后，这种行为对中国核力量有效性的威胁显得更大。日本的战略目标明确而直接，即打通一条战略通道，该通道经过中国的台湾，其目的地是南海，③ 不排除日本考虑使用军事力量达成目的的可能性。在这种情况下，中日南海矛盾的军事色彩将会越来越浓。

再次是涉及的国家将会进一步增加。现阶段中日两国的综合国力对比对日本并不利。按照国际关系理论现实主义流派的观点，国家的权力主要来自两个方面：经济实力与军事实力。但是在这两个领域日本都处于劣势：中国经济总量约是日本的 2.4 倍；在军事领域，日本没有航空母舰与核武器，且缺乏战略进攻能力，更致命的是，日本自卫队没有独立进行一体化联合作战的能力。而日本在防务领域缺乏的至关重要的能力与装备中国都有，且还在不断发展。中日两国的综合国力对比还在朝着对日本更不利的方向发展。日本明白，凭自己的一己之力是无法与中国对抗的。因此，日本不惜代价拉拢另一个南海区域外国家印度对抗中国。前不久日本向印度出售 US-2 水上飞机就是为这种可能的联合所做的试探。未来日印在南海问题上联手对抗中国的可能性不是没有，这种局面导致的后果就是涉及中日南海矛盾的国家又增加了一个区域外大国。

最后是中日南海矛盾将呈长期化趋势。对于中国来说，南海是四大边缘海中战略价值最高的一片海域，是实施海洋强国战略和"一带一路"（尤其是"21 世纪海上丝绸之路"）倡议的关键节点。可以说，南海是中国海权的希望，决定了中国在海洋方向的未来。而日本在修改宪法解释，行使集体自卫权④和在国会强推新安保法后，其在军事上的行动性与冒险性大增。在东海上衰落下风、第一岛链被中国海空军频频穿越的情况下，南海也许是日本为数不多的可以与中国较量的舞台。对于中日双方来说，南海矛盾已经开始具有结构性矛盾的一些特征。换言之，该问题在短期内得不到解决，因此中日南海矛盾将呈现长期化的趋势。

---

① 《日本要"巡航"南海？没资格！》，人民日报（海外版），2017-03-18。

② 杨震：《论后冷战时代的海权》，复旦大学博士学位论文 D. 2012 年版，第 187—188 页。

③ 张文木：《西太平洋矛盾分析与中国选择［J］》，《当代世界与社会主义》，2015 年第 1 期，第 114 页。

④ ［日］『平和安全法制』の概要 EB/OL. http://www.cas.go.jp/jp/gaiyou/jimu/pdf/gaiyou-heiwaanzenhousei.pdf，2017-03-09。

四、中日南海矛盾的影响及对策

中日南海矛盾是中日海权矛盾中地位日益上升的一个议题，其影响不容忽视。笔者认为，中日南海矛盾主要在以下几个方面会产生影响。

首先是反作用于中日关系。如前所述，日本对中国崛起的负面认知及其充满进攻性的海洋战略目标等是激化中日南海矛盾的主要因素。有鉴于南海对于中国国家利益及安全的重要性，日本在南海问题上的举措很容易被视作对于中国国家利益的侵犯与安全的威胁。中日海权矛盾中南海问题的激化将会反作用于中日关系，使这对原本不稳定的双边关系因为这个矛盾的焦点而进一步下行。

其次是恶化了南海局势。在南海问题上，日本一边鼓动与美国进行联合巡逻；另一方面把大量军用物资提供给与中国有海洋争端的国家，使原本不平静的南海安全局势朝着国际化、复杂化、军事化的方向发展，从而使得局面进一步恶化。

最后是进一步加强了美日同盟。在南海问题上，美日有遏制中国的共同利益。如前所述，日本打造所谓"海洋国家联盟"，并企图使南海问题国际化，与美国的"海权合作战略"不谋而合。可以说，美日在南海问题上的共同点因此越来越多。由此可见，中日南海矛盾的发展将会使得美日同盟关系更加紧密，尤其在海洋问题领域。

需要指出的是，在南海问题上，日本的介入也面临一些困难，主要体现在以下一些方面。

首先是地缘政治的限制。从距离上来说，日本相比起中国处于劣势：日本距离南海较远，而中国是南海沿岸最大的国家。由于在客观上国家实力扩散严格遵循着距离衰减规律，日本想要在南海问题上进行强有力的介入，将会面临中国的强力对冲，因此受到的限制较大。

其次是军事力量的掣肘。当前，日本在军事力量，特别是海上力量方面的建设领域取得了较大进展。然而，由于种种因素的共同作用，日本海上自卫队存在种种缺陷，一般认为，日本海上自卫队是一支武器装备非常先进、人员堪称训练有素、兵力结构失衡、海军能力不全且缺乏独立作战能力的海上武装力量。就其性质而言，实际上是一支辅助作战的武装力量。日本固有的军事缺陷在很大程度上对日本介入南海形成了掣肘。

最后是经济力量的局限。2010 年，中国的 GDP 超过日本，两国在经济领域的竞争愈发激烈。至 2016 年度，中国的 GDP 已经是日本的 2 倍多。围绕高铁出口，中日两国在东南亚展开激烈争夺。然而"雁行模式"的破产使日本在东南亚的布局显得茫然无措，反观中国，"一带一路"倡议在东南亚地区得到诸多国家的热烈响应，日本在东盟国家曾经享有的经济影响力优势正一步步遭到侵蚀，这也是日本介入南海的一大掣肘因素。

鉴于在上述领域的限制与掣肘，日本在介入南海问题上也是有其限度的。

首先是目标的有限性。由于在军事力量、地缘条件和经济力量方面的限制，日本几乎无法恢复"二战"期间在南海地区主导性的存在，甚至比起 20 世纪 70 年代的影响也有所不如。因此，今后日本的目标不是主导南海事务，而是更多地着力于阻止中国建立在南海的优势地位。换言之，日本在南海问题上的定位更多的是一个搅局者，而非地区事务的主导者。

其次是范围的有限性。由于日本军事力量的有限性使得日本在缺乏军事基地的情况下只能保持有限的存在，这种存在更多地表现在空间范围上。具体而言，日本今后在南海问题上的着力区域更多的是在菲律宾、越南等边缘濒海地带，除非与美国进行联合巡逻，否则其影响力难以到达南海的中心区域，更是无法靠近中国实际控制的岛屿。这种范围的有限性也是由日本现有力量的缺陷决定的。

最后是手段的有限性。如前所述，日本影响南海局势的手段无非是军事、经济和舆论。由于日本是"二战"的战败国，"二战"期间在东南亚国家犯下的骇人听闻的反人类罪是其历史污点，自然会引起包括中国在内的南海沿岸国家的警惕。近年来，日本国势不振，经济低迷，其传统的经济手段越来越失去传统效应，而新的手段短时间内无法培育。受和平宪法和军费开支的影响，日本的军事投射能力短期内也没有很大提高的可能性。因此从这个角度来看，日本在南海问题上的手段也是有限的，而且其效用也越来越值得怀疑，尤其在中国综合国力日益发展的前提下。

鉴于中日海权矛盾中的南海问题非常重要且有扩大化的趋势，我们如何应对成为一个具有战略意义的重要问题。笔者认为，中国应该做好以下几个方面的工作。

首先，在经济上切实落实"21世纪海上丝绸之路"倡议。众所周知，地区经济一体化是当今世界经济发展的主要潮流，"一带一路"倡议就是这种潮流的产物。南海地区是"21世纪海上丝绸之路"的关键节点地区，中国可以借此输出工业化，与东南亚地区形成多条合作共赢的产业链，从而密切双边关系，甚至形成某种程度的经济共同体，这样可以有效对冲日本利用经济优势在当地的影响及话语权，进而弱化其在南海问题上的负面影响。

其次，在防务领域进一步强化南海的军事部署。制海权是海权的基础。海军是夺取并运用制海权的主要军种。[①] 经过多年发展，中国海军已经具备相当的实力：中国人民解放军海军现在拥有300多艘水面舰船、潜艇、两栖舰和巡逻艇，数量亚洲第一。中国正在加快退役老式作战舰艇，代之以大型多任务舰船，并配备先进的反舰、对空或反潜武器及传感器。正如最新国防白皮书所称道的，中国继续逐步从"近海"防御向"远海"卫护转变，解放军海军拥有强大的多任务、远距离、可持续海军平台，具备健全的自我防御能力，可在所谓"第一岛链"外执行作战任务。[②] 随着"辽宁"号航母战斗力的形成，中国海军夺取制海权的能力大幅度上升。中国应该强化在南海地区的军事部署，尤其是海军兵力的部署，形成在该地区有利的军事态势，从而威慑日本在南海可能的军事行动。

再次，在政治领域构建海上安全合作机制。南海地区航道密集，海况复杂且沿岸国家大多防务力量薄弱，因此海盗问题一直比较严重。作为南海沿岸最大的国家，中国有责任和义务在打击南海海盗的行动中发挥主导作用，并可借建立海上安全机制，与其他南海沿

① 杨震：《后冷战时代海权的发展演进探析［J］》，《世界经济与政治》，2013年第8期，第104页。

② Office of the Secretary of Defense. Military and Security developments Involving the People's Republic of China 2016R. 2016：26. http：//www. defense. gov/Portals/1/Documents/pubs/2016_ China_ Military_ Power_ Report. pdf，2017－03－09。

岸国家形成合力解决此问题，从而使日本失去介入南海问题的一个主要借口。

最后，在外交领域加大灾难外交的力度。南海是世界上第三大边缘海，气候多变，且处于太平洋板块和印澳板块之间，因此地震、海啸、台风等自然灾害多发。南海沿岸国家大多经济落后且缺乏有力的灾难救援手段。而中国则拥有比较强大的海上力量和丰富的救援手段，可以对其施以援手，在树立自身大国形象的同时，也可以密切与当事国的关系。这里特别需要提到的是航空母舰。航母不仅可以补齐中国几乎所有军事短板，[①] 在救灾领域也可以发挥独特而重大的作用。中国通过灾难救援提高在南海影响的同时必将降低日本在南海问题上的话语权。

综上所述，中国在南海可以采取对日本进行经济上对冲、军事上威慑、政治上隔绝以及外交上争夺的方式，充分发挥国力和地缘优势，逐步降低日本在南海的影响，并使其在南海问题上的话语权逐步丧失。

五、结论

中日海权矛盾及其中的南海问题源于日本在各个领域采取的对抗中国的措施。这些措施涵盖了政治、经济、外交、防务及法律等各个领域。其特点是牵涉国家多、范围广且针对性和对抗性强。对于致力于成为海洋强国的中国来说，如何应对日本这个区域外国家在南海问题上的挑衅行为日益成为一个重要的战略问题。由于受到经济、地缘和军事等诸多因素的掣肘，日本介入南海问题也有其限度，主要表现在目标的有限性，主要是充当搅局者而非主导者；范围的有限性，主要着力于边缘濒海地区而非核心海域，尤其是中国控制的岛屿附近；手段的有限性，主要是舆论、经济和军事手段。由于中国在地缘和综合国力上具有对日本的优势，笔者认为，应该充分发挥这种优势，将日本在南海问题上带来的冲击降到最低。中日海权矛盾中的南海问题的解决应着眼于中国对日本在该问题上斗争的有效性，而非日本主动偃旗息鼓。

论文来源：本文原刊于《东北亚论坛》2017 年第 6 期，第 3-14 页。
项目资助：中国海洋发展研究会重点项目（CAMAZD201611）。

---

① 杨震，杜彬伟：《基于海权：航空母舰对中国海军转型的推动作用 [J] 》，《太平洋学报》，2013 年第 3 期，第 73 页。

论公海自由与公海保护区的关系

张 磊[①]

摘要： 对于是否应当构建公海保护区，各国存在较大分歧。该问题的关键在于如何理解公海自由与公海保护区的关系。从理念、内容和执行层面，两者的关系可以解读为自由秩序与全球治理的关系、习惯权利与条约义务的关系以及船旗国管辖权与沿海国管辖权的关系。通过对这三个层面的分析可以发现，公海自由与公海保护区之间是相互融合、相互促进和相互平衡的关系。这种关系一方面承认公海自由与公海保护区之间的确有矛盾；另一方面也表明矛盾发展的结果将形成公海生物多样性养护与可持续利用的新秩序。如果能够以发展的观点看待两者关系中的矛盾，那么就应当支持公海保护区的构建。

关键词： 公海保护区；公海自由；生物多样性；全球治理；管辖权

一、问题提出

近年来，国际社会关于构建公海保护区的呼声逐渐高涨。2015 年，第 69 届联合国大会第 292 号决议（以下简称《联大决议》）提出，就国家管辖范围以外区域海洋生物多样性的养护与可持续利用问题，拟订一份具有法律约束力的国际文书，其主要内容将包括海洋保护区在内的划区管理工具。这意味着关于公海保护区的讨论进入了更加实质性的阶段。

众所周知，公海应当向所有国家开放。换言之，各国享有广泛的公海自由。构建公海保护区势必会对公海自由的传统内涵形成挑战，因为它会在一定程度上限制国家对公海生物资源的开发和利用。于是，各国对此存在较大的分歧。美国、欧盟国家、非洲集团等表示支持；俄罗斯尽管不反对，但主张地理遥远国家无权参与公海保护区的构建；以日本、

---

① 张磊，华东政法大学国际法学院副教授、硕士生导师，中国海洋发展研究会海洋法治专业委员会理事，上海高校智库——上海交通大学海洋法治研究中心兼职副研究员。

挪威为代表的部分国家以公海自由为主要依据表示反对。其他大部分国家则采取观望的态度。① 中国站在更高的层面提出：养护国家管辖范围以外区域生物多样性的措施和手段应该在《联合国海洋法公约》（以下简称《公约》）和其他相关国际公约的框架内确定，需要充分考虑现行公海制度和国际海底制度，应当着眼于在养护与可持续利用之间寻求平衡，而不是简单地禁止或限制对海洋的利用。②

由此可见，判断是否应当构建公海保护区的关键在于如何理解公海自由与公海保护区的关系。为此，可以将公海自由与公海保护区的关系解读为自由秩序与全球治理的关系、习惯权利与条约义务的关系以及船旗国管辖权与沿海国管辖权的关系，并由此展开分析。

二、在自由秩序与全球治理的视角下，公海自由与公海保护区是相互融合的关系

公海自由与公海保护区的关系首先可以解读为自由秩序与全球治理的关系。

在国际法上，传统的自由秩序由一系列多边机制组成，其中之一就是由《公约》继承的海洋自由。公海自由即源于海洋自由。

作为一种理念，海洋自由最早是由荷兰学者胡果·格劳秀斯（Hugo Grotius）提出来的。1603 年，荷属东印度公司委托格劳秀斯为荷兰船只在马六甲海峡捕获葡萄牙商船的行为进行辩护。于是，格劳秀斯在 1605 年完成了题为《论捕获法》的辩护词。该辩护词的第十二章在 1609 年以《海洋自由论》为标题公开发表。在这篇单独发表的文章中，格劳秀斯从自然法的角度来论证海洋应该向所有人自由开放。值得指出的是，格劳秀斯当时提出的海洋自由覆盖整个海洋。

不过，随着近代 3 海里领海制度的确立，海洋被划分为领海和公海，并且国家对领海可以行使主权。于是，海洋自由开始主要表现为公海自由。进入现代之后，随着《公约》的生效，一方面，现代领海的宽度被拓展至 12 海里；另一方面，出现了毗连区、专属经济区和大陆架等新的区域类型，并且国家可以在这些新区域行使不同程度的管辖权。海洋自由的地理范围又受到了进一步的压缩。

对海洋自由的限制不仅仅停留于地理范围，而且还涉及权利内容。例如，捕鱼自由是公海自由的传统内容之一。不过，进入 20 世纪之后，特别是在"二战"之后，人类科技水平和需求水平的同时提高有力地推动了远洋渔业的发展，世界渔获量急剧增加，以至于一些主要的传统渔业资源出现了衰竭迹象。③ 因此，以 1995 年《执行 1982 年 12 月 10 日〈联合国海洋法公约〉有关养护和管理跨界鱼类种群和高度洄游鱼类种群规定的协定》

① 银森录，郑苗壮，徐靖，刘岩，刘文静：《〈生物多样性公约〉海洋生物多样性议题的谈判焦点、影响及我国对策》，《生物多样性》，2016 年第 7 期；姜丽，桂静，罗婷婷，王群：《公海保护区问题初探》，《海洋开发与管理》，2013 年第 9 期；Earth Negotiations Bulletin（Vol. 25 No. 118, 12 September, 2016），at http：//enb.iisd.org/vol25/enb25118e.html，2016 年 11 月 17 日访问。

② 《刘振民大使在第 61 届联大全会上关于"海洋和海洋法"议题的发言》，http：//www.fmprc.gov.cn/ce/ceun/chn/fyywj/wn/2006/t289496.htm，2016 年 11 月 17 日访问。

③ 陈新军，周应祺：《国际海洋渔业管理的发展历史及趋势》，《上海水产大学学报》，2000 年第 4 期。

（以下简称《鱼类种群协定》）为代表的国际条约开始对捕鱼自由进行限制。① 譬如，根据《鱼类种群协定》，为了养护跨界鱼类种群和高度洄游鱼类种群，区域性渔业组织的成员国或区域性渔业安排的参与国可以在公海上对外国渔船进行管辖，包括登临和检查。

与此同时，在冷战结束后，全球治理开始逐渐获得国际社会的认同和重视。所谓全球治理，是指"通过具有约束力的国际规制，解决全球性的冲突、生态、人权、移民、毒品、走私、传染病等问题，以维持正常的国际政治经济秩序。"② 全球治理之所以得以提出，是因为人类不但迈入了全球化时代，而且面临着一系列共同的挑战。全球治理之所以得以发展，是因为国际社会的力量对比发生了重大变化，多极化不断向纵深发展。因此，为了应对人类共同的挑战，世界各国应更加紧密地开展合作，而不是由一个或几个国家进行决策和解决问题。很显然，"治理"的理念必然会对"自由"造成一定的冲击。换言之，全球治理顺理成章地会对国际法上传统的自由秩序进行适当的修正。

由此可见，一方面，海洋自由受到越来越多的限制；另一方面，全球治理获得越来越大的发展。在现代社会，自由秩序与全球治理是此消彼长的关系，并且以全球治理为手段对传统的自由秩序进行修正是大势所趋。然而，不能就此认为自由秩序必然消亡，因为全球治理只是对传统自由秩序适当的修正，使之蜕变为更加适应时代发展的、新型的自由秩序。换言之，全球治理与自由秩序必将实现融合。

1968 年美国学者加勒特·哈定（Garrett Hardin）在著名的《科学》杂志上发表了一篇题为《公地悲剧》的论文。哈定在该文中列举了这样一个事例：一群牧民面对向他们自由开放的公共草地，每个人都想再多放养一些牛，因为公共草地上的放养成本非常低。就牧民自己来说，这显然是划算的，但会最终导致公共草地被过度放牧。这就是"公地悲剧"。③ 根据《公约》第 87 条第 1 款规定，公海对所有国家开放，不论其为沿海国或内陆国。这就是公海自由。该条款还进一步列举了公海自由的 6 个主要方面，即航行自由、飞越自由、捕鱼自由、铺设海底电缆和管道的自由、建造国际法所容许的人工岛屿和其他设施的自由以及科学研究的自由。众所周知，随着人类的技术发展和需求膨胀，海洋资源早已不是取之不竭，用之不尽的。然而，公海仍旧向所有国家自由开放。因此，"公地悲剧"正在公海愈演愈烈。有鉴于此，国际社会迫切需要开展合作，以加强公海生物多样性的养护与可持续利用。在生物多样性的养护与可持续利用方面，海洋保护区是目前比较有效的手段。于是，构建公海保护区顺理成章地被提上了议事日程。很显然，随着公海保护区的构建，假如国家的航行、飞越、捕鱼等行为影响公海生物多样性的养护与可持续利用，那么此种行为将受到一定程度的限制。由此可见，公海自由与公海保护区不可避免地会出现一定的冲突。

结合上述内容不难看出，构建公海保护区是全球治理的体现，而公海自由缘于海洋自

---

① 《鱼类种群协定》是"联合国关于跨界鱼类种群及高度洄游鱼类种群大会"在 1993 年 4 月至 1995 年 8 月经过六轮谈判通过的一项具有法律约束力的国际公约。

② 俞可平：《全球治理引论》，《马克思主义与现实》，2002 年第 1 期。

③ Garrett Hardin, *The Tragedy of the Commons*, at http：//science. sciencemag. org/content/sci/162/3859/1243. full. pdf, 2016 年 11 月 17 日访问。

由，是传统自由秩序的组成部分，于是，公海自由与公海保护区之间的冲突就是全球治理与传统自由秩序之间的冲突。同时，因为以全球治理为手段对传统的自由秩序进行适当的修正是大势所趋，所以构建公海保护区以限制公海自由也是必由之路。然而，海洋自由作为国际海洋法基本原则的地位没有发生根本改变。它不但体现在公海自由这一个方面，也体现在现代海洋秩序的方方面面。即使在沿海国享有主权的领海，其他国家仍然享有无害通过权。这同样是海洋自由的体现。如前所述，全球治理与自由秩序必将实现融合。因此，公海自由与公海保护区之间不应是一方取代另一方的关系，而应当是相互融合的关系。

三、在习惯权利与条约义务的视角下，公海自由与公海保护区是相互促进的关系

公海自由与公海保护区的关系也可以解读为习惯权利与条约义务的关系。

众所周知，公海自由属于国际习惯。[①] 国际习惯对世界各国具有普遍约束力，这并不取决于国家是否参加相关的国际条约。不过，公海保护区将主要是国际条约的产物。同时，整体而言，公海自由更多地意味着权利，公海保护区更多地意味着义务。因此，公海自由主要体现为习惯权利，公海保护区主要体现为条约义务。

目前，全球性国际条约中没有关于构建公海保护区明确和直接的依据。尽管《公约》第 194 条第 5 款对生态系统和海洋生物的保护有原则性的规定，但没有提及保护区制度。《生物多样性公约》第 8 条规定了保护区制度，可是该公约第 4 条却明确地将保护区限制在国家管辖的范围以内。《联大决议》提出将在全球层面拟订一份具有法律约束力的国际文书，并且将涉及公海保护区。不过，该文书的酝酿过程似乎将是漫长和曲折的，况且其详尽程度与可行性亦未可知。应当注意到，俄罗斯明确表示：为海洋保护区设立全球统一标准是不可能的；冰岛质疑是否有必要为公海的海洋保护区设立全球性的机制；挪威认为利用现有机制比创建新机制在经济上更加有效；[②] 以七十七集团为代表，发展中国家的主张不尽相同，甚至有矛盾之处。[③]

相比制定全球性国际条约，发展区域性国际条约的基础可能更加扎实。

根据汉斯·摩根索（Hans Morgenthau）的经典理论，国际法的产生需要两个基本条件：第一，国家之间存在共同或互补的利益；第二，国家之间权力的分配。[④] 据此，应当注意以下内容。一方面，在区域性国际条约的谈判中，相关国家更可能存在共同或互补的

---

① 所谓国际习惯，是指国际交往中逐渐形成的不成文的原则、规则和制度。参见邹瑜，顾明主编：《法学大辞典》，北京：中国政法大学出版社，1991 年版，第 933 页。

② See Earth Negotiations Bulletin（Vol. 25 No. 99, March 31, 2016），at http://enb.iisd.org/vol25/enb2599e.html, 2016 年 11 月 23 日访问。

③ See Glen Wright, Julien Rochette, Elisabeth Druel, Kristina Gjerde, *The long and winding road continues: Towards a new agreement on high seas governance*, at http://www.iddri.org/Publications/The-long-and-winding-road-continues-Towards-a-new-agreement-on-high-seas-governance, pp. 34-35, 2016 年 11 月 26 日访问。

④ ［美］汉斯·摩根索著，汤普森修订：《国家间政治：寻求权力与和平的斗争》（英文完全版），北京：北京大学出版社，2005 年版，第 296 页。

利益。这是因为，除了个别的情况，区域性国际条约的主要缔约国一般来自特定海域的沿海国，即缔约国的角色更加单一。显而易见，相比非沿海国，沿海国在彼此毗邻的海域往往具有更多共同或互补的利益，包括在生物多样性的养护与可持续性利用方面。另一方面，特定区域里的邻国在协调海洋权力方面往往具有更好的基础，包括已经建立的协调机制。值得注意的是，世界上很多海域已经存在区域性渔业组织或安排。具体来讲，根据《种群协定》，数量众多的区域性渔业组织或区域性渔业安排已经允许它们的成员国或参与国将渔业管辖权拓展至公海。换言之，上述组织或安排实际上已经在发挥公海保护区的部分功能。与此同时，实现公海保护区与上述组织或安排之间的整合十分必要。就有关公海保护区的国际条约与既有区域性渔业组织或安排而言，两者进行"整合"是比较可行的，前者"取消"后者比较困难。有鉴于此，《联大决议》要求：制定国际文件的进程不应损害现有有关法律文书和框架以及相关的全球、区域和部门机构。于是，就国家之间权力的分配而言，在缔约国有较大重叠的情况下，上述组织或安排可以成为制定区域性国际条约的良好基础。反过来，制定区域性国际条约也有利于公海保护区与上述组织或安排的整合。在条件成熟的区域，构建公海保护区甚至不必另行制定条约，依靠对上述组织或安排的完善或拓展即可实现。

此外，世界上目前已经建成的公海保护区主要有 4 个，即地中海派拉格斯海洋保护区、南奥克尼群岛南大陆架海洋保护区、大西洋中央海脊海洋保护区、南极罗斯海地区海洋保护区。它们无一例外地都是区域性国际条约的产物。① 这些实践可以为制定类似区域性国际条约提供非常宝贵的经验。

更重要的是，从地理条件和生态价值来看，不是所有的海域都适合构建公海保护区。换言之，一般是选择那些地理相对封闭或者生物多样性更有价值的海域。《生物多样性公约》缔约方大会在 2010 年开始推动的在国家管辖范围以外的海域被描述为"具有生态或生物学意义的海域"（Ecologically or Biologically Significant Marine Areas，以下简称：EB-SAs)，即利用《生物多样性公约》制定的描述标准在全球范围内识别出具有重要生态或生物学意义的海域。② 上述工作对公海保护区的选址、划界和保护方案提供了重要的依据。一旦选址、划界和保护方案在技术上比较清楚，那么制定区域性国际条约的主要谈判国就会大致框定，并且谈判国针对谈判中的诸多细节也会更加有的放矢。这无疑也是形成区域性国际条约的有利因素之一。

尽管通过区域性国际条约发展公海保护区的基础更加扎实，但各国广泛参与的全球性国际条约仍然非常重要。《维也纳条约公约》第 34 条规定："条约非经第三国同意，不为该国创设义务或权利。"这就是"条约不拘束第三国"原则。如前所述，公海保护区将主

---

① 地中海派拉格斯海洋保护区的依据是《保护地中海海洋环境和沿海区域公约》，大西洋中央海脊海洋保护区的依据是《保护东北大西洋海洋环境公约》，南奥克尼群岛南大陆架海洋保护区和南极罗斯海地区海洋保护区的依据都是《南极海洋生物资源养护公约》。

② 至 2014 年，《生物多样性公约》缔约方大会已经审议通过了南印度洋、东部太平洋热带和温带、北太平洋、东南大西洋、北极、西北大西洋和地中海等 7 个区域的 EBSAs 汇总报告，将上述区域中的 207 个海域列入 EBSAs 清单，其中有 74 处涉及国家管辖范围外海域。参见郑苗壮，刘岩，裘婉飞：《国家管辖范围以外区域海洋生物多样性焦点问题研究》，《中国海洋大学学报（社会科学版）》，2017 年第 1 期；前注①，银森录，郑苗壮，徐靖，刘岩，刘文静文。

要是国际条约的产物。这样，根据上述原则，就意味着部分国家仍然可以通过不签署或不承认相关国际条约的方式坚持传统的公海自由。显然，各国广泛参与的全球性国际条约可以最大程度上缩小"条约不拘束第三国"原则所带来的局限性。因此，区域性国际条约应当推动全球性国际条约的产生和充实。那么区域性国际条约如何发挥这种推动作用呢？还是有必要再回到汉斯·摩根索的理论，即国际法的产生依赖两个基本条件：国家之间共同或互补的利益；国家之间权力的分配。据此，以下两个方面的措施值得重视：第一，区域性国际条约应当允许域外国家的参与。值得强调的是，公海保护区既有养护生物多样性的功能，也应当允许可持续利用，而不能"只养护，不利用"或者只允许域内国家利用。提高公约开放性的根本目的在于，通过明确和保障各国（域内国家和域外国家）开发利用的平等权利，换取各国养护资源的共同义务。由此可见，俄罗斯关于地理遥远国家无权参与保护区的构建的主张是不合理的。第二，区域性国际条约应当因地制宜地摸索多元化的惠益分享机制。在参与国际条约的国家之间建立惠益分享机制极有必要。一方面，维护和增进共同利益是全球治理的应有之义；另一方面，合理的惠益分享机制可以促使更多的国家参与国际条约。当然，惠益分享问题比较复杂，其复杂性主要缘于以下 4 个方面：其一，各国的开发水平参差不齐；其二，各国的利益需求纷繁多样；其三，每个公海保护区的保护对象各不相同；其四，惠益分享不等于平均主义。因此，在不同的公海保护区，区域国际条约应当建立与之相适应的惠益分享机制。

综上所述，就公海自由与公海保护区的关系而言，国家实际上是面临习惯权利与条约义务之间的选择，而恰恰是这种选择权的存在使公海自由与公海保护区能够相互促进——制定相关国际条约的作用在于让国家陆续放弃对习惯权利（即公海自由）的坚持，而为了能够让更多的国家选择条约义务（即公海保护区），国际条约必须不断自我完善，包括提高开放程度和完善惠益分享。反过来，国际条约无法及时完善，则说明公海保护区作为法律制度仍然不成熟，那么国家当然可以继续坚持公海自由。因为公海保护区的发展路径是通过区域性条约的发展来推动全球性条约的产生和充实，所以区域性条约的不断完善显得更加重要。同时，随着越来越多的国家放弃传统的公海自由，不但是公海保护区逐渐得到大多数国家的承认，而且公海自由的内涵也会得到相应的发展。可见，公海自由与公海保护区能够实现相互促进。

四、在船旗国管辖权与沿海国管辖权的视角下，公海自由与公海保护区是相互平衡的关系

公海自由与公海保护区的关系还可以解读为船旗国管辖权与沿海国管辖权之间的关系。

（一）公海自由主要表现为船旗国专属管辖权

国家对某个事项是否拥有合法的管辖权取决于国际法的承认。这既包括国际习惯的承认，也包括国际条约的承认。

国际习惯承认的国家管辖权主要是属地管辖权和属人管辖权。它们分别以领土原则和

国籍原则作为理论依据。① 根据《奥本海国际法》一书，作为国家对于国家领土内一切人和物行使最高权威的权力，主权就是属地最高权（即领有权或领土主权）。同时，作为国家对国内外本国人行使最高权威的权力，主权也是属人最高权（即统治权或政治主权）。② 很显然，属地管辖权和属人管辖权从主权本身寻找理论依据，并且依赖连接点（领土或国籍）的存在。

在公海上，国际习惯承认的国家管辖权主要是国家对本国船舶享有的专属管辖权（排除其他国家的管辖权），即船旗国专属管辖权。其中，在很大程度上讲，对场所的管辖（对船舶的内部事务）是属地管辖权的延伸，连接点是领土（将船舶拟制为国家的领土）；对物的管辖（对船舶本身的管辖）是属人管辖权的延伸，连接点是国籍。③ 众所周知，船舶是各国行使海洋权利的主要载体之一。公海自由意味着公海向所有国家的船舶开放，而船旗国专属管辖权可以保障这种开放性，即保障国家在公海行使海洋权利的自由意志不受干扰。从这个意义上讲，公海自由主要表现为船旗国专属管辖权。不过，国家与国家之间仍然可以通过签订国际条约的形式来确立船旗国专属管辖权的例外情况，即国际条约所承认的管辖权。

国际条约所承认的船旗国专属管辖权的例外情况往往涉及国际社会的利益平衡。除了利益平衡，这些例外情况还须考虑合理公平，以防止国家对例外情况的滥用。因此，船旗国专属管辖权的例外情况主要以利益平衡和合理公平两个方面作为依据，并且不依赖连接点（领土或国籍）的存在。例如，根据《公约》第110条，一国军舰在公海上如有合理根据认为外国船舶正在从事海盗、贩奴等行为，那么它有权登临该船舶。该条所规定的情况之所以能够成为船旗国专属管辖权的例外，既缘于打击海盗、贩奴等行为符合国际社会的整体利益，也缘于它要求有"合理根据"为前提。值得注意的是，国际环境条约在突破船旗国专属管辖权方面有较多成果。例如，1969年《国际干预公海油污事故公约》和1973年《防止船舶污染国际公约》都允许缔约国在公海上对外国船舶采取措施，以防止或减少油轮泄漏或船舶废弃物对沿海国海洋环境的污染。又如，《鱼类种群协定》允许区域性渔业组织的成员国或区域性渔业安排的参与国在公海上对外国渔船进行管辖，以养护跨界鱼类种群和高度洄游鱼类种群。

（二）公海保护区的管护措施在一定程度上是沿海国管辖权的变相扩张

构建公海保护区必然要求对各国船舶的行为进行管辖。在茫茫公海上，真正有能力对各国船舶进行及时和有效管辖的国际法主体主要是国家（国家的海上力量可能会冠以国际组织的名义进行活动）。同时，随着公海保护区在世界范围内的推广，出于便利和成本的考虑，

---

① ［英］M. 阿库斯特著：《现代国际法概论》，北京：中国社会科学出版社，1981年版，第122–123页。

② ［英］劳特派特修订：《奥本海国际法（上卷第一分册）》，王铁崖、陈体强译，北京：商务印书馆，1981年版，第216页。

③ 在"荷花"号案中，常设国际法院认为：公海自由原则的推论是公海上的船舶就像所悬挂旗帜国家的领土，因为它就像在其国家的领土上一样，只有该国可以对其行使权力，其他国家则不可以。不过，船舶与国家真正的领土还是有一定区别。正因为如此，美国最高法院认为一个人出生在美国船舶并非是出生在美国，因此不拥有美国公民的国籍。同时，船舶的国籍与自然人和法人的国籍既相似，也不完全相同。尽管存在种种差别，但我们仍然可以在很大程度上将上述专属管辖权视为属地管辖权与属人管辖权的延伸。参见［美］路易斯·B. 宋恩等著：《海洋法精要》，傅崐成等译，上海：上海交通大学出版社，2014年版，第24–25页，第39页。

管护措施的落实将主要依靠地理相邻国家或者区域性国际条约的域内国家，即主要依靠沿海国。因此，从这个角度看，公海保护区的管护措施在一定程度上是沿海国管辖权的体现。

问题在于，为了落实公海保护区的管护措施，沿海国的海上力量是否可以管辖其他国家的船舶？换言之，公海保护区的管护措施是否可以构成船旗国专属管辖权的例外情况？如前所述，船旗国专属管辖权的例外情况主要依赖国际条约的承认。因此，如果公海保护区的管护措施发生在相关国际公约（包括区域性国际公约）的缔约国之间，同时，为了有效地发挥公海保护区的作用，该公约允许沿海国的海上力量管辖其他国家的船舶，那么船旗国专属管辖权可以被突破。

由此可见，一方面，根据国际习惯，公海自由主要表现为船旗国专属管辖权，船旗国专属管辖权意味着沿海国在公海上对别国船舶一般没有管辖权；另一方面，公海保护区的管护措施在一定程度上是沿海国管辖权的体现，更重要的是，相关管护措施可以依据国际条约构成船旗国专属管辖权的例外情况。因此，公海保护区的管护措施在一定程度上就成为沿海国管辖权的变相扩张，对公海自由形成新的限制。

与此同时，也应当认识到，沿海国管辖权的扩张具有一定的历史必然性。

历史经验表明，当国家的海洋能力出现显著的增长时，沿海国管辖权的扩张将不可避免，公海自由也必然受到相应的限制。国家的海洋能力主要包括两个主要方面，即构建价值的能力和构建秩序的能力。所谓构建价值的能力，是指认识海洋的不同价值，并且将其转化为现实利益的能力。所谓构建秩序的能力，是指国家能够在其认为有价值的海域建立自己主导的秩序。举例来讲，专属经济区所在海域原本属于公海。"二战"之后，海洋渔业资源出现了衰竭的迹象。于是，美国在1945年9月28日率先发表了《在毗连美国海岸的公海海域建立渔业保存区的公告》，宣布在过去由美国国民单独从事捕鱼活动的区域，美国有排他性的管理和控制权。在过去由美国和其他国家国民共同从事捕鱼活动的区域，美国的管理和控制则受与其他国家缔结的协定的限制。[①] 之后，很多国家陆续提出类似主张。在联合国第三次海洋法会议上，经过反复争论，各国终于达成妥协，在《公约》中确立了专属经济区制度。专属经济区的建立更多地缘于沿海国已经有能力在领海以外的近海构建以自己为中心、以生物资源养护为内容的法律秩序。当然，该法律秩序的覆盖范围即200海里是一个国家之间妥协的产物。

对于构建公海保护区而言，国家海洋能力的上述两个方面已有较大的增长。一方面，随着科技的进步，人类对生物多样性的认识也在逐渐加深。生物多样性不仅具有实物产品的价值（例如食品），而且是巨大的无形资产。[②] 其中，海洋生物作为无形资产的价值直到晚近才被认识和重视。在今天，这种无形资产，主要是指海洋遗传资源。"例如从海葵中可以得到强心多肽，从海绵中可以分离出多种抗毒、治疗癌症的化合物，从海鞘中也可以得到抗病毒和抗肿瘤的化合物。"[③] 毋庸赘言，公海蕴含着丰富的生物资源，其生物多样性的价值难以估量。因此，《联大决议》将构建公海保护区的目标确定为更好地处理生

---

① 周亚子，范涌：《公海》，北京：海洋出版社，1990年版，第146页。
② 铁铮：《生物多样性价值几何》，《中国教育报》，2005年6月6日。
③ 汪开治：《运用遗传工程开发利用海洋生物资源》，《世界农业》，1986年第4期。

物多样性的养护与可持续利用问题，并强调该问题包括作为一个整体的全部海洋遗传资源的养护与可持续利用。[①] 另一方面，得益于航海、航空、卫星、通信等方面的科技进步，公海对于人类已经不再遥不可及。换言之，在部分公海海域，越来越多的国家开始具备进行管控的能力。举例来讲，地中海派拉格斯海洋保护区是世界上第一个涵盖公海海域的海洋保护区。[②] 它由法国、意大利和摩纳哥在 2002 年正式建立。该保护区位于相对封闭的区域，在该区域内的鲸鱼和海豚的密度比地中海其他区域要高 2~4 倍。上述三国对保护区进行共同监管，并采取适当措施，防止人类活动对海洋哺乳动物造成直接或间接的影响。[③] 从实际效果来看，尽管还有改进的空间，但上述国家不但有效地对该保护区实施了管理，而且已经取得了许多积极的成果。[④] 因此，事实证明，在《公约》诞生 35 年之后，国家构建价值的能力和构建秩序的能力又出现了显著的增长。

（三）船旗国管辖权与沿海国管辖权应当实现平衡

1648 年《威斯特伐利亚和约》之所以被认为是国际法的开端，是因为它确认了最重要的法理基础，即国家主权平等原则。经过数百年的发展，《联合国宪章》第 2 条将该原则作为当代国家关系的首要原则。国家主权平等原则奠定了国际法的基础，也导致了国际法的"非中心化"，即国际法的制定者与执行者都是国家，不存在凌驾于国家之上的中央权威。与此同时，根据汉斯·凯尔森（Hans Kelsen）的观点，国际法以某种方式让国家承担义务和行使权利，意味着国际法让国家的国内法自己决定如何通过规制个人的行为来实现其承担的义务和行使的权利，即国际法实际上是将个人纳入到国内法的秩序之下。[⑤] 国际法让国家的国内法自己决定如何规制个人的行为，但又不存在凌驾于国家之上的中央权威，扩张自己管辖权成为国家的本能，因为那样会使国家的利益最大化。诚然，这样的法律体系比较原始，但却是现实情况。究其原因，正如詹宁斯（Jennings）所解释的那样，由于国际法从诞生到发展成为复杂的体系，其形成的时间非常短，所以，正如人们所看到的那样，这个传统的体系仍然十分原始，这缘于国际社会本身的"非中心化"。[⑥]

传统国际法对国家管辖权的制约比较薄弱，以至于在著名的"荷花号"案中，国际常设法院非但不承认法国所提出的观点，即一个国家对管辖权的主张必须由国际条约或国际习惯所确立，反而认为国际法给予了国家主张和行使管辖权的充分自由。[⑦] 在"二战"之后，由于国际社会的法治化和组织化得到较大的发展，国家之间更多地通过国际条约或国际组织来协调各自之间的管辖权冲突，所以现代国际法开始更加全面和深入地抑制国家管

---

① See United Nations Document A/RES/69/292。

② 地中海派拉格斯海洋保护区有 53% 的面积位于公海海域。参见姜丽，桂静，罗婷婷，王群：《公海保护区问题初探》，《海洋开发与管理》，2013 年第 9 期。

③ 桂静：《国际现有公海保护区及其管理机制概览》，《环境与可持续发展》，2013 年第 5 期。

④ 王琦，桂静，公衍芬，范晓婷：《法国公海保护的管理和实践及其对我国的借鉴意义》，《环境科学导刊》，2013 年第 2 期。

⑤ See Hans Kelsen, "Sovereignty and International Law", Georgetown Law Journal, Vol. 48, No. 4, 1960, p. 628。

⑥ See R. Y. Jennings, "The Progress of International Law", British Year Book of International Law, Vol. 34, 1958, p. 354。

⑦ 姜琪：《简论国际法上的管辖权制度》，《当代法学》，2001 年第 5 期。

辖权的无序扩张。不过，从根本上讲，这没有改变国家扩张管辖权的本能，因为国际法的"非中心化"没有改变，国际社会的"非中心化"也没有改变。

尽管扩张管辖权是国家的本能，并且无法改变，但是为避免扩张陷入无序，有必要予以适当的监督。如前所述，公海保护区的管护措施在一定程度上是沿海国管辖权的变相扩张，所以这种监督也适用于沿海国管辖权，进而适用于公海保护区的管护措施。那么如何进行监督呢？同样，如前所述，船旗国专属管辖权的例外情况主要以利益平衡和合理公平两个方面作为依据。构建公海保护区的目的是为了国际社会的整体利益。因此，出于利益平衡的考虑，国际公约可以允许公海保护区的管护措施成为船旗国专属管辖权的例外情况。然而，突破船旗国专属管辖权的前提是"合理公平"。换言之，可以通过对"合理公平"的考察来监督公海保护区的管护措施。从本质上来看，这种监督就是要在船旗国管辖权与沿海国管辖权之间实现平衡。

如前所述，船旗国专属管辖权的例外情况主要依赖国际条约的承认。不过，对于何为"合理公平"，较难从条约本身找到答案，而是需要依赖第三方争端解决机制。这既是因为国际条约不可避免地具有模糊性，也缘于制定国际条约的一般经验。正如路易斯·亨金 (Louis Henkin) 在总结《公约》的谈判经验之后所提出的那样，在制定条约时，经过无数次谈判，国家之所以能够最终达成妥协，是因为该妥协得到了一种或一种以上争端解决方式的支持。在无数次的谈判中，只有在第三方解决方案可以被用于解释和适用条约的争端时，国家才会同意给予某些权力。[①] 同时，由于公海保护区是一种新事物，所以对其管护措施是否"合理公平"的解读和判断也需要以国际法的发展为基础，而第三方争端解决机制恰恰能够较好地推动相关国际法的发展。在 1893 年"白令海海豹仲裁案"中，为了保护前往本国岛屿进行繁殖的海豹，美国试图对公海上的英国渔船行使管辖权，但是该管辖权没有被仲裁庭所认可。[②] 著名国际环境法学者菲利普·桑兹 (Philippe Sands) 认为，该案不但深刻地揭示了在国家主权管辖范围之外的海域内保护海洋自然资源的固有困难，而且也表明了国际法庭或仲裁机构在和平解决国际争端、推动国际法发展方面的重要作用。[③] 在"白令海海豹仲裁案"发生 100 多年之后的今天，随着环境和形势的变化，国际法必然需要与时俱进，而就推动相关国际法的发展而言，国际法庭或仲裁机构的作用仍然非常重要。有鉴于此，有关公海保护区的区域性国际条约和全球性国际条约都应当为缔约国能够利用第三方争端解决机制减少障碍。于是，假如反思 2000 年"南方蓝鳍金枪鱼案"及其所涉及的《养护南方蓝鳍金枪鱼公约》，那么就不难认识到积极利用《公约》框架下的强

---

① ［美］路易斯·亨金著：《国际法：政治与价值》，张乃根等译，北京：中国政法大学出版社，2005 年版，第130 页。

② 美国的 Pribiloff 岛是太平洋海豹的主要繁殖地点。英国渔船在该岛周边的公海上不断截杀前往繁殖地的海豹。1881 年，美国宣布其有权在公海采取行动，以保护前往本国海域的海豹，并开始阻挠英国渔船的截杀行为。英国以公海自由为依据反对美国的做法。之后，英美将争端提交了国际仲裁。1893 年，仲裁庭最终支持了英国的主张。See Cairo A. R. Robb, International Environmental Law Reports, London: Cambridge University Press, 1999, pp. 43-88。

③ Philippe Sands, Principles of International Environmental Law, London: Cambridge University Press, 2003, pp. 561-562。

制性争端解决程序的重要性。①

五、结论

公海自由与公海保护区的关系可以解读为自由秩序与全球治理的关系、习惯权利与条约义务的关系以及船旗国管辖权与沿海国管辖权的关系。这三对关系分别是理念、内容、执行三个层面的核心问题。

从理念上看，公海自由与公海保护区之间的冲突就是以海洋自由为代表的传统自由秩序与全球治理之间的冲突。同时，因为以全球治理为手段对传统的自由秩序进行适当的修正是大势所趋，所以构建公海保护区以限制公海自由也是必由之路，但结果不应是一方取代另一方，而应当是两者的相互融合。

从内容上看，公海自由主要是习惯权利，公海保护区主要是条约义务。国家对此拥有选择权。为了让更多的国家选择条约义务，条约必须不断自我完善。公海保护区的发展路径是以区域性条约的发展推动全球性条约的产生和充实，所以以区域性条约的不断完善显得更加重要。当各国逐渐支持公海保护区时，公海自由的内涵也会相应发展。两者能够相互促进。

从执行上看，公海自由主要表现为船旗国专属管辖权，公海保护区的管护措施在一定程度上是沿海国管辖权的变相扩张。沿海国扩张管辖权既有历史必然性，也是国家的本能，且无法改变。不过，为避免沿海国管辖权的扩张陷入无序，有必要对公海保护区的管护措施进行监督，即应当主要通过第三方争端解决机制来判断突破船旗国专属管辖权的前提即"合理公平"是否存在。更重要的是，这种监督在本质上就是要在船旗国管辖权与沿海国管辖权之间实现平衡。

从上述三个层面的分析表明，公海自由与公海保护区之间是相互融合、相互促进和相互平衡的关系。这种关系一方面承认公海自由与公海保护区之间的确有矛盾；另一方面也表明在矛盾的发展过程中，两者都会发生变化——公海保护区从初创到完善，公海自由从片面到兼容，并最终形成新事物，即公海生物多样性养护与可持续利用的新秩序。因此，我们不应仅仅专注于矛盾的本身，也要看到矛盾的发展。如果能够以发展的观点，看到矛盾发展的上述结果，那么就应当支持公海保护区的构建。

论文来源：本文原刊于《政治与法律》2017年第10期，第91-99页。

项目资助：中国海洋发展研究会重大项目（CAMAZDA201601）。

---

① 1994年《养护南方蓝鳍金枪鱼公约》对南方蓝鳍金枪鱼采取配额捕捞制度。澳大利亚、新西兰和日本都是缔约国。澳、新两国认为日本没有遵守捕捞配额，并向国际海洋法法庭（ITLOS）申请仲裁。2000年，仲裁庭裁定自己没有管辖权，因为根据《养护南方蓝鳍金枪鱼公约》第16条，只有在争端当事方同意的情况下，相关争端才能被提交国际仲裁或诉讼。Southern Bluefin Tuna Cases of Provisional Measures (New Zealand v. Japan; Australia v. Japan), ITLOS Case No. 3 & 4, at https://www.itlos.org/en/cases/list-of-cases/case-no-3-4/, Jan. 17, 2017.

论海洋权益维护背景下边远海岛的战略地位及管理对策

李晓冬① 吴姗姗②

摘要：《中华人民共和国海岛保护法》以立法的形式明确了对海岛保护与开发利用的管理要求，《全国海岛保护规划》又将边远海岛管理作为规划的重要内容，突出了边远海岛在我国海岛管理体系中的重要地位。在当前世界范围内重视海洋发展、维护海洋权益的背景下，日本、越南等国都将边远海岛置于海洋管理的重要地位。通过经验借鉴，面对我国在边远海岛管理方面存在的不足，提出有针对性的对策建议，以加强对边远海岛的有效管理。

关键词：海洋权益；边远海岛；战略地位；管理对策

1982 年的《联合国海洋法公约》是国际上公认的一部旨在规范国际海洋秩序，协调海洋国家间关系的国际性海洋法典。其中第 121 条③确立的岛屿制度明确了岛屿也可以像陆地一样拥有领海、毗连区、专属经济区和大陆架。如此规定，无疑大大提升了岛屿的法律地位，同时也赋予了岛屿"双刃剑"的角色，即一方面促使海洋国家重视海岛的保护与管理，开拓海洋国家经济发展的空间平台；另一方面也使海岛成为一些国家间海洋争端的焦点，如同一些学者形容的"导火索"一样，影响着地区乃至世界范围内的和平和稳定。作为海洋划界或者是权属不清的争议海岛，一般大都远离陆地，对于所属国家或争议国家来说属于边远海岛，正是基于边远海岛在海洋权益维护和资源开发与保护中所处的重要地位，这些国家因此也逐渐重视并采取有效措施推动边远海岛的开发与保护，并建立和完善相关管理制度。

---

① 李晓冬，男，国家海洋技术中心，助理研究员，主要研究方向为海岛管理政策和海岛战略权益研究。
② 吴姗姗，女，国家海洋技术中心，副研究员/人事处处长，主要研究方向为海岛管理政策研究和海洋经济研究。
③ 《联合国海洋法公约》第 121 条"岛屿是四面环水并在高潮时高于水面的自然形成的陆地区域。除第 3 款另有规定外，岛屿的领海、毗连区、专属经济区和大陆架应按照本公约适用于其他陆地领土的规定加以确定。不能维持人类居住或其本身的经济生活的岩礁，不应有专属经济区或大陆架"。

一、边远海岛的内涵

从字面上理解，边远海岛主要是指那些远离人口居住的陆地，且地理位置处于我国管辖海域边缘的海岛。《全国海岛保护规划》（以下简称《规划》）中对边远海岛明确了一个权威的定义，即一般是指交通不便、经济社会基础薄弱的海岛。《全国海岛保护规划》中也公布了一个"边远海岛名录"，并要求"国家海洋局可以根据实际情况，会同有关部门对边远海岛名录定期更新和发布"。一些学者也对边远海岛的定义给出了自己的理解，如马英杰教授提出"边远海岛是指远离人口居住的陆地或远离海上主要交通要道的海岛。"但上述定义侧重从地理环境界定边远海岛的内涵，笔者认为，边远海岛应是指那些远离陆地、交通不便，且属于我国海岛管理的薄弱环节，但具有重要的经济社会价值的海岛。管理和经济社会属性也应当是其内涵的重要组成内容。据此，边远海岛的内涵应当包括三个不可或缺的属性，即地理属性、管理属性和经济社会属性。所谓地理属性，就是前面各种定义中提到的海岛位置距离陆地较远且交通不便。在我国关于海岛分类的研究中，有一个分类是以海岛离大陆海岸距离为依据的，具体分为陆连岛、沿岸岛、近岸岛和远岸岛。同时也为这些类型进行了距离的具体界定。其中，远岸岛就类似于边远海岛。管理属性就是指对边远海岛的管理属于海岛管理的薄弱环节。当前我国海岛管理制度不断完善，但对于边远海岛的管理，无论是从制度建设上还是监督管理上处薄弱状态。经济社会属性就是指边远海岛在维护海洋权益、促进海岛资源开发和经济发展，改善海岛人居条件等方面所具有的重要价值。而经济社会属性则是边远海岛内涵中最重要的属性。

二、边远海岛的重要地位

边远海岛虽然地处远离陆地的海域，且资源、交通等各方面条件相比大陆都较为匮乏和脆弱，但由于当前世界范围内的很多海洋划界和岛屿争端事件中，边远海岛都发挥着重要作用。此外，边远海岛在促进海洋经济发展、海岛资源环境保护和开发利用等方面也都占据着重要地位。

（一）边远海岛是维护国家安全和海洋权益的前沿阵地

海岛是天然的国家海洋安全屏障，也是拓展海上战略空间的重要平台。根据《联合国海洋法公约》中对岛屿制度的规定，一座海岛就可以像陆地一样，拥有领海和专属经济区，可以享有海岛及周边200海里以内海域的主权和主权权益，由此带来安全、资源、能源等诸多方面的巨大价值。一些边远海岛凭借其特殊的地理位置，成为决定国家间在划定海洋管辖界限的关键支点。一些边远海岛所构成的岛链，成为保障国家安全和海洋权益的战略前沿。一些边远海岛占据的重要海上航道，成为保护国家航运、能源安全和对外贸易的重要平台。鉴于边远海岛在维护国家安全和海洋权益方面的重要地位，逐渐受到沿海国家的重视。

（二）边远海岛是维护海洋生态系统健康稳定的重要保障

海岛由于四周被海水包围，自然条件较为封闭，形成了比较独特且脆弱的自然生态系统，属于典型的生态脆弱区，生态多样性突出，生态承载力较弱，受损生态系统恢复较慢。大多数边远海岛距离陆地都较远，岛上各种自然地理要素受海洋影响以及人类活动干扰较大，生态环境相比近岸岛更为脆弱，恢复难度更大。作为海洋生态系统的重要组成部分，边远海岛及其周边海域的生态环境对于维护地区海洋生态系统稳定具有重要作用，随着边海岛受到的重视程度越来越高，人类活动对边远海岛资源环境的影响也越来越大，因此，对边远海岛资源环境的严格保护和生态修复成为保障海洋生态系统健康稳定的重要条件。

（三）边远海岛是促进海洋经济社会发展的强大动力

当前世界沿海国家都非常重视边远海岛的经济社会发展，一方面近岸海岛及周边海域的开发已趋饱和，资源环境的承载压力也接近极限，迫切需要在空间上进行拓展，而边远海岛及其周边海域凭所蕴含的丰富的金属、油气、渔业等资源成为推动海洋经济社会发展新的支点；另一方面一些有人居住的边远海岛，由于自然和生产生活条件较为恶劣，导致人口流失现象愈加严重，这对一些权益海岛的权益维护工作颇为不利。为了改善这一状况，很多国家积极采取各种措施，努力投入各种资源来改善边远海岛的生产条件和人居环境，从而有力地推动了边远海岛的经济社会发展。

三、日本和越南的边远海岛管理实践及实例分析

在沿海国家的海洋管理体系中，海岛管理是重要的组成部分。随着边远海岛在海岛管理工作中地位的日益凸显，很多国家都通过立法、管理、财政等手段来规范和支持对边远海岛的管理，促进边远海岛的发展，以日本和越南为例。

（一）日本边远海岛的管理及实例分析

日本是一个海岛国家，海岛数量众多，边远海岛是其海岛管理工作中的重点。长期以来，由于日本边远海岛远离陆地，自然条件和人居环境日趋恶劣，人口持续减少，老龄化问题也愈加严重。日本早在20世纪50年代就开始注重对边远海岛的管理，出台了最初的《离岛振兴法》（也称《孤岛振兴法》），目的是为了消除偏远海岛地区的落后状况，改善基础条件，振兴产业，促进国民经济发展。在1982年《联合国海洋法公约》发布之后，世界各沿海国家掀起了开发和保护海岛的热潮，作为海洋国家的日本，也不断强化对包括边远海岛在内的离岛的管理，2005年11月18日，日本海洋政策研究财团在其向内阁官房长官递交的政策建议书——《海洋与日本：21世纪海洋政策建议》中提到，"离岛是日本管辖海域的据点，在维护国土安全上具有重要地位，应以这些岛屿为基点，对其周边广阔海域实施合理管理。国家海洋政策对此应予明确规定，要加强对离岛及其周边海域的管理。此外，还应重视安全保障，海洋环境保护以及经济活动等其他方面问题。目前尚缺乏管理这些区域所需的信息和情况，因此，国家应尽快组织对离岛和无人岛及其周围海域的调查。"2007年4月，日本政府为了构筑海洋综合性政策框架，发布了第33号法律——《海洋基本法》，其中专门明确了有关保护离岛的规定，规定"孤岛承担着确保我国领海及专属经济区、海上交通安全及海洋资源的开发和利用、保护海洋环境等重要作用，国家

应采取必要措施，在确保海岸及海上交通安全的同时，建立开发及利用海洋资源的设施、保护周边海域的自然环境、保障当地居民的生活基础"。并将"保护离岛"作为其基本政策之一，凸显出包括边远海岛在内的离岛在日本海洋管理体系中的重要地位。

为了振兴包括边远海岛在内的日本离岛发展，防止无人岛的增多和居住人口的减少，促进人口向离岛定居，日本于2012年修改并颁布了《离岛振兴法》（原《孤岛振兴法》），该法明确了振兴离岛的基本方针、振兴计划、具体实施、财政支持、保障措施等方面内容，规定了包括完善基础设施建设、推动产业发展、保护资源环境、提高就业机会、促进人才培养、改善生活环境、加强防灾减灾等内容在内的基本方针，并据此提出制定振兴计划的要求，同时在财政方面制定了较为详细的支持方式及负担比例。为了配合《离岛振兴法》的实施，细化《离岛振兴法》的相关规定，日本政府还配套颁布了《离岛振兴法施行令》，日本国土交通省针对《离岛振兴法》和《离岛振兴法施行令》的相关条款出台了细化措施，特别是针对财政支持细化了相关政策①。逐渐建立起一套支撑包括边远海岛在内的日本离岛管理的政策体系。

在日本《离岛振兴法》出台后，为了消除远离本土的孤岛的落后状态，日本政府加强了对边远海岛基础设施条件改善和产业振兴的投入和支持。小笠原诸岛和奄美群岛就是典型的例证。为了恢复上述海岛的发展，考虑到其特殊地理状况，日本政府针对小笠原诸岛和奄美群岛专门分别制订了综合的振兴开发计划，出台了具体的振兴开发特别措施法和实施令。按照地理自然特性改善其基础条件，恢复岛屿的开发活动，以提高岛屿居民的稳定生活和福利水平，重点对岛上开发利用活动的各项事业和费用做出严格的法律规定，充分调动了岛民对海岛开发和保护的积极性。

（二）越南边远海岛的管理及实例分析

与中国相似，越南也是一个陆海兼备的国家。越南政府非常重视海洋经济的发展以及海岛管理，尤其是在南北统一之后，出台了多项政策与法规，加强对海洋，包括海岛的管理和建设。越南将海洋战略作为其当前乃至今后重点发展的国家战略，海洋强国也一直是越南所追求的目标。近些年，越南的油气开采业迅速崛起，逐渐发展成为与海洋渔业、运输业和旅游业齐名的支柱产业。而海岛，尤其是边远海岛，一方面作为越南开采海上油气资源的重要平台，成为越南政府重要的开发和管理对象；另一方面也凭借边远海岛所处的重要战略位置，成为保障越南对外进出口贸易和海洋捕捞安全的重要支点。曾任越南外交部助理和部长会议边界委员会主任刘文利在他的《越南：陆地、海洋、天空》中提到："对于我国来说，占有东海的黄沙和长沙群岛（即中国南海的西沙和南沙群岛），并将其纳入祖国（越南）的领土，是极其重要的，其重要性远远超过开发沿海岛屿。"

为了推动包括边远海岛在内的海岛发展，越南政府从立法、规划、配套制度等多个层面不断加强对海岛资源保护和开发利用的管理。2009年5月，越南《海洋、海岛自然资源综合管理及环境保护条例》正式生效，该条例规定了越南沿海地区、海域及岛屿范围内

---

① 《离岛振兴法第二十条的地方税的征税免除或不均征税的措施的适用情况的规定省令》（总务省令第三十八号），2013年3月30日。

海洋、海岛自然资源综合管理及环境保护工作的具体内容，同时对从事海洋、海岛自然资源开发利用和环境保护工作的机关、单位和个人的责任也做出了具体的规定。2010年越南政府批准了《至2020年越南岛屿经济发展总体规划》，目的是发展海洋及岛屿经济，以推动海岛经济快速、有效、可持续的发展，实现越南海洋、海岛和沿海经济的突破性发展，将岛屿尤其是边远海岛建设成为保卫祖国海疆及海岛地区的主权和主权权益的稳固防守线。同时，该规划中将一些边远海岛作为发展重点，制定了详细的规划措施。2012年6月，越南国会通过了《越南海洋法》，该法专章规定发展海上经济，其中将发展海岛经济及具体的鼓励政策作为重要内容加以明确。

越南在其《至2020年越南岛屿经济发展总体规划》中，将一些重要的边远海岛或岛群明确为重点发展区域，制定了较为详细的规划要求。如该规划将越南富国岛定位为越南南方经济三角区的发展亮点，提出要加快该岛的基础设施建设，吸引国内外投资建设该岛成为区域性乃至国际性的生态旅游区、综合性的高级疗养区和娱乐休闲区，建设高水平的旅游业和服务业基础服务设施，开辟国际旅游路线，完善该岛与陆地、其他热点区域以及岛内的交通岛陆建设，建设综合的港口、码头和机场，完善水电、通信设施等。另外，越南政府还颁布法令，对在边远海岛的贸促活动和投资活动提供50%~100%的资助，大力支持边远海岛的开发活动。

（三）启示

随着边远海岛所蕴藏的丰富资源逐渐被发现以及边远海岛在海洋权益和国家安全等方面发挥的重要作用，包括日本和越南在内的世界范围内的很多沿海国家都愈加重视对边远海岛的保护和利用。通过对日本、越南在边远海岛管理方面的经验和实例分析以及对其他一些沿海国家在边远海岛管理方面的了解，可以总结出一些具有共同性的特点，值得我们借鉴。

1. 政府高度重视

边远海岛一般都远离陆地，对其进行保护和开发相比陆地需要投入更多的人、财、技术等资源，但很多国家都不惜高额成本，将大量的人力、物力和财力投向边远海岛，尤其是一些具有权益价值的海岛，目的就是为了提高对这些重要海岛的管控能力。

2. 制度建设先行

制度建设是规范边远海岛开发利用行为，确保边远海岛资源免遭破坏的基础性手段。因此，很多沿海国家都将制度建设作为海岛管理的先行手段。由于立法模式的不同，一些国家通过制定单行法的方式，将边远海岛作为其管辖范围内的海岛的一部分进行统一管理，如我国的《海岛保护法》、日本的《离岛振兴法》等；一些国家则将对包括边远海岛在内的海岛管理分散规定在一些法律中，如美国的《1972年美国联邦海岸带管理法》；另有一些国家则专门针对某个海岛或某个区域的海岛进行专门立法，如加拿大的《关于塞博岛政府的若干规定》。但无论是何种形式，这些国家都将制度建设作为对其管辖范围内的边远海岛管控能力和管控事实的直接体现。

3. 注重规划引导

规划管理作为目前世界范围内各沿海国家在海洋管理体系中采用的较为普遍的管理方式，通过将未来一定时期内的管理思路和要求以规划的形式具体实施，确保管理的科学性和规范性，同时也可以根据实际情况和管理需求的变化对规划进行调整。以日本和越南为例，日本就将离岛振兴计划作为《离岛振兴法》的重要内容，而越南则制定了具体的岛屿经济发展总体规划，其中对其国内的边远海岛的开发都进行了详细的规划。

4. 强调基础设施建设

边远海岛一般都远离陆地，受自然环境条件影响较大，岛上生态较为脆弱，由于人为活动较少，边远海岛上的基础设施条件都较差，水电、交通、通信等设施建设都比陆地滞后，而且边远海岛的基础设施建设和维护具有大投入、高成本和高风险等特点，因此，很多国家为了强化对边远海岛尤其是权益海岛的实际管控，促进居民向边远海岛移居，减少人口流失以体现实际存在，都不断加大边远海岛的基础设施建设投入，尤其是海上交通条件，提高水电、通信等基础配套水平，改善岛上人居环境。

5. 强化资源环境保护

前面提到，边远海岛受地理位置和自然条件限制，其生态系统较为独立且脆弱。但作为海洋资源环境的重要组成部分，边远海岛的资源环境又具有重要的作用。因此，在对边远海岛进行开发利用时，很多国家都将资源保护和可持续发展作为引导开发利用活动的原则，开发过程中要注重对边远海岛的岛体、岸线、沙滩、植被等资源进行保护，为了防止对边远海岛进行过度开发，在涉及开发方案时要求与海岛的资源环境容量相符，不能超过海岛资源环境的承载能力。

四、我国的边远海岛管理

(一) 管理现状

边远海岛是我国海岛的重要组成部分，但也是我国海岛管理的薄弱环节。《海岛保护法》颁布之前，无居民海岛的开发利用存在"无序无度"等问题，导致海岛资源价值严重受损，一些边远海岛上的领海基点标志破损情况较为严重，海洋权益也得不到有力维护。《海岛保护法》颁布之后，国家和地方的相关配套制度陆续出台，无居民海岛开发利用活动逐渐得到规范，基于海岛资源的保护和开发利用以及海洋权益维护的迫切需要，边远海岛也得到了管理者的重视。

我国首次在国家层面提出推动边远海岛发展要求的是在"国民经济和社会发展'十二五'规划"中，"十二五"规划纲要规定了"推进海洋经济发展"专章对海洋工作进行规划。其中针对海岛管理，在该章第二节里明确要求"加强统筹协调，完善海洋管理体制。强化海域和海岛管理，健全海域使用权的市场机制，推进海岛保护与利用，扶持边远海岛发展。统筹海洋环境保护与陆源污染防治，加强海洋生态系统的保护和修复。控制近海资源过度开发，加强围填海管理，严格规范无居民海岛利用活动。"系统开展对边远海岛的管理工作是在 2012 年国务院发布《全国海岛保护规划》之后，规划将"边远海岛开发利用"作为十大重点工程之一，并明确了促进边远海岛开发利用的具体工作目标和任务要求。以加快边远海岛特色产业发展，改善边远海岛的基础设施和社会事业发展情况，提高政府公共服务能力为目标，通过建立边远海岛名录制度，编制边远海岛保护与利用规划，重点扶持部分边远海岛示范性工程建设，加强边远海岛基础设施建设，鼓励远洋捕捞、生态旅游、中转贸易等特色产业发展，给予优惠政策扶持和资金投入，探索对外开放方式，支持教育、医疗等社会事业发展，提高海岛工作人员待遇水平等手段加强对边远海岛开发利用的扶持力度。

（二）存在的问题

边远海岛的管理是我国海岛管理体系中的重要组成部分，也是目前我国海岛管理的薄弱环节。《全国海岛保护规划》中对边远海岛的开发利用提出了具体的"工作目标"和"工作任务"，并将其作为至2020年的十大重点工程之一。虽然规划中提出要"加快边远海岛的特色产业发展，改善基础设施建设和社会事业发展落后局面，提高政府公共服务能力"。但目前，我国边远海岛的重要地位尚不突出，其开发和保护管理中仍存在以下几个方面的突出问题。

1. 缺乏顶层设计

虽然边远海岛已被纳入《全国海岛保护规划》所确立的十大重点工程，但边远海岛的开发和保护管理仍没有得到足够的重视。除了《规划》的要求内容外，尚未针对边远海岛的开发与保护进行专门立法和规划，由于缺乏顶层依据的引导，与边远海岛管理相关的配套制度、管理机制、基础建设以及组织保障也未建立，致使边远海岛的开发与保护管理工作很难开展，实际效果也不甚理想。相比之下，日本、越南等国都将边远海岛作为其海洋立法中的规定内容，从而为主管部门制定和出台相关配套制度提供了依据，也提高了管理或执法的合法性和权威性。

2. 规划引导不足

目前我国并没有针对边远海岛的开发和保护制订专门的规划或计划，而且《规划》中边远海岛的相关内容也缺少具体的量化指标，这在《规划》的具体执行过程以及对《规划》目标和任务进行评估时很难进行操作和准确的判断。越南在其《至2020年越南岛屿经济发展总体规划》中，提出了在发展定位、基础设施建设、产业经济结构、资源环境保护、国防安全保障等方面的规划目标和具体任务，针对部分边远海岛或岛群的开发规划了具体的发展方向和措施，同时在资金、技术、人才和组织管理等方面也给予了完善的保障对策，使得越南在边远海岛管理方面的政策更具可操作性。

3. 管理制度不健全

边远海岛的发展需要制度的保障。《海岛保护法》中并没有针对边远海岛的管理规定明确的要求，且缺乏便于操作的边远海岛管理配套制度。日本政府在《离岛振兴法》的立法框架下，陆续出台了《离岛振兴法施行令》及相关省令、《离岛航道整备法》及实施细则以及《振兴离岛对策实施区域的基本方针》等，而我国在规范和推进边远海岛产业开发、资源环境保护以及政策支持等方面尚未出台较为详细的配套制度，虽然《规划》明确了一些具体方向，但仍缺乏操作层面的规范。

4. 管理机制尚未建立

依据《海岛保护法》的规定，海岛的管理体制包括两种：有居民海岛的管理体制是陆地管理体制的延伸，即各职能部门按职权划分对有居民海岛进行管理；无居民海岛则由海洋主管部门进行统一监管。边远海岛既包含有居民海岛也包括无居民海岛，针对有人居住的边远海岛，笔者认为管理重点应当是保持居住人口数量，避免人口流失。这就需要相关职能部门建立一套有效的协调机制，妥善处理好各领域的管理衔接问题，同时也要明确海洋主管部门在有居民海岛的管理体系中的地位和职责。针对无居民海岛，笔者认为其管理重点应当放在资源环境保护和改善开发环境方面，对于一些具有权益价值的边远海岛，还应当加强开发环境的改善，引导和吸引居民上岛居住。虽然无居民海岛由海洋部门负责管理，但海岛上的开发建设以及环境改善还需要其他如发改、财政、建设等部门的支持和参与，这也需要建立一套有效的海洋主管部门与其他部门衔接和配合的管理机制。

5. 基础设施建设进展缓慢

前文提到，边远海岛是维护国家安全和海洋权益的前沿阵地，也是促进海洋经济社会发展的强大动力。而支持这些发展方向的重要基础便是基础设施的完善程度。完善的水、电、通信、交通等基础设施建设，一方面可以为边远海岛的开发提供优质资源，有效降低开发者的开发成本，提高投资海岛的吸引力；另一方面也可以改善边远海岛的生活环境，提高驻岛居民的生活水平，减少边远海岛的人口流失，有效维护海岛权益。虽然《规划》中对边远海岛的基础设施建设提出了要求，但发展至今，边远海岛的基础设施建设速度依旧缓慢，基础设施投入力度明显不足，居民生产生活条件没有得到实质性改善。再加上目前海岛的开发成本较高，尤其是边远海岛，导致民众对开发边远海岛的积极性不够，边远海岛的特色产业发展体系尚没有形成。

6. 组织保障措施力度不够

边远海岛的开发和保护需要投入大量的人力和物力，既要在政策制度方面给予指导和规范，也要在资金、人才、科技等方面给予倾斜和支持。目前，我国设立了海岛保护专项资金，同时利用海域海岛使用金返还资金用于海岛的保护、生态修复和科学研究活动。其中就涉及一些边远海岛的生态修复。沿海省市也按照要求，配套资金保障有关项目的顺利实施。这在一定程度上促进了边远海岛的资源环境保护和生产生活条件改善。但由于边远海岛数量较多，开发难度较大，而且国家和地方的财政、人才支持力度不足，边远海岛的资源环境状况、很多措施目前尚未进入到操作层面，难以达到吸引投资者和有效防止驻岛居民流失的目的。此外，一些新能源、新技术和新材料在海岛上的应用仍处于起步阶段，对海岛生产生活和资源环境保护的改善尚未看到实质性效果。

（三）建议

鉴于边远海岛在海岛管理中的重要地位和目前管理中存在的问题，建议应当从以下几个方面加以完善。

1. 顶层设计

当前，我国海岛管理目前仅有一部《海岛保护法》作为法律依据，而《海岛保护法》中又无关于边远海岛的规定。在国家大力引导"依法治国"的当前，管理若没有法律作为依据，将很难树立管理的权威性和合法性，我国近几年也在积极研究和制定《海洋基本法》，并将其纳入十二届全国人大立法规划，作为规范和引导我国海洋管理的基本法律，应当对边远海岛的开发保护管理和支持措施进行明确规定。另外，随着我国对外贸易和能源需求的快速增长，海洋逐渐成为拓展我国经济发展空间、获取资源的重要平台。国家提出建设"海洋强国"战略和"21世纪海上丝绸之路"战略后，海洋发展迅速成为国家发展的新增长点，但海岛作为海洋中重要且特殊的地理实体却没有得到足够的重视，尤其是边远海岛，其巨大的权益、资源、生态、经济等价值还有待充分体现。因此，在发展海岛包括边远海岛方面，国家需要在从上到下更新观念，重视对边远海岛的开发与保护，从政策、资金、技术、人才等方面给予倾斜和保障，以更好地发掘边远海岛的发展潜力。

2. 规划引导

虽然《全国海岛保护规划》将边远海岛的开发利用列为十大工程之一，但提出的要求都较为原则，鉴于规划的规范性和灵活性特点，针对我国边远海岛的开发和保护，可制订一套较为具体和更具操作性的规划或计划，明确边远海岛的开发和保护目标，细化对边远海岛开发和保护的措施和计划安排，将我国海岛规划管理的分区和分类管理理念融入边远海岛的开发利用和保护规划，根据海岛的区位、生态功能、权益属性等特点进行分区管理，根据不同海岛的资源禀赋和发展需求进行分类管理，充分发挥单岛规划在划定边远海岛开发与保护区域的引导作用，发展旅游、海洋生物医药、仓储等适合于边远海岛的产业类型。另外，将对边远海岛的基础设施保障和社会事业发展要求也纳入规划，并与国家的其他相关发展扶持规划相衔接，借助国家"一带一路"战略的推动实施，通过规划引导南海等重点区域边远海岛的开放开发，将一些具备良好资源环境条件的边远海岛作为区域开放开发合作的支点，促进我国同周边国家的国际合作和共赢发展。

3. 制度建设

在立法的基础上，还应当建立相对完善的管理配套制度，全面落实立法中对边远海岛的管理要求，出台具体的配套制度和技术规范，确保边远海岛管理的规范性和科学性。配套制度建设应侧重于边远海岛的开发和保护管理，开发方面，着力于探索建立边远海岛开发利用的示范模式，规范边远海岛开发利用活动；保护方面，强化边远海岛的资源生态环境保护，对受损的边远海岛进行生态修复。针对特殊区域的边远海岛管理还可以出台专门的管理政策，优化边远海岛开发利用的审批流程，对于重点推动的边远海岛开发活动则可以简化审批手续。另外，为了鼓励社会力量对边远海岛的开发进行投资，还可以制定鼓励开发的财税优惠政策，推动边远海岛的可持续开发。

4. 机制创建

边远海岛大多属于无居民海岛，根据《海岛保护法》第五条规定，无居民海岛的管理由海洋主管部门统一负责。边远海岛的发展需要大量的人力、物力、财力等政策和资金的支持，单靠海洋部门很难改变目前边远海岛的发展困境，且由于部门间的职责分工不同，有些部门的职责范围很难达到边远海岛，一些优惠政策也很难惠及边远海岛，需要相关部门的参与和配合，发挥有关政策和资金的聚合效力，所以，针对边远海岛的管理，需要建立一种部门间的工作协调机制，联合出台具体的指导政策，充分发挥政策间的综合效用，集中力量有效解决边远海岛目前的基础设施薄弱、人口流失过快、社会事业发展滞后等问题，缩短岛陆间的差距水平，更好地推动边远海岛地区的整体协调发展。

5. 基础设施

由于目前边远海岛尚未按《全国海岛保护规划》要求纳入国家艰苦边远地区范围，对边远海岛的财政转移支付力度、基础建设投入、扶持边远海岛社会事业发展等工作力度明显不够，成为制约边远海岛发展的重要因素。因此，首先需要重点解决边远海岛的基础设施建设问题，其中交通、水电设施需要优先解决，加快建设岛陆、岛际和岛内的交通和道路设施，完善海陆等交通手段，提高岛内道路的通达深度。同时，还要注重对边远海岛及周边海域资源环境的保护，加强对有居民岛上垃圾和污染物的处理，并将基础设施建设作为边远海岛开发和保护规划的重要内容；其次，针对有人口居住的边远海岛，着力改善生活条件，完善教育、卫生、医疗等社会事业发展条件，鼓励居民到具有战略意义的边远海岛定居，并在医疗、养老、教育等方面加强政策和资金的支持；最后，选择一些资源条件良好的边远海岛培育旅游、渔业、油气开采等产业发展，完善旅游、渔业等相关基础设施条件，促进边远海岛资源的可持续利用。

6. 组织保障

除政策支持外，边远海岛的发展还需要充足的财政支持。尤其是涉及国家海洋权益的边远海岛，需要投入充足的资金进行开发建设和资源环境保护。在现有的国家海岛保护专项资金和国家海域海岛使用金返还资金支持的基础上，加大资金的支持力度，增加一般转移支付比例，充分调动地方对支持边远海岛发展的积极性。通过国家和地方的持续资金投入，切实加强边远海岛的基础设施建设和改善驻岛居民的生产生活条件，并在社会保障、医疗卫生、教育等方面给予政策倾斜。此外，目前边远海岛的管理基础工作还有待加强，围绕边远海岛的管理，应当尽快开展涵盖边远海岛的"海岛资源调查""海岛调查统计制度""海岛监视监测体系""海岛灾害监测预警和预报体系""海岛管理信息系统"等重点工作，尽快摸清边远海岛的基本情况、变化趋势和潜在风险，提高对重点区域边远海岛的监视监测能力和灾害预警预报能力，建立包含边远海岛在内的管理信息系统，为管理部门和社会公众提供边远海岛的基础信息。

参考文献

马英杰，王青 . 2014. 我国边远海岛开发利用与权益维护的对策研究 [J]. 经营管理者，（2）：151-152.

全国人大常委会法制工作委员会 . 2010. 中华人民共和国海岛保护法释义 [M]. 北京：法律出版社，186-187.

范厚明 . 2014. 国外海洋强国建设经验与中国面临的问题分析 [M]. 北京：中国社会科学出版社，160-161.

李景光，阎季惠．2015．主要国家和地区海洋战略与政策［M］．北京：海洋出版社，138-140．

李晓冬，张凤成，等．2015．主要周边国家海岛管理法规选编［M］．北京：海洋出版社，1-17．

赵鹏，李双健．2012．越南岛屿经济发展趋势及特点［J］．东南亚纵横，（2）：60-61．

阮洪滔．2012．越南海洋法——新形势下落实海洋战略的重要工具［J］．南洋问题研究，（1）：99-100．

中国驻越南胡志明市总领事馆经商室．越南全额资助在海岛、边境和山区地区的贸易促进活动［EB/OL］．2015-08-20，http：//www.mofcom.gov.cn/aarticle/i/jyjl/j/201011/20101107261090.htm．

薛桂芳．2011．《联合国海洋法公约》与国家实践［M］．北京：海洋出版社，164-165．

齐连明，张祥国，李晓冬．2013．国内外海岛保护与利用政策比较研究［M］．北京：海洋出版社，98-99．

徐祥民．2008．海洋权益与海洋发展战略［M］．北京：海洋出版社，166-167．

林河山，廖连招．2010．从海岛的战略地位谈海岛生态环境保护的必要性［J］．海洋开发与管理，27（1）：9-10．

于宜法，李永祺，等．2010．中国海洋基本法研究［M］．青岛：中国海洋大学出版社，6-8．

陈明义．2014．海洋战略研究［M］．北京：海洋出版社，10．

张耀光．2012．中国海岛开发与保护：地理学视角［M］．北京：海洋出版社．

张耀光．2003．中国海洋政治地理学：海洋地缘政治与海疆地理格局的时空演变［M］．北京：科学出版社．

论文来源：本文原刊于《世界地理研究》2016年第25卷第1期，第39-48页。

项目资助：中国海洋发展研究会项目（CAMAQN201412）。

第五篇　海洋环境安全

基于海洋生态质量目标识别的
海洋生态安全格局研究

王　斌[①]　杨振姣[②]

摘要： 本文概述了现有海洋空间规划及其在海洋生态安全格局方面存在的欠缺。提出了以海洋生态质量目标为导向确定海洋生态安全格局，研究了空间边界与网格的确定和海洋生态质量目标识别，并通过空缺分析明确特定空间网格内的海洋生态质量目标。在此基础上，提出应基于海洋生态质量目标制定海洋生态保护与管理措施，结合其等级整合海洋空间规划，并基于海洋综合管理优化海洋生态安全管控机制。

关键词： 海洋生态安全；海洋生态质量目标；空间网格；海洋空间规划

随着人类开发利用海洋的日益深入，海洋生态安全问题受到高度关注。根据国内外相关学者的研究，海洋生态安全可以认定为，与人类生存、生活和生产活动相关的海洋生态环境及海洋资源不受到威胁与破坏。近年来，为合理开发海洋资源，保护海洋生态环境，海洋部门先后研究、制定和出台了一系列相关规划、区划，其中权威性高、有法律依据、且在工作中已经广泛实践应用的主要有海洋主体功能区规划、海洋功能区划、海洋生态红线保护制度等。从海洋生态安全格局角度来看，上述规划、区划也存在一定的局限性。为此，有必要基于海洋生态质量目标，优化海洋生态安全格局，按照"多规合一"的方式整合海洋空间规划。

一、现有海洋空间规划及其在海洋生态安全格局方面的欠缺

（一）现有海洋空间规划概况

海洋主体功能区规划、海洋功能区划等规划、区划，都对海洋开发与保护的空间格局进行了规划和布局，是典型的海洋空间规划。此外，海洋生态红线保护制度也从空间上对

---

① 王斌，男，中国海洋发展研究会副理事长，国家海洋局海洋减灾中心主任，研究员，研究方向：海洋生态保护、海洋综合管理、海洋减灾防灾。

② 杨振姣，女，中国海洋大学法政学院，副教授，中国海洋发展研究中心研究员，主要从事国际政治、海洋政策方面研究。

自然生态空间的保护与利用做出了刚性约束，因此也具有一定的海洋空间规划属性。

2015 年 8 月国务院批准实施了《全国海洋主体功能区规划》，这是海洋空间开发的基础性和约束性规划。基于不同海域的资源环境承载能力、现有开发强度和未来发展潜力，以是否适宜或如何进行高强度集中开发为基准，该规划将中国海洋空间划分为优化开发、重点开发、限制开发和禁止开发 4 类区域。

《海域使用管理法》确立了海洋功能区划制度。目前，沿海地区正在实施的是《全国海洋功能区划（2011—2020 年）》。区划对管辖海域的开发利用和环境保护做出了全面部署和具体安排，划分了农渔业、港口航运、工业与城镇用海、矿产与能源、旅游休闲娱乐、海洋保护、特殊利用、保留 8 类海洋功能区，确定了渤海、黄海、东海、南海及台湾以东海域的主要功能和开发保护方向。

根据中共中央、国务院《关于加快推进生态文明建设的意见》等文件精神，国家海洋局自 2012 年起建立实施了海洋生态红线制度，确立了红线区面积、大陆自然岸线保有率和海水质量 3 个指标，将重要海洋生态功能区、敏感区和脆弱区划定为海洋生态红线区域，并根据红线区的不同类型分别实施禁止性或限制性管控措施。

（二）海洋生态安全格局欠缺分析

上述海洋空间规划制度为海洋生态保护和资源开发利用提供了较为详尽和规范的空间布局及制度依据。但是，从海洋生态安全角度来看，也都存在一定的局限性，主要表现在：

（1）海洋生态安全要求尚未充分体现在上述规划区划中，例如：海洋主体功能区规划尚需进一步突出生态质量目标；海洋功能区划规定的海洋保护区类型的功能区类别单一且保护面积较小，对其他各类功能区只规定了基本的环境质量要求；海洋生态红线仅规定了红线区范围内的生态保护措施，缺乏对全海域的规定。

（2）除市县级海洋功能区划以外，海洋主题功能区规划和省级以上海洋功能区划主要规划了全国或省级尺度的海洋资源开发和环境保护总体布局，其空间尺度由于分辨率不足无法满足具体海域的精细化生态保护与管理需求。

（3）上述规划之间在空间布局、开发定位、管控措施等方面还存在一定的交叉重叠甚至矛盾，导致特定区域海域空间在生态环境管理上的迷茫，其本质原因在于忽视了海洋生态安全是普遍存在于各类空间分区中的一项底层要求，是海洋生态保护与资源开发的基础。

二、以海洋生态质量目标为导向确定海洋生态安全格局

（一）国内外海洋生态质量目标理论与实践探索

从 20 世纪 90 年代起，西方海洋国家日益重视把海洋生态指标作为海洋资源可持续利用和维护海洋生态功能的重要手段。世界上最早成立的政府间区域海洋环境保护组织——欧洲保护北大西洋海洋环境的奥斯陆—巴黎公约（OSPAP）在 2002 年将海洋生态质量定义为，在综合考虑生物群落和自然物理、地理、气候以及由人类活动引发的物理、化学条

件等因素的基础上，对海洋生态系统结构和功能总体状况的描述。并由此建立了一套由经济鱼类、海洋哺乳类、海鸟、鱼类群落、底栖动物群落、浮游生物群落、受威胁物种、受威胁栖息地、富营养化 9 个方面的生物学、生态学、环境科学等具体指标组成的目标体系，作为评估北海生态环境保护管理的直接依据。与此同时，国内外在特定海域的生态保护实践中，也在一定范围和程度上开展了以海洋生态目标空间格局为基础的生态保护和管理实践，例如澳大利亚大堡礁的生态空间区划、我国泉州湾的基于海洋生物多样性保护目标的海洋综合管理探索等。

（二）空间边界与网格的确定和海洋生态质量目标识别基本环节

确定海洋生态质量目标只是在宏观层面推动海洋生态保护与管理的手段，只有与特定区域的具体实际相结合，才能将目标落到实处。为此，提出空间网格式的海洋生态质量目标识别的思路，并以此为导向确定海洋生态安全格局，将海洋生态质量在空间上做出具体安排。具体来讲，这种空间网格式的安排包括以下环节。

（1）确定海洋空间规划的边界范围。海洋生态区的边界范围不是由行政边界，而是由其生态系统的生物地理边界和人类社区的边界共同确定的范围。这样的特定区域可以维持生物群落和生态系统的完整性，支撑重要的生态过程，满足关键物种的栖息条件，同时有特定的人类社区利用和影响到这一特定区域。为了便于管理，结合生态特征，空间规划可分为海岸带、近海和远海，其中海岸带空间范围向陆一侧一般可以沿海县级行政边界确定，河口区域可以上溯到感潮带范围，向海一侧为−6 米等深线范围，近海以此界限外推至领海边界，远海再外推至专属经济区范围内。

（2）划分区域内空间分析的网格，或者说确定海洋生态保护与管理的空间单元。理论上讲，这些空间单元越小即分辨率越高，则相应的海洋生态调查与评估越精细，相应的管理也就越具体和有针对性。但是，过于细化的空间单元必将增加调查和管理的人力、物力消耗，而且过细的空间划分也会打破自然生态分布界限。因此，应该进行综合平衡，一般可以 1~100 平方千米一个网格（可依据实际情况加密或减少密度，取决于生态特征和调查人力物力条件，海岸带区域加密，而远离海岸的海洋则稀疏）确定网格。

（3）识别网格内的重要海洋生态目标，其依据的指标主要包括：①生态系统过程指标：包括自然岸线保有率、沉积物输送、盐度变化、营养盐、食物链结构、初级生产力、潮滩动态、河口三角洲、产卵场、育幼场等，有些需要科学指标来表征，例如利用海洋营养级指数来表征海洋生态系统的完整性；②生物多样性指标：典型生态群落和栖息地、浮游生物多样性、底栖动物多样性、鱼类种群（体重/年龄结构/生物量）、迁徙鸟类和海鸟种群数量、海洋哺乳类，可以根据生物物种数量、多样性指数、丰富度指数和保护价值来反映物种多样性状况；③景观生态学指标：人类亲海性、海景状况等。依据上述指标开展实地调查，并结合历史分析，从而掌握网格内海洋生态系统演替的动态趋势，并进行多种情景预测和不确定因素分析。

（三）通过空缺分析明确特定空间网格内的海洋生态质量目标

按照状况—压力—响应的模式，分析每个特定空间网格内的海洋生态功能状况（如保护物种多样性、生态系统的丰富度和服务价值)、生态压力 (如污染、栖息地破坏等人类活动)、响应状况 (如已采取的保护和管理措施等)，查明存在的相应空缺。

(1) 海洋生态保护空间空缺：即对某一种有代表性的物种或生态类型尚未划定特定的保护空间。科学合理的空间规划应该充分代表海洋和海岸带生物多样性，使得全国或某个省区所有的海洋生态系统和栖息地，都能在受保护的空间范围内有所代表，有时代表性还可以扩展到自然和文化遗产领域。生物多样性一般随着栖息地的多样性而增多，因此，受到保护的栖息地空间越多，生物多样性保护效果越好。为此，识别出尚未纳入保护的空间空缺是首要目标，并尽快采取措施将这些空间纳入保护范围。为确保特定区域内大量物种得到保护，以及保护其生命史各阶段在不同栖息地之间的过渡，在识别生态保护空间空缺时还应确保有不同深度和生物地理的代表区域。此外，识别生态保护空间空缺，还要考虑一定的重复区，从而为海洋物种的扩散提供 "跳板"，保证物种在不同海域间扩散时得以与相邻的种群开展幼体交换，提高空间关联性，同时还为应对各类干扰导致的不可预测的栖息地损失或种群崩溃提供替代保证。

(2) 海洋生态功能维护空缺：即对某一种生态服务功能或过程尚未划定特定的保护空间。海洋生态系统在维护生态安全、物种安全、食品安全方面具有重要意义，对海洋渔业、滨海旅游业、海洋药物等海洋产业健康发展起到重要支撑作用，同时在抵御海平面上升、风暴潮、海啸、污染事故等海洋灾害中也发挥着关键作用。为此，应全面识别海洋生态功能的类型及其空间布局，从供给服务、调节服务、支持服务和文化服务 4 大类型出发，细化和综合具体的主导功能。在此基础上，分析评价各类海洋生态系统类型的具体生态功能的空间布局，并进一步做出重要性等级划分。与此同时，对特定海洋空间的开发活动与生态功能需要做出压力/适宜性评价，确定彼此之间相互影响的程度和过程，明确相应的开发调整或生态保护的导向。此外，为了保护和维持有助于生物多样性的生态过程 (如食物网、能量流、种间竞争合作)，应考虑生态系统的完整性，以使特定的生态单元能够有效、自给地发挥功能。还应考虑生态效应的迟滞性，要通过分析长期定位监测数据，掌握生态系统功能动态变化特征。

(3) 海洋生态管理空缺：即虽然在空间上识别或规划了特定海洋生态空间，但是尚未采取有效的管理措施，例如尚未建立海洋保护区或采取生态修复、污染防治措施等。国际上相关研究认为，为实现自然保护及渔业的所有目标，纳入严格保护范围的空间应该占所有栖息地或生物地理区的至少 20%。

在上述空缺分析基础上，科学判定海洋生态质量目标的优先次序，以生物多样性和生态系统功能的核心次序确定重点目标，可以但不限于以下目标：重要海洋生物多样性保护目标、维持良好的环境质量目标、维护关键栖息地目标、增强重要海洋生态过程目标、防御海洋自然灾害目标、恢复受损生态系统目标、防治外来物种目标、可持续利用海洋资源目标等。

三、基于海洋生态质量目标的海洋生态安全管理

（一）根据海洋生态安全需求制定生态保护与管理措施

为维护海洋生态安全格局应根据海洋生态质量目标要求，在相应的空间网格中科学合理地规划保护和管理措施。必须充分考虑和坚持以下要求。

（1）重要物种或生态系统对生态空间的基本需求。在掌握特定物种的生物学和生态学特征，以及关键生态系统的分布规律等基础上，分析人为活动干扰的性质和程度。根据分析结果优先保护其集中分布区，特别是国际和国家层面重点保护的物种或生态系统的集中分布区。同时，典型海洋生态系统、独特的栖息地、海洋生物集中产卵场、育幼场、索饵场、洄游通道等也应予以优先考虑。

（2）即使在保护等级最为宽松的空间网格，例如，海洋集中开发区域，也不应该损害其自然生态属性、生态系统功能或者物种生存能力，如果确实无法避免而损害了（例如，围填海彻底改变的海域生态系统属性），也应采取一定的弥补或补偿措施。

（3）在确定空间网格保护等级时，除了特定空间本身的属性以外，还应考虑该空间网格与其他衔接的区域之间的关系。依据景观生态学原理，重点识别以下3类区域关联特征：一是（候鸟迁飞、鱼类洄游）的生态廊道；二是（交错区、过渡带、缓冲区）的生态斑块；三是海陆关键生态系统的关联区域（虽然海域保护价值不高但是却紧邻保护价值高的陆地区域）。

（4）要充分考虑保护与管理的有效性，否则即使划定了更高的保护等级空间，如果无法对其实施有效保护，也只能是纸上谈兵，空中楼阁，因此特定网格的保护等级也不是越高越好。同时还要平衡利益相关者，既要考虑保护价值，还要兼顾开发者的需求，通过平等协商和对话确定保护等级，形成海洋生态保护合力。

（5）保护空间可以嵌套或进一步细化，即使特定的空间网格整体上已经被确定为开发区域，但对其中包含的某一有特殊生态保护价值的小区，也可以采取生态保护或修复的管理对策，开辟为亚一级的保护区或者缓冲区。

（6）气候变化和海洋灾害因素，例如某一空间网格持续地淤积成陆，或者相反持续地被侵蚀，或者因为海平面上升而导致风暴潮加剧，或者因为水温变化而导致特定物种分布区变化，或者是外来物种侵入区，这些都将影响到特定物种或生态系统（特别是处于边缘或交错地带）的分布区、生命史、生态过程的空间变化，因此也应随之调整空间规划。

（二）结合海洋生态安全需求的等级编制实施海洋空间规划

在上述空间网格内具体的保护和管理措施确定以后，应结合海洋生态安全需求进行分类分级评估，分门别类确定各个空间网格的主体定位，并采取相应性质和等级的保护和管理措施。此时可以综合运用系统分析、空缺分析、层次分析、空间分析等方法，情况复杂时应用聚类分析和地理信息系统工具，通过统计学方法确定分类与分级的具体内容。分类确定空间单元，包括生态保护单元、生态维护单元、生态修复单元、生态管理单元等。在空间单元耦合过程中，要以"只能更好，不能变坏"为原则：对涉及生态质量目标不尽一

致的，应以较高目标为约束条件；对涉及不同功能的，应将生态功能作为优先考虑；对涉及不同管控要求的，应以较严格的要求为准。从严格到宽松整合各类海洋空间规划中的空间单元。

（三）基于海洋综合管理优化海洋生态环境管控机制

针对现有一些空间规划包括海洋主体功能区规划、海洋功能区划及海洋生态红线等存在的问题，如相互重叠、布局不尽合理、保护目标单一、保护重点不突出、分类体系不科学、管理效率不高等，进行适当整合，既保证彼此之间的有效衔接和融洽，又各有侧重地维持其独立性。

（1）以普遍的海洋生态安全要求为基础，打破海洋产业部门和行政区划界限，实现海洋生态环境管理与资源开发管理的统一。在管理模式上进一步开拓视野、转变观念，在管理机制上进一步厘清环节、统筹协调。加强海洋、环保、海事、渔业、水利等相关部门之间的联系与沟通，各部门之间要建立重大事项决策相互通报和协调机制，完善多部门规划信息的互通共享和业务管理的衔接协调，实现行政审批流程再造。

（2）有效调动和组织各种利益相关者，推动各方面的技术力量、管理能力和资源形成合力，共同发现和解决具体问题。可以考虑建立海洋空间规划联席会议制度，同时设置专家咨询委员会，其组成人员要有足够的代表性，应包括中央政府相关部门、地方政府、专家学者、环保组织、用海企业代表等。要全面加强部门间综合、政府层级间综合、区域间综合、海陆间综合、科学家与管理者综合、公众（企业、NGO）参与综合、国际合作综合。对于全封闭或半封闭海域如辽东湾、渤海湾、杭州湾，因存在多种生态环境问题，利益关系错综复杂，相关地方政府众多，做好空间规划需要加强综合协调，可由上级（中央或省级）政府倡议，在现有"京津冀一体化""长江经济带"等机制下，考虑成立地区级"海洋空间规划协作体"，统一采取行动，统筹规划整合。

（3）采取适应性和预防性管理策略。海洋生态系统复杂多变，必须密切监视其变化，并根据其变化重新进行相应的空间规划调整，从而不断改进规划效能。适应性管理必须在空间规划的最初阶段，将监测与评估规程纳入框架。同时，在可能对海洋生态安全产生深刻影响甚至不可挽回的影响的时候，即使缺乏科学的证据，也不能做出产生这些影响的空间规划决定，而是应在进一步充实科学证据的同时，做出影响最小或者最保守的决定。例如水下噪声污染、海边风力发电场，以及气候变化的海洋生物学、生态学影响，都存在很大的不确定性，对此应采取预防性策略，做出较为保守地空间规划决定。

参考文献

杨振姣，姜自福. 2010. 海洋生态安全的若干问题——兼论海洋生态安全的含义及其特征 [J]. 太平洋学报，18（6）：90-96.

HESLENFELD P，ENSERINK E L. 2008. OSPAR Ecological Quality Objectives：the utility of health indicators for the North Sea [J]. ICES Journal of Marine Science，65（8）：1 392-1 397.

DUDLEY N. 2015. IUCN 自然保护地管理分类应用指南 [M].朱春全，欧阳志云，译. 北京：中国林业出版社.

陈彬．2012. 基于海岸带综合管理的海洋生物多样性保护管理技术［M］.北京：海洋出版社．

武建勇，薛达元，王爱华，等．2016. 生物多样性重要区域识别——国外案例、国内研究进展［J］.生态学报，36（10）：3 108-3 114.

LAFFOLEY D. 2009. 建设弹性海洋保护区网络指南［M］.王枫，译．北京：海洋出版社．

孟伟．2014. 中国海洋工程与科技发展战略研究——海洋环境与生态卷［M］.青岛：中国海洋大学出版社．

论文来源：本文原刊于《海洋环境科学》2018 年 2 月第 1 期，第 33-37 页。

项目资助：中国海洋发展研究会项目（CAMAZD201502）。

我国沿海风暴潮灾害发生频率空间分布研究

石先武[①] 高 廷[②] 谭 骏 国志兴

摘要：基于我国沿海验潮站和水文站典型重现期数据，综合考虑风暴增水和超警戒潮位，分析了我国沿海一般潮灾、较大潮灾、严重潮灾、特大潮灾的发生频率，揭示了不同等级潮灾的发生频率在我国沿海空间分布特征。结果表明，我国沿海大部分地区受风暴潮灾害影响，鸭绿江口沿岸、河北秦皇岛和唐山北部沿岸、成山头—青岛沿岸、广西防城港沿岸、海南东南部和南部沿岸风暴潮灾害发生的强度和频率都不大；渤海湾、莱州湾、长江口、杭州湾等区域是风暴潮易发区，发生特大潮灾概率较低但严重潮灾发生的频率较高；福建北部福州到浙江南部台风沿岸、广东珠江口到阳江沿岸、雷州半岛东部沿岸是风暴潮灾害严重区，特大潮灾发生频率最高。基于不同等级潮灾发生频率的空间分布提出了我国沿海风暴潮灾害防御对策与建议。

关键词：风暴潮灾害；发生频率；潮灾等级

我国是世界上遭受风暴潮灾害影响最严重的国家之一。我国沿海从南到北几乎都遭受过风暴潮灾害，并且是世界上少有的既受台风风暴潮又受温带风暴潮灾害影响的国家，平均每年有8~9个台风登陆，几乎都会引起风暴潮灾害；北部沿海海域特别是渤海湾和莱州湾沿岸受温带风暴潮影响较为严重。2016年，我国沿海共发生风暴潮过程18次，其中，台风风暴潮过程10次，8次造成灾害，直接经济损失33.95亿元；温带风暴潮过程8次，3次造成灾害，直接经济损失11.99亿元。历史上多次遭受特大风暴潮灾害，9711号台风风暴潮是影响我国东部沿海最严重的一次台风风暴潮灾害，福建、浙江、上海、江苏、山东、河北、天津等省（市）沿海地区全部遭受影响，造成342人死亡，直接经济损失达到287亿元。

风暴潮灾害的发生频率、强度及其空间分布是风暴潮灾害风险研究和应急管理关注的

---

① 石先武，男，国家海洋局海洋减灾中心，高级工程师，主要从事海洋风暴潮灾害风险评估和管理研究。
② 高廷，男，国家海洋局海洋减灾中心，副研究员，主要从事海洋灾害制图研究。

重点。已有研究对我国风暴潮灾害的地理分布格局及重要河口地区的风暴潮灾害风险分析有过深入探讨，对于风暴潮的灾害发生频率研究主要是基于长时间序列观测资料利用频率分析方法对单个验潮站点的潮位、增水或浪高等要素的进行典型重现期估计。比如，董胜等利用复合极值分布计算了水位和浪高的联合概率分布，推算了典型重现期风暴潮；王喜年计算了我国沿海资料序列较长的 17 个验潮站增水重现期；方国洪等基于我国沿海水文站 286 年的观测资料，采用不同极值估计方法计算了各站增水、余水位、总水位。这些研究成果为我国沿海重点工程和防潮设施标准设计提供了重要参考，而从宏观层面系统性分析我国沿海不同区域风暴潮灾害发生频率研究较少。本文从风暴潮灾害宏观决策需求出发，基于沿海验潮站和水文站不同重现期风暴增水和潮位资料，结合不同等级潮灾划分标准，将我国沿海岸线划分为 10 千米岸段，揭示了不同等级潮灾在我国沿海发生频率的空间分布特征，基于此提出了我国沿海应对风暴潮灾害的对策与建议，对划分风暴潮灾害重点防御区以及国家层面风暴潮灾害的防灾减灾具有重要战略意义。

一、数据和等级划分

（一）数据

本文主要采用国家海洋信息中心订正之后的 60 个沿海验潮站数据产品，包括 2 年、5 年、10 年、20 年、50 年、100 年、200 年、500 年、1 000 年一遇增水和潮位计算产品，其中潮位数据基于各验潮站所在的平均海平面。河口地区是我国沿海风暴潮的主要影响区域，海洋系统验潮站在河口地区极少有分布，为了进一步精确刻画我国沿海风暴潮灾害危险性特征，从水利部门补充收集了长江口、珠江口、浙江和福建沿岸等地区 16 个水文站的不同重现期增水和潮位数据（其中 2 个站只有增水）。此外，还收集了上述 76 个站基于《警戒潮位核定方法（GB/T 17839—1999）》核定的警戒潮位值，并将所有潮位数据和警戒潮位值统一到了 85 高程参考基准。

为了客观反映我国沿海风暴潮灾害危险性分布，保证结果的科学性和适用性，本文对收集到的验潮站和水文站进行了筛选，选择的依据和原则是：①选择的站点数量足够，可以从北到南覆盖我国沿海区域；②站点具有代表性，可以代表所在区域的风暴潮灾害特征，不能是距岸边较远的离岛站；③采用的站点观测记录序列长，一般至少有 20 年的序列观测资料，站点不同重现期增水和潮位计算结果足够精确。基于这 3 个原则，共选出 62 个验潮站和水文站的增水及潮位数据产品（其中 2 个站只有增水）。图 1 和图 2 分别表示选取的验潮站和水文站典型重现期增水和潮位数据，将站点沿着中国沿海从北到南依次顺序编号，图中横轴表示所选取站点的编号，纵轴表示各站点典型重现期对应的增水或潮位值。

（二）风暴潮灾害等级的划分

风暴潮灾害等级的划分包括风暴潮致灾强度和风暴潮灾害强度的分级，前者偏重风暴潮自然过程强度的分级，后者主要指灾害损失或是灾度的分级，本文的灾害等级划分针对前者。目前在我国并没有统一的标准，本文综合考虑风暴增水和超警戒潮位两个指标，风暴增水可以客观反映风暴潮自然过程致灾强度的大小，超警戒潮位值考虑了当地的设防能

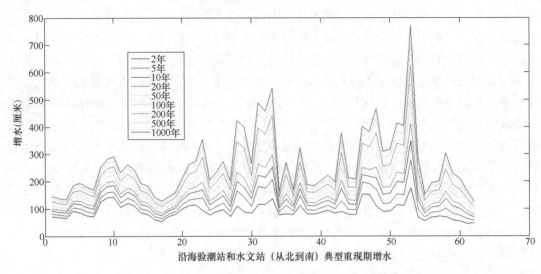

图 1　我国沿海验潮站和水文站（从北到南）典型重现期增水

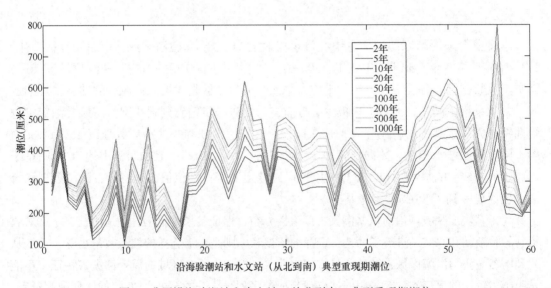

图 2　我国沿海验潮站和水文站（从北到南）典型重现期潮位

力，能够反映风暴潮过程可能导致的淹没情况。考虑到我国灾害应急响应等级一般划分为 4 级，基于杨华庭等和郭洪寿等的划定标准，将风暴潮灾害划分为：一般潮灾、较大潮灾、严重潮灾、特大潮灾 4 个等级，详细划分标准见表 1。

表 1　风暴潮灾害等级划分标准

	特大潮灾	严重潮灾	较大潮灾	一般潮灾
超警戒潮位（厘米）	>200	>100	>50	超过或接近
增水（厘米）	>300	>200	>150	>100

二、不同等级风暴潮灾害发生频率分析

基于每个验潮站或水文站增水和潮位概率分布曲线，分别计算不同等级潮灾超警戒潮位和增水的重现期，取每个等级重现期较小者为该站点不同等级潮灾发生的年遇水平。按照最近邻准则，选取每一个岸段最具代表性的验潮站不同等级潮灾重现期为该岸段不同等级潮灾发生的年遇水平，将各岸段4个等级风暴潮重现期按照2年、5年、10年、20年、50年、100年、200年、500年、1 000年为界限，划分为10个频率段，表征不同等级风暴潮发生频率的空间分布，编制了一般潮灾、较大潮灾、严重潮灾和特大潮灾发生频率分布。

从一般潮灾发生频率分布图可以发现，我国沿海绝大部分地区都受风暴潮灾害的影响，一般潮灾在沿海都可能发生，对于辽东湾沿岸、河北唐山沿岸、山东北部沿岸（威海除外）、海南南部和西部沿岸区域，受风暴潮灾害影响很小，一般潮灾发生的概率在10~20年一遇，其他沿海区域一般潮灾重现期在5年以下。

从较大潮灾发生频率分布图可以发现，河北秦皇岛沿岸、辽东半岛沿岸、山东半岛威海沿岸、海南岛的南部和西部沿岸特大潮灾发生频率在100年一遇以上，这些区域会受到较大风暴潮影响，但是发生频率较低；而对于其他沿岸区域，发生特大潮灾发生频率大都在50年一遇以下，受风暴潮灾害的影响较大。

从严重潮灾发生频率分布图可以发现，渤海湾、莱州湾、长江口、杭州湾、浙江南部到福建北部沿岸、广州南部到雷州半岛东部沿岸严重潮灾发生频率都在50年以下，严重潮灾一般对一个区域的生产生活能造成较大影响，这些区域风暴潮灾害发生频率也较为频繁。

从特大潮灾发生频率分布图可以发现，雷州半岛东部沿岸部分地区处于特大潮灾发生频率10年一遇以下水平，对于珠江口、浙江南部等区域，特大潮灾发生可能性在10~50年一遇之间，这些区域历史上都发生过特大潮灾，这些区域是我国沿海风暴潮灾害重点防御地区，有发生风暴潮极端灾害事件甚至巨灾的可能性。

我国沿海渤海湾底部沿岸和莱州湾沿岸是风暴潮多发区，以温带天气过程引发的风暴潮占主导因素；而长江口沿岸、福建北部福州到浙江南部台州、广东惠州、珠江口到阳江、雷州半岛东部沿岸等沿海区域以台风风暴潮为主；南方风暴潮灾害易发区发生特大潮灾的可能性比北方要大。历史上温带风暴潮增水最大值曾达到3.55米，台风风暴潮增水最大值曾达到5.95米。长江角、珠三角一带是我国沿海经济和人口分布的密集区，属于国家层面风暴潮灾害风险防范的重点区域。对于辽宁省大部分沿岸、河北唐山沿岸、山东北部沿岸、海南南部和西部沿岸受风暴潮灾害影响较小区域，几乎不可能发生较大风暴潮灾害。

三、风暴潮灾害防御对策与建议

随着我国沿海地区社会经济的发展以及国家对海洋灾害防灾减灾工作的重视，风暴潮灾害造成的人员伤亡呈逐年下降趋势，而风暴潮灾害造成的直接经济损失则呈明显上升趋

势，沿海地区面临的风暴潮防灾减灾形势依旧严峻。通过分析我国沿海地区不同等级风暴潮灾害发生频率分布特点，制定对应的风暴潮灾害防御对策才能更好地满足风暴潮灾害风险管理需求。综合考虑风暴增水和超警戒潮位，划分风暴潮灾害等级，不同等级潮灾的发生频率在我国沿海呈现明显的空间分布特征，基于本文研究结果提出如下风暴潮灾害防御对策与建议。

（1）福建北部福州到浙江台州沿岸、广东珠江口到阳江沿岸、雷州半岛东部沿岸是风暴潮灾害严重且多发区，发生概率在 10~100 年一遇；严重潮灾发生概率在 5~50 年一遇，是我国沿海风暴潮灾害最严重的区域，风暴潮灾害以台风风暴潮为主，发生频率和强度都较大。这些区域也是我国沿海社会经济最发达的区域，是我国风暴潮灾害重点防御区，风暴潮灾害设防标准应达到 100~500 年一遇。

（2）渤海湾、莱州湾、长江口、杭州湾等区域是风暴潮灾害易发区，发生特大潮灾概率较低但严重潮灾的频率较高。历史上这些区域也发生过特大潮灾。渤海湾和莱州湾以温带风暴潮为主，目前防护能力主要以沙土堤、抛石为主，大多不是标准海堤。而长江口和杭州湾等地区受台风影响时，经常与上游洪水极易形成"三碰头"等洪涝灾害，造成较大的人员伤亡和财产损失。这些区域应加强风暴潮灾害防御水平，设防标准应该以典型重现期极值水位作为参考，防御水平至少达到 20 年一遇。对于上海、天津等特大城市经济发达和人口密集区域，防御水平应达到 100 年一遇。

（3）对于鸭绿江口沿岸、河北秦皇岛和唐山北部沿岸、成山头—青岛沿岸、广西防城港沿岸、海南东南部和南部沿岸，风暴潮灾害发生的强度和频率都不大，发生较大潮灾的可能性都较小，对于风暴潮灾害发生频率较低的这些区域，防护标准可以适当降低或不做工程性防护。

四、结语

我国沿海大部分区域都会受到风暴潮灾害的影响，风暴潮灾害的防灾减灾应从风暴潮灾害不同的管理目标需求出发，制作不同的风暴潮灾害评估产品。对于不同的区域风暴潮发生频率特点，制定符合当地实际的风暴潮灾害应急预案，为沿海地方政府风暴潮灾害的防灾减灾提供科学决策支持。全国的风暴潮灾害发生频率空间分布有助于从宏观尺度掌握我国沿海风暴潮灾害危险性分布特征，可为全国风暴潮灾害重点防御区划定以及沿海重点重大的工程区域性选址提供决策参考，用于指导全国性的风暴潮防灾减灾政策的制定。我国海岸线漫长，不同沿海区域海堤规范设计标准也不统一，大多数非标准海堤坝顶高度不一，而且现有海堤属于不同部门管理，部分地区缺乏统一规划，修建标准大多偏低，海堤的标准化设计必须与当地风暴潮灾害发生的频率相结合。

参考文献

王喜年 . 2001. 风暴潮灾害及其地理分布 ［J］. 海洋预报，18（2）：70-77.

国家海洋局 . 2017. 2016 年中国海洋灾害公报 ［R］. 北京：国家海洋局 .

国家海洋局 . 1998. 1997 年中国海洋灾害公报 ［R］. 北京：国家海洋局 .

宋学家. 2009. 我国沿海风暴潮灾害及其应急管理研究 [J]. 中国应急管理, (08): 12-19.

殷杰, 尹占娥, 于大鹏, 等. 2013. 海平面上升背景下黄浦江极端风暴洪水危险性分析 [J]. 地理研究, 32 (12): 2 215-2 221.

Le Kentang. 2000. An analysis of the recent severe storm surge disaster events in China [J]. Natural Hazards, 21 (2): 215-223.

董胜, 郝小丽, 李锋, 等. 2005. 海岸地区致灾台风暴潮的长期分布模式 [J]. 水科学进展, 16(1): 42-46.

王喜年, 陈祥福. 1984. 我国部分测站台风潮重现期的计算 [J]. 海洋预报服务, 1 (1): 18-25.

方国洪, 王骥, 贾绍德, 等. 1993. 海洋工程中极值水位估计的一种条件分布联合概率方法 [J]. 海洋科学集刊, 34: 1-30.

黄春霖, 颜国泰, 翁光明, 等. 1999. GB/T 17839—1999, 警戒潮位核定方法 [S]. 北京: 国家质量技术监督局.

杨华庭, 田素珍, 叶琳, 等. 1993. 中国海洋灾害 40 年资料汇编 (1949—1990 年) [M]. 北京: 海洋出版社.

郭洪寿. 1991. 我国潮灾灾度评估初探 [J]. 南京大学学报, (5): 18-22.

谢丽, 张振克. 2011. 近 20 年中国沿海风暴潮强度、时空分布与灾害损失 [J]. 海洋通报, 29(6): 690-696.

张兴铭, 王喜年. 1994. 海洋自然灾害对我国沿海经济的影响及对策建议 [J]. 海洋预报, 11(2): 35-42.

论文来源: 本文原刊于《灾害学》2018 年第 1 期, 第 49-52 页。

项目资助: 中国海洋发展研究会项目 (CAMAJJ201709)。

中国海洋生态安全治理现代化
存在的问题及对策研究

杨振姣①　闫海楠②

摘要：海洋生态系统作为地球生态系统的重要组成部分，在人类经济社会发展过程中起着至关重要的作用。然而，中国海洋生态安全面临着环境污染、生态破坏、环境风险等多重问题。文章针对中国海洋生态安全治理过程中存在的问题进行分析探讨，提出了相应的对策建议，包括加强海洋生态安全立法及规划、增强海洋生态安全宣传教育、构建海洋生态安全多元主体共治体系、优化沿海地区产业布局等。

关键词：海洋生态安全；海洋环境风险；治理现代化；制度改革

海洋为人类生存和社会经济发展提供了重要的生物、矿产、动力和空间等资源，同时，发挥着生态服务、调节气候和降水等重要作用。中国拥有渤海、黄海、东海、南海四大海区，大陆架油气、渔业等海洋资源丰富，但是由于中国人口数量多，导致人均海洋国土面积以及人均海洋资源匮乏。在此压力状态下，海洋资源的合理优化配置和可持续开发利用意义更加重大。近年来，沿海地区工业化和城市化进程加快，过度和无序地开发海洋给海洋生态环境带来了巨大的压力，造成近岸海水质量下降、海洋生态系统遭受破坏、水产品安全受到威胁、海洋环境风险加剧等问题，严重影响了人类的生存环境，阻碍了海洋的进一步开发和利用。在"建设海洋强国""推进国家治理体系和治理能力现代化"政策方针指导下，有必要对现有的海洋生态安全治理模式做出反思，分析海洋生态安全治理现状、面临的问题及原因，提出相应的对策，从而促进海洋生态安全治理体系和治理能力的现代化，实现国家治理现代化的生态维度关切。

---

① 杨振姣，女，中国海洋大学法政学院，副教授，中国海洋发展研究中心研究员，主要从事国际政治、海洋政策方面研究。

② 闫海楠，女，中国海洋大学法政学院，土地资源管理专业硕士研究生，研究方向：海洋国土资源管理。

一、中国海洋生态安全基本概况

(一) 近岸海域污染严重, 海水水质恶化

近年来, 中国海洋环境污染的治理取得了一定成效, 但海水水质状况仍然不容乐观, 劣四类水质海域所占的比重呈上升趋势。根据中国国家海洋局公布的《2015 年中国海洋环境质量公报》: 中国近岸局部海域海水环境污染依然严重, 冬季、春季、夏季和秋季, 面积大于 100 平方千米的 44 个海湾中, 有 21 个海湾四季均出现劣于四类海水水质标准的海域, 其中, 冬季和秋季劣于四类海水水质标准的海域面积均超过 6 万平方千米。海洋污染主要来自于近岸陆地, 人类生产、生活排放的各类污水和废弃物通过入海河流、入海排污口、海洋大气沉降等途径排入海洋。据统计, 2011—2015 年, 河流入海监测断面水质劣于第 V 类地表水水质标准的比例均高于 40%, 2015 年中国 77 条河流入海的污染物量总计达到 1 750. 82 吨, 全年陆源入海排污口达标率为 50%, 入海排污口邻近海域环境质量 88% 以上无法满足所在海域海洋功能区的环境保护要求。另外, 在旅游休闲娱乐区、农渔业区、港口航运区及邻近海域, 以塑料类垃圾为主的海洋垃圾密度居高不下。

(二) 海洋生态系统退化, 生物多样性减少

21 世纪以来, 滨海湿地、珊瑚礁、红树林等海岸带生境受人类活动影响的不断加重, 生态系统出现不同程度的衰退。中国海湾、河口及滨海湿地生态系统无机氮含量持续增加、氮磷比失衡日益严重、海洋生物生存环境丧失或改变、生物群落结构异常等状况没有得到根本改变。中国海洋信息中心公布的对海洋生态区监控结果显示, 中国近海海域生态系统还在进一步恶化, 监测的河口、海湾、珊瑚礁等生态系统, 86% 处于亚健康和不健康状态。一方面, 围填海造地、海岸工程建设、海上油气开采等开发活动日益增加, 造成海洋自然生境衰退甚至丧失, 严重危及海洋物种的生存, 自然资源基因库受到了污染和破坏, 海洋生物多样性受到严重威胁; 另一方面, 大规模的海洋捕捞活动和单一性海洋养殖业的盲目发展, 造成捕捞过度和近岸海水污染、富营养化严重, 导致多种渔业资源衰退、产量下降, 潮间带生物、底栖贝类、鱼类种类多样性明显降低。据统计, 中国珍稀海洋生物物种正在日趋减少, 排污口邻近海域底栖经济贝类几近绝迹, 中华白海豚、文昌鱼等国家保护动物濒临灭绝。

(三) 海洋生态灾害频发, 海洋生态环境风险加剧

20 世纪 90 年代以来, 中国赤潮、绿潮等海洋生态灾害发生频率不断增加, 规模不断扩大, 赤潮生物种也由几种增加为几十种, 给海洋生态环境、公众健康和海洋经济造成了重大损害。根据《2015 年中国海洋环境质量公报》, 2015 年冬季、春季、夏季和秋季, 呈富营养化状态的海域面积分别为 120 370 平方千米、69 110 平方千米、77 750 平方千米和109 910 平方千米, 发生频次共计 35 次。与此同时, 2015 年绿潮灾害影响面积较上年有所增加, 黄海沿岸海域浒苔绿潮最大分布面积是近 5 年来最大的一年, 较近 5 年平均值增加了 48%（表 1）。由于赤潮、绿潮灾害的频繁发生, 以及海水养殖片面追求规模和产量, 大量投饵和滥用抗生素等原因, 污染物及贝类毒素在海产品中累积, 并通过食物链传递与

富集，最终对人体健康造成严重损害。

表 1　2011—2015 年黄海浒苔绿潮规模

年份	最大分布面积（平方千米）	最大覆盖面积（平方千米）
2011	26 400	560
2012	19 610	267
2013	29 733	790
2014	50 000	540
2015	52 700	594
5 年平均	35 689	550

资料来源：《2015 年中国海洋环境质量公报》。

另外，随着中国海洋矿产资源开采规模的不断扩大，海上石油运输日益频繁，重金属或油气泄漏的潜在风险也在增加。据统计，1973—2006 年中国沿海海域仅船舶油污事故就发生了 2 635 起，蓬莱"19-3"油田溢油事故、青岛东黄输油管线爆燃事故等的发生更是给人类敲响了保护海洋生态环境安全的警钟。

二、中国海洋生态安全治理存在的问题及原因分析

（一）缺乏海陆和区域沟通协作机制

中国海洋污染的来源绝大部分是陆源污染物，因此，对海洋污染的防治必须要与陆地活动的管理密切结合。早在 20 世纪 90 年代中国就提出了"海陆一体化"，然而此概念在中国较多地应用于经济发展方面，在生态修复以及环境保护方面仍存在海陆之间不衔接、陆海排污政策标准不统一等问题，严重影响了海洋生态安全治理现代化进程。例如，《城镇污水处理厂污染物排放标准》（GB 18918—2002）、《地表水环境质量标准》（GB 3838—2002）与《海水水质标准》（GB 3097-82；GB 3097—1997）的基本项目标准限值并不统一，导致陆地生产生活排放污水即使达标排放到海里仍有可能造成海洋污染。目前，海洋和陆地分属不同的管理部门，有各自的利益和需求，因此在相关规则的制定中存在某些内容上的冲突，影响了相关政策的执行，容易造成管理上的混乱。例如，海洋污染的陆源污染源控制由环保、农业、水利、住建等多个陆地相关管理部门管理，而相应的协调机制的缺乏导致各涉海部门和陆地管理部门在海洋污染治理中各自为政，无法取得良好的治理效果。2013 年的国家海洋管理机构改革迈出了海洋综合治理的重要一步，然而，国家海洋委员会仍处于探索实践阶段，综合协调能力有待提高，国家海洋局行政级别及综合协调的能力权限不足，极大地降低了海洋生态安全综合治理的成效。

此外，海水具有流动性和整体性，很多海域横跨多个县域甚至省域，其生态环境问题治理客观上需要打破行政区域的界限，进行跨区域、跨部门的协同治理。然而中国在区域治理上，以行政边界而不是自然边界为治理范围，不同地区政府部门具有各自的利益诉求，难以从海洋生态系统本身出发开展治理活动。在海洋生态安全治理的区域合作方面尚

无具体完善的法律或政策约束，区域和地方政府合作未得到良好开展。虽然目前一些沿海县市地方政府部门达成了海陆一体环保工作协议，但合作停留于浅层次，尚未有较深层次的合作；另外，部分沿海地方政府定期召开区域联席会议，以增强区域间的海洋环境污染整治合作，但会议举行频率较低，商讨内容议而不决，极大地降低了区域间海洋生态治理的成效。这些体制上的弊端或障碍或直接影响着整个海洋行政管理，包括海洋生态安全的治理，理顺海洋生态安全治理体制，进行更深层次的改革是实现现代化治理的必经之路。

（二）海洋生态安全治理相关法律法规不健全、适应性不足

法律制度是中国海洋生态安全治理现代化的重要保障。目前中国还没有专门的海洋生态安全治理法律，海洋生态安全的概念和认知尚未上升到法律层面。海洋生态安全管理主要依据新修订的《海洋环境保护法》，大致有一项总体法律依据，但配套的具体施行法规和地方性规范建设尚未同步，因此海洋生态安全治理法制建设远远滞后于中国海洋开发管理的进程。在法律主体规定方面缺少科研机构的设置规定，对行政管理协调规定不力；在法律制度方面尚未建立完善的资源有偿使用制度、循环利用制度、生态恢复制度等共有制度；在法律责任方面尚未健全责任体系。由于中国海洋相关法律法规起草时往往是由相关部门主导编制的，由于涉海部门众多，导致法律法规过于分散，有时还会出现同一内容重复规定、不同内容相互抵触等现象，且各部门更倾向于维护本部门自身的利益，从而造成中国海洋管理法律体系的局限性。

（三）沿海地区产业结构布局不合理

改革开放以来，沿海地区经济迅速发展，出现了过分追求经济增长速度而忽视质量和生态环境的问题。从产业布局来看，中国沿海地区以第二产业为主，产业结构的两个突出特点是滨海工业化和沿海重工化，钢铁、炼油、化工等多分布在沿海地区。由于这些滨海重工业危险系数较高，导致沿海地区突发事故频繁，对临近海域的海洋生态系统造成严重破坏。2010 年以来，中国沿海地区发生多起危化品燃爆事故，一次事故对海洋造成的污染和对周边海洋生态系统造成的破坏往往要花费巨大的人力、物力、财力以及长期的时间才能修复，对海洋生态安全造成巨大威胁，增加了中国海洋生态安全治理的问题和障碍。从发展方式来看，这些钢铁、石油炼化等传统产业发展方式粗放，污染排放量大且达标率不高，致使中国近海海域污染严重，海洋生物资源生境遭到破坏，严重制约了中国海洋生态安全治理的现代化进程，影响了社会经济环境的协调发展。

（四）海洋监测、海洋垃圾转换等科学技术不发达

海洋生态安全的治理离不开高科技的支持，诸如海洋环境影响评价技术、海洋环境监测技术、海洋垃圾回收利用技术、海洋信息可视化技术、海洋环境污染生物修复技术等。中国海洋开发、利用和整治起步较晚，相应的科学技术尚不够发达和完善。同时，中国海洋环境保护和海洋生态安全治理财政支持不足，投资主体单一，市场资本难以进入，缺乏相关资金投入和人才培养，造成相关海洋生态科学治理技术滞后，严重影响中国海洋生态安全。此外，各部门的调查监测技术体系较为封闭，彼此缺少交流和合作，一方面监测种类不够齐全，例如缺少污染物本底检测，及与人体健康直接相关的海产品监测等；另一方

面存在重复建设、技术标准不统一、监测数据没有实现完全共享的问题。这些都不利于海洋生态安全治理的现代化进程。

（五）海洋生态安全意识淡薄，相关利益者参与不足

相对于雾霾等环境污染问题，海洋生态环境问题受到公众的关注度较低，全民海洋生态安全意识尚未形成，参与海洋生态安全保护的积极性不高。公民对自己在海洋治理中的主体地位不明确，责任意识欠缺甚至成为海洋环境问题的制造者，已有的公众及社会团体的参与不成规模、力量微弱。而企业亦处于被动治理污染和保护海洋生态环境的境况。相关利益者参与海洋生态安全维护一方面要靠公众、企业环保意识和社会责任担当；另一方面主要依靠国家的制度支撑和政策引导。目前现代化的海洋生态安全治理观念在政府工作中尚未普及。长期以来，中国一直把经济增长放在工作的核心地位。在海洋环境管理方面，缺乏防患于未然的海洋生态安全意识，沿海各地方政府为了追求 GDP 的增长，往往忽略了海洋生态安全的保护。在海洋生态安全管理中，"先污染后治理""边污染边治理"等管理观念不得不说是产生海洋生态安全问题的关键诱因。与此同时，中国政府工作信息公开程度不足，公众、企业、非政府组织参与海洋生态环境治理决策的渠道缺乏、形式单一，决策参与制度不足，难以实现具有深度和广度的海洋生态安全治理参与；对企业的制约和奖惩机制不足，对非政府组织的支持力度不够，致使企业清洁生产水平不高、相关社会团体缺失，其协调沟通、政策执行协助和信息传达作用难以得到有效发挥。

（六）治理手段单一，经济手段、教育手段运用不足

中国海洋生态环境治理的主体是政府部门，主要依靠单一的行政手段进行推进，将中央制定的治理任务和行政命令自上而下层层下达到地方政府进行执行，往往导致基层涉海部门治理海洋生态环境的积极性和主动性降低，使得治理的行政成本增加而中央政策的执行力降低，海洋生态安全治理效果不显著。市场作为一个重要的社会平台，其调节作用也未得到适当发挥，经济手段运用不足。例如，中国商业性海洋生态灾害保险产品缺乏，保险业在海洋灾害风险防范领域的作用还十分有限，使得中国关于海洋灾害的防范能力极度减小。此外，教育手段也较为滞后，宣传手段单一且多流于形式，往往通过宣传栏、公示牌等进行环保主题和公共政策宣传，未能触及民心，达不到切实的宣传教育作用，因此无法充分调动公众的积极性和参与海洋环境治理的热情。

三、推进中国海洋生态安全治理现代化的对策建议

（一）深化海洋生态环境治理体制改革

海洋生态安全的治理现代化需要完善的管理体系，明确管理主体，调整管理模式，进行合理分工与协调合作，避免职能交叉、职责不清的情况，必须将保护海洋生态安全的职责落到实处。

其一，采用整体性治理的海洋生态安全管理。整体性治理一方面强调政策和组织上的整合共融，打破组织间的界限以应对非结构性的问题；另一方面通过激励和诱导等行政手段，协调各组织和部门朝着共同的方向努力。加强海陆统筹，建立涉及陆海生态安全保护

治理部门的高层协调机构，负责制定实施国家陆海统筹发展战略，统筹各政府部门、各行政区域在海洋及陆地生态安全治理中的协调配合。例如，在污染物标准制定上，实施"以海定陆"原则，依照海洋环境容量为基础制定污染物总量控制政策等。

其二，构建基于自然海洋的海洋生态安全治理协调机制。在海洋生态安全管理中，建立良好的沟通协调机制，是提升海洋生态安全管理的重要保障。各管理部门在海洋生态安全管理中应确定良好的合作关系，从传统的固步自封逐渐走向共治共赢，实现区域内海洋生态安全的有效治理。当然，这种合作关系需要建立在健全稳定的协调机制之上，应制定约束各管理部门的规则、健全组织结构建设、完善协调机构的运行机制。

（二）加强海洋生态安全立法及规划

法律是治国之重器，良法是善治之前提；规划是资源科学利用的指导，建立健全的海洋生态安全法律制度体系和规划体系是海洋生态安全治理现代化的基本前提。中国应制定专门的"海洋生态安全治理基本法"，作为综合性法律对海洋生态环境保护方面相关事务做出规定，并制定配套的法规政策实施指令、可操作性强的计划、政策，对海洋生态安全治理做出明确、详细、具体的规定。在国家海洋法的框架下，制定与完善配套的地方海洋环境保护法、针对具体海域的海洋生态安全治理法，形成多层次的海洋综合治理。增强法律的可实施性和各方法律之间的协调性，加快生态补偿法律法规的建设，真正建立起一套完善的海洋生态安全保护的法律体系。与此同时，以生态系统为基础进行沿海各省市海洋功能区划的编制，制定海洋生态安全治理总体规划，将海洋生态安全理念贯彻到所有海洋规划和政策的制定和执行中。

（三）优化沿海地区产业布局

首先，科学评价中国沿海地区、海岸带、近岸海域的环境承载力，并紧扣全球海洋产业发展态势来调整沿海地区产业结构优化产业布局，促进海洋生态旅游等第三产业的发展，将第二产业部分转移到中西部地区，一方面带动相应地区经济的发展；另一方面减轻沿海地区的生态环境压力；其次，转变经济增长方式，鼓励发展以高科技为支撑的海洋新兴产业，改变粗放型的开发模式，实现资源的节约、集约利用。对于石化、炼油、钢铁等传统产业，应强化环境准入和淘汰制度，制定相应的污染排放强度的地方指标，推进技术革新和监督审查，严格控制污染物超标排放，从源头上遏制污染物的产生。

（四）提升海洋科技创新与支撑能力

海洋科技水平和创新能力在很大程度上影响着一个国家海洋治理的现代化水平。海洋生态安全的现代化治理离不开海洋科技的强大，而海洋科技的发展需要海洋科技机构的强力支撑。因此，中国应重视海洋生态安全科学技术研究与人才培养，加大海洋生态系统研究关键领域的资金投入，并制定相应的研究规划，整合各高校、科研机构研发力量，创新合作机制。培养和选拔海洋科技和海洋生态安全治理人才，为中国海洋生态安全治理现代化以及海洋生态文明建设提供智力支持与人才保障，促进国家"海洋软实力"的提升。大力实施科技兴海战略，提升海洋科技创新能力，做好海水利用、生态修复、立体监测观测等重点领域的科技公关。此外，与海洋相关的企业作为技术创新的群体，政府也应制定相关政策，加大对相关企业的扶持力度。同时加强对国际海洋生态安全治理研究最新进展的跟踪，主动参与国际海洋生态安全治理重大计划，引进先进技术与经验，重点学习与创新海洋垃圾处理技术、海洋监测与评价技术、海洋生态修复技术等。充分利用现代信息化、智能化技术为海洋生态环境治理服务。增加海洋生态环境治理的财政资金投入，同时拓宽资金来源渠道，鼓励多种社会资金进入，鼓励治污产业化。

（五）增强海洋生态安全宣传教育

首先，应在各级政府及海洋行政管理机构中进行思想教育，转变政府官员的管理观念，树立海洋生态安全意识和海洋生态文明观，并建立健全相应的监督及考评制度确保其切实将现代化的治理理念应用到管理实践中。将资源消耗、生态环境安全损害等指标纳入各级政府官员考核体系中，完善奖惩制度，建立实施领导干部问责机制以及生态安全损害责任追求和赔偿制度，以激励和约束各级官员和企业的行政决策。

其次，由各级政府牵头，加强各类海洋公共文化服务设施建设，充分利用海洋保护区、博物馆、实验室、图书馆等设施，促进海洋生态环境保护知识"进教材、进课堂、进校园"，开展海洋生态安全的公众教育。发挥新闻媒介的舆论宣传作用，传播海洋生态安全理念，提高公众海洋生态保护意识。强化海洋监测信息公开，通过网站公开、新闻报道、渔场公示牌等多种方式进行信息公开和宣传教育，同时将海洋生态安全监测项目与食品安全管理部门相衔接，向公众提供科学真实的水产品安全状况报告。将海洋污染、生态破坏等现象和数据转换成与人体健康息息相关的数据知识进行推广和宣传，增强公众海洋生态安全保护意识。

（六）构建海洋生态安全多元主体共治体系

实现海洋生态安全治理现代化，单靠政府一方的力量是难以实现的，应充分调动社会各界的力量，包括企业、公民、大众媒体、非政府组织等。形成集政府、市场、社会多方调节力量于一体的现代化治理体系。市场是资源配置的一个重要手段，通过一些保障政策和资金的筹集，在市场范围内分散海洋生态环境风险是有效的。例如在海洋灾害防治方面，中国幅员辽阔，海洋国土面积较大，灾害频发，单纯依靠政府政策性保障措施难以弥补进行生态修复以及沿海受灾群众损失和进行生产、生活的再投入。因此，应发挥市场在资源配置中的调节作用，构建一套完整的风险分散体系，增加商业性海洋灾害保险，将其纳入风险防范体系，促进中国的经济发展和社会的稳定。对于涉海企业，要予以扶持和监督，督促其安全生产，合理排污，增强企业的社会责任意识，使其积极参与到海洋生态安全的治理中来。在一些政府部门难以发挥效用的地方，非政府组织可以起到补充作用。应制定政策从资金支持、人员培训、场地放宽等方面对非政府海洋生态安全保护组织的建立予以支持。培养并充分发挥非政府组织在海洋生态环境保护中的积极作用。另外，可以通过强化海洋政策制定程序中公众参与的法律规定、搭建海洋生态安全治理的网络支持平台等方式，来强化政府与公众之间的平等互动关系，畅通公众参与治理的渠道。

参考文献

国家海洋局．2015 年中国海洋环境质量公报［EB/OL］．http：//www.coi.gov.cn/gongbao/huanjing/

201604/t20160414_ 33875. html. ［2016-04-14］.

交通部. 我国海上船舶溢油应急反应工作综述［EB/OL］. http：//www. gov. cn/yjgl/2007-06/04/content_ 635398. htm. ［2007-06-04］.

中国海洋可持续发展的生态环境问题与政策研究课题组. 2013. 中国海洋可持续发展的生态环境问题与政策研究［M］. 北京：中国环境出版社.

朱红钧，赵志红. 2015. 海洋环境保护［M］. 青岛：中国石油大学出版社.

俞可平. 2014. 论国家治理现代化［M］. 北京：社会科学出版社.

丁晖，曹铭昌，刘立，等. 2015. 立足生态系统完整性，改革生态环境保护管理体制：十八届三中全会"建立陆海统筹的生态系统保护修复区域联动机制"精神解读［J］. 生态与农村环境学报，（5）：647-651.

郑功成. 2015. 全面提升立法质量是依法治国的根本途径［J］. 国家行政学院学报，（1）：26-30.

高艳，李彬. 2015. 海洋生态文明视域下的海洋综合管理研究［M］. 青岛：中国海洋大学出版社.

张江海. 2016. 整体性治理理论视域下海洋生态环境治理体制优化研究［J］. 中共福建省委党校学报，（2）：58-64.

张继平，熊敏思，顾湘. 2012. 中日海洋环境陆源污染治理的政策执行比较及启示［J］. 中国行政管理，（6）：45-48.

论文来源：本文原刊于《环境保护》2017 年第 7 期，第 47-51 页。

项目资助：中国海洋发展研究会重点项目（CAMAZD201502）。

公众参与海洋环境政策制定的
中美比较分析

顾　湘① 　王芳玺②

摘要：公众参与程度已经成为衡量一个国家或者地区海洋环境事业发达程度和海洋环境管理水平高低的一个重要标志，符合国际发展趋势。目前我国公众参与海洋环境政策制定的意识不强，参与的途径不多，方式也比较单一，流于形式。美国公众参与海洋环境政策制定早于我国，有诸多值得借鉴的经验。通过比较可以发现，加强海洋环境教育、拓宽参与途径、公开信息、完善法律等方面是提高我国公众参与力度与有效性的关键。

关键词：海洋环境；政策制定；公众参与

面对日益复杂的海洋环境问题，世界各国建立了多种海洋环境保护与治理的有效机制，并制定了相应的海洋环境政策，在海洋综合管理过程中发挥着重要的作用。这些政策制定的科学与否直接影响和制约着海洋事业的发展速度和方向，而科学合理的海洋环境政策制定过程是离不开公众积极参与的。海洋环境政策制定过程中的公众参与，是指作为主体的社会公众为表达和实现自身利益诉求通过制度化和组织化的途径与渠道，影响海洋环境政策和公共生活的过程，它强调参与的公众主体性、参与渠道的制度化和组织化、海洋环境政策的制定者和受政策影响的利益相关者之间的互动性，强调参与过程的有效性，体现公开、互动、协商、有效的原则。广泛的公众参与，是制定合理、科学的海洋环境政策的重要基础。

近年来中国海洋事业发展迅猛，仅仅依靠政府强制力量保护海洋生态环境和进行海洋综合管理的弊端及局限已经逐渐凸显，日益强大的社会需求催生着以政府为主导的公众参与机制的建立和有效运行。我国公众参与海洋环境保护的制度建设正处于起步阶段，实践经验不足。美国自20世纪60年代起，旨在支持扩大公民参与的民主机制逐渐兴起，在公共政策制定领域迅速发展。近年来，美国海洋环境政策制定过程中公众参与的程度越来

---

① 顾湘，女，南京信息工程大学法政学院，博士，副教授，研究方向：海洋环境保护与治理。
② 王芳玺，女，上海海洋大学海洋文化与法律学院，硕士，助教，研究方向：海洋环境保护与治理。

高、渠道越来越多、执行力越来越强。尽管中美两国在海洋环境政策目的与政策环境等方面存在较大差异，但两国通过鼓励公众参与以提高海洋环境政策的科学性、合理性、贯彻力、执行力等方面，从而实现保护海洋生态环境、可持续利用海洋资源的终极目标是一致的。因此，在比较的基础上借鉴美国经验，对完善我国公众参与海洋环境制度建设具有重要的作用和意义。

一、美国公众参与海洋环境政策制定的特点分析

美国作为资产阶级民主社会，其政治文化多样、复杂，在经历了 20 世纪 60 年代的公民权运动等一系列社会危机后，社会政策制定领域的公民参与开始迅速发展。据统计，到 1974 年底，公民参与社会项目管理的数量超过 60 年代末的 3 倍。在其后的数年中，参与数量再度增长了 50%。包括海洋环境在内的各种类型的政策制定过程中，其公民的政治参与程度是世界上最高的。美国政府规定在政策目标确定之后，要求在具体政策制定过程中必须充分发扬民主，广泛听取公民以及来自部门、地方、政策执行单位和各界的意见；在实际决策过程中，必须反复研究、论证政策的过程，以有利于政策的协调和完善，力避主观片面性；同时，公共政策的决策内容和制定过程，在不违反保密和国家安全的情况下，全部向公众公开。具体来说有以下几个特点。

1. 法律和制度保障

美国《国家环境政策法实施条例》对公众参与意见的反馈有非常详细的规定，即主办机关在准备最后的环境影响评价报告书时应考虑来自个人或集体的意见，并且采取以下一种或多种手段予以积极回应：第一，修正可选择方案，包括原方案；第二，制定和评估原先未加认真考虑的方案；第三，补充、改进和修正原先的分析；第四，做出事实资料上的修正；第五，解释所提意见因何不加采用。所有对环境影响评价草案的意见（不论是否被采纳）都应附在最终的环境影响评价报告书中，如果所提意见对环境影响评价草案修改是很小的，那么联邦机关可以将它们写在勘误表中，或附在环境影响评价报告书中。另外，美国在《2000 年海洋条例》中，也明确规定了公众参与的渠道，包括开放式公众听证会，提供文件供讨论等。美国海洋委员会在全国共召开了 16 次公众听证会，产生了 1 800 项听证材料。作为全国环境保护工作的国家级政府机构，美国环境保护局在制定、实施某项公共政策时，必须遵守 1946 年国会通过的《行政程序法》通告和评论所要求的步骤。其中对政策制定过程中的公众参与提出了明确的要求：一是"利益相关的团体都必须有机会通过提供数据和书面评议的方式参与规章制定"；二是"在参考相关团体的评议的基础上，部门必须在联邦注册处再次发表拟定规章的通告"；三是"部门要在最终的规章发布 30 日之后才能实施"，这表明最终规章发表后的 30 天等待期为受影响的团体提供了在联邦法院向规章提出质疑的机会。

2. 注重强化公民的海洋意识

为振兴、提高和普及海洋科学教育，美国确立了统一的国家推进体制，一方面不断充实教育网络，促进海洋学家与教育者的协作，加强民间团体与联邦政府之间的合作，推进

民间和学术界的合作研究，建立各省厅的横向科学研究计划；另一方面积极调整海洋和沿岸各领域的基础研究及应用研究战略。2003 年美国皮尤海洋委员会（Pew Ocean Commission）发布了名为《美国活力的海洋》（American Living Oceans）报告，阐述了海洋知识进入美国课堂的重要意义，敦促美国建立一个"新的海洋文化时代"。2004 年国会发布了《21 世纪海洋蓝皮书》，阐述和强调了海洋教育对于强化海洋环境意识、增强公众海洋认知、培养下一代海洋科学家的重要性。同年，一批从事教育和科研工作的美国专家学者，在网上发起了海洋文化研讨，形成了美国海洋文化指南。该指南后来成为了美国 12 年中小学海洋科学教育的基本原则，为海洋教育进入美国中小学课堂、在美国全国范围内普及和发展海洋文化奠定了基础。指南中指出具有海洋文化的公民应做到如下三点：一是了解海洋基本理论和主要概念；二是能够就海洋话题进行有意义的交流；三是能够分析和理解海洋及海洋资源相关信息，并做出有依据的、可靠的判断。

3. 公共组织积极参与政策的制定

美国公众为维护自身利益而组成的利益群体几乎遍布全国的各个角落，对各级政府的公共决策都产生了重大的影响。包括"压力集团"、院外游说集团、民众行动委员会或者特殊利益团体等公共组织积极向议会进行游说，被视为美国社会各阶层公众向立法机关表达利益诉求的一种传统而有效的方式。以环境保护方面为例，美国环保组织的政治影响力是非常强大的。以开发、享受和保护环境为宗旨的塞雷勒（SIERRA）俱乐部为例，目前拥有 70 万俱乐部成员，其活动是组织当地居民反对污染、保护环境，影响当地政府的决策，阻止没有控制的发展。主要通过参与立法过程保护环境，监督法律执行，成立政治委员会，支持对环保有利的候选人，也推荐自己的代表参与竞选。

4. 广泛和公开的公众获得政策信息渠道

美国有特定的法律要求政府包括海洋环境方面在内的所有政策制定要向公众公开，例如 1966 年颁布的"查讯自由法"意味着任何人都有权知道美国政府在做什么。美国的议会大楼是向公众开放的，公民可以自由进入议会大楼参观，索取资讯，以及在议会会场旁听。议会各委员会审议法案，大都是在举行听证会后才做出决断。美国大约有 9 个州规定举行公众听证会是议会委员会审议法案的必经程序，议会委员会的所有会议，除涉及委员会内部事务外，都要向市民公开，议会的会议议程和议员发言记录及时在议会网站上公布。媒体作为连接政府与公众的一个平台，它对议会活动，尤其是重点法案及立法进展情况，一般都进行跟踪报道，有的议会还编印了议会介绍手册、工作程序图表、棋类游戏等，向市民介绍议会知识。此外，议员还通过电话、电子邮件等方式与市民直接联系。

二、中国公众参与海洋环境政策制定的特点分析

1982 年以来，我国逐步建立了海洋环境保护机构，健全了海洋环境政策体系，海洋环境保护事业不断取得新进展。公众参与作为海洋环境公共政策制定的一个重要环节，在我国也得到了广泛的重视，公众参与意识与行动不断增强。1994 年，我国政府颁布《中国21 世纪议程》，明确规定中国实施可持续发展的总战略，同时强调公众的参与方式和参与

程度将决定可持续发展目标的实现进程。1996年，又颁布了《中国海洋21世纪议程》，表明我国政府坚持海洋可持续发展、实施海洋综合管理必须依靠公众参与的态度。1998年，颁布了《中国海洋事业的发展》白皮书，指出我国将在广泛动员社会各界参与海洋资源和环境保护方面继续努力。目前公众参与已成为我国环境保护的一项重要原则，但尚未真正成为一项法律制度，参与程度有待进一步提高。具体来说有以下几个特点。

1. 公众参与缺乏明细的法律和制度保障

《中国海洋21世纪议程》在第十一章《公众参与》中提到，"合理开发海洋资源，保护海洋生态环境，保证海洋的可持续利用，单靠政府职能部门的力量是不够的，还必须有公众的广泛参与……中国在组织民众参与保护海洋资源和环境方面已经做了一些工作……但是，从总体上说，政府职能部门广泛动员民众参与、各界民众自觉保护海洋资源和环境的意识还不强，有组织地动员民众参与的机制尚未形成"。《中国海洋事业的发展》中提到，"海洋综合管理的基本目的是保证海洋环境的健康和资源的可持续利用。为更好地做好这项工作，中国今后将在以下几个方面继续做出努力：……广泛动员社会各界参与海洋资源和环境保护，增强广大民众热爱海洋、保护海洋的意识"。但是现有的这些政策都很笼统，没有相应制度规定公众参与是海洋环境政策制定过程中必不可少的环节，也没有一部法律明确规定我国在组织公众参与海洋环境政策的制定方面究竟该如何进行，以及具体的参与方式、程序、程度和违规惩罚等。

2. 公众参与海洋环境政策制定的意识相对薄弱

随着公众参与理论的不断完善，公众参与公共管理、政策执行的主动性有了较大的提高。政府管理部门提倡建设服务型政府，主动接受公众监督的意识也逐步加强。但在政策制定中，作为政策制定主体的政府部门会根据自身利益得失选择政策制定的方式甚至内容，会按照符合自己利益的方向选择适当的政策制定模式。Brzezinski等的研究显示，公众参与海洋渔业资源评估及相关政策听证会的出席率与参会的出行距离与成本息息相关。政府部门往往可以利用这一关系，调控公众的参与程度。目前我国政府在组织公众参与海洋环境政策制定方面已经做了一些工作，但公众的参与大多是在政府或新闻媒体的引导下，或者是认识到某种危害性后的参与，自主性差。而真正意义上的公众参与是实现公众对政府的有效监督。这主要受两方面的影响：一是公众自身的限制，公众海洋意识薄弱，缺乏相应的海洋知识。公共决策往往带有较强的专业技术性，普通公众的相关知识有限，不能保证对政策的制定能够提出可行性意见或建议。同时，公众存在一定的狭隘性和自私性，例如，渔民的过度捕捞意愿与禁渔法规之间的矛盾等。二是决策者的限制，我国传统的决策是一种科层制的、自上而下的模式，海洋政策的决策者，即国家海洋行政部门，同其他政府行政部门一样，在长期的执政过程中，习惯于主宰政策制定过程。一方面，对公众缺乏应有的信任，觉得公众的专业性不强，无法做出合理决策；另一方面，在公众参与政策制定过程中，一旦公众的参与影响到部门或个人利益时，他们对公众参与的态度通常是消极甚至是抵触的。

3. 公共组织参与政策制定的影响力有限

随着我国经济社会的不断变革，公共组织在我国扮演着越来越重要的角色。2005年底我国拥有环保民间组织 2 768 家，目前比较著名的水环境保护民间组织有：自然之友、达尔问自然求知社、大海环保公社、深圳市蓝色海洋环保协会等。通常，民间环保组织会以公众代言人的身份参与环保部门的各项行政决策听证会，也会借助自行组织的活动与新闻媒体合作对海洋污染治理和生态环境保护的相关决策进行干预，同时在许多公共环境事件中，民间环保组织发起的诉讼案也越来越多。随着涉海环保组织规模和数量的不断壮大，在监督和保护海洋环境过程中的参与度越来越高。2011 年的渤海湾漏油事件中，民间环保组织采取依据专业分工协作的策略，持续推进信息的披露，通过借用微博、传统主流媒体以及公开信等方式，扩大该事件的社会关注范围，形成媒体热点。各环保组织分工明确，有的收集各种污染信息，有的跟传统媒体联系紧密，有的充分利用自有媒体的功能，有的实时跟进深入现场调查真实的污染状况。达尔问自然求知社、自然之友等 11 家民间环保组织再三呼吁国家海洋局等相关政府部门和单位主动并及时公开渤海溢油事故已查明的事实及调查进展，并尽快明确相关赔付方案。同时致信中海油和康菲要求道歉，并发起对中海油和康菲的公益诉讼，并向双方提出组织公益考察，确定真实的清污情况，收集证据，为该事件的顺利解决做出了一定的贡献。但目前我国与海洋有关的环保组织数量较少、发展规模有限、活动领域比较狭窄，在国内乃至国际上的影响力较小，制约了涉海环保组织作用的充分发挥。

4. 公众获取海洋环境政策方面的信息渠道狭窄

我国政府在政务的透明化、信息的公开化等方面做了不少努力，《环境信息公开办法（试行）》于 2008 年 5 月 1 日起正式施行，是我国目前唯一专门针对环境信息公开的部门法规，具有一定的法律约束力。其中明确了政府是法律规定的环境信息公开义务的必要承担者，对政府应依法公开的环境信息进行了明确规定。从可操作性和可实施性的角度出发，各市环保局的网站是目前环境信息的主要发布平台。2010 年对全国 116 个城市的环保局网站信息公开情况进行评估，结果显示，政府环境公开的信息量少和更新缓慢等问题普遍存在；信息的权威性、真实性、可靠性水平仍亟待提高；部分官方环保网站平台落后，人性化程度低，难搜到有用信息；政府主动公开以常规环境信息为主，敏感问题则有限。可见目前我国公众获取环境政策方面的信息渠道比较单一，海洋环境政策方面的信息更是少之又少，海洋环境信息范围狭窄严重制约了公众广泛、有效地参与海洋综合管理之中。参与政府管理是公众的权利，而要求公众支持政策、决策和方案，就必须允许公众拥有海洋环境方面的足够信息。

三、美国海洋环境政策制定过程中的公众参与对中国的启示

在公众参与海洋环境政策的制定方面，我国与美国有较大不同，在法律与制度保障方面，美国已经确立了相对完备的法律和制度体系，高度重视公众反馈的意见，并采取合适的途径加以采纳，而我国亟待建立一部甚至多部对公众参与海洋环境政策制定的具体方式、程序、程度等方面提出明确规定的法律或法规；在公民的海洋意识方面，美国政府比较重视教育投入，而我国政府的重视程度仍然有待提高；在公众参与程度方面，美国很多公众组织和利益团体积极参与到政策的制定过程中，而我国公众参与的积极性不高，相关

公共组织影响力也有限；在公众获取信息方面，美国公众可以通过多种渠道和途径了解政策的制定过程并参与其中，而我国信息公开尚处于起步阶段，还有待进一步完善，公众获取有关信息十分有限，不利于参与政策的制定。综上所述，借鉴美国的先进经验，能够为加强和改进我国海洋环境政策制定中的公众参与提供一些有益的启示。

1. 普及海洋知识，加强公众海洋意识教育

公众提高参与海洋环境政策制定的能力，首先必须具备一定的海洋环境知识。针对我国公众海洋知识普遍缺乏、海洋意识和海洋法制观念比较淡薄的情况，应加大海洋法律、法规宣传教育力度，利用各种宣传手段普及海洋法律、法规和海洋知识。教育部制定相应的规章制度，要求从基础教育到高等教育，都应设立海洋教育通识课程，有条件的城市建立更多的海洋博物馆和海洋水族馆，使青少年从小就接受海洋知识的教育，形成全社会关注海洋、开发海洋、利用海洋、保护海洋的良好氛围，不断提高公众对海洋可持续发展战略的认识，最终为公众有效参与海洋环境政策奠定基础。

2. 创新参与形式，充分发挥环保组织的作用

环保组织作为一种代表社会公益力量的民间组织，它不仅独立于政府之外，而且还具有整合社会资源、促进公民参与的能力。加强和促进海洋环境保护类民间组织参与海洋环境政策制定过程，有利于提高海洋环境政策的公正性、民主性科学性。海洋环境保护类民间组织主体一般包括沿海居民、海洋权益维护者、海洋环境爱好者、海洋专家和学者、海洋行政部门下设的非政府机构等。不同于海洋行政部门的宏观管理和调控，环保组织掌握着一部分与公众生活和生产密切相关的微观的、具体层面的信息，往往是自下而上地思考和解决海洋环境保护问题，可以为海洋环境政策的制定和完善提供更详实的数据和资料。因此，行政管理部门应该牵头整合更多的民间海洋环保组织积极参与海洋环境政策的制定。

3. 信息公开，保证公众的知情权

海洋环境政策信息对公众开放的程度，在某种意义上决定了公众参与制定海洋环境政策的程度，也决定了海洋环境政策是否符合海洋可持续发展的需要。一个成熟的公众社会中，政府应采取各种方式向公众发布信息，为公众提供相关资讯，保证公众的知情权，这是促使和保证公众参与的先决条件，信息公开的程度和获取信息的途径直接影响公众参与的广度和深度。海洋行政主管部门应尝试建立新闻发言人、公告等信息公开制度，使海洋环境政策更加透明，增加公众的海洋知识，在不涉及国家安全和机密的前提下，所有海洋环境政策都应及时地向社会公开，不但政策内容要公开，而且决策程序也要公开，鼓励公众反馈意见。因为决策程序公开本身就体现了公众和行政主管部门之间的信任合作关系，而信任合作关系的建立能从根本上消除抵触与冲突，增进和谐社会的构建，最终有利于海洋环境政策的有效实施。

4. 拓宽公众参与海洋环境政策制定的渠道

互联网为公众参与政策制定提供了一个更加方便、快捷的途径，使公众直接参与公共政策的制定过程成为可能。因此，在海洋环境政策制定的过程中应首先在网络上发布草

案，积极宣传鼓励公众更多关注和参与讨论，使政策的讨论被无限放大，确保尽可能多的利益相关个人和群体都能积极参与，通过网络这种参政议政的新渠道，共同为制定、修改和完善海洋环境政策集思广益。但网络是把双刃剑，在方便公众参与海洋环境政策制定的同时，也可能产生和传播虚假信息等误导公众，对海洋环境政策的制定造成阻碍。因此必须通过增强网络信息基础设施和安全建设、建立健全网络环境下公众参与政策制定的制度化、健全网络伦理道德规范体系建设和法律建设等措施，为公众通过网络有效参与海洋环境政策的制定提供一个健康、安全的环境。

5. 完善公众参与政策制定的法律和制度

完善的法律和制度是保证公众有效参与海洋环境政策制定的前提，将公众参与过程中涉及到的所有步骤都逐步明确规范，并将其纳入立法体系中，通过法律保障公众参与权利得以实现和保障公众参与的渠道畅通。公众参与海洋环境政策制定方面目前所需要完善的制度还有许多，如建立征集公众建议制度、完善社会公示制度、完善社会听证制度、完善公众参与方式、完善政策监控机制等。完善公众参与的制度和程序，将激发公众参与海洋环境政策制定的热情，培养和增强公众的民主意识、参政议政能力，还可以使海洋行政主管部门与公众之间沟通顺畅，制定的海洋环境政策更有利于公众的利益，也使政策在后期的实施过程中所受到的阻力最小。

参考文献

周红云 . 2011. 公共政策制定中公众的有效参与［J］. 人民论坛，02.

Advisory Commission on Intergovernmental Relations［A］. Citizen participation in the American federal system［Z］. Washington, DC：U. S. Government Printing Office，1979.

American：National Environmental Policy Act. 1969. 12.

时磊 . 2007. 海洋政策制定中的公民参与问题［J］. 海洋信息，04.

伦纳德·奥托兰诺 . 2004. 环境管理与影响评价［M］. 北京：化学工业出版社 .

郭景朋，王雪梅 . 2010. 美国海洋文化的基本理论和主要概念［J］. 海洋开发与管理，8.

国家海洋局 . 1996. 中国海洋 21 世纪议程［M］. 北京：北京海洋智慧图书有限公司 .

国务院新闻办公室 . 1998. 中国海洋事业的发展［R］. 5.

Danielle T. Brzezinski, James Wilson, Yong Chen. 2010. Voluntary Participation in Regional Fisheries Management Council Meetings［J］. Ecology and Society，15.

李文超 . 2010. 公众参与海洋环境治理的能力建设研究［D］. 青岛：中国海洋大学 .

张新华，陈婷 . 2011. 中美环保 NGO 发展比较及对中国的启示［J］. 环境科学与管理，8.

周军，李霞，周国梅，等 . 2011. 我国政府环境信息公开现状评估及政策建议［J］. 环境保护，13.

论文来源：本文原刊于《上海行政学院学报》2015 年第 2 期，第 105-111 页。

项目资助：中国海洋发展研究中心项目（AOCQN201317）。

沿海地区风暴潮灾害的脆弱性
组合评价及原因探析

袁　顺[①]　赵　昕[②]　李琳琳

摘要： 以典型海洋灾害风暴潮为研究对象，以国家海洋局统计公报数据、国家统计局和各省市统计数据为数据源，将粗糙集理论（RST）与组合赋权策略（CWM）结合建立了基于 RST-CWM 的风暴潮灾害脆弱性组合评价模型。利用粗糙集的知识简约属性、投影寻踪组合赋权思想进行沿海各省市地区海洋风暴潮灾害脆弱性的综合评价。测算结果表明：沿海地区基于 RST-CWM 模型的风暴潮灾害脆弱性呈现出一定的空间差异性，但研究区各省市海洋风暴潮灾害脆弱性与地理位置分布没有必然的联系，说明在沿海地区开展海洋防灾减灾工作，若只注重地理区划并不一定能改善当地风暴潮脆弱程度。研究区各省市海洋灾害脆弱程度大小排序为：山东>天津>福建>广东>广西>辽宁>江苏>浙江 >海南>河北>上海，同时，各省市的脆弱性要素即暴露性、敏感性及适应性构成有所差异，说明完备海洋风暴潮防灾减灾机制的驱动力是多样的，风暴潮防治应综合考虑灾害本身和人的因素。

关键词： 风暴潮灾害；脆弱性；组合评价；粗糙集理论

一、引言

长期以来，我国沿海地区在经济社会发展过程中发挥着主导作用，但同时也面临诸多威胁其可持续发展的复杂自然因素。海洋风暴潮灾害与沿海地区经济社会稳定联系密切，然而当前针对风暴潮灾害风险与沿岸地区经济社会安全研究较少。进行基于脆弱性评估的自然灾害研究将成为分析社会经济系统与自然环境系统耦合关联，探究经济系统与自然环境系统对灾害响应能力、抑制机制和驱动力的新视角。同时，脆弱性评估也是揭示同类且同强度自然灾害在不同地理区域致损程度及破坏性强弱的原因并为沿海各地区科学制定防灾减灾策略提供有效技术支撑的工具。

---

①　袁顺，男，博士，主要从事风险评估、保险研究。
②　赵昕，女，博士，中国海洋发展研究会理事，中国海洋大学经济学院院长，教授、博士生导师，中国海洋发展研究中心经济与资源环境研究室副主任，主要从事数理金融与风险管理、海洋经济计量分析研究。

沿海各省市地处我国海陆交叉边界，这些地区的健康发展直接关系我国经济社会的稳定。自20世纪80年代以来，中国作为新兴经济体中的代表，是面临海洋灾害风险最严重的国家之一。据《国家海洋灾害统计公报》显示：海洋灾害在近20年对我国的致损年均增幅高达30%，是各类自然灾害中导致社会经济损失增长最快的灾种。2013年我国海洋灾害导致的直接经济损失达163.48亿元，其中风暴潮灾害导致的直接经济损失达153.96亿元，占沿海地区海洋灾害直接经济损失的94.2%，红色预警级别的台风风暴潮过程为新中国成立以来同期最多，风暴潮逐渐成为为威胁我国生态安全的最主要自然灾种，严重影响我国沿海地区的可持续发展。

当前关于灾害脆弱性组成要素的研究多样且观点不一致，脆弱性通常认为是暴露单位由于受到扰动而易于受到伤害的程度以及其适应（应对、恢复）灾害的能力，这种能力与暴露性、应对能力、危险程度、稳健性有关。在此，将地区风暴潮灾害脆弱性界定为地区暴露于风暴潮灾害的人口财产容易遭受损害的程度以及地区在灾害发生后的应急、恢复能力。依据此描述，本文综合灾害经济学、区域经济发展理论、生态学，基于灾害视角的脆弱性评价机理并利用Tunner等的脆弱性要素构成界定，将沿海地区面临的主要海洋气象风暴潮灾害与地理区域暴露性、经济发展敏感性、社会承受适应性结合起来，进行基于RST-CWM组合评价框架下沿海海洋风暴潮灾害脆弱性评估。通过研究整合粗糙集筛选理论与组合赋权思想，为沿海各省市评定风暴潮灾害致损等级以及制定针对性的风暴潮风险防范策略提供科学、合理的依据。

二、研究区域概况与研究方法

（一）研究区域概况

沿海地区地处我国东部，与日本、韩国以及东南亚各国相望，是亚洲陆地板块和太平洋板块的交界区域，同时该区域地形多为平原丘陵，也是我国海陆交通最便利、人口最密集且经济最为发达的地区。行政区划上自北向南包括辽宁、天津、河北、山东、江苏、浙江、上海、福建、广东、广西和海南11个省市地区。我国沿海地区处于季风气候区，受夏季热带气旋以及冬季温带气旋或冷空气影响，常年面临风暴潮灾害风险；同时受主要潮灾半日潮影响，沿海地区在热带气旋、寒潮等灾害气象过程中面临的风暴潮灾害损失可能性相对显著。因此，定量评估沿海地区风暴潮脆弱性对这些区域具有较强的现实意义。

（二）研究方法

（1）粗糙集：利用粗糙集理论（RST）对指标信息进行筛选，通过其知识简约核心功能对脆弱性指标体系进行精简，删除冗余属性指标并优化信息系统的决策规则或分类。

（2）单一评价方法集：利用单一评价方法进行风暴潮脆弱性单一评估，该方法集中涵盖的典型代表性方法包括：①改进序关系法；②熵值法；③坎蒂雷赋权法；④投影寻踪聚类模型。单一评价方法由于评价属性及评价机理存在差异，为解决该问题有必要寻求新的解决路径。

（3）组合赋权法：利用离差最大化组合赋权策略对单一评价框架下的结果进行加权，其优势在于：①最大化脆弱性值的差异程度便于排序及评价；②通过利用Lagrange函数保证最优解唯一并避免非线性规划性局部最小值陷阱；③数值算法优化并能保证权重值求解的准确性及快捷性。

三、基于 RST-CWM 模型的沿海地区风暴潮脆弱性组合评价

利用波兰学者 Z. Pawlak 提出的粗糙集理论（RST），为避免单一赋权的片面性，引入组合评价策略（CWM），将粗糙集理论和组合评价策略结合进而构建 RST-CWM 模型。评估模型具有明显的创新优势，即模型摆脱先验信息的束缚，不仅能利用已知数据库知识近似描述不确定或不精确的知识，挖掘非完备数据隐含信息并揭示其潜在的规律，同时还可通过多种单一方法的"重组"实现单一评价机理的优势互补，强化结果的一致性和代表性进而确保研究结论的准确、可信。

（一）脆弱性评价指标体系的初步构建

针对脆弱性的内涵，不同学者构建了不同的指标体系，但这些指标体系的构建多侧重于专一层面，无法综合反映灾害脆弱性综合程度。在此，本文基于灾害脆弱性构成要素，依据科学性、完备性、可操作性等原则，综合考虑风暴潮灾害实际对沿海地区农作物、海水养殖、房屋、海岸工程、作业船只等造成的影响，选取 30 个代表性指标。从灾害暴露性、敏感性、适应性三个层面建立基于 RST-CWM 思想的海洋风暴潮脆弱性初步评价指标体系。指标框架以灾害脆弱性要素为经度、以沿海省市潮灾害脆弱性因子为纬度，相关数据来自《2012 年中国海洋统计年鉴》及同期《中国统计年鉴》《中国城市统计年鉴》《中国保险统计年鉴》《中国财政统计年鉴》及各沿海省市统计年鉴，指标体系具体见表 1。

（1）暴露性指标：暴露性指标分为绝对指标和相对指标，绝对指标是从绝对规模视角衡量沿海省市风暴潮灾害社会、经济方面的暴露性，包括：①沿海城市人口：衡量人口方面的暴露性，人口数量越多，其暴露于风暴潮灾害下的受灾人口越多进而导致脆弱性越高；②GDP 与 GOP：GDP 用于衡量沿海地区宏观经济发展水平，通常经济越发达地区暴露于风暴潮灾害的财产越多，灾害脆弱性越高，同时考虑到风暴潮灾害对海洋经济的影响显著，因此同样将 GOP 纳入沿海省市暴露性的评价体系；③其他绝对指标：风暴潮灾害通常使对耕地、海水养殖淹没受损，海岸工程受损，在此将耕地面积、海水养殖面积、确权海域面积、海岸线长度纳入暴露性的衡量指标体系中。相对指标则包括人口密度、海洋经济密度、人均GDP、经济密度、建筑密度，这些指标从相对规模角度衡量沿海省市风暴潮灾害暴露性。

（2）敏感性指标：该体系中的主要指标用来衡量沿海省市风暴潮灾害敏感性，①经济层面：选取海洋经济生产总值在地区生产总值占比指标原因在于：相较于陆域经济，风暴潮灾害对海洋经济的影响最为显著，同等经济发展水平的沿海地区由于其海洋经济发达程度的不同所面临的潜在经济损失也不同，其可能遭受的损失越大，敏感性越高；②人口层面：风暴潮灾害发生时，老人、儿童、妇女发生伤亡的可能性更大，沿海地区各省市中若这三类人群所占的比例越高则灾害敏感性越高，选取海洋经济生产总值在地区生产总值占比、65 岁及以上人口占比、15 岁以下人口占比、女性占比作为沿海省市风暴潮灾害敏感性衡量指标，而且高中以下学历占比可以作为衡量区人口素质指标，一般高中以下人口占比越高表明该省市人口素质越低，该地区人口整体防灾减灾意识、风险分散意识相对越低，地区风暴潮灾害敏感性越高。

表1 基于 RST-CWM 的海洋风暴潮脆弱性初步评价指标体系

	一级指标	二级指标
基于 RST-CWM 的海洋风暴潮脆弱性初步评价指标体系	暴露性（+）	沿海城市人口（万人）
		GDP（亿元）
		GOP（亿元）
		耕地面积（千公顷）
		海水养殖面积（公顷）
		确权海域面积（公顷）
		海岸线长度（千米）
		人口密度（人/千米^2）
		海洋经济密度（万元/米）
		人均 GDP（元）
		经济密度（万元/千米^2）
		建筑密度
	敏感性（+）	海洋经济生产总值在地区生产总值占比（%）
		65 岁及以上人口占比（%）
		15 岁以下人口占比（%）
		女性占比（%）
		高中以下学历占比（%）
	适应性（−）	人均财政支出（元）
		公共安全及资源气象等财政支出占比（%）
		城镇居民人均可支配收入（元）
		农民人均纯收入（元）
		城乡居民人均储蓄额（元）
		每千人医院和卫生院床位数（张）
		每千人卫生技术人员（人）
		人均城市道路面积（平方米/人）
		人均绿地面积（平方米/人）
		城市绿化覆盖率（%）
		保险密度（元）
		保险深度（%）

注："+"表示该指标为效益型指标，"−"表示该指标为成本型指标，数据主要来自《海洋灾害统计公报》及各类统计年鉴。

（3）适应性指标：该准则层同样可分为 3 个层面。①财政支出层面：选取人均财政支出、公共安全及资源气象等财政支出占比作为衡量指标，其中，人均财政支出从相对规模角度衡量沿海省市财政支出，人均财政支出越多，说明该地区用于经济社会发展管理、设施建设的投入越多，灾害适应性越高进而海洋风暴潮灾害脆弱性越低；公共安全等财政支出占比则体现政府对公共安全、社会保障、气象预报的重视程度，该比重越高则意味着灾害发生后政府的应急能力高、地区对灾害的适应性强以及该地区风暴潮灾害脆弱性低；②居民收入层面：居民收入水平越高表明居民灾后恢复能力迅速、地区灾害适应性强及脆弱性低，具体指标涵盖城镇居民人均可支配收入、农民人均纯收入、城乡居民人均储蓄额。③基础设施建设层面：每千人医院和卫生院床位数、每千人卫生技术人员衡量地区医疗条件，地区医疗条件与灾后受伤人员的有效治疗呈正相关；人均城市道路面积衡量的是地区交通情况，道路面积越大越有利于灾后人员疏散及物资运输；人均绿地面积、城市绿化覆盖率则衡量政府对环境保护的重视程度，指标数值越高则表明该地区越重视环境保护进而提高灾害适应性；而保险密度、保险深度能够衡量地区人身保险、财产保险的普及程度，指标数值越高表明地区灾害风险越分散进而导致地区受损程度越低、灾害适应性越强及灾害脆弱性越低。

（二）RST 框架下的评价指标集的简化

风暴潮脆弱性评价指标集的简化是依据粗糙集属性约简这一重要属性特征，其中数据指标的筛选步骤包括：①采用数据同趋势化及无量纲化对评价指标集数据进行预处理，利用模糊 C 均值聚类将初始评价指标分为 2 类并实现各个评价指标的离散化；②运用粗糙集理论中基于遗传算法的属性简约方法，对暴露性、敏感性、适应性三方面的评价指标分别进行属性约简获得单个准则层下可能包括多组评价指标组合；③针对层级中出现指标不唯一的组合，依据指标构建完整性原则进行筛选并确定最终风暴潮灾害脆弱性评价指标体系（表2）。

表 2　基于 RST-CWM 的海洋风暴潮脆弱性最终评价指标体系

一级指标	二级指标
暴露性（x_1）	沿海城市人口（x_{11}）
	GOP（x_{12}）
	耕地面积（x_{13}）
	海水养殖面积（x_{14}）
	海岸线长度（x_{15}）
	人均 GDP（x_{16}）
敏感性（x_2）	GOP 占比（x_{21}）
	65 岁及以上占比（x_{22}）
	15 岁以下占比（x_{23}）
	女性占比（x_{24}）
适应性（x_3）	公共安全等财政支出占比（x_{31}）
	城镇居民人均可支配收入（x_{32}）
	农民人均纯收入（x_{33}）
	每千人医院和卫生院床位数（x_{34}）
	城市绿化覆盖率（x_{35}）
	保险深度（x_{36}）

（三）CWM 下风暴潮脆弱性指标权重计算

在利用组合赋权策略进行指标权重测算之前，依据表 2 体系框架下的指标归一化数据进行重新筛选，避免传统方法确定权重主观性并弥补一般粗糙集在确定权重不能完备表达偏好信息的缺陷。通过对所筛选的指标标准化数据进行权重赋权即可测得不同区域风暴潮脆弱性评价值，而基于 CWM 的权重确定依据如下组合策略进行。

1. 确定单一评价方法并进行评价值测算

单一评价方法集选取原则包括评价方法选择属性（指标）相同且各评价方法的机理存在一定的差异性。基于这一原则采用依据指标贡献率确定权重的改进序关系法、依据信息量确定权重的熵值法、依据指标与评价值间相关程度确定权重的坎蒂雷赋权法以及保持指标体系数据空间结构角度确定权重值的投影寻踪聚类模型。单一评价方法集的选择兼顾评价机理的差异性以及评价属性的一致性，利用所得权重对标准化的数据指标加权可测得各单一评价下不同沿海地区风暴潮脆弱性评价值（表 3）。

表 3　基于单一评价方法的风暴潮脆弱性评价结果

地区	改进序关系分析法		熵值法		坎蒂雷赋权法		投影寻踪聚类模型	
	评价值	排序	评价值	排序	评价值	排序	评价值	排序
天津	0.568 3	2	0.528 4	5	0.667 5	1	0.441 0	9
河北	0.410 1	10	0.431 5	9	0.246 1	11	0.573 9	4
辽宁	0.516 1	6	0.533 9	3	0.449 9	8	0.572 3	7
上海	0.317 7	11	0.276 5	11	0.503 3	5	0.119 6	11
江苏	0.506 7	7	0.511 9	7	0.478 8	7	0.526 4	8
浙江	0.488 0	8	0.487 6	8	0.538 8	3	0.440 7	10
福建	0.552 7	3	0.554 5	2	0.508 4	4	0.574 3	3
山东	0.649 8	1	0.673 1	1	0.600 9	2	0.708 8	1
广东	0.542 7	4	0.527 0	6	0.494 0	6	0.572 5	6
广西	0.523 4	5	0.532 5	4	0.313 9	9	0.706 2	2
海南	0.448 3	9	0.430 6	10	0.256 5	10	0.572 7	5

2. 基于 CWM 策略的组合权重测算

表 3 中各单一评价方法得到的评价值存在差异性表明单一评价体系下评估结果可能存在一定的片面性差异，这将影响评价的准确性和可行度，在此，本文采取加权策略对上述单一评价方法进行组合赋权进而实现各单一评价方法优势的结合。

（1）组合策略实施的前提是方法之间具有一致性，因此方法组合之前需进行方法集相容性检验。为克服早期相容性检验方法 Kendall 一致性系数检验无法直接验证评价值是否存在一致性的弊端，本文利用 ICC 法（组内相关系数法）进行相容性检验，结果显示改进序关系分析法、熵值法、坎蒂雷赋权法、投影寻踪聚类模型通过相容性检验，ICC 统计量及 F 检验统计量具体如表 4 所示。

表 4　相容性检验结果

	ICC 统计量	95% 置信区间		F 检验			
		下界	上界	F 统计量	df_1	df_2	P 值
单一评价方法	0.385	0.090	0.726	3.507	10	30	0.004
评价平均值	0.715	0.284	0.914	3.507	10	30	0.004

（2）CWM 权重组合策略则利用离差最大化组合赋权方法，对单一评价方法权重向量

利用公式 $\theta_j^* = \dfrac{\sum\limits_{i=1}^{m}\sum\limits_{t=1}^{m}|f_{ij}-f_{tj}|}{\sum\limits_{j=1}^{n}\sum\limits_{i=1}^{m}\sum\limits_{t=1}^{m}|f_{ij}-f_{tj}|}$，$(j=1,2,\cdots,n)$ 进行归一化处理得到单一评价方法

改进序关系分析法，熵值法，坎蒂雷赋权法，投影寻踪聚类模型的组合权重系数分别为：0.200 3、0.207 9、0.308 9、0.282 9，利用属性 G_s 的组合计算公式 $w_s = \theta_1^*\omega_{1s} + \theta_2^*\omega_{2s} + \cdots + \theta_n^*\omega_{ns}(s=1,2,\cdots,c)$ 得到各指标的组合权重，其中，f_{ij}，f_{tj} 分别为评价对象 i、对象 t 在单一评价 j 方法下的评价值，ω_{js} 为 j 方法下指标 s 的权重值，组合权重如表 5 所示。

表 5　评价指标组合权重

x_{11}	x_{12}	x_{13}	x_{14}	x_{15}	x_{16}	x_{21}	x_{22}
0.068 6	0.068 6	0.060 6	0.050 4	0.046 1	0.071 5	0.076 9	0.056 9
x_{23}	x_{24}	x_{31}	x_{32}	x_{33}	x_{34}	x_{35}	x_{36}
0.058 1	0.050 1	0.062 8	0.051 1	0.059 4	0.079 4	0.065 8	0.073 6

（3）基于 RST-CWM 模型的沿海省市风暴潮灾害脆弱性评价结果。依据表 5 中权重及筛选后的指标标准化数据进行线性加权，得到沿海地区不同省市之间的风暴潮灾害脆弱性及其暴露性、敏感性、适应性。需要说明的是，适应性是成本型指标，其评价值越小，表明该地区的适应性越高，各项指标具体的评价值如图 1 所示。

四、基于行政单元的评价结果分析

通过对我国沿海各行政单元风暴潮灾害进行基于 RST-CWM 模型的脆弱度水平评估，反映沿海地区各省市的均衡风暴潮灾害的致损水平。各省市内基于 RST-CWM 模型的风暴潮脆弱程度大小排序为：山东>天津>福建>广东>广西>辽宁>江苏>浙江 >海南>河北>上海，风暴潮灾害脆弱性程度依次呈现降低的态势即风暴潮所造成的综合影响程度逐渐削弱，但基于 RST-CWM 模型风暴潮脆弱程度并未呈现明显的空间地理特征。沿海地区风暴潮脆弱性评价指标体系的完备性以及组合赋权思想保证脆弱性测度是综合反映沿海省市风暴潮脆弱水平的加权平均化指标，依据数理统计常用的等分思想将风暴潮脆弱性简要划分为高度脆弱性、较高脆弱性、中度脆弱性、较低脆弱性、低度脆弱性，临界点分别为0.587 3、0.516 3、0.445 2、0.374 1，依据测度结果可知，沿海各省市地区以风暴潮中度

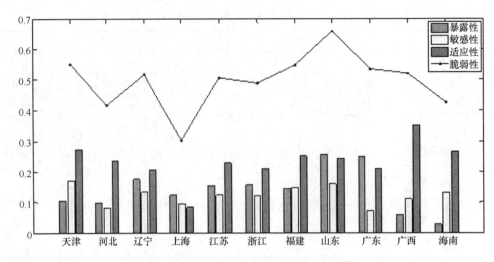

图1　沿海省市风暴潮灾害脆弱性评价值

脆弱水平及以上为主，风暴潮灾害对东部及东南沿岸地区的影响相对显著。

山东不仅是耕地面积居全国之首位的农业大省，同时海岸线居全国第三并拥有明显的海洋区位优势及资源优势显著，海洋生产总值仅次于广东；同时，山东高敏感性主要体现在山东省人口老龄问题突出，老龄人口规模位居全国之首且占人口总量比例也很高，仅次于江苏，此外女性占比也相对较高，仅次于天津、江苏、浙江。

较高脆弱性地区包括天津、福建、广东、广西、辽宁且脆弱性依次降低：①天津风暴潮脆弱性位列山东之后排在沿海省市第二位，但与前者不同的是天津具有很高的敏感性和适应性，原因分别在于天津海洋经济在全市经济中占据重要地位，海洋生产总值占比位列全国之首且老龄人口占比、女性占比分别位列全国第四、第三位，同时天津市绿化覆盖率最低、保险深度仅高于广西，而且天津市政府对公共财政安全支出仅处于中等水平。②福建省次之，其暴露性、敏感性、适应性排序相对较为集中且较为靠前，分别位于第六、第三、第四位，其中，福建省女性占比很高且仅次于浙江，海洋生产总值在地区经济中的占比也比较重要，仅位列天津、上海、海南之后；然而福建医疗条件较差，每千人医院和卫生院床位数位列倒数第三，同时其公共安全等财政支出占比较低，仅高于江苏、福建。③广东省风暴潮灾害脆弱性位列第四的原因主要在于其暴露性排名位于沿海第二，广东社会经济发达海洋经济总值排名全国第一位且沿海城市人口明显高于其他省市，而且广东的海岸线最长，海洋资源丰富，海洋经济发展迅速；受老龄人口占比及女性人口占比均最低的影响其风暴潮敏感性最低进而拉低了其脆弱性排名。④广西脆弱性较高的原因在于其适应性最低，适应性显著低于其他省份，广西经济社会发展相对落后，其海洋生产总值和人均生存总值均位列全国最低，而且广西的沿海城市人口位列倒数第二，这导致广西的暴露性及敏感性均不高；但广西落后的医疗条件包括全国每千人医院和卫生院床位数全国最少，以及落后的经济条件导致该自治区人民生活水平较低，包括农民人均纯收入全国最低、城镇人民可支配收入位列倒数第三，再加上拥有最低的保险深度，这都导致广西拥有最低的适应性。⑤辽宁省受暴露性、敏感性相对较高分别位于第三、第四位的影响，但其仅高于上海的适应性直接导致其脆弱性处于较高水平，辽宁省海洋渔业很发达，其海水养殖面积位于全国首位，海洋经济发展相对成熟，但辽宁对公共安全等的财政支出占比最高则降低了灾害适应性。

处于中度脆弱性及以下的省份可划分为 3 个层次，其中第一层次主要指处于中度脆弱水平的省份，包括江苏、浙江。江苏省风暴潮灾害脆弱性位于第七位且其暴露性、敏感性、适应性分列第五、第六、第七位的中等水平，尽管江苏老龄化严重，但受其他指标表现一般的影响，江苏的灾害脆弱性表现一般；浙江风暴潮灾害脆弱性位于第八位，该省暴露性、敏感性分别处于中等偏上和中等偏下水平，但该省适应性相对较高，仅低于辽宁、上海，这主要因为浙江经济发达进而其城镇居民人均可支配收入及农民人均纯收入相对较高。第二层次则指的是处于较低风暴潮脆弱性的省份，包括海南、河北，前者风暴潮灾害脆弱性位于沿海各省市倒数第三，其原因主要在于该省暴露性最低、敏感性中等且适应性较低，由于海南社会经济欠发达且沿海城市人口最少，同时，海南海洋生产总值及人均生产总值位列倒数第二，此外，在适应性方面，海南情况与广西类似，当地人民生活水平较低、医疗条件相对落后且保险深度较低。与之形成对比，河北省尽管风暴潮灾害脆弱性位于倒数第二位，但其主要原因与海南省存在很大不同，突出表现在其较低的暴露性和敏感性以及处于中等水平的适应性，河北海岸线较短且仅高于天津市、上海市，导致其沿海海洋资源缺乏，同时，该省海洋经济发展较慢且总量仅高于广西、海南，海洋经济在地区生产总值中的占比仅位居倒数第二位。第三层次则指的是所有沿海地区具有最低的风暴潮灾害脆弱性的上海市，上海具有中等偏下的暴露性、较低的敏感性及最高的风暴潮灾害适应性综合作用形成，在风险暴露层面，上海地处我国沿海地区中部且地理位置优越，受风暴潮影响不及南部的粤、闽、浙地区，同时也不及其北部的苏、鲁等地；同时受其人口竞争优势的影响，上海市 15 岁以下人口占比最低，且其女性占比仅高于广东位列倒数第二位；但最明显的是上海市人民生活水平、医疗条件、保险深度均是位列全国之首，良好的基层设施条件为上海应对风暴潮灾害提供了极为可靠的支撑。

五、结论

本文以灾害脆弱性评价为切入视角，将粗糙集理论和组合赋权方法进行优化并实现组合策略优势互补，在删除冗余指标保证指标体系科学性、评价高效的同时，通过多种单一评价的综合，确保评价结果客观反映指标体系内含信息，提高评价的准确性及可信度；同时，利用模糊组合评价在我国典型海洋风暴潮灾害分析过程中，针对性地识别沿海各省市风暴潮灾害脆弱性程度，从暴露性、敏感性及适应性 3 个层面细化了不同省市脆弱性高低差异的具体成因，弥补了现有灾害脆弱性测度方法的不足并获得相对均衡的测度结果；此外，实证结果显示沿海各省市地区风暴潮灾害脆弱性呈现出一定的空间差异性，但风暴潮脆弱程度与地理位置分布无必然的联系。脆弱性的差异主要由暴露性、敏感性及适应性对应地理、经济及社会条件差异所致，这说明完备风暴潮防灾减灾机制的驱动力是多样的。因此，沿海地区海洋防灾减灾工作，不仅需要考虑单一地理区划，同时还应考虑灾害本身和人的因素。

参考文献

Pelling M. 2004. Visions of risk：a review of international indicators of disaster risk and its management ［M］. University of London. King's College.

Zapata R，Caballeros R. 2000. Un tema del desarrollo：vulnerabilidad frente a los desastres ［J］. CEPAL, Naciones Unidas，Mexico，DF，45.

Kasperson J X，Kasperson R E. 2013. Global environmental risk ［M］. Routledge.

Füssel H M. 2007. A generally applicable conceptual framework for climate change research, Global Environmental Change ［J］. Global Environmental Change，17(2)：155-167.

Turner II B L，Kasperson R E，Matson P A，et al. 2003. A framework for vulnerability analysis in sustainability science ［J］. Proceedings of the national academy of sciences，100 (14)：8 074-8 079.

李映红，陶占盛，秦喜文，等. 2011. 基于组合赋权法的地质灾害可拓学评价模型研究 ［J］. 哈尔滨工业大学学报，11：141-144.

Pawlak Z. 1982. Rough sets ［J］. International Journal of Computer & Information Sciences，11(5)：341-356.

Pelling M. 2004. Visions of Risk：A Review of International Indicators of DisasterRisk and its Management ［R］. ISDR /UNDP：Kingps College，University of London，1-56.

吕跃进，张旭娜，韦碧鹏. 2012. 基于优势关系粗糙集的模糊综合评价的权重确定 ［J］. 统计与决策，20：44-46.

郭亚军. 2012. 综合评价理论、方法与拓展 ［M］. 北京：科学出版社，62-101.

赵庆良，许世远，王军，等. 2009. 上海城市系统洪灾脆弱度评价 ［J］. 中国人口·资源与环境，05：143-147.

马辉. 2009. 综合评价系统中的客观赋权方法 ［J］. 合作经济与科技，17：50-51.

陈磊，徐伟，周忻，等. 2012. 自然灾害社会脆弱性评估研究——以上海市为例 ［J］. 灾害学，01：98-100+110.

曾宪报. 1997. 关于组合评价法的事前事后检验 ［J］. 统计研究，06：56-58.

彭猛业，楼超华，高尔生. 2004. 加权平均组合评价法及其应用 ［J］. 中国卫生统计，03：17-20.

李珠瑞，马溪骏，彭张林. 213. 基于离差最大化的组合评价方法研究 ［J］. 中国管理科学，01：174-179.

论文来源：本文原刊于《海洋学报》2016 年第 2 期，第 16-24 页。

项目资助：中国海洋发展研究会项目（CAMAQN201413）。

公海元叙事与公海保护区的构建

马得懿[①]

摘要： 作为海洋治理的有效区划工具之一，公海保护区的理论与实践得到长足的发展。然而，构建公海保护区面临的基本问题在于公海自由与公海保护区构建的冲突与协调以及由此派生出的具体问题，诸如公海保护区构建的合法性问题以及公海保护区的发展趋向。将公海元叙事模式引入公海保护区构建这一领域，为预判公海保护区发展趋向与理解公海保护区的合法性提供了新路径与新视角。公海元叙事以公海自由制度张力而展开，公海自由制度张力具有三层级张力的属性。公海元叙事视阈下审视公海保护区的构建，公海保护区具有新的动向，诸如"低政治"公约治理公海保护区的勃兴、沿海国管辖权的持续膨胀以及公海保护区在海洋划界中隐含积极价值等。然而，基于国际社会的共同利益的考量，公海保护区的构建应该充分顾及善意原则和"弃权理论"的公平性等原则。沿海国应该积极审视作为公海治理重要工具的公海保护区的构建问题。

关键词： 公海元叙事；公海保护区；善意原则；公海登临权；公海自由制度；海洋治理

一、引言

晚近以来，建立公海保护区（Marine Protected Area on the High Seas）以应对公海海洋生物资源的养护与管理、科学研究以及海洋环境保护问题，正日益为国际社会所青睐。公海保护区一度成为区域甚至全球海洋治理的新工具和新形态。然而，构建公海保护区从来都不是单纯保护海洋生态环境，它更体现着一种海洋资源的国家控制权力和管理能力。公海保护区的构建，面临的基本问题是公海自由与公海保护区构建的冲突与协调问题。从理念、内容和执行层面，公海自由与公海保护区的关系可以解读为自由秩序与全球治理的关系、习惯权利与条约义务的关系以及船旗国管辖权与沿海国管辖权的关系。毫无疑问，从

---

① 马得懿，法学博士，华东政法大学国际法学院教授，华东政法大学交通海权战略法治研究所所长，中国海洋发展研究中心研究员。

理念、内容和执行层面来审视公海自由与公海保护区的关系，具有理论层面上的合理性。但是，公海保护区构建的实践复杂性表明，公海保护区在完成既定目标的同时，亦面临根本的问题需要进一步探讨，诸如公海保护区构建的合法性问题，即公海保护区构建的国际法基础问题。在 2013 年 7 月南极海洋生物资源养护委员会特别会议上，俄罗斯曾经对南极海洋生物资源养护委员会提议建立罗斯海海洋保护区的合法性表示质疑。故此，公海保护区构建所依赖的国际法原则需要澄清。世界上没有两片完全相同的海域。因此，要想用全球统一的方式来解决海洋问题非常困难。更何况，现有国际法框架之下的公海保护区体制存在诸多制度性空白①。公海的国际法地位和公海保护区构建的复杂性，决定全球性公海保护区体制的构建是一种奢望。因此，尝试探索公海保护区发展趋向则显得尤为必要。

为应对上述两个基本问题，本文将公海保护区构建的问题置于公海元叙事这一视阈之下。公海元叙事这一概念的提出并非空穴来风，而是具有前期的学术基础。早在 1924 年，法国著名哲学家让·佛朗索瓦·利奥塔尔（Jean-Francois Lyotard）就把元叙事界定为具有合法化功能的叙事。我国学者在元叙事的基础上，将此理念引入海洋秩序的研究之中而提炼出海洋元叙事，即关于海洋秩序的叙事。当今海洋法律秩序是在历史上关于海洋空间、资源、战场这些叙事的影响下形成的，海洋大国的海洋叙事能力一直是影响海洋事务的一个持久因素。故此，公海元叙事是旨在系统地阐明公海秩序的合法化表达。依赖公海元叙事的基本模式，以探究公海保护区构建的核心基础和发展规律问题，便具有可行性和重要价值。公海保护区的构建置于公海元叙事视阈之下，为理解公海保护区的构建提供另一种进路和视野。

二、公海自由制度张力的逐渐发展与公海保护区

公海自由与海洋保护区之间的冲突与协调问题，亦可以转化为如何正确诠释公海自由制度张力的问题②。公海自由在 1958 年《公海公约》和 1982 年《联合国海洋法公约》（下文简称 1982 年《公约》）框架下得以固化并得到不断发展。

（一）公海自由制度张力的逐渐发展

17 世纪之初，胡伯·格劳秀斯（Hugo Grotius）对海洋自由的论述与他对人类财产权演变的分析紧密相关。当格劳秀斯提出海洋开放原则时，他深信海洋渔业资源是一个取之不尽用之不竭的资源。进而，出于维护荷兰的国家利益之考虑，格劳秀斯认为，根据国际法，任何人可以自由航行到任何地方，自由贸易指向一切对象。然而，英国约翰·塞尔登（John Seldem）发表的《闭海论》（Mare Clausum）完全站在格劳秀斯的对立面。400 多年前格劳秀斯与塞尔登之间的对抗，实际上隐含着公海自由与限制公海自由之间的对抗。格

---

① 严格地说，本文所提及的公海保护区并非全部属于公海保护区。某些海洋保护区基于特殊的海洋区域，诸如"地中海行动计划"下的特别保护区，按照 1982 年《联合国海洋法公约》框架来衡量，该保护区所涉及的海域并非属于 1982 年《联合国海洋法公约》意义上的公海。

② 根据 1982 年《联合国海洋法公约》第 87 条的规定，公海自由意指航行自由、飞越自由、铺设海底电缆和管道的自由、建造国际法所容许的人工岛屿和其他设施的自由、捕鱼自由以及科学研究自由等。当然，公海自由的行使受到一定的限制。

劳秀斯的"海洋自由"思想一度占据上风而流芳千古，并且最终被 1982 年《公约》固化为基本原则。从某种意义上讲，格劳秀斯与赛尔登的对抗奠定了公海自由制度张力的思想基础。

海洋法内部存在一定的张力。詹姆斯·克拉斯卡（James Kraska）在《海洋大国与海洋法：世界政治中的远征》（Maritime Power and the Law of Sea：Expeditionary Operations in World Politics）一书中提出"海洋法的张力"，认为当前沿海国与海洋大国之间的张力主要集中于专属经济区。人类利用海洋实践催生的公海自由的含义不断丰富和发展，公海自由的制度张力亦越发复杂。公海自由的制度张力分别经历了第一层级张力、第二层级张力以及第三层级张力 3 个层次。

1. 公海自由第一层级张力

公海自由第一层级的制度张力，也是公海自由的传统张力，主要指在理解和行使公海自由中所形成的沿海国利益与海洋大国利益之间的冲突。自从人类社会步入 20 世纪，人类对海洋开发和治理的能力日渐增强，世界上少数海洋大国染指海洋领域的深度日益增强，而部分沿海国的海洋意识也逐渐萌发且渐次意识到海洋的战略地位。由此，沿海国的扩权意识和行动逐渐加强。为了规范各国兴起的"蓝色圈地运动"，1928 年国际社会开始起草和审议一部重要的国际法文件，即《领水公约（草案）》，开启国际社会以国际法来规制海洋区域地位的先河。这也预示着人类利用国际规则来利用、开发与管理不同区域海洋的开始。伴随着特定海洋大国开发海底、底土以及大陆架能力的增强，人类逐渐将开发海洋的触角延伸到深海，其重要标志就是 1945 年美国发布的《杜鲁门公告》。《杜鲁门公告》的发布对世界上沿海国产生强烈的反响，特别是拉丁美洲国家以不同方式宣布对领海以外的大陆架及其上覆水域的资源提出权利要求。

为了协调沿海国利益与海洋大国利益之间的冲突，1958 年国际社会形成日内瓦海洋法四公约体系，其中之一便是 1958 年的《公海公约》。1958 年《公海公约》明确了公海自由的基本含义，并且建立"领海—公海"二元海洋体制。1958 年《公海公约》反映出沿海国利益与海洋大国利益之间的对抗，尤其是在领海宽度问题上的严重分歧。

2. 公海自由第二层级张力

公海自由第二层级张力主要体现在发展中国家利益和发达国家利益之间的冲突。由于 1958 年日内瓦海洋法公约体系没有解决领海宽度问题，同时由于政治因素导致国际社会开始启动联合国海洋法第三次会议，历时 9 年的第三次海洋法大会形成了 1982 年的《公约》。1982 年《公约》以"一揽子协议"（A Package of Deal）体系构建公海自由的国际法体系，并且发展了公海自由的范畴①。显然，1982 年《公约》及其公海自由的发展，主要根源在于海洋科学技术的发展、非殖民化运动的高涨、联合国等国家组织的推动以及世界能源新秩序的形成。此阶段公海自由体系的形成，主要是发展中国家利益和发达国家利益冲突与协调的结果。与公海自由第一层级张力相比较而言，公海自由第二层级张力的主要特征不仅仅局限于沿海国与海洋大国之间，而且扩展到发展中国家与发达国家之间，包

---

① 1982 年《公约》第 87 条丰富和发展了 1958 年《公海公约》下公海自由的范畴。

括部分内陆国和地理不利国等。不仅如此，公海自由第二层级张力在于发达国家与发展中国家之间饱受争议的核心问题——专属经济区的地位，至今尚未明确①。

3. 公海自由第三层级张力

海洋全球治理日益受制于海上航行秩序、海洋非传统安全、海洋环境保护、海洋资源的养护与利用以及国家安全等因素的制约，故此，不断衍生出公海自由第三层级张力。公海自由第三层级张力，主要指国家管辖与国际合作之间的冲突与协调。大多数国家都意识到，在行使公海自由时必须考虑到其他国家在行使公海自由方面的利害关系，行使公海自由的形式和内容应当是互相联系和互相制约的。1982 年《公约》意识到"公海自由"是一个不断发展的动态范畴。行使公海自由必须受到约束，公海自由的概念不是进行战争、耗竭生物资源、污染环境或者不合理地干涉其他国家船舶合法使用公海的许可证。英国诉冰岛渔业管辖权案中，国际法院认为，1958 年《公海公约》是对"已经确立的国际法原则"的宣示，这些原则包括国家行使公海自由时必须"合理考虑"其他国家的利益。1982 年《公约》第 88 条明确了"公海应该只是用于和平目的"，然而，该《公约》既没有界定"和平目的"，也没有明确允许的海洋军事使用的类型。这导致各国在解释"和平目的"上产生较大歧义，这也是加剧公海自由制度张力程度的原因。

由此，在海洋治理上形成了国家管辖与国际合作的严重对立问题。为了缓解国家管辖与国际合作之间的张力，根据 1982 年《公约》第 87 条、第 192 条、第 194（2）以及第 196 条，世界上一些重要的国际组织，诸如国际海事组织，先行在海洋环境污染防治和国际航道安全领域，尝试国家管辖与国际合作之间的协调问题。尤其，晚近逐渐兴起的公海保护区，在某种意义上也是公海自由制度张力发展到一定阶段的产物。公海保护区的类型和目的，比较集中地反映出公海自由与限制公海自由之间的关系。

（二）构建公海保护区的实践与公海元叙事

1. 公海保护区的主要实践

公海保护区源于海洋保护区。根据有关文献记载，大约公元 9 世纪，在太平洋西部和印度洋一些群岛国，当地渔民尝试采取特别捕鱼方式或者"禁渔区"来节制捕鱼活动。1993 年《生物多样性公约》确立了保护区治理生物多样性问题的重要性，明确保护区作为实行管制和管理生物多样性的重要手段。一般来说，2012 年国际自然保护联盟（IUCN）对海洋保护区的界定具有较大影响②。后继许多海洋保护区的区域性国际法框架吸收了国际自然保护联盟关于海洋保护区的定义。公海保护区的特殊属性决定了公海保护区的法律框架和基础必须超脱于海洋保护区的概念。目前体制之下，公海生物资源的养护与管理机

---

① 1958 年《公海公约》下的"公海"为"不包括一国领海或者内水的全部海域"；而 1982 年《公约》没有明确界定"公海"。然而，在起草 1982 年《公约》过程中，"公海"是否包括专属经济区的问题则引发很大争议。

② 比较具有影响力的定义是国际自然保护联盟（ICICN）的定义："任何通过法律程序或者其他有效方式建立的、对其中部分或者全部环境进行封闭保护的潮间带或潮下带陆架区域，包括其上覆盖水域。"

制比较复杂，呈现出国际海底管理局、联合国粮农组织以及国际海事组织多元介入的格局①。

公海保护区的制度基础得益于国际海事组织在治理海洋环境污染和航道安全方面的经验。根据 1973 年《国际防止船舶造成污染公约》和 1974 年《国际海上人命安全》之规定，国际海事组织有权采取防止国际航运造成海洋环境污染的区域性管理措施，并且有权划定"特别敏感海域"（Particularly Sensitive Sea Areas）。为了强化和固化国际海事组织的一系列举措，根据 1982 年《公约》第 211 条第（6）款，亦设计一系列制度，以完成特定海域环境与生物资源的保护。一般地，"特别敏感海域"的设立并不局限于专属经济区，一国的领海和特定海域诸如海峡、公海都可以成立"特别敏感区"。1975 年地中海沿海国制定"地中海行动计划"并签署《巴塞罗那公约》；1992 年比利时、丹麦、英国、法国以及欧盟共同签署《保护东北部大西洋海洋环境公约》，各国展开合作以保护东大西洋环境；1995 年地中海沿岸国通过《巴塞罗那公约议定书》强化必须遵守地中海特别保护区内环境保护措施等；1999 年 11 月 25 日，法国、意大利与摩洛哥根据《关于建立地中海海域哺乳动物保护区的协定》，共同建立派格拉斯海洋保护区，旨在保护海洋哺乳动物免受人类活动的干扰②。

1980 年《南极海洋生物资源养护公约》为南极海域的保护区构建提供了有效的国际法依据。2009 年南极生物资源养护委员会通过一项措施，决定设立南奥克尼群岛南大陆架保护区，该保护区禁止一切捕鱼活动，与渔业活动有关的科研活动需遵守一定的保护措施。在前期公海保护区构建的基础上，公海保护区构建的实践得到一定的推广和扩展。2013 年，南极海洋资源养护委员会依据《南极海洋生物资源养护公约》建立罗斯海海洋保护区。该保护区的建立历程比较曲折，主要是在南极资源养护委员会是否有权建立罗斯海海洋保护区这一问题上各国存在分歧。海洋大国以建立公海保护区为契机介入公海的管理动机明显，这引发了相关国家的不满和忧虑。2017 年 11 月 30 日，国际社会通过了《防止北冰洋中部公海无管制渔业活动协定》（下文简称《协定》），旨在规范和治理北冰洋中部公海渔业资源。这是北极国际治理和规则制定的重要进展。《协定》不减损各方依据 1982 年《公约》享有的公海科学研究自由等。虽然《协定》尚未明确建立北极中部公海保护区的举措，但是该《协定》的临时措施基本上反映出与公海保护区基本功能相一致的理念。

国际社会推动公海保护区的构建，依稀呈现出一定的规律性。从构建公海保护区的可行性和沿海国合作程度上，公海保护区的构建具有由易到难的基本轨迹。作为半闭海的地中海海域，地中海沿海国借助欧共体的协助和斡旋，以富有特色的"地中海行动计划"为行动指南，构建了富有成效的派拉格斯海洋保护区。作为海洋地位极为特殊的两极地

---

① 根据 1982 年《公约》第 197 条，各国在为保护和保全海洋环境而拟定和制定符合本公约的国际规则、标准和建议的办法及程序时，应在全球性的基础上或者区域性基础上，直接或者通过主管国际组织进行合作，同时考虑到区域的特点。

② 上述海洋保护区设立的国际法依据分别是 1975 年《保护地中海海洋环境和沿海区域公约》、1992 年《保护东北大西洋海洋环境公约》以及 2009 年《南极海洋生物资源养护公约》等。

区——南极海域和北极海域，国际社会认为，南极罗斯海海洋保护区和北极中部公海都不同程度地承载着"国际利益"，构建保护区的国际认可度较高。

2. 公海保护区构建的元叙事方式及其检视

上文所阐释的公海自由及其制度张力的 3 个层级，为进一步理解公海元叙事模式下的公海保护区构建提供基础和前提。

其一，船旗国管辖权与沿海国管辖权之间的动态性冲突。

构建公海保护区的实践，一直伴随着船旗国管辖权与沿海国管辖权之间的冲突与协调问题。公海上，船舶通常受制于船舶登记国即船旗国的管辖。根据 1982 年《公约》第 211 条和第 220 条的规定，1982 年《公约》的制度设计过于维护船旗国的利益，导致船旗国、沿海国以及港口国之间的利益一度失衡。1982 年《公约》框架下沿海国的权利与义务配置不足以应对沿海国保护本国的海洋遭受到船舶污染的风险。1982 年《公约》赋予沿海国行使保护本国利益的前提是"沿海国遭受重大损害或者有实质性损害的威胁"，这显然不利于沿海国有关利益的维护。事实上，沿海国的安全利益并不仅仅限于海洋环境污染的防范；更何况，公海的海上威胁很容易危及沿海国的专属经济区、毗连区乃至领海海域。

为了应对公海保护区构建中船旗国管辖权与沿海国管辖权之间失衡的问题，国际社会出现了扩大沿海国管辖权的趋向，并出现了沿海国管辖权的滥用问题。晚近以来，重新塑造船旗国与沿海国之间管辖权的平衡问题，逐渐由若干重要全球性或者区域性国际组织来承担，尤其是国际海事组织被赋予历史重任。在国际海事组织主导之下，一系列有力举措得以执行①，这些举措协调了沿海国管辖权扩张与国际社会利用公海的权益之间的冲突。历史经验表明，当国家的海洋能力出现显著增长时，沿海国管辖权的扩张将不可避免，公海自由也必然受到相应的限制。总之，船旗国管辖权与沿海国管辖权之间的动态性冲突是公海保护区构建中面临的矛盾之一。

其二，"权利—义务"不对称的国际法状态。

无独有偶，1982 年《公约》注重各个海洋区域的种种问题都是彼此密切相关的，有必要作为一个整体来加以考虑，以便利国际交通和促进海洋的和平利用。但是，作为1982 年《公约》非缔约国是否应该遵循此原则呢？依据《维也纳条约法公约》之相关规定②，似乎 1982 年《公约》非缔约国并不受制于 1982 年《公约》的约束③。然而，1982 年《公约》第 3 条、第 17 条、第 52 条、第 61 条以及第 87 条等在赋予权利或义务时没有采用"缔约国"的措辞，而是采用"国家"的措辞，甚至"所有国家"或者"所有国家

---

① 国际海事组织分别实施了分道通航制、强制引航制以及船舶报告制、船舶交通系统以及无锚区等相关措施。
② 《维也纳条约法公约》第 34 条："条约非经第三国同意，不为该国创设义务或者权利。"
③ 国际法院的相关重要判例也支持了此种观点。诸如，"荷花"号案和北海大陆架案都不同程度地认可此种实践和理论。

的船舶"的措辞在 1982 年《公约》中多次出现①。深入挖掘和考察上述 1982 年《公约》所采用的措辞，至少可以从某种角度上推论出 1982 年《公约》具有不仅仅是为缔约国，同时也具有为非缔约国而制定或编纂的倾向和意图。就公海保护区的构建而言，如果某一国家游离于某一公海保护区所赖以建立的国际法框架之外，那么该国并不必然完全不受公海保护区体制的约束。然而，公海保护区构建面临的重要现实在于，某些海洋国家以公海保护区的区域国际协定的非缔约国为由，充分利用习惯国际法而享有国际法权利，但刻意不承担相关国际法义务。此谓公海保护区构建中的"权利—义务"不对称的国际法状态。通过区域性国际条约发展公海保护区的基础越来越扎实，但部分国家仍然可以通过不签署或不承认相关国际条约的方式坚持传统的公海自由。公海保护区既有养护生物多样性的功能，也应当允许可持续利用，而不能"只养护，不利用"。换言之，公海保护区的构建必须应对习惯权利与条约义务之间的关系问题，这是公海元叙事视阈下公海保护区构建所面临的基本课题。

故此，反思和检视公海保护区构建中元叙事方式问题成为必要。就船旗国管辖权与沿海国管辖权之间的冲突而言，1982 年《公约》在认知和处理海洋环境的整体性和流动性风险上存在缺憾。1982 年《公约》所涉及的船旗国和沿海国的海上管辖权的变化具有一定的规律性，即沿海国的管辖权从海岸线到公海由强变弱，而船旗国的管辖权从公海到领海由强变弱。然而，海洋的整体性，尤其是海洋生态的流动性与国际性，对其管辖的程度并不必然与 1982 年《公约》框架下管辖权变动规律同步。世界上某些重要的敏感公海保护区具有跨越不同法律地位海域的属性，导致无论是船旗国管辖权，抑或是沿海国管辖权，都面临着复杂的局面。晚近以来，由于船舶悬挂"方便旗"航行盛行，导致船旗国管辖权面临复杂局面。虽然在法国诉英国马斯喀特三角帆船案（Muscat Dhows）中，常设仲裁法院宣布的"决定授予谁悬挂其旗帜的权利，以及制定管理这项授予权的规定属于主权国家"被认定为一项基本的原则，但是，"方便旗"盛行导致国家与船舶之间的真实联系（real connection）难以建立。1982 年《公约》只是一般性要求船旗国在行政、技术和社会事务方面对船舶有效控制即可，而船旗国控制其船舶在公海上捕鱼的具体义务比较模糊。

就公海保护区构建元叙事的"权利—义务"不对称的国际法状态而言，最为典型的情境是某些公海保护区的国际法框架的非缔约国，在充分享受习惯国际法赋予的权利的同时，刻意规避或者漠视其应该承担的国际法义务，进而造成公海保护区构建中"权利—义务"不对称的国际法状态。然而，权利义务已经成为国际关系行为的最终表现，以国际法形式承载的权利义务体系已经成为国际关系规范体系的主要部分。根据有关国际法实践，非缔约国是否可以基于习惯国际法规则主张权利，然而该权利是需要满足履行义务才能享有的。这一点在尼加拉瓜案中得到重视。目前，公海保护区实践并没有完全解决某一相关国家的"权利—义务"不对称的国际法状态，导致公海保护区的国际法协定下权利与义务配置不平衡的局面，进而威胁公海保护区所依赖的国际法的稳定性。

---

① 比如 1982 年《公约》第 2 条第 1 款提到的是"沿海国的主权"（the sovereignty of a coastal State），而非"沿海的缔约国"；第 3 条使用的是"每一国家"（every State）；第 17 条和第 52 条使用的是"所有国家的船舶"（ships of all States）；第 61 条第 2 款使用的是"所有沿海国"（the coastal State）；第 87 条使用的是"所有国家"（all States）等。

三、公海保护区构建的新动向与国际法基础

公海保护区构建的实践动向呈现出新的趋势，梳理这些新趋势具有必要性。同时，深入探究公海保护区构建所赖以存在的国际法基础，构成全面认知公海保护区构建的重要环节。

（一）公海保护区构建的新动向

1. 沿海国管辖权的膨胀

公海保护区框架下沿海国或者提议国的管辖权日益膨胀成为公海保护区构建的新动向之一，其重要标志是渔船登临权日渐成为执法的重要举措。尽管公海上存在着普遍管辖权，但是长期以来，渔船登临权的实施并不普遍。依据1982年《公约》第110条和国家实践，公海登临权的适用具有严格的条件。自2001年《鱼类种群协定》生效后，公海登临权的概念得到发展，公海登临权适用于公海捕捞渔船的实践日益增多。同时，中国渔船成为行使公海登临权的主要对象（表1）。1982年《公约》没有具体规定养护公海上生物资源的执行措施，而是由有关国家之间通过缔结合作协定来解决相关问题。1992年《北太平洋溯河鱼群养护公约》是第一个将登临权适用于公海渔业资源养护的渔业协定，并授权任何成员国有权登临从事被禁止的捕捞活动的船舶。沿海国管辖权膨胀的另一例证是2017年厄瓜多尔强制适用本国法律审理的"福远渔冷999"案[1]。通常，海洋保护区因为其跨越不同法律地位的海域，导致其法律地位亦存在复杂性。该案船舶涉嫌运输和交易保护物种，而且该船舶在经过海洋保护区时没有报告相关机构。厄瓜多尔法院实施排他性管辖权，并且判决涉案中国船员违反该国的刑法。该案的管辖权和法律适用存在很大争议，尽管涉案加拉帕戈斯群岛海洋保护区并非严格意义上的公海保护区，但国际司法和各国实践有力印证海洋保护区包括公海保护区沿海国的管辖权日益膨胀成为一种趋势。

表1　2011—2016年中国渔船被登临情况

年份	被登临检查次数（次）	登临检查船船旗国
2011	29	美国，法国
2012	29	美国，新西兰，法国
2013	20	美国，新西兰，法国，基里巴斯，图瓦卢
2014	17	美国，法国
2015	40	美国，法国，新西兰，澳大利亚，马绍尔群岛
2016	32	美国，法国，新西兰，澳大利亚，库克群岛

2. 治理公海保护区的"低政治"公约的勃兴

全球海洋治理的基本经验之一是在特殊海域推行"低政治"国际公约，尤其是国际海

---

① 2017年8月13日，一艘中国籍渔船"福远渔冷999"因为被发现涉嫌非法占有和运输鲨鱼，在厄瓜多尔加拉帕戈斯群岛海洋保护区被当地执法人员扣押。同年8月25日至27日，厄瓜多尔根据本国《整体刑事组织法》（The Intergol Criminal Organic Code）第247条之规定，判处20名中国籍船员1~4年的监禁。

事组织利用"低政治"航行规则所依赖的程序优势，逐渐在特殊海域构建"低政治"公约治理模式。由于国际海事组织在特殊海域推行具有强制性适用的"低政治"公约治理模式取得积极效果，近年来，公海保护区的构建或多或少追踪此种趋势。事实上，国际社会一直致力于航运规则的强制性导向，以应对海洋环境和生物多样性面临的风险和挑战。前文提及北极中部公海适用的《协定》的基本框架，向国际社会表明，处于特殊地位的公海治理新模式某种意义上亦代表当前公海保护区构建的发展趋势之一。该《协定》框架尚未明确构建北极中部公海保护区，但是《协定》展望未来建立正式区域渔业管理组织的前景。为了避免北冰洋公海"临时性禁渔"变成"永久性禁渔"，《协定》规定"初步有效期限"，为未来建立正式的区域渔业管理组织奠定基础。这是该《协定》颇具特色亮点——"日落条款"。特殊海域的公海保护区的构建，多以"低政治"公约的方式展开，比较巧妙地实现公海自由与限制公海自由的平衡。

3. 公海保护区蕴含的其他价值

在西方某些海洋法学者或者政治家眼中，海洋秩序的"领海—公海"二元论是最佳安排。专属经济区在今天通常被描述为自成一格（sui generis），该区域内某些权利和责任的分配仍然是一个有争议的问题。作为1982年《公约》最具有革命性的创造，专属经济区导致1982年《公约》体制之下的"公海"迥异于1958年《公海公约》体制之下的"公海"，导致专属经济区成为公海自由的巨大绊脚石。专属经济的某些制度安排包括1982年《公约》框架下专属经济区划界问题，极有可能在公海保护区的构建中得到体现和隐含。世界上两个特殊海域海洋保护区问题，暗示着公海保护区具有深层次的蕴意和价值，至少在海洋划界上具有一定的潜在功能。其中巴伦支海的商业鱼群的管理体制，暗示着公海保护区构建的重要价值。1976年冬季和1977年春季，挪威和苏联分别设立各自的200海里管辖权，挪威设立经济区，而苏联设立临时捕鱼区。随着经济区和捕鱼区的建立，海洋边界问题成为巴伦支海大陆架划界谈判中一个不可回避的问题。由于苏联和挪威意识到该问题在短期内无法解决，故此，挪威和苏联同意在部分争议区做出临时安排——经济区灰色区域。在灰色区域内，挪威可以对那些拥有挪威颁发许可证的挪威船只和第三国船只进行检查，而苏联人可以控制自己的船舶。经济区灰色区域，不但具有海洋保护区的角色，而且在缓解海洋划界冲突上起到积极作用。

另外一个例证是地中海海洋生物保护区。作为半闭海的地中海地缘政治比较复杂。不仅如此，地中海沿岸国存在着海洋划界及其他的利益冲突。"地中海行动计划"通过建立特色海洋保护区，有效地回避海洋划界争端而促进了海洋生物资源保护的合作。对于争议海域，特别保护区的建设需要由行动计划缔约国协商一致决定，并由行政机构负责。依据这一特色方案，地中海地区建立了一个国家管辖外的特别保护区——海洋生物保护区。由此观之，地中海某些海洋保护区在实现海洋保护区基本功能的基础上，同时承担着缓解半闭海海洋划界等争端的积极作用。从这个角度上看，公海保护区的构建为未来海洋划界争议的解决提供了建设性的思路。

（二）公海保护区赖以存在的国际法原则

1. 善意原则

公海保护区构建的新动态，为重新审视公海保护区所依赖的国际法基础或原则提出诉求。1982 年《公约》第十六部分以"一般规定"的形式强化善意原则[①]。奥康奈尔认为，国际法上的善意原则是一项基本原则，由此引出条约必须遵守原则和其他特别的和直接的与诚实、公正和合理相关的规则。公海保护区的构建相当复杂，要求公海保护区提议国、缔约国、沿海国乃至第三国都应该秉承善意原则来履行相关义务并享有相关权利。正如法国学者 M. 维拉利所强调的那样，任何人忽视善意原则都是构成整个国际法结构基础的一部分，都可能使国际法降为一套空洞无物的法律形式。为此，《维也纳条约法公约》序言中认为，善意原则是举世公认的，且公约中多次提到"善意"之措辞。在海洋划界中，国家首先应善意开展协商，寻求与其他相关国家达成共同协议，而一切单边行动均违背1982 年《公约》精神[②]。一个成功的公海保护区应该是尽量减少政治上的分歧，并在优先区域发展公海保护区模式。

特别值得注意的是，2010 年 12 月 20 日至 2015 年 3 月 18 日期间，由国际常设仲裁法院审理的"毛里求斯诉英国仲裁案"，是对公海保护区构建应该坚持善意原则予以固化的典型例证。虽然涉案的查戈斯海洋保护区并非严格意义上公海保护区，但是，该案引发的核心问题为公海保护区的构建提供有益启迪。该案中英国声称查戈斯海洋保护区的建立将促进海洋学、生物多样性和气候变化的科学研究水平，并且显示英国保护海洋环境的责任，特别是管理鱼类种群的义务。然而，毛里求斯和群岛原居民则对英国表示强烈反对。毛里求斯依据 1982 年《公约》第 287 条和附件七提出仲裁请求，即英国不是 1982 年《公约》意义上的"沿海国"，无权单方面在查戈斯群岛设立海洋保护区。同时，英国设立海洋保护区行为的真正目的并非保护海洋环境。"毛里求斯诉英国仲裁案"所涉及的海洋问题很多，但是该案主要涉及一国设立海洋保护区的合法性问题，即国际法基础问题。由于该案包括海洋领土主权争端的因素，导致该案的初步管辖权和实体问题都具有一定的复杂性和争议性。但是，如果抛开该案其他争议不谈，就查戈斯海洋保护区建立的合法性问题而言，该案进一步固化了"善意原则"构成海洋保护区建立的国际法基础。虽然仲裁庭最终没有直接揭露和批评英国在建立查戈斯海洋保护区中存在的其他目的，但是在该案审理中，James Kateka 法官和 Rudiger Wolfrum 法官认为，英国在设立海洋保护区的意图上有所隐瞒且违背善意原则。

2. "弃权理论"的适用

"弃权理论"是公海保护区构建中应对公海自由与限制的另一产物。20 世纪 30 年代，过度捕捞致使渔业资源不断衰竭。一些国家为了维护本国捕捞业而提出"弃权理论"。所

[①] 1982 年《公约》第 300 条规定："缔约国应善意履行根据本公约承担的义务并应以不致构成滥用权利的方式，行使本公约所承认的权利、管辖权和自由。"

[②] 除了国际法实践之外，1982 年《公约》第 74 条和第 83 条就专属经济区和大陆架划界做出规定，明确海洋边界应由有关国际协议划出，以便得到公平解决。

谓"弃权理论"，基本动机是迫使其他国家放弃对特定渔业资源的捕捞权，从而实现本国排他捕鱼。1952年《北太平洋公海渔业国际公约》第4条第1款规定，在科学证据表明，加大该鱼种捕捞力度无法维持该种群持续增长的情况下，缔约国应该放弃捕捞该鱼种。为防止日本取得对大马哈鱼的绝对捕捞地位，1952年美国、加拿大以及日本三国签署《北太平洋公海渔业国际公约》，该公约便吸收了"弃权理论"。各国对"弃权理论"的态度不一，但是基本上都持有相对谨慎的态度。一些传统渔业强国都认为，该理论实际上是渔业资源的分配机制而非养护措施，故而违反公海自由原则。至今，公海保护区的构建并未完全将"弃权理论"视为建立公海保护区应该坚持的国际法原则，这是国际社会基于"弃权理论"的适用基础并不明朗的考虑。事实上，世界上一些重要海域的划界至今没完成。因此，这极容易造成海洋大国利用公海保护区这一机制而攫取公海的利益。为此，"弃权理论"的适用极有可能造成滥用限制公海自由的极端行为。

然而，公海渔业资源的过度捕捞而近乎造成竭泽而渔。根据有关国际机构提供的数据显示，特定公海海域的渔业资源前景不容乐观。联合国粮农组织的研究报告显示，高度洄游种群、跨界种群以及公海离散鱼类种群面临过度捕捞局面（表2）。表2显示，20世纪70年代以来，深海资源的捕捞量急剧增加。联合国粮农组织认为，有明确证据显示世界海洋野生鱼类的捕鱼量已经达到最大限度，鱼类种群已经处于过度开发或资源枯竭的状态。故此，国际社会有责任秉承可持续发展的理念，进一步完善公海保护区的构建。

表2　高度洄游种群、跨界种群和公海离散鱼类种群开发状况统计　　　　单位:%

鱼类种群	中度开发	完全开发	过度开发	资源枯竭
金枪鱼和类金枪鱼	21	50	21	8
鲨鱼	10	35	40	15
除鲸类外的鱼类	处于中度开发与完全开发之间			
经挑选的跨界种群	12	19	58	6
公海离散鱼类种群	处于完全开发与资源枯竭之间			

为此，本文认为有必要深入探讨公海保护区构建中"弃权理论"适用的条件，即有选择性地适用"弃权理论"，将其作为构建公海保护区应该遵循的国际法原则。针对部分区域渔业管理组织已经不能胜任新挑战的情况[①]，可以尝试在不同类型的公海保护区适度适用"弃权理论"。国际社会有必要认真总结和梳理公海保护区的差异性，进而实施区域层级规划，以便进一步细化"弃权理论"的适用范围和公海保护区类型。因为，1982年《公约》第118条呼吁各国必须互相合作以设立分区域或者区域渔业组织，这也是在不同类型公海保护区强化有选择适用"弃权理论"的国际法基础。

---

① 比如，西北大西洋渔业组织由于受到选择退出程序（opting-out-procedure）的制约，导致该组织的执行力不足。

四、结语

公海治理构成全球海洋治理的重要一环，国际社会日益重视公海保护区的构建，并将之视为海洋治理的新模式和新工具。无论构建何种类型的公海保护区，国际社会都无法回避的一个最基本的问题是公海自由与限制公海自由之间的协调与平衡问题。由此，重新审视公海自由与公海保护区之间的关系，形成了公海元叙事的基本视域，即公海保护区构建中船旗国管辖权与沿海国管辖权之间的动态性冲突和公海保护区构建中"权利—义务"不对称的国际法状态。在反思和检视公海元叙事的实践基础上，本文密切联系近期公海保护区构建的实践与经验，认为公海保护区构建呈现出以下新动向：公海保护区框架下沿海国管辖权的日益膨胀，治理公海保护区的"低政治"公约的勃兴以及公海保护区蕴含的其他有待挖掘的价值，尤其是特殊海域公海保护区在缓解海洋划界对抗上具有的重要法律价值。基于公海保护区构建的新动向之考虑，构建公海保护区所赖以的国际法基础和原则应该不断被完善和修正，而善意原则和有选择适用"弃权理论"构成了公海保护区构建的国际法基础和原则。

1982 年《公约》在 1958 年《公海公约》的基础上丰富和发展了公海自由的理论与实践，但是 1982 年《公约》框架下的公海自由属于开放的，国际社会治理公海的实践必然催生公海自由之"其他自由"。从某种意义上讲，公海保护区承载着国际社会利益与各国的利益。不仅如此，公海保护区的构建必然也是各国提升公海治理话语权的重要契机与途径[①]。因此，各国在总结各类海洋保护区建设基本经验的基础上，大力探索公海保护区的构建方略显得极为必要。

公海保护区的构建不仅是不断挑战和修正传统海洋法理论的过程，而且，也承载和蕴含着相关海洋国家的战略利益。海洋强国日益意识到公海保护区构建在推动公海自由内涵逐渐发展中的关键作用，尤其认识到在公海保护区的构建中带来的诸多海洋战略利益，诸如海洋管辖利益、资源利益、科研利益、制度利益以及政治利益等。故此，探索公海保护区的构建方略要充分顾及国际社会利益。与此同时，海洋国家应根据本国国情，逐渐形成本国方案，以战略性和前瞻性视野审视公海保护区的构建，提升海洋秩序构建的叙事能力。

参考文献

Douglas M Johnson. 1988. The Theory and History of Ocean Boundary-making. Kingston：McGill-Queen's University Press.

张磊. 2017. 论公海自由与公海保护区的关系. 政治与法律，(10).

格雷厄姆·凯勒. 2008. 海洋自由保护区指南. 周秋麟，张军译. 北京：海洋出版社.

朱利安，罗谢特，吕西安·沙巴松. 2013. 海洋保护区的区域路径："区域海洋"的经验//海洋的新边界看地球. 潘革平译. 北京：社会科学文献出版社.

---

① 事实上，中国近海和管辖海域面临着与日俱增的油污风险。这种风险随着海上贸易运输和海上资源开发活动的活跃而变大。在中国特定的管辖海域设立海洋保护区，日益成为海洋治理的重要和有效的举措之一。

让·佛朗索瓦·利奥塔尔. 1997. 后现代状况：关于知识的报告. 车槿山译. 北京：三联书店.

牟文富. 2014. 海洋元叙事：海权对海洋法律秩序的塑造. 世界经济与政治，（7）.

Hugo Grotius. 2001. The Freedom of the Seas. trans. Ralph van Deman Magoffin, James Brown Scotted. London：Oxford University Press.

马得懿. 2016. 海洋航行自由的制度张力与北极航道秩序. 太平洋学报，（12）.

郑凡. 2015. 海洋法中的张力与美国的海洋政策. 太平洋学报，（12）.

屈广清. 2014. 海洋法. 北京：中国人民大学出版社.

苏联科学院国家和法研究所海洋法研究室. 1981. 现代国际海洋法——世界海洋的水域和海底制度. 吴云琪，刘楠来，王可菊译. 天津：天津人民出版社.

路易斯·B. 宋恩. 2014. 海洋法精要. 傅崐成，邓云成，蒋围等译. 上海：上海交通大学出版社.

England v. Iceland. 1974. International Court of Justice（I. C. J. ）.

Boleslaw A. Boczek. 1998. The Peaceful Purposes Clauses：A Reappraisal after the Entry into Effect of the Law ofthe Sea Convention in the Post-cold War Era. Halifax：Ocean Yearbook.

Rakotoson, Lalaina R, Kathryn Tanner. 2006. Community-based Governance of Coastal Zone and Marine Resources in Madagascar. Ocean and Coastal Management, 49（11）.

International Union for Conservation of Nature（IUCN）. 2012. Guidelines for Applying the IUCN Protected Area Management Categories to Marine Protected Areas：Report of Switzerland：IUCN.

Ronan Long, Mariamalia Rodriguez Claves. 2015. Anatomy of a New International Instrument for Marine Biodiversity Beyond National Jurisdiction：First Impressions of the Preparatory Process. Environmental Liability Law，Policy and Practice, 23（6）.

张晏瑲. 2014. 论航运业碳减排的国际法律义务与我国的应对策略. 当代法学，（6）.

桂静. 2015. 不同维度下公海保护区现状及其趋势研究——以南极海洋保护区为视角，太平洋学报，（5）.

Commission for the Conservation of Antarctic Marine living ResourcesHome（CCAMLR）. 2013. Report of the Second Special Meeting of the Commission：CCAMLR.

蔡霞. 国际磋商各方就防止北冰洋中部公海无管制渔业活动协定文本达成一致，超前给北冰洋公海捕捞贴上封条. 中国海洋报，2017-12-05.

M. Cuttle. 1995. Incentives for Reducing Oil Pollution from Ships, the Case for Enhanced Port State Control. George Washington International Law Review, 17（2）.

马学婵. 2017. 1982 年海洋法公约适用于非缔约国的理论与实践. 法制与社会，（7）.

France v. Muscat Dhows［1982］. International Court of Justice（I. C. J）.

Bertrand Le Gallic. 2012. Using Trade Measures in the Fight Against IUU Fishing, FAO Fisheries and Argriculture Cirlular. Rome：Rome Press.

高潮. 2016. 国际关系的权利转向与国际法. 河北法学，（11）.

International Law Association（ILA）. 2000. Statement of Principles Applicable to the Formation of General Customary International Law：Report of ILA：ILA.

李杨. 2013. 公海非法捕鱼的国际法律管制. 中山大学法律评论，11（2）.

惠新. 中方回应"福远渔冷 999"号被扣案. 中国渔业报，2017-09-04.

中国远洋渔业协会. 2017. 中国渔船被登临情况统计报告. http：//www. china-cfa. org/［2017-11-14］.

李伟芳，黄炎. 2017. 极地水域航行规制的国际法问题. 太平洋学报，（1）.

周超. 2017. 国际磋商各方就《防止中北冰洋不管制公海渔业协定》文本达成一致. 中国海洋报，12-05.

Jon M. Van Dyke. 2005. The Disappearing Right to Navigation Freedom in the Exclusive Economic Zone. Marine Policy，29(2)）.

G. Kulleenberg. 1999. The Exclusive Economic Zone：Some Perspevtive. Ocean and Coasta Management，849（4）.

盖尔·荷内兰德. 2017. 北极政治、海洋法与俄罗斯的国家身份——巴伦支海划界协议在俄罗斯的争议. 苏平译. 北京：海洋出版社.

Author. Protocol Concerning Specially Protected Areas and Biological Diversity in the Mediterranean. http：//195. 97. 36. 231/dbases /webdocs /BCP /ProtocolSPA95_ eng. pdf. ［2017-11-01］.

邓颖颖，蓝仕皇. 2017. 地中海行动计划对南海海洋保护区建设的启示. 学术探索，（2）.

John F. O'Connor. Good Faith in International Law. Aldershot：Dartmouth Publishing Co. Ltd，1991.

M. 维拉利. 1984. 国际法上的善意原则. 刘昕生译. 国外法学，（4）.

吴士存. 2016. 国际海洋法最新案例精选. 北京：中国民主法制出版社.

Mauritius v. United Kingdom ［2010］. Permanent Court of Arbitration （PCA），2011－03. https：// pcacases. com/w eb/sendAttach/1570.

Soji Yamamoto. 1969. The Abstention Principle and Its Relation to the Evolving International Law of the Seas. Washington Law Review，43(1).

王小晖. 2016. 论新参与方的公海捕鱼权. 江汉论坛，（9）.

Charney J. I，R. W. Smith. 2002. International Maritime Boundaries. Dordrecht：Maritinus Nijhoff.

Jean-Jacques Maguire. 2006. The Stage of World Highly Migratory，Straddling and Other High Seas Fishery Resources and Associate Species. FAO Fisheries Technical Paper，22 (49).

Wysokinsky. 1986. The FAO Fisheries Technical Paper：The Living Marine Resources of the Southeast Altantic. Rome：Food & Agriculture Organization of the United Nations （FAO）.

论文来源：本文原刊于《武汉大学学报》2018 年第 3 期，第 86-96 页。